최신 재료역학

Mechanics of Materials

정남용 이태원 이종선 김창래 지음

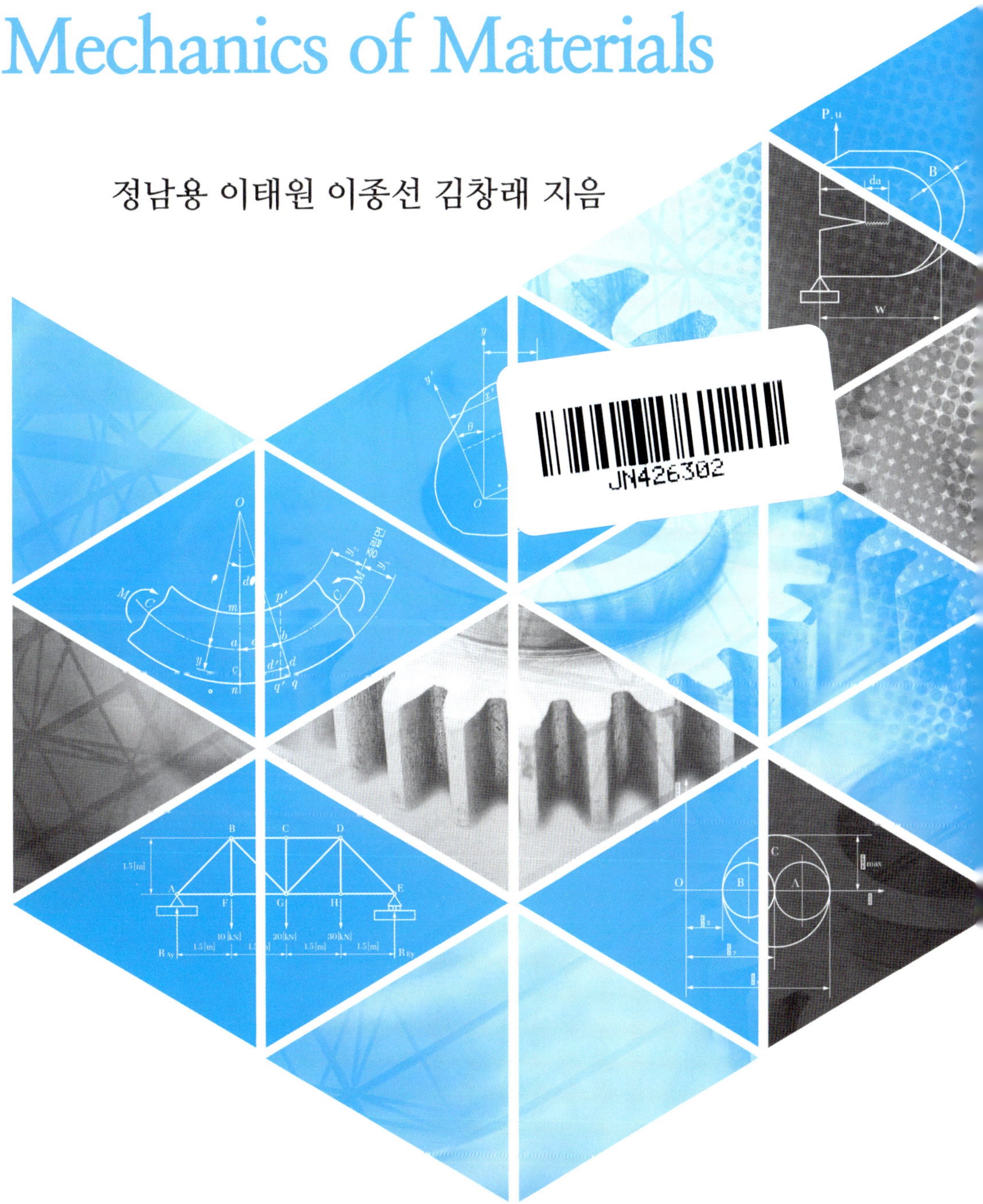

JINSAEM 진샘미디어

SI 단위 기호 및 환산표

양의 종류	SI 단위 기호	단위 환산
길 이	m	1[ft] = 12[inch] = 304.8[mm], 1[inch] = 25.4[mm], 1[Å] = 0.1[mm] = 1010[m], 1[μ] = 10^{-6}, 1[m] = 10^{10}[Å], 1[m] = 10^{9}[nm], 1[n](해리) = 1852[m] 1[yard] = 0.9144[m], 1[mile] = 1760[yard] = 1609.3[m]
넓 이	m^2	1[mm^2] = 10^{-6}[m^2], 1[a](아르) = 100[m^2], 1[ha](헥타르) = 104[m^2]
부 피	m^3	1[m^3] = 10^{-9}[m^3], 1[m^3] = 35.32[ft^3], 1[gal] = 4.5465[l](영국) = 3.7853[l](미국)
각 도	rad	1[rad] = $\frac{180°}{\pi[rad]}$ = 57.3°
질 량	kg	1[kg] = 2.205[lb_m], 1[lb_m] = 453.6[g], 1[ton] = 1000[kg]
밀 도	kg/m^3	1[g/cm^3] = 103[kg/m^3] = 62.4[lb_m/ft^3], 1[lb_m/ft^3] = 1.603[g/cm^3]
온 도	K	T[K] = 273 + T[℃], T[°F] = $\frac{9}{5}$(T[℃] + 32), T[℃] = $\frac{9}{5}$(T[°F] − 32)
힘	N (kg · m/s^2)	1[kg_f] = 9.807[N], 1[lb_f] = 4.448[N], 1[N] = 0.2248[lb_m], 1[dyne] = 10^{-5}[N] 1[oz_f] = 0.278[N]
압력 · 응력	Pa (N/m^2)	1[Pa] = 1[N/m^2] = 0.145 × 10^{-3}[lb_f/in^2], 1[lb_f/in^2] = 6.89 × 10^3[Pa] 1[kg_f/mm^2] = 9.807[MPa] = 1422[psi], 1[N/mm^2] = 1[MPa] 1[MPa] = 145[psi] = 10[bar], 1[ksi] = 6.895[MPa] 1[bar] = 10^5[Pa] = 1.02[kg_f/cm^2], 1[torr] = 1[mmHg] = 133.3[Pa] 1[kg_f/mm^2] = 1422[psi], 1[atm] = 101.325[kPa] = 14.7[psi] = 1.01[bar]
파괴인성	MPa$\sqrt{m}$	1[MPa$\sqrt{m}$] = 910[psi$\sqrt{in}$]
몰농도	mol/m^3	1[Mol/l] = 103[mol/m^3]
일 · 에너지	J (N · m)	1[J] = 1[W · s] = 10^7[erg] = 1[V · A] = 0.239[cal] = 9.48 × 10^{-4}[Btu] = 2.78 × 10^7 [kWh] = 6.24 × 10^{18}[eV] = 0.738[ft · lb_f] 1[Btu] = 1054[J] = 252.0[cal], 1[cal] = 4.184[J] = 3.97 × 10^{-3}[Btu] 1[eV] = 1.602 × 10^{-19}[J], 1[ft · lb/in] = 53.8[J/m], 1[ft · lb_f] = 1.356[J] 1[eV] = 1.602 × 10^{-19}[J] = 3.83 × 10^{-20}[cal] = 1.6 × 10^{-12}[erg]
표면에너지	J/m^2	1[erg/cm^2] = 10^{-3}[J/m^2]
몰에너지	J/mol	1[cal/mol] = 4.184[J/mol], 1[erg/atom] = 6.022 × 10^{16}[J/mol]
비 열	kJ/kg · ℃	1[cal/gal · ℃] = 4.184[kJ/kg · ℃], 1[Btu/lb · °F] = 4.1868[kg/kg · °F] 1[eV/mol] = 1[eV/atom] = 23.06[kcal/mol]
엔트로피	J/K	1[cal/℃] = 4.184[J/K]
동 력	W	1[W] = 1[J/s] = 0.239[cal/s] = 3.414[Btu/h] = 1[V · A/s], 1[PS] = 75[kg_f · m/s] = [N · m/s] = 735.5[W] = 550[ft · $1b_f$/s], 1[kW] = 102[kg_f · m/s] = 1000[N · m/s] = 1000[W], 1[cal/s] = 4.184[W] = 14.29[Btu/h], 1[Btu/h] = 0.293[W]
전 류	A	1[A] = 1[C/s] = 1[V/Ω]
저항률	Ω · m	1[Ω · cm] = 10^{-2}[Ω · m]
전도율	S/m	1[(Ω · cm)$^{-1}$] = 10^2[S/m]
자기유도 (자속밀도)	G(gauss)	1[G] = 10^{-4}[Wb/m^2] = 10^{-4}[T](tesla)
자장(자계)	Oe	1[A · turn/m] = 4π × 10^{-3}[Oe], 1[Oe] = 79.6[A · turn/m]
절대점성계수	Pa · s	1[Pa · s] = 1[N · s/m^2] = 1[mPa · s] = 10[P], 1[P] = 1[dyn · s/cm^2] = 10^2[cP], 1[cP] = 10^{-3}[P · s] = 1[mPa · s]
동점성계수	m^2/s	1[St] = 1[cm^2/s] = 10^2[cSt], 1[cSt] = 10^{-2}[st] = 1[mm^2/s]

그리스 문자

대문자	소문자	명 칭	대문자	소문자	명 칭
A	α	Alpha	N	ν	Nu
B	β	Beta	Ξ	ξ	Xi
Γ	γ	Gamma	O	o	Omicron
Δ	δ	Delta	Π	π	Pi
E	ε	Epsilon	P	ρ	Rho
Z	ζ	Zeta	Σ	σ	Sigma
H	η	Eta	T	τ	Tau
Θ	θ	Theta	Y	υ	Upsilion
I	ι	Iota	Φ	ϕ	Phi
K	κ	Kappa	X	χ	Chi
Λ	λ	Lambda	Ψ	ψ	Psi
M	μ	Mu	Ω	ω	Omega

SI 접두어

배 수	기 호	명 칭	배 수	기 호	명 칭
10^{18}	E	엑사(exa)	10^{-1}	d	데시(deci)
10^{15}	P	페타(peta)	10^{-2}	c	센티(csti)
10^{12}	T	테라(tera)	10^{-3}	m	밀리(milli)
10^{9}	G	기가(giga)	10^{-6}	u	마이크로(micro)
10^{6}	M	메가(mega)	10^{-9}	n	나노(nano)
10^{3}	k	킬로(kilo)	10^{-12}	p	피코(pico)
10^{2}	h	헥토(hecto)	10^{-15}	f	펨토(femto)
10^{1}	da	데카(deka)	10^{-18}	a	아토(atto)

머리말

첨단기술의 급속한 발전은 선진기술의 세계화와 무한경쟁 체제로 인하여 세계적으로 일류기술만이 생존할 수 있는 미래를 예측불허하는 제 4차 산업혁명이 도래하고 있다. 디지털 정보기술(IT)에 의한 제 3차 산업혁명에 이어 제 4차 산업혁명의 핵심은 인공지능(AI)을 이용한 산업발전일 것으로 기대된다. 교육, 공학, 건강 · 의료, 국방, 금융 및 우주개발 등의 모든 산업분야에 빅데이터, 사물인터넷(IoT), 인공지능을 이용한 드론 · 지능로봇, 정보통신기술(ICT)을 활용하고 있다. 이와 같은 지능정보기술에 의한 AI 제품의 개발, 자율자동차, 의료치료용 AI, 지능센서, 스마트공장(smart factory) 등의 개발 · 추진은 각 학문분야의 융합을 기본으로 한 첨단제품의 설계 및 제조방법은 직업의 대변화를 예고하고 있다.

재료역학(材料力學; mechanics of materials)은 재료강도학(材料强度學이; strength of materials)이라고도 부르며, 재료로 만들어진 각종 구조물 또는 기계부품에 힘이 작용할 때 고체내부의 거동을 역학적으로 다루는 응용역학 분야의 공학적 교과목 중의 하나이다. 재료역학을 배우는 목적은 구조물, 기기 및 기구, 기계 등에 사용되는 각종 재료가 안전하고, 경제적이며, 합리적으로 설계 · 제작할 수 있는 지식을 습득하여야 하는 필수적인 기본학문이기 때문이다.

재료역학은 외력(外力; external force)에 의한 재료내부의 변형이나 재료의 거동을 다루는 응용역학의 한 분야로서 구조물 또는 기계부품 등의 안전설계를 위해 응력, 변형 및 변위, 변형률, 탄성 및 변형에너지, 일 등에 관한 기본개념을 이해하고, 응력해석 및 재료의 특성 파악에 중점을 둔다.

최근 산업기술의 급속한 발전에 의해 기계 · 구조물의 고정밀화 및 고기능화에 따라 대학의 기계, 항공, 선박, 토목, 건축 및 재료 관련 거의 모든 학과의 학부 학생들은 기본적으로 재료역학을 배우고 있다. 따라서 재료역학은 주요 핵심교과목 중의 하나로서 이에 관련된 학과에 광범위하게 응용되고, 학습하여야 할 기초내용이 많이 포함되어 있다.

본 교재는 저자가 다년간의 강의와 연구 등의 경험을 바탕으로 전공 관련학과의 학부생, 초심자 및 산업현장 기술자가 제한된 시간 안에 기초에서 응용에 이르기까지 이해하기 쉽게 기술하려고 노력하였다. 또한, 강의를 담당하시는 교수님께서도 재료역학 및 학부과정에서 고체역학의 핵심원리와 기본개념을 명확히 이해한 후 문제해결 능력의 함양에 주력하여, 편리하게, 명료한 강의가 가능하도록 노력하였다.

본 교재의 기본내용은 응력, 변형 및 변위, 변형률, 응력 및 변형률의 변환, 자유물체도, 탄성 및 변형에너지, 일, 조합하중, 압력용기, 응력집중, 도심, 관성모멘트, 정정보 및 부정정보, 굽힘모멘트, 비틀림 모멘트, 전단력 또는 보의 변형, 기둥의 안정성 등에 관한 폭 넓은 내용을 다루고 있다. 이들 개념들은 각종 공학적 구조물의 해석, 기계요소의 응력해석 및 안전설계에 효과적으로 적용된다. 또한, 본 교재는 기본내용을 명확히 이해할 수 있도록 간단 · 명료하게 본문의 내용을 해설하고, 본문의 내용에 대한 이해도를 높이기 위하여 엄선된 [예제]를 상세히 풀이한 후 [연습문제]에 대한 해답을 부록에 제시하여 독자 자력으로 문제 해결능력을 기를 수 있도록 하였다.

본 교재의 내용 중 「제 5장 도형의 성질」은 정역학에서 충분히 다루는 내용이지만, 국내 상황을 고려하여 기술하였으므로 학부생의 수강정도를 파악하여 적절히 활용하기 바랍니다. 또한, 「제 14장 파괴역학」은 구조물 및 기계설계를 위한 중요한 내용이므로 학부의 저학년에서는 좀 무리인 것 같으므로 고학년에서는 다루어 주기를 권장합니다.

특히, 본 교재의 편찬을 위해 국 · 내외의 많은 관련 교재 및 자료를 유익하게 참고하였음을 알려드리고, 이에 깊은 감사를 드립니다. 끝으로 본 교재가 독자 여러분에게 유익하게 활용되기를 기대하며, 세심한 관심과 많은 조언을 부탁드리면서 미비한 부분은 지속적으로 수정 및 보완할 계획입니다. 본 교재를 출판하기 위해 많은 노력과 열정을 보여준 진샘미디어 관계자 여러분께 감사한 마음을 전합니다.

2020년 1월
대표저자 씀

차례

CHAPTER 3 축방향 하중이 작용하는 부재

CHAPTER 4 조합응력 및 모어의 응력원

CHAPTER 5 도형의 성질

CHAPTER 6 비틀림

CHAPTER 7 보의 전단력 및 굽힘모멘트

CHAPTER 8 보에 발생하는 응력

CHAPTER 9 보의 처짐

CHAPTER 1 서론

이 장에서는 본 교재에서 학습하고자 하는 내용의 이해를 돕기 위해 재료역학의 위치, 연속체 역학과의 관계, 구조물 및 기계와의 관계, 뉴턴역학, 자유물체도, 힘의 평형조건 등에 관한 내용을 명확히 한 후 앞으로 재료역학에서 학습하여야 할 내용의 범위를 규정한다. 재료역학에서 주로 사용하는 SI단위의 설명, 환산관계, 일과 에너지의 개념 및 재료의 거동현상과 인간의 관계를 기술한다.

1.1 재료역학

재료역학(材料力學; mechanics of materials)은 재료로 만들어진 각종 구조물, 또는 기계부품에 힘이 작용할 때 고체(固體) 내부의 거동을 역학적으로 다루는 응용역학 분야이다. 재료강도학(材料强度學; strength of materials)이라고도 부르며, 구조물 또는 기계부품 등의 안전설계를 위해 응력, 변형 및 변위, 변형률, 탄성 및 비탄성, 변형에너지 및 일 등의 기본개념에 의한 응력해석과 재료의 기계적 성질의 파악에 중점을 둔다.

재료역학의 일반적인 목표는 물체에 하중이 작용할 때 강도(强度; strength), 강성도(剛性度; stiffness 또는 rigidity) 및 안정성(stability)에 중점을 두고, 이에 대한 재료거동을 파악한다. 강도는 파괴에 대한 저항의 정도(程度)를 나타내고, 강성도는 파괴에까지는 이르지 않더라도 변형에 대한 저항정도를 말한다. 또한 안정성은 물체에 대한 평형상태를 유지하는 것을 의미한다.

이와 같이 재료역학은 외력(外力; external force)에 의한 재료내부의 변형이나 재료의 거동을 다루는 응용역학의 한 분야로서 재료의 파괴에 대한 저항정도를 나타내는 강도와 재료의 변형에 대한 저항정도를 나타내는 강성도 또는 간단히 강도(剛度)를 취급하는 학문이다. 그러므로 재료역학을 배우는 목적은 공업재료를 그 특성에 따라 적재적소에 사용하여 강도적으로 안전한 설계를 하고, 합리적이며 경제적인 최적설계를 위한 선행(先行) 과정이라고 할 수 있다.

따라서 재료역학은 기계공학, 구조공학, 건축공학, 우주 · 항공공학 및 재료공학을 전공하는 대학과정의 학부생을 대상으로 인상, 압축, 굽힘이나 비틀림 등의 하중이 작용하는 구조재료의 해석 및 안전설계를 위한 내용을 다룬다. 또한, 응력 및 변형률의 변환, 조합하중, 응력집중, 보의 변형 또는 기둥의 안정성에 관한 내용을 주로 다룬다.

그러므로 재료역학을 학습하기 위한 기본단계로는 응력 및 변형의 해석, 응력과 변형에 관한 법칙을 응용하는 순서로 수행되므로 본 교재에서도 이러한 과정으로 내용을 전개하고자 한다.

1.2 재료역학과 연속체역학의 관계

먼저 재료역학의 위치 및 연속체역학(連續體力學; continuum mechanics)의 개념을 파악하여 보기로 한다. 미시적(微視的)으로 보면 물질이란 수많은 원자와 분자가 연속적으로 집합된 것으로 생각하는 가상적인 물체를 연속체(連續體; continuous body, 또는 continuum)라 하고, 이들의 역학적 성질을 다루는 학문을 연속체역학이라고 한다.

연속체역학은 [표 1-1]과 같이 분류할 수 있고, 연속체에는 외력이 작용하지 않으면 항상 평형을 유지하는 고체(固體; solid)와 그렇지 않은 유체(流體; fluid)가 있다. 이러한 의미에서 보면 이미 물리학, 정역학 및 동역학에서 배운 변형을 무시한 강체역학(剛體力學; mechanics of rigid body)이 있다. 여기에서 다루려는 재료역학(材料力學; mechanics of materials)은 물론, 더욱 심화된 학문으로서 탄성역학(彈性力學; mechanics of elasticity)과 이에 점성(粘性; viscosity)을 갖는 물체를 대상으로 하는 점탄성학(粘彈性學; theory of viscoelasticity), 소성변형을 해석하는 소성역학(塑性力學; mechanics of plasticity)과 점소성학(粘塑性學; theory of viscoplasticity) 등의 고체역학(固體力學; solid mechanics)이 있다. 그리고 유체의 거동을 거시적으로 취급하는 유체역학(流體力學; fluid mechanics)도 연속체역학의 일부로 취급한다. 또한, 탄소성 및 점성을 통틀어 시간의 영향을 고려하여 재료의 변형과 소성흐름을 현상론적(現象論的)으로 취급하는 유변학(流變學; rheology) 등이 있다.

따라서 고체는 항상 형태를 유지하고, 고체를 구성하는 물질입자(物質粒子)인 전자(電子; electron)를 매개로 하는 양자역학(量子力學; quantum mechanics)적인 결합력에 의한다. 이 결합력은 물질 자체의 재료특성을 나타내며, 재료거동(材料擧動; behavior materials)을 규명하기 위한 중요한 사항으로 취급되고 있다.

[표 1-1] 연속체역학의 분류

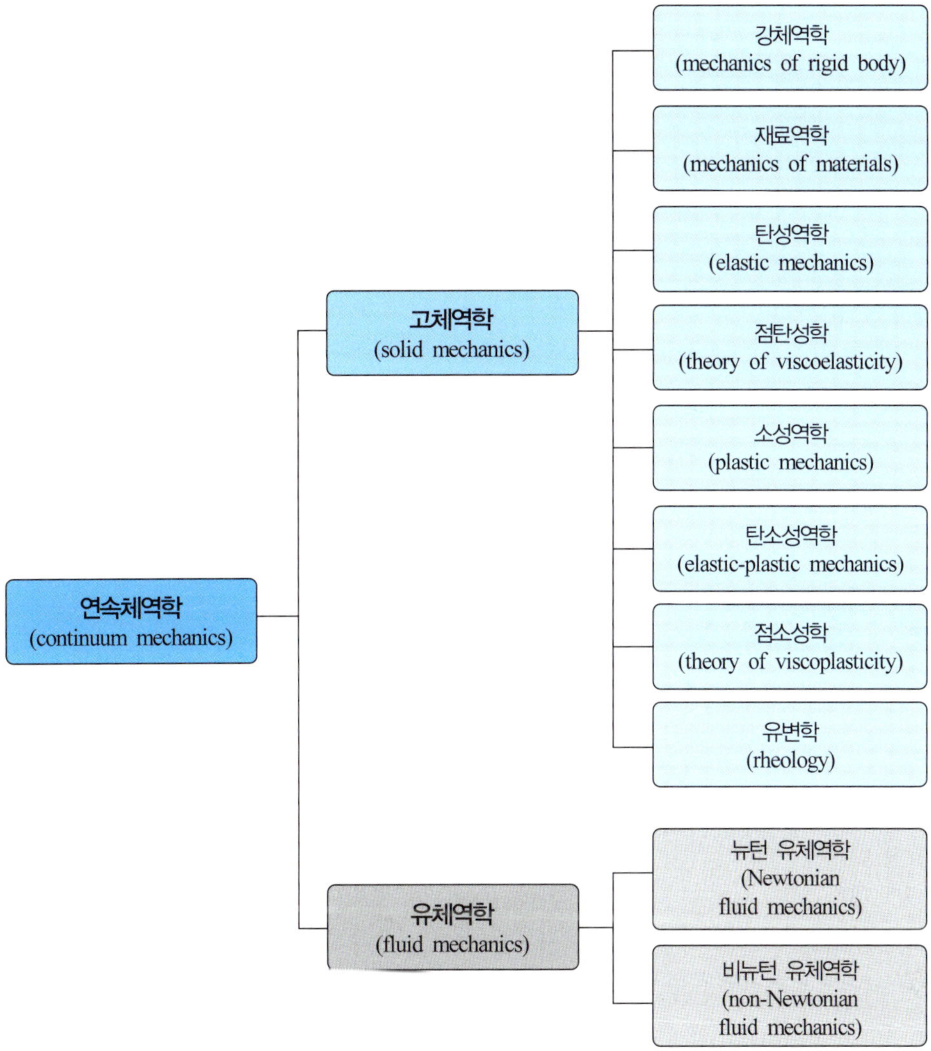

또한, 때로는 외력을 가하여도 변형을 하지 않는 가상적인 물체를 생각할 수 있는데 이러한 물체를 강체(剛體; rigid body)라고 하며, 물리학, 정역학(靜力學; statics) 및 동역학(動力學; dynamics)에서는 물체의 변형은 무시하고 힘 및 운동만을 취급할 때 주로 강체가 이용되고 있다.

특히 연속체로서 고체에 외력이 작용할 때 나타나는 역학적 응답을 다루는 학문을 고체역학(固體力學; solid mechanics)이라 한다. 고체역학은 변형을 무시하고, 힘의 평형 관계만을 고려하는 강체역학과는 달리 변형을 고려한 변형체의 역학을 다룬다. 재료변형의 특성을 나타내는 형태로는 탄성, 소성 및 점탄성 거동 등이 있지만 재료역학은 고체역학 중의 한 분야이므로, 본 교재에서는 연속체역학 중에서 재료역학을 주로 취급하기로 한다.

탄성거동(彈性擧動; elastic behavior)은 하중과 변형률이 선형적인 비례관계를 나타내고, 외력을 제거하면 영구변형이 남지 않고 원래의 상태로 완전히 회복되는 물체를 탄성체(彈性體; elastic body)라고 한다. 탄성역학(彈性力學; mechanics of elasticity)은 탄성체에 외력이 작용할 때 재료의 변형거동을 취급하는 학문을 말한다. 탄성역학의 구성은 외력의 작용에 의해 내부에 어떤 변형이 발생하는가를 역학적인 관점과 외부의 강제변위에 따른 내부 변형률의 발생에 대한 기하학적인 관점으로 이루어진다.

소성을 공업적으로 이용하는 분야로는 구조물의 설계, 절삭 및 연삭가공, 소성가공, 재료시험, 파괴, 마찰 및 마모 등이 있다. 트러스(truss) 등의 구조물에 대한 각 부재(部材)의 항복(降伏; yielding)시기에는 차이가 있지만, 일부의 부재가 항복을 일으키더라도 전체 구조물은 작용하중에 충분히 견딜 수 있다. 최근 구조물이 큰 소성변형을 발생하기 시작하는 한계하중, 또는 붕괴하중을 기준강도로 하는 극한설계(極限設計; limit design)가 이용되고 있다.

1.3 재료역학의 발전과정

이탈리아의 갈릴레오(Galileo Galilei : 1564～1624년)는 보(beam)의 파괴에 대한 저항을 재질 및 형상으로 분류하여 처음으로 해석한 과학자이다. 이를 계기로 기계 및 구조물이 변형하거나 파괴하지 않도록 사용재료, 치수 및 형상 등을 결정하기 위한 목적에서 발달한 학문이 재료역학이라고 할 수 있다. 그 중에서도 탄성한도에서 응력과 변형에 대한 해석은 수학자들의 흥미를 불러일으켰고, 탄성이론은 당시의 프랑스 과학자들에 의해 발전되어 왔다.

그러나 1820년경의 재료역학은 부적절한 보의 이론, 잘못 해석된 봉의 비틀림 이론, 불명확한 탄성정수(彈性定數; elastic modulus) 등으로 구성되었다. 그 때문에 이들의 불완전한 이론에서 벗어나 재료역학에 대한 일반론을 정립하려는 움직임이 싹트기 시작하였고, 이것이 탄성역학의 모체로 되었다.

탄성학의 초기에는 물질구조에 대한 새로운 개념인 분자론에 근거하여 탄성력을 분자의 배열변화에 의한 분자사이의 힘을 고려하여 1814년에 프랑스의 푸아송(S. D. Poisson : 1781-1840년)이 평판의 굽힘에 대한 탄성력의 평형방정식(平衡方程式; equilibrium equation)을 유도하였다. 분자사이의 힘을 대신하여 현재의 응력 및 변형률의 개념을 도입한 것은 프랑스의 코시(A. Cauchy : 1789-1857년)이다. 그는 물체의 단면에 작용하는 응력과 합응력(合應力)을 구별하여 변형률의 일반론을 확립하였고, 1822년에 일반적인 Hooke의 법칙, 응력의 평형방정식 및 변위방정식 등에 관한 탄성기초식을 유도 · 발표하였다.

그 당시의 등방탄성체(等方彈性體)의 평형방정식에는 단 1개의 탄성정수만이 필요하였고, 이것은 전체 과학자들에게 인정되었음에도 불구하고 Cauchy의 기초식에는

2개의 탄성정수를 포함하고 있었기 때문에 이에 대한 많은 논쟁을 불러 일으켰다. 그 후 영국의 그린(G. Green : 1793-1841년)에 의한 탄성정수에 관한 연구와 많은 물리학자들의 실험에 의해 Cauchy의 이론이 지배적으로 되었다. 이렇게 하여 탄성기초방정식이 확립되어 19세기 후반부터 이 방정식을 근거로 실제문제를 해석하기 위한 각종 이론이 고려되어 왔다.

탄성역학의 발전과 함께 비교적 해석이 용이한 1차적으로 변화하는 응력상태는 재료역학에서도 다루어졌다. 탄성변형의 해석은 탄성역학에 포함되었지만 재료역학에서는 해석의 간략화를 위해 다음과 같은 가정(假定)을 도입하고 있다. 그 한 예로써 보의 굽힘과 봉의 비틀림 이론에 대한 가로단면의 평면유지를 가정한다. 이것에 대해서 탄성역학에서는 응력과 변형상태를 가정하지 않고, 탄성 기초방정식이라고 불리는 미분방정식의 해를 구하는 것에 중점을 두고 있다.

최근 컴퓨터의 눈부신 발달과 효율적인 이용에 의해 구조물의 해석에 적은 비용으로 손쉽게 해석이 가능한 시대를 맞이하여 재료역학에 관한 기초이론의 확립은 해석시뮬레이션(compurer aided engineering; CAE)의 입장에서 매우 유익하다고 할 수 있다.

르네상스시기를 즈음하여 변형의 개념을 고려하여 고체를 역학적으로 해석하기 시작한 후 재료역학의 주요 발전과정은 [표 1-2]와 같이 요약할 수 있다.

[표 1-2] 재료역학의 발전과정

순 번	이 름	주요 내용
1	Leonardo da Vinci (1452 ~ 1519년)	가상변위(假想變位)의 원리를 적용
2	Galileo Galilei (1564 ~ 1642년)	최초의 재료역학에 관한 서적 'Two New Science'의 출간, 재료의 기계적 성질 및 강도 설명
3	Robert Hooke (1635 ~ 1703년)	Hooke의 법칙 발견(1678년)
4	Jacob Bernoulli (1654 ~ 1705년)	굽힘 모멘트와 탄성곡선의 곡률식 $\frac{1}{\rho}=\frac{M}{EI}$ 제시
5	Leonard Euler (1707 ~ 1783년)	보의 처짐 및 긴 기둥의 좌굴에 관한 미분방정식 제안
6	C. A. Coulomb (1736 ~ 1806년)	중립축의 존재 확인, 비틀림 이론의 전개
7	Thomas Young (1773 ~ 1829년)	영계수(Young's modulus) 발견
8	S. D. Poisson (1781 ~ 1840년)	푸아송비 제시
9	M. Navier (1785 ~ 1836년)	'Mechanics of Materials'를 출간

1.4 기계 및 구조물의 정의와 재료역학

일반적으로 기계(機械; machine)의 정의는 다음과 같은 4가지 조건을 모두 만족시켜야 하는 것으로 한다.

(1) 몇 개의 물체로 조합되어 있을 것
(2) 기계를 구성하는 물체는 저항력이 있을 것
(3) 각 부분은 제한된 운동을 할 것
(4) 공급받은 에너지를 변환하여 유효한 기계적 일을 할 것

위의 조건 중에서 (1), (2)항을 만족시킨다면 강도적으로 안전한 재료로 구성된 교량, 또는 철탑 등과 같은 구조물(structure)을 의미하고, 망치, 줄, 톱 등과 같은 공구(工具; tool) 및 각종 측정기(測定器)를 나타내기도 한다.

또한, (1)~(3)항까지를 만족시키면 마이크로미터(micrometer), 볼펜(ball pen) 등과 같이 각 부분의 상대운동은 있지만 외부의 기계적인 일을 하는 것이 아니고, 단순히 인간의 지각(知覺)을 보조하는 것으로서 기기(機器; instrument), 또는 기구(器具)라고 한다. 기계가 유효한 일을 하기 위해서는 모터, 또는 엔진 등의 액추에이터(actuator)라는 동력원(動力源)으로부터 에너지의 공급이 필요하다. 따라서 조건 (1)~(4)항까지를 모두 만족시켜야 비로소 기계라고 할 수 있다.

이와 같이 기계의 정의를 이해한다면 구조물, 기기 및 기구, 기계설계(機械設計; machine design)를 위해 배워야할 교과목을 알 수 있고, 또한 이러한 교과목의 이해를 필요로 한다.

기계를 설계하기 위해서는 우선 그 기구(機構; mechanism)를 구현하기 위한 기계요소의 조합 및 이에 대한 운동의 고려가 필수적이라 할 수 있다. 요구되는 기구와 강도가 결정되면 신뢰성과 수명 등을 고려하여 적합한 재료를 선정한 후 그 형상과 치수를 결정하고, 생산성과 외관 및 경제적 문제, 인간의 생활과 관련된 문제 등을 충분히 고려하여 경제적이며, 강도적으로 안전한 설계도면을 작성한 후 기계의 제작공정으로 진행된다.

이상을 종합하면 기계를 제작하기 위해서는 가능한 손실이 적은 간단한 메커니즘을 선정하고, 각 부분에 작용하는 힘을 조사하여 충분한 강도를 얻을 수 있는 적합한 재료를 선택한다. 경제적이며, 안전하고도 유효한 부재(部材)의 크기를 결정하고, 기능(機能)설계, 생산(生産)설계, 의장(意匠)설계 등 다각도의 설계를 진행한다. 따라서 우수한 구조물, 건축물 및 기계를 설계하려면 이에 대한 다음과 같은 기초지식과 전문지식을 두루 갖추어야 한다.

1.4.1 기초지식

기계설계를 하기 위해서는 다음과 같은 기초지식의 이해가 필요하다.

(a) 재료역학(Mechanics of materials) : 응력과 변형률에 관한 상호관계
(b) 기구학(Mechanism) : 기계 각 부분의 운동과 요소의 조합방법
(c) 기계역학(Statics and dynamics) : 기계 각 부분의 운동과 힘의 관계 및 진동
(d) 재료공학(Materials Engineering) : 재료의 특성 및 제조방법
(e) 기계요소(Machine elements) : 기계요소에 관한 지식과 설계방법
(f) 기계제작(Manufacturing process) : 기계부품을 제작하기 위한 가공방법과 이에 관련된 공정

1.4.2 전문지식

물, 기름, 공기, 열 등과 관련이 있는 유체역학, 유체기계, 열역학, 열전달, 내연기관 등과 메커트로닉스(mechatronics), 로봇(robot), 자동제어에 관한 지식이 필요하다. 또한, 기계공학 외에도 전기 및 전자공학, 제어공학, 컴퓨터 및 정보공학, 인공지능(artificial intelligence: AI), 생체공학, 환경공학이 융 · 복합된 지식과 품질관리(quality control), 가치공학(value engineering) 등의 전문지식이 결합된 복잡한 다차원의 문제해결 능력이 요구되며, 스마트공장(smart factory)의 구현이 시급하다.

이와 같이 공학(工學; engineering)은 물리학(物理學; physics)의 응용이고, 공학적 문제의 엄밀해는 수학적으로 풀이할 수 있지만, 경계조건의 복잡성 때문에 수학적 해석이 곤란한 경우는 컴퓨터를 이용하여 근사해를 구한다. 공학을 공부하기 위해서는 물리, 수학 및 컴퓨터에 관한 지식이 중요하다는 것을 쉽게 이해할 수 있다. 따라서 물리학에서 화학적 내용을 공학적으로 응용한 것은 화학공학이 되고, 전자부분은 전자공학, 전기부분은 전기공학이 된 것은 쉽게 알 수 있다.

그렇다면 기계공학은 물리학에서 어떤 내용이 응용된 것일까? 아마 마찰부분, 일(work)부분, 수력(水力)부분이 응용된 것으로서 모든 내용이 힘(force)과 관련되고, 힘의 작용에 의한 현상을 취급하므로 역학(力學; mechanics)이라 부른다.

역학은 힘이 작용하는 물체에 대한 정적(靜的) 또는 동적(動的) 물리현상과 외부적인 효과를 다루는 학문으로서 정역학(statics)과 동역학(dynamics)으로 나누고, 일반적으로 힘과 운동을 동시에 취급한다. 또한 동역학에서는 기구학에서와 같이 힘의 크기는 고려하지 않고, 물체의 운동상태 만을 취급하는 운동학(運動學; kinematics)과 재료역학 및 기계설계에서와 같이 운동상태도 동시에 해석하는 운동역학(運動力學; kinetics)으로 분류한다. 따라서 힘이란 크기, 방향 및 작용점을 갖는 벡터로서 물체의 운동을

변화시키며, 상호작용을 한다. 이러한 역학에는 대학 학부과정에서 배우는 재료역학, 정역학, 동역학, 열역학 및 유체역학 등이 대표적이라 할 수 있다.

이와 같은 역학을 배우는 목적은 물리현상을 설명하고, 이를 예측하여 공학에 응용하기 위함이며, 역학은 이러한 기초를 제공하는 응용과학이라 할 수 있다.

1.5 뉴턴역학과 재료역학

17세기 후반 아이작 뉴턴(Isaac Newton : 1642 ~ 1727년)은 3가지 기본법칙을 발표하였고, 일반적으로 재료역학은 변형체역학으로서 뉴턴법칙을 적용하며, 지금까지 뉴턴역학은 공학적 해석의 기초가 되고 있다. 그 후 1905년 아인슈타인(Albert Einstein : 1879~1955년)에 의한 상대성이론(相對性理論; theory of relativity)이 발표되고, 빛이나 전자의 이동 및 전자기학에서는 입자설(粒子說)과 파동설(波動說)에 의한 양자역학(量子力學; quantum mechanics)을 적용하고 있다. 뉴턴역학은 공간, 시간 및 질량은 절대적 개념을 갖는 서로 독립된 양으로서 뉴턴법칙에는 다음과 같은 3가지 법칙이 있다.

1.5.1 뉴턴법칙

(1) 제 1법칙 : 정지하고 있거나 일정속도로 직선운동을 하는 물체는 평형을 깨려는 외력(外力 : external force)이 작용하지 않는한, 현재의 상태를 계속 유지한다. 물체에 외력이 작용하더라도 정지상태(靜止狀態)가 유지되려면 외력은 정역학적(靜力學的)으로 평형(equilibrium)상태를 이루어야 한다. 정역학적 평형조건은 힘 및 회전모멘트의 대수적 합이 각각 0이 된다.

$$\Sigma F_i = 0 \ (i = x, y, z) : \text{힘의 평형방정식} \qquad (1\cdot1)$$

$$\Sigma M_i = 0 \ (i = x, y, z) : \text{모멘트의 평형방정식} \qquad (1\cdot2)$$

정역학적인 평형조건의 식 (1·1) 및 식 (1·2)는 정역학의 기본원리로서 구조물이나 기계 등에 작용하는 미지의 힘, 즉 일반적으로 반력(反力; reaction force)을 결정할 수 있는 문제를 정정(靜定; statically determination)문제라고 한다. 그러나 정적인 평형조건만으로는 미지반력(未知反力)의 수가 많으므로 변위 또는 변형에너지를 이용하여 미지반력을 구할 수 있는 문제를 부정정(不靜定; statically indetermination)문제라고 한다.

(2) 제 2법칙 : 물체의 평형을 깨는 외력이 작용하면 힘과 같은 방향으로 가속도가 발생한다. 운동의 법칙이라 하며 동역학에 이용되고, 다음 식과 같이 힘(F)은 질량(m)과 가속도(α)의 곱에 비례한다.

$F = m\alpha$: 힘과 가속도의 관계식 (1·3)

따라서 식 (1·3)은 동역학의 기본원리로 된다.

(3) **제 3법칙** : 접촉하고 있는 물체사이에 작용하는 작용력과 반작용에 의한 반력은 그 크기와 작용선이 같고 방향은 서로 반대이다.

1.5.2 힘과 모멘트

[그림 1-1]과 같이 볼트(bolt)를 풀거나 조일 때 사용하는 스패너(spanner)는 볼트의 중심 O를 고정축으로 하고, A점에 힘 F를 작용시키면 스패너는 O점을 중심으로 회전하려고 한다. 이와 같이 고정점 O를 중심으로 물체를 회전시키려고 하는 능력을 힘의 모멘트(moment of force)라고 한다. 이때 스패너의 손잡이의 거리 l이 고정점 O로부터 길수록 작은 힘으로 큰 회전모멘트가 발생하는 것을 알 수 있다.

회전모멘트의 크기는 작용하는 힘과 거리에 비례하므로 다음 식과 같이 나타낸다.

$$M = Fl\,[\mathrm{N \cdot m}] \tag{1·4}$$

여기서 모멘트의 회전방향은 시계방향을 양(+), 반시계방향을 음(−)으로 규약한다.

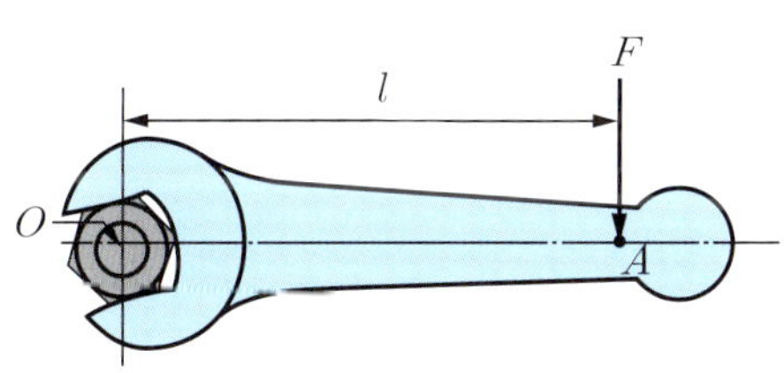

[그림 1-1] 스패너와 회전모멘트

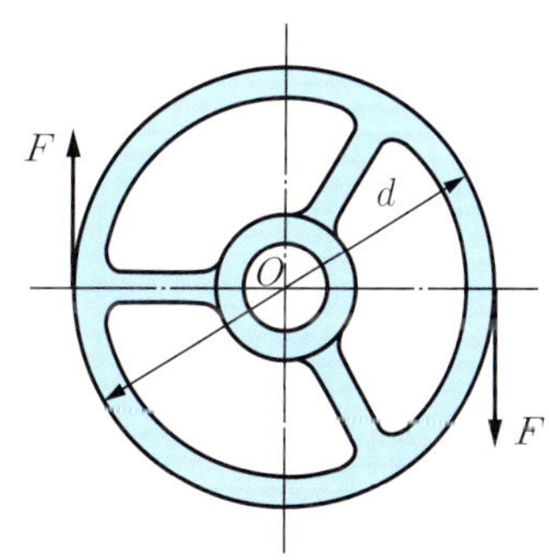

[그림 1-2] 자동차 핸들과 짝힘

1.5.3 짝힘과 모멘트

[그림 1-2]와 같이 지름 d인 자동차 핸들을 양 손으로 잡고 회전시킬 때 힘의 크기가 같고, 방향이 서로 반대인 평행한 두 힘은 물체를 회전시키려고 하는 힘이 작용하는데 이 힘을 짝힘(偶力; couple), 이때의 회전모멘트를 짝힘 모멘트(moment of couple)라고 한다. 이때 핸들의 중심 O에 작용하는 짝힘 모멘트 M은 다음 식과 같이 된다.

$$M = F\frac{d}{2} + F\frac{d}{2} = Fd \tag{1·5}$$

식 (1·5)로부터 알 수 있듯이 짝힘 모멘트의 크기는 힘 F와 두 힘의 작용선 사이의 수직거리를 곱한 값으로 나타낸다.

참고사항

짝힘(우력) : 물체에 작용하는 크기가 같고 방향이 반대인 평행한 두 힘을 말하고, 물체에 짝힘만이 작용할 때 물체는 회전운동을 한다. 짝힘은 다음과 같은 특성을 지닌다.

(1) 짝힘 모멘트는 동일평면의 어떤 점에 대해서도 같은 효과를 나타낸다.

(2) 짝힘은 동일 물체 안에서 짝힘이 처음 존재하던 평면에 평행한 다른 임의의 평면으로 이동시킬 수 있다.

(3) (2)항의 역으로써 짝힘은 물체에 미치는 회전효과를 변화시키지 않고서는 평면의 위치를 변화시킬 수 없다.

1.5.4 자유물체도와 힘의 평형조건

여러 개의 힘이 작용하는 물체가 정적인 평형상태를 유지하기 위해서는 그 합력(合力; resultant force)과 모멘트의 대수적 합이 각각 0이 되는 식 (1·1)과 식 (1·2)의 평형방정식을 만족하여야 한다.

[그림 1-3(a)]와 같이 로프(rope)의 C점에 힘 F가 수직으로 작용할 때 로프 AC, BC에 생기는 장력(張力)을 구하기 위해서는 우선적으로 [그림 1-3(b)]와 같은 자유물체도(自由物體圖; free-body diagram)를 그린다.

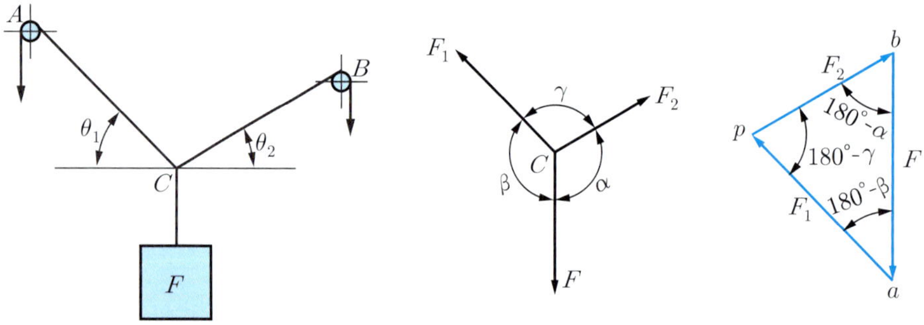

(a) 로프 (b) 자유물체도 (c) 힘의 삼각형

[그림 1-3] 자유물체도와 힘의 삼각형

평형상태의 질점(質點)을 나타내는 C점에서 로프 AC, BC에 작용하는 장력을 각각 F_1, F_2라 하고, 3개의 힘에 의한 삼각형을 그리면 [그림 1-3(c)]와 같다.

힘의 삼각형 pab에서 다음의 관계식이 성립한다.

$$\frac{F_1}{\sin(180° - \alpha)} = \frac{F_2}{\sin(180° - \beta)} = \frac{F}{\sin(180° - \gamma)}$$

$$\therefore \frac{F_1}{\sin\alpha} = \frac{F_2}{\sin\beta} = \frac{F}{\sin\gamma} \tag{1·6}$$

식 (1·6)을 라미의 정리(Lami's theorem) 또는 사인법칙(sine law)이라고 한다.

참고사항

자유물체도 : 물체의 질점에 관한 평형상태를 고려하기 위해서는 우선, 질점에 작용하는 모든 힘을 그림으로 표현하는 자유물체도를 그려야 한다. 자유물체도는 대상질점이나 물체에 작용하는 힘과 반력을 명확히 알 수 있고, 이들에 작용하는 모든 실제 힘들의 합력을 효과적으로 계산하는데 도움을 준다.

자유물체도를 그리는 순서는 다음과 같다.

(1) 해석하려는 대상을 선택한다. [그림 1-3(a)] 참조.

(2) 분리된 물체도를 그린 후 외력, 지지점의 반력 및 모멘트를 나타낸다. [그림 1-3(b)] 참조.

(3) 지지점에 대한 반력의 방향은 임의로 표시한 후 최종적으로 구한 반력의 값이 음(−)이면, 가정한 방향과 반대방향으로 간주한다.

예제 1-1

[그림 1-4(a)]와 같이 2개의 봉으로 지지된 C점에 $F=1\,[\text{kN}]$의 힘이 작용할 때 AC, BC의 각 봉에 걸리는 힘 F_{AC}, F_{BC}를 구하시오.

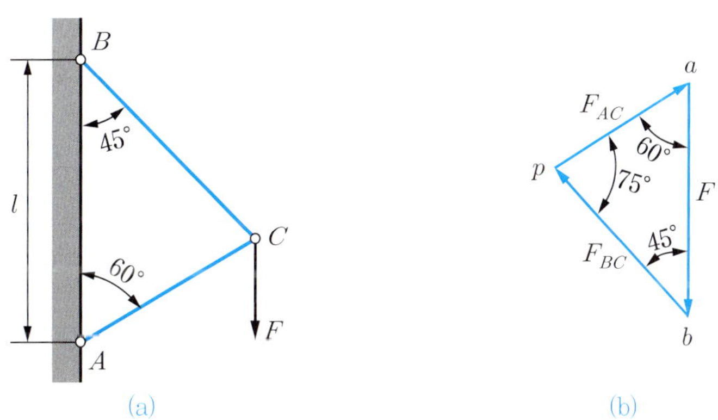

[그림 1-4]

| 풀이 | [그림 1-4(a)]에 의한 힘의 삼각형은 [그림 1-4(b)]와 같고, Lami의 정리인 식 (1·6)을 적용하면 다음과 같이 쉽게 구할 수 있다.

$$\frac{F_{AC}}{\sin 45°} = \frac{F_{BC}}{\sin 60°} = \frac{F}{\sin 75°}$$

$$\frac{F_{AC}}{\sin 45°} = \frac{F_{BC}}{\sin 60°} = \frac{1000\,[\text{N}]}{\sin 75°}$$

$$\therefore F_{AC} = \frac{\sin 45°}{\sin 75°} \times 1000 = 732.1\,[\text{N}]$$

$$F_{BC} = \frac{\sin 60°}{\sin 75°} \times 1000 = 896.6\,[\text{N}]$$

1.6 단위

1.6.1 단위계

물리량(物理量)을 수치(數値)로 나타내기 위하여 비교의 기준으로써 사용되는 것을 단위(單位; unit)라고 한다. 단위계에는 길이, 질량, 시간을 기본단위로 하여 다른 양의 단위를 유도한 절대단위(絕對單位)와 질량 대신에 힘을 기본량으로 하고, 일정 질량에 작용하는 중력을 기본단위로 한 중력단위(重力單位)가 있다.

절대단위는 물리학계에서 널리 사용되어 왔고, 길이 [m], 질량 [kg], 시간 [s]을 기본으로 한 MKS 단위계와 길이 [cm], 질량 [g], 시간 [s]을 기본으로 한 CGS 단위계가 있다. 중력단위는 길이, 무게, 시간을 기본으로 공학계에서 널리 사용되므로 공학단위계라고도 한다.

1.6.2 SI 단위

(1) SI 기본단위

SI 단위(international system of units)는 국제표준화기구(International Organization for Standardization : ISO)에서 국제적으로 통용하기 위해 채택된 단위를 말한다. SI 단위에는 [표 1-3]과 [표 1-4]에 나타낸 것과 같이 7개의 기본단위와 2개의 보조단위 및 2개 이상의 기본단위가 조합된 조립단위가 있다. 또한, 접두어를 사용하여 10의 멱급수(power series)배로 나타내기도 한다.

[표 1-3] SI 기본단위

양	명칭	기호
길이	미터	m
질량	킬로그램	kg
시간	초	s
전류	암페어	A
열역학온도	켈빈	K
물질량	몰	mol
광도	칸델라	cd

[표 1-4] SI 보조단위

양	명칭	기호
평면각	라디안	rad
입체각	스테라디안	sr

(2) SI 보조단위 및 조립단위

SI 보조단위는 [표 1-4]에 표시한 것과 같이 2개의 기하학적인 무차원량(無次元量)이며, 기본단위나 조립단위의 양 쪽에 속한다고 할 수 있지만 약속에 의해 보조단위라고 한다.

또한, SI 조립단위는 기본단위와 보조단위를 사용하여 대수적인 관계로 구성된 단위이다.

예를 들면 힘의 단위는 $[kg \cdot m \cdot s^2]$이고, 그 명칭은 킬로그램 · 미터 · 매초 제곱으로 되어 비현실적이므로 고유명칭을 가진 19개의 조립단위가 결정되어 있다.

매우 크거나 작은 양을 표시하기 위해 SI 단위에 10의 정수승배를 나타내는 16개의 적절한 접두어를 붙여 사용하는 것이 편리하므로, 이에 대한 명칭과 기호가 [표 1-5]와 같이 별도로 정해져 있다.

(3) SI 접두어

아주 크거나 작은 양의 표시를 위해 SI 단위의 10의 정수승배를 나타내는 16개의 접두어 명칭과 기호를 나타낸 것이다. 양을 표시하는 숫자가 0.1에서 1000 사이가 되도록 적절한 SI 접두어를 사용하는 것이 편리하다.

[표 1-5] SI 접두어

부수	접두어	기호	부수	접두어	기호
10^{18}	엑사	E	10^{-1}	데시	d
10^{15}	페타	P	10^{-2}	센티	c
10^{12}	테라	T	10^{-3}	밀리	m
10^{9}	기가	G	10^{-6}	마이크로	μ
10^{6}	메가	M	10^{-9}	나노	n
10^{3}	킬로	k	10^{-12}	피코	p
10^{2}	헥토	h	10^{-15}	펨토	f
10^{1}	데카	da	10^{-18}	아토	a

(4) 재료역학에서 사용되는 SI 단위

[표 1-6]은 재료역학에서 사용되는 주요한 조립단위를 나타낸 것이고, [표 1-7]은 자주 사용되는 물리량들을 각 단위계별로 비교한 것이다.

[표 1-6] 재료역학에서 사용되는 주요 조립단위

양	SI	
	단위(명칭)	단위기호
면적	제곱미터	m^2
부피	세제곱미터	m^3
속도	미터 / 초	m/s
가속도	미터 / 초제 곱	m/s^2
각속도	라디안 / 초	rad/s
각가속도	라디안 / 초제곱	rad/s^2
진동수, 주파수	헤르츠	Hz
회전속도	회 / 초	s^{-1}
밀도	킬로그램/세제곱미터	kg/m^3
운동량	킬로그램 · 미터/초	kg · m/s
운동량의 모멘트, 각운동량	킬로그램 · 제곱미터/초	$kg \cdot m^2/s$
관성모멘트	킬로그램 · 제곱미터	$kg \cdot m^2$
힘	뉴턴	N ($kg \cdot m \cdot s^{-2}$)
힘의 모멘트	뉴턴 · 미터	N · m
압력, 응력	파스칼(뉴턴 / 제곱미터)	Pa (N/m^2)
표면장력	뉴턴 / 미터	N/m
에너지, 일량	주울	J (N · m)
일률, 동력	와트	W (J/s)

[표 1-7] SI, CGS계 및 공학단위계의 대조표

양 / 단위계	길이	질량	시간	온도	가속도	힘	압력, 응력	에너지	일률	점도	동점도
SI	m	kg	s	K	m/s^2	N	Pa	J	W	Pa · s	m^2/s
CGS계	cm	g	s	℃	gal	dyn	dyn/cm^2	erg	erg/s	P	St
공학단위계	m	$kg_f \cdot s^2/m$	s	℃	m/s^2	kg_f	kg_f/m^2	$kg_f \cdot m$	$kg_f \cdot m/s$	$kg_f \cdot m/s^2$	m^2/s

비고 CGS계 단위에서 $1[\mathrm{gal}] = 1[\mathrm{cm/s^2}]$로서 '갈릴레이'의 이름에서 따온 것이다.

(5) 단위의 환산

(a) 힘(force)

절대단위에서 힘의 단위는 질량 $1[\mathrm{kg}]$의 물체에 $1[\mathrm{m/s^2}]$의 가속도를 주는 힘을 $1[\mathrm{N}]$ (Newton)이라 한다. 즉, 뉴턴의 제2법칙인 $F = m \cdot \alpha$로부터 다음 식과 같이 된다.

$$1[\mathrm{N}] = 1[\mathrm{kg \cdot m/s^2}] \tag{1·7}$$

중력단위에서 힘의 단위는 질량 $1[\mathrm{kg}]$의 물체에 작용하는 중력, 즉 물체의 무게를 사용하며, 이것을 1중량 $[\mathrm{kg}]$ ($[\mathrm{kg_f}]$)이라 한다. 같은 물체의 질량과 그 무게는 다르며 중력가속도 $g = 9.807[\mathrm{m/s^2}]$로 하면, 절대단위와 중력단위에 대한 힘의 관계는 다음 식과 같이 된다.

$$1[\mathrm{kg_f}] = 1[\mathrm{kg}] \times 9.807[\mathrm{m/s^2}] = 9.807[\mathrm{N}] \tag{1·8}$$

$$\therefore 1[\mathrm{N}] = 0.102[\mathrm{kg_f}]$$

(b) 응력 및 압력

응력(σ)과 압력은 단위면적(A)에 작용하는 힘(F)을 나타내며, 이 둘의 단위는 서로 같다. 힘을 받는 면이 유체일 때는 압력, 고체일 때는 응력이라 한다.

응력 $\sigma = F/A$에서 다음 식이 얻어진다.

$$1[\mathrm{Pa}](\mathrm{Pascal}) = 1[\mathrm{N/m^2}], \quad 1[\mathrm{MPa}] = 1[\mathrm{N/mm^2}] \tag{1·9}$$

$$\therefore 1[\mathrm{Pa}] = 0.102[\mathrm{kg_f/m^2}]$$

응력에 대해서는 뒤에서 자세히 설명한다.

(c) 일 및 모멘트

일(work; H)은 힘(F)이 작용하여 움직인 거리(S)를 의미하므로 힘×거리로 나타내고, 모멘트(moment)의 단위와 같다. 즉, 일 $H = F \cdot S$로부터 다음의 관계식이 얻어진다.

$$1[\mathrm{N \cdot m}] = 1[\mathrm{J}]\ (\mathrm{Joule}) \tag{1·10}$$

또한 에너지(energy)는 일을 할 수 있는 능력을 의미하고, 일과 에너지의 단위는 같다. 에너지에 대해서는 뒤에서 상세히 설명하기로 한다.

(d) 각속도 및 원주속도

원주속도 v[m/s], 각속도 ω[rad/s], 회전수 N[rpm], 회전반지름 r[mm], 또는 지름 d[mm] 사이에는 다음의 관계식이 성립한다.

$$v = \omega \cdot r = \frac{2\pi N}{60}[\mathrm{rad/s}] \cdot \frac{\mathrm{r}}{1000} = \frac{2\pi r N}{60 \times 1000} = \frac{\pi d N}{60 \times 1000}[\mathrm{m/s}] \quad (1 \cdot 11)$$

(e) 일률(공률) 및 동력

동력(P)은 힘(F)과 속도(v)의 곱으로서 각속도(ω)와 토크(T) 사이에는 다음의 관계식이 성립한다.

$$P = F \cdot v = F \cdot (\omega \cdot r) = (F \cdot r)\omega = T \cdot \omega = E \cdot I \quad (1 \cdot 12)$$

여기서, H는 일, E는 전압, I는 전류를 나타낸다.

일률은 단위시간에 대해서 한 일량을 말한다. 즉, 일률 $P = dH/dt = E \cdot I$의 관계식으로 표시되고, 식 (1·12)에서 기계적 일과 전기적 일의 상관 관계를 알 수 있다.

또한, 동력(動力; power)의 SI 단위는 [W]이고, 다음과 같은 관계가 있다.

$$1[\mathrm{W}]\,(\mathrm{watt}) = 1[\mathrm{J/s}] = 1[\mathrm{N \cdot m/s}] = 1[\mathrm{Amp \cdot Volt}] \quad (1 \cdot 13)$$

또는

$$1[\mathrm{W}]\,(\mathrm{watt}) = 1[\mathrm{J/s}] = 1/9.807[\mathrm{kg_f \cdot m/s}] = 0.102[\mathrm{kg_f \cdot m/s}] \quad (1 \cdot 14)$$

위 식에서 동력을 [kW]로 나타내면

$$1[\mathrm{kW}] = 102[\mathrm{kg_f \cdot m/s}] \times 9.807[\mathrm{N}] = 1000[\mathrm{N \cdot m/s}] \quad (1 \cdot 15)$$

동력의 단위를 마력[PS]으로 표시하면

$$1[\mathrm{PS}] = 75[\mathrm{kg_f \cdot m/s}] \times 9.807[\mathrm{N}] = 735.5[\mathrm{N \cdot m/s}] \quad (1 \cdot 16)$$

동력의 단위 [PS]와 [kW] 단위의 환산은 다음 식과 같이 된다.

$$1[\mathrm{PS}] = 75 \times 9.807[\mathrm{N \cdot m/s}] = 735.5[\mathrm{W}] = 0.7355[\mathrm{kW}] \quad (1 \cdot 17)$$

예제 1-2

일률을 나타내는 SI 단위인 1[kW]를 [kg_f · m/s]로 환산하시오. 또한 SI 단위는 아니지만, 비교를 위해 마력 단위인 1[PS] = 75[kg_f · m/s]을 [kW]로 나타내시오.

| 풀이 |

$$1\,[\mathrm{kW}] = 1000\,\frac{[\mathrm{J}]}{[\mathrm{s}]} = 1000\,\frac{[\mathrm{N}\cdot\mathrm{m}]}{[\mathrm{s}]} = 1000\,[\mathrm{N}] \times \frac{1\,[\mathrm{kg_f}]}{9.807\,[\mathrm{N}]} \times \frac{[\mathrm{m}]}{[\mathrm{s}]}$$
$$\fallingdotseq 102\,[\mathrm{kg_f}\cdot\mathrm{m/s}]$$

$$1\,[\mathrm{PS}] = 75\,\frac{[\mathrm{kg_f}\cdot\mathrm{m}]}{[\mathrm{s}]} = 75\,[\mathrm{kg_f}]\,\frac{9.807\,[\mathrm{N}]}{[\mathrm{kg_f}]}\cdot\frac{[\mathrm{m}]}{[\mathrm{s}]} = 735.5\,[\mathrm{N}\cdot\mathrm{m/s}]$$
$$= 75 \times 9.807\,[\mathrm{J/s}] = 735.5\,[\mathrm{J/s}]$$
$$= 75 \times 9.807\,[\mathrm{W}] = 735.5\,[\mathrm{W}] = 0.735\,[\mathrm{kW}]$$

예제 1-3

응력에 대한 공학단위 1[kg_f/mm^2]을 SI 단위인 Pa[N/m^2]로 나타내시오.

| 풀이 |

$$1\,[\mathrm{kg_f/mm^2}] = 1\,[\mathrm{kg_f/mm^2}] \times 9.807\,[\mathrm{N}] = 9.807\,[\mathrm{N/mm^2}]$$
$$= 9.807 \times 10^6\,[\mathrm{N/m^2}] = 9.807 \times 10^6\,[\mathrm{Pa}] = 9.807\,[\mathrm{MPa}]$$

1.7 일, 에너지 및 동력

1.7.1 일

물체에 힘을 가하여 움직일 때 변위가 생기면 일(work)을 한다고 하며, 일은 힘과 그에 해당하는 변위의 곱으로 표시한다. 따라서 일 H는 작용한 힘 F와 변위 S에 의해 다음의 관계식이 성립한다.

$$dH = F\,dS$$
$$\therefore H = \int F\,dS = F\,S\ [\mathrm{N}\cdot\mathrm{m}] \tag{1·18}$$

▶ 예제 1-4

[그림 1-5(a)]와 같은 코일스프링(coil spring)에서 50[mm]를 늘리기 위해 외부에서 하는 일을 구하시오. 단, 이 코일스프링은 40[N]의 힘으로 5[mm]가 늘어나는 것으로 한다.

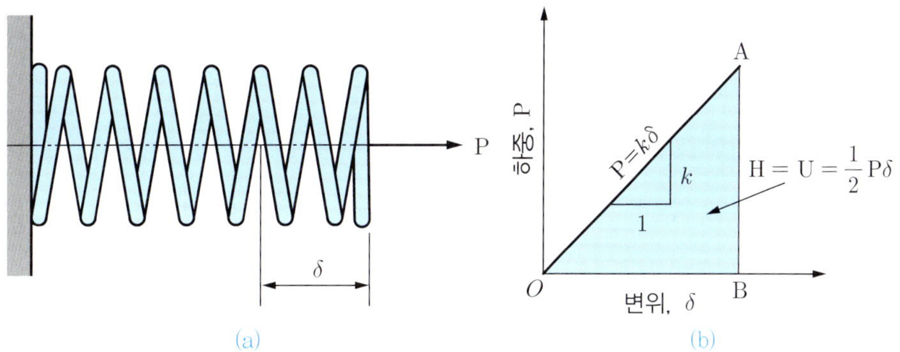

[그림 1-5]

| 풀이 | 코일스프링을 늘리기 위해 외부에서 한 일량 H[N·m]는 내부에 축적된 변형에너지 U와 같으므로 [그림 1-5(b)]에서 $\triangle OAB$의 면적이 된다.

$$H = U = \frac{1}{2}P\delta = \frac{1}{2} \times 40 \times 50 = 1000\,[\mathrm{N \cdot mm}] = 1\,[\mathrm{N \cdot m}]$$

여기서 스프링상수 $k = \frac{P}{\delta} = \frac{40}{5} = 8\,[\mathrm{N/mm}]$

$$\therefore P = k\delta = 8 \times 5 = 40\,[\mathrm{N}]$$

1.7.2 에너지

일을 할 수 있는 능력을 에너지(energy)라고 한다. 물체가 일을 할 수 있는 상태에 있을 때 그 물체는 에너지를 갖고 있으므로 일의 단위와 에너지의 단위는 결국 같게 된다.

열역학 제 1법칙(first law of thermodynamics)에 의해 에너지 보존 및 에너지의 변환이 가능하다. 에너지에는 열에너지, 기계에너지, 전기에너지 및 화학에너지 등이 있고, 이들은 서로 다른 형태의 에너지로 변환할 수도 있다. 또한, 기계에너지는 위치에너지(potential energy)와 운동에너지(kinetic energy)로 구분한다.

(1) 위치에너지

물체의 위치(位置)가 변하거나 그 형상이 달라질 때 물체에 축적되어지는 에너지를 위치에너지(potential energy)라고 한다. 무게 $W[\mathrm{kg_f}]$인 물체가 높이 h[m]에서 낙하하였을 때 위치에너지는 다음 식과 같이 된다.

$$E_p = Wh\,[\mathrm{kg_f} \cdot \mathrm{m}] = 9.807 \times Wh\,[\mathrm{N} \cdot \mathrm{m}] \tag{1·19}$$

여기서 $W = mg\,[\mathrm{kg_f}]$, $1\,[\mathrm{kg_f}] = 9.807\,[\mathrm{N}]$이다.

(2) 운동에너지

운동하고 있는 물체는 일을 할 수 있는 능력을 가지는데 이것을 운동에너지(kinetic energy)라 하고, 물체가 갖는 운동에너지는 그 물체가 정지할 때까지 하는 일의 합과 같다.

[그림 1-6]과 같이 무게 $W\,[\mathrm{kg_f}]$인 물체가 A 점에서 속도 $v_0\,[\mathrm{m/s}]$로 직선운동하면서 저항력 $F\,[\mathrm{N}]$가 작용하여 감속하면서 거리 $S\,[\mathrm{m}]$ 만큼 이동한 후 B 점에서 정지하였을 때 운동에너지를 고려하여 보자.

이때 속도는 감속되므로 감가속도(減加速度)를 $\alpha\,[\mathrm{m/s^2}]$라 하면, 뉴턴의 제 2법칙에 의해

$$F = \frac{W}{g}\alpha = m\alpha\,[\mathrm{N}] \tag{1·20}$$

A 점에서의 처음속도 v_0, B 점의 정지속도 $v = 0$이고, 가속도는 감소하기 때문에 $-\alpha$가 되므로 이동거리 S는 다음 식으로 표시된다.

$$S = \frac{v_0^2}{2\alpha}\,[\mathrm{m}] \tag{1·21}$$

그러므로 운동에너지 E_k는 다음 식으로 표시된다.

$$E_k = F \cdot S = \left(\frac{W}{g}\alpha\right)\frac{v_0^2}{2\alpha} = \frac{W v_0^2}{2g} = \frac{1}{2}mv_0^2\,[\mathrm{N} \cdot \mathrm{m}] \tag{1·22}$$

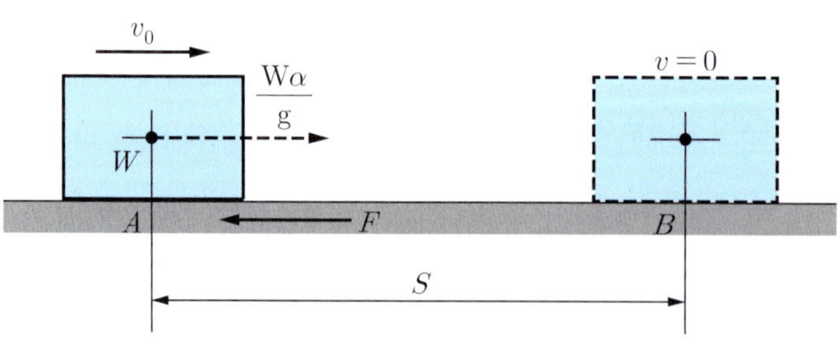

[그림 1-6] 물체의 운동에너지

일반적으로 물체가 갖는 에너지는 열역학 제 1법칙에 의해 에너지는 형태가 변할 뿐 생성되거나 소멸되지 않고, 그 총량(總量)은 일정하다는 에너지 보존의 법칙(law of energy conservation)이 성립한다. 에너지 보존의 법칙은 에너지, 일 및 열의 상호관계를 규정하므로 재료역학에서는 중요하게 취급되고 있다.

1.7.3 동력

기계의 능률(能率)은 단위시간에 하는 일의 양으로 평가할 수 있으며, 이것을 동력(動力; power)이라 한다. 물체에 힘 F[N]가 작용하여 속도 v[m/s]로 시간 t[s] 동안 힘과 같은 방향으로 거리 S[m] 만큼 이동하였을 때 한 일을 H, 동력을 P라고 하면 다음의 관계식이 성립한다.

$$P = \frac{H}{t} = \frac{F \cdot S}{t} = F \cdot v\,[\mathrm{N \cdot m/s}]$$

$$= F \cdot v\,[\mathrm{W}] = \frac{F \cdot v}{1000}\,[\mathrm{kW}] \tag{1·23}$$

또는, 식 (1·23)으로부터 토크 T로 표시하면

$$P = F \cdot v = F(\omega r) = (Fr)\omega = T\omega\,[\mathrm{N \cdot m/s}]$$

$$= T\omega\,[\mathrm{W}] = \frac{\mathrm{T}\,\omega}{1000}\,[\mathrm{kW}] \tag{1·24}$$

또한, 동력을 SI 단위인 [W]와 비교를 위해 식 (1·23)을 마력[PS]으로 나타내면 다음 식과 같이 된다.

$$P' = \frac{H}{t} = \frac{F \cdot S}{t} = F \cdot v\,[\mathrm{N \cdot m/s}]$$

$$= \frac{F \cdot v}{735.5}\,[\mathrm{PS}] = \frac{\mathrm{T}\,\omega}{735.5}\,[\mathrm{PS}] \tag{1·25}$$

▶ 예제 1–5

[그림 1-7]과 같이 무게 $W = 500\,[\mathrm{kg_f}]$의 물체를 10[s] 동안에 경사면을 따라 위로 3[m]을 밀어 올릴 때 한 일을 구하시오. 또한 경사면과 물체사이의 마찰계수를 0.3으로 하고, 경사면으로 밀어 올리는 힘 F와 동력을 구하시오.

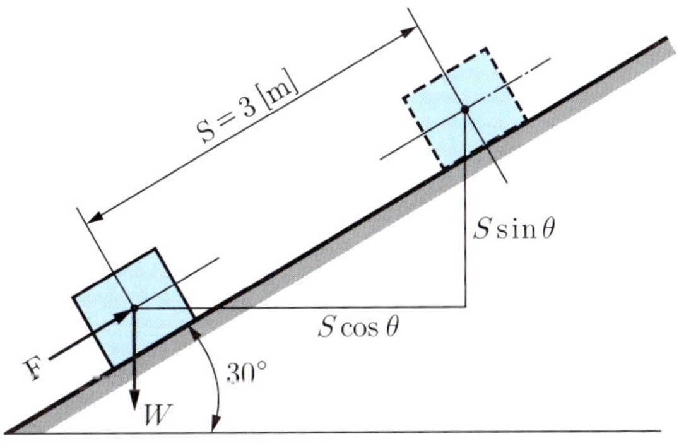

[그림 1-7]

| 풀이 | 이때 경사면을 따라 한 일은 식 (1·18)로부터 다음과 같이 된다.

$$H = FS = WS(\mu\cos\theta + \sin\theta)$$
$$= 500[\mathrm{kg_f}] \times 9.807[\mathrm{N}] \times 3[\mathrm{m}] \times (0.3\cos 30^\circ + \sin 30^\circ)$$
$$= 11177[\mathrm{N \cdot m}]$$
$$\therefore\ F = \frac{H}{S} = \frac{11177[\mathrm{N \cdot m}]}{3[\mathrm{m}]} = 3725.7[\mathrm{N}] \fallingdotseq 3.73[\mathrm{kN}]$$

또한, 동력은 식 (1 · 23), 식 (1 · 25)에 의해

$$P = \frac{H[\mathrm{N \cdot m}]}{1000 \times 10[s]} = \frac{11177[\mathrm{N \cdot m}]}{1000 \times 10[s]} = 1.12[\mathrm{kW}] : \text{SI 단위}$$
$$P' = \frac{11177[\mathrm{N \cdot m}]}{735.5 \times 10[\mathrm{s}]} = 1.52[\mathrm{PS}] : \text{SI 단위와 비교를 위해 표시}$$

예제 1-6

무게 $1000[\mathrm{kg_f}]$인 자동차가 시속 $60[\mathrm{km/h}]$로 도로를 주행할 때 이 자동차의 운동에너지와 필요한 동력$[\mathrm{kW}]$을 구하시오.

| 풀이 | 자동차의 속도 : $v = 60[\mathrm{km/h}] = \dfrac{60 \times 10^3[\mathrm{m}]}{60[\mathrm{min}] \times 60[\mathrm{s}]} = 16.7[\mathrm{m/s}]$

운동에너지 E_k는 식 (1 · 22)로부터

$$E_k = \frac{mv^2}{2} = \frac{W}{g}\frac{v^2}{2} = \frac{1000[\mathrm{kg_f}] \times 9.807[\mathrm{N}] \times 16.7^2([\mathrm{m/s}])^2}{2 \times 9.807[\mathrm{m/s^2}]}$$
$$= 139445[\mathrm{N \cdot m}] = 139.45[\mathrm{kN \cdot m}]$$

또한, 동력은 식 (1 · 23)에 의해

$$P = \frac{H[\mathrm{N \cdot m/s}]}{1000} = \frac{Fv[\mathrm{N \cdot m/s}]}{1000}$$
$$= \frac{1000[\mathrm{kg_f}] \times 9.807[\mathrm{N}] \times 16.7[\mathrm{m/s}]}{1000} = 163.8[\mathrm{kW}] : \text{SI 단위}$$

예제 1-7

[그림 1-8]과 같이 $W[\mathrm{kg_f}]$의 물체가 높이 $h[\mathrm{m}]$에서 $x[\mathrm{m}]$ 만큼 자유낙하(自由落下)하였을 때 운동에너지, 위치에너지 및 전체에너지를 구하시오.

| 풀이 | 운동에너지 E_k는 식 (1·22)에 의해

$$E_k = \frac{mv^2}{2} = \frac{W}{g}\frac{v^2}{2} = \frac{W(2gx)}{2g} = W[\mathrm{kg_f}] \times x[\mathrm{m}]$$
$$= W[\mathrm{kg_f}] \times 9.807[\mathrm{N}] \times x[\mathrm{m}] = 9.807\,Wx[\mathrm{N \cdot m}]$$

또한, 물체가 x[m] 만큼 낙하하였을 때 위치에너지 E_p는 식 (1 · 19)로부터

$$E_p = W(h-x)\,[\mathrm{kg_f \cdot m}]$$
$$= 9.807\,W(h-x)\,[\mathrm{N \cdot m}]$$

따라서 임의의 높이에 대한 전체에너지는 운동에너지와 위치에너지의 합이므로

$$E = E_k + E_p = 9.807\,Wx + 9.807\,W(h-x)$$
$$= 9.807\,Wh\,[\mathrm{N \cdot m}]$$

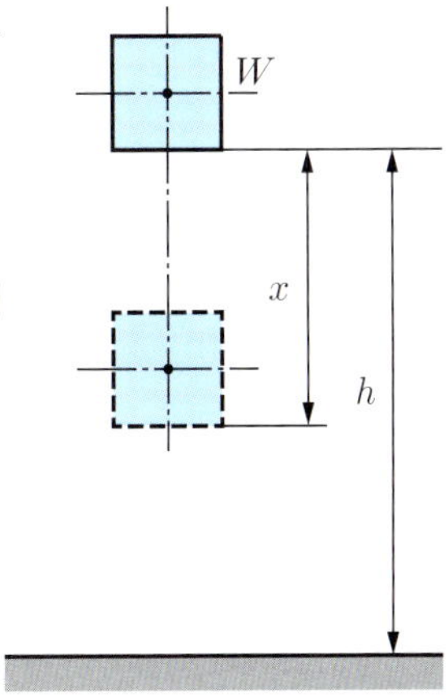

[그림 1-8]

1.8 재료의 거동현상과 인간의 관계

재료역학에서는 [표 1-8]과 같은 재료의 거동현상을 살펴보면, 이러한 현상은 인간에게도 그대로 적용되는 것을 알 수 있다. 또한, 재료의 결함을 검출하는 방법이 현재 인체의 질병검사에도 그대로 활용되고 있다. 이와 같이 재료의 거동은 인간의 감성(感性; sensibility)과 유사한 점이 많은 것으로 판단된다.

[표 1-8] 재료의 거동현상과 인간의 관계

구분 \ 항목	재료(材料; materials)		인간(人間; human)	
하중(荷重; load)	load		load	
응력(應力; stress)	stress		stress	
피로(疲勞; fatigue)	fatigue		fatigue	
크리프(creep)	creep (재료는 상온에서 Hooke의 법칙이 적용되지만, 고온에서 장시간 사용하면 변형률이 증가하는 현상)		계절을 타는 사람 (인간도 온도에 영향을 받으므로 여름에는 축 늘어지고, 겨울에는 위축되는 현상)	
끼워맞춤(fitting)	끼워맞춤(축과 베어링, 피스톤과 실린더 등)		음양(陰陽)의 조화(調和)	
검사방법 (test method)	결함 검사	X-선, 초음파(ultrasonic) MRI, 와전류(eddy current) 등	질병 검사	X-선, 초음파 MRI, 와전류 등

CHAPTER 1 연습문제

[1-1] 무게 500[kg_f]의 물체를 6[s] 사이에 5[m] 이동시킬 때 필요한 동력을 SI 단위인 [kW] 및 SI 단위는 아니지만 비교를 위해 마력[PS]으로 나타내시오.

[1-2] 무게 1500[kg_f]의 자동차가 36[km/h]의 속도로 도로를 주행할 때 운동에너지를 구하시오.

[1-3] 높이 10[m]에서 무게 100[kg_f]의 물체를 자유낙하시킬 때 높이 4[m]에서의 운동에너지와 위치에너지를 구하시오.

[1-4] 매초 3[m^3]의 물을 높이 60[m]에서 낙하시켜 수차(水車)를 돌려 수력발전을 할 때 발생하는 동력[kW]을 구하시오.

[1-5] [그림 1-5(a)]와 같은 코일스프링(coil spring)에서 40[mm]를 압축하기 위해 필요한 에너지를 구하시오. 단, 이 코일스프링은 30[N]의 힘으로 2[mm]를 압축할 수 있다.

[1-6] [그림 1-9]와 같이 무게 500[kg_f]의 물체가 강선(鋼線)에 매달려 있을 때 강선 AC, BC에 작용하는 장력을 자유물체도와 힘의 삼각형을 그려서 구하시오.

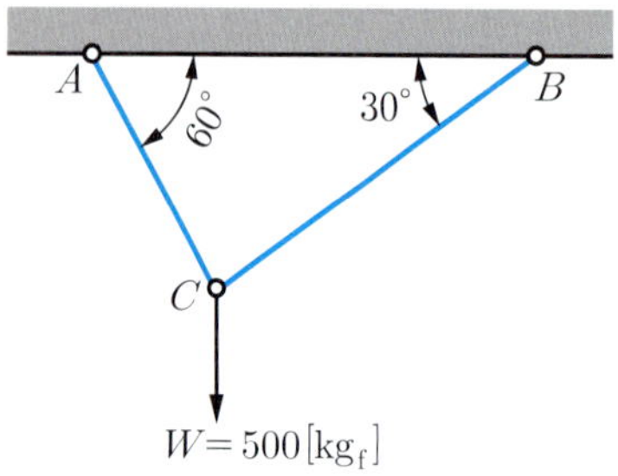

[그림 1-9]

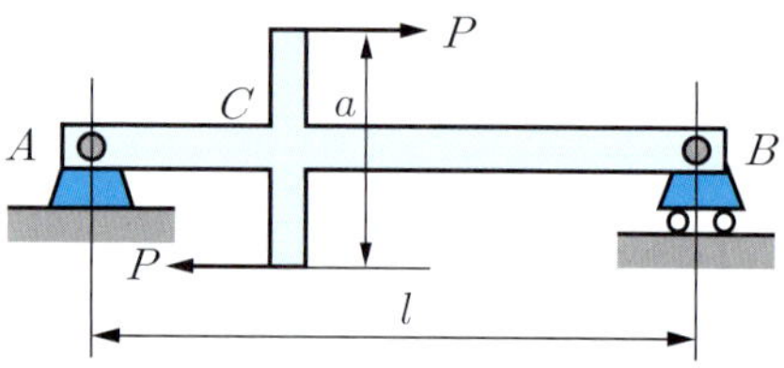

[그림 1-10]

[1-7] [그림 1-10]과 같이 단순보에 짝힘 모멘트 Pa가 작용할 때 자유물체도를 그린 후 지지점 A, B의 반력을 구하시오.

[1-8] [그림 1-11]과 같은 차동활차(差動滑車)는 위쪽 2개의 도르래가 하나의 축에 고정되어 있고, 로프에는 미끄럼이 발생하지 않는 것으로 가정한다. 이때 작용시켜야할 힘을 P, 끌어 올리려는 물체의 무게를 W, 도르래의 반지름을 각각 r_1, r_2라고 한다. 자유물체도를 그린 후 힘 P를 구하는 식을 나타내시오.

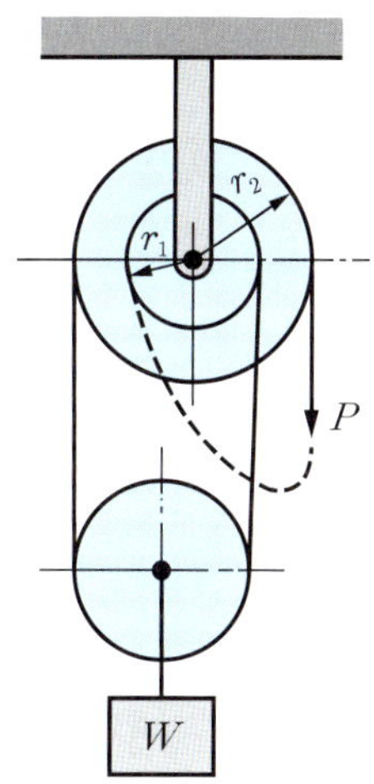

[그림 1-11]

[1-9] [그림 1-12]와 같은 플라이어(pliers)의 손잡이에 힘 $F = 100\,[\mathrm{N}]$을 가할 때 자유물체도를 그린 후 핀 A와 봉 B에 작용하는 힘을 구하시오.

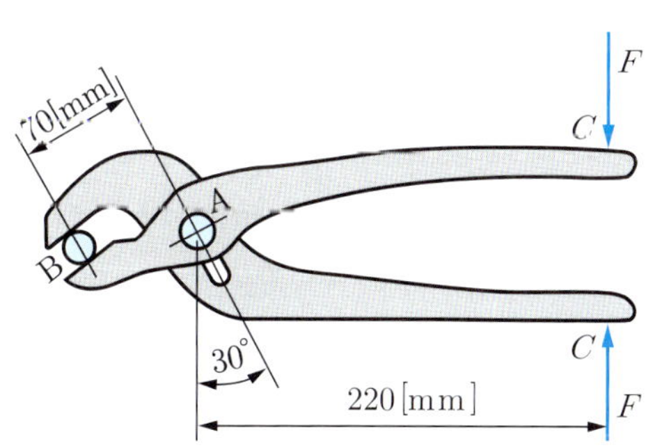

[그림 1-12]

[1-10] [그림 1-13]과 같이 지브 크레인(jib crane)이 설치된 트럭(truck)이 기울어지지 않고, 들어 올릴 수 있는 최대무게 W를 구하시오. 단, 트럭의 무게는 80[kN], 크레인 지브의 무게는 3.5[kN]이고, 트럭의 무게중심은 G, 크레인 지브의 무게중심은 G_c이다.

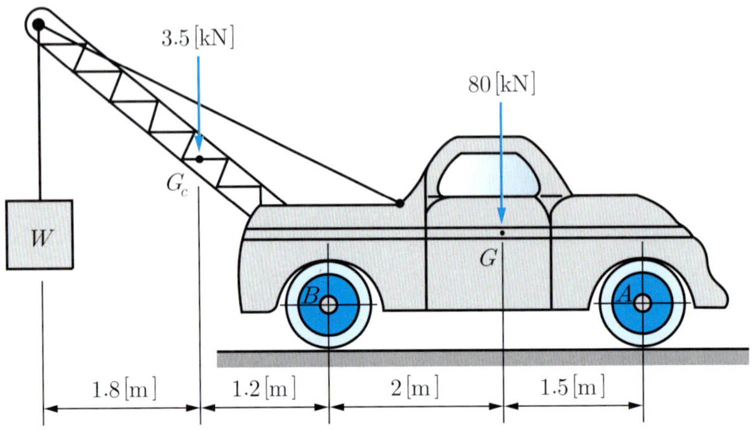

[그림 1-13]

[1-11] [그림 1-14]와 같이 회전이동이 가능한 덤프(dump)가 지지점 C에서 힌지로 트럭의 베드에 연결되어 있고, 유압실린더 AB에 의해 지지되어 있다. 덤프의 무게는 5[kN]이고, 그 무게중심은 G이다. 힌지점 C에서의 반력과 유압실린더 AB에 의한 지지점 A에 작용하는 힘을 구하시오.

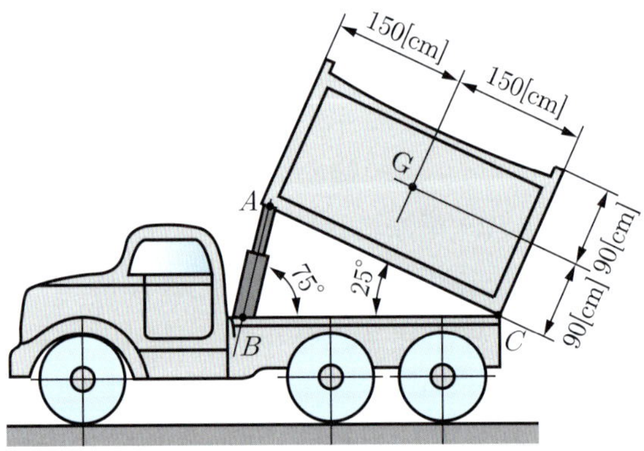

[그림 1-14]

2 CHAPTER 하중, 응력 및 변형률

구조물, 기기(機器) 및 기구(機構), 기계 등에 외력이 작용할 때 그 힘이 재료에 전달되는 현상을 파악하는 것은 재료의 거동을 이해한 후 안전설계를 하는데 중요한 역할을 한다. 이 장에서는 하중, 응력 및 응력의 평형방정식, 변위 및 변형률, 조합응력, 주응력 및 모어의 응력원에 관한 내용을 이해한 후 응력해석 방법과 강도설계에 응용하는 방법을 학습하고자 한다.

2.1 하중

지금까지 물리학, 정역학 및 동역학에서는 변형을 무시한 강체역학(剛體力學)을 다루어 왔다. 그러나 실제재료는 외력이 작용하면 변형하고, 내부에는 이에 대한 저항력이 발생하므로 안전설계를 위해서는 재료의 변형을 고려하여야 한다. 재료역학(材料力學; mechanics of materials)은 강체역학과 달리 변형체역학이므로 변형을 고려한 안전한 강도설계를 위해 응력 및 변형률을 해석하는 것이 중요하다.

2.1.1 하중의 정의 및 단위

구조물, 기기(機器), 기구(機構) 및 기계(機械) 등의 각 부품에 작용하는 외부의 힘, 즉 외력(外力; external force)을 공학적인 용어로 하중(荷重; load)이라 한다. 각 부품을 구성하는 재료는 하중에 충분히 견딜 수 있는 강도(强度; strength) 및 강성(剛性; stiffness, rigidity)을 지녀야 하고, 파손(failure)에 대한 저항력이 있어야 한다.

하중의 SI 단위는 뉴턴[N]이 사용되고, 이것에 의한 정의는 1.6.2절에서 상세히 설명하였다. 공학단위로는 $[\mathrm{kg_f}]$가 사용되며, 이들의 환산관계는 식 (1·7)과 식 (1·8)을 참조하면 다음 식과 같다.

$$F = m\alpha = \frac{W}{g}\alpha \qquad \text{(a)}$$

$$1\,[\mathrm{N}] = 1\,[\mathrm{kg \cdot m/s^2}] \qquad \text{(b)}$$

$$1\,[\mathrm{kg_f}] = 9.807\,[\mathrm{N}] \qquad \text{(c)}$$

$$1\,[\mathrm{N}] = 0.102\,[\mathrm{kg_f}] \qquad \text{(d)}$$

여기서 α는 가속도, g는 중력가속도, W는 물체의 무게이다.

2.1.2 작용방향에 의한 하중의 분류

재료의 강도는 하중이 작용하는 상태에 따라 변화하므로 강도설계에 앞서 우선적으로 하중의 종류를 파악한 후 응력의 계산이 필요하다. 하중의 종류는 [그림 2-1]과 같이 나타내고, 다음과 같이 요약할 수 있다.

(1) 인장하중(tensile load) : 재료의 축방향으로 작용하여 재료를 늘어나게 하는 하중 [그림 2-1(a)].

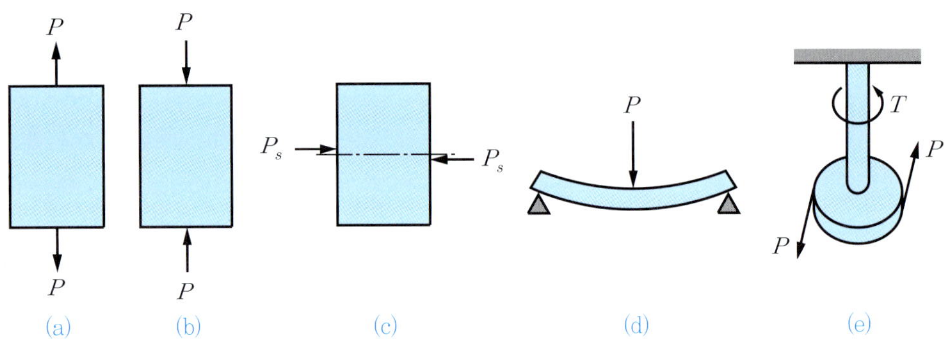

[그림 2-1] 하중의 종류

(2) 압축하중(compressible load) : 재료의 축방향으로 짓눌러서 줄어들게 하는 하중 [그림 2-1(b)].

(3) 전단하중(shearing load) : 재료의 축방향에 직각으로 작용하여 재료를 자르는 것과 같이 작용하는 하중 [그림 2-1(c)].

(4) 굽힘하중(bending load) : 재료를 휘어지게 하는 하중으로서 굽힘모멘트(bending moment)가 발생하는 하중 [그림 2-1(d)].

(5) 비틀림 하중(torsional load 또는 twisting load) : 재료를 비틀어 주는 하중으로서 비틀림 모멘트(twisting moment)가 발생한다 [그림 2-1(e)].

2.1.3 분포상태에 의한 하중의 분류

(1) 집중하중(concentrated load) : 일정한 점에 작용하는 하중 [그림 2-2(a)].

(2) 분포하중(distributed load) : 물체의 일정부분에 걸쳐 균일 또는 불균일하게 분포하여 작용하는 하중 [그림 2-2(b)] ~ [그림 2-2(d)].

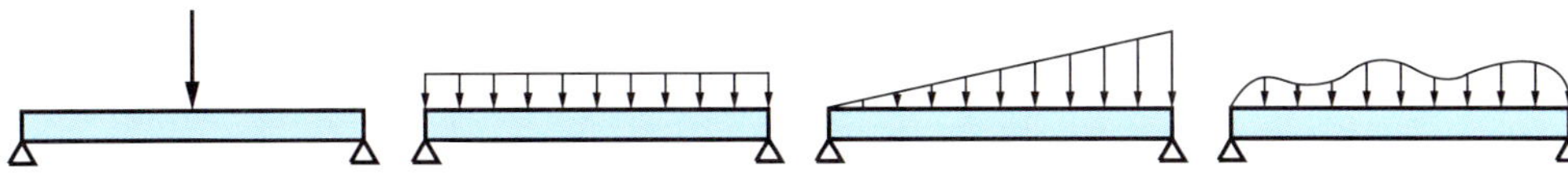

(a) 집중하중 (b) 균일분포하중 (c) 삼각형 분포하중 (d) 불균일 분포하중

[그림 2-2] 분포상태에 의한 하중

(3) 작용시간에 의한 하중의 분류

(a) 정하중(static load) : 시간에 따라 하중의 크기가 변화하지 않거나, 변화하더라도 무시 가능한 하중으로서 여기에는 자중(自重)을 포함한 사하중(死荷重; dead load)이 있다.

(b) 동하중(dynamic load) : 시간에 따라 하중의 크기가 크게 활발히 변화하는 하중을 말하며, 이에는 다음과 같은 하중이 있다.

① 변동하중(variable load) : 하중의 크기와 방향이 시간에 따라 불규칙하게 변화하는 하중을 말한다.

② 반복하중(repeated load) : 일정한 주기(週期)와 진폭으로 반복하여 계속 작용하는 하중으로서 [그림 2-3(a)]와 같은 편진하중(片振荷重)을 말한다.

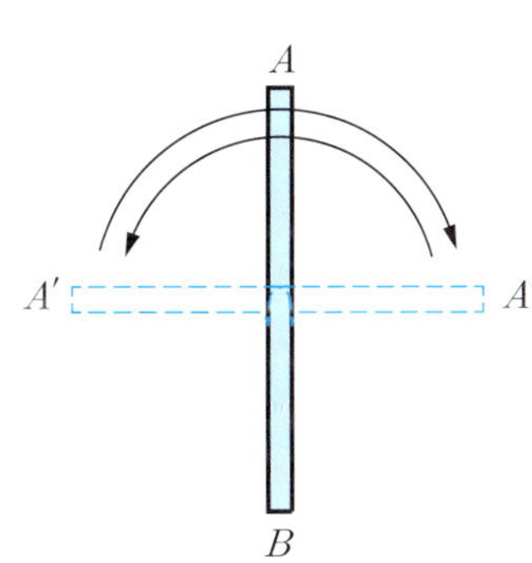

(a) 반복하중(편진하중) (b) 교번하중(양진하중)

[그림 2-3] 반복 및 교번하중

③ 교번하중(alternate load) : 하중의 크기 및 방향이 주기적으로 변화하는 하중으로서 [그림 2-3(b)]와 같은 양진하중(兩振荷重)을 말한다.

④ 충격하중(impact load) : 망치(hammer)로 두드리는 것과 같이 매우 짧은 시간에 충격적으로 작용하는 하중.

⑤ 이동하중(moving load) : 교량을 통과하는 자동차와 같이 물체 위를 이동하면서 작용하는 하중.

(4) 작용 부위에 따른 하중의 분류

(a) **표면력(surface force 또는 traction)** : 물체의 표면에 직접 접촉하여 작용하는 외력, 압력, 또는 양력(揚力; lift force) 등을 말한다.

(b) **물체력(body force)** : 물체의 표면에 직접 접촉하지 않더라도 물체의 질량, 또는 체적에 비례하여 작용하는 중력, 관성력, 원심력, 전자기력 등이 여기에 속한다. 이들은 모두 질량에 관계되므로 질량력(mass force)이라고도 한다.

정하중(靜荷重)의 계산은 비교적 쉽지만, 동하중(動荷重)을 정확히 계산한다는 것은 매우 어려운 일이다. 하중의 계산은 이론식과 실험식을 사용하거나 모형실험의 결과에서 추정하기도 하고, 지금까지 활용되고 있는 여러 문헌 및 자료를 참고하여 계산하기도 한다. 앞으로 계산 정보의 수집 및 축적에 의한 빅데이터(big data)의 구축과 인공지능(人工知能; artificial intelligence : AI)에 의한 효율적인 활용 및 계산이 기대된다.

2.2 응력

2.2.1 응력의 정의 및 단위

물체에 외력(外力; external force)이 작용하면 물체 안의 임의의 면에는 외력에 저항하는 내부의 힘, 즉 내력(內力; internal force)이 발생하여 외력에 저항하는데 이 내력을 응력(應力; stress)이라고 한다. 응력은 단위면적에 대한 하중의 크기로 나타낸다. 같은 하중이라도 단면적의 크기에 따라 응력의 크기는 다르다. 하중으로써는 재료의 강도를 파악할 수 없으므로 단면적을 고려한 응력으로 나타내면 재료의 강도를 쉽게 파악할 수 있으므로 재료의 안전성을 평가하기 위해서는 스트레스를 받아가면서도 굳이 응력으로 표시하여 강도를 평가한다. 따라서 재료가 받는 응력이 크면 강도적으로는 취약하므로 재료의 강도를 평가하기 위해서는 단면적을 고려한 응력으로 나타내는 이유를 쉽게 알 수 있다.

[그림 2-4]와 같이 물체 안의 임의의 미소 면적요소 ΔA에 미소하중 $\Delta \boldsymbol{P}$가 작용할 때 O점을 중심으로 3개의 수직축 x, y, z축을 잡는다. 이 x, y, z축에 평행한 $\Delta \boldsymbol{P}_x$, $\Delta \boldsymbol{P}_y$, $\Delta \boldsymbol{P}_z$의 성분은 그림에서와 같고, 수직응력 σ와 전단응력 τ는 다음 식과 같이 정의된다.

$$\sigma_x = \lim_{\triangle A \to 0}\left(\frac{\triangle \boldsymbol{P}_x}{\triangle A}\right) = \frac{d\boldsymbol{P}_x}{dA}$$
$$\tau_{xy} = \lim_{\triangle A \to 0}\left(\frac{\triangle \boldsymbol{P}_y}{\triangle A}\right) = \frac{d\boldsymbol{P}_y}{dA} \quad (2\cdot1)$$
$$\tau_{xz} = \lim_{\triangle A \to 0}\left(\frac{\triangle \boldsymbol{P}_z}{\triangle A}\right) = \frac{d\boldsymbol{P}_z}{dA}$$

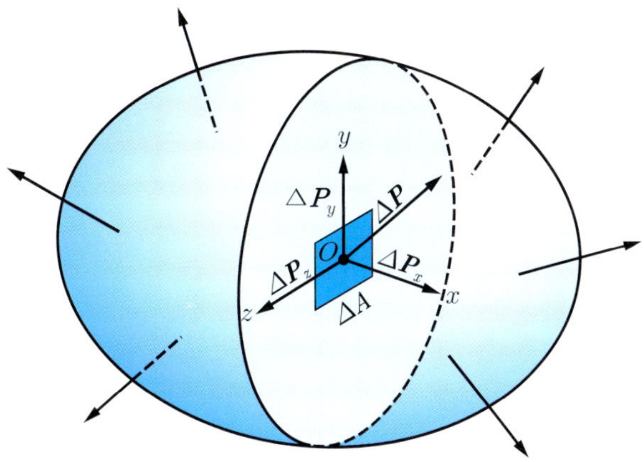

[그림 2-4] 미소면적 $\triangle A$와 내력 $\triangle P$의 성분

식 (2·1)에서 단면에 수직한 방향으로 작용하는 수직하중 $\Delta \boldsymbol{P}_x$에 의한 수직응력(垂直應力; normal stress) σ_x와 단면에 평행한 전단하중 $\Delta \boldsymbol{P}_y$, $\Delta \boldsymbol{P}_z$에 의한 전단응력(剪斷應力; shear stress) τ_{xy}, τ_{xz}가 있다.

응력의 단위는 SI 단위로써 $[\mathrm{N/mm^2}]$, $[\mathrm{Pa}]$을 사용하고, 이들의 관계는 식 (1·9)와 같고, $1[\mathrm{Pa}] = 1[\mathrm{N/m^2}]$, $1[\mathrm{N/mm^2}] = 1[\mathrm{MPa}]$이 된다.

2.2.2 응력의 종류

일반적으로 응력은 작용하중 P를 변형전의 원래 단면적 A_0로 나눈 값인 공칭응력(公稱應力; nominal stress) σ_n으로 나타낸다.

$$\sigma_n = \frac{\text{작용하중}}{\text{원래의 단면적}} = \frac{P}{A_0}[\mathrm{N/mm^2}] = \frac{P}{A_0}[\mathrm{MPa}] \quad (2\cdot2)$$

응력에는 단면에 수직한 수직응력(垂直應力; normal stress) 또는 법선응력(法線應力)이라고 부르는 응력과 물체를 자르는 전단응력(剪斷應力; shear stress)이 있다. 이들 응력은 다음과 같이 나타낸다.

(1) 수직응력

단면에 수직한 수직응력에는 인장응력(引張應力; tensile stress)과 압축응력(壓縮應力; compressive stress)이 있다. 인장응력 σ_t는 [그림 2-5(a)]와 같이 인장하중 P_t에 의한 응력을 말한다. 또한, 압축응력 σ_c는 [그림 2-5(b)]에서와 같은 압축하중 P_c에 의한 응력으로서 다음 식과 같이 표시한다.

$$\text{인장응력} : \sigma_t = \frac{\text{인장하중}[\text{N}]}{\text{단면적}[\text{mm}^2]} = \frac{P_t}{A}[\text{N/mm}^2],\ [\text{MPa}] \tag{2·3}$$

$$\text{압축응력} : \sigma_c = \frac{\text{압축하중}[\text{N}]}{\text{단면적}[\text{mm}^2]} = \frac{P_c}{A}[\text{N/mm}^2],\ [\text{MPa}] \tag{2·4}$$

이때 인장응력 σ_t의 방향을 양(+)으로 하면 $+\sigma$로 되고, 압축응력 σ_c의 방향은 인장응력과 반대방향이므로 음(−)이 되어 $-\sigma$로 표시한다.

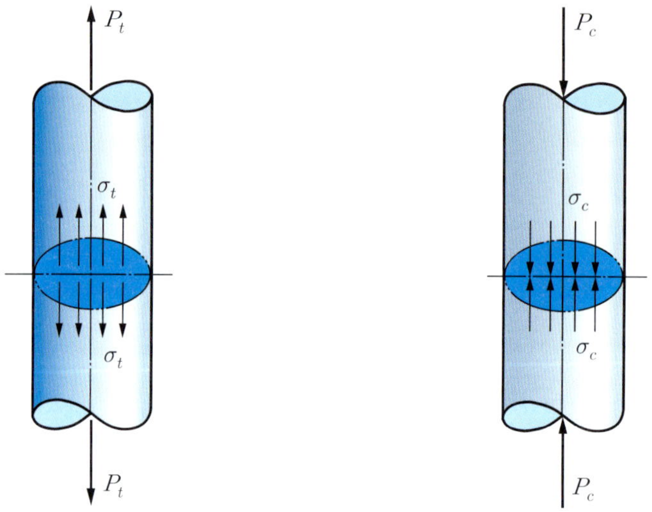

(a) 인장응력　　(b) 압축응력

[그림 2-5] 인장응력 및 압축응력

(2) 전단응력

[그림 2-6]과 같이 단면을 자르는 전단력 P_s가 단면적 A_s에 작용할 때 전단응력(剪斷應力; shear stress) τ는 다음 식과 같이 된다.

$$\text{전단응력} : \tau = \frac{\text{전단하중}[\text{N}]}{\text{전단면적}[\text{mm}^2]} = \frac{P_s}{A_s}[\text{N/mm}^2],\ [\text{MPa}] \tag{2·5}$$

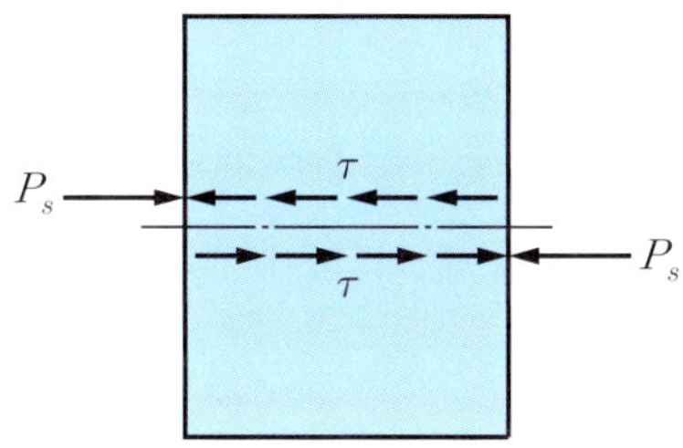

[그림 2-6] 전단응력

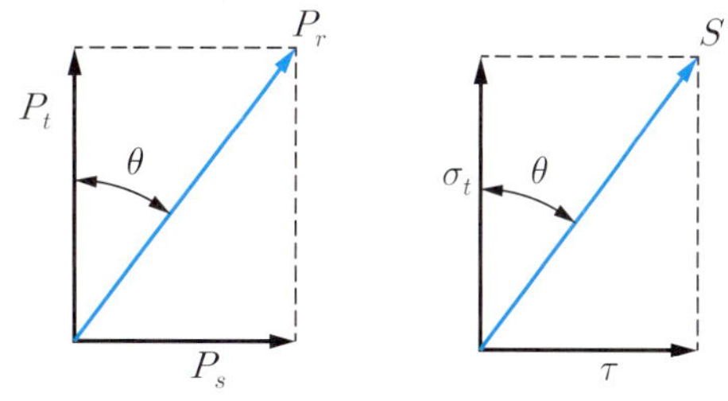

(a) 합하중 (b) 합응력

[그림 2-7] 합응력

(3) 합응력

단면에 수직응력과 전단응력이 동시에 작용할 때 이 두 응력의 합을 합응력(合應力; resultant stress)이라 한다. [그림 2-7(a)]와 같이 인장하중 P_t와 전단하중 P_s의 합에 의한 인장응력과 전단응력의 합 S는 [그림 2-7(b)]에 의해 다음 식과 같이 표시된다.

$$S = \frac{P_r}{A_r} = \frac{\sqrt{P_t^2 + P_s^2}}{A_r} = \frac{\sqrt{(P_r \cos\theta)^2 + (P_r \sin\theta)^2}}{A_r} = \sqrt{\sigma_t^2 + \tau^2} \qquad (2\cdot6)$$

▶ 예제 2-1

지름 $d = 20\,[\mathrm{mm}]$인 둥근 봉에 인장하중 $P = 1000\,[\mathrm{N}]$이 작용할 때 이봉에 발생하는 인장응력 σ_t를 구하시오.

| 풀이 | $\sigma_t = \frac{P}{A} = \frac{P}{\pi d^2/4} = \frac{4P}{\pi d^2} = \frac{4 \times 10^3\,[\mathrm{N}]}{\pi \times 20^2\,[\mathrm{mm}^2]} = 3.18\,[\mathrm{N/mm^2}] = 3.18\,[\mathrm{MPa}]$

▶ 예제 2-2

판재의 폭 $b = 60\,[\mathrm{mm}]$이고, 두께 $t = 12\,[\mathrm{mm}]$에 압축응력 $\sigma_c = 25\,[\mathrm{N/mm^2}]$이 작용할 때 압축하중 P_c를 구하시오.

| 풀이 | $\sigma_c = \frac{P_c}{A_c} = \frac{P_c}{bt}$ 이므로

$$P_c = \sigma_c A_c = \sigma_c (bt) = 25 \times 60 \times 12 = 18000\,[\mathrm{N}] = 18\,[\mathrm{kN}]$$

예제 2-3

[그림 2-8(a)]와 같이 2개의 봉으로 지지된 무게 $W = 200\,[\mathrm{kg_f}]$의 추가 매달려 있다. 봉 AC의 지름은 $8\,[\mathrm{mm}]$이고, 봉 BC의 지름은 $10\,[\mathrm{mm}]$일 때 각 봉에 작용하는 응력을 구하시오.

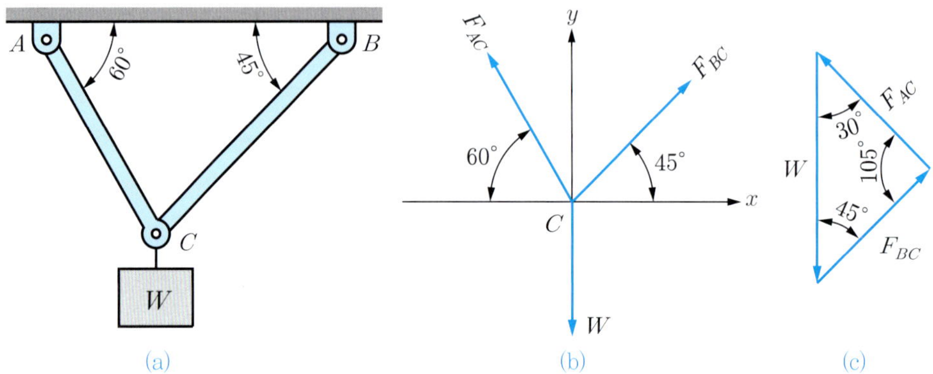

[그림 2-8]

| 풀이 | 우선적으로 각 봉에 작용하는 하중을 구하기 위해 자유물체도(自由物體圖; free-body diagram)를 그리면 [그림 2-8(b)]와 같고, 힘의 평형조건은 다음 식과 같다.

$$\Sigma F_x = 0 :\ F_{BC}\cos 45° - F_{AC}\cos 60° = 0 \tag{a}$$

$$\Sigma F_y = 0 :\ F_{AC}\sin 60° + F_{BC}\sin 45° - 200 \times 9.807 = 0 \tag{b}$$

식 (a) 및 식 (b)에 의해 각 봉에 작용하는 하중은

$$F_{AC} = 1435.9\,[\mathrm{N}],\ F_{BC} = 1015.3\,[\mathrm{N}]$$

따라서 각 봉에 작용하는 응력은

$$\sigma_{AC} = \frac{F_{AC}}{A_{AC}} = \frac{4 \times 1435.9}{\pi \times 8^2} = 28.6\,[\mathrm{N/mm^2}] = 28.6\,[\mathrm{MPa}]$$

$$\sigma_{BC} = \frac{F_{BC}}{A_{BC}} = \frac{4 \times 1015.3}{\pi \times 10^2} = 12.9\,[\mathrm{N/mm^2}] = 12.9\,[\mathrm{MPa}]$$

각 봉에 작용하는 하중을 구하는 또 다른 방법은 [그림 2-8(b)]의 자유물체도에 의한 힘의 삼각형을 [그림 2-8(c)]와 같이 그린 후, 라미의 정리(Lami's theorem)인 식 (1・6)을 적용하면 쉽게 구할 수 있다.

$$\frac{F_{AC}}{\sin 45°} = \frac{F_{BC}}{\sin 30°} = \frac{W}{\sin 105°}$$

$$\frac{F_{AC}}{\sin 45°} = \frac{F_{BC}}{\sin 30°} = \frac{1961.4\,[\mathrm{N}]}{\sin 105°}$$

$$\therefore\ F_{AC} = \frac{\sin 45°}{\sin 105°} \times 1961.4 = 1435.9\,[\mathrm{N}]$$

$$F_{BC} = \frac{\sin 30°}{\sin 105°} \times 1961.4 = 1015.3\,[\mathrm{N}]$$

이와 같이 사인법칙을 이용하여 구한 값은 자유물체도에 의한 힘의 평형방정식으로 구한 값과 일치하는 것을 알 수 있다.

⋙ 예제 2-4

[그림 2-9]와 같은 리벳이음(rivet joint)에서 리벳의 지름 $d = 18\,[\mathrm{mm}]$이고, 2 개의 철판을 인장하는 힘 $P = 5\,[\mathrm{kN}]$일 때 리벳의 전단응력 τ를 구하시오.

| 풀이 | $\tau = \dfrac{P}{A} = \dfrac{P}{\pi d^2/4} = \dfrac{4P}{\pi d^2} = \dfrac{4 \times 5 \times 10^3\,[\mathrm{N}]}{\pi \times 18^2\,[\mathrm{mm}^2]} = 19.65\,[\mathrm{N/mm^2}] = 19.65\,[\mathrm{MPa}]$

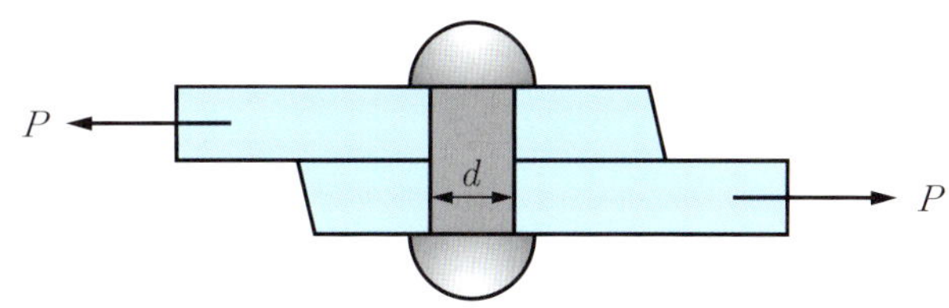

[그림 2-9]

2.3 변형률

2.3.1 변형률의 의미

강체역학(剛體力學)에서는 재료의 변형을 무시하지만 재료역학에서는 재료의 강성(剛性; stiffness) 및 안전성을 검토하기 위해 재료의 변형을 고려하여야 한다. 물체 안의 어떤 점에 대한 변형 전 · 후의 위치변화를 변위(變位; displacement)라고 한다. 만일 두 점 사이의 거리에 차이가 있다면 변형(變形; deformation)을 한 것으로 보고, 이러한 변형에는 이동(移動; translation)과 강체회전(剛體回轉; rigid rotation)이 있다.

물체의 변형률(變形率; strain)은 변형전의 원래 길이에 대한 변형된 길이의 비로 정의되고, 변형률의 단위는 다음 식에서 알 수 있듯이 무차원(無次元; dimensionless)으로 된다.

$$\text{변형률(strain)} = \frac{\text{변형된 길이 [mm]}}{\text{원래 길이 [mm]}} : \text{무차원} \tag{2·7}$$

2.3.2 변형률의 종류

변형률에는 축방향의 인장 및 압축하중에 의한 세로변형률과 축방향에 수직한 가로변형률이 있다. 또한, 전단하중에 의한 전단변형률과 변형전의 원래 체적에 대한 변형된 체적의 비를 나타내는 체적변형률이 있다.

(1) 세로변형률 및 가로변형률

[그림 2-10]과 같이 재료에 인장하중이 작용할 때 세로방향의 세로변형률(longitudinal strain) ε은 변형전의 원래 길이 l_0, 변형후의 길이 l에 의한 변형된 길이 δ의 비로 정의되고, 다음 식과 같이 표시한다.

$$\varepsilon = \int_{l_0}^{l} \frac{dl}{l_0} = \frac{l - l_0}{l_0} = \frac{\delta}{l_0} \tag{2·8}$$

식 (2·8)에서 세로변형률 ε은 무차원이며, 변형전의 원래길이 l_0는 실제 시험편에서는 표점거리(標點距離; gauge length)를 나타낸다. 이때 양(+)의 부호는 인장변형률이고, 음(−)의 부호는 수축변형률을 의미한다.

또한, 가로변형률(lateral strain) ε'은 [그림 2-10]에서 인장 및 압축하중의 방향과 수직한 가로방향에 대한 변형전의 원래 길이 d_0, 변형후의 길이 d에 의한 변형된 길이 δ'의 비이고, 다음 식과 같이 나타낸다.

$$\varepsilon' = \frac{d - d_0}{d_0} = \mp \frac{\delta'}{d_0} \tag{2·9}$$

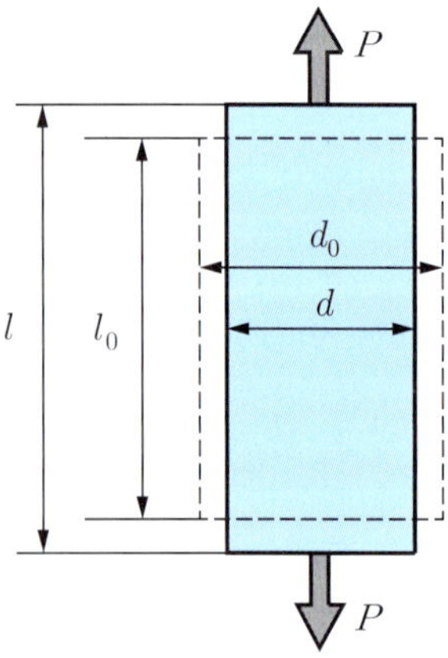

[그림 2-10] 인장변형률

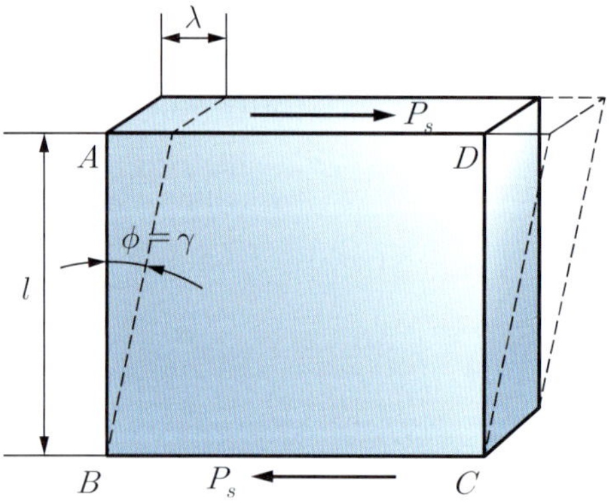

[그림 2-11] 전단변형률

(2) 전단변형률

[그림 2-11]과 같이 단면을 자르는 전단력 P_s가 작용할 때 전단변형률(shearing strain) γ는 다음 식으로 나타낸다.

$$\gamma = \frac{\lambda\,[\mathrm{mm}]}{l\,[\mathrm{mm}]} = \tan\phi \fallingdotseq \phi\,[\mathrm{rad}] \qquad (2\cdot10)$$

식 (2·10)에서 전단변형률 γ의 단위는 길이로 나타낼 때는 무차원이 되고, 각도 ϕ로 나타낼 때는 [rad]으로 되는 것을 알 수 있다.

또한, [그림 2-11]에서 직사각형 평판 $ABCD$의 실제 변형상태는 [그림 2-12]와 같이 점선으로 나타낸 두 변이 이루는 각 θ에 의한 평행사변형 $A'BC'D'$으로 변형한다. 그러나 이때의 변위는 작으므로 전단변형률 γ는 식 (2·10)으로부터 다음 식을 얻을 수 있다.

$$\gamma = \tan\phi \fallingdotseq \phi = \frac{\pi}{2} - \theta\,[\mathrm{rad}] \qquad (2\cdot11)$$

여기서 γ를 공학전단변형률(工學剪斷變形率; engineering shearing strain)이라고 한다.

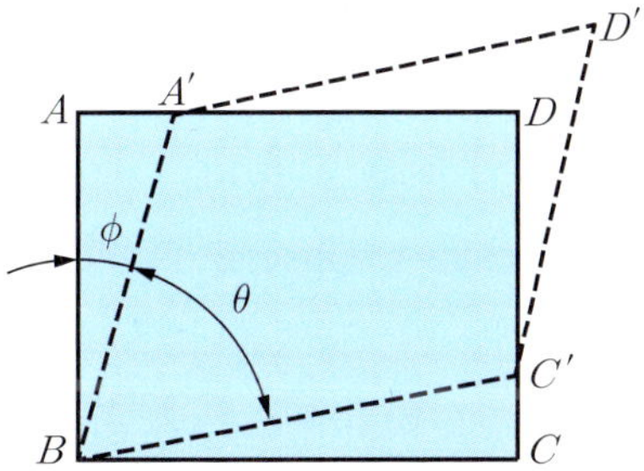

[그림 2-12] 직사각형 평판의 전단변형

예제 2-5

지름 20[mm], 길이 2[m]의 둥근 봉에 축방향으로 인상하중이 작용하여 길이가 1.4[mm] 늘어나고, 지름은 0.0042[mm] 감소하였다. 이때 세로변형률 및 전단변형률을 구하시오.

| 풀이 | 세로변형률 : $\varepsilon = \frac{\delta}{l_0} = \frac{1.4\,[\mathrm{mm}]}{2000\,[\mathrm{mm}]} = 0.0007 = 7 \times 10^{-4}$

가로변형률 : $\varepsilon' = \frac{\delta'}{d_0} = \frac{0.0042\,[\mathrm{mm}]}{20\,[\mathrm{mm}]} = 0.00021 = 2.1 \times 10^{-4}$

2.4 응력 및 변형률의 관계

2.4.1 공업재료의 기계적 성질

공업재료(工業材料; engineering materials)에는 강도, 강성, 탄성계수 등을 고려하여 안전성을 중요하게 취급하는 구조재료(構造材料; structural materials)와 전자기적, 화학적, 광학적 및 열적 특성 등이 중요한 기능재료(機能材料; functional materials)로 나눌 수 있다. 현재, 사용되고 있는 공업재료를 그 특성에 따라 분류하면 일반적으로 금속재료, 세라믹재료, 고분자재료, 복합재료 및 반도체재료의 5가지로 나누어지지만, 이 외에도 생체재료를 공업재료로 분류하는 경우도 있다. 또한, 첨단기술에 사용되는 재료를 첨단재료(advanced materials) 또는 신소재(新素材; new materials)라는 이름으로 기존재료의 결점을 보완하거나, 더욱 우수한 특성을 실현하는 부가가치(附加價値)가 높은 재료로 이용되고 있다.

공업재료의 사용은 재료의 기계적 특성을 미리 파악하여 변형, 또는 파괴가 일어나지 않는 안전설계를 하는 것이 중요하다. 재료의 기계적 성질에는 강도(强度), 경도(硬度), 전성(展性), 연성(延性; ductility), 취성(脆性; brittleness), 신장률(伸張率), 세로탄성계수, 전단탄성계수, 푸아송비(Poisson's ratio), 피로강도, 충격강도, 크리프(creep) 강도 및 파괴인성(破壞靭性; fracture toughness) 및 피로파괴강도 등이 있다.

연성재료(延性材料; ductile material)는 변형률이 큰 재료로서 구리(Cu), 알루미늄(Al), 니켈(Ni), 연강(軟鋼; mild steel) 등이 여기에 속한다. 취성재료(脆性材料; brittle material)는 재료를 인장할 때 적은 변형률에서 파단되는 재료로서 세라믹스, 유리, 콘크리트 및 주철 등이 있다.

재료의 기계적 성질을 정밀하게 측정하기 위해서는 재료의 실제사용 환경과 거의 일치하는 실험조건의 설정이 필요하다. 기계적 성질은 각종 산업분야의 관계자들이 유기적으로 사용하므로 이에 대한 신뢰성 있는 데이터가 요구되며, 시험방법 및 시험결과의 해석에는 일관성 있는 표준이 필요하다. 재료의 기계적 성질을 측정하는 시험방법에는 주로 다음과 같은 것이 있다.

(1) 인장시험(引張試驗 : tensile test)
(2) 압축시험(壓縮試驗 : compressive test)
(3) 굽힘시험(bending test)
(4) 전단시험(剪斷試驗 : shearing test)
(5) 비틀림시험(torsion test)

(6) 경도시험(硬度試驗: hardness test)

(7) 충격시험(衝擊試驗: impact test)

(8) 피로시험(疲勞試驗: fatigue test)

(9) 크리프시험(creep test)

(10) 마멸시험(磨滅驗: abrasion test)

(11) 파괴인성(破壞靭性試驗: fracture toughness) 및 피로균열진전시험

2.4.2 인장시험

재료의 기계적 성질을 측정하기 위해서는 일반적으로 만능재료시험기(universal material tester)를 사용하여 인장시험을 한다. 만능재료시험기에서는 인장, 압축, 굽힘, 전단 및 피로시험을 할 수 있다. 이 시험기는 [그림 2-13]과 같이 로드 셀(load cell)이 장착되어 있고, 액추에이터(actuator)의 작동에 의해 하중을 자동으로 기록하는 동시에 [그림 2-14]와 같은 시험편의 외부에 부착된 [그림 2-15]와 같은 신장률계(伸長率計; extensometer)로부터 변형률의 데이터를 컴퓨터에 저장하여 필요에 따라 하중-변위 선도, 또는 응력-변형률 선도를 자동으로 그릴 수 있다.

인장시험편은 여러 가지 규격이 KS B 0801에 규정되어 있고, 그 한 예를 [그림 2-14]에 나타낸 것이며, 치수의 단위는 [mm]이다. 인장시험으로부터 측정할 수 있는 기계적 성질에는 탄성계수, 푸아송비, 항복강도, 인장강도, 신장률 및 단면감소율 등이 있다.

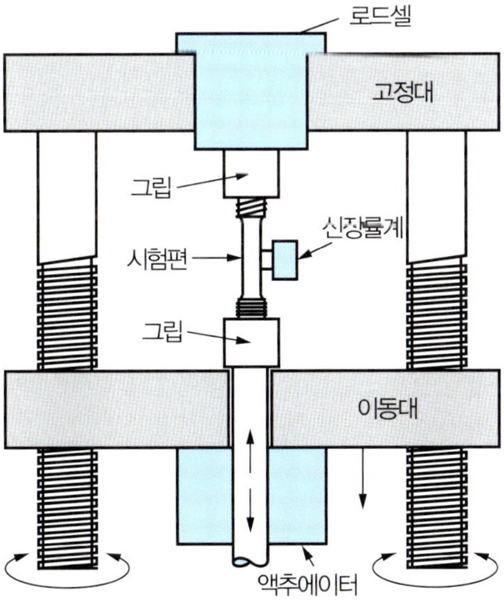

[그림 2-13] 만능재료 시험기

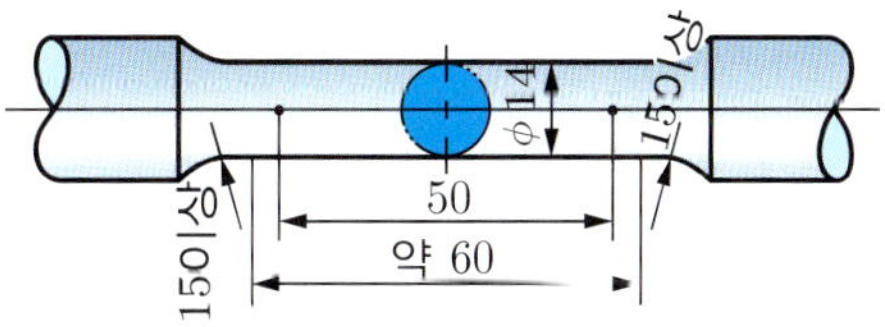

[그림 2-14] 둥근 봉 인장시험편

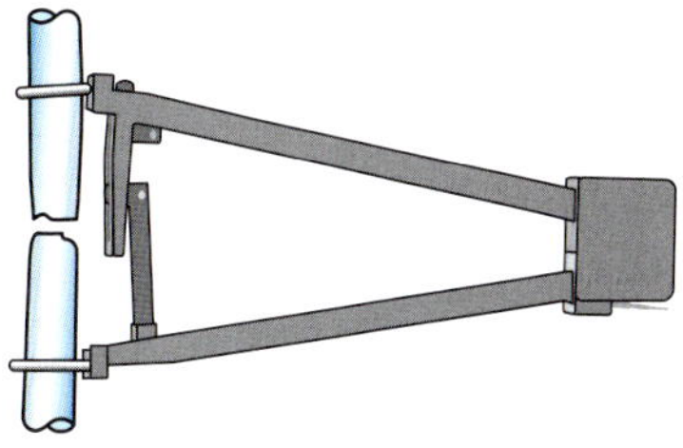

[그림 2-15] 신장률계(시험편 파단후)

2.4.3 응력-변형률 선도

재료의 인장시험으로부터 얻어지는 하중-변위 선도(load-displacement diagram)를 응력과 변형률의 관계로 나타낸 것이 응력-변형률 선도(stress-strain diagram)이다.

[그림 2-14]와 같은 인장시편에 [그림 2-15]와 같은 신장률계를 [그림 2-13]과 같이 인장시험편에 장착하여 실험을 실시한다. 하중은 로드셀이 측정하고, 변형률은 신장률계가 자동적으로 측정하면서 [그림 2-16]과 같은 응력-변형률 선도가 그려진다. [그림 2-16]은 어닐링(annealing) 열처리를 한 연강(軟鋼; mild steel)에 대한 응력-변형률 선도를 나타낸 것이다.

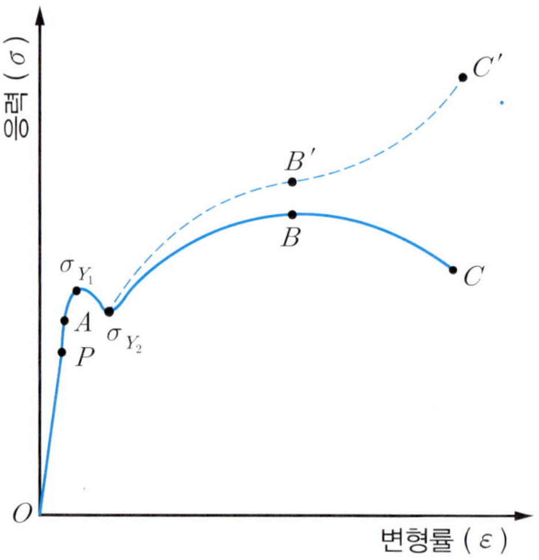

[그림 2-16] 연강의 응력-변형률 선도

[그림 2-16]에서 실선은 재료에 작용하는 하중을 변형전의 원래 단면적으로 나눈 응력, 즉 공칭응력(公稱應力; nominal stress)과 공칭변형률을 나타낸 것이다. 이때 공칭응력은 식 (2·2)로부터 구한 응력이고, 공칭변형률은 식 (2·8)에서 구한 변형률을 나타낸 것이다. 또한, 점선으로 표시한 것은 하중을 변형 후의 감소된 단면적으로 나눈 응력, 즉 진응력(眞應力; true stress)과 진변형률(眞變形率; true strain)을 나타낸다.

진응력 σ_T는 작용하중 P를 변형 후의 단면적 A로 나눈 값으로 표시한다.

$$\sigma_T = \frac{P}{A} \tag{2·12}$$

진변형률 ε_T는 변형 후의 길이에 대한 변형된 길이의 비로서 다음 식과 같이 나타낸다.

$$\varepsilon_T = \int_{l_0}^{l} \frac{dl}{l} = \ln\left(\frac{l}{l_0}\right) = \frac{\delta}{l} \tag{2·13}$$

[그림 2-16]과 같은 응력-변형률 선도에서 P점까지의 응력과 변형률은 비례관계에 있으므로 P점을 비례한도(proportional limit)라 한다. 이 범위에서는 후크의 법칙(Hooke's law)이 성립하고, $\overline{OP}$사이의 직선의 기울기가 재료의 세로탄성계수, 또는 영계수(Young's modulus) E를 의미한다. 그림에서 A 점까지는 응력을 제거하면 변형률도 완전히 사라지고, 원래의 상태로 회복되는 한계점이 되므로 이점을 탄성한도(elastic limit)라고 한다.

하중을 점차 증가시키면 A점을 지나고, 하중을 더욱 증가하면 σ_{Y1}점에서 응력은 그대로 유지되거나 또는 감소함에도 불구하고 변형률은 급격히 증가하여 재료에 영구변형(permanent deformation)을 남게 하는 소성변형(plastic deformation)이 되며, 이때 σ_{Y1}점을 상항복점(upper yield point)이라 한다.

연강의 경우 항복점에는 σ_{Y1}의 상항복점(upper yield point)과 σ_{Y2}의 하항복점(lower yield point)이 있다. 항복점을 지나면 시험편의 일부에는 국부적인 단면의 감소 현상이 생기는 데 이것을 네킹(necking)이라고 한다. 이때부터 미끄럼에 대한 저항이 증가하므로 변형의 증가에 따라 응력도 증가하는 변형경화(變形硬化; strain hardening), 또는 가공경화(加工硬化; work hardening) 현상이 나타나며, 공칭응력과 진응력의 차는 더욱 커진다. 또한, 점 B에 도달하면 재료가 저항할 수 있는 최대응력이 된 후 점 C에서 재료는 파단된다. 이 때 점 B의 응력을 극한강도(極限强度; ultimate strength)라 하고, 인장시험에 대한 극한강도를 인장강도(引張强度; tensile strength), 압축시험일 때를 압축강도(壓縮强度; compressive strength)라고 한다.

그러나 구리, 알루미늄, 고무 등과 같이 연성이 큰 재료와 취성이 큰 주철 등에서는 항복점이 명확히 나타나지 않으므로 [그림 2-17]과 같이 편의상 $0.2\%\,\varepsilon$의 영구변형을 일으키는 곳의 내력(耐力; proof stress)을 항복강도(降伏强度; yield strength)로 정한다.

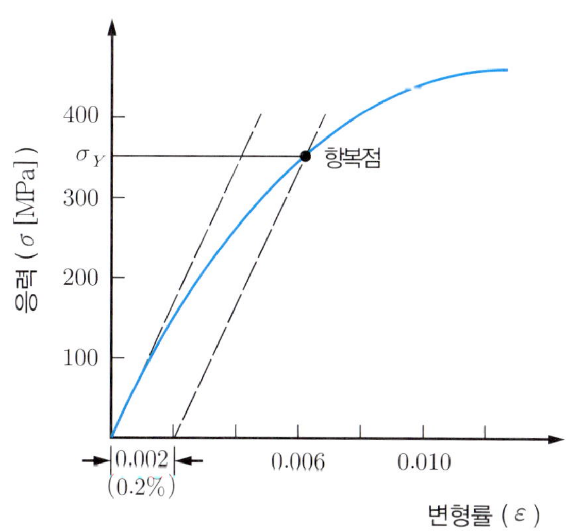

[그림 2-17] 연성재료의 항복응력

[그림 2-18]은 인장하중에 의한 진응력-진변형률 선도를 나타낸 것이다. 응력은 항복점 σ_Y에 도달할 때까지는 응력과 변형률이 비례하는 탄성변형을 유지하고, 이때 진응력-진변형률 선도의 기울기는 세로탄성계수 E를 나타낸다.

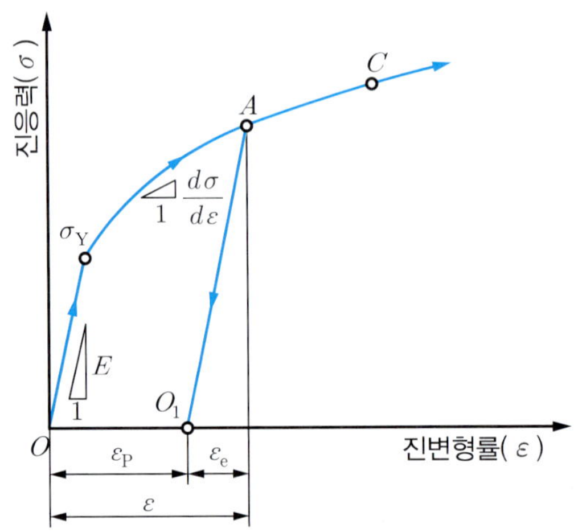

[그림 2-18] 진응력-진변형률 선도

재료는 σ_Y점을 지나면서 영구변형이 남는 소성변형을 일으키면서 진응력-진변형률 곡선의 기울기는 점점 완만하게 되며, A점에서 응력을 제거하면 $A \sim O_1$ 구간은 $\sigma_Y \sim O$ 구간과 동일한 탄성거동을 나타낸다. 따라서 탄성변형 O_1A 구간에서의 기울기는 $O\sigma_Y$ 구간의 기울기와 거의 같고, 세로탄성계수 E도 거의 일치한다.

[그림 2-18]에서 곡선 $\widehat{\sigma_Y AC}$를 소성곡선(flow curve)이라 부르고, A점의 변형률 ε은 탄성변형률 ε_e와 소성변형률 ε_p의 합으로 주어진다.

$$\varepsilon = \varepsilon_e + \varepsilon_p \tag{2·14}$$

2.4.4 후크(Hooke)의 법칙

[그림 2-16]에서와 같이 인장시험으로부터 얻은 비례한도에서 응력 σ와 변형률 ε 사이에는 비례관계가 성립하고, 이것이 등식으로 되기 위해서는 비례계수 E가 필요하다. 탄성범위 안에서의 응력에 대한 변형률은 [그림 2-19(a)]와 같은 스트레인 게이지(strain gauge)를 시험편의 중앙에 순간접착제로 정확히 접착하여 변형률을 증폭하여 측정한다. [그림 2-19]의 스트레인 게이지는 실물크기를 5배 정도 확대한 것이다.

[그림 2-19(a)]는 1축용 스트레인 게이지이고, [그림 2-19(b)]는 2축용 스트레인 게이지로써 푸아송비를 측정할 때 사용한다. [그림 2-19(c)]는 임의의 서로 다른 3방향의 변형률을 측정하기 위해 스트레인 게이지를 조합한 스트레인 로젯(strain rosette)이라고 한다.

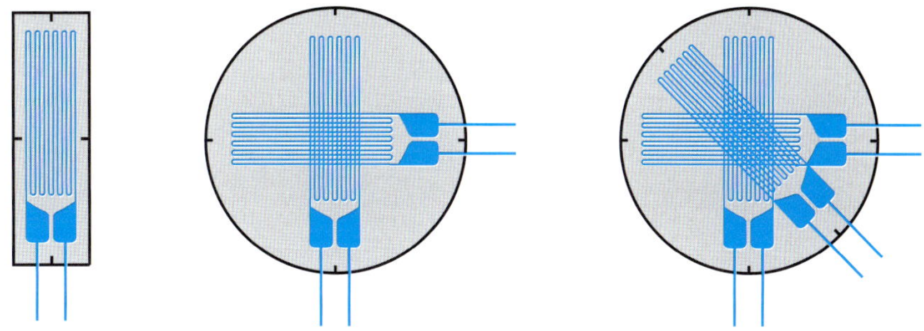

(a) 1축용　(b) 2축용　(c) 스트레인 로젯

[그림 2-19] 스트레인 게이지

즉, [그림 2-16] 또는 [그림 2-18]의 비례한도에서 $\sigma \propto \varepsilon$ 이므로 인장에 대하여 다음 식과 같은 후크의 법칙(Hooke's law)이 성립한다.

$$\sigma = E\varepsilon \tag{2·15}$$

여기서 σ[MPa]는 인장응력, E[GPa]는 재료의 세로탄성계수(longitudinal modulus of elasticity), 또는 영계수(Young's modulus)라고도 한다. 세로탄성계수 E는 재료에 따라 일정한 값을 갖는 재료정수(材料定數; material constant)이다. 각 재료에 대한 E의 값은 스트레인 게이지를 이용하여 측정한 탄성범위 안의 변형률과 응력의 관계식 (2·15)로부터 구할 수 있다.

또한, 전단시험 및 비틀림 시험에서 전단응력 τ와 전단변형률 γ 사이에도 $\tau \propto \gamma$이므로 이것이 등식(等式)으로 되기 위해서 필요한 비례계수를 G라고 하면, 전단변형에 대한 후크의 법칙은 다음 식으로 표시된다.

$$\tau = G\gamma \tag{2·16}$$

여기서 τ[MPa]는 재료의 전단응력, G[GPa]는 재료의 전단탄성계수(剪斷彈性係數; shear modulus) 또는 가로탄성계수(lateral modulus of elasticity)이고, γ는 재료의 전단변형률(剪斷變形率; shear strain)이라 한다. 전단탄성계수 G도 재료에 따라 일정한 값을 갖는 재료정수를 의미한다.

[그림 2-11]에서 단면적 A_s, 높이 l인 재료에 전단하중 P_s가 작용할 때 전단변형량 λ와 전단각 ϕ는 각각 $\tau = \dfrac{P_s}{A_s}$, $\gamma = \dfrac{\lambda}{l} = \phi$이므로 다음의 관계식이 성립한다.

$$G = \frac{\tau}{\gamma} = \frac{P_s}{\gamma A_s} = \frac{P_s l}{\lambda A_0} = \frac{P_s}{\phi A_0} \tag{2·17}$$

재료의 인장시험으로부터 그려진 하중-변위 선도의 탄성범위 안에서 하중 P와 변위 δ는 선형적(線形的)인 변화를 하므로 $P \propto \delta$의 관계로 되고, 이것이 등식으로 되기 위해서는 다음 식과 같이 된다.

$$P = k\delta$$
$$k = \frac{P}{\delta} \tag{2·18}$$

여기서 k[N/mm]는 탄성체의 스프링상수(spring constant)를 나타낸다.

예제 2-6

지름 20[mm]인 재료에 16[kN]의 전단하중이 작용하여 7.0×10^{-4}[rad]의 전단변형률이 발생하였을 때 이 재료의 전단탄성계수를 구하시오.

| 풀이 | 식 (2·17)로부터 전단탄성계수 G

$$G = \frac{P_s}{\gamma A_s} = \frac{4P_s}{\gamma(\pi d^2)} = \frac{4\times16\times10^3}{7.0\times10^{-4}(\pi\times20^2)} = 72756.5\,[\text{MPa}] \fallingdotseq 72.8\,[\text{GPa}]$$

2.4.5 푸아송비

[그림 2-14]와 같은 시험편의 중앙에 [그림 2-19(b)]와 같은 2축용 스트레인 게이지를 접착한 후 인장시험을 실시한다. 2축용 스트레인 게이지에 의해 [그림 2-10]에서와 같은 세로변형률 ε에 대한 가로변형률 ε'의 비가 구해지는데, 이것을 푸아송비(Poisson's ratio) ν라 하며, 다음 식과 같이 나타낸다.

$$\nu = \left|\frac{\text{가로변형률}}{\text{세로변형률}}\right| = \left|\frac{\varepsilon'}{\varepsilon}\right| \tag{2·19}$$

푸아송비 ν는 공업재료의 경우 $\nu = 0.2 \sim 0.5$, 금속재료는 $\nu = 0.3 \sim 0.35$이고, 강(鋼; steel)일 때는 $\nu = 0.3$정도로 된다. 공업재료 중에서 생고무의 푸아송비가 가장 크며, $\nu \to 0.5$에 근접한다.

[표 2-1]은 각종 재료의 푸아송비를 나타낸 것이다.

[표 2-1] 각종 재료의 푸아송비

재 료	푸아송비(ν)	재 료	푸아송비(ν)
연 강(軟鋼)	0.28 ~ 0.3	티타늄 합금	0.33
경 강(硬鋼)	0.3	아연 합금	0.33
주 철	0.2 ~ 0.3	마그네슘 합금	0.35
주 강	0.3	유 리	0.2 ~ 0.27
황 동	0.34	고 무	0.45 ~ 0.5
청 동	0.34	콘크리트	0.1 ~ 0.2
알루미늄 합금	0.33	나일론	0.4
니켈강	0.31	폴리에틸렌	0.4
텅스텐	0.2	암 석	0.2 ~ 0.3

예제 2-7

지름 $d = 16$[mm], 길이 1.5[m]인 둥근 봉에 인장하중 30[kN]이 작용하여 1.09[mm]의 신장량이 생겼을 때 봉의 인장응력 σ와 세로탄성계수 E를 구하시오.

| 풀이 | 인장응력 : $\sigma = \dfrac{P}{A} = \dfrac{P}{(\pi d^2/4)} = \dfrac{4P}{\pi d^2} = \dfrac{4 \times 30 \times 10^3}{\pi \times 16^2}$

$= 149.21\,[\mathrm{N/mm^2}] = 149.21\,[\mathrm{MPa}]$

인장변형률 : $\varepsilon = \dfrac{\delta}{l} = \dfrac{1.09}{1500} = 0.000727 = 7.27 \times 10^{-4}$

세로탄성계수 : $E = \dfrac{\sigma}{\varepsilon} = \dfrac{149.21}{0.000727}\,[\mathrm{N/mm^2}] = 205241\,[\mathrm{MPa}] \fallingdotseq 205.2\,[\mathrm{GPa}]$

예제 2-8

지름 25[mm], 길이 1[m]인 연강봉(軟鋼棒)에 인장하중이 작용하여 0.13[mm] 늘어나는 동시에 지름은 0.001[mm]가 줄어들었다. 이 재료의 푸아송비를 구하시오.

| 풀이 | 푸아송비 : $\nu = \left|\dfrac{\varepsilon'}{\varepsilon}\right|$이므로

세로변형률 : $\varepsilon = \dfrac{l - l_0}{l_0} = \dfrac{\delta}{l_0} = \dfrac{0.13}{1000} = 1.3 \times 10^{-4}$

가로변형률 : $\varepsilon' = \dfrac{d_0 - d}{d_0} = \dfrac{\delta'}{d_0} = \dfrac{0.001}{25} = 4 \times 10^{-5}$

푸아송비 : $\nu = \dfrac{\varepsilon'}{\varepsilon} = \dfrac{4 \times 10^{-5}}{1.3 \times 10^{-4}} = 0.31$

예제 2-9

지름 20[mm]인 봉에 인장하중 30[kN]이 작용할 때 단면적의 감소량을 구하시오. 단, 이 봉의 푸아송비 $\nu = 0.3$, 세로탄성계수 $E = 206$[GPa]이다.

| 풀이 | 봉의 길이는 $(1+\varepsilon):1$의 비로 늘어나고, 지름은 $(1-\varepsilon'):1=(1-\nu\varepsilon):1$의 비로 줄어들기 때문에 단면적은 $(1-\nu\epsilon)^2:1$의 비로 줄어든다.

$$(1-\nu\varepsilon)^2 = 1-2\nu\varepsilon+\nu^2\varepsilon^2 \fallingdotseq 1-2\nu\varepsilon$$

단면적은 $(1-2\nu\varepsilon):1$의 비로 줄어들기 때문에 단면적의 감소량 ΔA는 다음 식과 같이 된다.

$$\Delta A = A\times 2\nu\varepsilon = A\times 2\nu\times\frac{P}{AE} = \frac{2\nu P}{E} = \frac{2\times 0.3\times 30\times 10^3}{206\times 10^3} = 0.087\,[\mathrm{mm}^2]$$

예제 2-10

단면적 500[mm^2], 길이 300[mm]인 둥근 봉에 인장하중이 작용할 때 체적의 증가량을 구하시오. 단, 이 봉의 푸아송비 $\nu = 0.3$이고, 세로변형률 $\varepsilon = 0.0025$이다.

| 풀이 | 봉의 길이는 $(1+\varepsilon):1$의 비로 늘어나고, 지름은 $(1-\varepsilon'):1=(1-\nu\varepsilon):1$의 비로 줄어들기 때문에 단면적은 $(1-\nu\varepsilon)^2:1$의 비로 감소한다.

따라서 체적은 $(1+\varepsilon)(1-\nu\varepsilon)^2:1$의 비로 변화하므로

$$\begin{aligned}(1+\varepsilon)(1-\nu\varepsilon)^2 &= (1+\varepsilon)(1-2\nu\varepsilon+\nu^2\varepsilon^2) \fallingdotseq (1+\varepsilon)(1-2\nu\varepsilon)\\ &= 1-2\nu\varepsilon+\varepsilon-2\nu\varepsilon^2 \fallingdotseq 1-2\nu\varepsilon+\varepsilon = 1+\varepsilon(1-2\nu)\end{aligned}$$

따라서 체적의 증가량 ΔV는

$$\Delta V = V\times\varepsilon(1-2\nu) = (500\times 300)\times 0.0025(1-2\times 0.3) = 150\,[\mathrm{mm}^3]$$

2.4.6 신장률 및 단면감소율

인장시험에서 신장률(伸長率; percentage elongation) ϕ는 시험편이 파단될 때까지의 변형량을 다음 식과 같이 백분율로 나타낸 것이다.

$$\phi = \frac{L-L_0}{L_0}\times 100\,[\%] \tag{2·20}$$

여기서 L_0는 변형전의 표점거리(gauge length), L은 파단후의 표점거리이다.

또한, 단면감소율(斷面減少率; percentage reduction in area) ψ는 다음 식으로 표시한다.

$$\psi = \frac{A_0-A}{A_0}\times 100\,[\%] \tag{2·21}$$

연성(延性; ductility)은 재료가 변형되어 파괴가 일어날 때까지 소성변형의 정도(程度)를 나타내는 것으로서, 신장률과 단면감소율은 재료의 연성을 측정하는 중요한 값이 된다. 알루미늄, 구리, 니켈, 연강 등과 같이 인장에서 큰 변형률이 생기면서 파단되는 재료를 연성재료(延性材料; ductile material)라고 한다. 그러나 주철, 세라믹스, 유리, 콘크리트 등과 같이 인장될 때 비교적 적은 변형률에서 균열(crack)이 발생하면서 파단이 되는 재료를 취성재료(脆性材料; brittle material)라고 한다.

또한, 재료의 중요한 성질 중의 하나로 이용되는 인성(靭性; toughness)은 재료가 파괴될 때까지의 에너지 흡수능력을 의미한다. 인성의 평가는 정적하중일 때는 인장시험, 동적하중일 때는 충격시험을 실시하여 평가한다. 특히, 파괴인성(破壞靭性; fracture toughness)은 균열이 존재하는 재료의 파괴에 대한 저항성을 나타낸다.

각종 공업재료의 기계적 성질을 [표 2-2]에 나타낸다.

[표 2-2] 각종 공업재료의 기계적 성질

구분	재료명	재료기호	세로 탄성계수 E [GPa]	가로 탄성계수 G [GPa]	인장강도 σ_u [MPa]	항복강도 (내력) σ_Y [MPa]	신장률 ϕ [%]
철강재료	연 강	SM 20 C	192	79.4	402 이상	245 이상	28 이상
철강재료	중 경 강	SM 35 C SM 50 C	206	79.4	510 이상 608 이상	304 이상 363 이상	23 이상 18 이상
철강재료	주 강	SC 410	211	81.3	410 이상	205 이상	21 이상
철강재료	회 주 철	GC 200 GC 300	98	37	200 이상 300 이상	-	
철강재료	스프링강	SPS	206	83	1080 이상	830 이상	8 이상
철강재료	스테인리스강	STS 304 STS 316	197 193	74	520 이상 520 이상	205 이상 207 이상	40 이상 40 이상
비철재료	알루미늄합금	A 2014-T4 A 2024-T4 A 7075-T6	72.5 72.5 71	27.4 27.4 27	395 이상 425 이상 510 이상	240 이상 275 이상 435 이상	14 이상 12 이상 5 이상
비철재료	황 동	C 2600 C 2800	108	41	275 이상 315 이상	-	45 이상 25 이상
고분자재료	ABS(중간 충격) ABS(30% 유리섬유)		2.4 6.9		45 90		15 1.5
고분자재료	아 크 릴(PMMA)		2.8		62		6
고분자재료	에 폭 시(주조)		3.8		59		4.5
고분자재료	나일론 6(33% 유리섬유)		9.3		170		2.9
고분자재료	폴리카보네이트(PC)		2.4		66		110
고분자재료	폴리에틸렌(HDPE)		1.1		26.5		600
고분자재료	폴리스티렌(PS)		2.8		44		1.8
고분자재료	강성 PVC		3.3		46		50

2.5 응력의 표시 및 응력텐서

물체 안의 응력상태는 일반적으로 3차원적으로 분포하기 때문에 [그림 2-20]과 같이 미소 직육면체를 고려하고, 이들이 서로 직교하는 3개의 면에 작용하는 각 좌표축 방향에 대한 응력성분으로 표시하면 편리하다. 이와 같이 물체의 임의의 점에 대한 응력상태는 9개의 성분을 가진 텐서(tensor)로 표시할 수 있다. 텐서란 어떤 좌표계에서 정의된 양(量)이 변환된 다른 좌표계에서도 그 형태를 바꾸지 않는 양을 말한다.

텐서로 표기하면 다음과 같은 특징이 있다.

(1) 수식(數式)을 쉽고, 간결하게 표시할 수 있다.
(2) 좌표의 취급방법이 변하더라도 식의 형태는 변하지 않는다.
(3) 물리적 현상의 해석이 매우 편리하다.
(4) 행렬(行列; matrix)로 표시할 수 있다.
(5) 변환(變換)행렬만 알면 좌표계의 변환이 용이하다.

이와 같이 텐서는 일반적으로 좌표계에 대한 불변상태(不變狀態)의 성질을 설명하는 행렬로 표시하며, 좌표계의 변환은 텐서의 변환행렬만 알면 쉽게 변환이 가능하다. 텐서의 차수(次數)는 방향의 수를 나타내며, n 차 텐서는 3^n 개의 성분이 필요하다. 벡터(vector)를 설명하기 위해서는 3개의 성분이 필요하므로 벡터는 1차 텐서이고, 스칼라(scalar)는 1개의 성분만이 요구되므로 0차 텐서라고 한다.

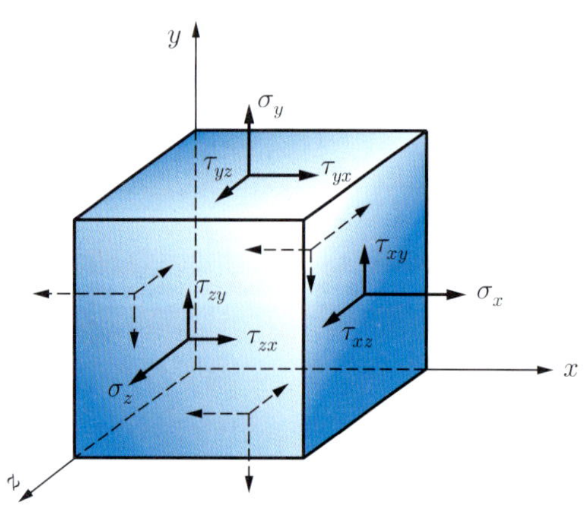

[그림 2-20] 3차원 응력성분의 표시

응력텐서(stress tensor)는 다음과 같은 3행 3열의 행렬로 표시할 수 있다.

$$\begin{bmatrix} \sigma_{xx} & \sigma_{xy} & \sigma_{xz} \\ \sigma_{yx} & \sigma_{yy} & \sigma_{yz} \\ \sigma_{zx} & \sigma_{zy} & \sigma_{zz} \end{bmatrix} = \begin{bmatrix} \sigma_{x} & \tau_{xy} & \tau_{xz} \\ \tau_{yx} & \sigma_{y} & \tau_{yz} \\ \tau_{zx} & \tau_{zy} & \sigma_{z} \end{bmatrix} = \left[\, \sigma_{ij} \,\right] \quad (i,\ j = x,\ y,\ z) \qquad (2{\cdot}22)$$

여기서 응력성분의 제 1첨자 i는 응력이 작용하는 면(面)을 나타내고, 제 2첨자 j는 응력이 작용하는 방향(方向)을 표시한다. 따라서 응력은 9개의 성분이 필요하므로 2차 텐서이고, 응력성분의 부호는 [그림 2-20]에서와 같은 방향으로 작용하는 응력성분을 양(+)의 방향으로 나타내고 있다.

식 (2·22)에서 같은 첨자를 갖는 주대각 성분인 3개의 응력성분(σ_x, σ_y, σ_z)은 각 면에 수직으로 작용하기 때문에 수직응력(垂直應力; normal stress) 또는 법선응력(法線應力)이라고도 한다. 또한, 첨자가 서로 다른 비대각 성분인 6개의 응력성분(τ_{xy}, τ_{xz}, τ_{yx}, τ_{yz}, τ_{zx}, τ_{zy})은 각 면에 평행하게 접선방향으로 작용하기 때문에 전단응력(剪斷應力; shear stress)이라고 한다.

2.6 응력의 평형방정식

[그림 2-20]의 3차원 미소 정육면체에 작용하는 응력을 x, y 평면에 작용하는 응력으로 나타내면 [그림 2-21]과 같이 된다. [그림 2-21]에서 전단응력 성분에 의한 힘의 평형방정식을 고려하기 위해 식 (1·2)로부터 z축에 대한 x, y 방향의 모멘트를 취하면 $\Sigma M_z = 0$ 이 된다.

$$\Sigma M_z = \left(-\tau_{xy}\,dy\,dz\right)dx + \left(\tau_{yx}\,dx\,dz\right)dy = 0$$

$$\therefore\ \tau_{xy} - \tau_{yx} \qquad (2{\cdot}23)$$

같은 방법으로 $\Sigma M_x = 0$, $\Sigma M_y = 0$이면 $\tau_{xz} = \tau_{zx}$, $\tau_{yz} = \tau_{zy}$ 로 된다.

따라서 식 (2·23)에서 알 수 있듯이 물체 안에서 직교(直交)하는 두 방향의 전단응력은 그 크기가 같고, 작용방향은 서로 반대이므로 이러한 두 전단응력을 공액전단응력(共軛剪斷應力; complementary shear stress)이라고 한다. 공액전단응력은 크기가 같고 방향이 반대이므로 다음 식과 같이 식 (2·23)을 텐서로 표시할 수 있다.

$$\tau_{xy} = \tau_{yx}$$

$$\sigma_{ij} = \sigma_{ji} \qquad (2{\cdot}24)$$

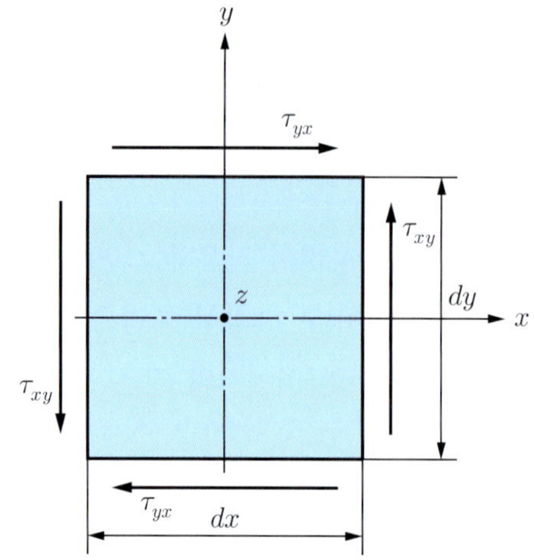

[그림 2-21] x, y 면에 작용하는 전단응력

2.7 허용응력과 안전율

2.7.1 허용응력

기계나 구조물에 작용하는 하중이 증가할수록 각 부재에 발생하는 응력이나 변형률도 증가하여 결국 파괴된다. 기계나 구조물이 안전하면서 충분한 기능을 발휘하려면, 작용응력은 사용재료가 허용할 수 있는 일정한도의 응력을 초과하지 않도록 하여야 한다. 따라서 재료에 대한 실제의 사용상태를 정확히 파악하고, 응력의 작용상태를 확인한 후 안전하게 사용하여야 한다. 탄성한도 안에서 재료를 안전하게 사용할 수 있도록 허용되는 최대응력을 허용응력(許容應力; allowable stress)이라고 한다.

기계나 구조물에 실제 사용하는 응력을 사용응력(使用應力; working stress)이라 하고, 사용응력은 허용응력의 범위 안에 있어야 안전하다. 일반적으로 사용응력과 허용응력은 같은 의미를 나타낸다.

[표 2-3]은 각종 하중상태에 대한 주요 철강재료의 허용응력을 나타낸 것이다.

[표 2-3] 주요 철강재료의 허용응력(단위 : [MPa])

응 력	하중 상태	연 강	경 강	주 철	주 강	니켈강
인 장	Ⅰ	90~120	120~180	30	60~120	120~180
	Ⅱ	54~70	70~108	18	30~72	80~120
	Ⅲ	48~60	60~90	15	30~60	40~60
압 축	Ⅰ	90~120	120~180	90	90~150	120~180
	Ⅱ	54~70	70~108	50	54~90	80~120
굽 힘	Ⅰ	90~120	120~180	45	72~120	120~180
	Ⅱ	54~70	70~108	27	45~72	80~120
	Ⅲ	45~60	60~90	19	37~60	40~60
전 단	Ⅰ	72~100	100~144	30	48~96	96~144
	Ⅱ	43~56	60~86	18	29~58	64~96
	Ⅲ	36~48	48~72	18	24~48	32~48
비틀림	Ⅰ	60~100	100~144	30	48~96	90~144
	Ⅱ	36~56	60~86	18	29~58	60~96
	Ⅲ	30~48	48~72	15	24~48	30~48

주 Ⅰ : 정하중의 경우
Ⅱ : 가벼운 동하중, 편진 반복하중의 경우
Ⅲ : 충격하중, 심한 변동하중, 양진 반복하중의 경우

2.7.2 안전율

재료의 허용응력(σ_a)에 대한 기준강도(σ_s)의 비를 안전율(安全率; safety factor) 또는 안전계수(安全係數)라고 한다. 안전율은 너무 크게 잡으면 설계의 안전성은 좋지만, 경제성이 떨어진다. 따라서 최적설계를 하려면 안전한 범위 안에서 안전율 S를 가능하면 작게 잡는 것이 좋다.

$$\text{안전율}(S) = \frac{\text{기준강도}}{\text{허용응력}} = \frac{\sigma_s}{\sigma_a} \qquad (2\cdot25)$$

안전율을 결정하기 위해 고려하여야 할 중요한 사항은 다음과 같다.

(1) 재질의 균질성
(2) 하중 및 응력계산의 정확성
(3) 공차 및 조립의 정밀도
(4) 사용조건(온도, 습도, 마찰, 부식 등)의 영향
(5) 수명평가

안전율은 위 사항에 대한 부정확성을 보완하고, 각 부분에 필요하고도 충분한 여유를 주기 위한 것이다. 안전율은 여러 가지 영향을 고려하여 각각의 경우에 가장 적절한 값을 결정하여야 하지만, 일반적으로 적용되는 값을 정하기는 매우 어렵다. 따라서 오랜 경험을 바탕으로 안전율을 결정하는 경우가 많다.

이 책에서는 안전율과 안전계수의 용어를 함께 사용하고 있다.

[표 2-4]는 Unwin이 제시한 안전율의 일반평균값을 나타낸 것이다.

[표 2-4] Unwin이 제시한 안전율

재 료	정하중		반복하중		충격하중
	Unwin	참고[*1]	편진(片振)	양진(兩振)	
강 · 연강	3	3~5	5	8	12
주 철	4	3.5~8	6	10	15
목 재	7	7~10	10	15	20
벽돌 · 석재	20	15~24	30	-	-

주 1. 기준강도는 극한강도를 나타낸 것이다.
2. *1 : Unwin 이후 문헌에 발표된 안전율을 제시한 것이다.

2.7.3 기준강도

기준강도(基準强度)는 재질, 사용조건 및 수명 등을 고려하여 선택하고, 안전율은 요구되는 성능 등을 파악하여 허용응력을 계산한다. 식 (2·25)에서 기준강도 σ_s로 사용되는 것으로는 다음과 같은 것이 있다.

(1) 연강과 같은 연성재료에 정하중이 작용할 때 : 항복응력(σ_Y)

단, 알루미늄과 같이 항복점이 나타나지 않는 연성재료 : 내력(耐力; proof stress)

(2) 주철과 같은 취성재료에 정하중이 작용할 때 : 인장강도(σ_u)

(3) 반복하중이 작용할 때 : 피로한도

(4) 고온에서 정하중이 작용할 때 : 크리프 한도

(5) 긴 기둥의 경우 또는 편심하중이 작용할 때 : 좌굴응력(buckling stress)

≫ 예제 2-11

[그림 2-22]와 같이 연강으로 만든 볼트로 60[kN]의 인장하중을 지지할 때 볼트 지름 d와 볼트 머리부의 높이 H를 구하시오. 단, 볼트 재료인 연강의 인장강도는 300[N/mm^2], 전단강도는 240[N/mm^2]이고, 안전율은 3으로 한다.

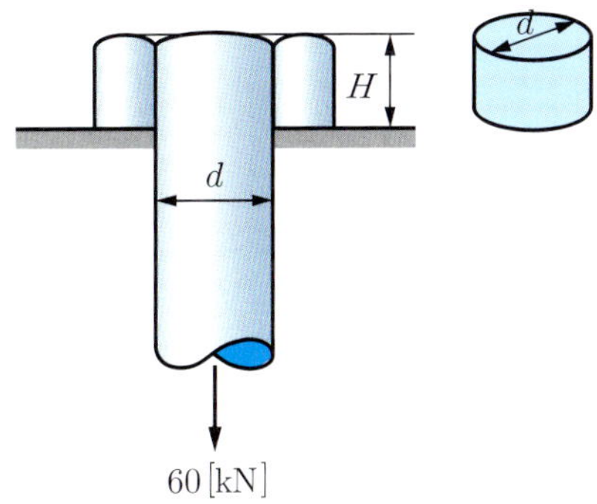

[그림 2-22]

| 풀이 | 볼트의 허용인장응력 : $\sigma_a = \dfrac{\text{인장강도}}{\text{안전율}} = \dfrac{\sigma_t}{S} = \dfrac{300}{3} = 100[\text{N/mm}^2] = 100[\text{MPa}]$

볼트의 허용전단응력 : $\tau_a = \dfrac{\text{전단강도}}{\text{안전율}} = \dfrac{\tau}{S} = \dfrac{240}{3} = 80[\text{N/mm}] = 80[\text{MPa}]$

인장에 의한 볼트의 지름 : $\sigma_a = \dfrac{P}{A} = \dfrac{4P}{\pi d^2}$이므로

$$d = \sqrt{\frac{4P}{\pi\sigma_a}} = \sqrt{\frac{4\times 60\times 10^3}{\pi\times 100}} = 27.6[\text{mm}]$$

전단에 의한 볼트 머리부의 높이 : 머리부의 높이 H가 작다면 전단력에 의해 머리부분이 오른쪽 그림과 같이 떨어져 나가므로 머리부의 허용전단응력은

$\tau_a = \dfrac{P_s}{A_s} = \dfrac{P_s}{\pi dH}$이고, 인장하중($P$) = 전단하중($P_s$)이므로

$$H = \frac{P_s}{\tau_a \pi d} = \frac{60\times 10^3}{80\pi\times 27.6} = 8.6[\text{mm}]$$

2.8 생브낭의 원리

[그림 2-23]과 같이 하중의 작용방법이 서로 다르더라도 정역학적으로 등가(等價)인 합력이 작용한다면 하중점에서 충분히 떨어진 중앙부에서의 응력과 변형률은 각각 서로 같고, 이 하중계에 대한 영향의 차이는 없다. 이것을 생브낭(Saint-Venant : 1791 ~ 1886년)의 원리라고 한다.

이때 정역학적으로 등가라는 것은 두 힘의 분포가 같은 합력과 합 모멘트가 작용하는 것을 의미한다. 이와 같은 생브낭의 원리는 실험을 할 때 시험편의 응력을 원하는 값으로 얻기 위해서는 정적으로 등가인 하중계가 요구되므로 그 중에서 가장 적합한 것을 선택하는 것이 바람직하다. 또한, 이 원리는 응력계산을 할 경우에도 적용하는 방법이다.

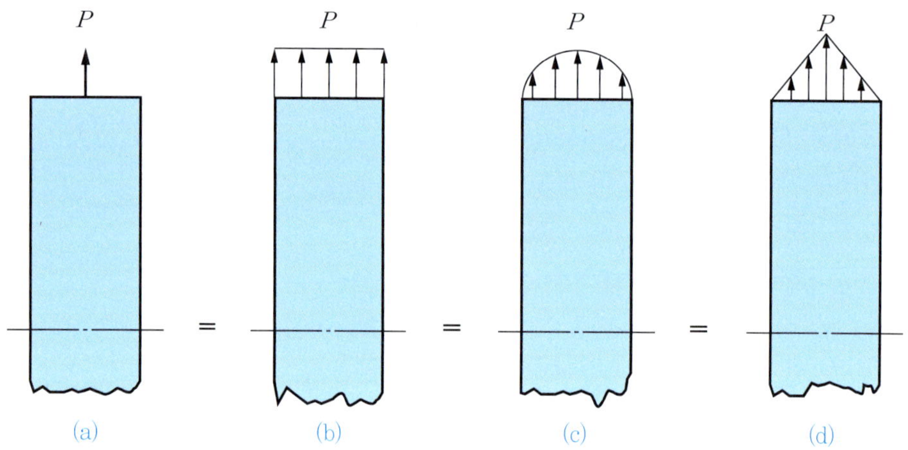

[그림 2-23] 생브낭의 원리

CHAPTER 2

연습문제

[2-1] 지름 20[mm]인 연강(軟鋼) 봉의 인장강도는 180[N/mm^2]이고, 안전율을 3으로 하면 이 봉이 허용할 수 있는 인장하중을 결정하시오.

[2-2] 둥근 강봉(steel bar)에 50[kN]의 인장하중이 작용할 때 봉의 지름을 구하시오. 단, 이 봉의 허용인장응력 $\sigma_a = 60$[N/mm^2]으로 한다.

[2-3] 안지름 50[mm], 바깥지름 100[mm]인 주철제로 만든 원통에 100[kN]의 압축하중이 작용할 때 발생하는 응력을 구하시오.

[2-4] 길이 1[m], 세로탄성계수 $E = 206$[GPa]의 연강 봉에 인장응력 100[N/mm^2]이 작용할 때 이 봉의 신장량을 구하시오.

[2-5] 단면적이 500[mm^2]인 재료의 단면에 따라 30[kN]의 전단력이 작용하여 1/1000[rad]의 전단변형률이 생길 때 이 재료의 전단탄성계수 G를 구하시오.

[2-6] 푸아송비 $\nu = 0.33$, 세로탄성계수 $E = 110$[GPa]인 재료로 만들어진 지름 30[mm]인 봉에 50[kN]의 인장하중이 작용할 때 변화된 봉의 지름을 구하시오.

[2-7] 단면적이 10[cm^2]인 황동의 둥근 봉에 50[kN]의 압축하중이 작용할 때 단면적의 변화량을 구하시오. 단, 세로탄성계수는 110[GPa], 푸아송비는 0.34로 한다.

[2-8] 1변이 30[mm]이고, 길이 100[mm]인 정사각형 단면의 봉에 압축하중 10[kN]이 작용할 때 체적의 감소량을 구하시오. 단, 세로탄성계수 $E = 200$[GPa]이고, 푸아송비 $\nu = 0.3$으로 한다.

[2-9] [그림 2-24]와 같은 두께 $t = 6\,[\mathrm{mm}]$인 연강판에 지름 $d = 35\,[\mathrm{mm}]$의 구멍을 펀치로 뚫으려고 한다. 연강 판의 허용전단응력 $\tau_a = 40\,[\mathrm{N/mm^2}]$일 때 필요한 펀칭하중 P_s를 결정하시오.

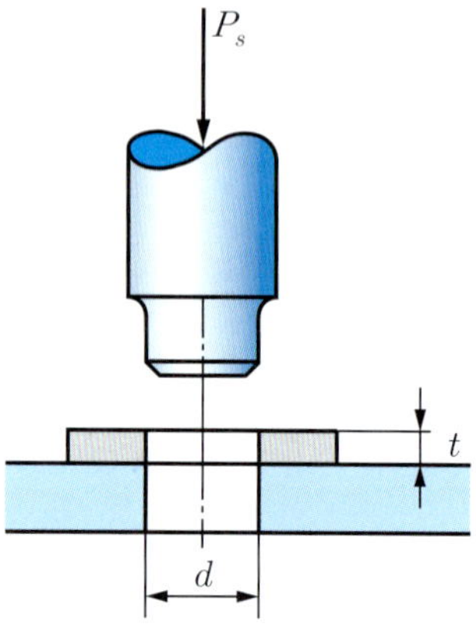

[그림 2-24]

[2-10] [그림 2-25]와 같은 핀이음(pin joint)에서 핀의 지름 $d = 20\,[\mathrm{mm}]$이고, 핀의 허용전단응력 $\tau_a = 45\,[\mathrm{N/mm^2}]$으로 할 때 이 핀이음에 작용시킬 수 있는 인장하중 P를 결정하시오.

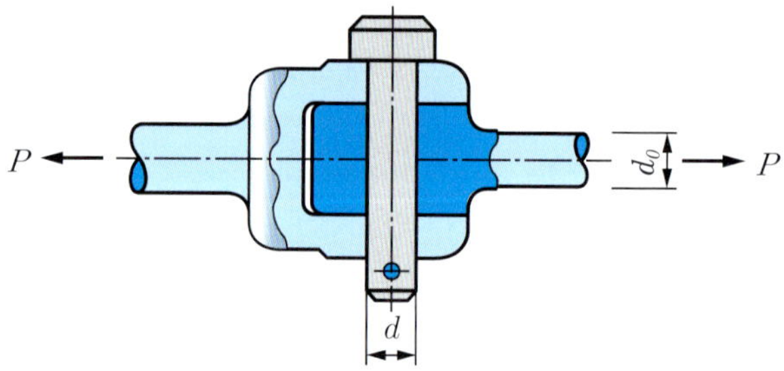

[그림 2-25]

[2-11] 두께 $10\,[\mathrm{mm}]$인 중공(中空)의 주철관에 $50\,[\mathrm{kN}]$의 압축하중이 작용할 때 주철의 극한강도는 $300\,[\mathrm{N/mm^2}]$이고, 안전율을 5로 하면 주철관의 필요한 바깥지름 및 안지름을 구하시오.

3 CHAPTER 축방향 하중이 작용하는 부재

앞 장에서는 하중, 응력 및 변형률의 의미와 표시방법에 대하여 학습하였다. 구조물, 건축물, 교량, 기계, 자동차, 선박, 항공기 및 우주선 등을 구성하는 부재를 설계하기 위해서는 인장, 굽힘, 전단이나 비틀림 하중에 의한 응력뿐만 아니라 변형량을 구할 필요가 있다. 이 장에서는 축방향 하중이 작용하는 부재에 대한 응력 및 변형을 다루고자 한다. 축방향 하중이 작용하는 정정(靜定) 및 부정정(不靜定)문제에 대한 변형량을 구하는 방법을 파악하고자 한다. 부정정문제의 미지반력을 결정하는 하중법과 변위법을 학습한다.

3.1 축하중이 작용하는 부재의 응력 및 변형량

3.1.1 균일단면 봉의 끝에 축하중이 작용하는 경우

[그림 3-1]과 같이 단면적 A, 길이 l 인 균일단면 봉의 끝에 축방향 인장하중 P 가 작용할 때 탄성범위 안에서 늘어나는 봉의 인장량 δ 를 구하여 보기로 한다.

재료의 탄성범위 안에서 식 (2·15)에 의한 Hooke의 법칙으로부터 다음 식이 얻어진다.

$$\sigma = E\varepsilon, \quad \frac{P}{A} = E\left(\frac{\delta}{l}\right)$$

$$\therefore \ \delta = \frac{Pl}{AE} = \frac{\sigma l}{E} \qquad (3\cdot1)$$

여기서 δ 는 인장일 때 늘어나므로 양(+), 압축일 때 수축되므로 음(−)으로 한다. 또한 AE 는 축강성(軸剛性; axial rigidity)이라 하고, 축하중이 작용하는 봉의 변형량 δ 는 P/AE 의 상수값에 비례한다.

식 (3·1)은 [그림 3-2]와 같은 스프링에도 적용되며, 식 (2·18)에서 $P = k\delta$ 이므로

$$\delta = \frac{P}{k} = CP \qquad (3\cdot2)$$

여기서 k[N/mm]와 C[mm/N]는 변형량 δ 에 대한 비례상수로서 $k = \dfrac{P}{\delta}$ 는 스프링상수이고, $C = \dfrac{\delta}{P}$ 는 스프링상수의 역수로서 컴플라이언스(compliance)라고 한다.

스프링상수 k는 재료의 강성도(剛性度; stiffness)라고 하며, 컴플라이언스 C는 재료의 유연도(柔軟度; flexibility)를 나타낸다. 식 (3·1)과 식 (3·2)로부터 재료의 강성도 k는 다음 식과 같이 된다.

$$k = \frac{AE}{l}\,[\mathrm{N/mm}] \tag{3·3}$$

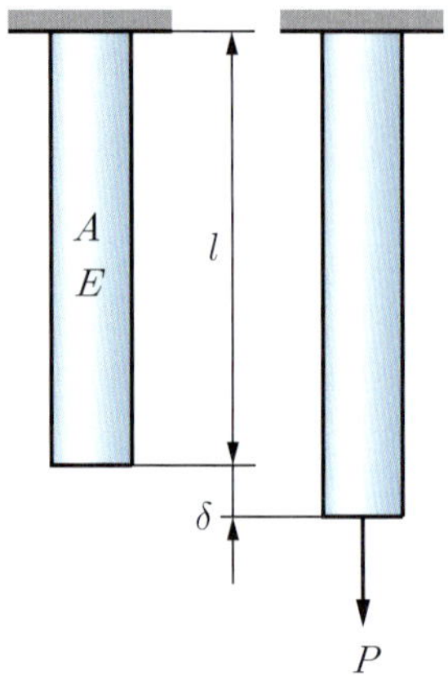

[그림 3-1] 균일단면 봉의 인장변형

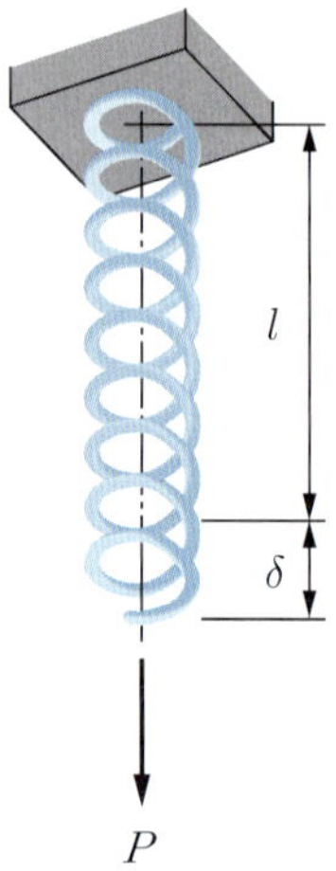

[그림 3-2] 스프링의 변형

또한, 재료의 유연도 C는 단위하중에 대한 변형량이므로 축하중이 작용하는 봉의 유연도 C는 다음 식으로 표시된다.

$$C = \frac{l}{AE}\,[\mathrm{mm/N}] \tag{3·4}$$

이러한 강성도 k와 유연도 C는 각종 구조물을 해석할 때 중요한 역할을 한다.

[그림 3-3]과 같이 단면적이 서로 다른 단붙이 봉(stepped bar)의 끝에 인장하중이 작용할 때 이 봉의 전체 신장량을 구하여 보기로 하자. 이와 같이 단면적 A와 세로탄성계수 E가 서로 다른 n개의 균일단면 요소에 대해서 봉의 끝에 인장하중이 작용할 때, 각 부분의 신장량은 식 (3·1)에 의해 각각 다음 식과 같이 표시된다.

$$\delta_1 = \frac{Pl_1}{A_1E_1}, \quad \delta_2 = \frac{Pl_2}{A_2E_2}, \quad \delta_3 = \frac{Pl_3}{A_3E_3} \tag{a}$$

따라서 [그림 3-3]과 같은 단붙이 봉에 대한 전신장량 δ는 겹침의 원리(principle of superposition)에 의해

$$\delta = \delta_1 + \delta_2 + \delta_3 = \sum_{i=1}^{n} \frac{Pl_i}{A_iE_i} \tag{3·5}$$

여기서 첨차 i는 봉의 각 단면요소를 나타내는 지수, n은 단면요소의 전체수이다.

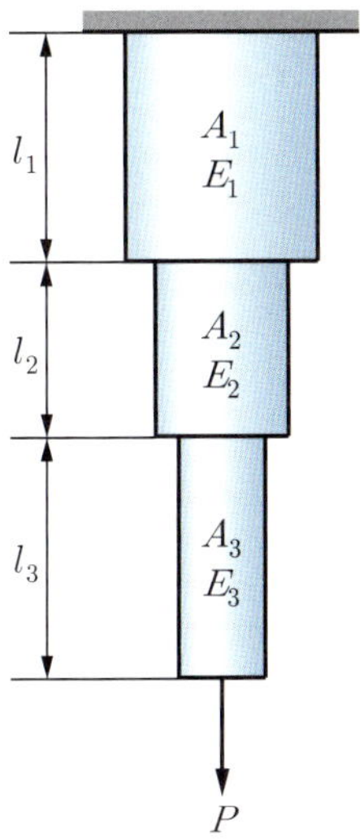

[그림 3-3] 단붙이 봉의 신장량

참고사항

겹침의 원리 : 탄성체에 여러 개의 하중이 동시에 작용할 때 재료의 탄성범위 안에서 발생하는 응력 및 변형은 개개의 하중이 단독으로 작용하는 경우의 응력과 변형을 중첩하여 구할 수 있다. 이것을 겹침의 원리(principle of superposition) 또는 중첩의 원리라고도 한다. 이러한 원리는 선형적인 비례관계에 있는 모든 양(量) 사이에 적용할 수 있다.

예제 3-1

[그림 3-4]와 같이 지름 40[mm]와 60[mm]인 단붙이 봉에 50[kN]의 인장하중이 작용할 때 이 봉의 길이 40[mm] 및 50[mm]의 각 부분에 작용하는 응력, 신장량 및 전 신장량을 구하시오. 단, 이 봉의 세로탄성계수 $E = 205$[GPa]로 한다.

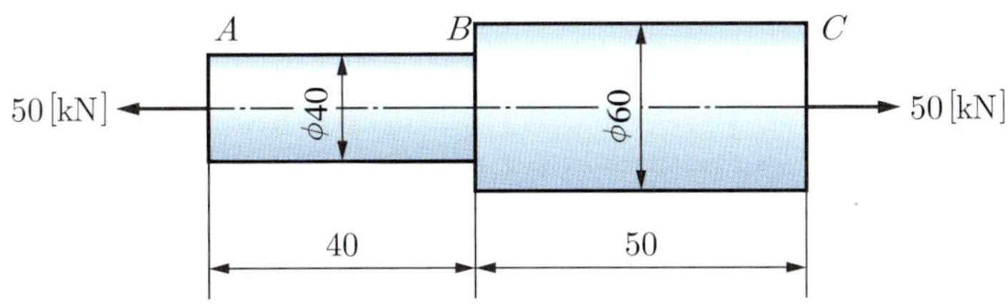

[그림 3-4]

| 풀이 | [그림 3-4]에서 AB 부분의 응력을 σ_1, 신장량을 δ_1 이라 하고, BC 부분의 응력을 σ_2, 신장량을 δ_2 라고 하면 다음 식과 같이 된다.

$$\sigma_1 = \frac{P}{A_1} = \frac{4P}{\pi d_1^2} = \frac{4 \times 50 \times 10^3}{\pi \times 40^2} = 39.8\,[\mathrm{N/mm^2}] = 39.8\,[\mathrm{MPa}]$$

$$\sigma_2 = \frac{P}{A_2} = \frac{4P}{\pi d_2^2} = \frac{4 \times 50 \times 10^3}{\pi \times 60^2} = 17.7\,[\mathrm{N/mm^2}] = 17.7\,[\mathrm{MPa}]$$

또한, 전신장량 δ 는

$$\delta = \delta_1 + \delta_2 = \frac{\sigma_1 l_1}{E} + \frac{\sigma_2 l_2}{E} = \frac{1}{E}(\sigma_1 l_1 + \sigma_2 l_2)$$

$$= \frac{1}{205 \times 10^3}(39.8 \times 40 + 17.7 \times 50) = 0.012\,[\mathrm{mm}]$$

3.1.2 중간 축하중이 작용하는 경우

[그림 3-5(a)]와 같이 균질재의 균일단면 봉에 1 개 이상의 중간 축하중이 작용할 때 봉의 전신장량은 각 부분에 작용하는 축하중에 의한 각각의 신장량 또는 수축량을 계산한 후 이들 값을 합산하여 구한다. 내력(internal force) Q_1, Q_2, Q_3를 구하기 위해서는 [그림 3-5(b)] ~ [그림 3-5(d)]와 같이 각 부분에 대한 자유물체도(free-body diagram)를 그려서 외부하중 P_1, P_2, P_3와 힘의 평형상태를 고려한다.

각 부분에 대한 힘의 평형상태를 고려하면 다음 식과 같이 된다.

$$Q_1 = -P_1 + P_2 + P_3,\quad Q_2 = P_2 + P_3,\quad Q_3 = P_3 \tag{b}$$

각 부분에 대한 신장량은 식 (3·1)에 의해 각각 다음 식으로 표시된다.

$$\delta_1 = \frac{Q_1 l_1}{AE},\quad \delta_2 = \frac{Q_2 l_2}{AE},\quad \delta_3 = \frac{Q_3 l_3}{AE} \tag{c}$$

따라서 [그림 3-5]와 같이 중간 축하중이 작용하는 균일단면 봉에 대한 전신장량 δ 는

$$\delta = \delta_1 + \delta_2 + \delta_3 = \sum_{i=1}^{n} \frac{Q_i l_i}{A_i E_i} = \sum_{i=1}^{n} \frac{\sigma_i l_i}{E_i} \tag{3·6}$$

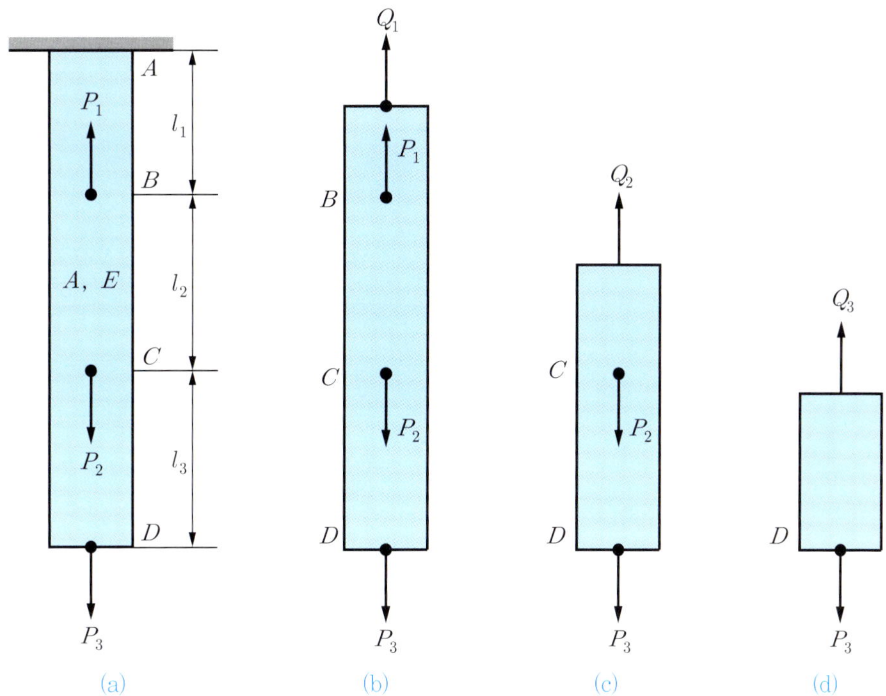

[그림 3-5] 중간 축하중에 의한 신장량(균일단면 봉)

또한, 이러한 방법은 [그림 3-6]과 같이 단면적이 서로 다른 n개의 요소에 대한 전 신장량 δ를 구할 수 있다.

[그림 3-7]과 같이 지름 d인 둥근 봉의 양끝에 인장하중 P가 작용하고, 봉의 중앙부분에 축하중 Q가 작용할 때 봉의 전신장량은 식 (3·6)으로부터 구할 수 있다. 봉의 단면적 A, 세로탄성계수 E는 일정하므로 각 구간의 하중 및 응력을 계산하고, 변형량을 구한 후 이것을 중첩하면 이 봉의 전신장량이 얻어진다.

(1) AB 구간의 응력 및 변형량 : $\sigma_1 = \dfrac{P}{A}$, $\delta_1 = \dfrac{Pl}{AE}$

(2) BC 구간의 응력 및 변형량 : $\sigma_2 = \dfrac{(P-Q)}{A}$, $\delta_2 = \dfrac{(P-Q)l}{AE}$

(3) CD 구간의 응력 및 변형량 : $\sigma_3 = \dfrac{P}{A}$, $\delta_3 = \dfrac{Pl}{AE}$

따라서 이 봉의 전신장량은 다음 식과 같이 된다.

$$\delta = \delta_1 + \delta_2 + \delta_3 = \frac{Pl}{AE} + \frac{(P-Q)l}{AE} + \frac{Pl}{AE} = \frac{(3P-Q)l}{AE} \qquad (3\cdot7)$$

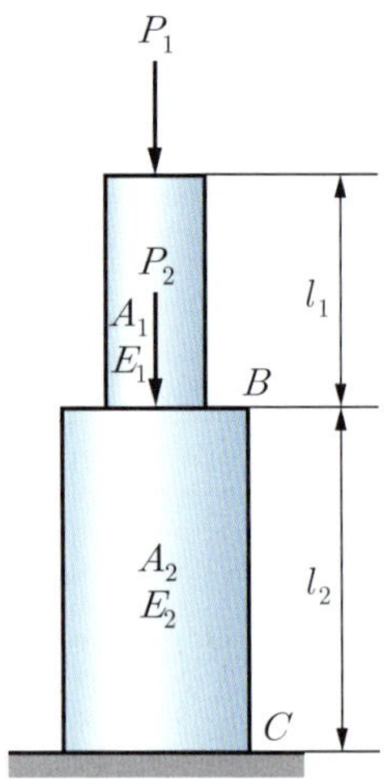

[그림 3-6] 단붙이 봉의 중간 축하중

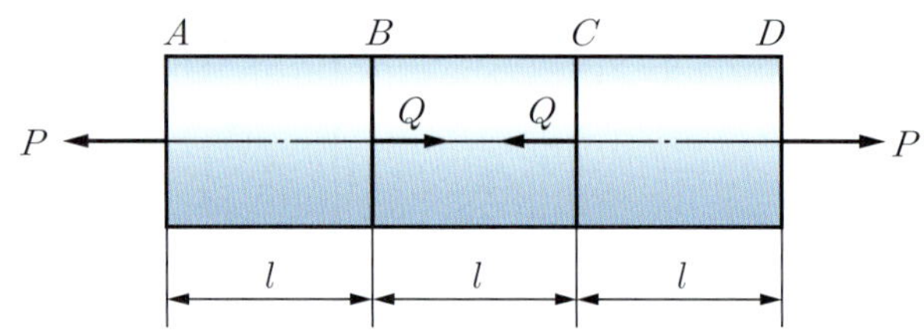

[그림 3-7] 균일단면 봉의 중간 축하중

예제 3-2

지름 50[mm], 세로탄성계수 $E = 206$[GPa]인 강봉(鋼棒; steel bar)이 [그림 3-8(a)]와 같이 하중이 작용할 때 이 강봉의 전신장량을 구하시오.

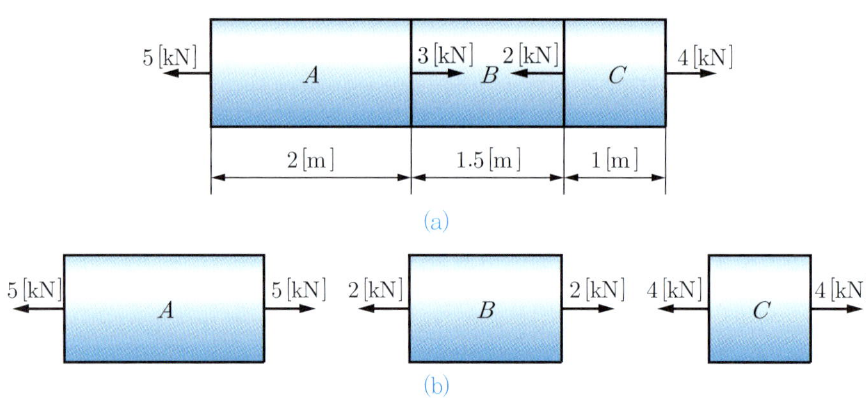

[그림 3-8]

| 풀이 | 각 부분의 하중점에 대한 자유물체도를 그리면 [그림 3-8(b)]와 같고, 각 부분에 대한 신장량은 다음과 같이 구한다.

$$\delta_A = \frac{P_A l_A}{AE} = \frac{4P_A l_A}{\pi d^2 E} = \frac{4 \times 5 \times 10^3[\mathrm{N}] \times 2 \times 10^3[\mathrm{mm}]}{\pi \times (50[\mathrm{mm}])^2 \times 206 \times 10^3[\mathrm{MPa}]} = 0.025[\mathrm{mm}]$$

$$\delta_B = \frac{P_B l_B}{AE} = \frac{4P_B l_B}{\pi d^2 E} = \frac{4 \times 2 \times 10^3[\mathrm{N}] \times 1.5 \times 10^3[\mathrm{mm}]}{\pi \times (50[\mathrm{mm}])^2 \times 206 \times 10^3[\mathrm{MPa}]} = 0.007[\mathrm{mm}]$$

$$\delta_C = \frac{P_C l_C}{AE} = \frac{4P_C l_C}{\pi d^2 E} = \frac{4 \times 4 \times 10^3[\mathrm{N}] \times 1 \times 10^3[\mathrm{mm}]}{\pi \times (50[\mathrm{mm}])^2 \times 206 \times 10^3[\mathrm{MPa}]} = 0.010[\mathrm{mm}]$$

전신장량 δ은

$$\delta = \delta_A + \delta_B + \delta_C = 0.025 + 0.007 + 0.010 = 0.04[\mathrm{mm}]$$

3.1.3 불균일 단면봉에 축하중이 작용하는 경우

[그림 3-9]와 같이 축하중과 단면적이 봉의 축을 따라 연속적으로 변화할 때 전신장량(全伸長量)을 구하여 보기로 한다. 이때 전신장량은 미소요소에 대한 미소 신장량을 구한 후 이것을 봉의 전체길이에 대하여 적분하면 된다.

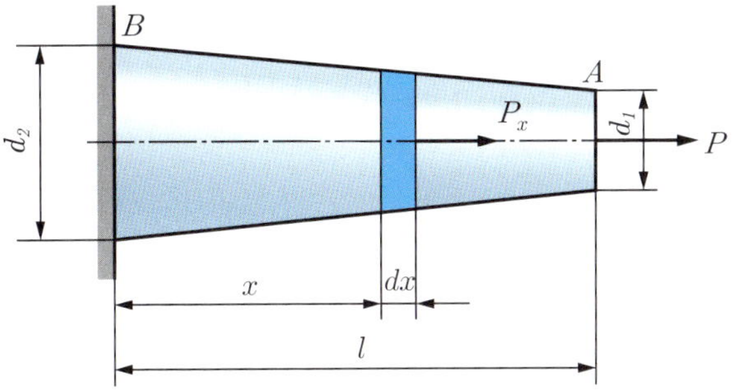

[그림 3-9] 불균일 단면봉의 인장

[그림 3-9]에서 임의의 거리 x에서 잘라낸 미소요소 dx에 작용하는 축하중을 P_x, 그 요소의 단면적 A_x를 x의 함수로 표시한 후 이 미소요소의 신장량을 구하면

$$d\delta = \frac{P_x\,dx}{A_x E} \tag{3·8}$$

따라서 전신장량은 식 (3·8)을 적분하면 다음 식과 같이 표시된다.

$$\delta = \int_0^l d\delta = \int_0^l \frac{P_x}{A_x E}\,dx \tag{3·9}$$

식 (3·9)에서 함수 P_x, A_x에 의한 적분의 형태가 간단한 경우에는 전신장량을 쉽게 구할 수 있지만, 복잡할 때는 수치적분으로 구하여야 하는 어려움이 있다.

▶ 예제 3-3

[그림 3-10(a)]와 같이 불균일 단면봉에 인장하중이 작용할 때 이 봉의 전신장량을 구하시오.

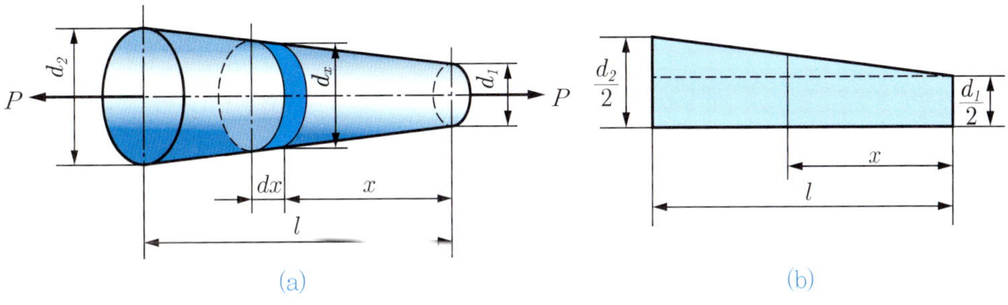

[그림 3-10] 불균일 단면봉의 인장

| 풀이 | [그림 3-10(a)]와 같이 테이퍼가 진 불균일 단면봉의 윗부분을 나타내면 [그림 3-10(b)]와 같이 되므로 다음의 관계식이 성립한다.

$$x:(d_x-d_1)/2=l:(d_2-d_1)/2$$

$$\therefore\ A_x=\frac{\pi}{4}(d_x)^2=\frac{\pi}{4}\left\{d_1+(d_2-d_1)\frac{x}{l}\right\}^2 \qquad \text{(a)}$$

$$\varepsilon=\frac{d(dx)}{dx}=\frac{\sigma_x}{E}=\frac{P}{A_xE} \qquad \text{(b)}$$

신장량 δ는 식 (a)와 식 (b)를 고려하면 다음 식이 얻어진다.

$$\delta=\varepsilon\int_0^l dx=\frac{P}{E}\int_0^l\frac{dx}{A_x}=\frac{P}{E}\int_0^l\frac{dx}{\frac{\pi}{4}\left\{d_1+(d_2-d_1)\frac{x}{l}\right\}^2}$$

$$=\frac{4P}{\pi E}\cdot\frac{l}{d_2-d_1}\left[-\frac{1}{\left(d_1+\frac{d_2-d_1}{l}x\right)^2}\right]_0^l$$

$$=\frac{4P}{\pi E}\cdot\frac{l}{d_2-d_1}\left(-\frac{1}{d_2}+\frac{1}{d_1}\right)=\frac{4Pl}{\pi Ed_1d_2} \qquad (3\cdot10)$$

참고사항 ◇

적분공식 : $\int(a+bx)^n dx=\frac{(a+bx)^{n+1}}{(n+1)b}$ 이므로

$$\int\frac{1}{(a+bx)^2}dx=\int(a+bx)^{-2}dx=\frac{(a+bx)^{-2+1}}{(-2+1)b}dx$$

$$=-\frac{(a+bx)^{-1}}{b}dx=-\frac{1}{(a+bx)b}$$

3.2 자중을 고려한 응력 및 변형

일반적으로 자중(自重)은 작기 때문에 무시하는 경우가 많지만, 단면이 크면 자중의 영향을 고려하여야 한다. 여기서는 봉의 자중과 하중이 동시에 작용할 때 봉의 응력 및 신장량을 구하여 보기로 한다.

3.2.1 자중에 의한 균일단면 봉의 응력 및 신장량

[그림 3-11]과 같이 균일단면 봉이 수직으로 매달려 있을 때, 이 봉의 자유단에서 임의의 거리 x에 대한 자중(W_x)에 의한 응력(σ_x), 신장량(δ_x) 및 전신장량(δ)을 구하여 보기로 한다. 자중에 의한 응력은 다음 식과 같이 표시된다.

$$\sigma_x = \frac{W_x}{A} = \frac{\gamma A x}{A} = \gamma x \tag{3·11}$$

여기서 $\gamma\,[\mathrm{kg_f}/\mathrm{m}^3]$는 비중량(比重量; specific weight)으로서 단위체적에 대한 무게를 나타낸다.

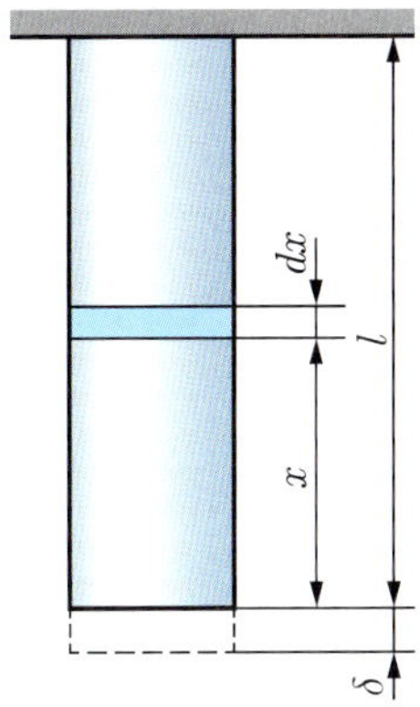

[그림 3-11] 균일단면 봉의 자중

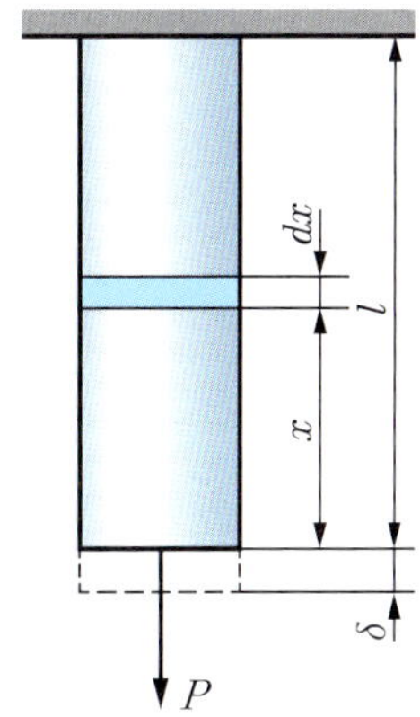

[그림 3-12] 균일단면 봉의 자중 및 하중

또한 봉의 전신장량 δ는 미소길이 dx에 대한 미소 신장량 $d\delta$를 구한 후, 이것을 전 길이 l에 걸쳐 적분하면 다음 식과 같이 된다.

$$d\delta = \varepsilon_x\,dx = \frac{\sigma_x}{E}\,dx = \frac{\gamma}{E}\,x\,dx$$

$$\therefore\ \delta = \int_0^l d\delta = \int_0^l \frac{\gamma}{E}\,x\,dx = \left[\frac{\gamma}{2E}\,x^2\right]_0^l = \frac{\gamma l^2}{2E} \tag{3·12}$$

또는, 식 (3·12)를 변형하면

$$\delta = \frac{\gamma l^2}{2E} = \frac{\gamma\,l \times l}{2E} \times \frac{A}{A} = \frac{\gamma A l}{2AE} \times l = \frac{Wl}{2AE} = \frac{\sigma l}{2E} \tag{3·13}$$

여기서 $W = \gamma A l = \gamma V$이고, V는 체적이다.

3.2.2 자중과 하중에 의한 균일단면 봉의 응력 및 신장량

[그림 3-12]와 같이 균일단면 봉에 인장하중 P가 작용할 때 봉의 자중과 하중에 의한 응력 및 신장량을 구하여 본다. 이때 봉의 위쪽 끝에서 최대응력이 작용하고, 아래쪽 끝에서는 최소응력이 발생한다.

아래쪽에서 임의의 길이 x 단면에 대한 응력 σ_x는 다음 식과 같이 된다.

$$\sigma_x = \frac{P}{A} + \gamma x = \sigma + \gamma x \tag{3·14}$$

봉의 최대응력 σ_{max}는 식 (3·14)에서 $x = l$일 때 발생하므로

$$\sigma_{max} = (\sigma_x)_{x=l} = \frac{P}{A} + \gamma l \tag{3·15}$$

식 (3·15)의 σ_{max}에서 재료의 허용응력(許容應力; allowable stress) σ_a을 대입하면 안전을 위해 필요한 단면적 A는 다음 식과 같다.

$$A = \frac{P}{\sigma_a - \gamma l} \tag{3·16}$$

식 (3·16)에서 봉의 길이가 길어질수록 자중의 영향은 점점 커지고, 안전한 단면적 A의 크기도 증가한다. 만일, $\sigma_a = \gamma l$이라면 단면적 A는 무한대로 되기 때문에 이 경우에는 균일단면 봉은 사용할 수 없고, 불균일 단면봉이 되어야 한다.

또한, 봉의 전신장량은 임의의 위치 x에서 미소길이 dx에 대한 미소 신장량을 구한 후, 이 식을 전길이에 걸쳐 적분하면 다음 식과 같이 된다.

$$d\delta = \frac{\sigma_x}{E} dx = \frac{P + \gamma A x}{AE} dx$$

$$\therefore \ \delta = \int_0^l d\delta = \int_0^l \frac{P + \gamma A x}{AE} dx = \frac{l}{AE}\left(P + \frac{W}{2}\right) \tag{3·17}$$

하중 및 자중에 의한 신장량을 나타내는 식 (3·17)은 하중만에 의한 신장량의 식 $\delta = Pl/AE$과 봉 자중의 $W/2$에 의한 신장량과 같음을 알 수 있다.

⋙ 예제 3-4

[그림 3-13]과 같이 길이 $l=5\,[\mathrm{m}]$인 강봉의 끝에 하중 $P=20\,[\mathrm{kN}]$이 작용할 때 자중을 고려한 봉에 대한 다음을 결정하시오. 단, 강봉의 허용응력 $\sigma_a=50\,[\mathrm{N/mm^2}]$이고, 재료의 비중량 $\gamma=7.85\,[\mathrm{g/cm^3}]$, 푸아송비 $\nu=0.3$, 세로탄성계수 $E=206\,[\mathrm{GPa}]$이다.

(1) 단면적　　(2) 신장량

(3) 세로 및 가로변형률　　(4) 체적의 변화량

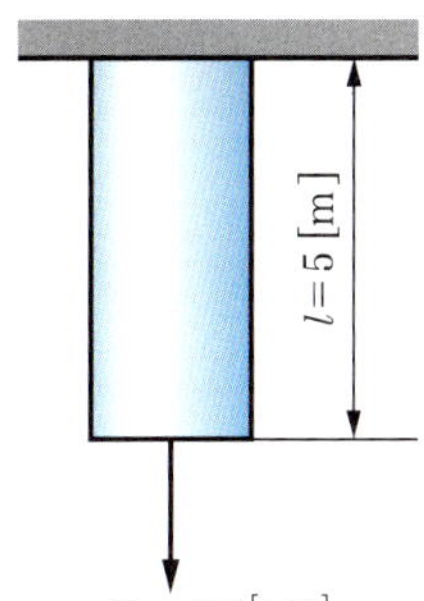

[그림 3-13]

| 풀이 | (1) 봉의 단면적 A는 식 (3·16)으로부터

$$A=\frac{P}{\sigma_a-\gamma l}=\frac{20\times10^3\,[\mathrm{N}]}{50\,[\mathrm{N/mm^2}]-7.85\times10^{-6}\times9.807\,[\mathrm{N/mm^3}]\times5\times10^3\,[\mathrm{mm}]}$$
$$=403\,[\mathrm{mm^2}]$$

(2) 봉의 신장량 δ는 식 (3·17)에 의해

$$\delta=\frac{l}{AE}\left(P+\frac{\gamma Al}{2}\right)=\frac{5\times10^3\,[\mathrm{mm}]}{403\,[\mathrm{mm^2}]\times206\times10^3\,[\mathrm{N/mm^2}]}\times$$
$$\left(20\times10^3\,[\mathrm{N}]+\frac{7.85\times10^{-6}\times9.807\,[\mathrm{N/mm^3}]\times403\,[\mathrm{mm^2}]\times5\times10^3\,[\mathrm{mm}]}{2}\right)$$
$$=6.0228\times10^{-5}\times(20\times10^3+77.56)=1.21\,[\mathrm{mm}]$$

(3) 봉의 세로변형률 ε 및 가로변형률 ε'은

$$\varepsilon=\frac{\delta}{l}=\frac{l}{AE}\left(P+\frac{\gamma A\ell}{2}\right)=\frac{1.21\,[\mathrm{mm}]}{5\times10^3\,[\mathrm{mm}]}=2.42\times10^{-4}$$
$$\varepsilon'=-\nu\varepsilon=-0.3\times2.42\times10^{-4}=-7.26\times10^{-5}$$

(4) 봉의 체적변화량 $\triangle V$는

$$\triangle V=V'-V=V\varepsilon(1-2\nu)=Al\varepsilon(1-2\nu)$$
$$=403\,[\mathrm{mm^2}]\times5\times10^3\,[\mathrm{mm}]\times2.42\times10^{-4}(1-2\times0.3)$$
$$=195\,[\mathrm{mm^3}]\ :\ \text{증가량}$$

예제 3-5

[그림 3-14]와 같이 원뿔 봉이 수직으로 매달려 있을 때 봉의 자중에 의한 응력 및 신장량의 식을 유도하시오.

| 풀이 | 원뿔 봉의 아래 끝에서 임의의 길이 x 인 위치까지의 원뿔 봉의 자중 W_x 및 단면적 A_x 는 다음 식과 같이 된다.

$$W_x = \gamma V_x = (\gamma A_x x) \cdot \frac{1}{3} = \gamma \left(\frac{\pi d_x^2}{4} \right) \cdot \frac{x}{3} \qquad \text{(a)}$$

$$A_x = \frac{\pi d_x^2}{4} \qquad \text{(b)}$$

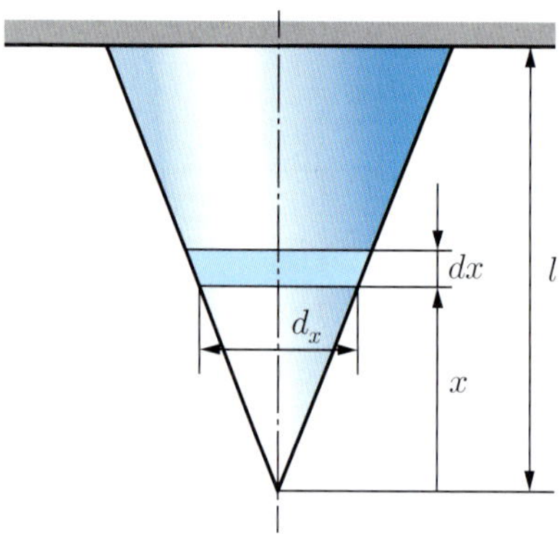

[그림 3–14]

식 (a)와 식 (b)에 의해 임의의 길이 x 인 위치까지 원뿔 봉의 자중에 의한 응력 σ_x 는 다음 식과 같이 표시한다.

$$\sigma_x = \frac{W_x}{A_x} = \frac{\gamma x}{3} \qquad (3 \cdot 18)$$

또한, 봉의 전신장량은 임의의 x 위치에서 미소길이 dx 에 대한 미소 신장량을 구한 후 이 식을 전길이에 걸쳐 적분하면

$$d\delta = \frac{\sigma_x}{E} dx = \frac{\gamma x}{3E} dx$$

$$\therefore \ \delta = \int_0^l d\delta = \int_0^l \frac{\gamma}{3E} x \, dx = \frac{\gamma}{3E} \left[\frac{x^2}{2} \right]_0^l = \frac{\gamma l^2}{6E} \qquad (3 \cdot 19)$$

3.2.3 균일강도 봉의 응력 및 신장량

봉의 강도가 일정한 형상을 유지하기 위해 봉의 단면적을 위치에 따라 변화시키면 경제적인 단면을 선택할 수 있다. [그림 3-15]와 같이 길이 l 인 봉의 위쪽을 고정하고, 그 아래쪽에 무게 P 인 물체를 매달았을 때 봉의 자중을 고려한 응력 및 신장량을 구하여 보기로 한다. 봉의 아래쪽으로부터 임의의 거리 x 에 대한 단면적을 A, 미소거리 dx 만큼 위쪽의 단면적을 $A+dA$ 라 하고, 봉에 작용하는 축방향 힘의 평형을 고려하면 다음 식과 같이 된다.

$$\sigma_a(A+dA)=\sigma_a A+\gamma A\,dx$$

$$\therefore\ \frac{dA}{A}=\frac{\gamma}{\sigma_a}dx \qquad \text{(a)}$$

양변을 적분하면

$$\log A=\frac{\gamma}{\sigma_a}x+C$$

$$\therefore\ A=Ce^{\frac{\gamma}{\sigma_a}x} \qquad (3\cdot 20)$$

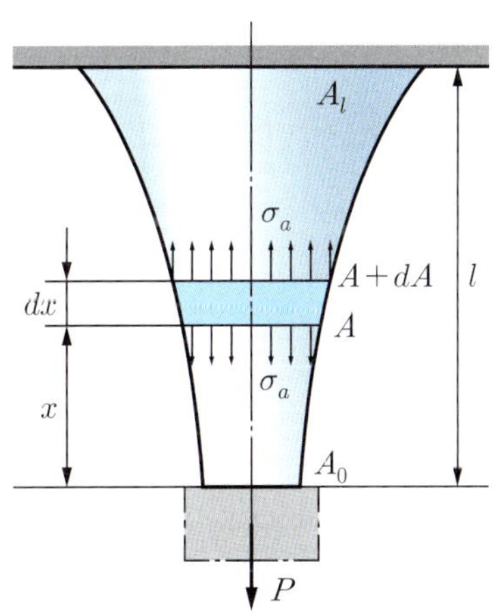

[그림 3-15] 균일강도 봉의 응력 및 신장량

식 (3·20)에서 상수 C를 결정하기 위해 $x=0$ 에 대한 단면적을 A_0 로 하면

$$A_0=\frac{P}{\sigma_a}=C \qquad \text{(b)}$$

식 (3·20)에 상수 C를 대입하면 다음 식과 같이 된다.

$$A=\frac{P}{\sigma_a}e^{\frac{\gamma}{\sigma_a}x} \qquad (3\cdot 21)$$

식 (3·21)로부터 균일강도 봉의 형상은 대수곡선으로 이루어지는 것을 알 수 있다. 또한, 식 (3·21)에서 $x = l$인 고정면의 단면적을 A_l이라고 하면

$$A_l = \frac{P}{\sigma_a} e^{\frac{\gamma}{\sigma_a} l} \tag{3·22}$$

봉의 자중을 W라고 하면

$$W + P = \sigma_a A_l \tag{c}$$

식 (c)와 식 (3·22)로부터 다음 식을 얻을 수 있다.

$$W = \sigma_a A_l - P = P e^{\frac{\gamma}{\sigma_a} l} - P = P\left(e^{\frac{\gamma}{\sigma_a} l} - 1\right) \tag{3·23}$$

따라서 이 봉의 전길이 l에 대해 일정한 응력 σ_a가 작용하므로 전신장량은 다음 식과 같이 된다.

$$\delta = \varepsilon l = \frac{\sigma_a l}{E} \tag{3·24}$$

참고사항

지수함수 : log 함수의 역함수(逆函數)를 지수함수(指數函數; exponential function)라 하고, $\exp$로 표시한다.

$y = \log x$, $x = \exp y = e^y$

$\exp(1) = e$ 즉, log의 값이 1이 되는 x를 e라고 한다.

$\log_e x = 2.3026 \log_{10} x$, $2.3026 = \log_e 10$

$\log_{10} x = 0.4343 \log_e x$, $0.4343 = \log_{10} e$

$$\frac{d}{dx}(e^x) = e^x$$

$$\frac{d}{dx}(a^x) = \frac{d}{dx}(e^{x \log a}) = e^{x \log a} \cdot \log a = a^x (\log a)$$

3.3 부정정문제

물체에 작용하는 하중이나 반력(反力; reaction force)은 이에 대한 자유물체도(自由物體圖; free-body diagram)를 그린 후 정역학적인 힘의 평형방정식(equilibrium equation)을 이용하여 지지점(支持點)의 반력(反力)을 결정할 수 있는 문제를 정정문제(靜定問題; statically determinate problem)라고 한다. 그러나 힘의 평형조건 만으로 반력을 구하려면 반력의 수가 방정식의 수보다 많으므로 변형조건을 추가로 고려하여 결정할 수 있는 문제를 부정정문제(不靜定問題; statically indeterminate problem)라고 한다. 여기에서는 부정정문제로서 양끝이 고정된 봉, 조합봉 및 트러스에 대한 응력 및 변형을 해석하여 보기로 한다.

부정정문제의 해석은 3.1.1절에서 설명한 유연도법(柔軟度法; flexibility method)과 강성도법(剛性度法; stiffness method)을 이용하는 방법이 있다. 유연도법은 하중을 미지수로 할 때 식 (3·4)의 컴플라이언스 $C = l/AE$을 이용하여 하중을 구하는 방법이므로 하중법(荷重法; load method)이라고도 한다. 또한, 강성도법은 변위가 미지수일 때 식 (3·3)의 스프링상수 $k = AE/l$에 의해 미지수를 결정하는 방법으로서 변위법(變位法; displacement method)으로도 불린다.

이들 두 방법은 서로 보완적이므로 문제를 해석하기 위해 주어진 하중조건, 또는 변위조건을 적절히 선택하여 사용하는 것이 편리하다.

3.3.1 고정봉의 양 끝에 축하중이 작용하는 경우

[그림 3-16(a)]와 같이 양끝 A, B가 고정된 봉의 단면 C에 축하중 P가 작용할 때 양끝의 미지반력 R_A, R_B가 발생한다. 이때 미지반력 R_A, R_B는 봉에 대한 힘의 평형방정식 만으로는 결정할 수 없으므로 1 개의 방정식이 추가되어야 하는 부정정문제로 된다. 여기에서는 하중법(유연도법)과 변위법(강성도법)에 의한 반력의 결정방법을 알아본다.

(1) 하중법(유연도법)

[그림 3-16(a)]에 대한 부정정문제의 반력 R_A, R_B를 하중법으로 구하는 방법을 설명하기로 한다. 먼저 이 봉에 대한 힘의 평형방정식은 다음과 같다.

$$P = R_A + R_B \qquad \text{(a)}$$

식 (a)는 2개의 미지반력을 포함하고 있으므로 1개의 방정식이 추가되어야 하며, 이 식은 봉의 변형조건이 고려되어야 한다. 하중조건에 의한 변위를 구하기 위해 [그림 3-16(a)]에 대한 자유물체도를 [그림 3-16(b)]와 [그림 3-16(c)]로 분리하여 나타낸다.

작용하중 P만에 의한 A점의 변위 δ_P와 미지반력 R_A에 의한 변위 δ_R은

$$\delta_P = \frac{Pb}{AE} \text{ : 아래쪽 방향 변위 } (+)$$

$$\delta_R = \frac{R_A l}{AE} \text{ : 위쪽 방향 변위 } (-) \qquad \text{(b)}$$

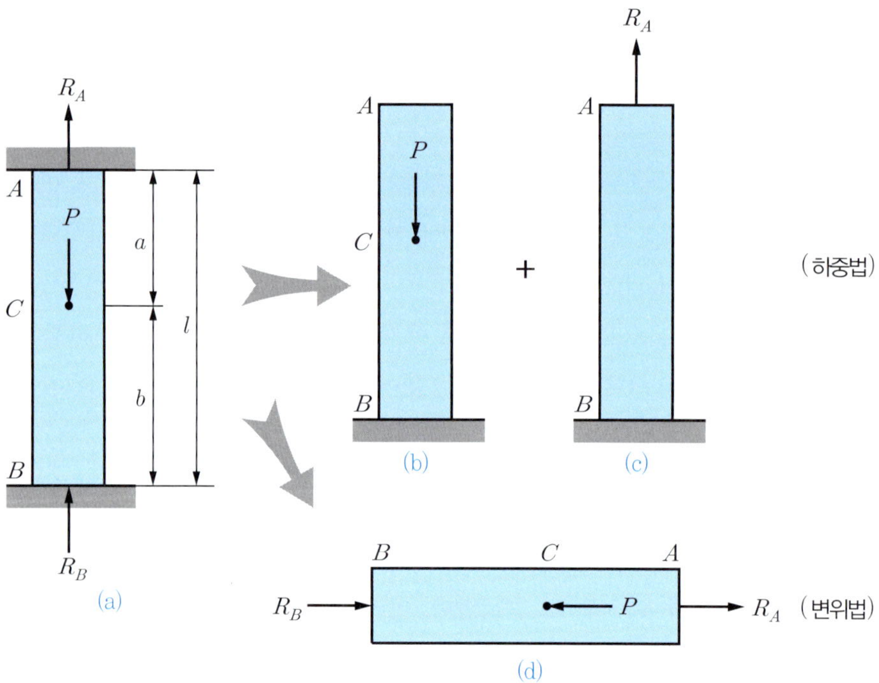

[그림 3-16] 축하중이 작용하는 양끝 고정봉(하중법 및 변위법)

하중 P와 반력 R_A가 동시에 작용할 때 고정점 A의 변위는 0이 되는 조건을 적합조건(適合條件; condition of compatibility)이라 하고, 이 경우 다음 식과 같이 표시된다.

$$\delta_A = \delta_P - \delta_R = 0$$

$$\therefore\ \delta_P = \delta_R \qquad \text{(c)}$$

식 (b)를 식 (c)에 대입하면

$$\frac{Pb}{AE} = \frac{R_A l}{AE} \qquad \text{(d)}$$

$$\therefore\ R_A = \frac{Pb}{l} \tag{3·25}$$

또한, 식 (3·25)를 식 (a)에 대입하면 다음 식과 같이 된다.

$$R_B = P - R_A = \frac{Pa}{l} \tag{3·26}$$

(2) 변위법(강성도법)

[그림 3-16(a)]에 대해서 변위법을 적용하기 위해 [그림 3-16(d)]와 같이 자유물체도를 나타내고 C점의 수직변위 δ_C를 미지수로 하면, 반력 R_A와 하중 P에 의한 신장량 δ_C, R_B와 P에 의한 수축량 δ_C는 같다. 이 경우 양끝은 고정되어 있기 때문에 길이의 변화는 없으므로

$$\delta_C = \frac{R_A a}{AE} = \frac{R_B b}{AE}$$

$$\therefore\ R_A = \frac{AE}{a}\delta_C, \quad R_B = \frac{AE}{b}\delta_C \tag{e}$$

힘의 평형조건을 고려하면

$$R_A + R_B = P \tag{f}$$

식 (e)와 식 (f)로부터

$$\frac{AE}{a}\delta_C + \frac{AE}{b}\delta_C = P \tag{g}$$

이 경우 $a + b = l$이므로 C점의 변위 δ_C는

$$\delta_C = \frac{P}{AE}\frac{ab}{l} \tag{h}$$

식 (h)를 식 (e)에 대입하면 반력 R_A, R_B는 다음 식과 같다.

$$R_A = \frac{Pb}{l}, \quad R_B = \frac{Pa}{l} \tag{i}$$

이와 같이 변위법을 이용한 식 (i)의 결과는 하중법에 의한 반력의 식 (3·25), 식 (3·26)과 일치하는 것을 알 수 있다.

예제 3-6

[그림 3-17(a)]와 같은 부정정문제에 대한 반력 R_A, R_B를 구하시오.

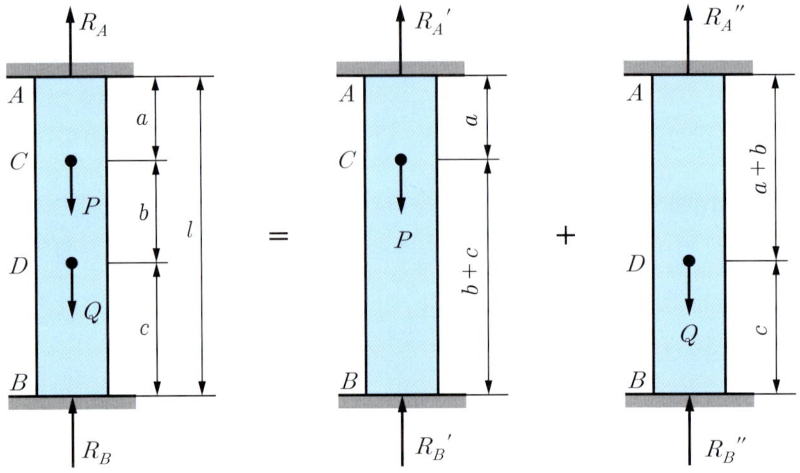

(a) (b) (c)

[그림 3-17]

| 풀이 | [그림 3-17(a)]는 2 개의 축방향 하중 P, Q가 작용하므로 [그림 3-17(b)], [그림 3-17(c)]와 같이 1 개의 하중이 단독으로 작용할 때의 반력을 구한 후 겹침법을 이용하여 결정한다.

(1) 하중 P만이 작용할 때의 반력을 R_A', R_B'이라 하면

$$R_A' = \frac{P(b+c)}{l}, \quad R_B' = \frac{Pa}{l} \tag{a}$$

(2) 하중 Q만이 작용할 때의 반력을 R_A'', R_B''이라 하면

$$R_A'' = \frac{Qc}{l}, \quad R_B'' = \frac{Q(a+b)}{l} \tag{b}$$

따라서 P, Q가 동시에 작용할 때 반력 R_A, R_B는 식 (a)와 식 (b)를 중첩하면 다음 식과 같이 된다.

$$R_A = R_A' + R_A'' = \frac{P(b+c)}{l} + \frac{Qc}{l} = \frac{1}{l}\{P(b+c) + Qc\}$$

$$R_B = R_B' + R_B'' = \frac{Q(a+b)}{l} + \frac{Pa}{l} = \frac{1}{l}\{Q(a+b) + Pa\}$$

3.3.2 조합봉의 응력 및 변형량

재료의 성질이 서로 다른 이종재료(異種材料; dissimilar materials)로 구성된 봉을 조합봉(組合棒)이라 한다. 일반적으로 자중(自重)은 작기 때문에 무시하는 경우가 많지만, 단면이 크면 자중의 영향을 고려하여야 한다. 여기서는 봉의 자중과 하중이 동시에 작용할 때 봉에 생기는 응력 및 변형량을 구하는 방법을 설명하기로 한다.

[그림 3-18]과 같이 n개의 이종재료로 구성된 길이 l인 조합봉의 단면적은 각각 A_1, A_2, $\cdots$ A_n, 세로탄성계수가 각각 E_1, E_2, $\cdots$ E_n이고, 압축하중 P가 작용할 때 재료에 생기는 각 응력과 변형량을 구하여 본다.

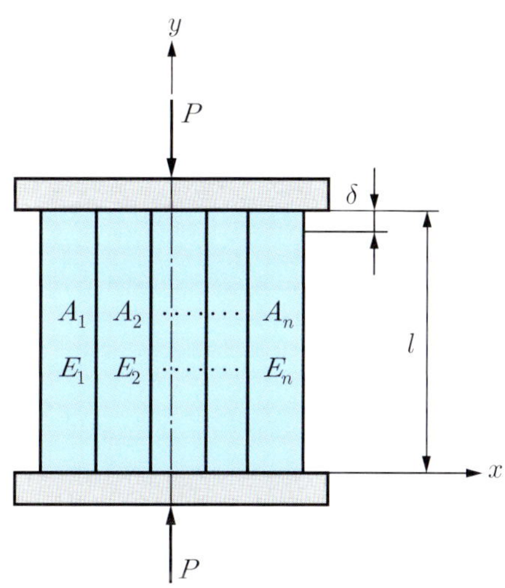

[그림 3-18] 조합봉

[그림 3-18]로부터 y방향에 대한 힘의 평형을 고려하면 $\Sigma F_y = 0$이므로

$$\sigma_1 A_1 + \sigma_2 A_2 + \cdots + \sigma_n A_n = P \qquad \text{(a)}$$

또한, 각 재료에 생기는 변형률은 모두 같으므로

$$\varepsilon = \frac{\sigma_1}{E_1} = \frac{\sigma_2}{E_2} = \cdots = \frac{\sigma_n}{E_n} \qquad \text{(b)}$$

식 (a)와 식 (b)로부터 다음 식이 얻어진다.

$$\sigma_1 A_1 + \sigma_1 \frac{E_2}{E_1} A_2 + \cdots + \sigma_1 \frac{E_n}{E_1} A_n = P \qquad \text{(c)}$$

$$\therefore \ \sigma_1 = \frac{P}{A_1 + A_2 \dfrac{E_2}{E_1} + \cdots + A_n \dfrac{E_n}{E_1}} \qquad (3{\cdot}27)$$

또한, 변형량 δ는 다음 식으로 표시된다.

$$\delta = \varepsilon l = \frac{\sigma_i l}{E_i} = \frac{Pl}{A_i E_i} = \frac{Pl}{A_1 E_1 + A_2 E_2 + \cdots + A_n E_n} \qquad (3 \cdot 28)$$

예제 3-7

[그림 3-19]와 같은 강재(鋼材; steel) 볼트를 길이 $l = 750\,[\text{mm}]$인 구리(銅; copper) 파이프의 중앙에 끼워 넣은 후 양끝의 틈새가 없이 너트를 $0.85\,[\text{mm}]$ 만큼 체결하였을 때 두 재료에 발생하는 응력을 구하시오. 단, 강재 볼트의 단면적 $A_s = 850\,[\text{mm}^2]$, 구리 파이프의 단면적 $A_c = 1600\,[\text{mm}^2]$이고, 볼트 및 파이프의 세로탄성계수는 각각 $E_s = 205\,[\text{GPa}]$, $E_c = 110\,[\text{GPa}]$로 한다.

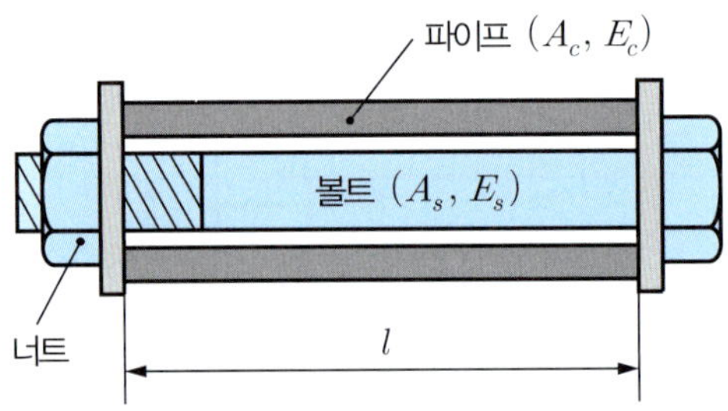

[그림 3-19]

| 풀이 | 너트를 체결하면 볼트는 늘어나고 파이프는 수축되지만, 이 합은 너트의 체결량 0.85 [mm]로 된다. 따라서 볼트에 작용하는 인장력과 파이프가 수축되는 압축력은 같으므로 다음 식이 얻어진다.

$$\delta = \delta_s + \delta_c = \frac{Pl}{A_s E_s} + \frac{Pl}{A_c E_c} = 0.85\,[\text{mm}]$$

$$\therefore\ P = \frac{0.85}{\left(\dfrac{1}{A_s E_s} + \dfrac{1}{A_c E_c}\right) l} = \frac{0.85}{\left(\dfrac{1}{850 \times 205 \times 10^3} + \dfrac{1}{1600 \times 110 \times 10^3}\right) \times 750}$$

$$= 99235\,[\text{N}]$$

따라서 각 재료에 작용하는 응력은 다음과 같다.

$$\sigma_s = \frac{P}{A_s} = \frac{99235}{850} = 117\,[\text{N/mm}^2] = 117\,[\text{MPa}]$$

$$\sigma_c = \frac{P}{A_c} = \frac{99235}{1600} = 62\,[\text{N/mm}^2] = 62\,[\text{MPa}]$$

3.3.3 간단한 구조물의 해석

교량, 철탑, 크레인(crane) 등의 구조물은 봉(棒) 형상의 부재(部材; member)를 볼트 이음, 힌지이음(hinged joint), 용접이음 등으로 결합하여 제작한 구조물을 골조구조(骨組構造; frame structure)라고 한다. 이때 부재의 연결점을 절점(節點)이라 부르고, 각 부재가 절점에서 자유로운 회전을 하도록 핀(pin) 결합을 하지만, 상대운동이 불가능한 골조구조를 특히 트러스(truss)라고 한다. 트러스는 여러 개의 직선부재를 1 개 이상의 삼각형 형태로 배열하여 각 부재를 절점에서 연결하여 구성한 뼈대구조로 되어 있다.

(1) 강체벽 사이의 간단한 골조구조

[그림 3-20(a)]와 같이 강체벽 사이에 설치된 간단한 골조구조를 구성하는 봉의 단면적을 A, 세로탄성계수를 E 라고 할 때 이 봉에 작용하는 응력 및 절점 C에 대한 처짐량 δ_C를 구하여 보자. [그림 3-20(a)]에서 절점 C의 하중 P에 의해 각 봉 AC, BC에 생기는 하중을 F 라 하고, 힘의 삼각형을 그리면 [그림 3-20(b)]와 같다. 이때 수직방향에 대한 힘의 평형을 고려하면 다음 식과 같이 된다.

$$P = 2F\cos\theta \qquad \therefore\ F = \frac{P}{2\cos\theta} \tag{a}$$

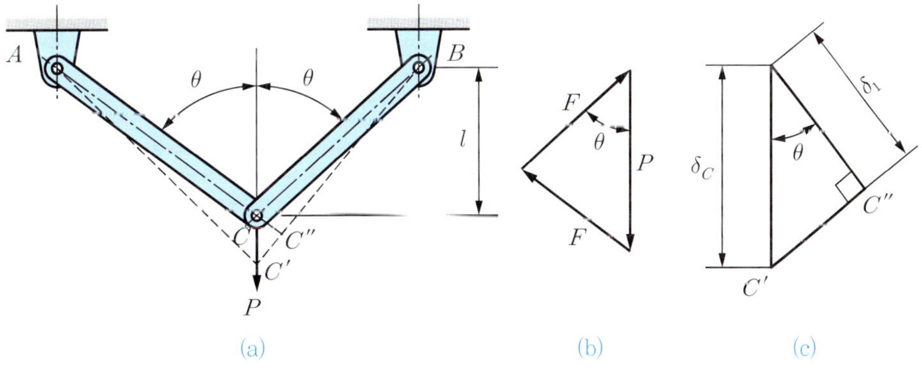

[그림 3-20] 강체벽 사이의 간단한 골조구조

따라서 봉에 작용하는 응력은 다음 식으로 표시된다.

$$\sigma = \frac{F}{A} = \frac{P}{2A\cos\theta} \tag{3·29}$$

또한, 절점 C에 대한 변형은 [그림 3-20(a)]에서 점선과 같이 되고, 이것을 확대하여 나타낸 변위선도는 [그림 3-20(c)]와 같으므로 변형량 δ_1 은

$$\delta_1 = \frac{Fl_1}{AE} = \frac{Fl}{AE\cos\theta} = \frac{Pl}{2AE\cos^2\theta} \tag{b}$$

절점 C에 대한 수직변형량 δ_C는 다음 식과 같이 된다.

$$\delta_C = \frac{\delta_1}{\cos\theta} = \frac{Pl}{2AE\cos^3\theta} \tag{3·30}$$

▶ 예제 3-8

지름 10[mm], 길이 1.5[m]의 둥근 봉이 [그림 3-20(a)]와 같이 $\theta = 60°$인 골조구조에서 C점에 $P = 10$[kN]의 하중이 작용할 때 C점의 수직변위를 구하시오. 단, 봉의 세로탄성계수 $E = 206$[GPa]이다.

| 풀이 | 봉의 수직변위는 식 (3·30)으로부터

$$\delta_C = \frac{Pl}{2AE\cos^3\theta} = \frac{4P \times l_1 \times \cos\theta}{2(\pi d^2)E\cos^3\theta} = \frac{4\times 10\times 10^3[\text{N}]\times 1.5\times 10^3[\text{mm}]}{2\times(100\pi)\times 206\times 10^3[\text{N/mm}^2]\times\cos^2 60°}$$
$$= 1.85[\text{mm}]$$

(2) 강체벽에 직각인 간단한 골조구조

[그림 3-21(a)]와 같이 강체벽에 직각인 간단한 골조구조로 되어 있는 봉의 단면적을 A, 세로탄성계수를 E라고 할 때 이 봉에 작용하는 응력 및 절점 C에 대한 처짐량을 구하여 보기로 한다.

[그림 3-21(a)]에 대한 자유물체도는 [그림 3-21(b)]와 같고, 절점 C의 하중에 의해 봉 AC에 발생하는 하중을 F_1, 봉 BC에 생기는 하중을 F_2라고 하면, 수직방향에 대한 힘의 평형으로부터 다음 식이 얻어진다.

$$F_2 = F_1\cos\theta, \quad P = F_1\sin\theta$$
$$\therefore\ F_1 = \frac{P}{\sin\theta}, \quad F_2 = P\cot\theta \tag{a}$$

[그림 3-21(a)]에 대한 변위선도는 [그림 3-21(c)]와 같이 되고, 봉 AC, BC에 대한 각 신장량을 δ_1, δ_2라고 하면

$$\delta_1 = \frac{F_1}{AE}\left(\frac{l}{\cos\theta}\right) = \frac{Pl}{AE}\left(\frac{1}{\sin\theta\cos\theta}\right) \quad (\text{신장량})$$
$$\delta_2 = \frac{F_2 l}{AE} = \frac{Pl}{AE}\cot\theta \quad (\text{수축량}) \tag{b}$$

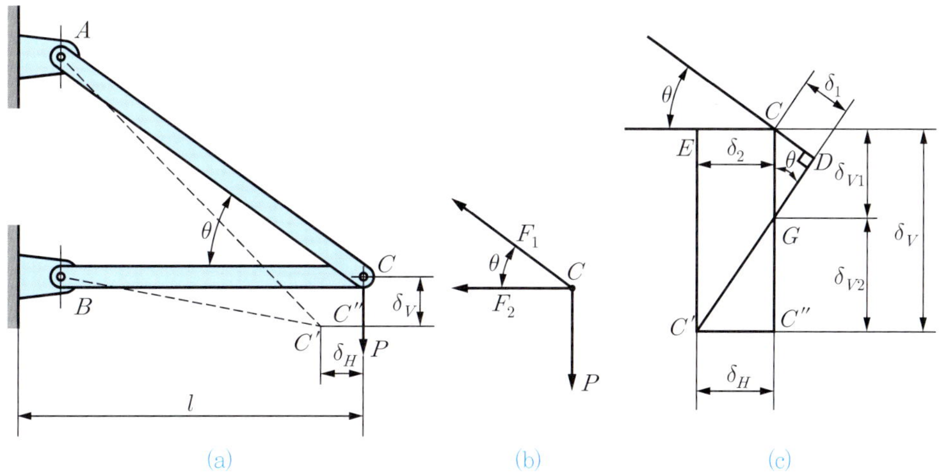

[그림 3-21] 강체벽에 직각인 간단한 골조구조

신장량 δ_1, δ_2는 매우 작으므로 $\delta_1 \fallingdotseq \overline{CD}$, $\delta_2 \fallingdotseq \overline{CE}$ 이고, 절점 C에서의 수평변위 δ_H, 수직변위를 δ_V라고 하면

$$\delta_H = \delta_2 = \frac{F_2 l}{AE} = \frac{Pl}{AE}\cot\theta \tag{3·31}$$

$$\delta_V = \overline{CC''} = \overline{CG} + \overline{GC''} = \frac{\delta_1}{\sin\theta} + \frac{\delta_2}{\tan\theta} = \frac{Pl}{AE}\left(\frac{1+\cos^3\theta}{\sin^2\theta\cos\theta}\right) \tag{3·32}$$

또한 봉 AC, BC에 대한 인장응력 σ_1, 압축응력 σ_2는 다음 식과 같이 된다.

$$\sigma_1 = \frac{F_1}{A} = \frac{P}{A\sin\theta} \quad (\text{인장응력}) \tag{c}$$

$$\sigma_2 = \frac{F_2}{A} = \frac{P\cot\theta}{A} \quad (\text{압축 응력}) \tag{d}$$

≫ 예제 3-9

[그림 3-21(a)]와 같이 AC, BC의 봉이 이루는 각 $\theta = 30°$, 봉의 각 지름은 $20\,[\text{mm}]$, BC 봉의 길이는 $3\,[\text{m}]$이고, C점에서 $P = 10\,[\text{kN}]$의 하중이 작용할 때 다음 물음에 답하시오. 단, 봉의 세로탄성계수 $E = 206\,[\text{GPa}]$이다.

(1) 각 봉에 발생하는 힘　　　(2) 각 봉에 작용하는 응력
(3) 각 봉의 길이방향 변화량　　(4) C점의 수직 및 수평변위

| 풀이 | (1) AC, BC 봉에 작용하는 힘을 각각 F_1, F_2라고 하면 C점에 대한 힘의 평형조건으로부터 다음과 같이 된다.

$$F_1 = \frac{P}{\sin\theta} = \frac{10}{\sin 30°} = 20\,[\text{kN}]\ \text{(인장력)}$$

$$F_2 = P\cot\theta = 10\cot 30° = 17.3\,[\text{kN}]\ \text{(압축력)}$$

(2) AC, BC 봉에 발생하는 응력을 각각 σ_1, σ_2라고 하면

$$\sigma_1 = \frac{F_1}{A} = \frac{4\times 20\times 10^3}{\pi\times 20^2} = 63.7\,[\text{N/mm}^2] = 63.7\,[\text{MPa}]\ \text{(인장응력)}$$

$$\sigma_2 = \frac{F_2}{A} = \frac{4\times 17.3\times 10^3}{\pi\times 20^2} = 55.1\,[\text{N/mm}^2] = 55.1\,[\text{MPa}]\ \text{(압축응력)}$$

(3) AC, BC 봉의 길이방향의 변화량을 각각 δ_1, δ_2라고 하면

$$\delta_1 = \frac{F_1}{AE}\left(\frac{l}{\cos\theta}\right) = \frac{4\times 20\times 10^3\,[\text{N}]}{\pi\times(20\,[\text{mm}])^2\times 206\times 10^3\,[\text{N/mm}^2]}\left(\frac{3\times 10^3\,[\text{mm}]}{\cos 30°}\right)$$

$$= 1.1\,[\text{mm}]\ \text{(신장량)}$$

$$\delta_2 = \frac{F_2 l}{AE} = \frac{4\times 17.3\times 10^3\,[\text{N}]\times 3\times 10^3\,[\text{mm}]}{\pi\times(20\,[\text{mm}])^2\times 206\times 10^3\,[\text{N/mm}^2]} = 0.8\,[\text{mm}]\ \text{(수축량)}$$

(4) C점의 수평 및 수직변형량을 각각 δ_H, δ_V라고 하면

$$\delta_H = \delta_2 = \frac{F_2 l}{AE} = 0.8\,[\text{mm}]$$

$$\delta_V = \frac{\delta_1}{\sin\theta} + \frac{\delta_2}{\tan\theta} = \frac{1.1}{\sin 30°} + \frac{0.8}{\tan 30°} = 3.6\,[\text{mm}]$$

(3) 3개의 봉으로 이루어진 골조구조

[그림 3-22(a)]와 같이 3 개의 봉으로 이루어진 골조구조의 단면적을 A, 세로탄성계수를 E라고 할 때 이 봉에 작용하는 응력 및 절점 D에 대한 처짐량 δ_D를 변위법(강성도법)을 이용하여 구해 보기로 한다.

[그림 3-22(a)]에 대한 변위선도는 [그림 3-22(b)]와 같고, 경사봉 AD, CD에 대한 신장량 δ_1은

$$\delta_1 = \overline{DD_1} = \overline{DD_2} = \delta\cos\theta \qquad \text{(a)}$$

또한, [그림 3-22(a)]에 대한 자유물체도는 [그림 3-22(c)]와 같고, 절점 D의 하중 P에 의해 경사봉 AD, CD 봉에 생기는 하중을 F_1, 수직봉 BD에 생기는 하중을 F_2라고 한다. 경사봉 AD, CD에 작용하는 하중 F_1은 다음 식과 같이 된다.

$$F_1 = \frac{AE(\delta\cos\theta)}{l/\cos\theta} = \frac{AE\,\delta\cos^2\theta}{l} \qquad \text{(b)}$$

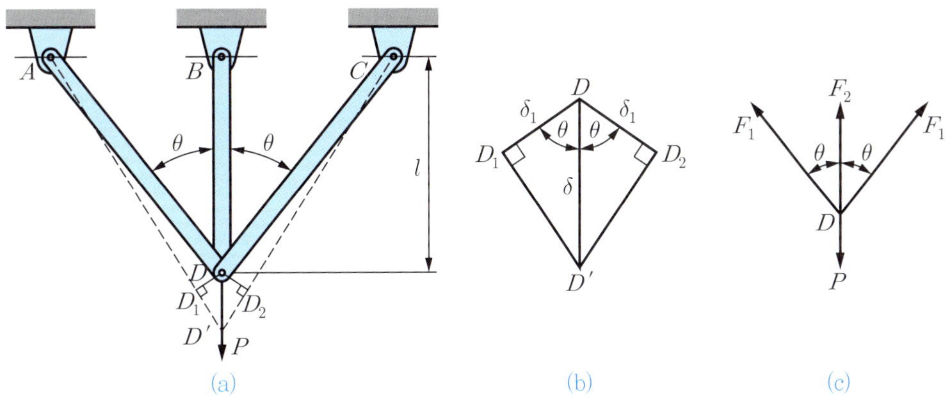

[그림 3-22] 3개의 봉으로 구성된 골조구조

수직봉에 작용하는 하중 F_2는

$$F_2 = \frac{AE\delta}{l} \tag{c}$$

따라서 식 (b)와 식 (c)는 봉에 작용하는 하중을 미지수로 하여 신장량 δ의 함수로 표시하고 있다.

또한, 절점 D의 수직방향에 대한 힘의 평형방정식은

$$\Sigma F_y = 0 : \ 2F_1 \cos\theta + F_2 = P \tag{d}$$

식 (d)에 식 (b) 및 식 (c)를 대입하면 다음 식과 같이 된다.

$$\frac{2AE\delta\cos^3\theta}{l} + \frac{AE\delta}{l} = P \tag{e}$$

식 (e)로부터 신장량 δ는

$$\delta = \frac{Pl}{AE}\frac{1}{(1+2\cos^3\theta)} \tag{f}$$

식 (f)를 식 (b), 식 (c)에 대입하면 봉에 작용하는 하중 F_1, F_2가 구해진다.

$$F_1 = \frac{P\cos^2\theta}{1+2\cos^3\theta}, \quad F_2 = \frac{P}{1+2\cos^3\theta} \tag{3·33}$$

또한, 각 봉에 작용하는 응력 σ_1, σ_2는 다음 식으로 표시된다.

$$\sigma_1 = \frac{F_1}{A} = \frac{P\cos^2\theta}{A(1+2\cos^3\theta)}, \quad \sigma_2 = \frac{F_2}{A} = \frac{P}{A(1+2\cos^3\theta)} \tag{3·34}$$

(4) 수평봉을 매달은 줄의 응력 및 신장량

[그림 3-23(a)]와 같이 A점이 리벳으로 고정된 수평봉 AB가 길이 l, 단면적 A 및 세로탄성계수 E가 서로 같은 2개의 줄 CD, EF로 지지되어 있을 때 각 줄에 발생하는 응력을 구하기로 한다. 이 문제는 정역학적으로는 하중을 결정할 수 없는 부정정문제이므로 [그림 3-23(b)]와 같은 자유물체도를 그린 후 A점에 대한 모멘트 평형방정식은

$$\Sigma M_A = 0 : \ F_1 b + 2F_2 b - 3Pb = 0 \tag{g}$$

줄에 대한 변형조건이 필요하므로 [그림 3-23(c)]와 같은 변위선도를 그려서 줄 CD, EF의 신장량 δ_1, δ_2를 구한다. 변위선도로부터 다음의 적합조건식이 성립한다.

$$\delta_2 = 2\delta_1 \tag{h}$$

또한, 식 (h)로부터 줄의 길이 l에 대한 신장량 δ_1, δ_2와 하중 F_1, F_2의 관계는

$$\delta_1 = \frac{F_1 l}{AE}, \quad \delta_2 = \frac{F_2 l}{AE} \tag{i}$$

$$\therefore \ F_2 = 2F_1 \tag{j}$$

결국, 식 (g)와 식 (j)로부터 줄에 작용하는 미지하중 F_1, F_2는 다음 식과 같다.

$$F_1 = \frac{3}{5}P, \quad F_2 = \frac{6}{5}P \tag{k}$$

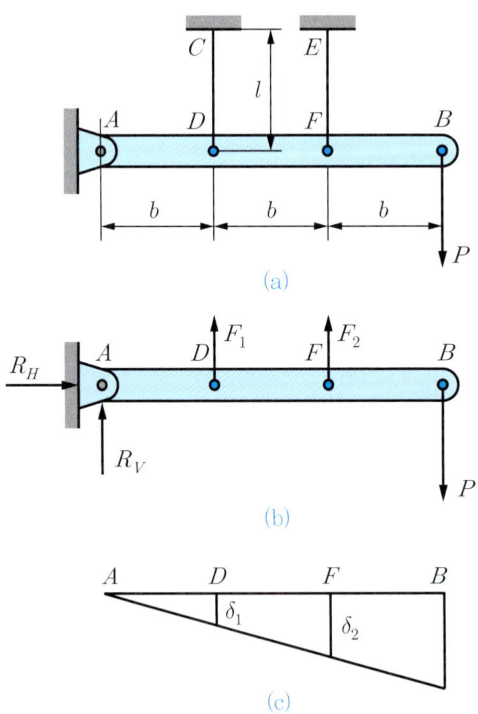

[그림 3-23] 수평봉을 매달은 줄의 응력 및 신장량

따라서 각 줄에 발생하는 응력 σ_1, σ_2는 다음과 같이 된다.

$$\sigma_1 = \frac{F_1}{A} = \frac{3P}{5A}, \quad \sigma_2 = \frac{F_2}{A} = \frac{6P}{5A} \tag{3·35}$$

이때 각 줄의 신장량 δ_1, δ_2는 식 (3·35) 또는 식 (k)를 식 (i)에 대입하여 구한다.

예제 3-10

[그림 3-24(a)]와 같이 힌지점 A가 핀으로 고정된 구조물에서 AB는 길이 $l = 500\,[\mathrm{mm}]$의 강봉(steel bar)으로 되어 있고, B점에 $P = 10\,[\mathrm{kN}]$의 하중이 작용하며 강봉의 자중은 무시한다. 지름 $5\,[\mathrm{mm}]$, 세로탄성계수 $E = 206\,[\mathrm{GPa}]$인 강선(steel wire)으로 만들어진 CE, DF에 작용하는 힘, 응력 및 신장량을 구하시오.

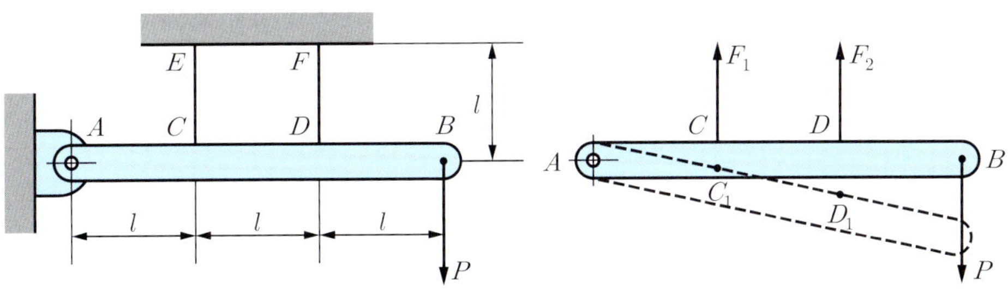

[그림 3-24]

| 풀이 | (1) 자유물체도를 그리면 [그림 3-24(b)]와 같이 되고, 힘의 평형조건을 고려하면

$$P = F_1 + F_2 \tag{a}$$

또한, 변형조건은 다음 식과 같다.

$$2\left(\overline{CC_1}\right) = \overline{DD_1}$$

$$2\left(\frac{F_1 l}{AE}\right) = \left(\frac{F_2 l}{AE}\right) \tag{b}$$

식 (a), 식 (b)로부터 다음 식이 얻어진다.

$$P = \frac{F_2}{2} + F_2 = \frac{3}{2}F_2$$

$$\therefore\ F_2 = \frac{2}{3}P, \quad F_1 = \frac{1}{3}P$$

응력을 구하면

$$\sigma_1 = \frac{F_1}{A} = \frac{P}{3A} = \frac{4 \times 10 \times 10^3}{3 \times \pi \times 5^2} = 169.8\,[\mathrm{N/mm^2}] = 169.8\,[\mathrm{MPa}]$$

$$\sigma_2 = \frac{F_2}{A} = \frac{2P}{3A} = \frac{4 \times 2 \times 10 \times 10^3}{3 \times \pi \times 5^2} = 339.5\,[\mathrm{N/mm^2}] = 339.5\,[\mathrm{MPa}]$$

따라서 변형량은 다음과 같이 구해진다.

$$\delta_1 = \frac{F_1 l}{AE} = \frac{\sigma_1 l}{E} = \frac{169.8 \times 500}{206 \times 10^3} = 0.41\,[\mathrm{mm}]$$

$$\delta_2 = \frac{F_2 l}{AE} = \frac{\sigma_2 l}{E} = \frac{339.5 \times 500}{206 \times 10^3} = 0.82\,[\mathrm{mm}]$$

(5) 트러스 구조물의 해석

트러스 구조물은 가늘고 긴 부재를 연결하여 하중을 지지할 수 있도록 한 구조물이다. 하중은 부재를 연결하는 절점(節點)의 핀(pin)에만 작용하고, 자중은 부재 양끝의 절점에 작용하는 것으로 가정한다. 핀처럼 회전이 가능한 절점은 이동력(移動力)만을 전달하고, 부재의 절점에 작용하는 이동력의 합력은 2개의 절점을 연결하는 부재의 축방향으로만 힘의 평형조건을 만족하기 때문에 2력부재(二力部材)라고 한다.

트러스의 부재에 발생하는 내력(內力)도 외력(外力)과 같이 구조물의 각 자유도에 해당하는 수평력, 수직력 및 회전력으로 구분하고, 트러스의 2력부재는 축방향 힘만이 내력으로 전달된다.

트러스에는 평면트러스 및 입체트러스가 있고, 트러스 구조의 종류도 많지만 일반적으로 [그림 3-25]와 같은 것이 있다. [그림 3-25(a)]는 Warren 트러스, [그림 3-25(b)]는 Howe 트러스, [그림 3-25(c)]는 Pratt 트러스이고, [그림 3-25(d)]는 Parker 트러스라고 한다.

트러스에 작용하는 하중을 구하기 위해 다음과 같은 가정을 한다.

(a) 하중과 반력은 절점에 작용하고, 각 부재의 축방향으로 하중이 작용한다.

(b) 부재의 양끝 절점에 작용하는 하중의 크기는 같고, 그 방향은 서로 반대이다.

(c) 부재에 대한 절점의 위치는 하중에 의해 변화하지 않는다.

트러스의 부재에 작용하는 하중을 구하는 방법에는 일반적으로 절점법(節點法)과 단면법(斷面法)이 사용되고 있다. 절점법은 트러스 구조에서 절점의 자유물체도를 이용하여 각 절점에 평형조건을 적용하여 절점별로 부재에 작용하는 힘을 계산하는 방법이다. 따라서 절점법은 트러스의 모든 부재에 대한 힘을 결정할 때 효과적인 방법이다.

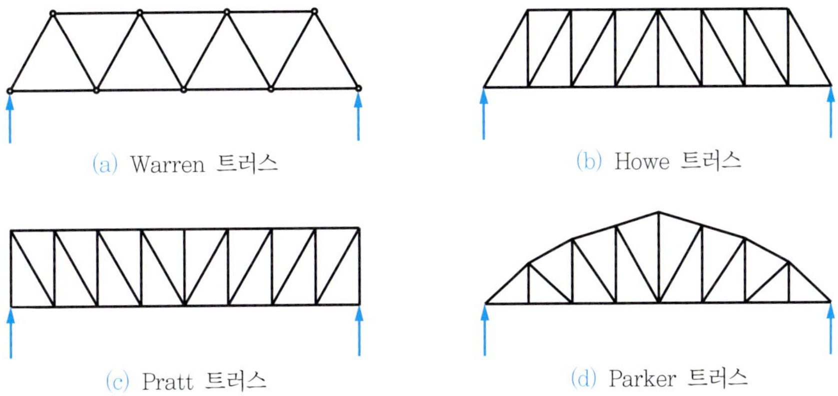

(a) Warren 트러스 (b) Howe 트러스

(c) Pratt 트러스 (d) Parker 트러스

[그림 3-25] 트러스 구조의 종류

여기서는 평면트러스 중의 하나를 예로 들어 절점법으로 해석하는 방법에 대하여 간단히 설명하고자 한다. [그림 3-26]과 같은 평면트러스 구조를 절점법으로 해석하기 위해서는 각 부재 AB, AC, BC, … 에 작용하는 하중 F_{AB}, F_{AC}, F_{BC}, … 를 구할 필요가 있다. 따라서 각 부재에 작용하는 하중을 결정하기 위해서는 다수의 각 절점에 대한 수평방향 및 수직방향에 대한 각 힘의 평형방정식 $\Sigma F_H = 0$, $\Sigma F_V = 0$을 세운 후, 이것을 연립방정식으로 풀면 된다.

만일, [그림 3-26]에서 절점 A의 반력 R_A가 알려져 있으면 절점 A에 대한 힘의 평형조건으로부터 시작하여 전체이음에 대한 각 부재에 작용하는 하중을 구할 수 있다.

또한, 단면법은 트러스 구조물에서 특정한 몇 개의 부재력(部材力)만을 구하려고 할 때 적합하다. 단면법은 3개 이하의 봉을 절단하여 트러스를 2개로 분리할 수 있을 때 특정부재에 작용하는 축하중을 쉽게 구할 수 있나.

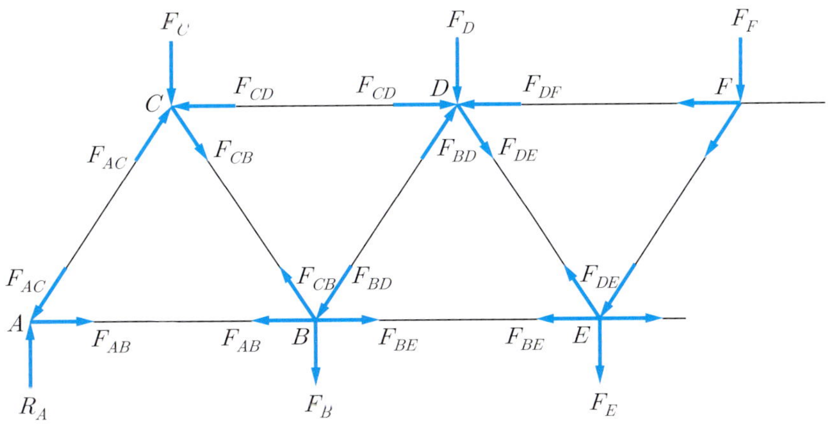

[그림 3-26] 평면트러스 구조

예제 3-11

[그림 3-27(a)]와 같은 트러스의 중앙절점 F에 $P=520\,[\mathrm{kN}]$이 작용하고, 봉 AD, EF의 지름이 50[mm]이면 이 봉에 발생하는 응력을 결정하시오. 또한, 봉 EF에 작용하는 인장응력에 의한 신장량을 구하시오. 단, 이 봉의 세로탄성계수 $E=206\,[\mathrm{GPa}]$이다.

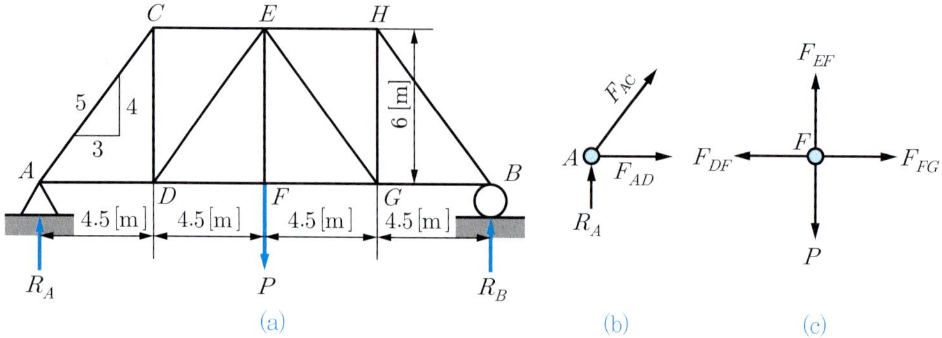

[그림 3-27]

| 풀이 | 지지점 A, B의 반력을 구하면 $R_A=R_B=260\,[\mathrm{kN}]$이고, 지점 A에 대한 자유물체도를 그리면 [그림 3-27(b)]와 같이 된다. 자유물체도에 대한 힘의 평형조건은 다음 식과 같이 된다.

$$\Sigma F_y = R_A + \frac{4}{5}F_{AC} = 0$$

$$\therefore\ F_{AC} = -325\,[\mathrm{kN}] : \text{압축하중}$$

$$\Sigma F_x = \frac{3}{5}F_{AC} + F_{AD} = \frac{3}{5}(-325) + F_{AD} = 0$$

$$\therefore\ F_{AD} = 195\,[\mathrm{kN}] : \text{인장하중}$$

또한, 지지점 F에 대한 자유물체도를 그리면 [그림 3-27(c)]와 같이 되고, 힘의 평형을 고려하면

$$\Sigma F_y = F_{EF} - 520 = 0 \qquad \therefore\ F_{EF} = 520\,[\mathrm{kN}]$$

봉 AD, EF에 발생하는 각 응력은 다음과 같이 된다.

$$\sigma_{AD} = \frac{4\times 195\times 10^3}{\pi\times 50^2} = 99.3\,[\mathrm{N/mm^2}] = 99.3\,[\mathrm{MPa}]$$

$$\sigma_{EF} = \frac{4\times 520\times 10^3}{\pi\times 50^2} = 264.8\,[\mathrm{N/mm^2}] = 264.8\,[\mathrm{MPa}]$$

봉 EF에 대한 신장량은

$$\delta_{EF} = \frac{F_{EF}\,l_{EF}}{AE} = \frac{4\times(520\times 10^3)(6\times 10^3)}{(\pi\times 50^2)(206\times 10^3)} = 7.7\,[\mathrm{mm}]$$

CHAPTER 3

연습문제

[3-1] [그림 3-28]과 같이 지름 및 길이가 각각 $d_1 = 25\,[\mathrm{mm}]$, $l_1 = 80\,[\mathrm{mm}]$이고, $d_2 = 56\,[\mathrm{mm}]$, $l_2 = 100\,[\mathrm{mm}]$인 단붙이 축에 인장하중 $P = 100\,[\mathrm{kN}]$이 작용할 때 각 축의 단면에 발생하는 응력 및 신장량을 구하시오. 단, 축재료의 세로탄성계수 $E = 200\,[\mathrm{GPa}]$이다.

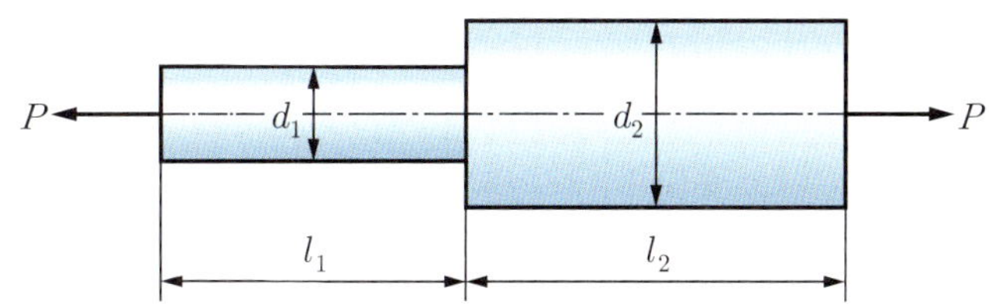

[그림 3-28]

[3-2] [그림 3-29]와 같은 구조물에서 강선과 구리선의 단면적은 모두 $A = 30\,[\mathrm{mm}^2]$이고, 길이 $l = 1\,[\mathrm{m}]$, $P = 10\,[\mathrm{kN}]$의 하중이 작용할 때 강선 및 구리선에 작용하는 힘, 응력 및 신장량을 구하시오. 단, 봉 AB의 자중은 무시하고, 강선과 구리선의 세로탄성계수는 각각 $E_s = 200\,[\mathrm{GPa}]$, $E_c = 110\,[\mathrm{GPa}]$이다.

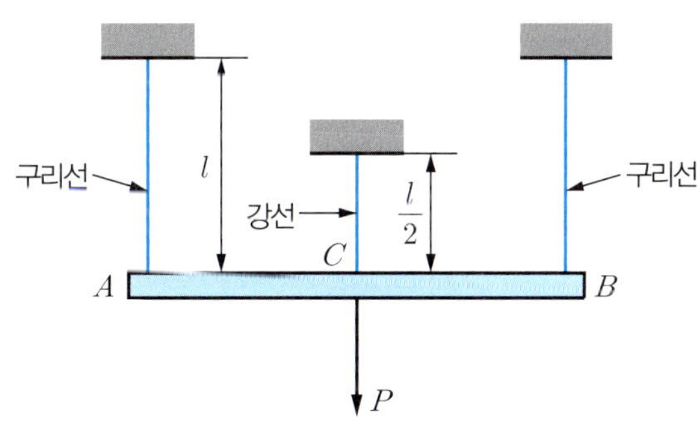

[그림 3-29]

[3-3] [그림 3-30]과 같이 양끝이 고정된 균일단면봉의 $m-n$ 단면에 축하중 P가 작용할 때 반력을 구하시오.

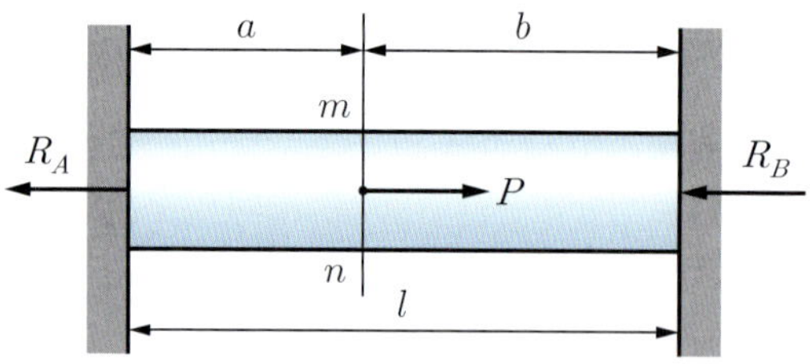

[그림 3-30]

[3-4] [그림 3-31]과 같이 길이 $l = 1\,[\mathrm{m}]$인 강봉에 하중 $P = 50\,[\mathrm{kN}]$과 $Q = 20\,[\mathrm{kN}]$이 작용할 때 이 봉의 전신장량을 구하시오. 단, 강봉의 지름 $d = 20\,[\mathrm{mm}]$이고, 세로탄성계수 $E = 200\,[\mathrm{GPa}]$이다.

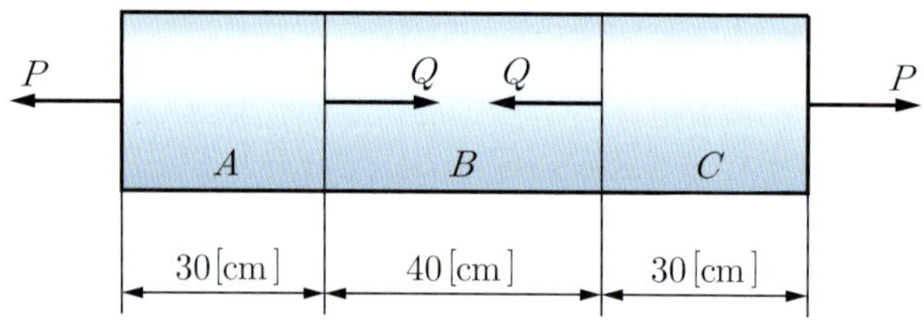

[그림 3-31]

[3-5] [그림 3-32]와 같이 길이 $l = 5\,[\mathrm{m}]$인 강봉에 하중 $P = 20\,[\mathrm{kN}]$이 작용할 때 봉의 자중을 고려한 전신장량을 구하시오. 단, 강봉의 지름 $d = 30\,[\mathrm{mm}]$, 비중량 $\gamma = 7.85\,[\mathrm{g/cm^3}]$이고, 세로탄성계수 $E = 206\,[\mathrm{GPa}]$이다.

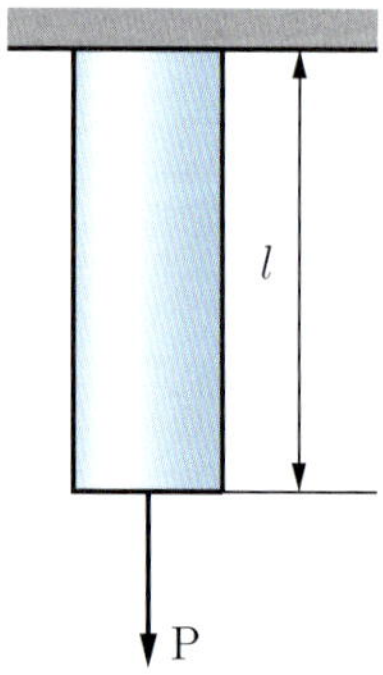

[그림 3-32]

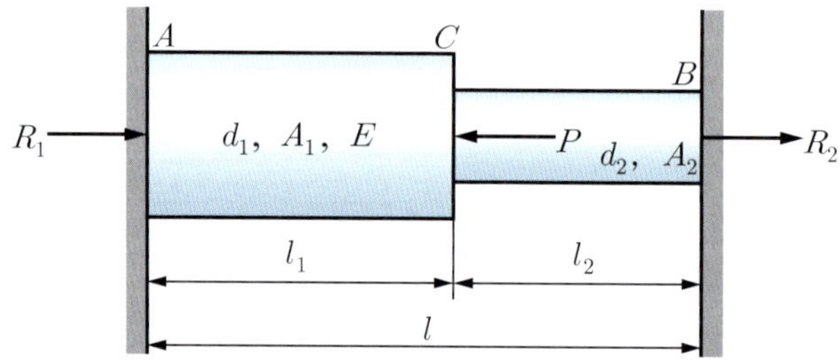

[그림 3-33]

[3-6] [그림 3-33]과 같이 단면이 서로 다른 둥근 봉의 양끝이 고정되고, C단면에 하중 P가 작용할 때 C단면의 축방향 변형량을 구하는 식을 유도하시오. 단, AC 부분에 대한 봉의 지름 d_1, 단면적 A_1이고, CB 부분의 봉의 지름 d_2, 단면적 A_2로 하고, 세로탄성계수는 E로 한다.

[3-7] [그림 3-34]와 같이 재질 및 단면적이 같은 봉 AC가 길이 l_1인 2개의 와이어(wire)가 힌지로 지지되고, C점에 하중 P가 작용할 때 C점에 연결된 와이어에 걸리는 힘을 구하시오. 단, 봉 AC의 변형은 무시한다.

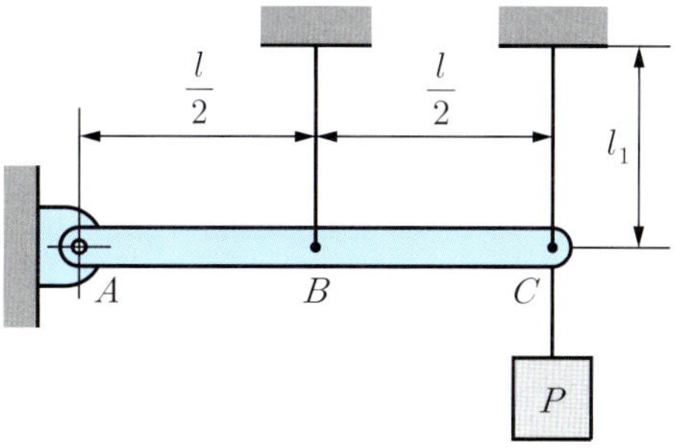

[그림 3-34]

[3-8] [그림 3-35]와 같이 자중 w[kN/m], 길이 l인 강체(剛體)의 봉이 높이가 다른 천장에서 철사 A, B에 매달려져 이동하중 W[kN]에 의해 수평이 유지되고 있다. 철사 1 및 2의 길이를 각각 l_1, l_2, 단면적을 A_1, A_2, 세로탄성계수를 E_1, E_2라고 하면 수평을 유지하기 위한 x의 위치를 결정하시오.

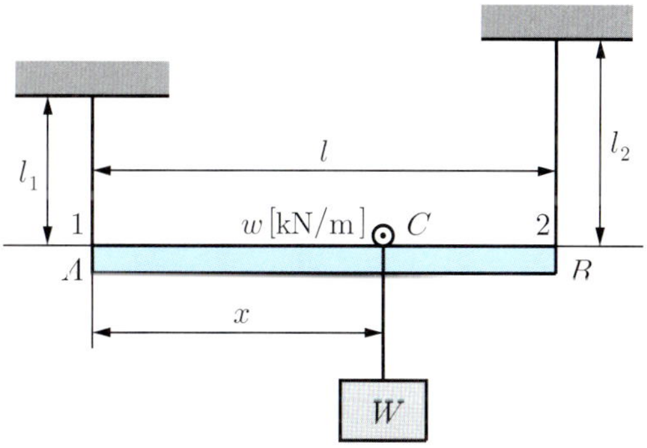

[그림 3-35]

[3-9] [그림 3-36]과 같이 강판과 알루미늄 판으로 조립된 판에 인장하중 P가 작용한다. 강판과 알루미늄 판의 두께는 각각 $t_s = 5$[mm], $t_a = 15$[mm]이고, 폭 $b = 120$[mm]로써 같을 때 각 판에 작용하는 하중을 구하시오. 단, 강판 및 알루미늄 판의 세로탄성계수는 각각 $E_s = 200$[GPa], $E_a = 70$[GPa]이다.

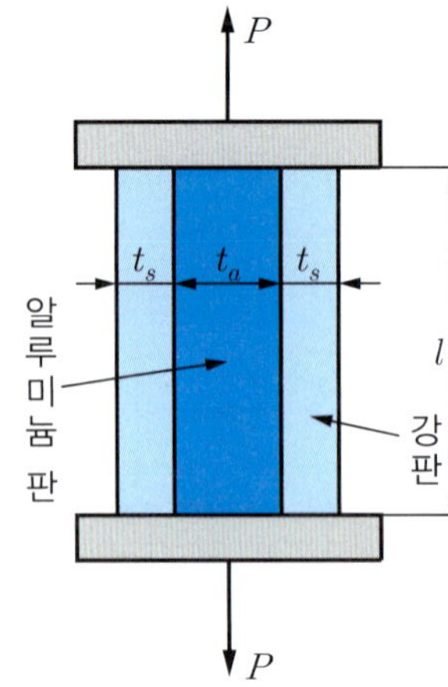

[그림 3-36]

[3-10] 높이 300[mm], 단면 200[mm]×200[mm]의 정사각형의 콘크리트 기둥에 단면적 200[mm^2]인 4개의 철근을 [그림 3-37]과 같이 넣는다. 철근 및 콘크리트의 허용 압축응력을 각각 $\sigma_s = 140\,[\mathrm{N/mm^2}]$, $\sigma_c = 7\,[\mathrm{N/mm^2}]$라고 할 때 작용시킬 수 있는 압축력 P를 구하시오. 단, 철근 및 콘크리트의 세로탄성계수는 각각 $E_s = 200\,[\mathrm{GPa}]$, $E_c = 2\,[\mathrm{GPa}]$로 한다.

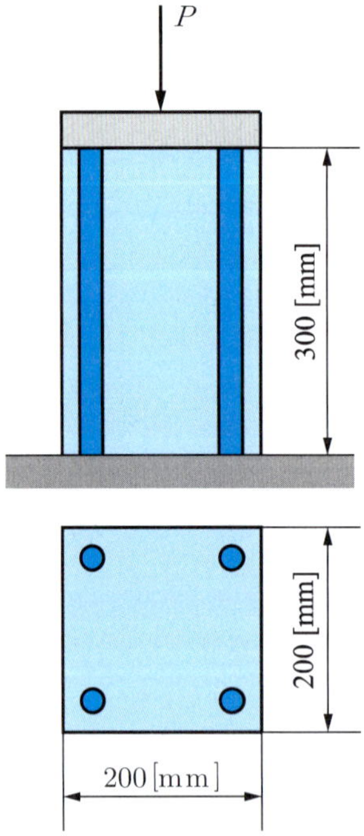

[그림 3-37]

[3-11] [그림 3-38]과 같은 트러스에 대한 각 부재에 작용하는 힘 F_{AB}, F_{AE}, F_{BC} 및 F_{BE}를 구하시오.

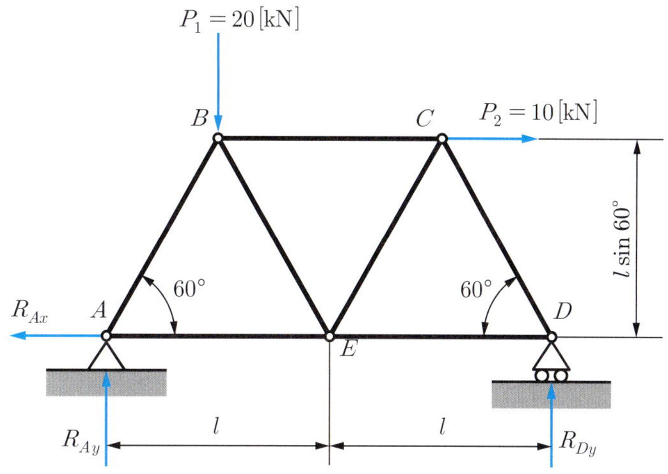

[그림 3-38]

[3-12] [그림 3-39]와 같은 트러스에 대한 각 부재에 작용하는 힘 R_{Ay}, R_{Ey}, F_{BC}, F_{FG} 및 F_{BG}를 구하시오.

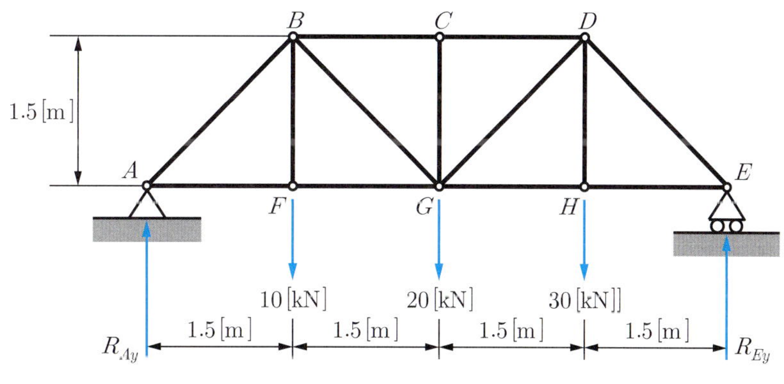

[그림 3-39]

4 CHAPTER 조합응력 및 모어의 응력원

앞 장에서는 하중, 응력 및 변형률의 의미, 표시방법, 그리고 해석방법, 축방향하중이 작용하는 정정문제와 부정정문제를 학습하였다. 이 장에서는 1축 하중, 2축 하중, 또한 3축의 조합하중이 작용할 때 응력 및 변형률을 해석하는 방법을 파악하고자 한다. 1축 응력이 작용할 때 경사면의 응력, 2차원 평면응력에 대한 주응력, 최대전단응력 및 주응력 방향, 변형률을 해석하는 방법을 학습한다. 또한, 2차원 및 3차원 응력과 변형률을 모어(Mohr)의 응력원이나 변형률원을 그려서 간단히 해석하는 방법을 설명한다.

4.1 작용응력의 기본형태

물체 안의 요소에 작용하는 응력의 기본형태에는 [그림 4-1]과 같은 것이 있고, 다음과 같이 요약할 수 있다.

(1) 1축 응력 : [그림 4-1(a)]와 같이 x축 또는 y축 방향으로만 하중이 작용하여 수직응력 σ_x, 또는 σ_y만이 작용한다.

(2) 2축 응력 : [그림 4-1(b)]와 같이 x, y축 방향으로 수직응력 σ_x, σ_y가 작용하는 상태를 말한다.

(3) 순수전단(純粹剪斷; pure shear) : [그림 4-1(c)]와 같이 x, y 평면에 평행하게 접선방향으로 전단응력 τ_{xy}가 작용하는 상태를 말한다. 수직한 둥근 봉을 비틀 때 둥근 봉의 표면에 작용하는 응력상태를 말한다.

(4) 평면응력(平面應力; plane stress) : [그림 4-1(d)]와 같이 x, y축 방향으로 수직응력 σ_x, σ_y와 전단응력 τ_{xy}가 작용한다. 이와 같은 예로는 얇은 원판의 두께 방향 표면에 2축 응력 σ_x, σ_y가 작용하는 상태이다.

(5) 3축 응력(triaxial stress) : x, y, z축 방향으로 수직응력 σ_x, σ_y, σ_z가 작용하는 상태이다. 용기(容器) 안에 수압(水壓)이 작용할 때 용기에 발생하는 응력이 여기에 속한다.

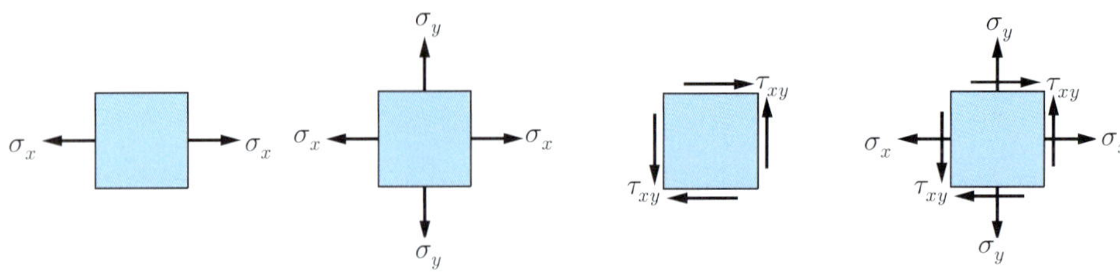

[그림 4-1] 작용응력의 기본형태

4.2 1축 하중의 경사면에 대한 응력

구조물에 작용하는 하중의 기본형태는 [그림 4-1]과 같이 다양하고, 1축 하중이 작용하더라도 경사면에는 수직응력과 전단응력이 동시에 조합응력으로 발생한다.

[그림 4-2(a)]와 같이 축방향하중 P가 작용하는 재료에서 [그림 4-2(b)]와 같이 직각단면 mn에 수직응력 σ_x가 발생하는 것은 쉽게 알 수 있다. 그러나 수직단면 mn과 각도 θ만큼 경사진 pq 단면에 발생하는 응력을 고려하여 보기로 한다.

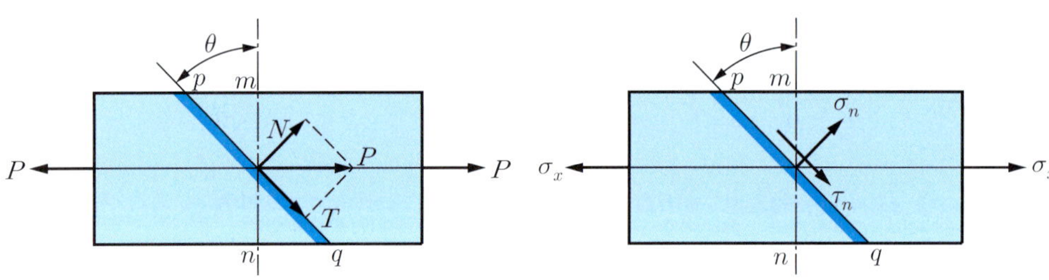

[그림 4-2] 1축 인장에 의한 경사면의 응력

[그림 4-2(a)]에서 mn의 수직단면적을 A, pq의 경사단면적을 A'이라 하고, pq 면에 수직한 방향의 하중을 N, 접선방향의 하중을 T라 하면 다음 식과 같이 된다.

$$N = P\cos\theta\,, \quad T = P\sin\theta \qquad \text{(a)}$$

수직단면적 A와 경사단면적 A'의 관계는

$$A' = \frac{A}{\cos\theta} \qquad \text{(b)}$$

경사단면 pq에 대한 수직응력(垂直應力; normal stress) σ_n과 전단응력(剪斷應力; shear stress) τ_n은 다음 식과 같이 표시한다.

$$\sigma_n = \frac{N}{A'} = \frac{P}{A}\cos^2\theta = \sigma_x \cos^2\theta = \frac{\sigma_x}{2}(1 + \cos 2\theta) \tag{4·1}$$

$$\tau_n = \frac{T}{A'} = \frac{P}{A}\sin\theta\cos\theta = \frac{\sigma_x}{2}\sin 2\theta \tag{4·2}$$

식 (4·1), 식 (4·2)에서 σ_n과 τ_n의 최대값은 그 단면의 경사각 θ에 따라 결정된다. σ_n은 $\cos^2\theta = 1$, 또는 $\cos 2\theta = 0$일 때 최대수직응력이 되므로 $\theta = 0°$일 때 최대수직응력 $\sigma_{\max}$이 되고, 전단응력 $\tau_n = 0$이 된다. 즉, 하중 P에 수직한 단면에서 최대수직응력 $\sigma_{\max}$가 생기고, 다음 식으로 표시된다.

$$\sigma_{\max} = (\sigma_n)_{\theta = 0°} = \sigma_x \tag{4·3}$$

또한, τ_n의 최대값은 $\sin 2\theta = 1$일 때 생기므로 $\theta = 45°$인 경사면에서 최대전단응력 $\tau_{\max}$가 되고, 다음 식과 같이 나타낸다.

$$\tau_{\max} = (\tau_n)_{\theta = 45°} = \frac{\sigma_x}{2} \tag{4·4}$$

식 (4·1)로부터 경사각 θ가 증가할수록 수직응력 σ_n은 감소하여 $\theta = 90°$에서 $\sigma_n = 0$이 된다. 또한, 식 (4·2)에서 전단응력 τ_n은 θ의 증가에 따라 $\tau_n = 0$으로부터 $\theta = 45°$일 때 $\tau_{\max}$가 되었다가 $\theta = 90°$에서 또 다시 $\tau_n = 0$으로 된다. 결국 식 (4·1), 식 (4·2)로부터 경사각 θ에 따른 σ_n, τ_n의 변화를 나타내면 [그림 4-3]과 같다.

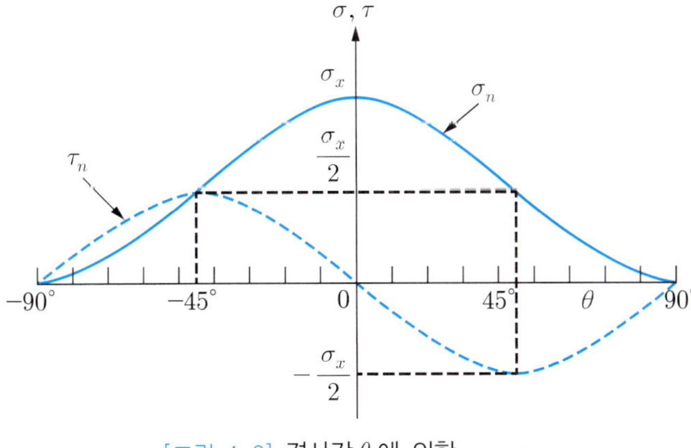

[그림 4-3] 경사각 θ에 의한 σ_n, τ_n

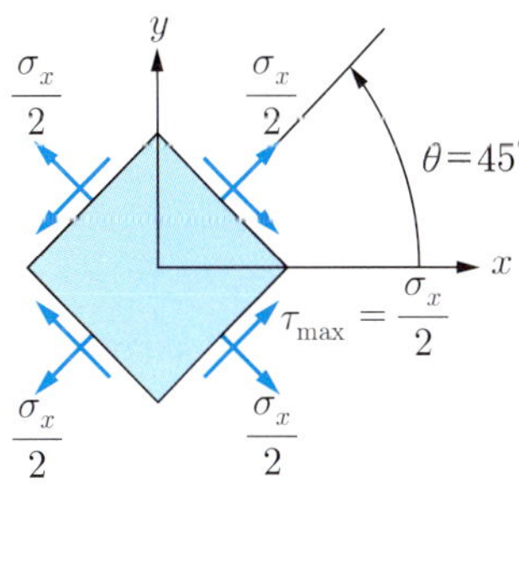

[그림 4-4] $\theta = 45°$에 대한 σ_n, τ_n

[그림 4-2]와 같이 축방향으로 인장하중, 또는 압축하중이 작용할 때 식 (4·4)로부터 알 수 있듯이 $\theta = 45°$인 단면에서 최대전단응력 $\tau_{\max} = \frac{\sigma_x}{2}$ 로 될 때 발생한다. 경사각 $\theta = 45°$에 대한 σ_n, τ_n를 나타내면 [그림 4-4]와 같고, 재료의 파괴는 최대전단응력이 작용하는 45°방향으로 전단파괴가 발생한다.

연강(軟鋼; mild steel)과 같은 연성재료(延性材料; ductile material)는 항복점(降伏點; yield point)에 도달하면 결정입자의 미끄럼(slip)이 생긴다. 이것은 전단응력이 원인이 되므로 $\theta = 45°$인 면에서 최대전단응력이 발생하여 재료의 표면에 미끄러진 흔적이 생기는데, 이것을 Lüder선이라 한다.

이때 수직응력과 전단응력에 대한 부호규약은 [그림 4-5(a)]와 같이 인장응력은 양(+), 압축응력은 음(−)으로 한다. 또한, 전단응력의 방향은 [그림 4-5(b)]와 같이 x, y 단면에 대하여 시계방향을 양(+), 반시계방향을 음(−)으로 약속하여 혼란을 방지하도록 한다.

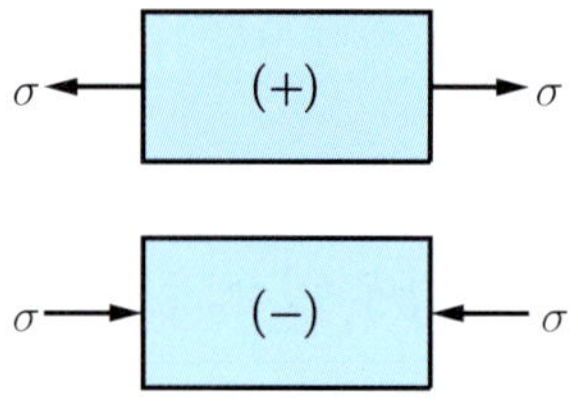

(a) 인장 및 압축응력

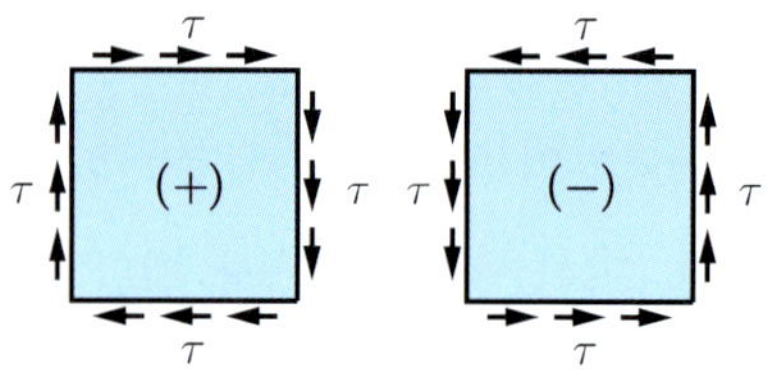

(b) 전단응력

[그림 4-5] 응력의 부호

[그림 4-6(a)]에서 경사단면 pq와 직교하는 단면 $p'q'$에 발생하는 응력을 σ_n', τ_n'이라고 하면 식 (4·1) 및 식 (4·2)에서 θ 대신에 $90° + \theta$를 대입하면 다음의 식이 얻어진다.

$$\sigma_n' = \sigma_x \cos^2(90° + \theta) = \sigma_x \sin^2\theta \qquad (4·5)$$

$$\tau_n' = \frac{\sigma_x}{2}\sin 2(90° + \theta) = -\frac{\sigma_x}{2}\sin 2\theta \qquad (4·6)$$

이들 응력은 [그림 4-3(a)]와 같이 분포하고, 식 (4·1), 식 (4·2)와 식 (4·5), 식 (4·6)으로부터 다음과 같은 관계식이 성립한다.

$$\sigma_n + \sigma_n' = \sigma_x \qquad (4·7)$$

$$\tau_n = -\tau_n' \qquad (4·8)$$

식 (4·7), 식 (4·8)에서 인장하중이 작용할 때 서로 직교하는 두 단면에 작용하는 수직응력 σ_n과 σ_n'의 합은 항상 일정하고, 수직단면 mn에 작용하는 σ_x와 같다. 이때

σ_n과 σ_n'의 관계를 공액응력(共軛應力; complementary stress)이라고 한다. 또한, τ_n과 τ_n'을 공액전단응력(共軛剪斷應力; complementary shear stress)이라 하고, 이들은 항상 크기는 같으나 방향이 서로 반대로 된다. 이러한 현상은 응력의 평형방정식 (2·23), 또는 식 (2·24)로부터 증명되었다.

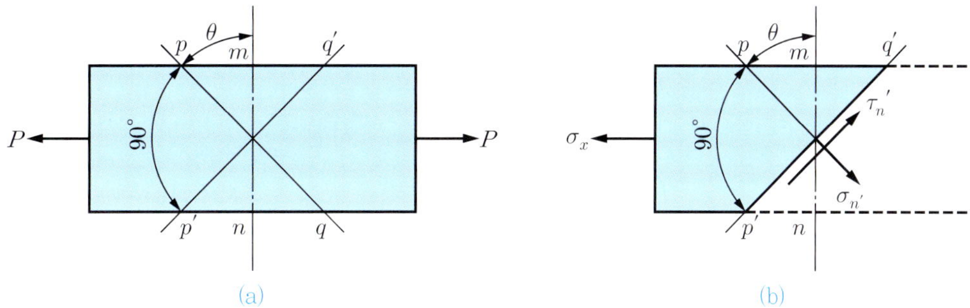

[그림 4-6] 직교 경사단면의 공액응력

참고사항

$$\cos 2\theta = \cos^2\theta - \sin^2\theta = 2\cos^2\theta - 1 = 1 - 2\sin^2\theta$$

$$\sin 2\theta = 2\sin\theta\cos\theta$$

$$\sin^2\theta = \frac{1}{2}(1 - \cos 2\theta)$$

$$\cos^2\theta = \frac{1}{2}(1 + \cos 2\theta)$$

4.3 힘의 평형에 의한 2축 조합응력의 해석

2축 x, y 방향으로 인장응력 또는 압축응력이 동시에 작용할 때 이러한 응력을 2축 조합응력(combined stress)이라고 한다. 이때 임의의 단면에는 수직응력과 전단응력이 동시에 작용하므로 경사각도 θ에 따라 조합응력의 크기가 수시로 변화한다.

4.3.1 2축 수직응력이 작용

(1) 힘의 평형에 의한 경사단면의 응력해석

[그림 4-7(a)]와 같이 재료의 미소요소에 2축 인장응력 σ_x, σ_y가 작용할 때 θ만큼 경사진 단면 AC에 대한 응력을 구하여 보기로 한다. 우선 [그림 4-7(b)]와 같이 ΔABC를 자유물체도로 분리한 후 난변 AB, BC, AC의 미소면적을 각각 dA_x, dA_y, dA_n이라 한다.

이때 각 단면에 작용하는 하중은 각각 $\sigma_x dA_x$, $\sigma_y dA_y$, $\sigma_n dA_n$으로 되고, 단면 AC에는 식 (4·1) 및 식 (4·2)에 의해 수직응력 σ_n과 전단응력 τ_n이 발생하며, 작용하중은 각각 $\sigma_n dA_n$과 $\tau_n dA_n$이 된다. 이 요소의 n축 방향에 대한 모든 힘의 평형조건을 고려하면 다음 식과 같이 된다.

$$\begin{aligned}\Sigma F_n &= \sigma_n dA_n - \sigma_x dA_x \cos\theta - \sigma_y dA_y \sin\theta \\ &= \sigma_n dA_n - \sigma_x (dA_n \cos\theta)\cos\theta - \sigma_y (dA_n \sin\theta)\sin\theta = 0 \end{aligned} \quad \text{(a)}$$

그러므로 경사면의 수직응력 σ_n은 다음 식으로 표시된다.

$$\begin{aligned}\sigma_n &= \sigma_x \cos^2\theta + \sigma_y \sin^2\theta \\ &= \frac{1}{2}(\sigma_x + \sigma_y) + \frac{1}{2}(\sigma_x - \sigma_y)\cos 2\theta \end{aligned} \quad (4\cdot 9)$$

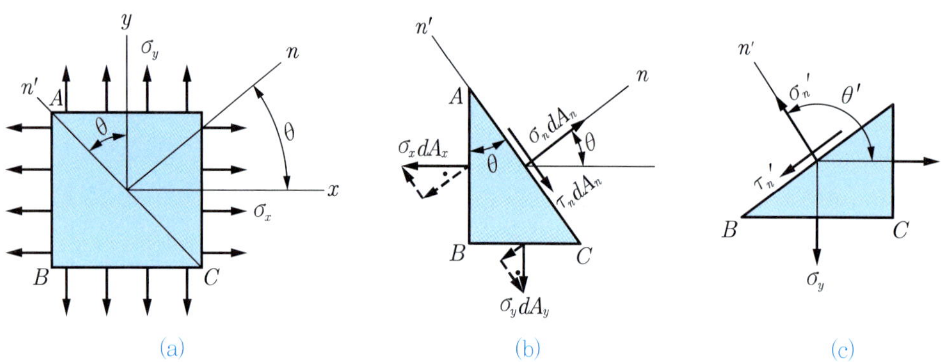

[그림 4-7] 미소요소에 작용하는 2축 인장응력

또한, n'축 방향으로 경사진 단면 AC에 대한 모든 힘의 평형조건은

$$\begin{aligned}\Sigma F_{n'} &= \tau_n dA_n - \sigma_x dA_x \sin\theta + \sigma_y dA_y \cos\theta \\ &= \tau_n dA_n - \sigma_x (dA_n \cos\theta)\sin\theta + \sigma_y (dA_n \sin\theta)\cos\theta = 0 \end{aligned} \quad \text{(b)}$$

따라서 경사면의 전단응력 τ_n은 다음 식과 같이 된다.

$$\tau_n = (\sigma_x - \sigma_y)\sin\theta\cos\theta = \frac{1}{2}(\sigma_x - \sigma_y)\sin 2\theta \quad (4\cdot 10)$$

식 (4·9), 식 (4·10)은 x축과 θ만큼 경사진 단면 AC에 대한 수직응력 σ_n과 전단응력 τ_n을 결정하는 식이 된다.

경사단면 AC와 직교(直交)하는 평면에 작용하는 수직응력 σ_n'과 전단응력 τ_n'은 [그림 4-7(c)]에서 $\theta' = 90° + \theta$가 되므로 식 (4·9), 식 (4·10)에서 θ 대신에 θ'을 대입하면 다음 식으로 주어진다.

$$\sigma_n{}' = \sigma_x \sin^2\theta + \sigma_y \cos^2\theta$$

$$= \frac{1}{2}(\sigma_x + \sigma_y) - \frac{1}{2}(\sigma_x - \sigma_y)\cos 2\theta \qquad (4\cdot11)$$

$$\tau_n{}' = -(\sigma_x - \sigma_y)\sin\theta\cos\theta = -\frac{1}{2}(\sigma_x - \sigma_y)\sin 2\theta \qquad (4\cdot12)$$

식 (4·11), 식 (4·12)는 경사단면 AC와 직교하는 평면에 작용하는 수직응력과 전단응력을 나타낸다. 또한, 식 (4·9)와 식 (4·11), 식 (4·10)과 식 (4·12)는 서로 공액응력이 되며, 이들 사이에는 다음의 관계식이 성립한다.

$$\sigma_n + \sigma_n{}' = \sigma_x + \sigma_y \qquad (4\cdot13)$$

$$\tau_n = -\tau_n{}' \qquad (4\cdot14)$$

식 (4·13) 및 식 (4·14)로부터 서로 직교하는 단면에 대한 수직응력의 합은 경사각 θ에 관계없이 x, y축에 작용하는 응력의 합과 같다. 또한 공액전단응력은 크기가 같고 방향이 서로 반대인 것을 알 수 있다.

만일, 수직응력의 크기가 $\sigma_x > \sigma_y$이면 경사면에 대한 수직응력 σ_n의 최대값은 식 (4·9)에서 $\theta = 0°$, 최소값은 $\theta = 90°$일 때 발생하고, 그 크기는 각각 다음 식과 같다.

$$\sigma_{max} = \sigma_1 = \frac{\sigma_x + \sigma_y}{2} + \frac{\sigma_x - \sigma_y}{2} = \sigma_x \qquad (4\cdot15)$$

$$\sigma_{min} = \sigma_2 = \frac{\sigma_x + \sigma_y}{2} - \frac{\sigma_x - \sigma_y}{2} = \sigma_y \qquad (4\cdot16)$$

위 식에서 최대주응력(maximum principal stress) σ_1 및 최소주응력(minimum principal stress) σ_2는 각각 σ_x, σ_y로 되고, 이때 전단응력은 식 (4·10)에서 $\tau = 0$이 되므로 σ_x, σ_y를 주응력(主應力; principal stress)이라고 한다. 즉, 주응력이란 전단응력 $\tau = 0$로써 전단응력은 작용하지 않고 수직응력만이 작용할 때 그 수직응력을 말한다. 이러한 주응력에는 최대주응력(σ_1) 및 최소주응력(σ_2)이 있고, 이들은 서로 직교한다.

또한, 주응력이 작용하는 면을 주응력면(主應力面) 또는 주면(主面; principal plane)이라 하고, 주응력이 작용하는 방향을 주응력방향(主應力方向; principal direction) 또는 주축(主軸; principal axes)이라고 한다.

전단응력의 최대값 및 최소값은 식 (4·10)에서 각각 $\theta = 45°$와 $\theta = 90° + 45°$인 면에서 발생하고, 그 크기는 다음 식과 같이 된다.

$$\tau_{max} = \frac{(\sigma_x - \sigma_y)}{2}$$
$$\tau_{min} = -\frac{(\sigma_x - \sigma_y)}{2} \qquad (4·17)$$

이 결과는 최대전단응력이 두 주응력 차의 $1/2$로 된다는 것을 알 수 있다. 만일, 두 주응력 σ_x, σ_y가 서로 같다면 [그림 4-7(b)]에서 경사단면 AC의 경사각 θ에 무관하게 항상 전단응력은 작용하지 않는다.

(2) 평면응력 및 평면변형률

[그림 4-7(a)]와 같이 2축 수직응력이 작용할 때 변형률은 인장하중, 또는 압축하중에 따라 푸아송비 ν에 관계하여 신장(伸長)되거나 수축(收縮)된다. 얇은 평판(平板)에 2축 인장응력 σ_x, σ_y가 작용할 때 x, y축에 대한 변형률 ε_x, ε_y은 Hooke의 법칙에 의해 다음 식과 같이 주어진다.

$$\varepsilon_x = \frac{1}{E}(\sigma_x - \nu\sigma_y)$$
$$\varepsilon_y = \frac{1}{E}(\sigma_y - \nu\sigma_x) \qquad (4·18)$$

이때 평판에 수직한 z축 방향에 대한 $\sigma_z = 0$이지만, ε_z는 다음 식과 같이 된다.

$$\varepsilon_z = -\frac{\nu}{E}(\sigma_x + \sigma_y) \qquad (4·19)$$

또한, 전단변형률 γ_{xy}는

$$\gamma_{xy} = \frac{1}{G}\tau_{xy} \qquad (4·20)$$

식 (4·18), 식 (4·19)에서 알 수 있듯이 2축 인장일 때 변형률은 각 인장방향으로 늘어나고, 그 외의 방향으로는 푸아송비 ν에 비례하여 줄어드는 것을 알 수 있다. 이와 같이 2축 응력 σ_x, σ_y가 작용하고, z축 방향의 응력 $\sigma_z = 0$일 때를 평면응력(平面應力; plane stress) 상태라고 한다.

또한, z축 방향이 두꺼운 원기둥에 2축 응력 σ_x, σ_y가 작용하면 변형률 ε_x, ε_y는 발생하지만 z축 방향의 변형률 $\varepsilon_z = 0$일 때 평면변형률(平面變形率; plane strain) 상태라고 한다. 이 평면변형률 상태에서는 z축 방향의 변형률 $\varepsilon_z = 0$이지만, z축 방향의 응력 σ_z는 존재한다.

4.3.2 2축 수직응력과 전단응력이 작용

[그림 4-8(a)]와 같이 미소요소에 2축 수직응력 σ_x, σ_y 와 전단응력 τ_{xy} 가 동시에 작용할 때 경사단면에 대한 수직응력 σ_n 과 전단응력 τ_n 을 구하여 보기로 한다.

2축 인장응력을 σ_x, σ_y 라 하고, x 단면에 작용하는 전단응력을 τ_{xy}, y 단면에 작용하는 전단응력을 τ_{yx} 라고 한다. 응력의 평형조건에서 전단응력의 회전방향은 시계방향을 일반적으로 양(+) 으로 놓으므로 τ_{xy} 는 음(−) 이고, τ_{yx} 는 양(+) 이 되지만 공액전단응력은 첨자의 순서에 관계없이 양쪽 모두 τ_{xy} 로 표시하는 것이 일반적이다. 그러나 Mohr의 응력원을 그릴 때 각 단면에 대한 전단응력의 회전방향은 [그림 4-5(b)]와 같이 시계방향이면 양(+), 반시계방향이면 음(−) 으로 규약하고 있는 점을 유의한다.

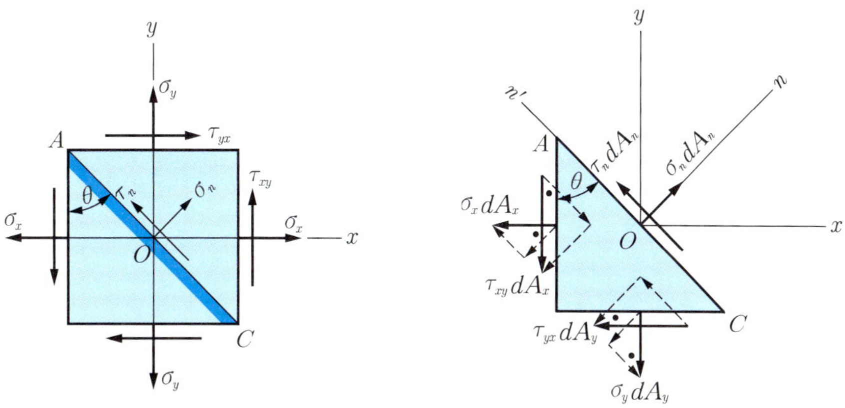

[그림 4-8] 2축 수직응력과 전단응력이 작용

경사단면에 대한 수직응력 σ_n 과 전단응력 τ_n 은 [그림 4-8(b)]에 나타낸 삼각형 요소의 평형조건을 고려하여 구할 수 있다. 삼각형 요소에서 경사면의 단면적을 dA_n 이라 하고, x 축 단면적은 dA_x, y 축 단면적을 dA_y 로 놓으면 삼각형 요소의 n 방향 및 경사면 방향에 대한 힘의 평형방정식은 다음과 같이 된다.

$$\Sigma F_n = \sigma_n dA_n - \sigma_x(dA_n\cos\theta)\cos\theta - \tau_{xy}(dA_n\cos\theta)\sin\theta$$
$$- \sigma_y(dA_n\sin\theta)\sin\theta - \tau_{yx}(dA_n\sin\theta)\cos\theta = 0 \qquad \text{(a)}$$

$$\Sigma F_{n'} = \tau_n dA_n + \sigma_x(dA_n\cos\theta)\sin\theta - \tau_{xy}(dA_n\cos\theta)\cos\theta$$
$$- \sigma_y(dA_n\sin\theta)\cos\theta + \tau_{yx}(dA_n\sin\theta)\sin\theta = 0 \qquad \text{(b)}$$

식 (a), (b)를 정리하면 다음의 식이 얻어진다.

$$\sigma_n = \sigma_x \cos^2\theta + \sigma_y \sin^2\theta + 2\tau_{xy}\sin\theta\cos\theta$$
$$= \frac{1}{2}(\sigma_x + \sigma_y) + \frac{1}{2}(\sigma_x - \sigma_y)\cos 2\theta + \tau_{xy}\sin 2\theta \qquad (4\cdot21)$$

$$\tau_n = -(\sigma_x - \sigma_y)\sin\theta\cos\theta + \tau_{xy}(\cos^2\theta - \sin^2\theta)$$
$$= -\frac{1}{2}(\sigma_x - \sigma_y)\sin 2\theta + \tau_{xy}\cos 2\theta \qquad (4\cdot22)$$

식 (4·21)과 식 (4·22)는 각각 식 (4·9) 및 (4·10)에 전단응력 τ_{xy}의 항 만이 추가되는 것을 알 수 있다. 또한 식 (4·22)의 첫 번째 항과 두 번째 항에 대한 부호는 [그림 4-8(a)]에서 x단면의 전단응력 τ_{xy}가 시계방향(+), 또는 반시계방향(−)에 따라 변화하지만, 각 항에 대한 절대값은 일정하다.

수직응력 σ_n이 최대값으로 되는 경사각 θ를 구하기 위해 식 (4·21)을 미분한 후 $d\sigma_n/d\theta = 0$로 놓으면 다음 식과 같이 된다.

$$(\sigma_x - \sigma_y)\sin 2\theta - 2\tau_{xy}\cos 2\theta = 0 \qquad (c)$$

식 (c)로부터 다음 식이 얻어진다.

$$\tan 2\theta = \frac{2\tau_{xy}}{\sigma_x - \sigma_y} \qquad (d)$$

$$\theta = \frac{1}{2}\tan^{-1}\left(\frac{2\tau_{xy}}{\sigma_x - \sigma_y}\right) \qquad (4\cdot23)$$

식 (4·23)을 만족하는 2θ의 값은 2개이고, 이들 사이에는 $2\theta = 180°$의 위상차가 생기므로 결국 $\theta = 90°$의 위상차를 갖는다. 이 2개의 값 중에서 1개는 σ_n의 최대값이 되고, 다른 1개는 최소값을 나타낸다.

또한, 식 (4·22)에서 전단응력 $\tau_n = 0$로 놓으면 식 (b)로부터 수직응력 σ_n의 최대값 $(\sigma_n)_{\max}$ 또는 최소값 $(\sigma_n)_{\min}$이 되는 평면에서는 전단응력 τ_n이 존재하지 않는 것을 의미한다. 이와 같이 전단응력은 작용하지 않고 수직응력 만이 작용할 때 그 최대값 및 최소값을 주응력(主應力; principal stress)이라 하고, 주응력이 작용하는 평면을 주면(主面; principal plane)이라 하는 것은 이미 설명하였다.

또한, 최대전단응력이 작용하는 평면을 결정하기 위해 식 (4·22)를 미분한 후 $d\tau_n/d\theta = 0$로 놓으면 다음 식과 같이 표시된다.

$$-(\sigma_x - \sigma_y)\cos 2\theta - 2\tau_{xy}\sin 2\theta = 0 \qquad (e)$$

식 (e)로부터 다음 식이 얻어진다.

$$\tan 2\theta_s = -\frac{\sigma_x - \sigma_y}{2\tau_{xy}} \tag{f}$$

$$\theta_s = -\frac{1}{2}\tan^{-1}\left(\frac{\sigma_x - \sigma_y}{2\tau_{xy}}\right) \tag{4·24}$$

식 (4·23)과 식 (4·24)를 비교하면 2개의 전단응력은 두 주면사이의 각을 2등분하는 2개의 직교하는 평면에 작용하고, 최대전단응력이 작용하는 평면은 주면과 45°의 위상차를 갖는다.

이상에서와 같이 미소요소에 작용하는 최대수직응력과 최대전단응력을 구하려면, θ의 값을 각각 식 (4·23)과 식 (4·24)에 대입하면 결정된다. 그러나 이 결과들은 응력의 분해 및 합성에 의한 해석이 복잡하므로 Mohr의 응력원을 이용하는 간편한 방법에 대해서 설명한다.

4.4 모어의 응력원에 의한 응력해석

1축, 2축 및 3축 응력, 또는 2축 수직응력과 전단응력이 동시에 작용할 때 경사면에 대한 수직응력 σ_n과 전단응력 τ_n을 구하는 방법으로써 응력원을 그려서 간편하게 구할 수 있는데, 이와 같은 응력원을 모어(Mohr)의 응력원(Mohr's stress circle)이라고 한다. 여기서는 Mohr(Otto Mohr, 1835 ~ 1918, 독일 공학자)에 의한 응력원의 표시, 그리는 방법, 수직응력 σ_n과 전단응력 τ_n을 구하는 방법, 또한 주응력, 최대전단응력 및 주응력이 작용하는 방향을 구하는 방법에 대하여 설명한다.

4.4.1 1축 응력에 대한 Mohr의 응력원

(1) Mohr의 응력원 방정식

[그림 4-2]와 같은 1축 응력에 대한 Mohr의 응력원 표시 및 그리는 방법, 경사진 단면에 대한 수직응력 σ_n과 전단응력 τ_n을 Mohr의 응력원을 그려서 구해 보기로 한다. 식 (4·1)로부터

$$\sigma_n = \sigma_x \cos^2\theta = \frac{\sigma_x}{2}(1 + \cos 2\theta)$$

$$\therefore \cos 2\theta = \frac{2}{\sigma_x}\left(\sigma_n - \frac{\sigma_x}{2}\right) \tag{a}$$

또한, 식 (4·2)로부터 다음 식이 얻어진다.

$$\tau_n = \frac{\sigma_x}{2}\sin 2\theta$$

$$\therefore \ \sin 2\theta = \frac{2}{\sigma_x}\tau_n \qquad \text{(b)}$$

원의 방정식으로 표시하기 위해 식 (a), 식 (b)를 각각 제곱한 후 더하면 다음 식과 같이 된다.

$$\cos^2(2\theta) + \sin^2(2\theta) = \left(\frac{2}{\sigma_x}\right)^2\left(\sigma_n - \frac{\sigma_x}{2}\right)^2 + \left(\frac{2}{\sigma_x}\right)^2\tau_n^2$$

$$1 = \left(\frac{2}{\sigma_x}\right)^2\left(\sigma_n - \frac{\sigma_x}{2}\right)^2 + \left(\frac{2}{\sigma_x}\right)^2\tau_n^2 \qquad \text{(c)}$$

식 (c)의 양변에 $\left(\frac{\sigma_x}{2}\right)^2$을 곱하면, 다음 식과 같은 원의 방정식이 얻어진다.

$$\left(\sigma_n - \frac{\sigma_x}{2}\right)^2 + \tau_n^2 = \left(\frac{\sigma_x}{2}\right)^2 \qquad (4\cdot25)$$

여기서 식 (4·25)는 1축 응력에 대한 Mohr의 응력원(Mohr's stress circle) 방정식이 되고, 이 응력원의 중심은 $\left(\frac{\sigma_x}{2},\ 0\right)$이며, 반지름은 $\frac{\sigma_x}{2}$가 된다.

(2) Mohr의 응력원 그리는 방법 및 응력해석

[그림 4-2]와 같이 1축 인장하중이 작용할 때 수직단면 mn과 각도 θ만큼 경사진 pq 단면에 발생하는 응력을 구하기 위해 식 (4·25)를 이용하여 Mohr의 응력원을 그리는 방법은 다음과 같다.

(a) [그림 4-9]와 같이 직교좌표계의 가로축은 σ축으로 잡은 후 오른쪽을 양(+), 세로축은 τ축으로 하고 위쪽을 양(+)으로 한다.

(b) [그림 4-5(a)]와 같이 σ축은 인장일 때는 양(+), 압축일 때는 음(−)으로 한다.

(c) [그림 4-9]에서 $\sigma_x = \overline{OA}$인 A점을 잡고, C점을 중심으로 반지름 $\overline{OC} = \overline{CA} = \frac{\sigma_x}{2}$인 원을 그리면 Mohr의 응력원이 된다.

(d) [그림 4-9]의 A점에서 [그림 4-2(b)]와 같은 경사각도 θ인 방향으로 2θ 회전하여 P점을 잡은 후 P점에서 수직선을 내려서 D점이라 하면 $\overline{OD} = \sigma_n$이 된다. 또한 $\overline{DP} = \tau_n$이 되고, 이때 $\angle AOP = \theta$이며, $\angle ACP = 2\theta$로 된다.

(e) P점에서 중심 C를 지나는 선을 그어서 P'점을 잡은 후 수직선을 내려 D'점이라고 하면 $\overline{D'P'} = \tau_n'$이 되고, τ_n과 τ_n'은 크기가 같고 방향이 반대인 공액

전단응력이 된다. 결국, 이와 같은 순서로 [그림 4-9]와 같은 Mohr의 응력원이 완성된다.

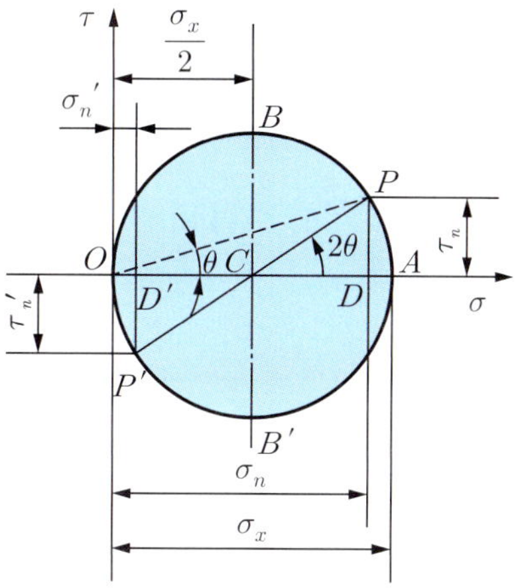

[그림 4-9] 1축 응력에 대한 Mohr의 응력원

[그림 4-9]의 Mohr의 응력원으로부터 [그림 4-2(b)]와 같이 θ 만큼 경사진 단면의 수직응력 σ_n 과 전단응력 τ_n 을 구하면

$$\sigma_n = \overline{OD} = \overline{OC} + \overline{CD} = \overline{OC} + \overline{CP}\cos 2\theta = \frac{\sigma_x}{2} + \frac{\sigma_x}{2}\cos 2\theta$$

$$= \frac{\sigma_x}{2}(1 + \cos 2\theta) = \sigma_x \cos^2\theta \qquad (4\cdot1')$$

$$\tau_n = \overline{DP} = \overline{CP}\sin 2\theta = \frac{\sigma_x}{2}\sin 2\theta \qquad (4\cdot2')$$

이와 같이 Mohr의 응력원을 이용하면 식 (4·1)과 식 (4·2)를 쉽게 구할 수 있다.

또한, [그림 4-9]에서 A 점의 응력은 앞에서 설명한 최대수직응력 $\sigma_{\max}$ 가 되는 식 (4·3)을 쉽게 구할 수 있다.

$$\sigma_{\max} = \overline{OA} = (\sigma_n)_{\theta = 0°} = \sigma_x \qquad (4\cdot3')$$

또한, τ_n 의 최대값은 $\theta = 45°$ 인 단면에서 식 (4·4)의 최대전단응력 $\tau_{\max}$ 가 [그림 4-9]의 B 점에서 발생하는 것을 쉽게 알 수 있다.

$$\tau_{\max} = \overline{CB} = (\tau_n)_{\theta = 45°} = \frac{\sigma_x}{2} \qquad (4\cdot4')$$

또한, [그림 4-9]로부터 P' 점은 P 점과 서로 직교하는 면의 응력이 되므로 이들은 공액응력(共軛應力; complementary stress)이라 하고, 식 (4·5) 및 식 (4·6)이 쉽게 구해지는 것을 알 수 있다.

$$\sigma_n' = \overline{OD'} = \overline{OC} - \overline{CD'} = \overline{OC} - \overline{CP'}\cos 2\theta$$

$$= \frac{\sigma_x}{2} - \frac{\sigma_x}{2}\cos 2\theta = \frac{\sigma_x}{2}(1 - \cos 2\theta) = \sigma_x \sin^2\theta \qquad (4\cdot5')$$

$$\tau_n' = -\overline{D'P'} = -\overline{CP'}\sin 2\theta = -\frac{\sigma_x}{2}\sin 2\theta \qquad (4\cdot6')$$

이상의 공액응력 사이에도 식 (4·7)과 식 (4·8)의 관계가 성립하는 것을 [그림 4-9]로부터 쉽게 알 수 있다.

$$\overline{OD} + \overline{OD'} = \overline{OA} \quad (\because \overline{OD'} = \overline{AD})$$

$$\sigma_n + \sigma_n' = \sigma_x \qquad (4\cdot7')$$

$$\overline{DP} = -\overline{D'P'}$$

$$\tau_n = -\tau_n' \qquad (4\cdot8')$$

예제 4-1

[그림 4-10(a)]와 같은 직사각형 단면의 폭과 높이가 각각 40[mm], 60[mm]인 봉에 압축하중 $P = 240$[kN]이 작용할 때 경사각 $\theta = 30°$인 단면에 대한 공액응력을 힘의 평형에 의한 해석적인 방법과 Mohr의 응력원을 그려서 구하시오.

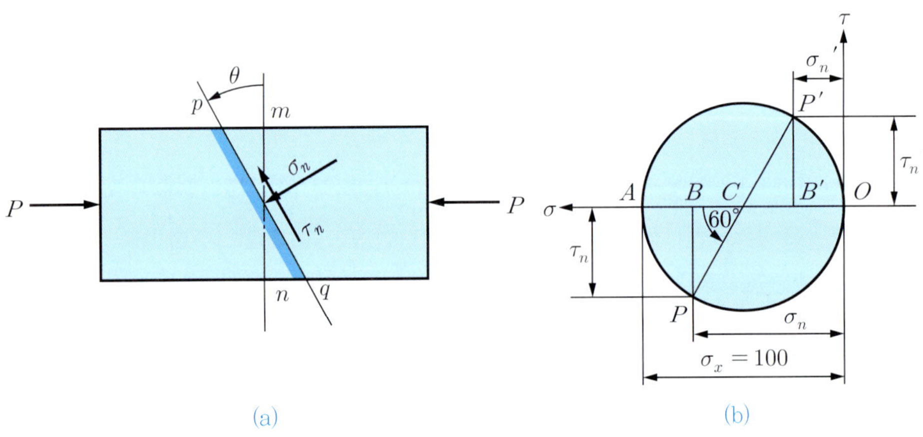

[그림 4-10]

| 풀이 | 압축응력 : $\sigma_x = -\frac{P}{A} = -\frac{240 \times 10^3}{40 \times 60} = -100[\text{N/mm}^2] = -100[\text{MPa}]$

(1) 해석적 방법 : 식 (4·1), 식 (4·2)와 식 (4·5), 식 (4·6)을 이용하면

$$\sigma_n = \sigma_x \cos^2\theta = -100 \times \cos^2 30° = -75[\text{N/mm}^2] = -75[\text{MPa}]$$

$$\tau_n = \frac{1}{2}\sigma_x \sin 2\theta = -50\sin 60° = -43.3[\text{N/mm}^2] = -43.3[\text{MPa}]$$

$$\sigma_n{}' = \sigma_x \sin^2\theta = -100 \times \sin^2 30° = -25\,[\text{N/mm}^2] = -25\,[\text{MPa}]$$

$$\tau_n{}' = -\frac{1}{2}\sigma_x \sin 2\theta = 50\sin 60° = 43.3\,[\text{N/mm}^2] = 43.3\,[\text{MPa}]$$

(2) Mohr의 응력원에 의한 방법

Mohr의 응력원을 그리면 [그림 4-10(b)]와 같이 되고, Mohr의 응력원에서 각 응력을 구하면 다음과 같다.

$$\sigma_n = \overline{OB} = \overline{OC} + \overline{CB} = -50 + (-50\cos 60°) = -75\,[\text{N/mm}^2]$$

$$\tau_n = \overline{BP} = \overline{CP}\sin 60° = -50\sin 60° = -43.3\,[\text{N/mm}^2]$$

$$\sigma_n{}' = \overline{OB'} = \overline{OC} - \overline{CB'} = -50 - (-50\cos 60°) = -25\,[\text{N/mm}^2]$$

$$\tau_n{}' = \overline{B'P'} = \overline{CP'}\sin 60° = 50\sin 60° = 43.3\,[\text{N/mm}^2]$$

따라서 해석적 방법보다는 Mohr의 응력원을 그려서 도식적(圖式的)으로 각 응력을 구하는 방법이 더욱 편리하다.

4.4.2 2축 수직응력만이 작용할 때 Mohr의 응력원

(1) Mohr의 응력원 방정식

[그림 4-7(a)]와 같이 2축 수직응력 σ_x, σ_y만이 작용하고, 전단응력 $\tau_{xy}=0$인 경우 Mohr의 응력원 방정식을 유도하고, 그리는 방법, 경사진 단면에 대한 수직응력 σ_n과 전단응력 τ_n을 구하는 방법을 알아보기로 한다.

이러한 경우 응력을 원의 방정식으로 표시하기 위해 식 (4·9)로부터

$$\sigma_n = \frac{1}{2}(\sigma_x + \sigma_y) + \frac{1}{2}(\sigma_x - \sigma_y)\cos 2\theta$$

$$\therefore\ \cos^2(2\theta) = \left\{\frac{2}{\sigma_x - \sigma_y}\left(\sigma_n - \frac{\sigma_x + \sigma_y}{2}\right)\right\}^2 \qquad \text{(a)}$$

또한, 식 (4·10)으로부터 다음의 식이 얻어진다.

$$\tau_n = \frac{1}{2}(\sigma_x - \sigma_y)\sin 2\theta$$

$$\therefore\ \sin^2(2\theta) = \left(\frac{2}{\sigma_x - \sigma_y}\right)^2 \tau_n^2 \qquad \text{(b)}$$

원의 방정식으로 나타내기 위해 식 (a)와 식 (b)를 더하면 다음 식과 같이 된다.

$$\cos^2(2\theta) + \sin^2(2\theta) = \left\{\frac{2}{\sigma_x - \sigma_y}\left(\sigma_n - \frac{\sigma_x + \sigma_y}{2}\right)\right\}^2 + \left(\frac{2}{\sigma_x - \sigma_y}\right)^2 \tau_n^2 \qquad \text{(c)}$$

식 (c)의 양변에 $\left(\frac{\sigma_x - \sigma_y}{2}\right)^2$ 을 곱하면, 다음 식과 같은 원의 방정식이 얻어진다.

$$\left(\sigma_n - \frac{\sigma_x + \sigma_y}{2}\right)^2 + \tau_n^2 = \left(\frac{\sigma_x - \sigma_y}{2}\right)^2 \qquad (4\cdot26)$$

여기서 식 (4·26)을 2축 응력에 대한 모어의 응력원(Mohr's stress circle) 방정식이라 하며, 이 응력원의 중심좌표는 $\left(\frac{\sigma_x + \sigma_y}{2},\ 0\right)$이고, 반지름 $R = \frac{\sigma_x - \sigma_y}{2}$ 로 된다.

(2) Mohr의 응력원 그리는 방법 및 응력해석

[그림 4-7(a)]와 같이 2축 인장응력이 작용할 때 θ만큼 경사진 단면에 발생하는 응력을 구하기 위해 $\sigma_x > \sigma_y > 0$로 가정하고, 식 (4·26)을 이용하여 Mohr의 응력원을 그리는 방법은 다음과 같다.

(a) [그림 4-11]과 같이 직교좌표계의 가로축은 σ축으로 잡고 오른쪽을 양$(+)$, 세로축은 τ축으로 하고 위쪽을 양$(+)$으로 한다.

(b) [그림 4-5(a)]와 같이 σ축은 인장일 때는 양$(+)$, 압축일 때를 음$(-)$으로 한다.

(c) [그림 4-11]에서 $\sigma_x = \overline{OA}$, $\sigma_y = \overline{OB}$를 잡고 C점을 중심으로 $\overline{CA} = \overline{CB} = R$을 반지름으로 하는 원을 그리면 Mohr의 응력원이 된다. 이때 중심의 좌표는 $\overline{OC} = \sigma_m = (\sigma_x + \sigma_y)/2$로 된다. 여기서 σ_m은 평균응력(平均應力; mean stress)을 나타낸다.

(d) [그림 4-11]의 A점에서 [그림 4-7(a)]와 같은 경사각도 θ의 방향으로 2θ 회전하여 P점을 잡은 후 이 점에서 수직선을 내려서 D점이라 하면, $\overline{OD} = \sigma_n$이 된다. 또한 $\overline{DP} = \tau_n$이 된다.

(e) P점에서 중심C를 지나는 선을 그어서 직교(直交)하는 P'점을 잡은 후 수직선을 내려 D'점이라 하면 $\overline{D'P'} = \tau_n'$이 되고, $\tau_n = \tau_n'$이 되며, 방향이 반대인 공액 전단응력이 된다. 결국, [그림 4-11]과 같은 Mohr의 응력원이 완성된다.

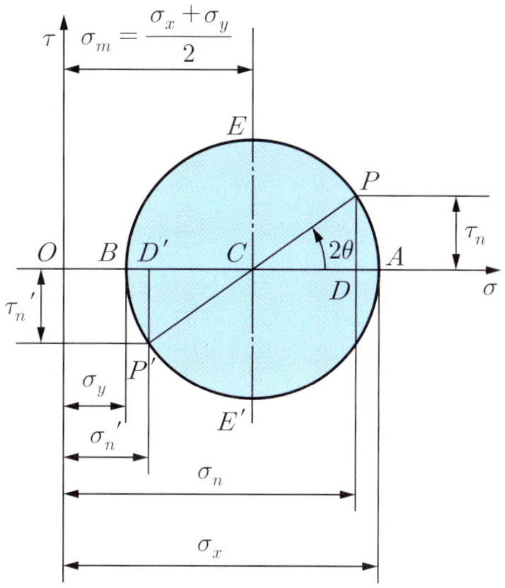

[그림 4-11] 2축 수직응력에 대한 Mohr의 응력원

[그림 4-11]의 Mohr의 응력원에서 [그림 4-7]과 같이 θ 만큼 경사진 단면의 수직응력 σ_n 과 전단응력 τ_n 을 구하면 식 (4·9) 및 식 (4·10)이 되는 것을 쉽게 알 수 있다.

$$\sigma_n = \overline{OD} = \overline{OC} + \overline{CD} = \overline{OC} + \overline{CP}\cos 2\theta$$
$$= \frac{\sigma_x + \sigma_y}{2} + \frac{\sigma_x - \sigma_y}{2}\cos 2\theta = \sigma_m + R\cos 2\theta \quad (4{\cdot}9')$$

$$\tau_n = \overline{DP} = \overline{CP}\sin 2\theta = \frac{\sigma_x - \sigma_y}{2}\sin 2\theta = R\sin 2\theta \quad (4{\cdot}10')$$

식 (4·9′), 식 (4·10′)에서 σ_m 은 두 수직응력 σ_x, σ_y의 평균응력으로서 Mohr의 응력원에 대한 중심의 좌표가 된다. 따라서 평균응력 σ_m , Mohr의 응력원에 대한 반지름 R은 다음 식으로 표시된다.

$$\sigma_m = \overline{OB} + \overline{BC} = \sigma_y + \frac{\sigma_x - \sigma_y}{2} = \frac{\sigma_x + \sigma_y}{2} \quad \text{(a)}$$

$$R = \overline{CA} = \overline{CB} = \frac{1}{2}(\overline{OA} - \overline{OB}) = \frac{\sigma_x - \sigma_y}{2} \quad \text{(b)}$$

[그림 4-11]에서 A 점의 응력은 $\tau_n = 0$ 이고, 최대수직응력 σ_x 만이 작용하므로 식 (4·15)와 같은 최대주응력(σ_{max})이 되고, B 점에서는 식 (4·16)과 같이 최소주응력(σ_{min})이 되는 것을 쉽게 알 수 있다.

$$\sigma_{max} = \sigma_1 = \overline{OA} = (\sigma_n)_{\theta = 0°} = \sigma_x \ \text{(최대주응력)} \quad (4{\cdot}15')$$

$$\sigma_{\min} = \sigma_2 = \overline{OB} = (\sigma_n)_{\theta=90°} = \sigma_y \quad (\text{최소주응력}) \tag{4·16'}$$

또한, τ_n 의 최대값은 $\theta = 45°$인 E점에서 식 (4·17)과 같이 최대전단응력 $\tau_{\max}$ 는 Mohr의 응력원의 반지름 R이 된다.

$$\tau_{\max} = (\tau_n)_{\theta=45°} = \overline{CP} = R = \frac{\sigma_x - \sigma_y}{2} \tag{4·17'}$$

[그림 4-11]로부터 P' 점은 P점과 직교하는 면의 응력이므로 이들은 공액응력(共軛應力; complementary stress)이 되고, 식 (4·11) 및 식 (4·12)와 같다.

$$\sigma_n' = \overline{OD'} = \overline{OC} - \overline{D'C} = \frac{\sigma_x + \sigma_y}{2} - \frac{\sigma_x - \sigma_y}{2}\cos 2\theta$$
$$= \sigma_m - R\cos 2\theta \tag{4·11'}$$

$$\tau_n' = -\overline{D'P'} = -\overline{CP'}\sin 2\theta = -\frac{\sigma_x - \sigma_y}{2}\sin 2\theta$$
$$= -R\sin 2\theta \tag{4·12'}$$

이상의 공액응력 사이에는 식 (4·13) 및 식 (4·14)의 관계식이 성립하는 것을 [그림 4-11]로부터 쉽게 파악할 수 있다.

$$\overline{OD} + \overline{OD'} = (\overline{OD} + \overline{AD}) + (\overline{OD'} - \overline{BD'})$$
$$= \overline{OA} + \overline{OB} \quad (\because \overline{AD} = \overline{BD'})$$
$$\sigma_n + \sigma_n' = \sigma_x + \sigma_y \tag{4·13'}$$

$$\overline{DP} = -\overline{D'P'}$$
$$\tau_n = -\tau_n' \tag{4·14'}$$

▶ 예제 4-2

[그림 4-12(a)]와 같이 2축 응력 $\sigma_x = 100\,[\mathrm{N/mm^2}]$, $\sigma_y = 20\,[\mathrm{N/mm^2}]$이 작용할 때 경사각 $\theta = 30°$인 단면에 대한 최대 및 최소주응력, 최대전단응력, 공액응력을 Mohr의 응력원을 그려서 구하시오.

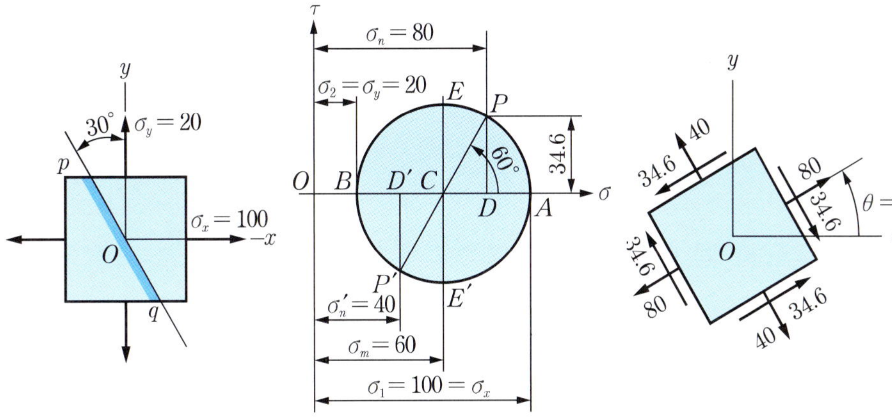

[그림 4-12]

| 풀이 | $\sigma_x = 100\,[\mathrm{N/mm^2}]$, $\sigma_y = 20\,[\mathrm{N/mm^2}]$, $\tau_{xy} = 0$, $\theta = 30°$를 이용하여 Mohr의 응력원을 그리면 [그림 4-12(b)]와 같이 된다. Mohr의 응력으로부터 각 응력을 구하면

$$\sigma_n = \overline{OD} = \overline{OC} + \overline{CD} = \sigma_m + \overline{CP}\cos 2\theta$$
$$= 60 + 40\cos 60° = 80\,[\mathrm{N/mm^2}] = 80\,[\mathrm{MPa}]$$
$$\tau_n = \overline{DP} = \overline{CP}\sin 60° = 40\sin 60° = 34.6\,[\mathrm{N/mm^2}] = 34.6\,[\mathrm{MPa}]$$

또한, 이들 응력과 서로 직교하는 공액응력을 구하면 각각 다음과 같이 된다.

$$\sigma_n' = \overline{OD'} = \overline{OC} - \overline{CD'} = \sigma_m - \overline{CP'}\cos 60°$$
$$= 60 - 40\cos 60° = 40\,[\mathrm{N/mm^2}]$$
$$\tau_n' = -\overline{D'P'} = -\overline{CP'}\sin 60° = -40\sin 60°$$
$$= -34.6\,[\mathrm{N/mm^2}] = -34.6\,[\mathrm{MPa}]$$

Mohr의 응력원으로부터 A점은 최대주응력(σ_1), B점에서는 최소주응력(σ_2), E점은 최대전단응력$(\tau_{\max})$이 되고, 그 크기는 다음과 같이 된다.

$$\sigma_1 = \sigma_x = \sigma_m + R = 60 + 40 = 100\,[\mathrm{MPa}]$$
$$\sigma_2 = \sigma_y = \sigma_m - R = 60 - 40 = 20\,[\mathrm{MPa}]$$
$$\tau_{\max} = R = 40\,[\mathrm{MPa}]$$

이와 같이 Mohr의 응력원을 그려서 도식적(圖式的)으로 구한 각 응력의 값은 해석적 방법에 의한 식 (4·9)~식 (4·12)에서 계산한 값과 일치하는 것을 알 수 있다. 또한, 경사각 $\theta = 30°$인 단면에 대한 공액응력의 분포상태는 [그림 4-12(c)]와 같이 된다.

4.4.3 2축 수직응력과 전단응력에 의한 Mohr의 응력원

(1) Mohr의 응력원 방정식

[그림 4-8(a)]와 같이 2축 수직응력 σ_x, σ_y와 전단응력 τ_{xy}가 동시에 작용할 때 Mohr의 응력원 방정식의 유도, 그리는 방법, 경사진 단면에 대한 수직응력 σ_n 및 전단응력 τ_n, 주응력, 주응력방향, 최대전단응력을 구하는 방법을 알아보기로 한다.

우선 앞의 식 (4·21)로부터

$$\sigma_n = \frac{1}{2}(\sigma_x + \sigma_y) + \frac{1}{2}(\sigma_x - \sigma_y)\cos 2\theta + \tau_{xy}\sin 2\theta \tag{a}$$

식 (a)의 양변을 제곱하면 다음 식이 얻어진다.

$$\left(\sigma_n - \frac{\sigma_x + \sigma_y}{2}\right)^2 = \left(\frac{\sigma_x - \sigma_y}{2}\right)^2 \cos^2(2\theta) + \tau_{xy}^2 \sin^2(2\theta) + 2\left(\frac{\sigma_x - \sigma_y}{2}\right)\tau_{xy}\sin 2\theta\cos 2\theta \tag{b}$$

또한, 식 (4·22)의 양변을 제곱하면

$$\tau_n^2 = \left(\frac{\sigma_x - \sigma_y}{2}\right)^2 \sin^2(2\theta) + \tau_{xy}^2\cos^2(2\theta) - 2\left(\frac{\sigma_x - \sigma_y}{2}\right)\tau_{xy}\sin 2\theta\cos 2\theta \tag{c}$$

식 (b)와 식 (c)를 더하면 다음 식과 같은 원의 방정식으로 주어진다.

$$\left(\sigma_n - \frac{\sigma_x + \sigma_y}{2}\right)^2 + \tau_n^2 = \left(\frac{\sigma_x - \sigma_y}{2}\right)^2 + \tau_{xy}^2 \tag{4·27}$$

여기서 식 (4·27)을 2축 수직응력 및 전단응력이 작용할 때 Mohr의 응력원 방정식이라 한다. 이 응력원의 중심의 좌표는 $\left(\frac{\sigma_x + \sigma_y}{2},\ 0\right)$이고, 반지름 $R = \sqrt{\left(\frac{\sigma_x - \sigma_y}{2}\right)^2 + \tau_{xy}^2}$ 이 된다.

(2) Mohr의 응력원을 그리는 방법 및 응력해석

[그림 4-8(a)]와 같은 응력상태일 때 Mohr의 응력원을 그리는 방법은 다음과 같다.

(a) [그림 4-13(b)]와 같이 직교좌표계의 가로축은 σ축으로 잡고 오른쪽을 양(+), 세로축은 τ축으로 하며 위쪽을 양(+)으로 잡는다.

(b) [그림 4-5(a)]와 같이 σ 축은 인장일 때를 양(+), 압축일 때는 음(−)으로 한다. 전단응력 τ_{xy}는 [그림 4-13(a)]와 같이 각 단면에 대하여 시계방향일 때를 양(+)으로 하고, 반시계방향은 음(−)으로 한다. [그림 4-5] 참조바람.

(c) [그림 4-8(a)]와 같은 응력상태일 때 수직응력의 크기를 $\sigma_x > \sigma_y > 0$로 가정하고, [그림 4-13(b)]와 같이 $\sigma_x = \overline{OA}$, $\sigma_y = \overline{OA'}$을 잡은 후 [그림 4-8(a)]의 전단응력 방향은 [그림 4-13(a)]와 같은 전단응력 방향이 양(+)인 점을 고려하여 A점에서 $-\tau_{xy}$인 B점, 또한 A'점으로부터 공액전단응력 τ_{xy}인 B'점을 잡는다.

(d) B점과 B'점을 연결한 후 C점을 중심으로 $\overline{CB} = \overline{CB'}$을 반지름으로 하는 원을 그리면 Mohr의 응력원이 된다. 이때 중심의 좌표는 σ_x, σ_y의 평균응력이 되고, $\overline{OC} = \sigma_m = (\sigma_x + \sigma_y)/2$로 주어진다.

(e) D점에서는 전단응력 $\tau_{xy} = 0$이고 최대수직응력 σ_{max}만이 작용하므로 최대주응력(最大主應力; maximum principal stress) σ_1이 된다. D'점에서는 최소주응력 σ_2가 되며, 이들 주응력은 공액응력으로서 직교하는 것을 쉽게 알 수 있다.

(f) E점은 최대전단응력 τ_{max}가 되고, Mohr의 응력원에 대한 반지름의 크기 $R = (\sigma_x - \sigma_y)/2$로 된다.

(g) [그림 4-13(b)]에서 $\overline{BB'}$ 단면은 경사각 $\theta = 0$이므로 최대주응력이 작용하는 방향이 되기 위해서는 이 단면으로부터 ϕ만큼 반시계방향으로 회전시킨 단면이 된다. 그 결과를 나타내면 [그림 4-14]와 같이 각 주응력이 작용한다.

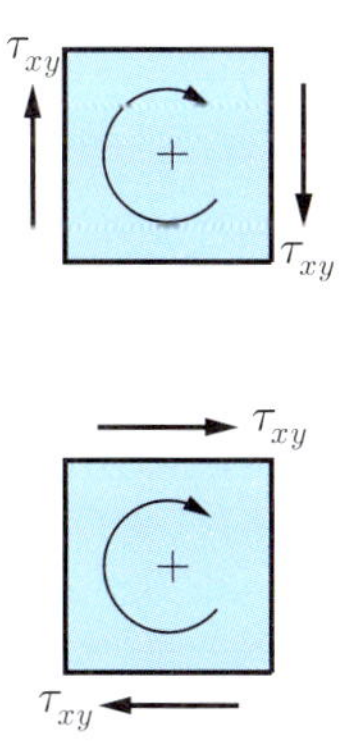

(a) 전단응력 부호

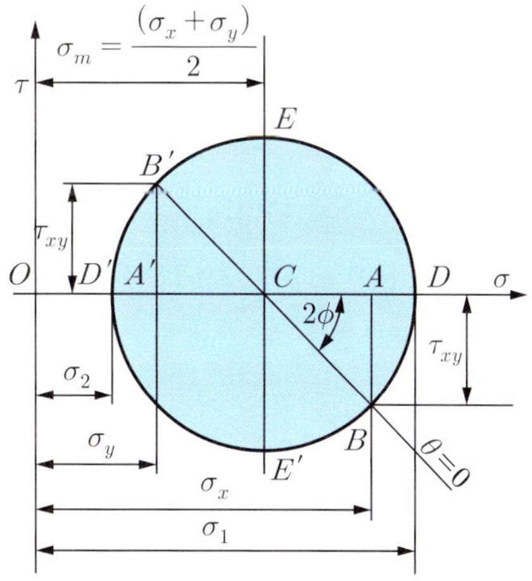

(b) Mohr의 응력원

[그림 4-13] 2축 수직응력 및 전단응력이 작용할 때 Mohr의 응력원

[그림 4-13(b)]에서 최대주응력(σ_1)은 D점, 최소주응력(σ_2)은 D'점에 작용하며 그 크기는 다음 식과 같이 된다.

$$\sigma_1 = \overline{OD} = \overline{OC} + \overline{CD} = \frac{\sigma_x + \sigma_y}{2} + \sqrt{\left(\frac{\sigma_x - \sigma_y}{2}\right)^2 + \tau_{xy}^2} \tag{4·28}$$

$$= \sigma_m + R \tag{4·28'}$$

$$\sigma_2 = \overline{OD'} = \overline{OC} - \overline{CD'} = \frac{\sigma_x + \sigma_y}{2} - \sqrt{\left(\frac{\sigma_x - \sigma_y}{2}\right)^2 + \tau_{xy}^2} \tag{4·29}$$

$$= \sigma_m - R \tag{4·29'}$$

최대주응력 σ_1이 작용하는 방향 ϕ는 [그림 4-13(b)]의 Mohr의 응력원에서 다음 식으로 표시된다.

$$\tan 2\phi = \frac{2\tau_{xy}}{\sigma_x - \sigma_y} \tag{d}$$

$$\therefore\ \phi = \frac{1}{2}\tan^{-1}\left(\frac{2\tau_{xy}}{\sigma_x - \sigma_y}\right) \tag{4·30}$$

[그림 4-8(a)]의 경우 x단면의 전단응력의 부호는 $-\tau_{xy}$이므로 이것을 식 (4·30)에 대입하면 주응력방향 ϕ는 음$(-)$으로 되어 반시계 방향이 된다. 따라서 주응력방향 ϕ는 시계방향이면 양$(+)$, 반시계방향일 때를 음$(-)$으로 규약한다. 최대주응력 σ_1이 작용하는 면은 [그림 4-13(b)]의 $\theta = 0$인 B점에서 각도 ϕ만큼 반시계방향으로 회전한 D점이 된다. 그러므로 식 (4·30)으로부터 구한 최대주응력 σ_1은 각도 ϕ만큼 반시계방향으로 회전한 면이 되고, 최소주응력 σ_2는 이 면과 직교하므로 각 주응력의 작용방향은 [그림 4-14]와 같이 된다.

또한, [그림 4-13(b)]로부터 최대전단응력($\tau_{\max}$)은 최대주응력(σ_1)이 작용하는 면에서 45° 회전한 E점, 또는 이것과 90°의 위상차를 갖는 E'점에 작용한다. 그 크기는 응력원의 반지름 R이 되며, 다음 식과 같이 주어진다.

$$\tau_{\max} = \overline{CE} = \overline{CD} = R = \frac{\sigma_1 - \sigma_2}{2} = \sqrt{\left(\frac{\sigma_x - \sigma_y}{2}\right)^2 + \tau_{xy}^2} \tag{4·31}$$

이때 최대전단응력 $\tau_{\max}$에 해당하는 수직응력 σ_m은 Mohr의 응력원에 대한 중심의 좌표가 되며, 다음 식과 같이 2축 응력의 평균값이 된다.

$$\overline{OC} = \sigma_m = \frac{\sigma_x + \sigma_y}{2} \tag{4·32}$$

최대전단응력 $\tau_{\max}$ 가 작용하는 점 E 와 E'의 좌표에 대한 식 (4·31)을 식 (4·22)에 대입하면 최대전단응력이 작용하는 방향이 결정된다. 식 (4·24)에 의해 최대전단응력의 작용방향 ϕ_s 는 다음 식과 같이 된다.

$$\tan 2\phi_s = -\left(\frac{\sigma_x - \sigma_y}{2\tau_{xy}}\right) \tag{e}$$

$$\therefore \ \phi_s = -\frac{1}{2}\tan^{-1}\left(\frac{\sigma_x - \sigma_y}{2\tau_{xy}}\right) \tag{4·33}$$

식 (4·30)과 식 (4·33)을 비교하면 [그림 4-14]와 같이 ϕ_s 는 ϕ 의 역수(逆數)에 음(−)의 부호를 붙인 것이다. 따라서 최대전단응력이 작용하는 면과 주응력면이 이루는 각도는 [그림 4-14]와 같이 45°인 것을 쉽게 알 수 있다.

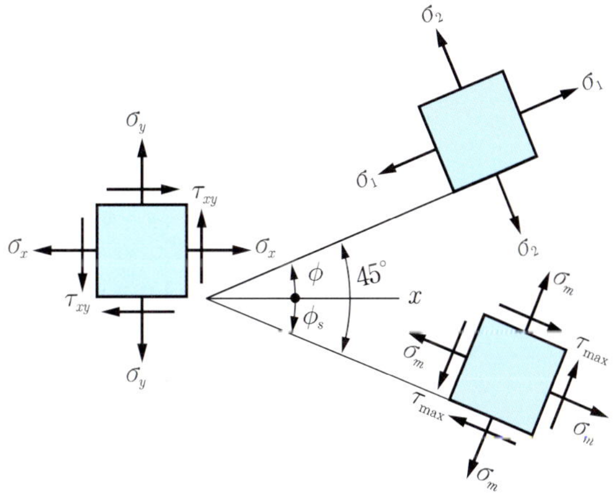

[그림 4-14] 주응력 및 최대 전단응력의 작용방향

예제 4-3

[그림 4-15(a)]와 같이 x축 방향으로 인장응력 $\sigma_x = 50\,[\mathrm{N/mm^2}]$, y축 방향으로 압축응력 $\sigma_y = -10\,[\mathrm{N/mm^2}]$, 그리고 전단응력 $\tau_{xy} = 40\,[\mathrm{N/mm^2}]$이 작용할 때 Mohr의 응력원을 그린 후 다음을 구하시오.

(1) 최대 및 최소주응력

(2) 주응력 방향 및 표시

(3) 최대전단응력

(4) 최대전단응력의 방향 및 이때의 수직응력

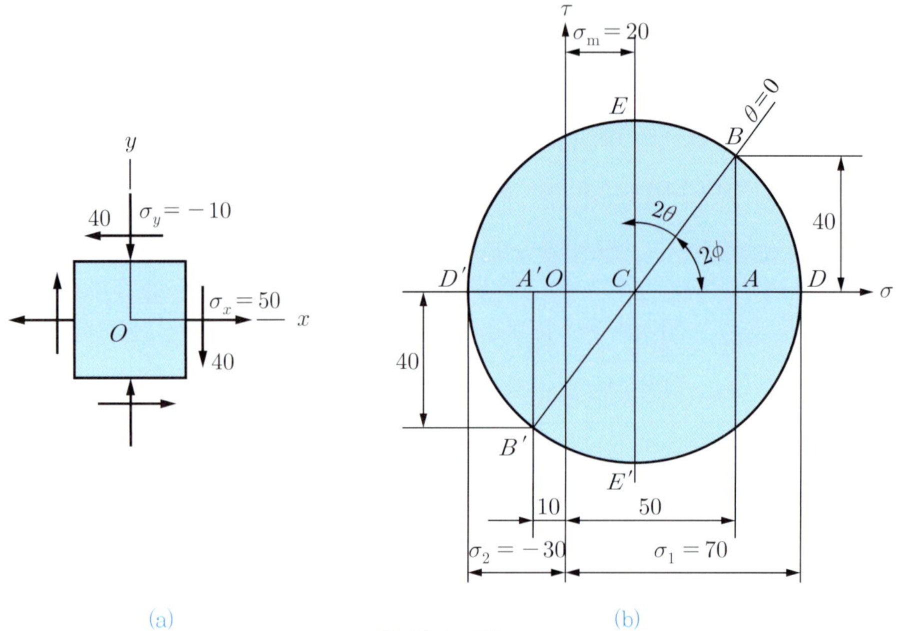

[그림 4-15]

| 풀이 | $\sigma_x = 50\,[\mathrm{N/mm^2}]$, $\sigma_y = -10\,[\mathrm{N/mm^2}]$, [그림 4-13(a)]의 전단응력 부호를 참조하여 x 단면에 대한 $\tau_{xy} = 40\,[\mathrm{N/mm^2}]$은 양(+)의 방향인 것을 이용하여 Mohr의 응력원을 그리면, [그림 4-15(b)]와 같다.

(1) [그림 4-15(b)]에서 최대주응력(σ_1)은 D점, 최소주응력(σ_2)은 D'점에 작용하며 그 크기는 다음과 같다.

$$\sigma_1 = \overline{OD} = \overline{OC} + \overline{CD} = \sigma_m + R = \frac{\sigma_x + \sigma_y}{2} + \sqrt{\left(\frac{\sigma_x - \sigma_y}{2}\right)^2 + \tau_{xy}^2}$$

$$= 20 + 50 = 70\,[\mathrm{N/mm^2}] = 70\,[\mathrm{MPa}]$$

$$\sigma_2 = \overline{OD'} = \overline{OC} - \overline{CD'} = \sigma_m - R = \frac{\sigma_x + \sigma_y}{2} - \sqrt{\left(\frac{\sigma_x - \sigma_y}{2}\right)^2 + \tau_{xy}^2}$$

$$= 20 - 50 = -30\,[\mathrm{N/mm^2}] = -30\,[\mathrm{MPa}]$$

(2) [그림 4-15(b)]의 Mohr의 응력원에서 최대주응력 σ_1 이 되기 위해서는 시계방향으로 ϕ만큼 회전하여야 하므로 다음 식과 같이 표시된다.

$$\phi = \frac{1}{2}\tan^{-1}\left(\frac{2\tau_{xy}}{\sigma_x - \sigma_y}\right) = \frac{1}{2}\tan^{-1}\left(\frac{2\times 40}{50+10}\right) = 26.6° \text{ (시계방향)}$$

또한, 주응력의 크기 및 방향을 나타내면 [그림 4-16]과 같이 된다.

(3) [그림 4-15(b)]의 E 점에서 최대전단응력 $\tau_{\max}$ 는

$$\tau_{\max} = \overline{CE} = \overline{CD} = \overline{CD'} = R = \frac{\sigma_1 - \sigma_2}{2} = \sqrt{\left(\frac{\sigma_x - \sigma_y}{2}\right)^2 + \tau_{xy}^2}$$

$$= 50\,[\text{N/mm}^2] = 50\,[\text{MPa}]$$

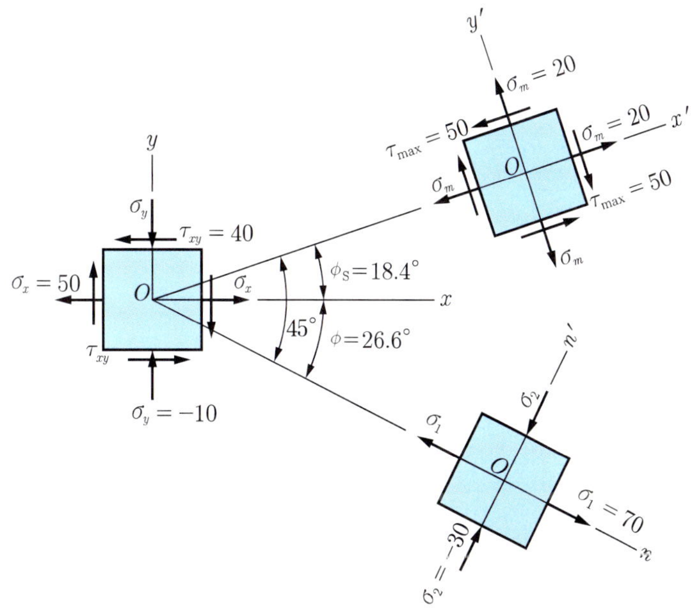

[그림 4-16] 주응력 및 최대전단응력이 작용하는 면

(4) 식 (4·33)에 의해 ϕ_s 는 ϕ 의 역수(逆數)에 음(−) 의 부호를 붙인 것으로서 최대전단응력 $\tau_{\max}$ 의 방향은

$$\phi_s = -\frac{1}{2}\tan^{-1}\left(\frac{\sigma_x - \sigma_y}{2\tau_{xy}}\right) = -\frac{1}{2}\tan^{-1}\left(\frac{50+10}{2\times 40}\right)$$

$$= -18.4° \text{ (반시계방향)}$$

이때의 수직응력은 식 (4·32)로부터

$$\sigma_m = \frac{\sigma_x + \sigma_y}{2} = \frac{50-10}{2} = 20\,[\text{MPa}]$$

따라서 최대전단응력 $\tau_{\max}$ 가 작용하는 면과 최대주응력면이 이루는 각도는 45°로 되고, 이들의 관계를 나타내면 [그림 4-16]과 같다.

4.5 평면변형률의 해석

평면응력(平面應力; plane stress)이 작용할 때 재료의 요소에 대한 평면변형률을 해석하는 것은 중요하고, 이것은 Mohr의 변형률원을 그린 후 최대주변형률, 최소주변형률 및 최대전단변형률을 구하는 방법을 설명한다. Mohr의 변형률원(Mohr's strain circle)을 그려서 해석하는 것이 편리하다.

4.5.1 Mohr의 변형률원

[그림 4-8(a)]와 같이 평면응력이 작용할 때 재료요소에 대한 변형상태를 파악하기 위해서는 Mohr의 변형률원을 이용하는 것이 편리하므로 여기서는 Mohr의 변형률원을 그리는 방법을 설명한다.

평면응력이 작용할 때 Mohr의 변형률원을 그리기 위해서는 [그림 4-13(b)]에 나타낸 Mohr의 응력원에서 $\sigma \rightarrow \varepsilon$, $\tau \rightarrow \gamma/2$로 대체하는 것만으로 [그림 4-17]과 같은 Mohr의 변형률원이 완성된다. [그림 4-17]의 Mohr의 변형률원에서 최대주변형률(maximum principal strain) ε_1 및 최소주변형률(minimum principal strain) ε_2는 식 (4·28), 식 (4·29)를 참조하면 다음 식과 같이 표시된다.

$$\begin{aligned} \varepsilon_1 &= \frac{\varepsilon_x + \varepsilon_y}{2} + \sqrt{\left(\frac{\varepsilon_x - \varepsilon_y}{2}\right)^2 + \left(\frac{\gamma_{xy}}{2}\right)^2} = \varepsilon_m + R \\ \varepsilon_2 &= \frac{\varepsilon_x + \varepsilon_y}{2} - \sqrt{\left(\frac{\varepsilon_x - \varepsilon_y}{2}\right)^2 + \left(\frac{\gamma_{xy}}{2}\right)^2} = \varepsilon_m - R \end{aligned} \tag{4·34}$$

여기서 ε_m은 2축 변형률 ε_x, ε_y의 평균변형률로서 Mohr의 변형률원에 대한 중심의 좌표로 되고, R은 변형률원의 반지름이 된다.

최대주변형률 ε_1이 작용하는 방향 ϕ_ε은 다음 식과 같이 주어진다.

$$\phi_\varepsilon = \frac{1}{2}\tan^{-1}\left(\frac{\gamma_{xy}}{\varepsilon_x - \varepsilon_y}\right) \tag{4·35}$$

[그림 4-17]에서 최대주변형률 ε_1이 되기 위해서는 $\theta = 0$인 B점으로부터 각도 ϕ_ε만큼 반시계방향으로 회전시킨 D점이 되는 것을 쉽게 알 수 있다.

또한, 최대전단변형률(maximum shear strain) γ_{max}는 다음 식으로 표시된다.

$$\frac{\gamma_{max}}{2} = R = \sqrt{\left(\frac{\varepsilon_x - \varepsilon_y}{2}\right)^2 + \left(\frac{\gamma_{xy}}{2}\right)^2} \tag{4·36}$$

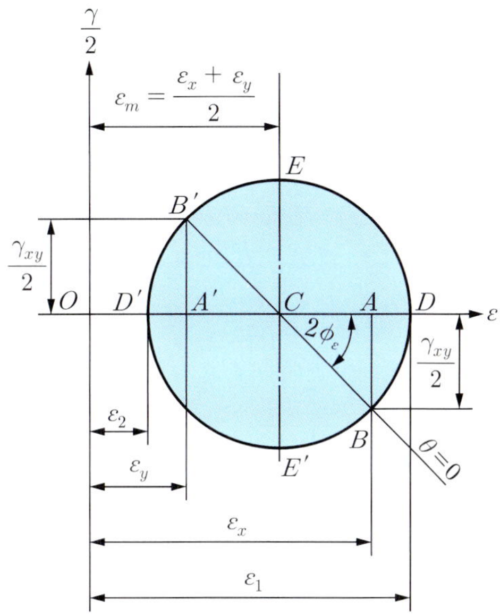

[그림 4-17] 평면응력에 대한 Mohr의 변형률원

또는

$$\gamma_{\max} = 2R = \sqrt{(\varepsilon_x - \varepsilon_y)^2 + \gamma_{xy}^2} \tag{4·37}$$

최대전단변형률 $\gamma_{\max}$ 가 작용하는 방향 ϕ_γ 는 다음 식과 같이 된다.

$$\tan 2\phi_\gamma = -\left(\frac{\varepsilon_x - \varepsilon_y}{\gamma_{xy}}\right)$$

$$\therefore\ \phi_\gamma = -\frac{1}{2}\tan^{-1}\left(\frac{\varepsilon_x - \varepsilon_y}{\gamma_{xy}}\right) \tag{4·38}$$

식 (4·35)와 식 (4·38)을 비교하면 ϕ_γ 는 ϕ_ε 의 역수에 음(−)의 부호를 붙인 것이 된다. 따라서 최대전단변형률이 작용하는 면과 주변형률의 면이 이루는 각도는 45°로 된다.

▶ 예제 4-4

구조물의 한 점에서 측정한 변형률 $\varepsilon_x = 1200 \times 10^{-6}$, $\varepsilon_y = -300 \times 10^{-6}$, $\gamma_{xy} = 900 \times 10^{-6}$ 일 때 Mohr의 변형률원을 그려서 다음을 구하시오.

(1) 주변형률 (2) 주변형률의 방향 (3) 최대전단변형률 (4) 요소의 변형상태

| 풀이 | [그림 4-18(a)]와 같이 ε과 $\gamma_{xy}/2$는 좌표계에서 A점에 $\varepsilon_x = 1200 \times 10^{-6}$, B점에 $\gamma_{xy}/2 - 450 \times 10^{-6}$ 을 잡고, A' 점에 $\varepsilon_y - -300 \times 10^{-6}$, B' 점에 $\gamma_{xy}/2 = -450 \times 10^{-6}$ 을 잡는다. $\overline{BB'}$ 의 중간점(中間點) C를 중심으로 $\overline{CB} = \overline{CB'}$ 를 반지름으로 하는 원을 그리면, [그림 4-18(a)]와 같은 Mohr의 변형률원이 완성된다.

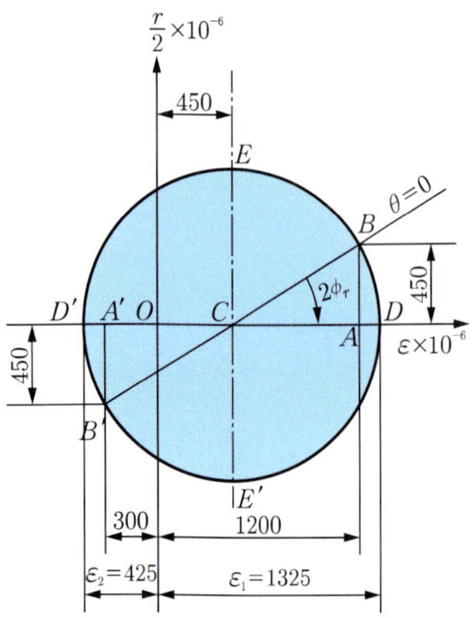

(a)

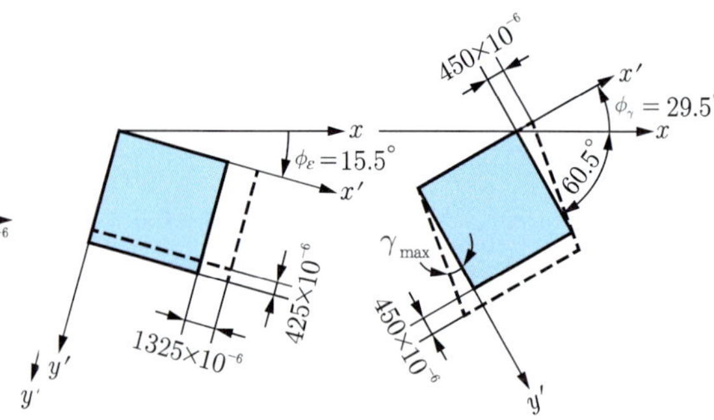

(b)

[그림 4-18]

• 평균변형률(중심의 좌표) : $\varepsilon_m = \dfrac{\varepsilon_x + \varepsilon_y}{2} = \dfrac{(1200-300)\times 10^{-6}}{2} = 450\times 10^{-6}$

• 변형률원의 반지름 : $R = \sqrt{\left(\dfrac{\varepsilon_x - \varepsilon_y}{2}\right)^2 + \left(\dfrac{\gamma_{xy}}{2}\right)^2}$

$$= \sqrt{\left(\frac{1200+300}{2}\right)^2 + (450)^2} \times 10^{-6} = 875\times 10^{-6}$$

(1) 최대주변형률 : $\varepsilon_1 = \varepsilon_m + R = (450+875)\times 10^{-6} = 1325\times 10^{-6}$

최소주변형률 : $\varepsilon_2 = \varepsilon_m - R = (450-875)\times 10^{-6} = -425\times 10^{-6}$

(2) 최대주변형률의 방향 :

$$\phi_\epsilon = \frac{1}{2}\tan^{-1}\left(\frac{\gamma_{xy}}{\varepsilon_x - \varepsilon_y}\right) = \frac{1}{2}\tan^{-1}\left(\frac{900}{1200+300}\right) = 15.5^\circ \text{ (시계방향)}$$

(3) 최대전단변형률 : $\gamma_{\max} = 2R = 2\times 875\times 10^{-6} = 1750\times 10^{-6}$

최대전단변형률의 방향 :

$$\phi_\gamma = -\frac{1}{2}\tan^{-1}\left(\frac{\varepsilon_x - \varepsilon_y}{\gamma_{xy}}\right) = -\frac{1}{2}\tan^{-1}\left(\frac{1500}{900}\right) = -29.5^\circ \text{ (반시계방향)}$$

(4) 요소의 변형상태 : 계산결과를 고려하여 요소의 변형상태를 나타내면 [그림 4-18(b)]와 같이 된다.

4.5.2 스트레인 로젯

평면응력이 작용하는 재료의 응력을 탄성범위 안에서 실험적으로 구할 필요가 있지만, 응력을 직접 측정할 수 있는 방법이 없다. 따라서 응력을 측정하는 대신에 하중이 작용할 때 재료에 생기는 변형량 또는 변형률을 측정한다. 변형률을 측정하기 위해서는 하중을 작용시키기 전에 재료의 표면에 스트레인 게이지(strain gauge)를 순간접착제로 붙인 후 하중이 작용하는 동안 변형률을 기록하는 것이 일반적이다. 이와 같이 응력해석을 위해서는 스트레인 게이지를 사용하여 ε_x, ε_y와 두 방향사이의 전단변형률 γ_{xy}를 측정하면 주변형률이 얻어지고, 이들이 결정되면 이에 대응하는 주응력들을 계산할 수 있다.

그러나 전단변형률 γ_{xy}를 정밀하게 측정하기가 곤란하므로 측정하려는 물체의 표면에서 임의의 서로 다른 3 방향의 변형률을 측정한 후 이들 측정값으로부터 주변형률 ε_1 및 ε_2와 주변형률의 방향을 결정한다. 이와 같은 측정방법을 적용하기 위해서는 스트레인 게이지를 조합한 [그림 2-19]와 같은 스트레인 로젯(strain rosette)을 이용한다. 스트레인 로젯은 [그림 4-19]에서와 같이 3개의 스트레인 게이지를 어느 각도의 간격으로 배열하여 각 방향의 변형률을 측정한다. 이 측정결과를 이용하여 Mohr의 변형률원을 그린 후 주변형률 ε_1, ε_2 및 최대전단변형률 $\gamma_{\max}$를 결정한다.

일반 스트레인 로젯은 [그림 4-19(a)]와 같이 3개의 스트레인 게이지를 a, b, c 방향의 각 수직변형률을 측정하면 다음 식과 같이 주어진다.

$$\begin{aligned}
\varepsilon_a &= \frac{\varepsilon_x + \varepsilon_y}{2} + \frac{\varepsilon_x - \varepsilon_y}{2}\cos 2\theta_a + \frac{\gamma_{xy}}{2}\sin 2\theta_a \\
\varepsilon_b &= \frac{\varepsilon_x + \varepsilon_y}{2} + \frac{\varepsilon_x - \varepsilon_y}{2}\cos 2\theta_b + \frac{\gamma_{xy}}{2}\sin 2\theta_b \\
\varepsilon_c &= \frac{\varepsilon_x + \varepsilon_y}{2} + \frac{\varepsilon_x - \varepsilon_y}{2}\cos 2\theta_c + \frac{\gamma_{xy}}{2}\sin 2\theta_c
\end{aligned} \tag{4·39}$$

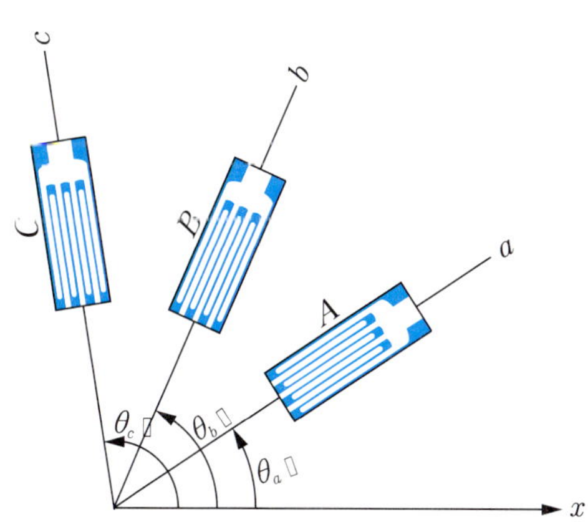

(a) 일반 스트레인 로젯

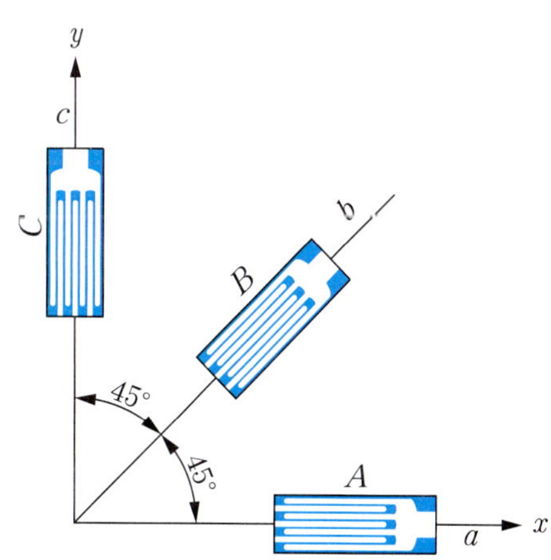

(b) 45°스트레인 로젯

[그림 4-19] 스트레인 로젯

[그림 4-19(b)]와 같은 45° 스트레인 로젯에서는 식 (4·39)로부터 다음 식이 얻어진다.

$$\varepsilon_x = \varepsilon_a, \quad \varepsilon_y = \varepsilon_c, \quad \frac{\gamma_{xy}}{2} = -\frac{\varepsilon_a + \varepsilon_c}{2} + \varepsilon_b \tag{4·40}$$

만일, 3개의 스트레인 게이지의 간격이 60°인 스트레인 로젯을 이용한다면 다음 식을 얻을 수 있다.

$$\begin{aligned} &\varepsilon_x = \varepsilon_a, \quad \varepsilon_y = \frac{1}{3}(2\varepsilon_b + 2\varepsilon_c - \varepsilon_a) \\ &\frac{\gamma_{xy}}{2} = \frac{1}{\sqrt{3}}(\varepsilon_b - \varepsilon_c) \end{aligned} \tag{4·41}$$

스트레인 로젯을 이용하여 실험에 의해 주변형률 ε_1 및 ε_2가 결정되면 주응력 σ_1, σ_2를 구하기 위해 식 (4·18)로부터 유도한 다음 식에서 구한다.

$$\begin{aligned} \sigma_x &= \frac{(\varepsilon_x + \nu\varepsilon_y)E}{1-\nu^2} \\ \sigma_y &= \frac{(\varepsilon_y + \nu\varepsilon_x)E}{1-\nu^2} \end{aligned} \tag{4·42}$$

여기서 E는 재료의 세로탄성계수이고, ν는 푸아송비이다.

예제 4-5

[그림 4-19(b)]와 같은 45° 스트레인 로젯을 이용하여 측정한 변형률은 각각 0°에서 $\varepsilon_a = 450 \times 10^{-6}$, 45° 방향에서 $\varepsilon_b = 200 \times 10^{-6}$이고, 90° 방향에서 $\varepsilon_c = 100 \times 10^{-6}$일 때 다음을 구하시오.

(1) 0° 방향의 ε_x 및 90° 방향의 ε_y
(2) 전단변형률 γ_{xy}
(3) 주변형률 ε_1 및 ε_2
(4) 주변형률의 방향 ϕ_ε

| 풀이 | 식 (4·40)으로부터

(1) $\varepsilon_x = \varepsilon_a = 450 \times 10^{-6}$, $\varepsilon_y = \varepsilon_c = 100 \times 10^{-6}$

(2) $\gamma_{xy} = 2\left(-\frac{\varepsilon_a + \varepsilon_c}{2} + \varepsilon_b\right) = 2\left(-\frac{450 + 100}{2} + 200\right) \times 10^{-6}$

$= -150 \times 10^{-6}$

(3) 주변형률 ε_1 및 ε_2는 식 (4·34)에 의해

$$\varepsilon_1 = \frac{\varepsilon_x + \varepsilon_y}{2} + \sqrt{\left(\frac{\varepsilon_x - \varepsilon_y}{2}\right)^2 + \left(\frac{\gamma_{xy}}{2}\right)^2}$$

$$= \left\{\frac{450 + 100}{2} + \sqrt{\left(\frac{450 - 100}{2}\right)^2 + (-75)^2}\right\} \times 10^{-6}$$

$$= (275 + 190) \times 10^{-6} = 465 \times 10^{-6}$$

$$\varepsilon_2 = \frac{\varepsilon_x + \varepsilon_y}{2} - \sqrt{\left(\frac{\varepsilon_x - \varepsilon_y}{2}\right)^2 + \left(\frac{\gamma_{xy}}{2}\right)^2}$$

$$= (275 - 190) \times 10^{-6} = 85 \times 10^{-6}$$

(4) 주변형률의 방향 ϕ_ε은 식 (4·35)로부터

$$\phi_\varepsilon = \frac{1}{2}\tan^{-1}\left(\frac{\gamma_{xy}}{\varepsilon_x - \varepsilon_y}\right) = \frac{1}{2}\tan^{-1}\left(\frac{-150}{450 - 100}\right)$$

$$= -11.6° \text{ (반시계방향)}$$

이상의 결과는 Mohr의 변형률원을 그려서 쉽게 구할 수도 있다.

4.6 3축 응력

미소요소 안에 3 축 응력(triaxial stress) σ_x, σ_y, σ_z가 작용할 때 Mohr의 응력원을 그리는 방법, 주응력, 최대전단응력 및 변형률을 구하는 방법을 알아보기로 한다.

4.6.1 3축 응력에 대한 Mohr의 응력원

[그림 4-20(a)]와 같이 3 축 인장응력 σ_x, σ_y, σ_z가 작용할 때 각 응력의 크기를 $\sigma_x > \sigma_y > \sigma_z > 0$로 가정한다. [그림 4-20(a)]에서 z축에 평행한 경사평면을 잘라내면 [그림 4-20(b)]와 같은 응력상태로 된다. 이 응력상태에 대한 Mohr의 응력원은 [그림 4-21]과 같이 된다.

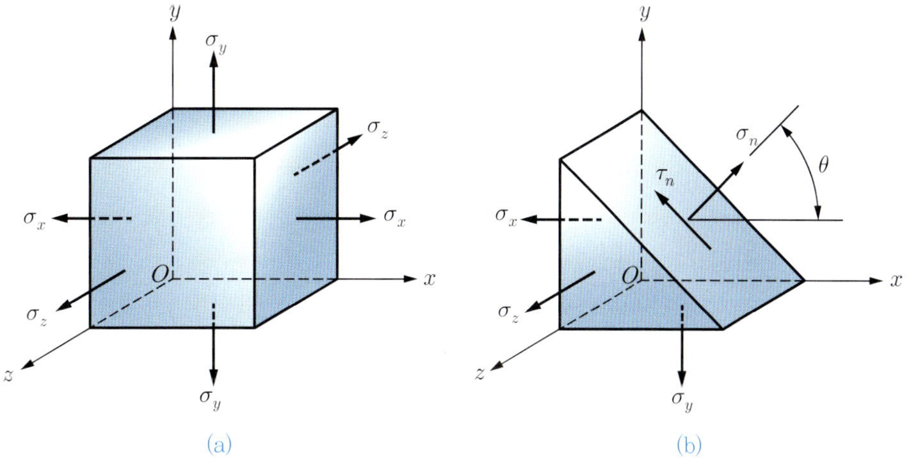

[그림 4-20] 3 축 응력상태

각 축방향에 대한 최대전단응력은 [그림 4-21]에 나타낸 Mohr의 응력원으로부터 다음 식이 얻어지는 것을 쉽게 알 수 있다.

$$(\tau_{\max})_x = \frac{\sigma_y - \sigma_z}{2}$$
$$(\tau_{\max})_y = \frac{\sigma_x - \sigma_z}{2} \qquad (4\cdot43)$$
$$(\tau_{\max})_z = \frac{\sigma_x - \sigma_y}{2}$$

[그림 4-21]에서 각 축에 대한 주응력은 σ_x, σ_y, σ_z가 되고, 최대전단응력 $\tau_{\max}$는 제일 큰 원 C의 반지름이 되는 것을 쉽게 알 수 있다. 따라서 [그림 4-21]과 같은 3축 응력상태에서 최대전단응력 $\tau_{\max}$는 다음 식과 같이 된다.

$$\tau_{\max} = \frac{\sigma_x - \sigma_z}{2} \qquad (4\cdot44)$$

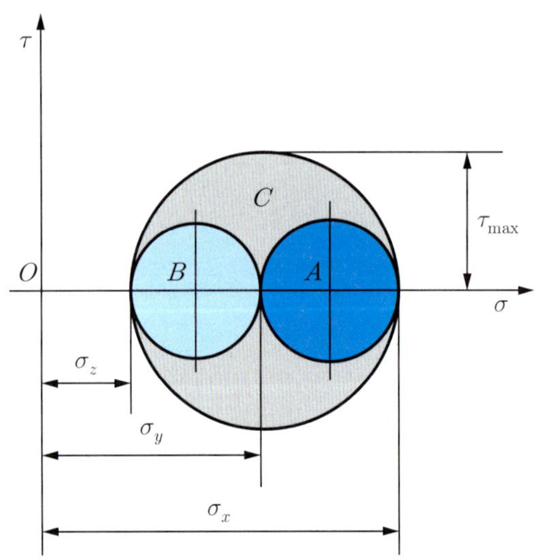

[그림 4-21] 3축 응력에 대한 Mohr의 응력원

4.6.2 3축 응력에 의한 변형률

(1) 3축 응력에 대한 Hooke의 법칙

[그림 4-20(a)]와 같이 3축 응력 σ_x, σ_y, σ_z가 작용할 때 변형률 ε_x, ε_y, ε_z는 2축 응력에 대한 Hooke의 법칙인 식 (4·18)을 참조하면, 3축 응력에 대한 Hooke의 법칙은 다음 식과 같이 표시된다.

$$\varepsilon_x = \frac{1}{E}\{\sigma_x - \nu(\sigma_y + \sigma_z)\}$$
$$\varepsilon_y = \frac{1}{E}\{\sigma_y - \nu(\sigma_x + \sigma_z)\} \qquad (4\cdot45)$$
$$\varepsilon_z = \frac{1}{E}\{\sigma_z - \nu(\sigma_x + \sigma_y)\}$$

또한, 식 (4·45)를 응력에 관한 식으로 나타내면 다음 식과 같이 된다.

$$\sigma_x = \frac{E}{(1+\nu)(1-2\nu)}\{(1-\nu)\varepsilon_x + \nu(\varepsilon_y + \varepsilon_z)\}$$
$$\sigma_y = \frac{E}{(1+\nu)(1-2\nu)}\{(1-\nu)\varepsilon_y + \nu(\varepsilon_x + \varepsilon_z)\} \qquad (4\cdot46)$$
$$\sigma_z = \frac{E}{(1+\nu)(1-2\nu)}\{(1-\nu)\varepsilon_z + \nu(\varepsilon_x + \varepsilon_y)\}$$

예제 4-6

길이 $1\,[\mathrm{m}]$, 단면적 $500\,[\mathrm{mm}^2]$인 정사각형 단면의 강봉(鋼棒)이 인장하중 $50\,[\mathrm{kN}]$과 주위에서 압력 $20\,[\mathrm{N/mm}^2]$이 동시에 작용할 때 이 봉에 대한 길이의 변화량을 구하시오. 단, 이 봉의 세로탄성계수 $E = 206\,[\mathrm{GPa}]$이고, 푸아송비 $\nu = 0.3$으로 한다.

| 풀이 | 3축 응력에 대한 Hooke의 법칙에 의해

$$\varepsilon_x = \frac{1}{E}\{\sigma_x - \nu(\sigma_y + \sigma_z)\} = \frac{1}{206\times10^3}\{100 - 0.3(-20-20)\}$$
$$= \frac{112}{206\times10^3} = 5.44\times10^{-4}$$

여기서 $\sigma_x = \dfrac{P}{A} = \dfrac{50\times10^3}{500} = 100\,[\mathrm{N/mm}^2]$, $\sigma_y = \sigma_z = -20\,[\mathrm{N/mm}^2]$

$$\therefore\ \delta = \varepsilon_x l = 5.44\times10^{-4}\times1000 = 0.54\,[\mathrm{mm}]$$

4.7 탄성계수 사이의 관계

4.7.1 체적변형률 및 체적탄성계수

[그림 4-20(a)]와 같은 응력상태에서 변형전의 체적을 V라 하고, 각 면에 일정한 응력이 작용하여 변형후의 체적이 V'으로 되었을 때 체적변형률(體積變形率; volumetric strain) ε_v는 다음 식과 같이 된다.

$$\varepsilon_v = \frac{V' - V}{V} = \frac{\Delta V}{V} \approx \varepsilon_x + \varepsilon_y + \varepsilon_z \qquad (4·47)$$

변형률에 관한 식 (4·45)를 식 (4·47)에 대입하면 다음 식이 얻어진다.

$$\varepsilon_v = \frac{\Delta V}{V} = \frac{1 - 2\nu}{E}(\sigma_x + \sigma_y + \sigma_z) \qquad (4·48)$$

[그림 4-22]와 같이 한 변의 길이가 a인 정육면체에서 각 x, y, z면에 일정한 응력 $\sigma (= \sigma_x = \sigma_y = \sigma_z)$가 작용하여 인장 또는 압축으로 한 변의 길이가 $a \pm \delta$로 변형된 것으로 가정한다. 이때 한 변의 변형률을 ε이라 하고, 고차항(高次項)을 무시하면 체적변형률 ε_v는 다음 식과 같이 된다.

$$\varepsilon_v = \frac{V' - V}{V} = \frac{(a \pm \delta)^3 - a^3}{a^3} = \frac{a^3(1 \pm \varepsilon)^3 - a^3}{a^3}$$
$$= \pm 3\varepsilon + 3\varepsilon^2 \pm \varepsilon^3 \fallingdotseq 3\varepsilon \qquad (4·49)$$

따라서 식 (4·49)로부터 체적변형률 ε_v는 세로변형률 ε의 약 3배가 되는 것을 알 수 있다.

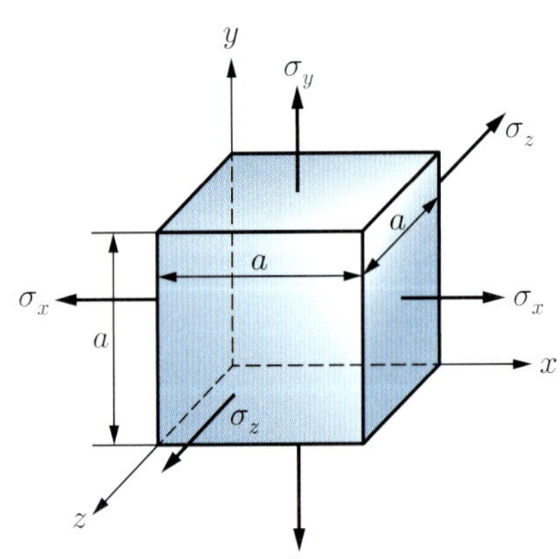

[그림 4-22] 정육면체의 체적변형률

1개의 요소에 정수압(淨水壓; hydrostatic pressure)이나 3축 방향으로 균일한 압력 p가 작용하면 다음 식과 같다.

$$\sigma_x = \sigma_y = \sigma_z = -p \qquad (a)$$

식 (a)를 식 (4·48)에 대입하면 다음 식이 얻어진다.

$$\varepsilon_v = \frac{\Delta V}{V} = \frac{-3p(1 - 2\nu)}{E} = -\frac{p}{K} \qquad (b)$$

여기서 K는 다음 식과 같이 표시되고, 체적탄성계수(bulk modulus 또는 volumetric modulus)라고 한다.

$$K = \frac{E}{3(1-2\nu)} \tag{4·50}$$

또한, 식 (b)로부터 체적변형률 ε_v는 압력 p에 비례하고, 체적탄성계수 K에 반비례하는 것을 알 수 있다.

4.7.2 순수전단 상태와 탄성계수

2축 응력상태의 특수한 경우로서 인장응력 σ_x와 압축응력 σ_y가 $\sigma_x = -\sigma_y$인 응력이 작용할 때 식 (4·9)로부터 $\theta = 45°$, 또는 $\theta = 135°$에서 수직응력 $\sigma_n = \sigma_n{}' = 0$이 되고, 식 (4·10)에서 $\tau_{\max} = \sigma_x = -\sigma_y$로 되므로 [그림 4-23(a)]와 같은 순수전단(純粹剪斷; pure shear) 상태로 된다. 이러한 상태를 Mohr의 응력원으로 그리면 [그림 4-23(b)]와 같이 되고, 이 Mohr의 응력원에서 $\tau_{\max} = \sigma_x = -\sigma_y$로서 45°일 때 경사평면에 작용하는 최대전단응력은 2개의 주응력과 같다. 이때 주응력의 방향은 45° 경사진 정사각형 요소 $abcd$의 측면에는 순수전단이 작용하는 것을 쉽게 알 수 있다.

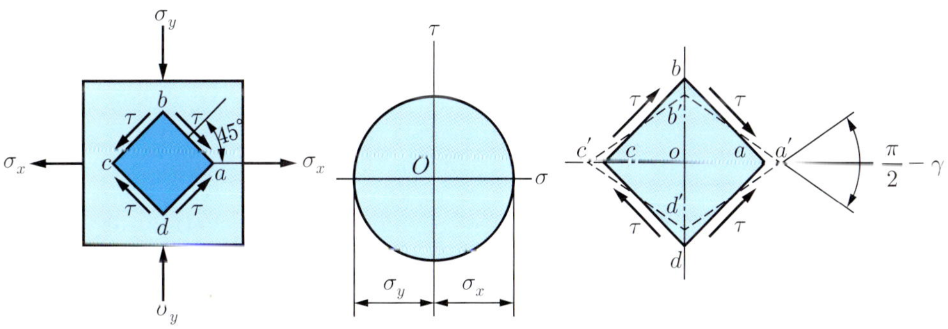

[그림 4-23] 순수전단응력 상태

순수전단일 때 [그림 4-23(c)]에서 변형전의 한 변의 길이를 a라 하면 $\overline{ac}$는 $\overline{a'c'} = a(1+\varepsilon)$으로 늘어나고, $\overline{bd}$는 $\overline{b'd'} = a(1-\varepsilon)$으로 줄어든다.

식 (4·18)에 $\sigma_x = -\sigma_y = \tau$의 관계를 대입하면 다음 식과 같이 된다.

$$\varepsilon_x = \frac{1}{E}(\sigma_x - \nu\sigma_y) = \frac{1}{E}(\sigma + \nu\sigma) = \frac{1+\nu}{E}\tau \tag{a}$$

정사각형 $abcd$에서 전단변형률 γ는

$$\gamma = \angle bcd - \angle b'c'd'$$
$$\therefore \angle b'c'o = \frac{1}{2}\left(\frac{\pi}{2} - \gamma\right) = \frac{\pi}{4} - \frac{\gamma}{2} \tag{b}$$

또한

$$\frac{\overline{ob'}}{\overline{oc'}} = \tan\angle b'c'o = \tan\left(\frac{\pi}{4} - \frac{\gamma}{2}\right) = \frac{\tan\frac{\pi}{4} - \tan\frac{\gamma}{2}}{1 + \tan\frac{\pi}{4}\tan\frac{\gamma}{2}}$$
$$\fallingdotseq \frac{1 - \frac{\gamma}{2}}{1 + \frac{\gamma}{2}} \tag{c}$$

$$\frac{\overline{ob'}}{\overline{oc'}} = \frac{\frac{a}{2}(1 - \varepsilon_y)}{\frac{a}{2}(1 + \varepsilon_x)} = \frac{1 - \varepsilon_y}{1 + \varepsilon_x} \tag{d}$$

식 (c)와 식 (d)로부터

$$\varepsilon_x = \frac{\gamma}{2} \tag{e}$$

또한, 전단응력에 대한 Hooke의 법칙은

$$\tau = \gamma G \tag{f}$$

재료에는 성질이 전체적으로 균일한 것으로 가정하는 균질재료(均質材料; homogeneous material) 또는 등질재료(等質材料)가 있고, 이와 반대 성질의 비균질재료(非均質材料; inhomogeneous material)가 있다. 또한, 재료의 물질적 구조로서 임의의 점에 대한 재료의 특성이 모든 방향으로 동일한 등방성재료(等方性材料; isotropic material)가 있고, 이와 반대 개념의 재료는 비등방성(非等方性)재료 또는 이방성재료(異方性材料; anisotropic material)라고 부른다.

균질・등방재료에 대한 재료정수인 세로탄성계수 E와 전단탄성계수 G 사이에는 식 (a), 식 (e)와 식 (f)로부터 다음의 관계식이 성립한다.

$$G = \frac{E}{2(1+\nu)} = \frac{mE}{2(m+1)} \tag{4·51}$$

여기서 ν는 푸아송비이고, m은 푸아송의 수(Poisson's number)로서 $\nu = 1/m$로 나타낸다.

앞의 식들로부터 탄성계수들 사이에는 다음의 관계식이 성립한다.

$$E = \frac{2G(m+1)}{m} = \frac{3K(m-2)}{m} = \frac{9KG}{G+3K}$$

$$E = \frac{2G(m+1)}{m} = \frac{3K(m-2)}{m} = \frac{9KG}{G+3K}$$

$$G = \frac{mE}{2(m+1)} = \frac{3K(m-2)}{3(m-2)} = \frac{3KE}{9K-E} \qquad (4\cdot52)$$

$$K = \frac{mE}{3(m-2)} = \frac{E}{3(1-2\nu)} = \frac{2G(m+1)}{3(m-2)} = \frac{GE}{9G-3E}$$

$$\nu = \frac{1}{m} = \frac{E-2G}{2G} = \frac{3K-E}{6K} = \frac{9KG}{G+3K}$$

예제 4-7

연강재료의 세로탄성계수 $E = 206\,[\text{GPa}]$이고, 전단탄성계수 $G = 80\,[\text{MPa}]$일 때 이 재료의 체적탄성계수 K와 푸아송비 ν를 구하시오.

| 풀이 | 식 (4·52)로부터 $G = \dfrac{mE}{2(m+1)}$ 이므로 다음 식이 얻어진다.

$$\nu = \frac{1}{m} = \frac{E-2G}{2G} = \frac{206\times10^3 - 2\times80\times10^3}{2\times80\times10^3} = 0.29$$

$$K = \frac{mE}{3(m-2)} = \frac{E}{3(1-2\nu)} = \frac{206\times10^3}{3(1-2\times0.29)}$$

$$= 163492\,[\text{N/mm}^2] = 163492\,[\text{MPa}] = 163.5\,[\text{GPa}]$$

4.8 열응력

물체는 온도가 올라가면 길이가 늘어나고, 온도가 내려가면 수축한다. 온도 1℃ 의 변화에 따라 생기는 재료의 길이 변화량을 처음길이로 나눈 값을 선팽창계수(線膨脹係數; coefficient of linear expansion), 또는 열팽창계수(熱膨脹係數; coefficient of thermal expansion)라고 한다. 선팽창계수를 α 라 하고, 온도변화에 따른 재료의 길이의 변형량 및 열응력(熱應力; trhermal stress)을 구하여 보기로 한다.

[그림 4-24(a)]와 같이 강체벽에 한쪽만이 고정된 길이 l, 단면적 A 인 봉이 처음온도 T_0 에서 나중온도 T까지 변화하여 온도차 $\Delta T = T - T_0$ 만큼 상승하였다. 봉을 강체에 완전히 고정하지 않으면, 봉에는 열에 의한 자유팽창 δ_h 가 생기며, δ_h 와 열변형

률 ε_h 사이에는 다음의 관계식이 성립한다.

$$\delta_h = \alpha \Delta T l \tag{4·53}$$

$$\varepsilon_h = \frac{\delta_h}{l} = \alpha \Delta T \tag{4·54}$$

그러나 [그림 4-24(b)]와 같이 강체벽에 봉의 양끝을 고정하면, 봉의 온도변화에 의한 봉의 자유 열팽창이 구속되므로 고정된 벽에는 압축 열응력이 발생한다. 이때 재료의 세로탄성계수를 E 라고 하면 열응력 σ_h 는 Hooke의 법칙에 의해 다음 식으로 표시된다.

$$\sigma_h = E\varepsilon_h = E\alpha \Delta T \tag{4·55}$$

또한, 이 상태에서 봉을 δ_h 만큼 수축하기 위해 양쪽 벽에 발생하는 압축하중 P_c 는 다음 식과 같다.

$$P_c = \sigma_h A \tag{4·56}$$

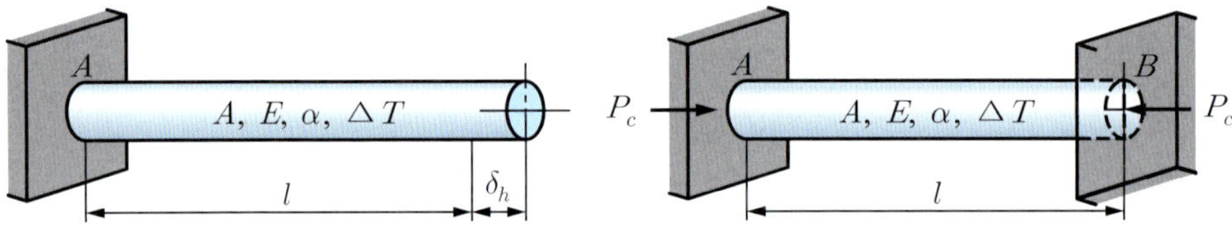

[그림 4-24] 온도차에 의한 열응력 및 열변형량

[그림 4-25]와 같이 안지름 d_1 인 두께가 얇은 링(ring) A 를 가열한 후 지름 d_1 보다 큰 지름 $d\,(d > d_1)$ 의 봉 B 에 열박음(shrinkage fitting)을 할 때 링에 생기는 변형량 및 열응력을 구하여 보기로 한다. 링 A 의 처음지름 d_1 이 봉 B 의 지름 d 까지 팽창하므로 원둘레 방향의 변형을 고려하면

$$\delta_h = \pi(d - d_1)$$

$$\therefore\ \varepsilon_h = \frac{\delta_h}{\pi d_1} = \frac{d - d_1}{d_1} \tag{4·57}$$

변형률 ε_h 에 의해 링에 발생하는 응력은 원둘레에 균일하게 발생하므로 이러한 응력을 원둘레 열응력 또는 후프(hoop) 열응력이라 하고, σ_h 는 다음 식으로 주어진다.

$$\sigma_h = E\varepsilon_h = E\,\frac{d - d_1}{d_1} \tag{4·58}$$

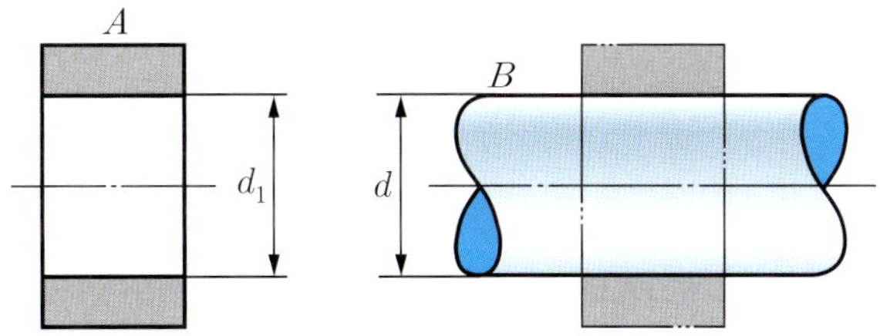

[그림 4-25] 열박음에 의한 응력

[표 4-1]은 각종 재료의 선팽창계수 α를 나타낸 것이다.

[표 4-1] 각종 재료의 선팽창계수

재 료	선팽창계수 $\alpha(\times 10^{-6}/℃)$	재료	선팽창계수 $\alpha(\times 10^{-16}/℃)$
강	12	코 발 트	12
주 철	9.9~12.1	몰리브덴	5
니 켈	13	티 타 늄	9
구 리	17	텅 스 텐	5
알루미늄	25	규 소	2.6
A*l*2024	23.2	콘크리트	10
A*l*7075	23.2	유 리	5~11
마그네슘	25	고 무	130~200
크 롬	6	나 무	2~5
주 석	20	Al_2O_3	8
STS 304	17.3	Si_3N_4	2.5
황동(70-30)	20	ZrO_2	10
청 동	18.4	SiO_2	0.5
인 코 넬	13	에 폭 시	45~65
인 바	1.35	나 일 론	80
아 연	35	아 크 릴	50~90
납	29	테 플 론	99
금	14	폴리카보네이트	67
은	19	폴리비닐	50~60
백 금	9	폴리에틸렌	108~126

예제 4-8

기온이 20℃ 일 때 길이 10[m]인 철도 레일(rail)의 양끝을 강체(剛体)로 고정하였을때 기온이 35℃ 로 상승한다면, 레일의 신장에 의해 발생하는 응력을 구하시오. 단, 레일 재료의 선팽창계수 $\alpha = 1.1 \times 10^{-5}$ 이고, 세로탄성계수 $E = 205\,[\mathrm{GPa}]$로 한다.

| 풀이 | 레일이 강체로 고정되지 않을 때 생기는 신장량 δ_h 는

$$\delta_h = \alpha \Delta T l = 1.1 \times 10^{-5} \times (35-20) \times 10 \times 10^3 = 1.65\,[\mathrm{mm}]$$

신장량 δ_h 가 생기지 않도록 레일의 양끝을 강체로 고정하면 압축응력 σ_c 는

$$\sigma_c = E\varepsilon_h = \frac{E\delta_h}{l} = 205 \times 10^3 \times \frac{1.65}{10 \times 10^3} = 33.8\,[\mathrm{N/mm^2}] = 33.8\,[\mathrm{MPa}]$$

4.9 탄성변형에너지

물체가 정적인 평형상태를 유지하면서 하중이 작용하여 탄성적인 변형을 하면 작용하중에 의해 외부에서는 일을 하고, 재료 안에는 하중과 변위에 의한 탄성변형에너지로써 축적된다. 여기에서는 인장하중 및 전단하중에 의한 탄성변형에너지를 고려하여 보기로 한다.

4.9.1 인장변형 에너지

[그림 4-26(a)]와 같이 길이 l 인 탄성체의 봉에 인장하중 P가 작용할 때 변형이 생기고, 하중의 작용점은 변형량 δ 만큼 이동하므로 하중에 의한 일을 한다. 이 일은 탄성체의 내부에너지로 축적되고, 이것은 인장에 의해 탄성한도 안에서 내부의 변형에너지는 하중을 제거하면 외부의 일로써 전부 방출되는데, 이것을 탄성변형에너지(elastic strain energy)라고 한다.

[그림 4-26(b)]는 [그림 4-26(a)]에 대한 하중(P)－변위(δ) 선도를 나타낸 것이다. 그림에서 하중 P에 대한 미소변위를 $d\delta$ 라고 하면 이때 외부에서 한 일 H 는

$$H = \int_0^\delta P\,d\delta \tag{4·59}$$

열에 의한 에너지의 소멸이나 가해짐이 없을 때 내부의 변형에너지 U는 외부에서 한 일 H와 같으므로 다음 식과 같다.

$$U = H = \int_0^\delta P\,d\delta \tag{4·60}$$

여기서 일과 에너지의 단위는 같으며 주울(Joule)로 표시하고, 1[J] = 1[N · m]이다.

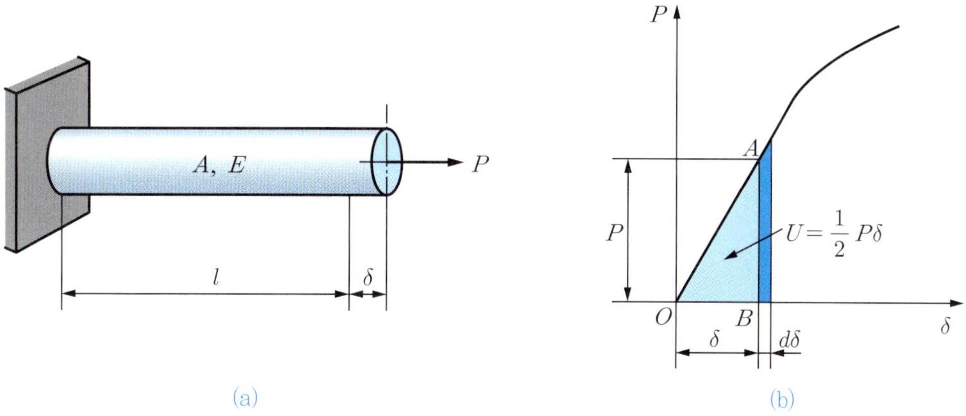

[그림 4-26] 인장하중에 의한 탄성변형에너지

탄성한도 안에서는 Hooke의 법칙에 의해 [그림 4-26(b)]의 $\triangle OAB$로부터 다음의 관계식이 성립한다.

$$U = H = \frac{1}{2}P\delta = \frac{P^2 l}{2AE} = \frac{\sigma^2}{2E}Al = \frac{\sigma^2}{2E}V \tag{4·61}$$

또한, 탄성범위 안에서 단위체적에 대한 인장탄성 변형에너지를 u라고 하면

$$u = \frac{U}{V} = \frac{\sigma^2}{2E} = \frac{E\varepsilon^2}{2}\ [\mathrm{J/m^3}],\ [\mathrm{Pa}] \tag{4·62}$$

여기서 u를 레질리언스(resilience)라 하고, 이것은 탄성범위 안에서 변형에너지 밀도를 나타내는 것으로서 에너지의 흡수능력을 의미한다.

예제 4-9

지름 20 [mm], 길이 1 [m]이고, 세로탄성계수 $E = 205$ [MPa]인 연강봉에 인장하중이 작용하여 0.8 [mm]늘어났을 때, 이 봉에 축적된 탄성변형에너지를 구하시오.

| 풀이 | 봉에 축적된 탄성변형에너지 U를 구하기 위해 우선 인장하중을 구하면

$P = \dfrac{AE\delta}{l}$ 이므로

$$U = \frac{1}{2}P\delta = \frac{P^2 l}{2AE} = \frac{l}{2AE}\left(\frac{AE\delta}{l}\right)^2 = \frac{AE\delta^2}{2l} = \frac{\pi \times 20^2 \times 205 \times 10^3 \times 0.8^2}{4 \times 2 \times 1000}$$

$= 20609\ [\mathrm{N \cdot mm}] = 20.61\ [\mathrm{N \cdot m}]$

4.9.2 전단탄성 변형에너지

[그림 2-11]에서와 같이 길이 l 인 단면에 전단하중 P_s 가 작용하여 λ 만큼 변형하였을 때 전단탄성 변형에너지 U_s 는 [그림 4-27]과 같이 되고, 다음과 같은 식이 얻어진다.

$$U_s = \frac{1}{2} P_s \lambda = \frac{P_s^2 l}{2AG} = \frac{\tau^2}{2G} A l = \frac{\tau^2}{2G} V \tag{4·63}$$

여기서 A는 단면적, G는 전단탄성계수, V는 체적이다.

또한, 탄성범위 안에서 단위체적에 대한 전단탄성 변형에너지 u_s 는 다음 식으로 표시된다.

$$u_s = \frac{U_s}{V} = \frac{\tau^2}{2G} = \frac{\gamma^2 G}{2} \text{ [J/m}^3\text{], [Pa]} \tag{4·64}$$

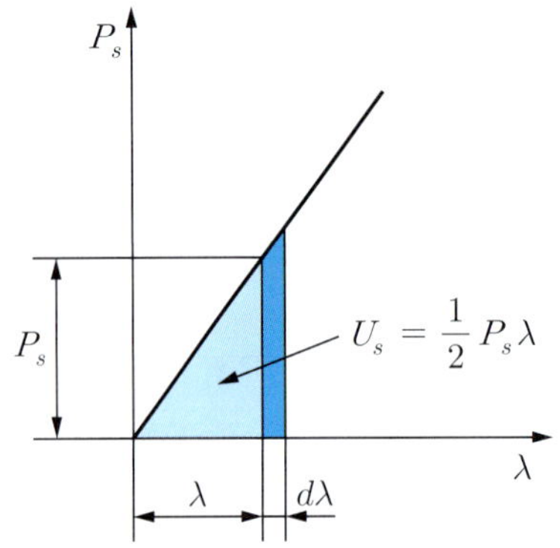

[그림 4-27] 전단하중에 의한 탄성변형에너지

4.10 충격하중

구조물이나 기계부품 등에 최소고유진동 주기의 1/3 보다 짧은 시간동안 하중이 작용할 때 이러한 하중을 충격하중(衝擊荷重; impact load)이라고 한다. 이와 같은 충격하중이 작용하면 정하중(靜荷重)의 경우보다 훨씬 큰 응력이 순간적으로 발생하여 구조물이나 기계부품 등은 파괴의 위험성이 증가한다.

[그림 4-28]과 같이 하중 W가 높이 h 에서 낙하(落下)할 때 길이 l 인 봉의 신장량을 δ 라고 하면, 외부에서 한 일량 $W(h+\delta)$ 는 봉의 내부에 축적되는 탄성변형에너지 U와 같으므로 에너지 보존의 법칙에 의해 다음의 관계식이 성립한다.

$$U = W(h+\delta) = \frac{\sigma^2}{2E} A l \tag{a}$$

$$\delta = \frac{Pl}{AE} = \frac{\sigma l}{E} \tag{b}$$

식 (a), 식 (b)로부터 다음과 같은 응력 σ에 관한 2차방정식으로 표시된다.

$$\sigma^2 - 2\frac{W}{A}\sigma - \frac{2EWh}{Al} = 0 \tag{c}$$

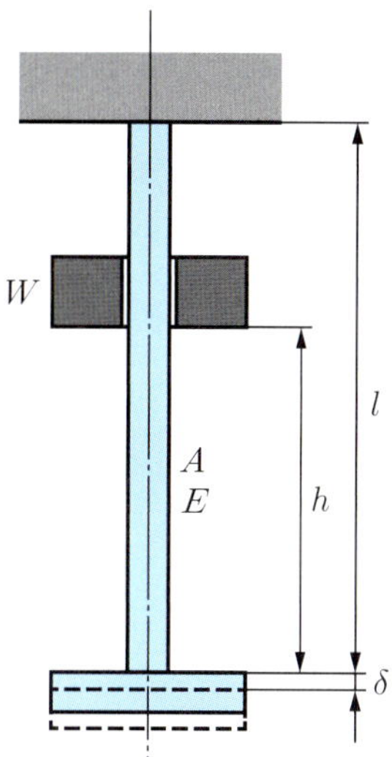

[그림 4-28] 충격하중

식 (c)를 근의 공식에 대입하여 근을 구한 후 (−)부호는 부적당하므로 (+) 값만 나타내면

$$\sigma = \frac{W}{A}\left(1 + \sqrt{1 + \frac{2AEh}{Wl}}\right) \tag{4·65}$$

이 되고, 정하중 W에 대한 응력 $\sigma_s = \dfrac{W}{A}$, 신장량 $\delta_s = \dfrac{Wl}{AE}$ 라고 하면 식 (4·65)는 다음 식과 같이 된다.

$$\sigma = \sigma_s\left(1 + \sqrt{1 + \frac{2h}{\delta_s}}\right) \tag{4·66}$$

만일, 식 (4·65)에서 $h = 0$, 즉 플랜지에 가까운 위치에서 급격히 하중을 가한다면

$$\sigma = 2\frac{W}{A} = 2\sigma_s \tag{4·67}$$

로 되어 충격응력은 정하중응력의 최소한 2배로 된다.

같은 방법으로 충격변형량 δ를 구하면 다음 식과 같이 표시된다.

$$\delta = \frac{\sigma l}{E} = \frac{Wl}{AE}\left(1+\sqrt{1+\frac{2AEh}{Wl}}\right) = \delta_s\left(1+\sqrt{1+\frac{2h}{\delta_s}}\right)$$

$$= \delta_s + \sqrt{\delta_s^2 + 2h\delta_s} \qquad (4\cdot68)$$

식 (4·68)에서 $h = 0$ 이면

$$\delta = 2\delta_s \qquad (4\cdot69)$$

로 되어 충격변형량(δ) 도 정적변형량(δ_s) 의 최소한 2배 이상으로 된다.

또한, 플랜지를 타격하기 전의 낙하체의 속도 $v = \sqrt{2gh}$ 이므로 식 (4·66)으로부터

$$\sigma = \sigma_s + \sqrt{\frac{\sigma_s E v^2}{gh}} \qquad (4\cdot70)$$

여기서 g 는 중력가속도이고, $g = 9.807\,[\mathrm{m/s^2}]$ 이다.

식 (4·68)로부터 다음 식이 얻어진다.

$$\delta = \delta_s + \sqrt{\delta_s^2 + \frac{v^2}{g}\delta_s} \qquad (4\cdot71)$$

낙하높이 h 에 비해 정적변형량 δ_s 가 매우 작을 때 식 (4·66)으로부터 다음의 근사식이 얻어진다.

$$\sigma \fallingdotseq \sigma_s\sqrt{\frac{2h}{\delta_s}} = \sqrt{\frac{2hWE}{Al}} = \frac{\delta E}{l} = \frac{E}{l}\sqrt{\frac{1}{g}\delta_s^2}$$

$$= \sqrt{\frac{2E}{Al}\cdot\frac{mv^2}{2}} \qquad (4\cdot72)$$

여기서 m 은 봉의 질량(質量; mass), g 는 중력가속도, $m = \dfrac{W}{g}\,[\mathrm{kg}]$ 이 된다.

또한, h 에 비해 δ_s 가 작을 때는 식 (4·68)로부터 다음과 같은 근사식을 얻을 수 있다.

$$\delta \fallingdotseq \sqrt{2h\delta_s} = \sqrt{\frac{2hWl}{AE}} = \sqrt{\frac{v^2}{g}\delta_s} \qquad (4\cdot73)$$

탄성체에 충격하중 P 가 작용하여 변형량 δ 가 생기면 충격하중으로 외부에서 한 일 H 와 재료의 내부에 축적된 탄성변형에너지 U 는 같으므로 다음의 관계식이 성립한다.

$$U = H = W(h+\delta) = \frac{1}{2}P\delta = \frac{k\delta^2}{2} = \frac{EA\delta^2}{2l} \qquad (4\cdot74)$$

여기서 $k\,[\mathrm{N/mm}]$ 는 탄성체의 스프링상수(spring constant)이다.

또한, $\delta = P/k$이므로 충격에너지 U는 다음 식으로 표시된다.

$$U = \frac{P^2}{2k} \tag{4·75}$$

탄성체의 스프링상수 $k = \frac{AE}{l}$로 나타내므로 식 (4·75)는 다음 식과 같이 된다.

$$U = \frac{P^2 l}{2AE} \tag{4·76}$$

따라서 식 (4·76)에서 알 수 있듯이 탄성체의 길이가 길수록, 단면적이 작을수록 재료의 에너지 흡수능력은 증가하는 것을 알 수 있다.

예제 4-10

[그림 4-29]와 같이 강선(鋼線)의 한쪽 끝에 매달려 있는 무게 $W = 1000\,[\mathrm{kg_f}]$의 추가 C점에서 일정속도 $v = 2\,[\mathrm{m/s}]$로써 $h = 12\,[\mathrm{m}]$을 낙하한 후 갑자기 강선의 운동을 정지시킬 때 강선에 생기는 최대신장량과 최대응력을 구하시오. 단, 강선의 지름 $d = 40\,[\mathrm{mm}]$, 세로탄성계수 $E = 205\,[\mathrm{GPa}]$로 하고, 강선의 자중은 무시한다.

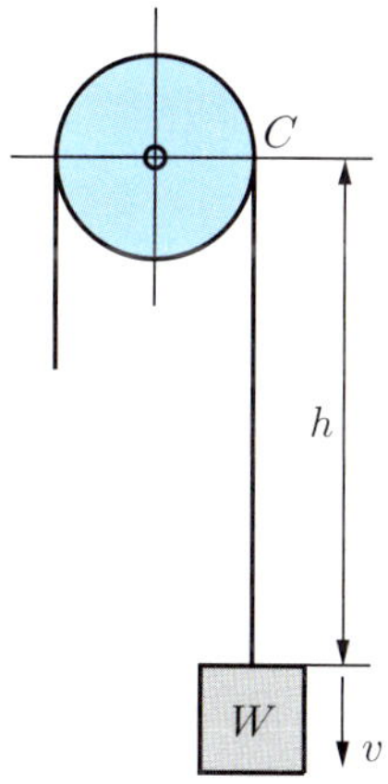

[그림 4-29]

| 풀이 | 정지직전의 정적변형량 δ_s는

$$\delta_s = \frac{Wh}{AE} = \frac{4Wh}{\pi d^2 E} = \frac{4 \times 1000 \times 9.807 \times 12 \times 10^3}{\pi \times 40^2 \times 205 \times 10^3} = 0.46\,[\mathrm{mm}]$$

충격하중에 의한 강선의 신장량 δ는

$$\delta = \delta_s + \sqrt{\delta_s^2 + \frac{v^2}{g}\delta_s} = 0.46 + \sqrt{0.46^2 + \frac{(2 \times 1000)^2}{9.807 \times 10^3} \times 0.46}$$

$$= 14.2\,[\mathrm{mm}]$$

또한, 충격하중에 의한 강선의 응력 σ는

$$\sigma = \sigma_s + \sqrt{\frac{\sigma_s E v^2}{gh}} = 7.8 + \sqrt{\frac{7.8 \times 205 \times 10^3 \times (2 \times 1000)^2}{9.807 \times 10^3 \times 12 \times 10^3}}$$

$$= 241\,[\mathrm{N/mm^2}] = 241\,[\mathrm{MPa}]$$

여기서, 정적응력 $\sigma_s = \dfrac{W}{A} = \dfrac{4W}{\pi d^2} = \dfrac{4 \times 1000 \times 9.807}{\pi \times 40^2} = 7.8\,[\mathrm{N/mm^2}]$

만일, 낙하높이 h 에 비해 정적변형량 δ_s 가 매우 작을 때 근사적으로 충격응력을 구하면 다음과 같이 된다.

$$\sigma \fallingdotseq \sqrt{\frac{\sigma_s E v^2}{gh}} = \sqrt{\frac{7.8 \times 205 \times 10^3 \times (2 \times 1000)^2}{9.807 \times 10^3 \times 12 \times 10^3}}$$

$$= 233\,[\mathrm{N/mm^2}] = 233\,[\mathrm{MPa}]$$

4.11 내압이 작용하는 얇은 원통 및 구

4.11.1 내압이 작용하는 얇은 원통의 응력

[그림 4-30]과 같이 내압(内壓) p 가 작용하는 안지름 D, 두께 t 인 얇은 원통(圓筒)의 원둘레방향 응력 σ_1, 축방향 응력 σ_2 를 구하여 보기로 한다. [그림 4-30(a)]와 같이 원통의 축방향에 대한 단면에서 원둘레방향의 내압으로 원통을 분리하려고 하는 하중을 두께 $2t$ 의 강판이 지탱하여야 하므로 다음의 관계식이 성립한다.

$$p(Dl) = (2tl)\sigma_1$$

$$\therefore \ \sigma_1 = \frac{pD}{2t} \qquad (4 \cdot 77)$$

여기서 원둘레방향 응력 σ_1 은 원둘레에 균일하게 발생하므로 후프응력(hoop stress)이라고도 한다.

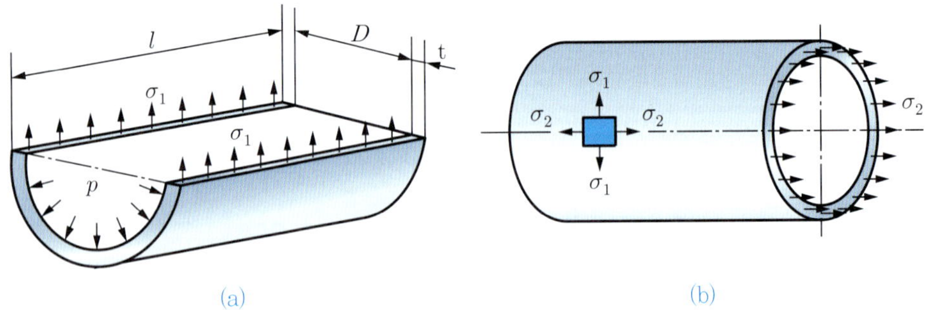

[그림 4-30] 내압이 작용하는 얇은 원통의 응력

또한, [그림 4-30(b)]에 나타낸 것과 같이 원통의 축방향 하중과 강판의 원둘레 단면에 대한 하중이 서로 같아야 하므로 축방향 응력 σ_2 는 다음 식과 같이 된다.

$$p\left(\frac{\pi}{4}D^2\right) = (\pi D t)\sigma_2$$

$$\therefore\ \sigma_2 = \frac{pD}{4t} \tag{4·78}$$

따라서 원통의 축방향 인장으로 발생하는 응력 σ_2 는 원둘레방향 인장에 의한 응력 σ_1 의 1/2 이 되는 것을 알 수 있다.

원둘레 방향의 내압 p 을 지탱할 수 있는 강판의 두께 t 는 안전율 S, 이음효율 η, 인장강도 σ_t 를 고려하면 다음 식으로 표시된다.

$$t = \frac{pDS}{2\sigma_t \eta} \tag{4·79}$$

예제 4-11

[그림 4-30(a)]와 같이 두께가 얇은 원통에 대한 후프응력을 [그림 4-31]과 같이 미소부분에 작용하는 압력을 이용하여 구하시오.

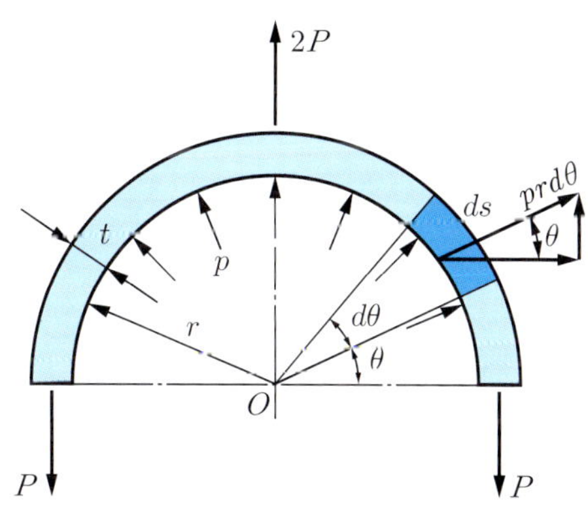

[그림 4-31] 내압이 작용하는 후프응력

| 풀이 | 미소각도 $d\theta$ 인 미소원호 $ds = rd\theta$ 에 작용하는 힘의 평형은 다음 식과 같다.

$$2P = \int_0^{\pi} pr\sin\theta\, d\theta = pr[-\cos\theta]_0^{\pi} = 2pr$$

$$\therefore\ P = pr \tag{a}$$

따라서 원통에 대한 후프응력 σ_t 는

$$\sigma_t = \frac{P}{A} = \frac{pr}{t} = \frac{pD}{2t} \tag{b}$$

결국, 식 (b)는 식 (4·77)과 일치하는 것을 알 수 있다.

4.11.2 내압이 작용하는 얇은 구의 응력

내압 p가 작용하는 안지름 D, 두께 t인 얇은 구(球)에 작용하는 인장응력 σ_t를 구해보기로 한다. [그림 4-32(a)]와 같이 구의 중심을 지나는 평면으로 절단한 후 그 측면에 대한 힘의 평형을 고려하면

$$p\left(\frac{\pi}{4}D^2\right) = (\pi D t)\sigma_t$$

$$\therefore \sigma_t = \frac{pD}{4t} \tag{4·80}$$

구에 작용하는 인장응력 σ_t는 식 (4·80)으로부터 구하고, σ_t는 [그림 4-32(b)]와 같이 균일하게 분포한다. 이와 같이 구형(球形) 탱크를 만들면 동일한 내부압력이 작용하고, 지름이 같은 원통 탱크에 비하여 재료의 두께는 $1/2$로 된다. 또한, 구 모양의 탱크는 내부용적이 일정할 때 표면적은 최소가 되므로 압력용기로써 가장 경제적이기 때문에 가스 또는 석유 탱크 등에 널리 사용되고 있다.

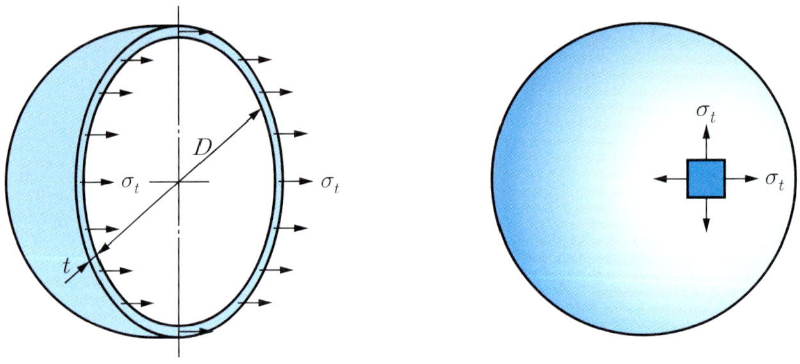

[그림 4-32] 내압이 작용하는 얇은 구의 응력

4.11.3 회전하는 원판 링

벨트 풀리(pulley) 또는 관성차(慣性車; flywheel) 등은 축의 둘레를 회전하는 원판 링(ring)이나 얇은 원통에 내압이 작용하는 경우와 마찬가지로 원심력(遠心力; centrifugal force)이 원판 링에 작용하므로 그 단면(斷面)에는 후프응력이 발생한다.

[그림 4-33]과 같이 회전하는 원판 링의 평균반지름을 $r_m = d_m/2$, 두께를 t, 비중량(比重量; specific weight)을 $\gamma[\mathrm{kg_f/m^3}]$, 밀도를 $\rho[\mathrm{kg/m^3}]$, 원주속도를 $v[\mathrm{m/s}]$라고 하면, 원판 링의 단위표면적에 작용하는 원심력 F는 다음 식과 같이 나타낸다.

$$F = m\alpha_n = m\frac{v^2}{r_m} = \frac{W}{g}\frac{v^2}{r_m} = \frac{\gamma t v^2}{g r_m} = \frac{\rho t v^2}{r_m} = \rho t \omega^2 r_m \qquad (4·81)$$

식 (4·81)에서 원판 링의 질량 m[kg], 법선가속도(法線加速度) α_n[m/s^2]이고, 원주 속도 $v = \omega r_m$[m/s], 각속도(角速度) $\omega = \frac{2\pi r_m N}{60}$[rad/s]이며, N은 원판 링의 1분 동안의 회전수(revolution per minutes: rpm)를 나타낸다.

원판 링의 원심력에 의한 인장응력 σ_t는 다음 식으로 표시된다.

$$\sigma_t = \frac{F d_m}{2t} = \frac{\gamma v^2}{g} = \rho v^2 = \rho r_m^2 \omega^2 = \rho\left(\frac{2\pi r_m N}{60}\right)^2 = \frac{\rho \pi^2}{900} r_m^2 N^2 \qquad (4·82)$$

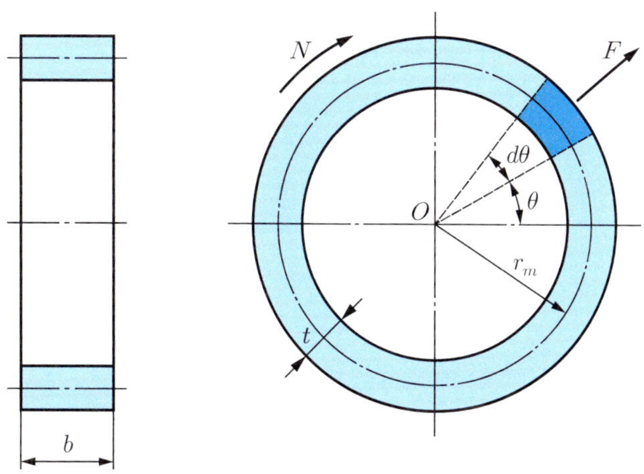

[그림 4-33] 회전하는 원판 링의 원심응력

▶ 예제 4-12

평균반지름 300[mm], 두께 40[mm]인 주철제 플라이휠이 900[rpm]으로 회전할 때 원심응력을 구하시오. 단, 주철의 비중량 $\gamma = 7.85 \times 10^{-3}$[kg$_f$/cm^3]으로 한다.

| 풀이 | 원주속도 : $v = \omega r_m = \frac{2\pi r_m N}{60 \times 1000} = \frac{2\pi \times 300 \times 900}{60 \times 1000} = 28.27$[m/s]

원심력 : $\sigma = \frac{\gamma v^2}{g} = \frac{7.85 \times 10^{-6} \times 9.807[\text{N/mm}^3] \times (28.27 \times 10^3[\text{mm/s}])^2}{9.807 \times 10^3[\text{mm/s}^2]}$

$= 6.27[\text{N/mm}^2] = 6.27[\text{MPa}]$

참고사항

원심력 : $F = m\alpha_n = m(v\omega) = m(\omega^2 r) = m\left(\frac{v^2}{r}\right)$

여기서 $m = \frac{W}{g}$[kg], $\omega = \frac{2\pi N[\text{rpm}]}{60[\text{s}]}$[rad/s]

$v = \omega r = \frac{2\pi r N}{60 \times 1000}$[m/s] $= \frac{\pi \text{dN}}{60 \times 1000}$[m/s]

m : 질량[kg], α_n : 법선가속도[m/s²], v : 원주속도[m/s],

$\omega = d\theta/dt$: 각속도[rad/s], r : 반지름[mm], d : 지름[mm],

W : 무게[kg_f], g : 중력가속도[m/s²], N : 1분 동안의 회전수[rpm]

$F = \frac{wv^2}{g}$[kg_f] $= \frac{\gamma A v^2}{g}$[N] $= \rho A v^2$[N]

여기서 $w = \frac{W}{l} = \frac{\gamma V}{l} = \frac{\gamma A l}{l} = \gamma A$[N/m]

$\gamma = \rho g$, $\rho = \frac{m}{V}$

γ : 비중량[kg_f/m^3], w : 단위길이에 대한 무게[N/m]

ρ : 밀도[kg/m³], A : 단면적[m²], V : 체적[m³]

CHAPTER 4

연습문제

[4-1] 지름 20[mm]인 둥근 봉이 [그림 4-34]와 같이 축방향으로 인장하중 $P = 10$[kN]이 작용할 때 45° 경사진 단면에 대한 수직응력 σ_n과 전단응력 τ_n을 구하시오.

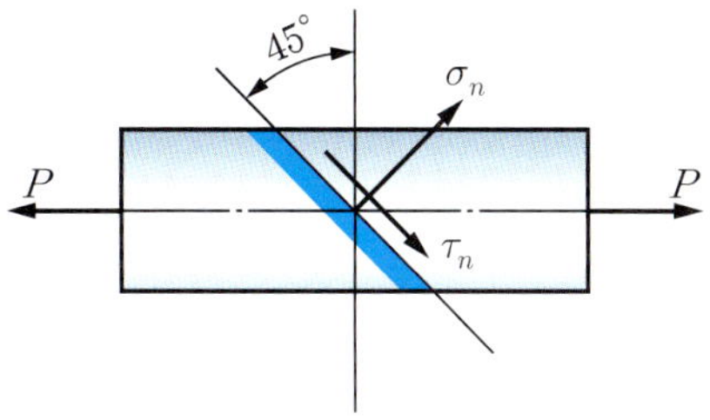

[그림 4-34]

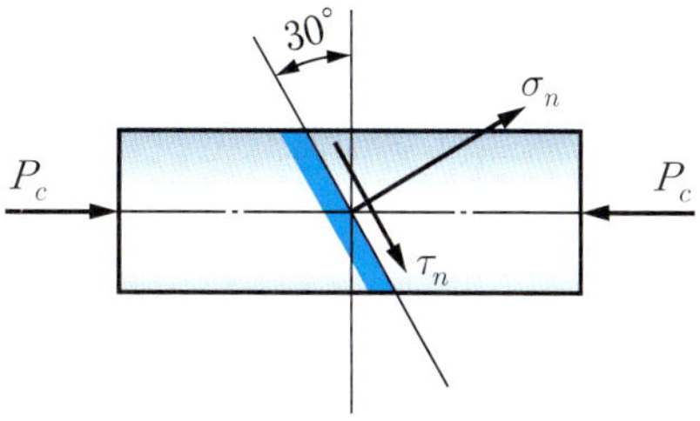

[그림 4-35]

[4-2] 100×100[mm]인 정사각형 단면의 봉에 [그림 4-35]와 같이 축방향으로 압축하중 $P_c = 20$[kN]이 작용할 때 축에 30° 경사진 단면의 수직응력 σ_n, 공액수직응력 σ_n'과 전단응력 τ_n, 공액전단응력 τ_n'을 구하시오.

[4-3] [그림 4-36]과 같이 인장응력 $\sigma_x = 100$[MPa], $\sigma_y = -40$[MPa]의 압축응력이 작용할 때 30°경사진 단면에 발생하는 수직응력 σ_n과 전단응력 τ_n을 해석적으로 구하시오. 또한, 최대수직응력과 최대전단응력을 구하시오.

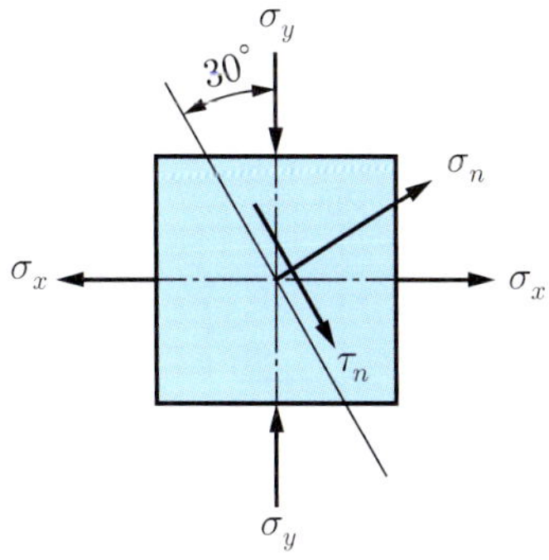

[그림 4-36]

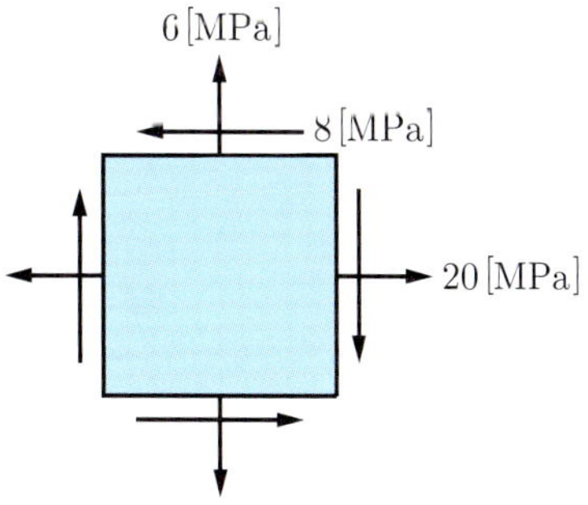

[그림 4-37]

[4-4] [그림 4-37]과 같이 응력이 작용할 때 다음을 해석적으로 구하시오.

(a) 최대 및 최소주응력　　(b) 최대전단응력 및 이때의 수직응력

(c) 주응력의 작용방향

[4-5] [문제 4-3]을 Mohr의 응력원을 그려서 확인하시오.

[4-6] x축 방향으로 인장응력 $\sigma_x = 500\,[\mathrm{N/mm^2}]$, y축 방향으로 압축응력 $\sigma_y = -300\,[\mathrm{N/mm^2}]$이 작용할 때 경사각 $\theta = 30°$인 단면에 대한 공액응력을 Mohr의 응력원을 그려서 결정하시오.

[4-7] [그림 4-37]을 Mohr의 응력원을 그린 후 다음 물음에 답하시오.

(a) 모어의 응력원 그리기　　(b) 최대 및 최소주응력의 크기

(c) 최대전단응력의 크기　　(d) 주응력 방향의 결정 및 표시

(e) 최대전당응력의 방향 및 이때의 수직응력의 크기

[4-8] [그림 4-38]과 같이 가로×세로×두께 $= 50 \times 40 \times 15\,[\mathrm{mm}]$인 평판에 x축 방향으로 압축하중 $300\,[\mathrm{kN}]$, y축 방향으로 인장하중 $150\,[\mathrm{kN}]$과 각 면에 전단응력 $\tau_{xy} = 100\,[\mathrm{N/mm^2}]$이 그림에서와 같은 방향으로 작용할 때 해석적으로 응력을 구한 후 다음 물음에 답하시오.

(a) 최대주응력 및 최소주응력　　(b) 최대전단응력

(c) 주응력의 작용방향　　(d) 최대전단응력의 작용방향

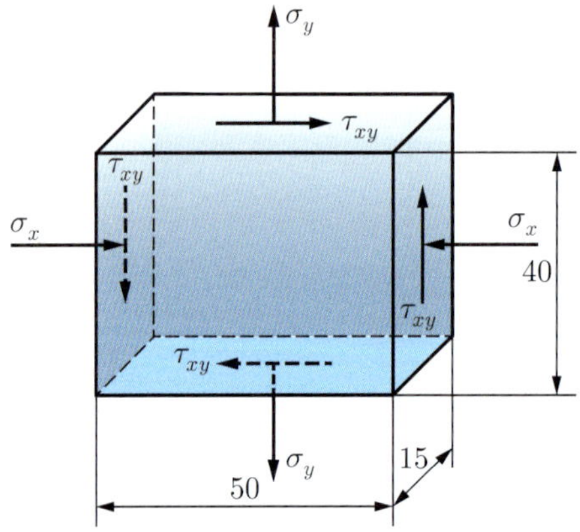

[그림 4-38]

[4-9] [문제 4-8]을 Mohr의 응력원을을 그린 후 다음 물음에 답하시오.

(a) Mohr의 응력원 그리기 (b) 최대 및 최소주응력의 크기

(c) 최대전단응력의 크기 (d) 주응력 방향의 결정 및 표시

[4-10] [그림 4-39]와 같은 가로×세로×두께 = 300×400×60 [mm]인 판재에 가로방향으로 인장하중 360 [kN], 세로방향으로 압축하중 90 [kN]이 작용하고, 전단응력 $\tau_{xy} = 10\,[\mathrm{N/mm^2}]$이 그림에서와 같은 방향으로 작용할 때 다음을 해석적으로 구하시오.

(a) 최대 및 최소주응력 (b) 최대전단응력 (c) 주응력의 작용방향

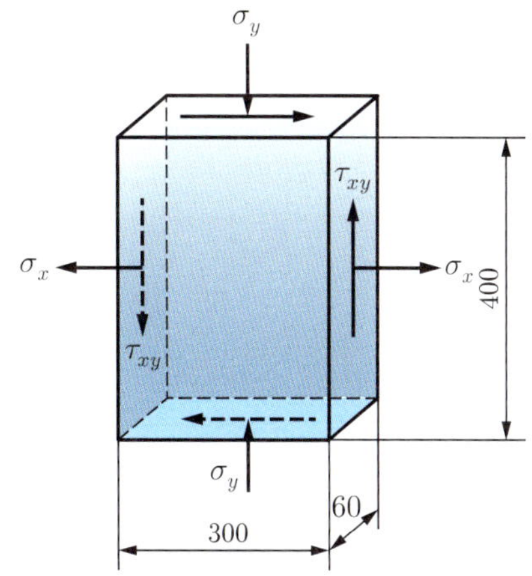

[그림 4-39]

[4-11] [문제 4-10]을 Mohr의 응력원을 그린 후 다음 사항을 확인하시오.

(a) Mohr의 응력원 그리기 (b) 최대 및 최소수응력

(c) 최대전단응력 (d) 주응력 방향의 결성 및 표시

[4-12] 2축응력 $\sigma_x = 100\,[\mathrm{N/mm^2}]$, $\sigma_y = -50\,[\mathrm{N/mm^2}]$이 작용할 때 세로변형률 ε_x, ε_y를 구하시오. 단, 이 재료의 세로탄성계수 $E = 200\,[\mathrm{GPa}]$, 푸아송비 $\nu = 0.3$이다.

[4-13] 축의 표면에 스트레인 로젯을 접착하여 측정한 주변형률 $\varepsilon_x = 300 \times 10^{-6}$, $\varepsilon_y = -200 \times 10^{-6}$일 때 이에 대응하는 주응력 σ_x, σ_y를 구하시오. 단, 이 재료의 세로탄성계수 $E = 205\,[\mathrm{GPa}]$ 푸아송비 $\nu = 0.3$으로 한다.

[4-14] [그림 4-40]과 같이 3개의 동일한 재질의 봉에 같은 크기의 인장하중 P가 작용할 때 봉에 축적되는 탄성변형에너지를 구하여 비교하시오.

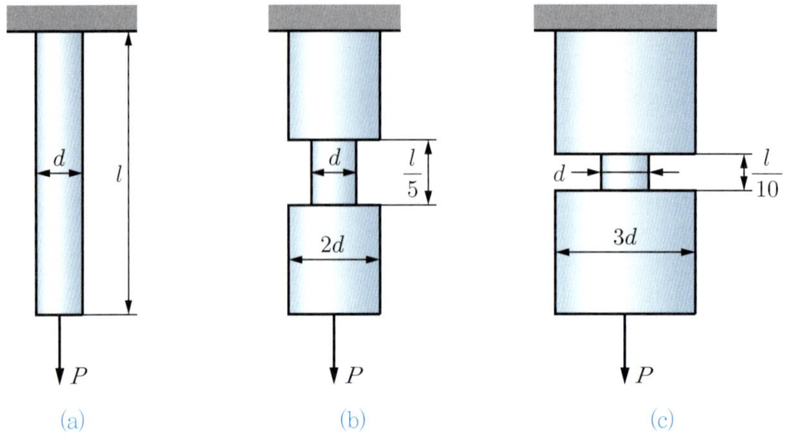

[그림 4-40]

[4-15] 지름 20[mm], 길이 2[m]의 원형 강봉(鋼棒)에 25[kN]의 인장하중이 작용하여 길이가 0.8[mm] 늘어나고, 지름은 0.0022[mm] 줄어들었다. 이 재료의 전단탄성계수 G를 구하시오.

[4-16] 지름 20[mm]의 연강봉을 [그림 4-41]과 같이 강체벽에 양끝을 고정하고, 0℃에서 50℃까지 가열한 후 다시 0℃까지 냉각시킬 때 봉에 발생하는 열응력 및 벽에 작용하는 열하중을 구하시오. 단, 연강봉의 세로탄성계수 $E = 206$[GPa], 선팽창계수 $\alpha = 12 \times 10^{-6}$/℃로 한다.

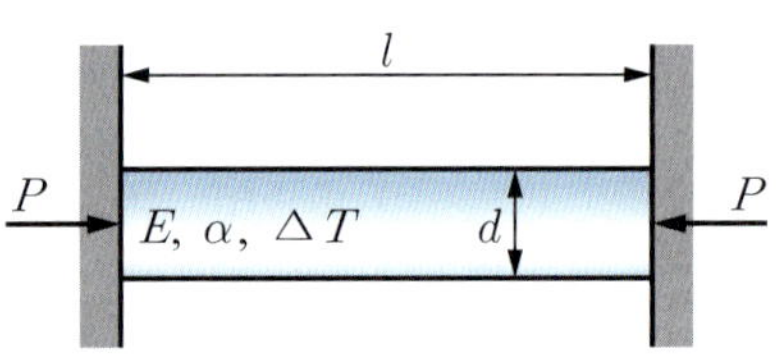

[그림 4-41]

[4-17] 전동차의 바퀴를 가열하여 끼워 맞춤을 할 때 죔새(allowance)를 바퀴 지름의 0.0015로 하면, 이 바퀴에 생기는 열응력을 구하시오. 단, 이 바퀴의 세로탄성계수 $E =$ 206[GPa]로 한다.

[4-18] 균일단면 봉에 대한 인장시험을 할 때 탄성범위 안에서 시험편에 접착된 스트레인 게이지에 의한 세로변형률 $\varepsilon = 100 \times 10^{-6}$를 지시하였다. 이 시험편의 세로탄성계수 $E = 200\,[\mathrm{GPa}]$일 때 시험편에 축적된 단위체적에 대한 변형에너지를 구하시오.

[4-19] [그림 4-42]에서 지름 $d = 20\,[\mathrm{mm}]$, 길이 $l = 2\,[\mathrm{m}]$인 원형 단면의 강봉에 무게 $W = 40\,[\mathrm{kg_f}]$의 물체가 하중속도 $v = 1.5\,[\mathrm{m/s}]$로 작용할 때 충격응력을 구하시오. 단, 이 강봉의 세로탄성계수 $E = 200\,[\mathrm{GPa}]$이다.

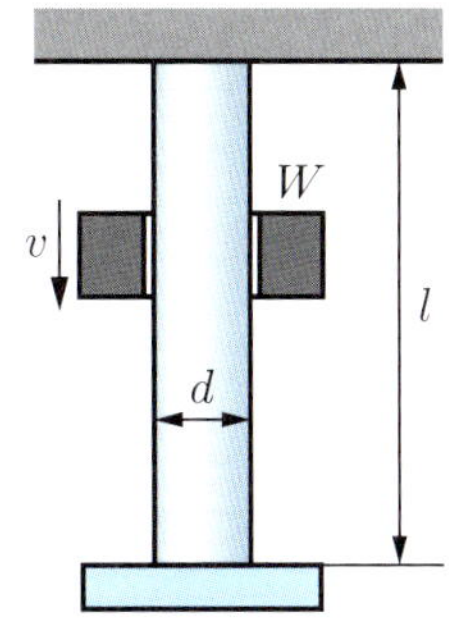

[그림 4-42]

[4-20] [그림 4-43]과 같이 단면적 및 길이가 다른 이종재료의 단붙이 조합봉의 양끝을 고정하고, 처음온도 t_0℃에서 나중온도 t℃까지 상승하였을 때 봉 ①, ② 부분에 발생하는 열응력을 구하시오.

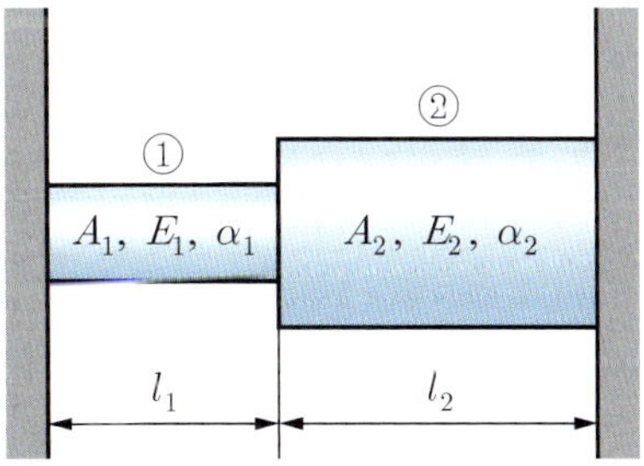

[그림 4-43]

[4-21] 안지름 $500\,[\mathrm{mm}]$, 원통형 압력용기의 내압 $p = 1.2\,[\mathrm{MPa}]$, 허용응력 $\sigma_a = 60\,[\mathrm{MPa}]$이고, 용접 이음효율 $\eta = 80\,\%$일 때 압력용기의 필요한 두께를 결정하시오.

[4-22] 두께 1.2[mm], 인장강도 410[N/mm^2]인 강판으로 0.6[N/mm^2]의 내압이 작용하는 원통형 압력용기를 제작하려고 할 때 이 용기에 필요한 안지름을 구하시오. 단, 안전율은 4로 하고, 이음효율은 85% 이다.

[4-23] 두께 10[mm]의 강판으로 [그림 4-44]와 같이 안지름 1[m], 내부압력 6[MPa] 이고, 원통의 축방향과 $\beta = 60°$인 나선형 용접선을 따라서 양끝이 막힌 압력용기를 용접으로 제작하였을 때 다음 물음에 답하시오.

(a) 원둘레방향 응력 (b) 축방향 응력

(c) 이들 응력의 표시

(d) Mohr의 응력원을 그린 후 수직응력, 전단응력 및 최대전단응력의 결정

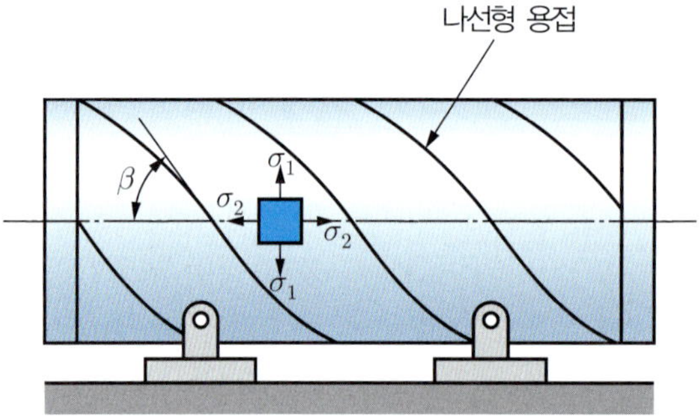

[그림 4-44]

[4-24] 주철제 풀리(pulley)의 회전수 600[rpm]으로 림(rim)에 작용하는 허용응력을 $\sigma_a =$ 10[N/mm^2]으로 할 때 풀리의 지름을 구하시오. 단, 림의 비중량 $\gamma = 7.8 \times 10^{-3}$ [kg$_f$/cm^3]으로 한다.

[4-25] 회전하는 구(球)의 반지름 $r = 300$[mm]이고, 허용응력 $\sigma_a = 40$[N/mm^2], 비중량 $\gamma = 7.85 \times 10^{-3}$[kg$_f$/cm^3]으로 할 때 이 구의 회전수를 구하시오.

[4-26] [그림 4-45]와 같이 경질고무로 된 6면체를 두 수직벽 사이의 홈에 넣고, 그 윗면에 균일압축응력 $\sigma_y = -1.5\,[\mathrm{kN}]$이 작용할 때 이 6면체는 x 방향으로는 늘어날 수 없지만, y 및 z 방향으로는 자유로운 신축(伸縮)이 가능하다. 이 고무의 푸아송비 $\nu = 0.45$로 하고, 최대전단응력의 크기 및 방향을 결정하시오.

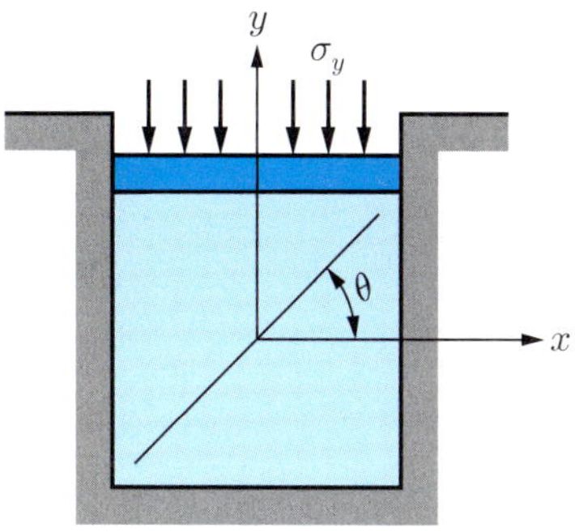

[그림 4-45]

[4-27] [그림 4-46]과 같이 30°로 경사 접착된 평판에 $\sigma_x = 100\,[\mathrm{MPa}]$, $\sigma_y = -40\,[\mathrm{MPa}]$의 2축 응력이 작용할 때 접착면에 발생하는 인장응력과 전단응력을 Mohr의 응력원을 그려서 구하시오.

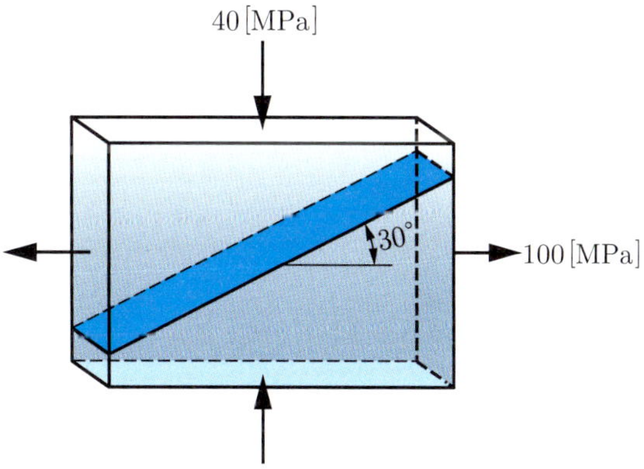

[그림 4-46]

5 CHAPTER 도형의 성질

굽힘에 의한 응력이나 비틀림에 의한 응력 등을 해석할 때 봉의 단면 형상에 따라 응력상태가 변화하므로 단면의 형상은 응력해석의 중요한 인자(因子; parameter)로 된다. 단면의 형상이 3차원적 입체에 대해서 굽힘이나 비틀림 응력은 중심(重心; center of gravity)에 작용하고, 2차원 평면도형일 때는 그 단면의 도심(圖心; centroid)에 작용한다. 따라서 굽힘 및 비틀림모멘트는 도심에 주로 작용하고, 회전물체의 질량관성모멘트는 물체의 무게중심에 작용한다.

이 장에서는 단면 형상이 두께방향은 일정한 평면도형일 때 이 도형에 대한 도심, 단면 1차모멘트, 단면계수, 단면 2차모멘트 및 단면상승 모멘트 등의 성질과 이들의 관계를 파악한 후 이들과 굽힘응력 및 비틀림 응력 등의 해석에 관한 상호관계와 적용방법을 알아보기로 한다.

또한, 물체의 회전운동에 대한 질량관성모멘트의 정의 및 해석방법을 학습한다.

5.1 도심과 단면 1차모멘트

하중이 작용하는 물체의 단면이 2차원 평면도형일 때 단면에 대한 도심(圖心; centroid)은 그 면적과 관계되고, 도심을 구하기 위해서는 단면 1차모멘트(first moment of area)를 구할 필요가 있다.

[그림 5-1]과 같은 x, y 축 직교좌표계에서 임의의 단면적이 A 인 평면도형의 미소면적 dA 의 좌표가 임의의 거리 x, y 일 때 각 축에 대한 단면 1차모멘트를 G_x, G_y 라고 하면 다음 식과 같이 1차 적분방정식으로 나타낸다.

$$G_x = \int_A y\,dA, \quad G_y = \int_A x\,dA \tag{5·1}$$

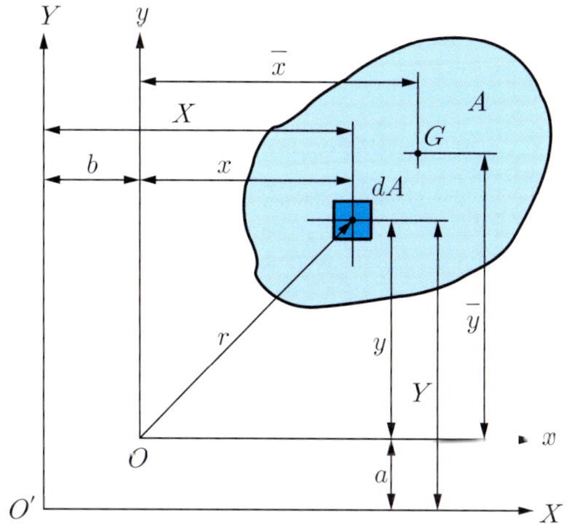

[그림 5-1] 평면도형에 대한 단면의 성질

평면도형의 단면적 A 의 도심 G에 대한 각 좌표를 $\bar{x}$, $\bar{y}$라고 하면 도심과 단면 1차 모멘트 사이에는 다음의 관계식이 성립한다.

$$G_x = \int_A y dA = \bar{y} A, \quad G_y = \int_A x dA = \bar{x} A$$

$$\bar{x} = \frac{G_y}{A} = \frac{\int_A x dA}{\int_A dA} = \frac{\int_A x dA}{A}$$

$$\bar{y} = \frac{G_x}{A} = \frac{\int_A y dA}{\int_A dA} = \frac{\int_A y dA}{A} \tag{5·2}$$

따라서 도심을 통과하는 축을 기준으로 단면에 대한 도심까지의 거리는 0이므로 $\bar{x} = 0$, $\bar{y} = 0$이 되기 때문에 $G_x = 0$, $G_y = 0$이 됨을 알 수 있다. 어떤 평면도형에서 $G_x = 0$ 또는 $G_y = 0$이 되면 x, y축은 반드시 도심을 통과한다. 이와 같이 평면도형이 대칭축을 가지면 그것은 도심을 통과하고, 그 축에 대한 단면 1차모멘트는 반드시 0이 된다.

구조물이나 기계부품의 복합단면은 대부분 몇 개의 대칭축을 가지므로 도심을 알고 있는 직사각형, 원형(圓形), 삼각형 등으로 분할하여 구한 후 이들을 합하면 전체도형의 도심 및 단면 1차모멘트를 쉽게 구할 수 있다.

단면 1차모멘트의 단위는 차원(次元; dimension)이 L^3 이므로 [m^3], [cm^3], [mm^3] 등으로 나타낸다.

예제 5–1

[그림 5-2]와 같이 밑변의 길이 b, 높이 h 인 삼각형의 밑변 X 축으로부터 도심의 위치 $\bar{y}$ 를 구하시오.

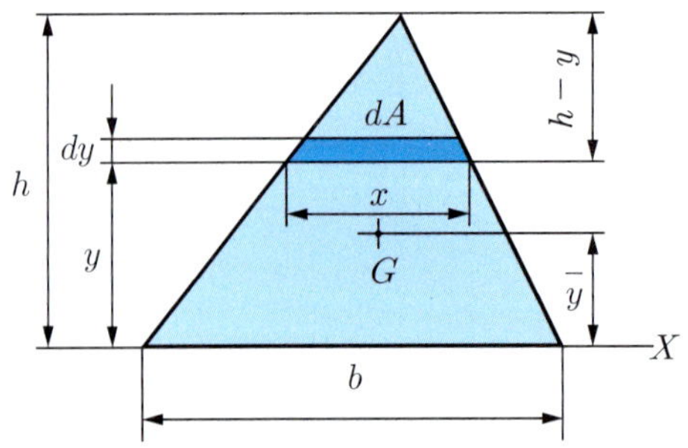

[그림 5-2]

|풀이| 삼각형에서 $b : h = x : (h-y) \quad \therefore x = \dfrac{b}{h}(h-y) \quad dA = x\,dy$

단면 1차모멘트 : $G_X = \displaystyle\int_0^h y\,dA = \int_0^h y(x\,dy) = \int_0^h \frac{b}{h}(hy - y^2)\,dy$

$$= \frac{b}{h}\left[\frac{hy^2}{2} - \frac{y^3}{3}\right]_0^h = \frac{b}{h}\left(\frac{h^3}{2} - \frac{h^3}{3}\right) = \frac{bh^2}{6} = \bar{y}A$$

도심의 위치 : $\bar{y} = \dfrac{G_X}{A} = \dfrac{h}{3}$

예제 5-2

[그림 5-3]과 같이 밑변의 길이 a, 윗변의 길이 b, 높이 h인 사다리꼴에 대한 밑변 X축으로부터 도심의 위치 $\bar{y}$를 구하시오.

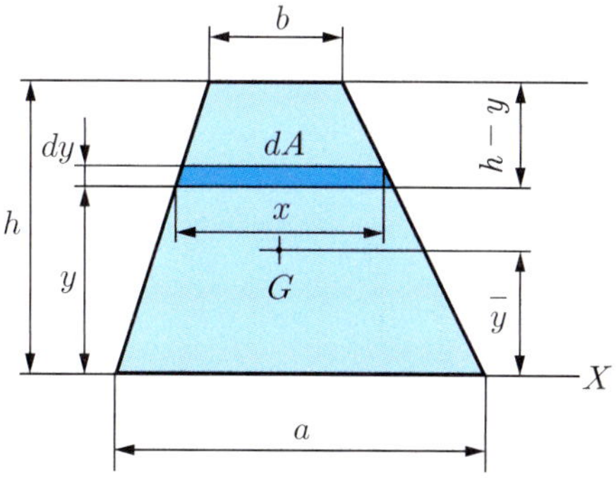

[그림 5-3]

|풀이| 사다리꼴로부터 $(x-b):(h-y) = (a-b):h$

$$\therefore x = a + \frac{b-a}{h}y$$

단면 1치모멘트 : $G_X = \displaystyle\int_0^h y\,dA = \int_0^h y(x\,dy) = \int_0^h y\left(a + \frac{b-a}{h}y\right)dy$

$$= \int_0^h \left(ay + \frac{b-a}{h}y^2\right)dy = \left[\frac{ay^2}{2} + \frac{(b-a)}{h}\frac{y^3}{3}\right]_0^h$$

$$= \frac{ah^2}{2} + \frac{(b-a)h^2}{3} = \frac{h^2}{6}(a+2b) = \bar{y}A$$

도심의 위치 : $\bar{y} = \dfrac{G_X}{A} = \dfrac{h(a+2b)}{3(a+b)}$

예제 5-3

[그림 5-4]와 같은 단면에 대한 도심의 위치 $\bar{x}$, $\bar{y}$를 구하시오. 단, 그림에서 치수의 단위는 [mm]이다.

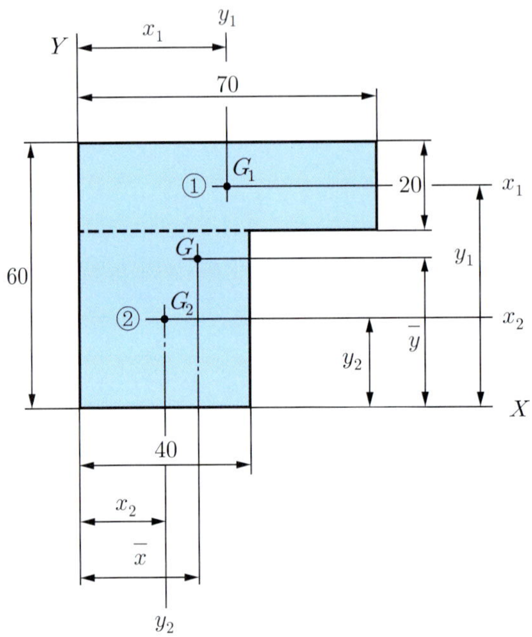

[그림 5-4]

| 풀이 | 도심의 위치를 구하기 위해 도형을 ①, ②로 분할하면

$$\bar{x} = \frac{G_Y}{A} = \frac{G_{Y1} + G_{Y2}}{A_1 + A_2} = \frac{A_1 x_1 + A_2 x_2}{A_1 + A_2}$$

$$= \frac{(70 \times 20) \times 35 + (40 \times 40) \times 20}{(70 \times 20) + (40 \times 40)} = 27\,[\text{mm}]$$

$$\bar{y} = \frac{G_X}{A} = \frac{G_{X1} + G_{X2}}{A_1 + A_2} = \frac{A_1 y_1 + A_2 y_2}{A_1 + A_2}$$

$$= \frac{(70 \times 20) \times 50 + (40 \times 40) \times 20}{(70 \times 20) + (40 \times 40)} = 34\,[\text{mm}]$$

5.2 단면 2차모멘트, 단면계수 및 회전반지름

관성(intertia)은 등속도로 계속해서 운동하거나, 정지상태로 남으려고 하는 경향을 나타내기 위해 동역학에서 이용된다. 관성모멘트에는 단면 2차모멘트와 질량관성모멘트가 있다. [그림 5-1]과 같은 x, y축 직교좌표계에서 임의의 면적이 A인 평면도형의 미소면적 dA의 좌표가 임의의 거리 x, y에 있을 때 각 축에 대한 미소단면에 거리의

제곱을 곱한 적분량을 단면 2차모멘트(second moment of area) 또는 관성(慣性)모멘트(moment of inertia)라고 한다. 각 축에 대한 단면 2차모멘트 I_x, I_y는 다음 식과 같이 2차 적분방정식으로 표시된다.

$$I_x = \int_A y^2\, dA, \quad I_y = \int_A x^2\, dA \tag{5·3}$$

단면 2차모멘트의 차원은 L^4이 되므로 단위는 $[\mathrm{m}^4]$, $[\mathrm{cm}^4]$, $[\mathrm{mm}^4]$ 등으로 표시한다. 복합단면에 대한 단면 2차모멘트를 구하기 위해서는 평면도형을 몇 개의 도형으로 분할하고, 각 부분도형의 단면 2차모멘트를 구한 후 이들을 합하면 전체도형의 단면 2차모멘트가 구해진다.

[그림 5-5]와 같이 단면의 도심을 지나는 x축으로부터 위쪽 끝까지의 거리 및 아래쪽 끝까지의 거리를 e_1, e_2로 하면, I_x를 e_1, e_2로 나눈 값을 도심축의 단면계수(斷面係數; modulus of section) Z로 표시한다.

$$Z_1 = \frac{I_x}{e_1}, \quad Z_2 = \frac{I_x}{e_2} \tag{5·4}$$

여기서, 단면이 x축에 대칭이면 단면계수는 1개이지만, 대칭이 아닐 때는 2개의 단면계수가 존재한다. 또한, 단면계수의 차원은 L^3이므로 단위는 $[\mathrm{m}^3]$, $[\mathrm{cm}^3]$, $[\mathrm{mm}^3]$ 등으로 표시한다.

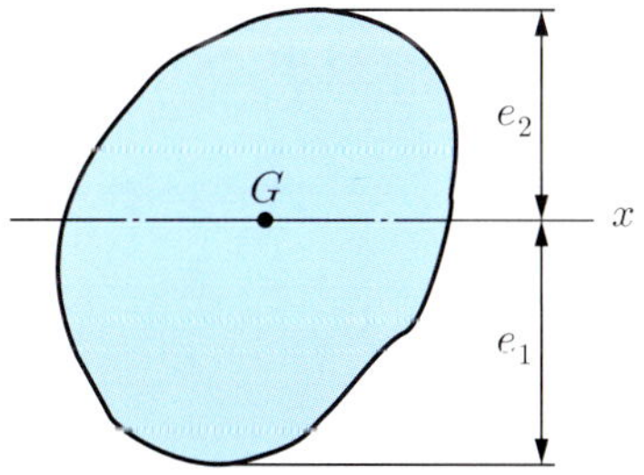

[그림 5-5] 평면도형의 단면계수

식 (5·4)의 단면계수 Z는 굽힘모멘트에 의한 굽힘응력을 해석할 때 중요하게 사용된다.

또한, 도형의 전체면적 A가 주어진 축에서 어떤 거리에 집중된 것으로 할 때 단면 2차모멘트가 되기 위한 거리 k를 회전반지름(radius of gyration of area), 단면 2차반지름 또는 관성반지름이라고도 부른다. 도형의 x, y축에 대한 회전반지름을 각각 k_x, k_y라고 하면 다음 식과 같이 나타낸다.

$$I = k^2 A$$

$$\therefore\ k_x = \sqrt{\frac{I_x}{A}},\quad k_y = \sqrt{\frac{I_y}{A}} \qquad (5\cdot5)$$

여기서, 회전반지름 k는 어떤 축으로부터 면적의 분포를 측정하는 양으로서 단위는 [m], [cm], [mm] 등으로 나타낸다.

5.3 단면에 대한 평행축정리

[그림 5-1]에서 평면도형에 관한 직교좌표계 x, y축에서 x축으로부터 거리를 a, y축으로부터 거리 b만큼 평행 이동한 좌표축을 X, Y라고 한다. 이때 X, Y축에 관한 단면 1차모멘트와 단면 2차모멘트는 x, y축에 대한 G_x, G_y 및 I_x, I_y와 평행으로 이동한 거리 a, b를 이용하여 쉽게 구할 수 있는데, 이것을 평행축정리(平行軸定理; parallel-axis theorem)라고 한다.

[그림 5-1]로부터 x, y축에 평행한 X, Y축에 관한 단면 1차모멘트는 다음 식과 같이 표시된다.

$$\begin{aligned} G_X &= \int Y dA = \int (y+a) dA = \int y dA + a\int dA \\ &= G_x + aA \\ G_Y &= \int X dA = \int (x+b) dA = \int x dA + b\int dA \\ &= G_y + bA \end{aligned} \qquad (5\cdot6)$$

이와 같이 평행축정리를 이용하면 식 (5·6)에서 알 수 있듯이 평행축의 단면 1차모멘트는 원래 축의 단면 1차모멘트와 평행한 거리에 면적을 곱한 것을 합한 값으로 된다.

같은 방법으로 [그림 5-1]에서 x, y축에 평행한 X, Y축에 대한 단면 2차모멘트는 평행축정리를 이용하면 다음 식으로 나타낸다.

$$\begin{aligned} I_X &= \int Y^2 dA = \int (y+a)^2 dA = \int y^2 dA + 2a\int y dA + a^2\int dA \\ &= \int y^2 dA + 2aG_x + a^2 A \\ &= I_x + a^2 A \quad (\because \text{도심축 } x\text{에 관한 } G_x = 0) \\ I_Y &= I_y + b^2 A \end{aligned} \qquad (5\cdot7)$$

식 (5·6)과 식 (5·7)을 비교하면 평행축에 관한 단면 2차모멘트는 원래 축의 단면 2차모멘트와 평행한 거리의 제곱에 면적을 곱한 것의 합으로 표시한다.

이상의 설명을 기초로 하여 복잡한 전체단면을 임의의 단면으로 분할하여 도심 및 단면 2차모멘트를 구한 후 각각 합하거나, 또는 빼는 방법으로 전체단면에 대한 도심 및 단면 2차모멘트를 쉽게 구할 수 있다.

≫ 예제 5-4

[그림 5-6]과 같이 폭 b, 높이 h 인 직사각형 단면에 대한 다음을 구하시오.

(1) 각 도심축(x, y 축)에 대한 단면 2차모멘트(I_x, I_y)

(2) 각 도심축(x, y 축)에 대한 회전반지름(k_x, k_y)

(3) 각 도심축(x, y 축)에 대한 단면계수(Z_x, Z_y)

(4) 평행축정리를 이용한 X 축의 단면 2차모멘트(I_X)

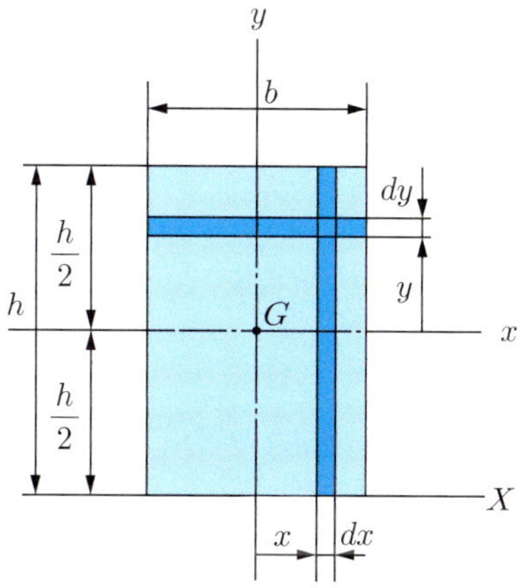

[그림 5-6]

| 풀이 | (1) $I_x = \int_A y^2 dA = \int_{-\frac{h}{2}}^{\frac{h}{2}} y^2 (b\,dy) = b\left[\frac{y^3}{3}\right]_{-\frac{h}{2}}^{\frac{h}{2}} = \frac{bh^3}{12}$

$$I_y = \int_A x^2 dA = \int_{-\frac{b}{2}}^{\frac{b}{2}} x^2 (h\,dx) = h\left[\frac{x^3}{3}\right]_{-\frac{b}{2}}^{\frac{b}{2}} = \frac{hb^3}{12}$$

(2) $k_x = \sqrt{\frac{I_x}{A}} = \sqrt{\frac{bh^3}{12}/bh} = \frac{h}{2\sqrt{3}}$

$$k_y = \sqrt{\frac{I_y}{A}} = \sqrt{\frac{hb^3}{12}/bh} = \frac{b}{2\sqrt{3}}$$

(3) $Z_x = \frac{I_x}{e_y} = \frac{bh^3/12}{h/2} = \frac{bh^2}{6}$

$$Z_y = \frac{I_y}{c_x} = \frac{hb^3/12}{b/2} = \frac{hb^2}{6}$$

(4) $I_X = I_x + a^2 A = \frac{bh^3}{12} + \left(\frac{h}{2}\right)^2 bh = \frac{bh^3}{3}$

▶ 예제 5-5

[그림 5-7]과 같이 밑변의 길이 b, 높이 h 인 삼각형의 도심축에 대한 다음 물음에 답하시오.

(1) 도심축에 관한 단면 2차모멘트(I_x)

(2) 도심축에 관한 회전반지름(k_x)

(3) 도심축에 관한 단면계수(Z_1, Z_2)

(4) 평행축정리를 이용한 X축의 단면 2차모멘트(I_X)

(5) I_X 값을 이용한 평행축정리에 의한 도심축 I_x 값의 검증

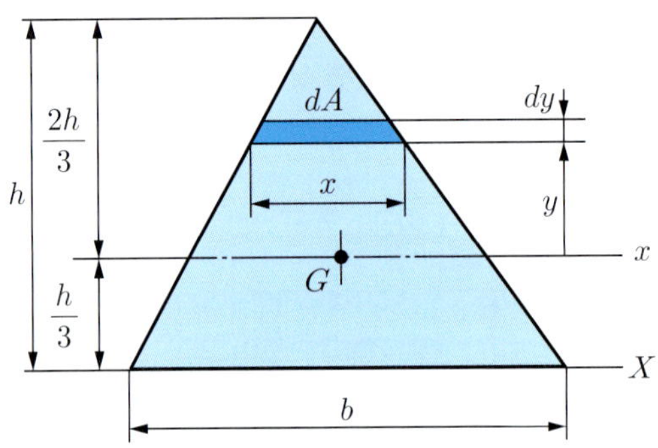

[그림 5-7]

| 풀이 | (1) $dA = x\,dy$, $x/b = \left(\frac{2}{3}h - y\right)/h$ 이므로

$$I_x = \int_A y^2 dA = \frac{b}{h}\int_{-\frac{h}{3}}^{\frac{2h}{3}} y^2\left(\frac{2}{3}h - y\right)dy = \frac{bh^3}{36}$$

(2) $Z_1 = \frac{I_x}{2h/3} = \frac{bh^2}{24}$, $Z_2 = \frac{I_x}{h/3} = \frac{bh^2}{12}$

(3) $k_x = \sqrt{\frac{I_x}{A}} = \sqrt{\frac{bh^3}{36} / \frac{bh}{2}} = \frac{h}{3\sqrt{2}}$

(4) $I_X = I_x + a^2 A = \frac{bh^3}{36} + \left(\frac{h}{3}\right)^2\left(\frac{bh}{2}\right) = \frac{bh^3}{12}$

(5) $I_x = I_X - a^2 A = \frac{bh^3}{12} - \left(\frac{h}{3}\right)^2\left(\frac{bh}{2}\right) = \frac{bh^3}{36}$

(1)번에서 구한 값과 일치하는 것이 검증된다.

▶▶ 예제 5-6

[그림 5-8]과 같은 T형 단면에 대해 다음 물음에 답하시오. 단, 그림에 표시한 치수의 단위는 [cm]이다.

(1) 도심의 위치 $(\overline{y})$

(2) 도심축에 대한 단면 2차모멘트(I_x)

(3) 도심축에 대한 단면계수$(Z_1,\ Z_2)$

(4) 평행축정리를 이용한 X축의 단면 2차모멘트(I_X)

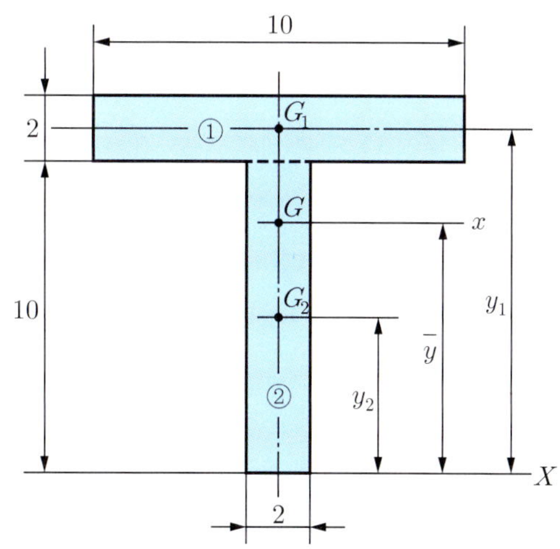

[그림 5-8]

| 풀이 | (1) $\overline{y} = \dfrac{(A_1 y_1) + (A_2 y_2)}{A_1 + A_2} = \dfrac{(20 \times 11) + (20 \times 5)}{(2 \times 10) + (2 \times 10)} = 8\,[\text{cm}]$

(2) $I_x = (I_{x1} + A_1 a_1^2) + (I_{x2} + A_2 a_2^2)$

$$= \left(\frac{10 \times 2^3}{12} + 20 \times (11-8)^2\right) + \left(\frac{2 \times 10^3}{12} + 20 \times (8-5)^2\right) = 533.3\,[\text{cm}^4]$$

(3) $Z_1 = \dfrac{I_x}{e_1} = \dfrac{533.3}{8} = 66.7\,[\text{cm}]$

$Z_2 = \dfrac{I_x}{e_2} = \dfrac{533.3}{4} = 133.3\,[\text{cm}]$

(4) $I_X = I_x + a^2 A = 533.3 + 8^2 \times 40 = 3093.3\,[\text{cm}^4]$

5.4 극단면 2차모멘트와 극단면계수

[그림 5-1]에서 원점 O로부터 미소면적 dA까지 극좌표로 임의의 거리 r을 잡고, 극단면 2차모멘트(polar moment of inertia of area) 또는 극관성(極慣性)모멘트를 I_p라고 하면, 다음 식과 같이 표시된다.

$$I_p = \int_A r^2 \, dA \tag{5·8}$$

여기서, $r = x^2 + y^2$ 이므로

$$I_p = \int_A r^2 \, dA = \int_A (x^2 + y^2) \, dA = \int x^2 \, dA + \int y^2 \, dA = I_x + I_y \tag{5·9}$$

식 (5·9)로부터 평면도형의 도심 G에 관한 극단면 2차모멘트는 그 점을 지나는 2개의 직교좌표계 x, y축에 관한 단면 2차모멘트의 합과 같다. 따라서 직교좌표계에서 서로 대칭인 원형단면과 정사각형 단면에 대한 극단면 2차모멘트는 x, y축에 관한 단면 2차모멘트의 합과 같으므로 다음 식과 같다.

$$I_p = 2I_x = 2I_y \tag{5·10}$$

또한, 극단면계수(極斷面係數; polar modulus of section) Z_p는 도심으로부터 양끝 표면까지의 거리를 e라고 하면 다음 식과 같이 나타낸다.

$$Z_p = \frac{I_p}{e} = \frac{\int r^2 \, dA}{y} \tag{5·11}$$

식 (5·11)은 비틀림 모멘트에 의한 전단응력을 계산할 때 주로 사용된다.

예제 5-7

[그림 5-9]와 같이 지름 d인 원형 단면에 대하여 다음 물음에 답하시오.

(1) 도심축에 대한 극단면 2차모멘트(I_p)

(2) 도심축에 대한 단면 2차모멘트(I_x)

(3) 도심축에 대한 단면계수(Z_x)

(4) 도심축에 대한 극단면계수(Z_p)

(5) 평행축정리를 이용한 X축의 단면 2차모멘트(I_X)

(6) 평행축정리를 이용한 X축의 극단면 2차모멘트(I_{pX})

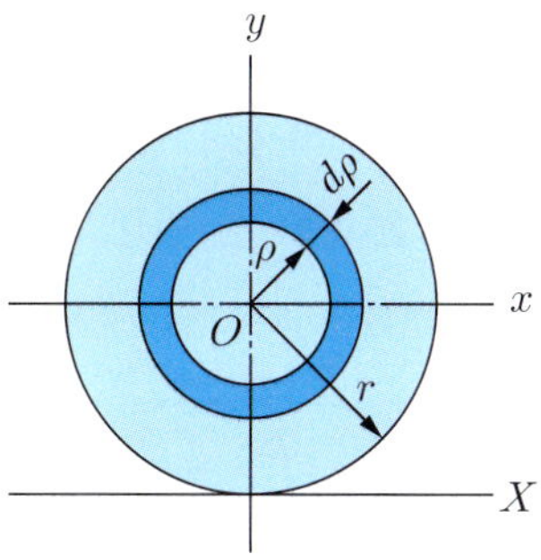

[그림 5-9]

| 풀이 | (1) $I_p = \int_A \rho^2 dA = \int_0^r \rho^2 (2\pi\rho d\rho) = 2\pi \int_0^r \rho^3 d\rho$

$$= 2\pi \left[\frac{\rho^4}{4} \right]_0^r = \frac{\pi r^4}{2} = \frac{\pi d^4}{32}$$

(2) 원형 단면일 때 $I_x = I_y$ 이고, $I_p = I_x + I_y = 2I_x = 2I_y$ 이므로

$$I_x = I_y = \frac{1}{2} I_p = \frac{\pi d^4}{64}$$

(3) $Z_x = \frac{I_x}{e} = \frac{I_x}{d/2} = \frac{\pi d^3}{32}$

(4) $Z_p = \frac{I_p}{e} = \frac{I_p}{d/2} = \frac{\pi d^3}{16}$

(5) $I_X = I_x + a^2 A = \frac{\pi d^4}{64} + \left(\frac{d}{2}\right)^2 \left(\frac{\pi d^2}{4}\right) = \frac{5}{64} \pi d^4$

(6) $I_{pX} = I_p + r^2 A = (I_x + I_y) + \left\{ \left(\frac{d}{2}\right)^2 + \left(\frac{d}{2}\right)^2 \right\} \left(\frac{\pi d^2}{4}\right)$

$$= \left(\frac{\pi d^4}{64} + \frac{\pi d^4}{64} \right) + \frac{\pi d^4}{8} = \frac{5}{32} \pi d^4$$

5.5 단면상승 모멘트와 주축

5.5.1 단면상승 모멘트

[그림 5-1]에서 x, y 축으로부터 평면도형의 미소면적 dA 까지의 거리 x, y 와 dA 를 곱하여 전체면적 A 에 걸쳐 적분한 값을 단면상승(斷面相乘) 모멘트(product of inertia of area) 또는 관성상승 모멘트라 하고, I_{xy} 로 표시하면 다음 식과 같이 된다.

$$I_{xy} = \int xy\, dA = \iint xy\, dx\, dy \qquad (5\cdot12)$$

만일, 도형의 두 축 중에서 1 개라도 대칭을 이룬다면 그 축에 관한 단면상승 모멘트 $I_{xy} = 0$ 이 된다.

5.5.2 단면상승 모멘트와 주축

[그림 5-10]과 같이 y축에 대칭인 도형에서 임의의 미소면적 dA는 x, y의 좌표로 표시되고, y좌표는 서로 같지만 x좌표는 양(+), 음(−)만 다른 대칭적인 쌍으로 볼 수 있다. 이 경우 단면상승 모멘트 I_{xy}는 서로 상쇄되고, 다음 식과 같이 표시된다.

$$
\begin{aligned}
I_{xy} &= \int xy\,dA = \int_0^{+x} xy\,dA + \int_{-x}^{0} -xy\,dA \\
&= \int_0^{x} xy\,dA + \int_0^{x} (-x)y\,dA = 0 \qquad (5\cdot13)
\end{aligned}
$$

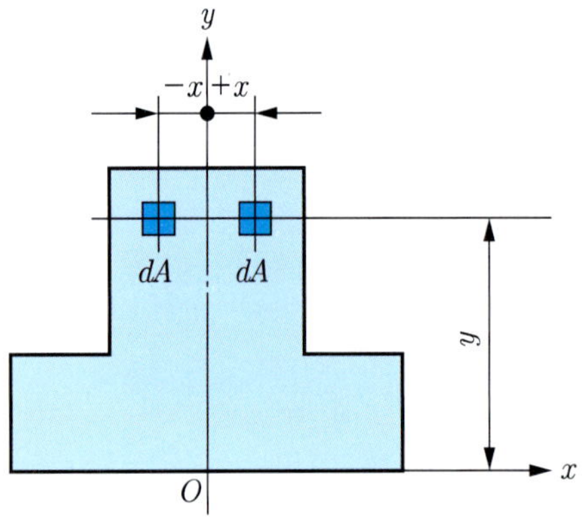

[그림 5-10] 대칭도형의 단면상승 모멘트

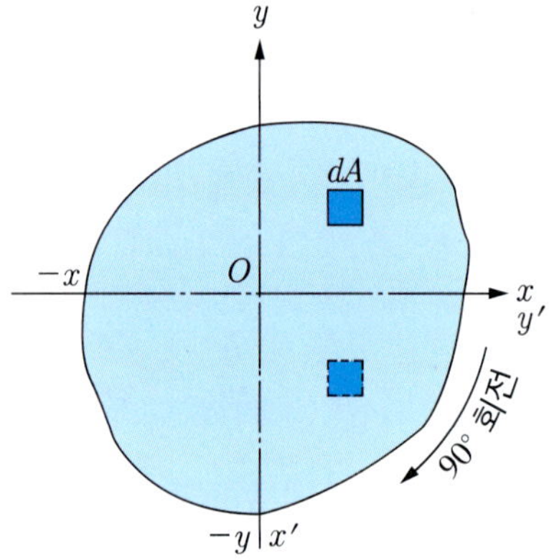

[그림 5-11] 단면상승 모멘트의 좌표변환

식 (5·13)에서 알 수 있듯이 도형의 도심을 지나고 $I_{xy} = 0$이 되는 서로 직교하는 축에 대한 단면상승 모멘트는 반드시 0이 되고, 이 직교하는 축을 그 단면의 추축(主軸; principal axis)이라고 한다. 따라서 도형의 대칭축에 대한 단면상승 모멘트는 반드시 0이 되며, 그 축은 주축이 된다. 또한, 도심을 지나고 대칭축에 직각인 축도 주축으로 된다.

[그림 5-11]과 같이 x, y축을 점 O에 대하여 시계방향으로 90° 회전하면 두 축은 x', y'축으로 변환되고, 미소면적 dA에 대한 원래좌표와 새로운 좌표는 다음과 같은 관계로 된다.

$$
x' = -y, \quad y' = x \qquad \text{(a)}
$$

변환 축 x', y'에 대한 단면상승 모멘트 $I_{x'y'}$는 다음 식과 같이 된다.

$$
I_{x'y'} = \int x'y'\,dA = -\int xy\,dA = -I_{xy} \qquad (5\cdot14)
$$

식 (5·14)는 좌표축이 90° 회전할 때마다 단면상승 모멘트의 부호가 바뀌는 것을 의

미한다. 따라서 단면상승 모멘트는 연속함수이므로 그 값이 반드시 0이 되는 방향이 존재하고, 이 방향의 축은 주축이 된다.

5.5.3 단면상승 모멘트에 대한 평행축정리

[그림 5-12]와 같이 임의의 도형에 대한 도심을 지나는 축 x, y의 단면상승 모멘트의 값을 알면, 그 축에 각각 평행한 두 축 x', y'에 대한 단면상승 모멘트는 평행축정리를 이용하여 다음과 같은 식을 얻을 수 있다.

$$\begin{aligned} I_{x'y'} &= \int x'y'\,dA = \int (x+b)(y+a)\,dA \\ &= \int xy\,dA + b\int y\,dA + a\int x\,dA + ab\int dA \\ &= I_{xy} + bG_x + aG_y + abA \\ &= I_{xy} + abA \end{aligned} \quad (5\cdot15)$$

식 (5·15)에서 각 도심 축에 대한 단면 1차모멘트 G_x, G_y는 0되므로

$$G_x = \int y\,dA = \bar{y}A = 0,\quad G_y = \int x\,dA = \bar{x}A = 0 \quad \text{(b)}$$

$$\therefore\ bG_x = 0,\quad aG_y = 0 \quad \text{(c)}$$

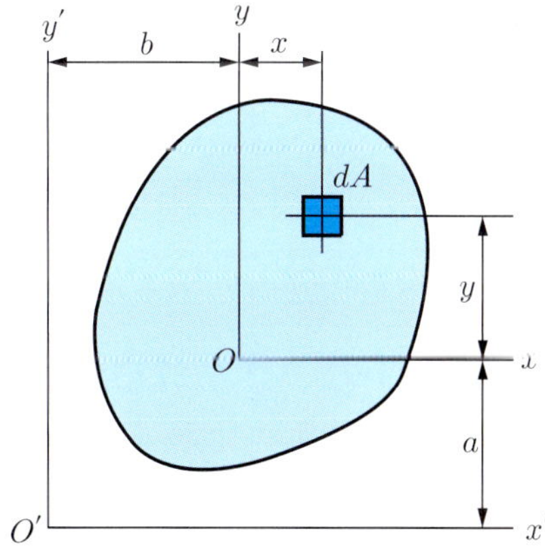

[그림 5-12] 단면상승 모멘트의 평행축정리

5.5.4 단면상승 모멘트와 주축

(1) 해석적 방법

[그림 5-13]과 같이 x, y축에 관한 단면 2자모멘트 및 단면상승 모멘트 I_x, I_y, I_{xy}를 알 수 있을 때 O점을 중심으로 θ만큼 회전한 새로운 좌표계 x', y'축에 대한 $I_{x'}$, $I_{y'}$, $I_{x'y'}$를 구하여 보기로 한다.

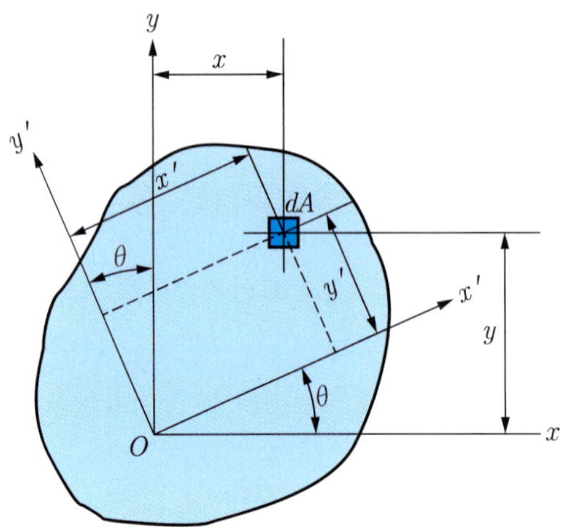

[그림 5-13] 좌표변환에 의한 주축의 결정

미소요소 dA 에 대한 회전축의 새로운 좌표는 다음 식으로 주어진다.

$$x' = x\cos\theta + y\sin\theta, \quad y' = y\cos\theta - x\sin\theta \tag{d}$$

회전축 x' 에 대한 단면 2차모멘트 $I_{x'}$ 은

$$\begin{aligned} I_{x'} &= \int y'^2 dA = \int (y\cos\theta - x\sin\theta)^2 dA \\ &= \cos^2\theta \int y^2 dA + \sin^2\theta \int x^2 dA - 2\sin\theta\cos\theta \int xy\, dA \\ &= I_x \cos^2\theta + I_y \sin^2\theta - 2I_{xy}\sin\theta\cos\theta \end{aligned} \tag{5·16}$$

같은 방법으로 y' 에 대한 단면 2차모멘트 $I_{y'}$ 은 다음 식과 같이 표시된다.

$$\begin{aligned} I_{y'} &= \int x'^2 dA = \int (x\cos\theta + y\sin\theta)^2 dA \\ &= I_x \sin^2\theta + I_y \cos^2\theta + 2I_{xy}\sin\theta\cos\theta \end{aligned} \tag{5·17}$$

또한, θ 만큼 회전한 x', y'축에 관한 단면상승 모멘트 $I_{x'y'}$ 은 다음 식과 같이 된다.

$$\begin{aligned} I_{x'y'} &= \int x'y'\, dA = \int (x\cos\theta + y\sin\theta)(y\cos\theta - x\sin\theta)\, dA \\ &= (I_x - I_y)\sin\theta\cos\theta + I_{xy}(\cos^2\theta - \sin^2\theta) \end{aligned} \tag{5·18}$$

삼각함수의 성질

$$\cos 2\theta = \cos^2\theta - \sin^2\theta, \quad 2\sin\theta\cos\theta = 2\sin\theta$$

를 식 (5·16) ~ 식 (5·18)에 적용하면 다음 식으로 나타낸다.

$$I_{x'} = \frac{I_x + I_y}{2} + \frac{I_x - I_y}{2}\cos 2\theta - I_{xy}\sin 2\theta \tag{5·19}$$

$$I_{y'} = \frac{I_x + I_y}{2} - \frac{I_x - I_y}{2}\cos 2\theta + I_{xy}\sin 2\theta \tag{5·20}$$

$$I_{x'y'} = \frac{I_x - I_y}{2}\sin 2\theta + I_{xy}\cos 2\theta \tag{5·21}$$

식 (5·19)와 식 (5·20)을 합하면

$$I_{x'} + I_{y'} = I_x + I_y = I_p \tag{5·22}$$

식 (5·22)로부터 변환된 새로운 좌표축 x', y'축에 관한 각각의 단면 2차모멘트의 합은 원래좌표 x, y축에 대한 각 단면 2차모멘트의 합과 같고, 이것은 O점에 관한 극단면 2차모멘트와 같음을 알 수 있다.

식 (5·19)~식 (5·21)과 제 4장의 2축 수직응력이 작용할 때의 관계식을 비교하면 단면 2차모멘트 (I_x, I_y, $I_{x'}$, $I_{y'}$)는 수직응력 (σ_x, σ_y, $\sigma_{x'}$, $\sigma_{y'}$)에 해당하며, 단면상승 모멘트에 대한 음(−)의 값 ($-I_{x'}$, $-I_{y'}$)은 전단응력 (τ_{xy}, $\tau_{x'y'}$)에 대응한다. 또한, 극단면 2차모멘트 I_p는 수직응력의 합 ($\sigma_x + \sigma_y$)에 해당한다.

따라서 Mohr의 응력원으로부터 응력을 유도한 모든 결과 식들은 도형의 단면특성을 해석하는데 유익하게 적용할 수 있다.

주축의 방향을 구하기 위해 식 (5·19)를 θ에 관하여 미분한 후 0으로 놓으면, 다음 식과 같이 된다.

$$\frac{dI_{x'}}{d\theta} = -2\left(\frac{I_x - I_y}{2}\right)\sin 2\theta - I_{xy}\cos 2\theta = 0 \tag{e}$$

식 (e)를 θ에 대하여 풀고 $\theta = \phi$에서 식 (4·30)을 참조하면, 관성주축의 방향 ϕ는 다음 식과 같이 된다.

$$\tan 2\phi = -\frac{2I_{xy}}{I_x - I_y} \tag{f}$$

따라서

$$\phi = -\frac{1}{2}\tan^{-1}\left(\frac{2I_{xy}}{I_x - I_y}\right) \tag{5·23}$$

식 (5·23)에서 주축의 방향 ϕ는 2개의 해를 갖고 90°의 위상차로 서로 지교하며, 이때 각 축에 작용하는 단면상승 모멘트를 주관성모멘트(principal moments of inertia) 또는 주단면 2차모멘트라고 한다. 주축의 방향은 x축을 기준으로 반시계방향(−)으로 ϕ만큼 회전한 축에 대한 최대주관성모멘트 I_1과 이 축과 직교하는 축으로 최소주관성모멘트 I_2가 작용한다.

이때 최대주관성모멘트 I_1, 최소주관성모멘트 I_2는 다음 식으로 주어진다.

$$I_1 = \frac{I_x + I_y}{2} + \sqrt{\left(\frac{I_x - I_y}{2}\right)^2 + I_{xy}^2}$$
$$I_2 = \frac{I_x + I_y}{2} - \sqrt{\left(\frac{I_x - I_y}{2}\right)^2 + I_{xy}^2} \qquad (5 \cdot 24)$$

대표적인 평면도형의 성질을 [표 5-1]에 나타낸다.

(2) 모어(Mohr)의 원을 이용하는 방법

식 (5·19)와 식 (5·21)을 원의 방정식으로 유도한 후 모어원(Mohr's circle)을 그려서 최대주관성모멘트(I_1), 최소주관성모멘트(I_2) 및 이들이 작용하는 주축의 방향을 결정할 수 있다. 제 4장에서 배운 모어의 응력원을 그리는 방법과 이를 이용하는 방법을 이해하면 매우 편리하다.

모어원을 그리면 x, y축에 대한 단면 2차모멘트 I_x, I_y 및 단면상승 모멘트 I_{xy}를 최대주관성모멘트 I_1, 최소주관성모멘트 I_2로 변환하기 편리하고, 단면상승 모멘트에 대한 모어원을 그리는 순서는 다음과 같다.

(1) [그림 5-14(a)]와 같이 선택된 점 Q를 원점으로 면적 A에 대한 x, y축을 잡은 후 I_x, I_y, I_{xy}를 구한다.

(2) [그림 5-14(b)]와 같이 가로축은 단면 2차모멘트 I, 세로축에는 단면상승 모멘트 I_{xy}를 나타내는 직교좌표계를 그린다.

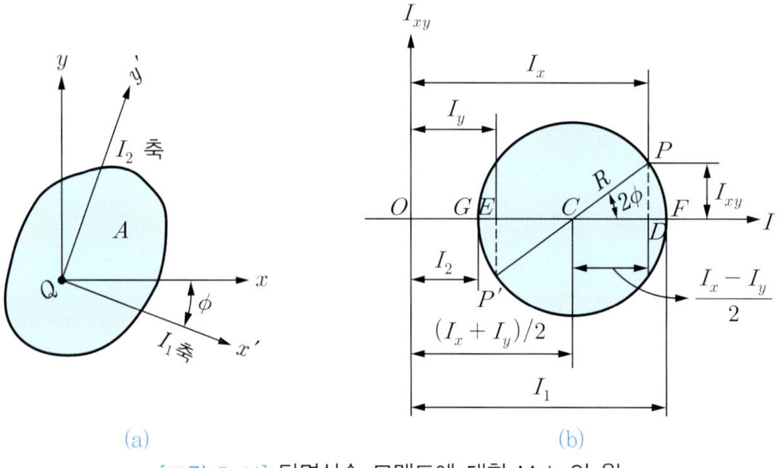

[그림 5-14] 단면상승 모멘트에 대한 Mohr의 원

(3) 좌표 $P(I_x, I_{xy})$ 인 점 P, 좌표 $P'(I_y, -I_{xy})$ 인 P' 점을 설정한다. 이때 정의에 의해 I_x 는 항상 양(+)의 값이고, I_{xy} 는 양 또는 음(−)의 값으로 된다. 여기서는 $I_x > I_y > 0$ 이고, $I_{xy} > 0$ 으로 가정한다.

(4) [그림 5-14(b)]와 같이 점 P와 점 P' 을 연결한 후 관성모멘트 축과 $\overline{PP'}$ 이 만나는 점을 C로 표시한다. 점 C를 중심으로 $\overline{CP} = \overline{CP'}$ 를 반지름으로 하는 원을 그리면 모어원이 완성된다.

[그림 5-14(b)]에서 다음의 값을 쉽게 구할 수 있다.

(a) 모어원의 중심좌표 : $I_m = \overline{OC} = \dfrac{I_x + I_y}{2}$

(b) 모어원의 반지름 : $R = \overline{CP} = \overline{CP'} = \sqrt{\left(\dfrac{I_x - I_y}{2}\right)^2 + I_{xy}^2}$

(5) 모어원의 점 F에서 최대주관성모멘트 I_1, 점 G에서 최소주관성모멘트 I_2로 된다. 이때 [그림 5-14(b)]에서 알 수 있듯이 단면상승 모멘트 I_{xy}는 0이 된다.

$$I_1 = \overline{OF} = \overline{OC} + \overline{CF} = \frac{I_x + I_y}{2} + R = I_m + R$$
$$= \frac{I_x + I_y}{2} + \sqrt{\left(\frac{I_x - I_y}{2}\right)^2 + I_{xy}^2}$$

$$I_2 = \overline{OG} = \overline{OC} - \overline{CG} = \frac{I_x + I_y}{2} - R = I_m - R$$
$$= \frac{I_x + I_y}{2} - \sqrt{\left(\frac{I_x - I_y}{2}\right)^2 + I_{xy}^2}$$

(6) [그림 5-14(b)]와 같이 최대주관성모멘트 I_1의 방향을 구하기 위해 면적의 x축과 이루는 각도를 구하면, 식 (f)와 같이 [그림 5-14(a)]에 나타낸 ϕ의 2배가 된다.

$$\tan 2\phi = \frac{\overline{PD}}{\overline{CD}} = \frac{I_{xy}}{\left(\dfrac{I_x - I_y}{2}\right)}$$

$$\therefore \ \phi = \frac{1}{2}\tan^{-1}\left(\frac{2I_{xy}}{I_x - I_y}\right)$$

(7) [그림 5-14(b)]의 모어원의 점 P에서 최대주관성모멘트 I_1의 위치인 점 F로 되돌아가려면 시계방향으로 각도 2ϕ 만큼 이동하여야 한다. 따라서 [그림 5-14(a)]에서 면적 A인 최대주관성모멘트 I_1의 x'축 방향이 되기 위해서는 x축으

로부터 시계방향으로 ϕ 만큼 이동하여야 한다. 또한, 최대주관성모멘트 I_1 의 x' 축과 최소주관성모멘트 I_2 의 y' 축은 서로 직교(直交)하는 것을 알 수 있다.

▶ 예제 5-8

[그림 5-15]와 같은 직사각형 단면에 대하여 다음 물음에 답하시오.

(1) 도심축에 관한 극단면 2차모멘트(I_p)

(2) X, Y 축에 관한 단면상승 모멘트(I_{XY})

(3) O 점을 지나는 X, Y 축에 대한 주축의 방향($\tan 2\phi$)

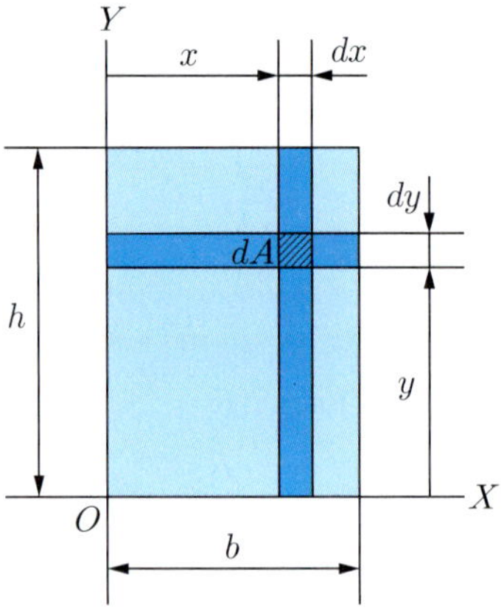

[그림 5-15]

| 풀이 | (1) $I_p = I_x + I_y = \dfrac{bh^3}{12} + \dfrac{hb^3}{12} = \dfrac{bh}{12}(b^2 + h^2)$

(2) $I_{XY} = \displaystyle\int_A XYdA = \iint XYdXdY = \int_0^b XdX \int_0^h YdY$

$= \left[\dfrac{X^2}{2}\right]_0^b \left[\dfrac{Y^2}{2}\right]_0^h = \dfrac{1}{4}b^2h^2$

(3) $I_X = \dfrac{bh^3}{3}$, $I_Y = \dfrac{hb^3}{3}$ 이므로

$$\tan 2\phi = -\frac{2I_{XY}}{I_X - I_Y} = \frac{2I_{XY}}{I_Y - I_X} = \frac{2(b^2h^2/4)}{(hb^3 - bh^3)/3} = \frac{3bh}{2(b^2 - h^2)}$$

▶ 예제 5-9

[그림 5-16]과 같은 L 형 단면에 대하여 다음 물음에 답하시오. 단, 그림에 표시한 치수의 단위는 [cm]이다.

(1) X, Y축에 관한 단면 2차모멘트(I_X, I_Y)

(2) X, Y축에 관한 단면상승 모멘트(I_{XY})

(3) 주관성모멘트 (I_1, I_2)

(4) O 점을 지나는 X, Y축에 대한 주축의 방향(ϕ)

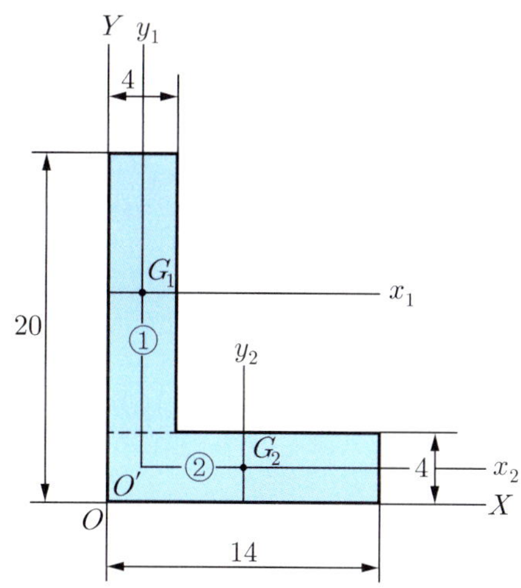

[그림 5-16]

| 풀이 | (1) X, Y축에 대한 단면 2차모멘트는 단면 ①, ②로 나누어 구하면

$$I_X = \frac{4\times16^3}{3} + \frac{14\times4^3}{3} = 5760\,[\text{cm}^4]$$

$$I_Y = \frac{16\times4^3}{3} + \frac{4\times14^3}{3} = 4000\,[\text{cm}^4]$$

(2) $I_{XY} = \dfrac{1}{4}(16^2\times4^2 + 14^2\times4^2) = 1808\,[\text{cm}^4]$

(3) $$I_1 = \frac{I_X+I_Y}{2} + \sqrt{\left(\frac{I_X-I_Y}{2}\right)^2 + I_{XY}^2}$$

$$= \frac{5760+4000}{2} + \sqrt{\left(\frac{5760-4000}{2}\right)^2 + 1808^2}$$

$$= 6891\,[\text{cm}^4]$$

$$I_2 = \frac{I_X+I_Y}{2} - \sqrt{\left(\frac{I_X-I_Y}{2}\right)^2 + I_{XY}^2} = 2869\,[\text{cm}^4]$$

(4) $$\tan 2\phi = -\frac{2I_{XY}}{I_X-I_Y} = -\frac{2\times1808}{5760-4000} = -2.0545$$

$$\therefore\ \phi = -\frac{1}{2}\tan^{-1}(2.0545) = -32°\ \text{(반시계방향)}$$

그러므로 주축은 X축을 기준으로 반시계방향으로 32°인 단면에서 최대주관성모멘트 I_1이 작용하고, 이것과 직각방향으로 최소주관성모멘트 I_2가 작용한다.

[표 5-1] 대표적인 평면도형의 성질

단면 형상	$A[\mathrm{mm}^2]$	$\bar{x}$, $\bar{y}[\mathrm{mm}]$	I_x, $I_y[\mathrm{mm}^4]$	$I_{xy}[\mathrm{mm}^4]$	$I_p[\mathrm{mm}^4]$
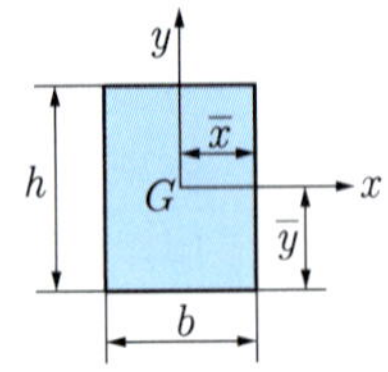	bh	$\bar{x}=\frac{b}{2}$ $\bar{y}=\frac{h}{2}$	$I_x=\frac{bh^3}{12}$ $I_y=\frac{hb^3}{12}$	$I_{xy}=0$	$\frac{bh}{12}(h^2+b^2)$
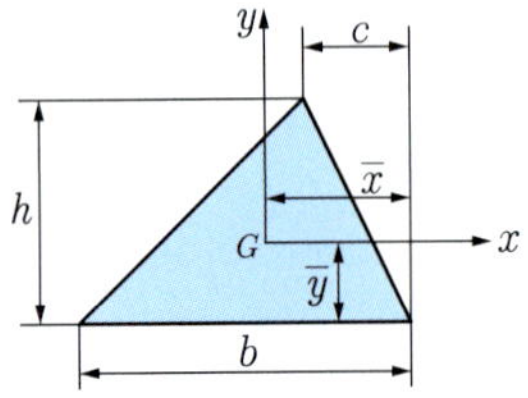	$\frac{bh}{2}$	$\bar{x}=\frac{b+c}{3}$ $\bar{y}=\frac{h}{3}$	$I_x=\frac{bh^3}{36}$ $I_y=\frac{bh}{36}(b^2-bc+c^2)$	$\frac{bh^2}{72}(b-2c)$	$\frac{bh}{36}(h^2+b^2-bc+c^2)$
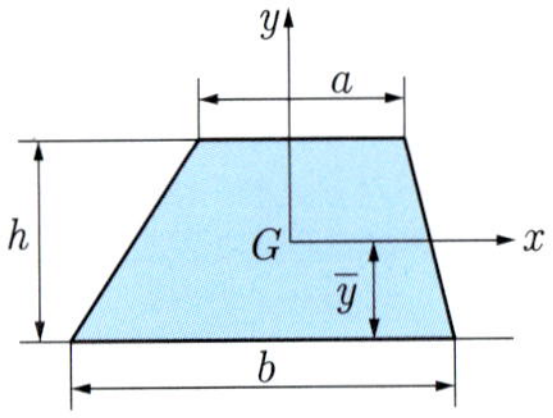	$\frac{h(a+b)}{2}$	$\bar{y}=\frac{h(2a+b)}{3(a+b)}$	$I_x=\frac{h^3}{36}\times\frac{(a^2+4ab+b^2)}{a+b}$		
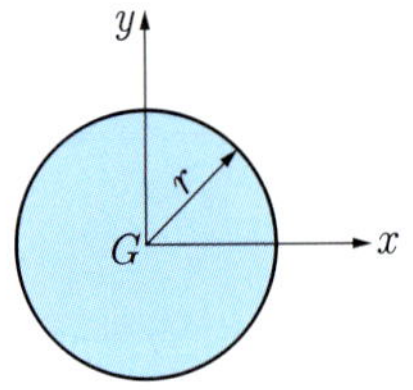	$\pi r^2=\frac{\pi d^2}{4}$	$\bar{x}=\bar{y}=r=\frac{d}{2}$	$I_x=I_y=\frac{\pi r^4}{4}=\frac{\pi d^4}{64}$	$I_{xy}=0$	$\frac{\pi r^4}{2}=\frac{\pi d^4}{32}$
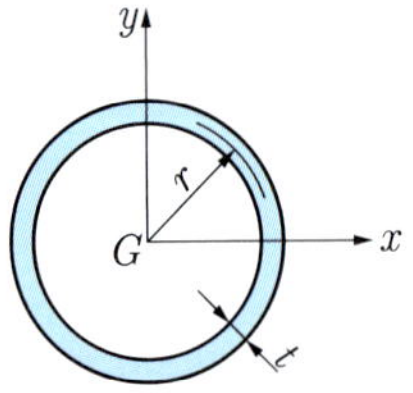	$2\pi rt=\pi dt$	$\bar{x}=\bar{y}=r$	$I_x=I_y=\pi r^3 t=\frac{\pi d^3 t}{8}$	$I_{xy}=0$	$2\pi r^3 t=\frac{\pi d^3 t}{4}$
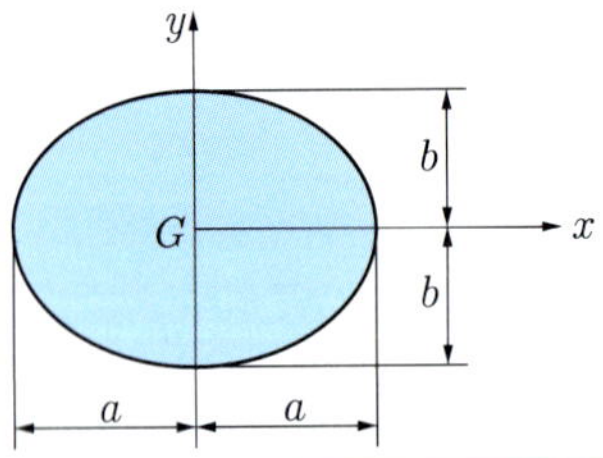	πab	$\bar{x}=a$ $\bar{y}=b$	$I_x=\frac{\pi ab^3}{4}$ $I_y=\frac{\pi ba^3}{4}$	$I_{xy}=0$	$\frac{\pi ab}{4}(a^2+b^2)$

5.6 질량관성모멘트

5.6.1 질량관성모멘트의 의미

질량관성모멘트(moment inertia of mass)는 회전운동에 대한 물체의 저항을 나타내며, 운동에너지는 각속도에 관계되고, 토크는 각가속도에 비례한다. 질량관성모멘트는 회전체의 무게중심(center of gravity) 축에 대한 질량의 분포를 나타내는 척도가 된다.

[그림 5-17]과 같은 축에 대한 물체의 질량관성모멘트 J는 일반적으로 다음 식과 같이 정의된다.

$$J = \int r^2 dm = \rho \int r^2 dV \tag{5·25}$$

여기서 dm은 물체의 미소요소의 질량이고, r은 축에서 미소요소의 질량까지의 거리를 나타낸다.

질량관성모멘트 J는 동역학에서 회전운동 에너지, 토크, 가속도, 각운동량 등의 해석을 위해 다루어진다.

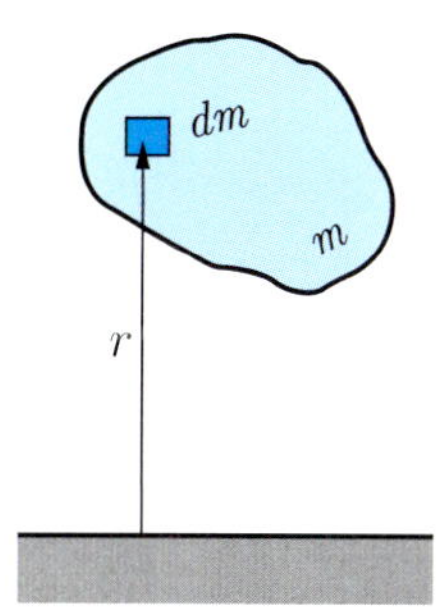

[그림 5-17]

참고사항

질량관성모멘트와 직선 및 회전운동의 관계

직선운동		회전운동	
항 목	기 호 [단위]	항 목	기 호 [단위]
운동의 법칙	$F = m\alpha$ [N]	운동의 법칙	$T = J\dot{\omega}$ [N·m]
운동에너지	$E = \frac{1}{2}mv^2$ [J]	운동에너지	$E = \frac{1}{2}J\omega^2$ [J]

비고 m: 질량[kg], J: 질량관성모멘트[N·m], v: 속도[m/s], ω: 각속도[rad/s], α: 가속도[m/s^2], $\dot{\omega}$: 각가속도[rad/s^2], F: 힘[N], T: 토크[N·m], E: 운동에너지[J]

[그림 5-18]에서 각 축에 대한 질량관성모멘트 J는 다음 식과 같이 표시할 수 있다.

$$\begin{aligned} J_x &= \int r^2 dm = \int (y^2 + z^2) dm \\ J_y &= \int r^2 dm = \int (x^2 + z^2) dm \\ J_z &= \int r^2 dm = \int (x^2 + y^2) dm \end{aligned} \tag{5·26}$$

질량관성모멘트 J는 항상 양$(+)$의 값이 되고, SI 단위는 $[\mathrm{kg} \cdot \mathrm{m}^2]$이다.

또한 질량의 회전반지름(radius of gyration of mass) k는 어떤 축으로부터 질량의 분포를 측정하는 양이며, 다음 식과 같이 나타낸다.

$$k = \sqrt{\frac{J}{m}} \tag{5·27}$$

여기서 m은 물체의 질량이다.

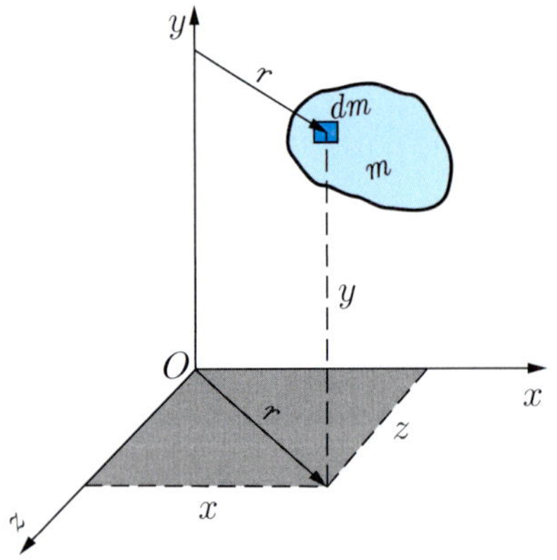

[그림 5-18]

식 (5·27)에서 질량관성모멘트 $J = k^2 m$으로 되고, [그림 5-19]와 같이 나타내므로 k는 질량관성모멘트 J의 회전반지름이 되는 것을 쉽게 알 수 있다.

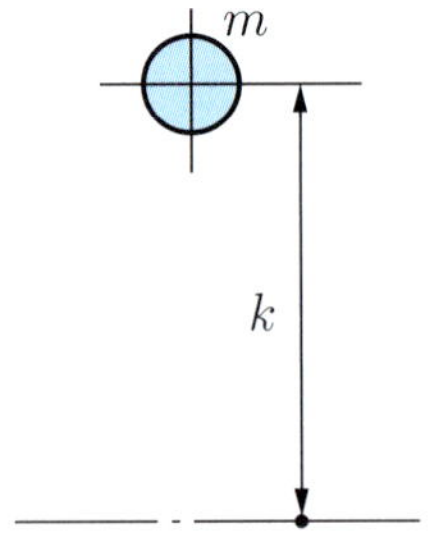

[그림 5-19]

따라서 식 (5·27)로부터 회전반지름은 각각 다음 식과 같이 된다.

$$k_x = \sqrt{\frac{J_x}{m}}, \quad k_y = \sqrt{\frac{J_y}{m}}, \quad k_z = \sqrt{\frac{J_z}{m}} \tag{5·28}$$

참고사항

무게중심(center of gravity) 및 질량중심(center of mass) :

무게 W인 물체의 무게중심의 좌표를 $\bar{x}$, $\bar{y}$, $\bar{z}$ 라고 하면 다음 식과 같이 구해진다.

$$\bar{x} = \frac{\int x\,dW}{W}, \quad \bar{y} = \frac{\int y\,dW}{W}, \quad \bar{z} = \frac{\int z\,dW}{W} \tag{a}$$

물체의 운동을 해석하는 동역학에서는 질량중심에 대한 좌표를 결정할 필요가 있고, 물체의 무게(W)와 질량(m)은

$$m = \frac{W}{g}, \quad dW = g\,dm \tag{b}$$

여기서 dm은 물체의 미소요소에 대한 질량이고, dW는 미소요소의 무게이다. 따라서 식 (a), 식 (b)에 의해 질량중심의 좌표는 다음 식으로 주어진다.

$$\begin{aligned} \bar{x} &= \frac{\int x\,g\,dm}{gm} = \frac{\int x\,dm}{m} \\ \bar{y} &= \frac{\int y\,g\,dm}{gm} = \frac{\int y\,dm}{m} \\ \bar{z} &= \frac{\int z\,g\,dm}{gm} = \frac{\int z\,dm}{m} \end{aligned} \tag{c}$$

비고 입체도형의 대표적인 형상에 대한 체적 및 무게중심은 [부록 2. 입체도형의 성질]에 나타낸다.

5.6.2 질량관성모멘트에 대한 평행축정리

물체의 무게중심을 통과하는 축에 대한 질량관성모멘트를 알 수 있다면, 이것과 평행한 축에 대한 질량관성모멘트는 평행축정리(parallel-axis theorem)를 이용하여 구할 수 있다. 단면 2차모멘트에 대한 평행축정리를 나타내는 식 (5·7)을 참조하면, [그림 5-20]과 같은 평행축에 대한 질량관성모멘트의 평행축정리는 다음 식과 같이 나타낸다.

$$\begin{aligned} J_x &= J_{x'} + a_x^2 m \\ J_y &= J_{y'} + a_y^2 m \\ J_z &= J_{z'} + a_z^2 m \end{aligned} \tag{5·29}$$

여기서 a_x는 x축과 x'축 사이의 수직거리, a_y는 y축과 y'축 사이의 수직거리이고, a_z는 z축과 z'축 사이의 수직거리를 나타낸다.

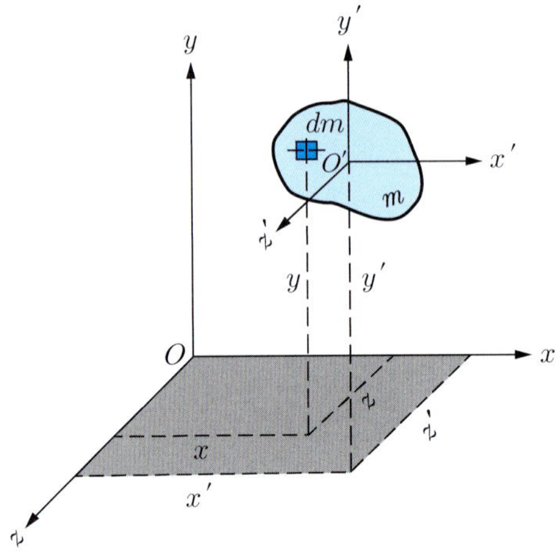

[그림 5-20]

5.6.3 각종 형상의 질량관성모멘트

(1) 봉의 무게중심 축에 대한 질량관성모멘트

질량관성모멘트를 계산하기 위한 한 예로써 [그림 5-21]과 같은 길이 l인 둥근 봉의 중심을 지나는 축에 대한 질량관성모멘트는 다음과 같이 구할 수 있다. 우선 중심축에서 임의의 거리 x에 대한 미소요소 dx 부분의 질량은

$$dm = \frac{m}{l}\,dx \tag{a}$$

따라서 y축에 관한 질량관성모멘트 J는 다음 식과 같이 된다.

$$J = \int r^2\,dm = \int_{-l/2}^{l/2} \frac{m}{l}\,x^2\,dx = \frac{1}{12}\,m\,l^2 \tag{5·30}$$

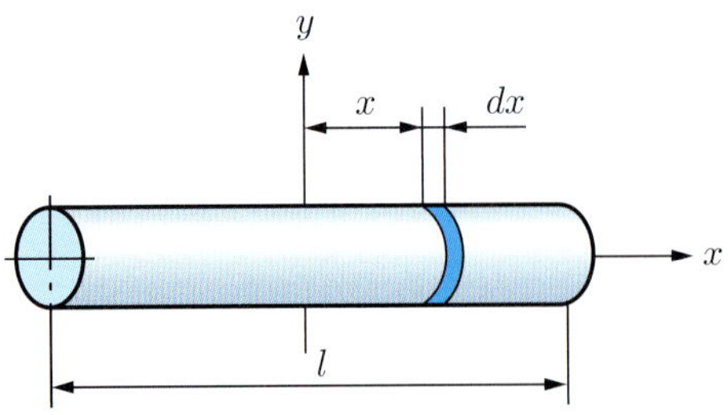

[그림 5-21]

(2) 원기둥의 중심축에 대한 질량관성모멘트

축의 주위로 곡선을 회전시켜 얻어지는 물체의 경우 적분에 의한 질량관성모멘트를 구하여 보기로 한다. [그림 5-22]와 같이 y축에 대해 대칭인 원기둥의 길이 l이고, 바깥지름 R일 때 이 원기둥의 질량관성모멘트는 다음과 같이 구할 수 있다. 두께 dr인 미소원기둥 요소에 대한 미소질량 dm은 다음 식과 같다.

$$dm = \rho(2\pi r\,dr)l \qquad \text{(b)}$$

여기서 ρ는 원기둥 재료의 밀도이다.

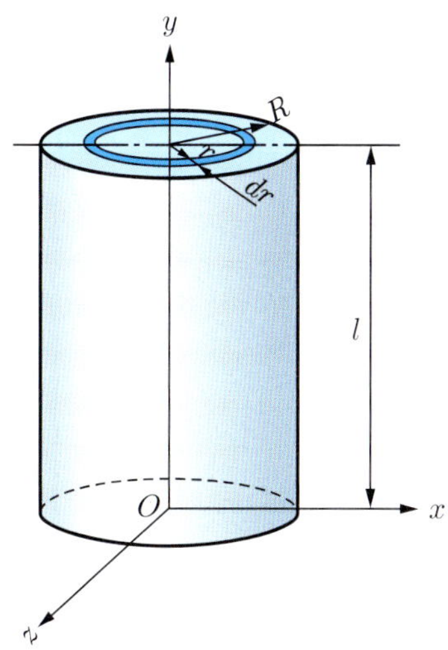

[그림 5-22]

이때, y축에 대한 질량관성모멘트 J_y는

$$J_y = \int r^2\,dm = \int_0^R (2\pi r^3 l\rho) = 2\pi\rho l\left(\frac{R^4}{4}\right) = \frac{\pi\rho l R^4}{2} \qquad (5\cdot31)$$

질량 $m = \rho V = \rho(\pi R^2 l)$이므로 식 (5·31)은 다음 식과 같이 된다.

$$J_y = \pi R^2 l\rho\left(\frac{R^2}{2}\right) = \frac{mR^2}{2} \qquad (5\cdot32)$$

(3) 얇은 판의 질량관성모멘트

[그림 5-23]과 같이 밀도 ρ이고, 두께 t인 얇은 사각형 판의 무게중심 축에 대한 질량관성모멘트는 다음 식과 같다.

$$J_y = \int r^2\,dm = \int r^2\rho t\,dA = \rho t\int r^2\,dA = \rho t I_y \qquad (5\cdot33)$$

여기서 r은 미소면적 dA의 y축까지의 거리이므로 적분의 y축에 관한 판의 단면 2차모멘트 I_y와 같다.

같은 방법으로 x 축 및 z 축에 관한 질량관성모멘트 J_x, J_z 는 다음 식으로 표시된다.

$$J_x = \rho t I_x \tag{5·34}$$

$$J_z = \rho t I_z \tag{5·35}$$

또한, 이들 사이에는 다음의 관계식이 성립한다.

$$J_z = I_x + I_y \tag{5·36}$$

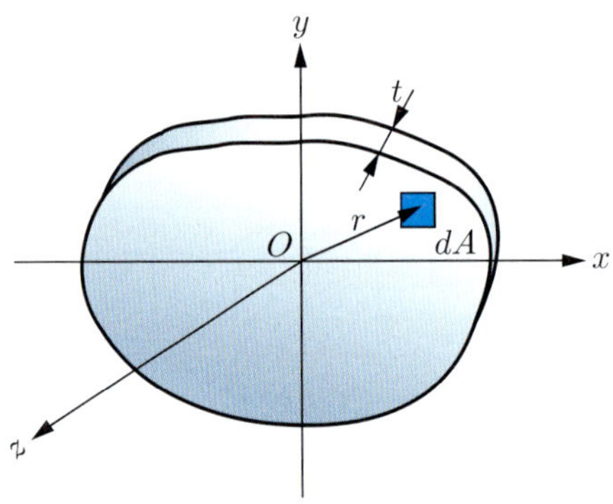

[그림 5-23]

[그림 5-24]와 같이 밑변 b, 높이 h, 두께 t 인 얇은 사각형 판의 무게중심 축에 대한 질량관성모멘트는 다음 식과 같이 표시된다.

$$J_x = \rho t I_x = \rho t \left(\frac{1}{12} bh^3 \right) \tag{5·37}$$

$$J_y = \rho t I_y = \rho t \left(\frac{1}{12} b^3 h \right) \tag{5·38}$$

질량 $m = \rho V = \rho bht$이므로 사각형 얇은 판의 질량관성모멘트는 다음 식으로 주어진다.

$$J_x = \frac{1}{12} mh^2, \quad J_y = \frac{1}{12} mb^2, \quad J_z = J_x + J_y = \frac{1}{12} m(b^2 + h^2) \tag{5·39}$$

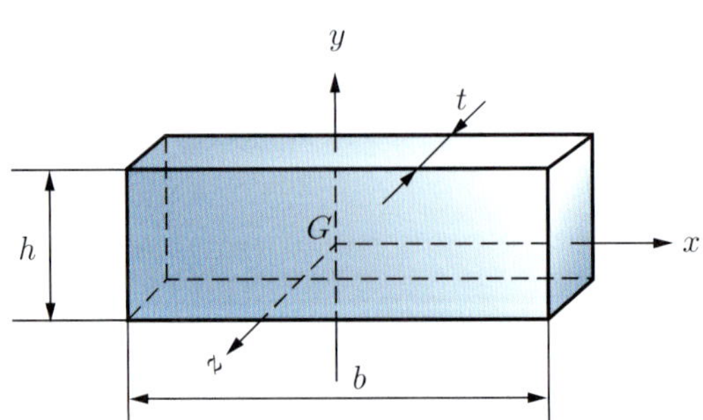

[그림 5-24]

≫ 예제 5-10

[그림 5-25]와 같은 사각형 기둥의 z 축에 관한 질량관성모멘트를 구하시오.

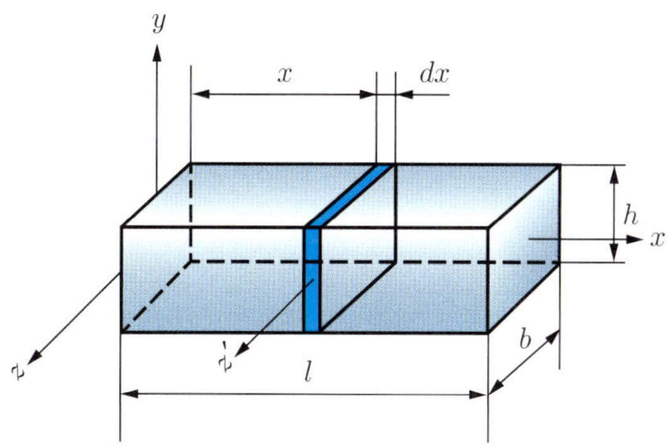

[그림 5-25]

| 풀이 | 미소요소 dx 부분에 대한 질량을 고려하면

$$dm = \rho bh\,dx$$

식 (5·39)를 참조하여 미소요소에 관한 질량관성모멘트 $dJ_{z'}$ 을 구하면 다음 식이 얻어진다.

$$dJ_{z'} = \frac{1}{12}h^2 dm$$

평행축정리를 이용하면 z 축에 관한 미소사각형 판의 질량관성모멘트 dJ_z 는

$$dJ_z = dJ_{z'} + x^2 dm = \frac{1}{12}\left(h^2 + x^2\right)\rho bh\,dx$$

$$\therefore \;\; J_z = \int dJ_z = \int_0^l \left(\frac{1}{12}h^2 + x^2\right)\rho bh\,dx = \frac{1}{12}\rho bhl\left(h^2 + 4l^2\right)$$

이와 같이 구한 각종 물체 형상의 무게중심에 대한 질량관성모멘트를 나타내면 [표 5-2]와 같다.

[표 5-2] 각종 물체 형상의 무게중심에 대한 질량관성모멘트

물체의 형상		질량관성모멘트 (J)
가느다란 봉	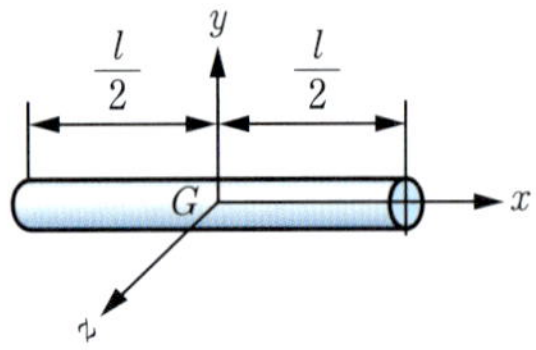	$J_y = \frac{1}{12} m l^2$ $J_z = \frac{1}{12} m l^2$
원기둥	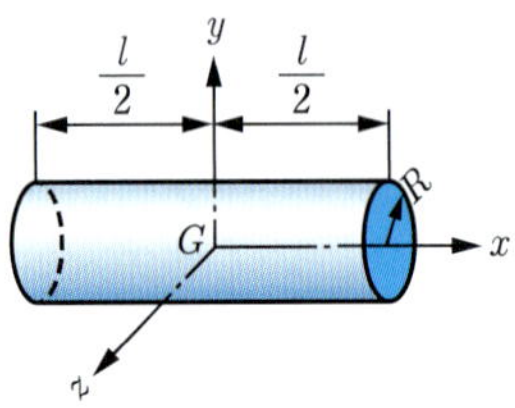	$J_x = \frac{1}{2} m R^2$ $J_y = J_z = \frac{1}{12} m (3R^2 + l^2)$
사각형 기둥	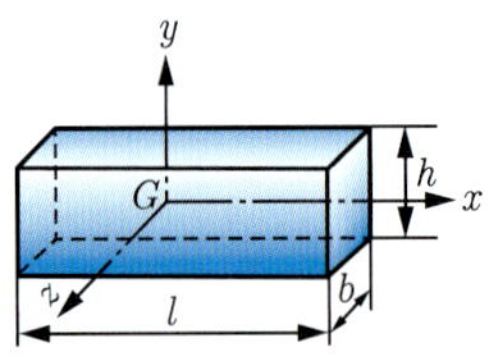	$J_x = \frac{1}{12} m (b^2 + h^2)$ $J_y = \frac{1}{12} m (b^2 + l^2)$ $J_z = \frac{1}{12} m (h^2 + l^2)$
얇은 사각형 판	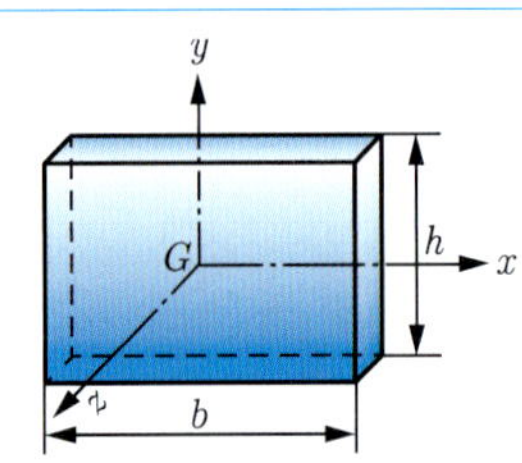	$J_x = \frac{1}{12} m h^2$ $J_y = \frac{1}{12} m b^2$ $J_z = \frac{1}{12} m (h^2 + b^2)$
원 판	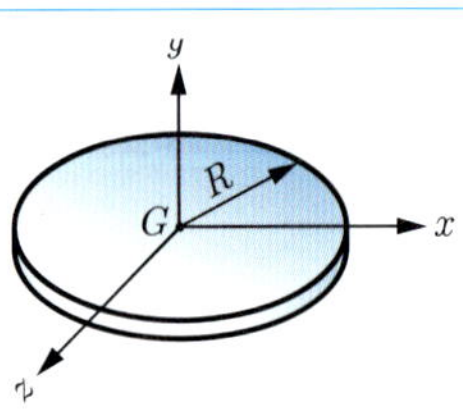	$J_x = J_z = \frac{1}{4} m R^2$ $J_y = \frac{1}{2} m R^2$
원통형 링	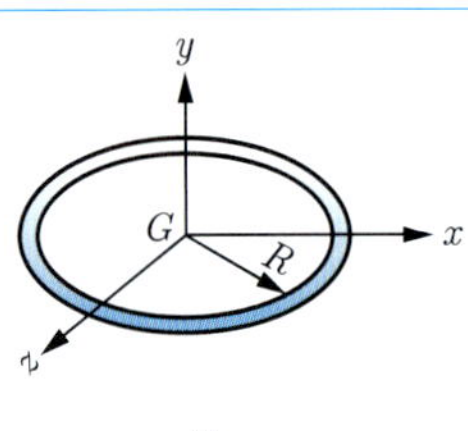	$J_x = J_z = \frac{1}{2} m R^2$ $J_y = m R^2$
구	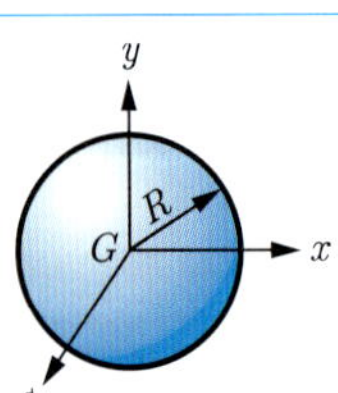	$J_x = J_y = J_z = \frac{2}{5} m R^2$

CHAPTER 5 연습문제

[5-1] [그림 5-26]과 같이 1 변의 길이가 300[mm]인 정사각형 단면에서 지름 100[mm]의 원을 도려낸 색칠한 부분의 단면에 대한 도심의 위치 $\bar{x}$를 구하시오.

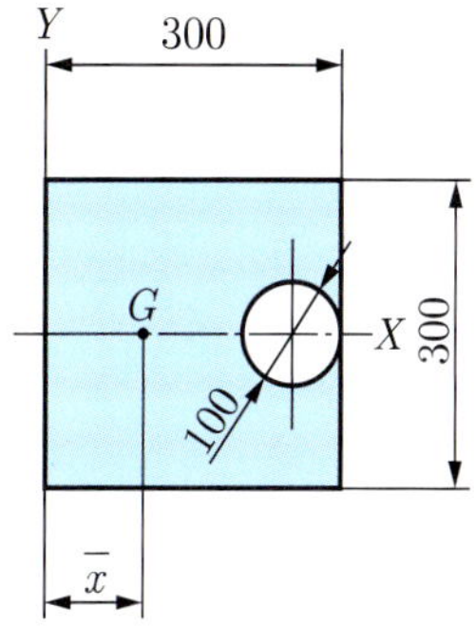

[그림 5-26]

[5-2] [그림 5-27]과 같이 큰 원의 반지름을 작은 원의 지름으로 하여 원을 도려낸 색칠한 부분의 단면에 대한 도심의 위치 $\bar{x}$를 구하시오.

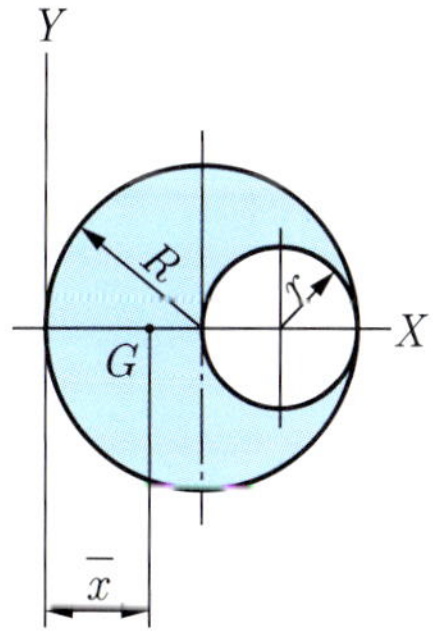

[그림 5-27]

[5-3] [그림 5-28]과 같은 반지름 r인 반원에 대한 도심의 위치 $\bar{y}$ 를 구하시오.

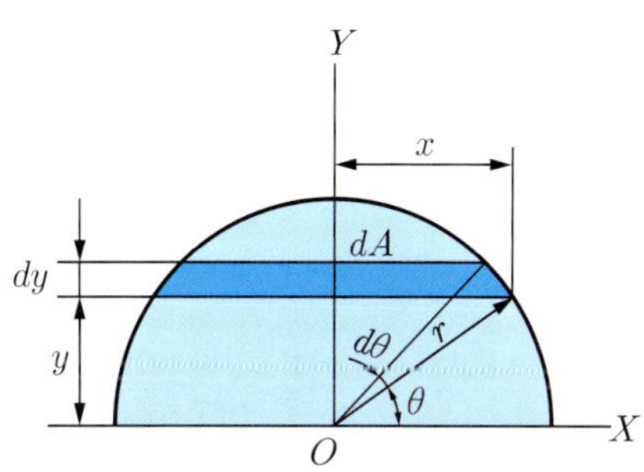

[그림 5-28]

[5-4] [그림 5-29]와 같은 포물선 도형에 대한 도심의 위치 $\bar{x}$, $\bar{y}$를 구하시오.

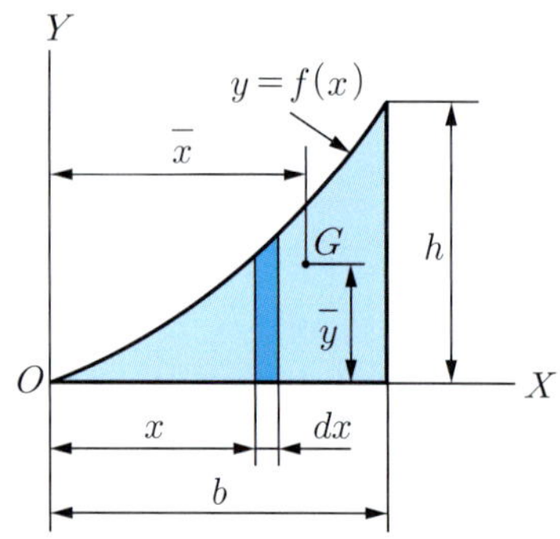

[그림 5-29]

[5-5] [그림 5-28]에서 도심의 위치 $\bar{y}$ 축에 대한 단면 2차모멘트 I_x를 구하시오.

[5-6] [그림 5-30]과 같은 사다리꼴의 밑변 X축에 대한 단면 2차모멘트를 구하시오.

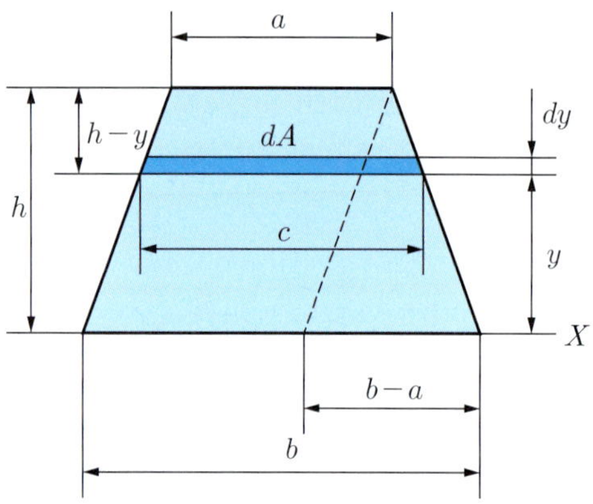

[그림 5-30]

[5-7] [그림 5-31]과 같이 지름 d인 원형단면에서 최대단면계수를 갖는 직사각형 단면으로 하는 폭 b와 높이 h의 비를 구하시오.

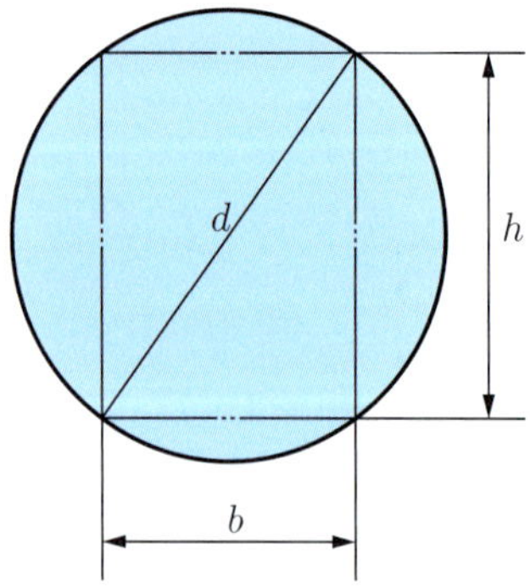

[그림 5-31]

[5-8] [그림 5-32]와 같은 단면의 x축에 관한 단면계수 Z를 구하시오. 단, 치수의 단위는 [mm]이다.

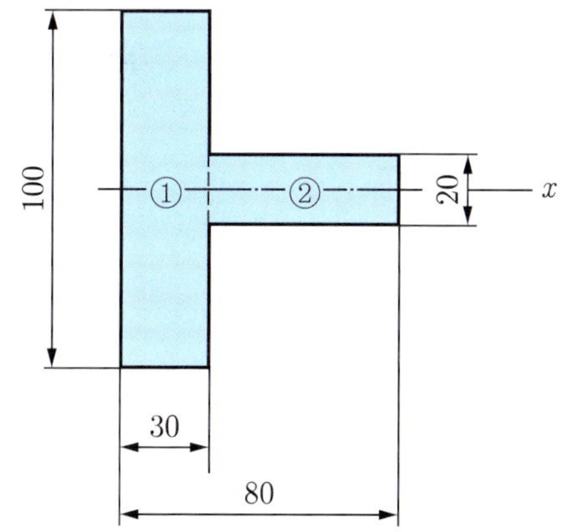

[그림 5-32]

[5-9] [그림 5-33]과 같은 단면에 대한 도심의 위치 $\bar{y}$를 구하시오. 단, 치수의 단위는 [mm]이다.

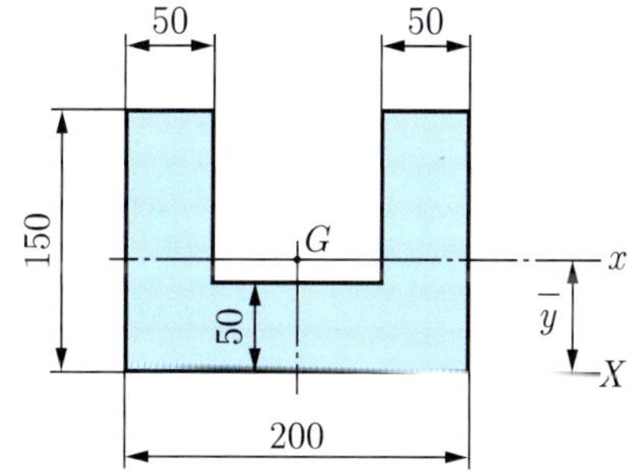

[그림 5 33]

[5-10] [그림 5-34]와 같이 한 변이 a인 정사각형의 대각선인 x축에 대한 단면 2차모멘트 I_x와 x축과 평행한 X축의 단면 2차모멘트 I_X를 구하시오.

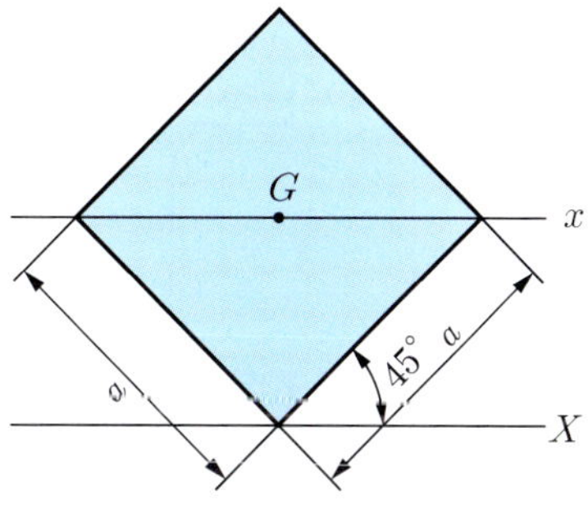

[그림 5-34]

[5-11] [그림 5-35]와 같은 단면에 대한 도심의 위치 $\bar{x}$, $\bar{y}$를 구하시오. 단, 치수의 단위는 [mm]이다.

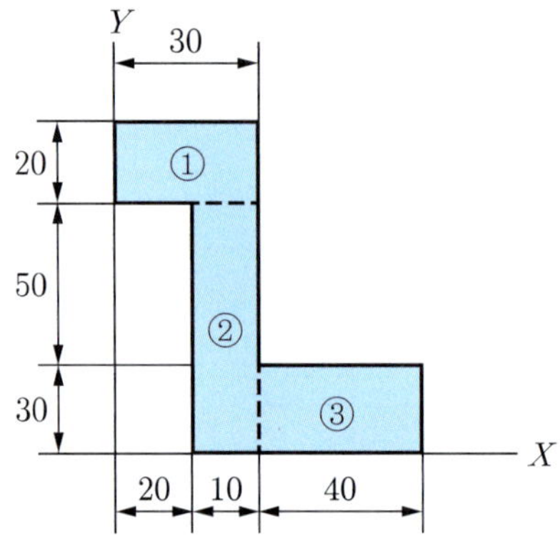

[그림 5-35]

[5-12] [그림 5-36]과 같은 T형 단면에 대한 도심의 위치 $\bar{y}$, 도심을 지나는 x축에 대한 단면 2차모멘트 I_x, x축과 평행한 X축의 단면 2차모멘트 I_X를 구하시오. 단, 치수의 단위는 [mm]이다.

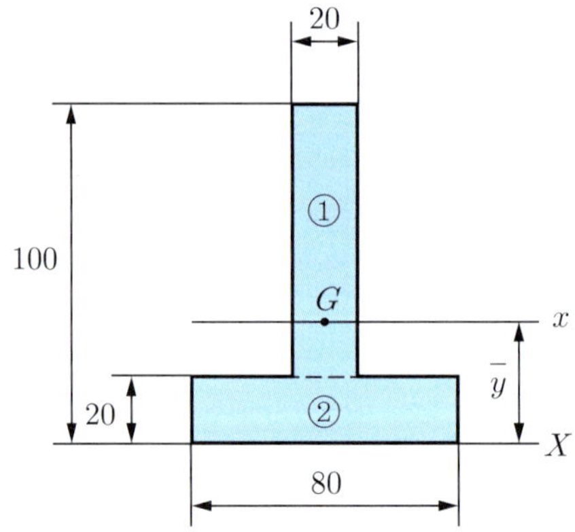

[그림 5-36]

[5-13] [그림 5-37]과 같은 I형 단면의 도심 G를 지나는 단면 2차모멘트 I_x와 단면계수 Z를 구하시오. 단, 치수의 단위는 [mm]이다.

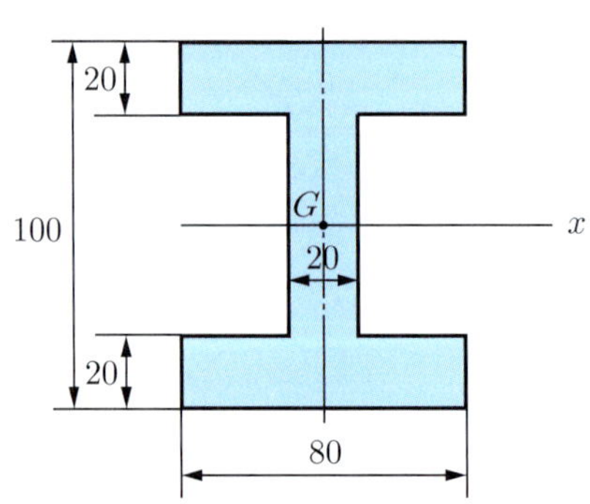

[그림 5-37]

[5-14] [그림 5-38]과 같은 단면의 도심을 지나는 x, y축에 대한 단면 2차모멘트 I_x, I_y를 구하시오. 단, 치수의 단위는 [mm]이다.

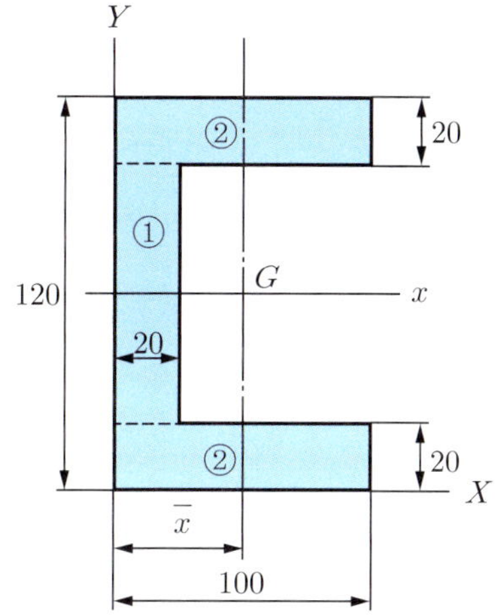

[그림 5-38]

[5-15] [그림 5-39]와 같은 직각삼각형의 도심을 지나는 x, y 축에 대한 단면상승 모멘트 I_{xy}와 도심축에 평행한 X, Y 축의 단면상승 모멘트 I_{XY}를 구하시오.

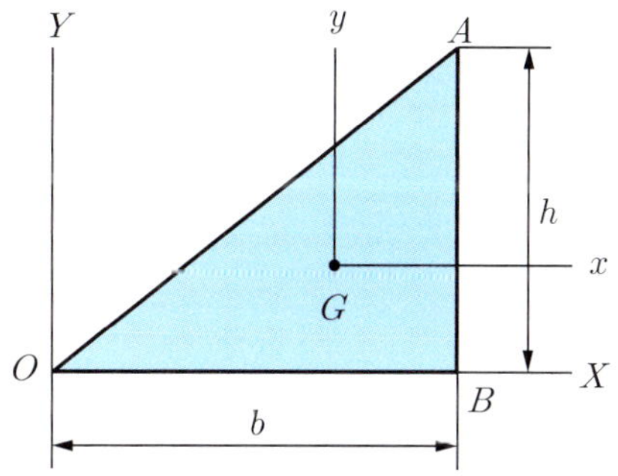

[그림 5-39]

[5-16] 그림 [5-40]과 같이 길이 l, 질량 m 인 가느다란 봉에 수직하고, 봉의 한쪽 끝을 통과하는 y 축에 관한 질량관성모멘트를 구하시오.

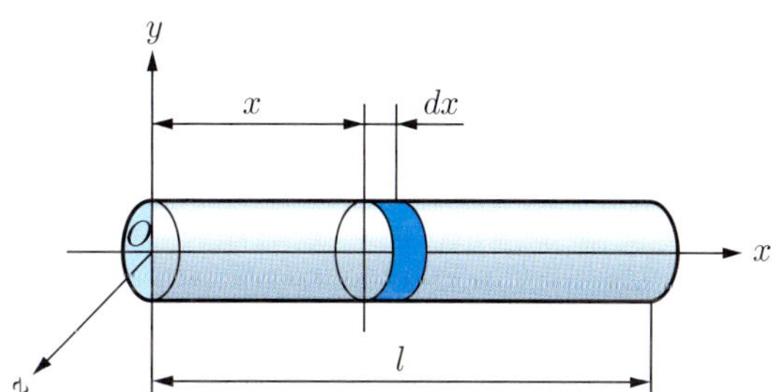

[그림 5-40]

[5-17] 그림 [5-41]과 같이 반지름 R, 질량 m 인 원판의 x, y, z 축에 관한 질량관성모멘트를 구하시오.

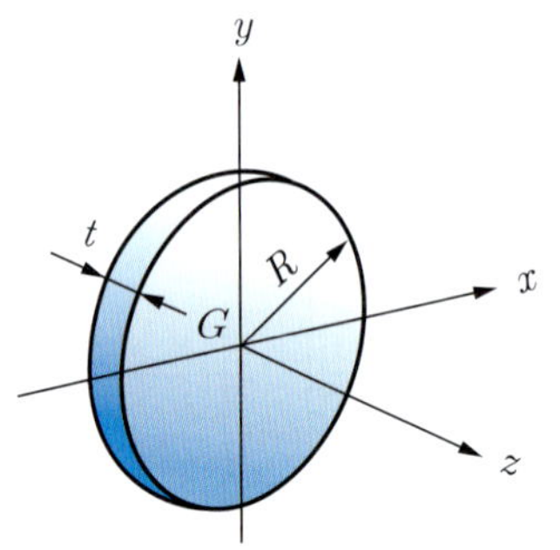

[그림 5-41]

[5-18] 그림 [5-42]와 같은 원뿔의 x 축에 관한 질량관성모멘트를 구하시오.

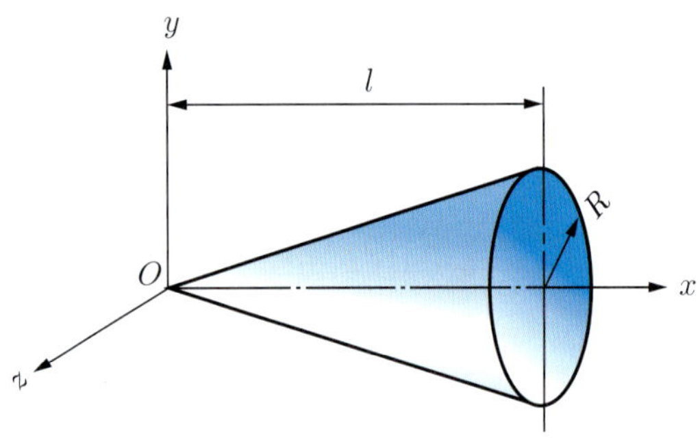

[그림 5-42]

6 CHAPTER 비틀림

구조물이나 둥근 봉을 회전시키는 우력(偶力; couple) 또는 짝힘이라 불리는 것이 작용하여 비틀리는 상태로 되면, 재료 안에는 비틀림 변형에 의한 비틀림 전단응력이 발생한다. 이와 같은 부재(部材)에는 동력을 전달하기 위한 축이 대표적이며, 이것은 기계설계에서 중요한 기계요소 중의 하나로 다루고 있다. 이 장에서는 비틀림이 작용하는 원형 단면의 봉에 대한 비틀림 변형, 비틀림 전단응력, 비틀림각, 극단면 2 차모멘트, 극단면계수를 구하는 방법 및 이들의 관계, 축의 지름과 동력의 상호 관계를 학습한다. 또한, 비틀림이 작용하는 기계요소로써 코일스프링의 비틀림 변형, 비틀림 전단응력 및 스프링상수 등에 관한 관계식을 유도한다.

6.1 원형 축의 비틀림

축(軸; shaft)은 회전을 하므로 일반적으로 원형 축으로 되고, [그림 6-1(a)]와 같이 축의 수직단면에 짝힘 또는 우력(偶力; couple)이라 불리는 것이 작용할 때 이 축은 순수 비틀림(pure torsion) 상태에 있다고 한다. 이때 짝힘에 의해 축은 비틀리게 되는데 이것을 비틀림 모멘트(twisting moment) 또는 동력을 전달하는 축의 경우 토크(torque)라고도 한다. 이러한 경우 비틀림 모멘트에 의해 축의 내부에는 전단응력과 비틀림 변형이 발생하다. 짝힘에 의한 비틀림 모멘트의 크기는 [그림 6-1(b)]와 같이 $T = Fd$로 된다.

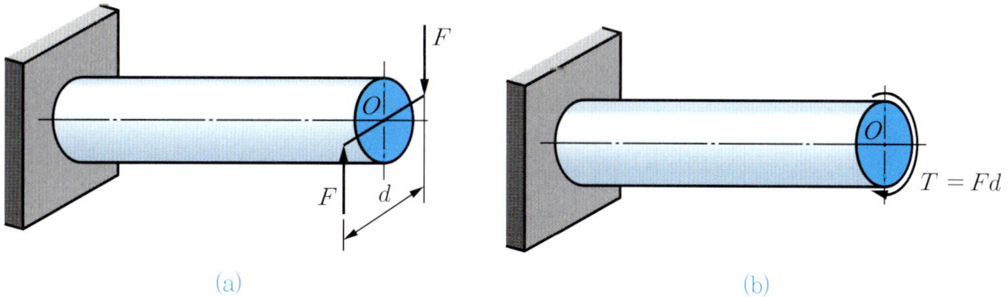

[그림 6-1] 짝힘과 비틀림 모멘트

비틀림이 작용하는 원형 축에 대해서는 다음과 같은 가정을 한다.

(1) 축에 수직인 단면은 비틀림 하중에 의한 변형 후에도 수직이고, 평면을 유지한다.

(2) 축 단면의 중심으로부터 반지름은 비틀림 하중에 의한 변형 후에도 직선을 유지한다.

6.1.1 축의 비틀림과 전단응력

동력을 전달하는 전동축(傳動軸)은 비틀림 모멘트, 또는 토크(torque)라고도 불리는 것에 의해 동력이 전달되므로 축은 탄성한도 안에서 어느 정도의 비틀림각으로 비틀어진다. 기어(gear) 또는 풀리(pulley) 등과 같은 회전체가 회전축의 비틀림 모멘트에 의해 동력을 전달할 때 회전체의 축방향으로 작용하는 비틀림 모멘트를 특히, 토크라고 한다.

축의 비틀림각이 일정량을 초과하면 동력전달이 곤란하고, 축에 설치한 회전체 또는 축이 파손되는 원인이 되기도 한다.

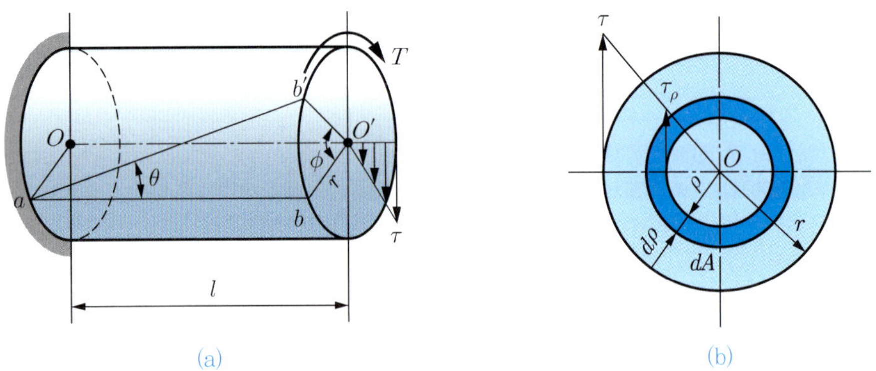

[그림 6-2] 축의 비틀림과 전단응력

[그림 6-2(a)]에서 축의 반지름 r, 길이 l 인 한쪽 끝을 고정한 후 비틀림 모멘트 T 가 작용하여 $\overline{ab}$ 가 각도 θ 만큼 $\overline{ab'}$ 의 위치로 이동하였을 때 축의 길이 l 에 대한 전단변형률 γ 는 다음 식으로 나타낸다.

$$\gamma = \tan\theta = \frac{\widehat{bb'}}{\overline{ab}} = \frac{r\phi}{l}\ [\text{rad}] \tag{6·1}$$

식 (6·1)에서 ϕ 는 비틀림각(angle of twist)이라 하고, θ 는 단위길이에 대한 비틀림각(angle of twist per unit length) 또는 비틀림률(rate of twist)이라고도 한다.

비틀림률 θ 는 다음 식과 같이 표시한다.

$$\theta = \frac{\phi}{l} \tag{6·2}$$

식 (6·1), 식 (6·2)에 의해 다음 식이 얻어진다.

$$\gamma = r\theta = r\frac{\phi}{l} \tag{6·3}$$

또한, [그림 6-2(a)]에서 비틀림에 의한 전단응력 τ는 반지름 r일 때이고, 탄성범위에서 Hooke의 법칙에 의해 다음 식과 같이 된다.

$$\tau = \gamma G = G r \theta \tag{6·4}$$

여기서 G는 전단탄성계수(또는 가로탄성계수)이며, 비틀림에 의한 전단응력 τ는 축의 반지름 r에 비례적으로 분포하는 것을 알 수 있다.

따라서 [그림 6-2(b)]와 같이 축의 임의의 반지름 ρ에 대한 전단응력 τ_ρ는 식 (6·4)와 반지름의 비 및 비틀림 모멘트의 비로부터 다음 식을 얻을 수 있다.

$$\tau_\rho = G\rho\theta = \frac{\rho}{r}\tau \tag{6·5}$$

6.1.2 비틀림 모멘트와 극단면계수

(1) 중실축(中實軸)

축에 비틀림 모멘트 T가 작용하면 [그림 6-2(b)]와 같은 중실축의 내부에는 비틀림에 의한 전단응력이 발생한다. 축에 대한 임의의 반지름 ρ를 고려하면, 미소면적 dA에 작용하는 전단력 및 비틀림 모멘트 사이에는 다음의 관계식이 성립한다.

$$dF = \tau_\rho \cdot dA \tag{a}$$

$$dT = dF \cdot \rho = \rho\,\tau_\rho\,dA \tag{b}$$

따라서 축의 중심선에 대한 전체비틀림 모멘트 T는 식 (b)를 적분한 후 식 (6·4)를 고려하면 다음 식으로 표시된다.

$$T = \int dT = \int_A \tau_\rho\,\rho\,dA = \frac{\tau}{r}\int_A \rho^2\,dA = \frac{\tau}{r}I_p = G\theta I_p \tag{6·6}$$

여기서 $I_p = \int_0^r \rho^2\,dA$는 극단면 2차모멘트(polar moment of inertia), 또는 극관성모멘트라고 한다.

또한, 축의 비틀림 모멘트(또는 토크) T는 식 (6·6)으로부터 다음 식과 같이 된다.

$$T = \tau_a\frac{I_p}{r} = \tau_a\frac{I_p}{d/2} = \tau_a Z_p \tag{6·7}$$

여기서 $Z_p = I_p/r$는 극단면계수(極斷面係數; polar modulus of section)이고, 단면의 형상 및 치수에 의한 정수이다. 또한, τ_a는 축재료의 허용전단응력이다.

제 5장에서 이미 설명한 것과 같이 원형단면의 지름 d인 중실축(中實軸)에 대한 극단

면 2차모멘트 $I_p = \dfrac{\pi d^4}{32}$, 극단면계수 $Z_p = \dfrac{\pi d^3}{16}$ 으로 된다. 그러므로 [그림 6-2]에서 원형 중실축의 반지름 $r = d/2$에 대한 허용전단응력 τ_a는 다음 식으로부터 구할 수 있다.

$$\tau_a = \frac{T}{Z_p} = \frac{16T}{\pi d^3} \tag{6·8}$$

식 (6·8)은 비틀림 공식(torsion formula)으로 알려져 있고, 축에 작용하는 최대전단응력은 비틀림 하중에 의한 토크 T에 비례하며, 그 축의 지름 d의 3제곱에 반비례하는 것을 알 수 있다.

식 (6·8)로부터 중실축의 지름 d를 구하면

$$d = \sqrt[3]{\frac{16T}{\pi \tau_a}} \tag{6·9}$$

(2) 중공축(中空軸)

[그림 6-2]에서도 알 수 있듯이 중실축의 중심부에는 작은 전단응력이 작용하므로 축의 중앙에 구멍을 뚫은 재료를 사용하면, 중량을 줄이는 동시에 재료를 절약할 수 있는 경제적인 장점이 있다. 이와 같이 축의 중앙에 구멍을 뚫은 축을 중공축(中空軸; hollow shaft)이라고 한다.

[그림 6-3]과 같이 안지름 d_1, 바깥지름 d_2인 중공축에 대한 비틀림을 고려하여 보기로 한다.

중공축의 극단면계수 Z_p는 다음 식과 같이 나타낸다.

$$Z_p = \frac{\pi\left(d_2^4 - d_1^4\right)}{16 d_2} = \frac{\pi}{16} d_2^3 \left(1 - x^4\right) \tag{6·10}$$

여기서 $x = \dfrac{d_1}{d_2}$ 이다.

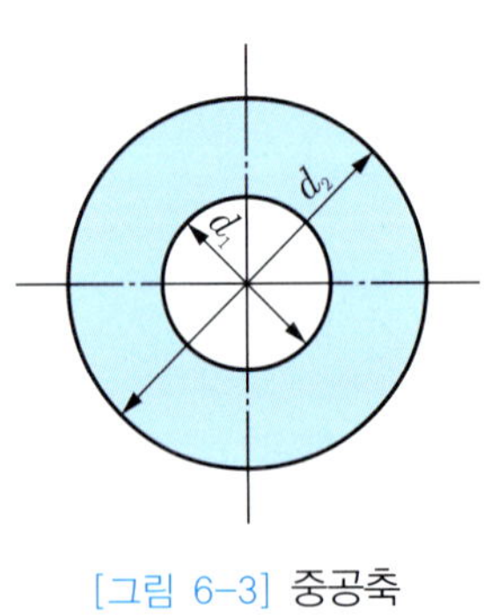

[그림 6-3] 중공축

그러므로 비틀림 모멘트 T는 식 (6·7)에 의해 다음 식으로 주어진다.

$$T = \tau_a Z_p = \frac{\pi}{16} d_2^3 (1 - x^4) \tau_a \tag{6·11}$$

식 (6·11)로부터 중공축에 작용하는 허용전단응력 τ_a는

$$\tau_a = \frac{16T}{\pi d_2^3 (1 - x^4)} \tag{6·12}$$

따라서 중공축의 바깥지름 d_2는 식 (6·12)로부터 다음 식과 같이 된다.

$$d_2 = \sqrt[3]{\frac{16T}{\pi (1 - x^4) \tau_a}} \tag{6·13}$$

(3) 중실축과 중공축의 비교

같은 재질로 만들어진 중실축과 중공축이 동일한 비틀림 모멘트 T를 지탱하기 위한 중공축의 바깥지름 d_2와 중실축의 지름 d를 비교하면

$$T = \frac{\pi}{16} d_2^3 (1 - x^4) \tau_a = \frac{\pi d^3}{16} \tau_a$$

$$\therefore \frac{d_2}{d} = \sqrt[3]{\frac{1}{1 - x^4}} \tag{6·14}$$

또한, 중공축과 중실축의 중량비(重量比)를 고려하면 동일한 재질이므로 단면적의 비만으로 표시되며, 다음 식과 같이 주어진다.

$$\text{중량비} = \frac{\pi (d_2^2 - d_1^2)/4}{\pi d^2/4} = \frac{d_2^2 (1 - x^2)}{d^2} \tag{6·15}$$

[표 6-1]은 대표적인 단면형상의 단면 2차모멘트와 단면계수를 나타낸 것이다.

[표 6-1] 대표적인 단면형상의 단면 2차모멘트와 단면계수

단면현상	$A\,[\mathrm{mm}^2]$	$I_x\,[\mathrm{mm}^4]$	$I_p\,[\mathrm{mm}^4]$	$Z\,[\mathrm{mm}^3]$	$Z_p\,[\mathrm{mm}^3]$
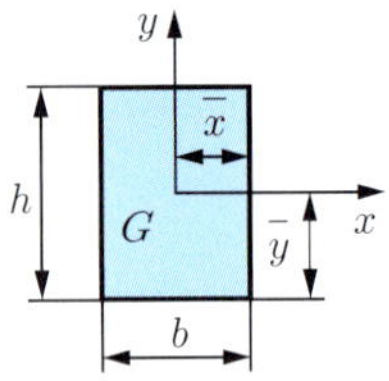	bh	$I_x = \frac{bh^3}{12}$	$\frac{bh}{12}(h^2+b^2)$	$\frac{bh^2}{6}$	
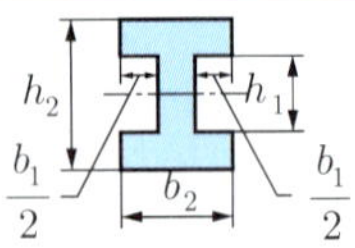	$b_2h_2 - b_1h_1$	$\frac{1}{12}(b_2h_2^3 - b_1h_1^3)$		$\frac{1}{6}\frac{(b_2h_2^3 - b_1h_1^3)}{h_2}$	
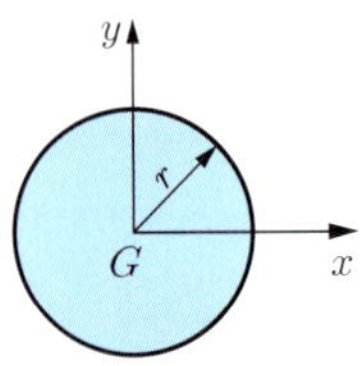	$\frac{\pi d^2}{4}$	$I_x = \frac{\pi d^4}{64}$	$\frac{\pi d^4}{32}$	$\frac{\pi d^3}{32}$	$\frac{\pi d^3}{16}$
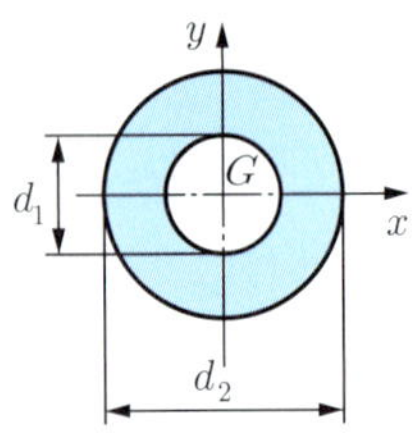	$\frac{\pi}{4}(d_2{}^2 - d_1{}^2)$	$\frac{\pi}{64}(d_2{}^4 - d_1{}^4)$	$\frac{\pi}{32}(d_2{}^4 - d_1{}^4)$	$\frac{\pi}{32}\frac{(d_2{}^4 - d_1{}^4)}{d_2}$	$\frac{\pi}{16}\frac{(d_2{}^4 - d_1{}^4)}{d_2}$
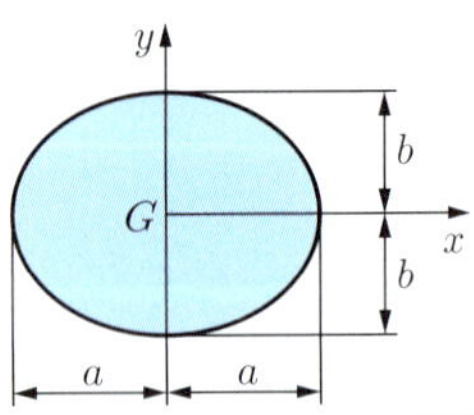	πab	$I_x = \frac{\pi ab^3}{4}$ $I_y = \frac{\pi ba^3}{4}$	$\frac{\pi ab}{4}(a^2+b^2)$		

6.1.3 비틀림각 및 부호규약

축의 비틀림각 ϕ는 규정값을 초과하면 그 기능이 감소하므로 비틀림각을 어느 값 이하로 제한하여 설계할 필요가 있다. 길이가 l이고, 단면이 균일한 중실축의 비틀림각 ϕ는 식 (6·2) 및 식 (6·6)에 의해 다음 식과 같이 된다.

$$\phi = \theta l = \frac{Tl}{GI_p} = \frac{32\,Tl}{\pi d^4 G}\ [\mathrm{rad}] \tag{6·16}$$

여기서 I_p는 극단면 2차모멘트 이고, GI_p를 축의 비틀림 강성(torsional rigidity)이라고 한다.

식 (6·16)에서 비틀림 강성 GI_p의 값이 커질수록 비틀림각 ϕ의 값은 작아지므로, 축의 비틀림도 감소한다. 식 (6·16)의 ϕ[rad]를 ϕ[°]로 나타내면 다음 식과 같다.

$$\phi = \frac{180°}{\pi} \cdot \frac{32Tl}{\pi d^4 G} = 583.6\frac{Tl}{d^4 G}[°] \tag{6·17}$$

또한, 길이 l인 중공축의 비틀림각 ϕ는 다음 식과 같이 된다.

$$\phi = \frac{Tl}{GI_p} = \frac{32Tl}{\pi G(d_2^4 - d_1^4)}[\text{rad}] = \frac{583.6Tl}{(d_2^4 - d_1^4)G}[°] \tag{6·18}$$

축의 각 단면에 작용하는 비틀림 모멘트가 서로 다르다면 각 단면에 대한 전단탄성계수, 극단면 2차모멘트, 비틀림 모멘트를 이용하여 축 전체의 비틀림각 ϕ을 구하면 다음 식으로 표시된다.

$$\phi = \sum_{i=1}^{n}\phi_i = \sum_{i=1}^{n}\frac{T_i l_i}{G_i (I_p)_i} \tag{6·19}$$

여기서 아래첨자 i는 봉의 각 구간에 대한 지수(numbering index)이고, n은 구간의 수를 나타낸다.

식 (6·19)를 적용하기 위해서는 축의 한쪽 끝과 다른 쪽 끝에 작용하는 내부토크 및 비틀림각에 대한 부호규약(sign convection)이 필요하고, 부호규약은 오른손법칙(right-hand rule)을 적용한다. 오른손법칙은 [그림 6-4]와 같이 오른손의 엄지손가락이 중심축의 바깥쪽을 향할 때 나머지 손가락이 감기는 방향을 축에 작용하는 토크와 비틀림 방향을 양(+)으로 규정한다.

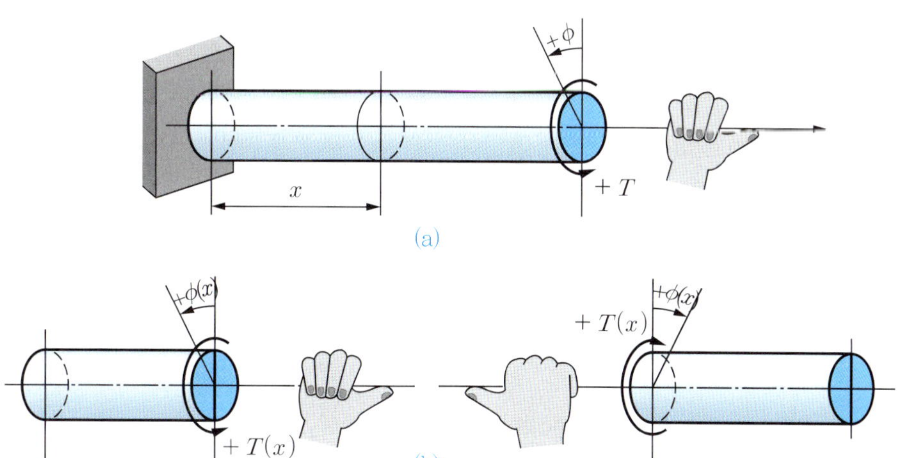

[그림 6-4] 토크 T와 비틀림각 ϕ의 방향(오른손법칙)

이와 같은 비틀림 문제는 부재의 전체단면에 작용하는 토크는 정역학적인 평형방정식(平衡式; equilibrium equation)을 이용하여 구할 수 있는 정정문제(靜定問題; statically determinate problem)이다.

▶ 예제 6-1

[그림 6-5]와 같이 연강축에 지지된 기어가 베어링 B의 안에서 자유로이 회전할 때 다음 물음에 답하시오. 단, 축의 전단탄성계수 $G = 80\,[\mathrm{GPa}]$, 지름 $d = 16\,[\mathrm{mm}]$이고, 기어 A의 바깥지름은 $160\,[\mathrm{mm}]$로 한다.

(1) 축의 각 구간에 대한 자유물체도 및 내부토크
(2) 기어 A의 비틀림각
(3) 기어 A의 바깥지름 p점에 대한 변위

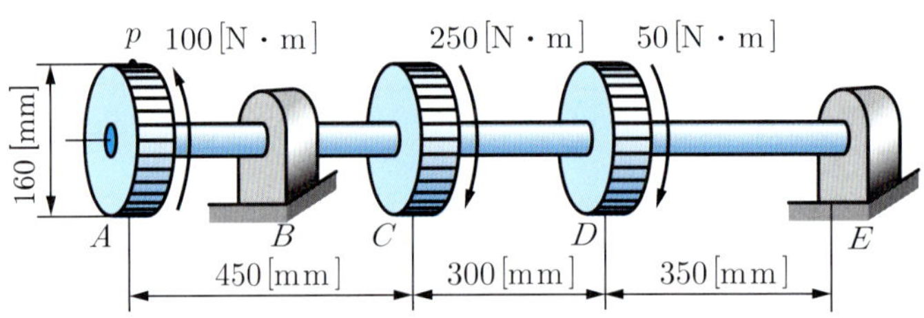

[그림 6-5]

| 풀이 | (1) 각 구간 AC, CD, DE에 대한 내부토크를 구하기 위해 오른손법칙에 의한 토크의 방향을 양(+)으로 하고, 자유물체도를 그리면 [그림 6-6]과 같이 된다. 따라서 각 구간 AC, CD, DE에 대한 토크 T_{AC}, T_{CD}, T_{DE}를 구하면 다음과 같다.

$$T_{AC} = +100\,[\mathrm{N \cdot m}],\quad T_{CD} = -150\,[\mathrm{N \cdot m}],\quad T_{DE} = -200\,[\mathrm{N \cdot m}]$$

(2) 축의 극단면 2차모멘트 : $I_p = \dfrac{\pi d^4}{32} = \dfrac{\pi \times (0.016\,[\mathrm{m}])^4}{32} = 6.434 \times 10^{-9}\,[\mathrm{m}^4]$

식 (6·19)에 의해 각 구간에 대한 비틀림각을 구한 후 더하면

$$\phi_A = \sum_{i=1}^{n} \frac{T_i\, l_i}{G_i (I_p)_i} = \frac{(+100)\,[\mathrm{N \cdot m}] \times 0.45\,[\mathrm{m}]}{80 \times 10^9\,[\mathrm{N/m^2}] \times 6.434 \times 10^{-9}\,[\mathrm{m}^4]}$$
$$+ \frac{(-150)\,[\mathrm{N \cdot m}] \times 0.3\,[\mathrm{m}]}{80 \times 10^9\,[\mathrm{N/m^2}] \times 6.434 \times 10^{-9}\,[\mathrm{m}^4]} + \frac{(-200)\,[\mathrm{N \cdot m}] \times 0.35\,[\mathrm{m}]}{80 \times 10^9\,[\mathrm{N/m^2}] \times 6.434 \times 10^{-9}\,[\mathrm{m}^4]}$$
$$= -0.136\,[\mathrm{rad}] = -7.8°$$

여기서 오른손법칙에 의해 기어 A의 회전방향은 가정한 방향과 반대방향이므로 [그림 6-7]과 같이 회전한다.

(3) 기어 A의 바깥지름 p점에 대한 변위 δ_p는

$$\delta_p = R\phi_A = \frac{D}{2}\phi_A = 80\,[\mathrm{mm}] \times 0.136\,[\mathrm{rad}] = 10.9\,[\mathrm{mm}]$$

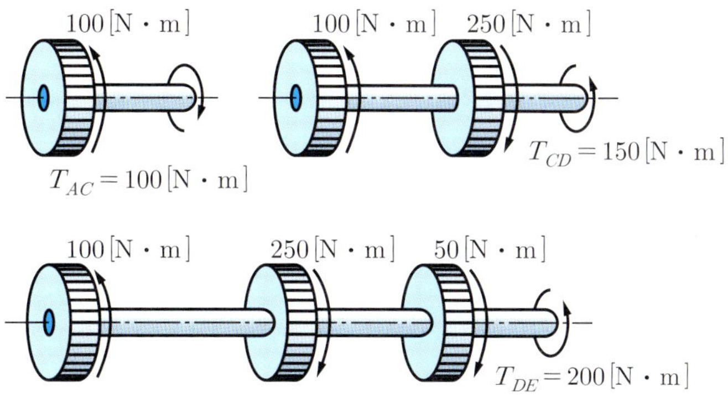

[그림 6-6]

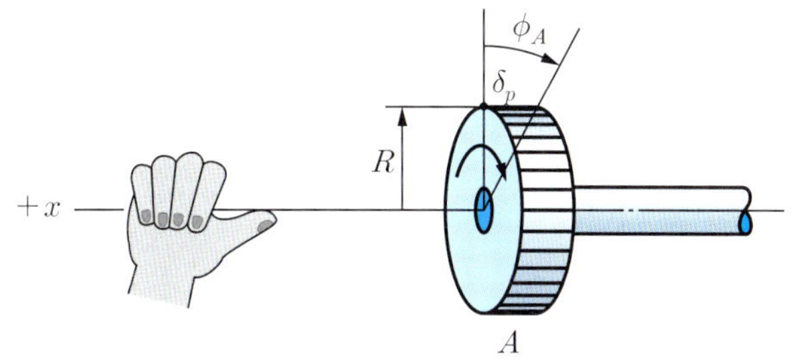

[그림 6-7]

6.1.4 순수전단 상태

균일단면을 갖는 원형봉의 양끝에 비틀림 모멘트 T가 작용할 때 전단응력 τ는 봉의 전체단면에서 발생하고, [그림 6-8(a)]와 같이 미소 6면체 $abcd$에는 전단응력 만이 작용하는데, 이러한 상태를 순수전단(純粹剪斷; pure shear)이라고 한다. [그림 6-8(b)]는 미소 평면요소에 작용하는 순수전단응력 상태이고, [그림 6-8(c)]는 미소 삼각형요소에 대한 자유물체도를 나타낸다.

순수전단 상태의 응력을 구하기 위해서 4.4절에서 설명한 경사진 단면에 대한 응력을 참조하면 다음 식과 같이 된다.

$$\sigma_n = \tau_{\max} \sin 2\theta \qquad (6 \cdot 20)$$

$$\tau_n = \tau_{\max} \cos 2\theta \qquad (6 \cdot 21)$$

순수전단 상태는 4.7.2절에서 이미 설명 한 것과 같이 $\theta = 45°$일 때 $\sigma_{\max} = \sigma_1 = \tau_{\max}$, $\tau_n = 0$이고, 또한 $\theta = 135°$일 때 $\sigma_{\min} = \sigma_2 = -\tau_{\max}$, $\tau_n = 0$이 된다.

이러한 비틀림 하중에 의한 순수전단 상태에 대한 Mohr의 응력원을 그리면 [그림 6-8(d)]와 같이 되고, 순수전단 응력상태에 의한 응력의 작용상태를 파악할 수 있다.

특히, [그림 6-8(d)]의 Mohr 응력원에서 점 m, n은 주응력 및 주면(主面)을 나타내는 것을 쉽게 알 수 있다.

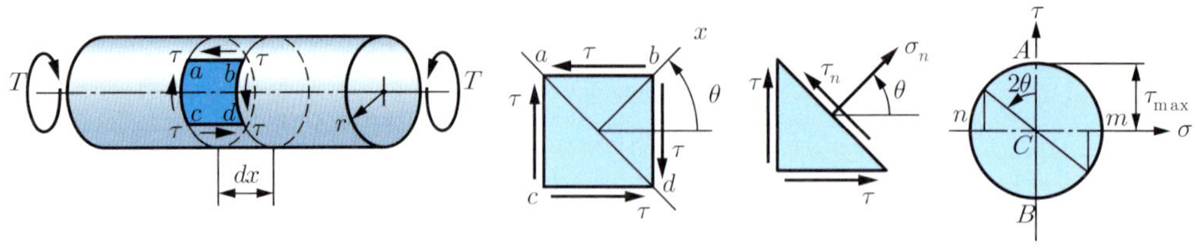

[그림 6-8] 순수전단 상태

이와 같이 원형봉의 비틀림에 의한 순수전단 상태에 대한 응력해석 결과를 나타내면 [그림 6-9]와 같이 된다. 이와 같은 응력분포는 주철과 같이 전단응력보다 인장에 약한 재료의 파손은 그림에서 점선으로 표시된 나선방향을 따르는 최대주응력 σ_1 에 의해 발생한다.

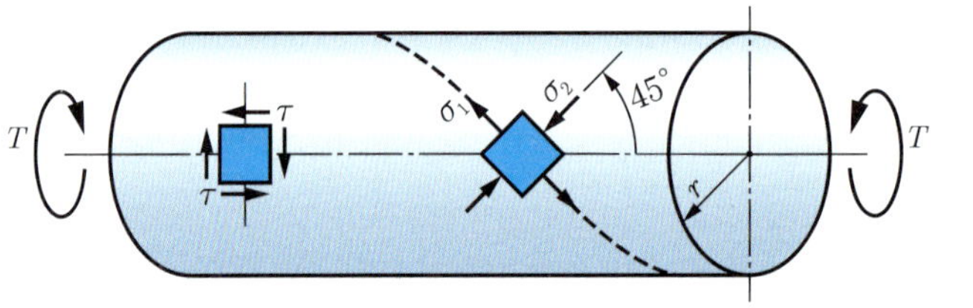

[그림 6-9] 비틀림에 의한 순수전단 상태의 주응력 분포

6.2 동력을 전달하는 축

자동차의 구동축(驅動軸) 및 선박의 프로펠러 축 등은 주로 토크에 의해 동력(動力; power)을 전달하는데, 이러한 축을 전동축(傳動軸)이라고 한다. 전동축은 동력축의 회전운동에 의해 전달되고, 이때 동력은 비틀림 모멘트와 회전속도에 따라 전달동력의 크기가 결정된다.

전동축의 토크, 전달동력 및 회전수 등에 관한 상호 관계를 검토하여 보기로 한다. 이들의 관계식을 유도하기 위해 [그림 6-10]과 같이 모터의 구동축이 N[rpm] 회전으로 토크 T[N · m]를 전달하여 H[kW]의 일을 하는 것으로 가정한다.

이들의 관계식을 유도하기 위한 기호는 다음과 같이 정의한다.

F : 축의 중심에서 반지름 r[mm]의 A 점에 작용하는 접선력 [N]

T : 축에 작용하는 토크 [N · m], v : A 점의 원주속도 [m/s]

N : 축의 1분 동안의 회전수 [revolution per minute ; rpm]

H : 축의 전달동력 [kW], H' : 축의 전달마력 [PS]

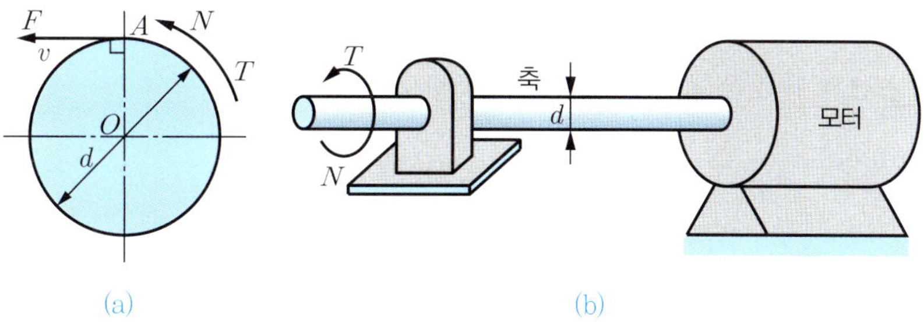

[그림 6-10] 전동축

[그림 6-10(a)]에서 모터 축의 A점에 대한 원주속도 v[m/s], 각속도 ω[rad/s], 모터 축의 지름 d[mm] 사이에는 다음의 관계식이 성립한다.

$$v = \omega \cdot r = \frac{2\pi r N}{60 \times 1000} = \frac{\pi d N}{60 \times 1000} \text{ [m/s]} \tag{6·22}$$

여기서 각속도 ω는 단위시간에 대한 각도 변화량으로써 $\omega = d\theta/dt$로 된다.

회전력(F), 원주속도(v), 각속도(ω)와 토크(T) 사이의 관계식에 의해 축이 전달할 수 있는 동력은 다음 식으로 나타낸다.

$$H = F \cdot v = F \cdot (\omega \cdot r) = T \cdot \omega = \frac{2\pi N T}{60 \times 1000} \text{ [N·m/s]} \tag{6·23}$$

동력을 SI 단위계의 [kW]로 나타내면, 1 [kW] = 102 [kg_f · m/s] × 9.807 [N] = 1000 [N · m/s]이므로 식 (6·23)은 다음 식과 같이 된다.

$$H - \frac{2\pi N T}{1000 \times 60 \times 1000} \text{ [kW]} \tag{6·24}$$

식 (6·24)로부터 다음 식이 얻어진다.

$$T = 9549 \frac{H\text{ [kW]}}{N\text{ [rpm]}} \text{ [N·m]} = 9549 \times 10^3 \frac{\text{H [kW]}}{\text{N [rpm]}} \text{ [N·mm]} \tag{6·25}$$

동력의 SI 단위는 아니지만 참고로 마력 [PS]으로 표시하면, 1 [PS] = 75 [kg_f · m/s] × 9.807 [N] = 735.5 [N · m/s]이므로 식 (6·24)는 다음 식과 같이 표시된다.

$$H' = \frac{2\pi N T}{735.5 \times 60 \times 1000} \text{ [PS]} \tag{6·26}$$

식 (6·26)으로부터 다음 식이 얻어진다.

$$T = 7023.5\frac{H'[\text{PS}]}{N[\text{rpm}]}[\text{N}\cdot\text{m}] = 7023.5\times 10^3\frac{H'[\text{PS}]}{N[\text{rpm}]}[\text{N}\cdot\text{mm}] \qquad (6\cdot 27)$$

가끔, 각속도는 회전에 대한 주파수(周波數; frequency)로 나타내고, 주파수는 단위 시간에 대한 회전수를 의미하는 [Hz]로 표시한다. 따라서 주파수 f와 각속도 ω 사이에는 다음의 관계식이 성립한다.

$$\omega = 2\pi f \qquad (6\cdot 28)$$

여기서 $\omega[\text{rad/s}]$, $f[\text{Hz}] = f[\text{s}^{-1}]$이다.

따라서 식 (6·23), 식 (6·28)로부터 다음 식이 얻어진다.

$$H = 2\pi f T \qquad (6\cdot 29)$$

또한, 회전수 N[rpm]과 주파수 f[Hz]는 다음 식과 같이 된다.

$$N = 60f \qquad (6\cdot 30)$$

이상에서와 같이 하여 전달토크 T를 만족할 수 있는 축의 지름 d는 다음 식으로부터 결정한다.

$$T = \tau_a Z_p = \frac{\pi d^3}{16}\tau_a = 9549\times 10^3\times\frac{H[\text{kW}]}{N[\text{rpm}]}[\text{mm}]$$

$$d = \sqrt[3]{\frac{16T}{\pi\tau_a}}[\text{mm}] \qquad (6\cdot 31)$$

$$d = \sqrt[3]{\frac{16\times 9549\times 10^3}{\pi\tau_a}\times\frac{H[\text{kW}]}{N[\text{rpm}]}}[\text{mm}] \qquad (6\cdot 32)$$

여기서 $\tau_a[\text{N/mm}^2]$는 축재료의 허용전단응력(許容剪斷應力; allowable shear stress)을 나타낸다.

같은 방법으로 전달토크 T의 식이 마력[PS]으로 표시된 경우 축의 지름 d는 다음 식으로부터 결정한다.

$$d = \sqrt[3]{\frac{16\times 7023.5\times 10^3}{\pi\tau_a}\times\frac{H'[\text{PS}]}{N[\text{rpm}]}}[\text{mm}] \qquad (6\cdot 33)$$

참고사항

동력의 SI 단위는 와트(watt; [W])이다.

$1[\text{W}] = 1[\text{N}\cdot\text{m/s}] = 1[\text{J/s}]$

응력의 SI 단위 : $1[\text{N/mm}^2] = 1[\text{MPa}]$이 된다.

예제 6-2

[그림 6-11]과 같이 모터의 구동축이 1200[rpm]으로 회전하여 기어 A로 60[kW]의 동력을 전달하려고 할 때 필요한 축의 지름을 결정하시오. 단, 축은 중실축이고, 축의 허용전단응력 $\tau_a = 50[N/mm^2]$으로 한다.

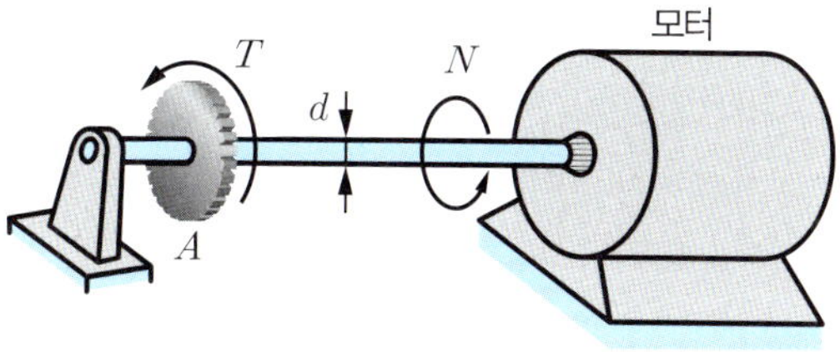

[그림 6-11]

| 풀이 | 식 (6·32)로부터

$$d = \sqrt[3]{\frac{16 \times 9549 \times 10^3}{\pi \tau_a} \times \frac{H\,[\mathrm{kW}]}{N\,[\mathrm{rpm}]}}\ [\mathrm{mm}]$$

$$= \sqrt[3]{\frac{16 \times 9549 \times 10^3\,[\mathrm{N \cdot mm}]}{\pi \times 50\,[\mathrm{N/mm^2}]} \times \frac{60\,[\mathrm{kW}]}{1200\,[\mathrm{rpm}]}}\ [\mathrm{mm}] = 36.5\,[\mathrm{mm}]$$

예제 6-3

안지름 $d_1 = 30[mm]$, 바깥지름 $d_2 = 45[mm]$인 중공축이 100[kW]의 동력을 전달할 때 축의 회전주파수를 구하시오. 단, 이 축의 허용전단응력 $\tau_a = 60[MPa]$이다.

| 풀이 | 전달토크 : $T = \tau_a \dfrac{I_p}{(d_2/2)} = \tau_a Z_p$이고, $Z_p = \dfrac{\pi\left(d_2^4 - d_1^4\right)}{16\, d_2}$이므로

$$T = \tau_a Z_p = \tau_a \times \frac{\pi\left(d_2^4 - d_1^4\right)}{16\, d_2}$$

$$= 60 \times 10^6\,[\mathrm{N/m^2}] \times \frac{\pi\left\{(0.045\,[\mathrm{m}])^4 - (0.03\,[\mathrm{m}])^4\right\}}{16 \times 0.045\,[\mathrm{m}]} = 861.5\,[\mathrm{N \cdot m}]$$

전달동력과 회전주파수의 관계는 식 (6·29)로부터

$$H = 2\pi f T$$

$$\therefore\ f = \frac{H}{2\pi T} = \frac{100 \times 10^3\,[\mathrm{W}]}{2\pi \times 861.5\,[\mathrm{N \cdot m}]} = 18.5\,[\mathrm{Hz}]$$

6.3 불균일 단면 봉의 비틀림

봉의 지름이 서로 다른 단면에 비틀림 모멘트가 작용할 때 불균일(不均一) 단면 봉의 비틀림이라 하고, 여기에는 단붙이 축(stepped shaft)과 테이퍼 축(tapered shaft)이 있다.

6.3.1 단붙이 축의 비틀림

[그림 6-12]와 같이 축의 지름이 서로 다른 단붙이 축에 비틀림 모멘트가 작용할 때 단면의 각 구간에서는 순수전단응력 상태가 되므로 앞의 6.1.3절에서 이미 유도한 공식을 각 구간에 그대로 적용할 수 있다. 따라서 축의 한쪽 끝에 대한 다른 쪽 끝의 전체비틀림각은 식 (6·19)와 같이 됨을 알 수 있다.

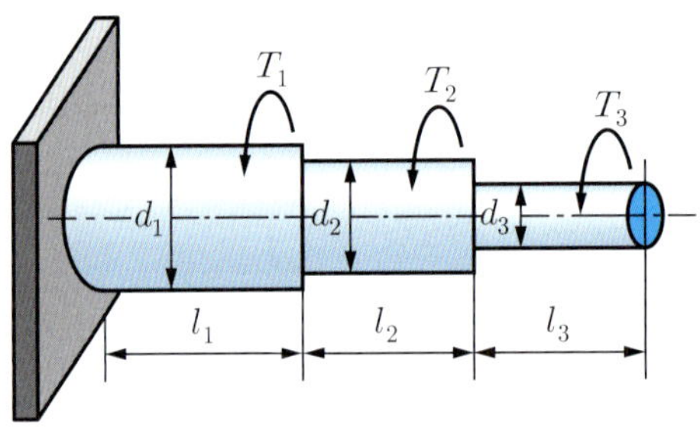

[그림 6-12] 단붙이 축의 비틀림

[그림 6-12]에서 전체비틀림각 ϕ는 식 (6·19)로부터 다음 식과 같이 나타낸다.

$$\phi = \sum_{i=1}^{n} \phi_i = \phi_1 + \phi_2 + \phi_3 = \sum_{i=1}^{n} \frac{T_i l_i}{G_i (I_p)_i} = \frac{T_1 l_1}{G I_{p1}} + \frac{T_2 l_2}{G I_{p2}} + \frac{T_3 l_3}{G I_{p3}}$$

$$= \frac{32}{\pi G}\left(\frac{T_1 l_1}{d_1^4} + \frac{T_2 l_2}{d_2^4} + \frac{T_3 l_3}{d_3^4}\right) \qquad (6·34)$$

식 (6·34)는 원형 단면의 중실축은 물론 중공축에도 적용이 가능하다.

예제 6-4

[그림 6-13]과 같이 지름 및 길이가 각각 $d_1 = 60\,[\mathrm{mm}]$, $l_1 = 500\,[\mathrm{mm}]$, $d_2 = 35\,[\mathrm{mm}]$, $l_2 = 300\,[\mathrm{mm}]$인 단붙이 축의 한쪽 끝은 고정되고, 다른 쪽 끝에 비틀림 모멘트 $T = 10\,[\mathrm{kN \cdot m}]$이 작용할 때 자유단의 비틀림각을 구하시오. 단, 이 축의 전단탄성계수 $G = 80\,[\mathrm{GPa}]$로 한다.

| 풀이 | 모멘트의 평형에 의해 각 단면에 작용하는 비틀림 모멘트 T는 같으므로 길이 l_1, l_2부분에 대한 비틀림각의 합이 전체비틀림각으로 된다.

$$\phi = \phi_1 + \phi_2 = \frac{Tl_1}{GI_{P1}} + \frac{Tl_2}{GI_{P2}} = \frac{32T}{\pi G}\left(\frac{l_1}{d_1^4} + \frac{l_2}{d_2^4}\right)$$

$$= \frac{32 \times 10 \times 10^6}{\pi \times 80 \times 10^3}\left(\frac{500}{60^4} + \frac{300}{35^4}\right) = 0.3037\,[\text{rad}]$$

$$= \frac{180°}{\pi} \times 0.3037\,[\text{rad}] = 17.4°$$

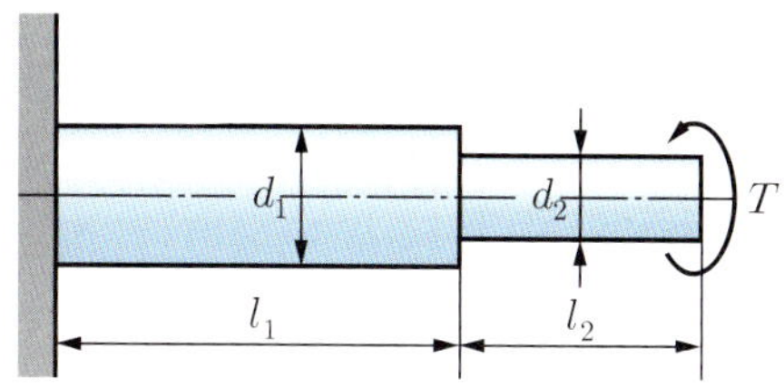

[그림 6-13]

6.3.2 테이퍼 축의 비틀림

원형축의 단면이 축의 길이방향을 따라 연속적으로 변화한다면 [그림 6-14]와 같은 테이퍼 축이 되고, 단붙이 축에 대한 비틀림각의 식 (6·34)는 적분의 식으로 표시된다. [그림 6-14]에서 축의 한쪽 끝 A로부터 임의의 거리 x만큼 떨어진 곳의 비틀림 모멘트를 $T(x)$, 극단면 2차모멘트를 $I_p(x)$라 하면, 미소길이 dx인 요소에 작용하는 미소 비틀림각은

$$d\phi = \frac{T(x)\,dx}{GI_p(x)} \tag{a}$$

따라서 축의 길이 l일 때 전체비틀림각은 식 (a)를 선심이에 걸쳐 적분하면 다음 식과 같이 된다.

$$\phi = \int_0^l d\phi = \int_0^l \frac{T(x)\,dx}{GI_p(x)} \tag{6·35}$$

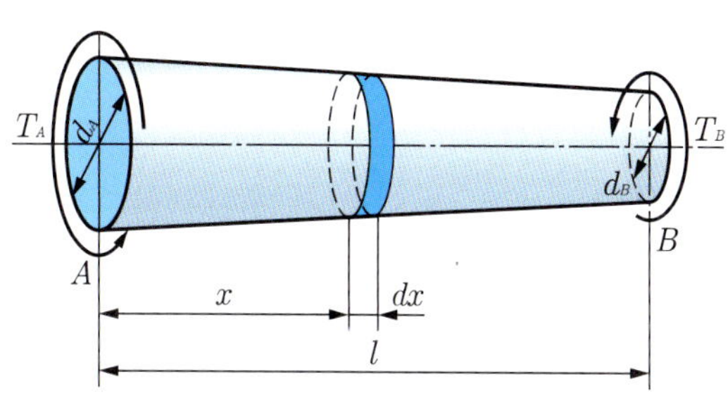

[그림 6-14] 테이퍼 축의 비틀림

6.4 부정정 봉의 비틀림

앞에서 설명한 비틀림 문제는 단면에 작용하는 토크를 정역학적 평형방정식으로부터 계산이 가능한 정정문제(靜定問題; statically determinate problem)이다. 그러나 비틀림을 받는 부재들이 정역학적 평형을 유지하기 위한 필요 이상의 지지점에 의해 평형이 유지될 때 정역학적 평형방정식 만으로는 미지수를 전부 결정할 수는 없다. 이러한 경우 변위에 관한 평형방정식을 나타내는 적합조건식(適合條件式)을 추가하여 해석할 수 있는 문제를 부정정(不靜定; statically indeterminate)문제라고 한다.

여기서는 부정정 봉에 관한 비틀림 문제를 고려하기 위해 적합조건식으로는 비틀림각과 비틀림 변형에너지를 검토하여 본다.

6.4.1 단붙이 부정정 봉의 비틀림

[그림 6-15(a)]와 같이 단붙이 봉의 양끝 A, B가 고정되어 있고, C점에서 외력에 의한 비틀림 모멘트 T가 작용할 때 봉에 대한 자유물체도는 [그림 6-15(b)]와 같다. 이와 같이 [그림 6-15(a)]는 봉의 양끝이 고정되어 있으므로 부정정문제로 되고, 정역학적 평형방정식으로부터 다음 식과 같이 된다.

$$T_A + T_B = T \tag{6·36}$$

여기서 T는 외력에 의한 비틀림 모멘트이고, T_A와 T_B는 봉의 양끝에 발생하는 반작용 비틀림 모멘트이다.

식 (6·36)에서 미지수가 2개이므로 1개의 방정식이 추가되어야 하기 때문에 적합조건식으로써 봉의 비틀림 변형을 고려하면, C점에 대한 봉의 양쪽 구간에서 비틀림각 ϕ는 서로 같아야 하므로 다음 식이 얻어진다.

$$\phi = \phi_A = \phi_B \tag{6·37}$$

식 (6·16)에 의해 식 (6·37)은

$$\phi = \frac{T_A a}{G I_{pA}} = \frac{T_B b}{G I_{pB}} \tag{6·38}$$

로 되고, T_A와 T_B의 비는 다음 식과 같이 된다.

$$\frac{T_A}{T_B} = \frac{I_{pA}}{I_{pB}}\left(\frac{b}{a}\right) \tag{6·39}$$

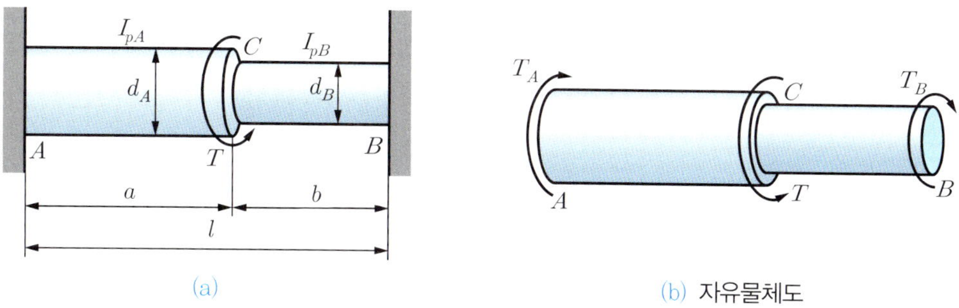

[그림 6-15] 단붙이 부정정 봉의 비틀림

또한, 식 (6·36)과 식 (6·39)에 의해 다음 식을 얻을 수 있다.

$$T_A = T\left(\frac{I_{pA}\,b}{a\,I_{pB} + b\,I_{pA}}\right), \quad T_B = T\left(\frac{I_{pB}\,a}{a\,I_{pB} + b\,I_{pA}}\right) \tag{6·40}$$

식 (6·40)의 T_A, 또는 T_B를 식 (6·38)에 대입하면 C점의 비틀림각 ϕ는

$$\phi = \frac{T\,a\,b}{(a\,I_{pB} + b\,I_{pA})G} \tag{6·41}$$

만일, 균일단면 봉이라면 $I_{pA} = I_{pB}$이므로 T_A, T_B는

$$T_A = \frac{T\,b}{(a+b)} = \frac{b}{l}\,T, \quad T_B = \frac{T\,a}{(a+b)} = \frac{a}{l}\,T \tag{6·42}$$

이와 같이 봉의 비틀림에 대한 부정정문제를 해석하기 위한 조건으로써 봉의 비틀림각을 고려하여 문제를 해결할 수 있다.

또한 봉의 각 구간에 대한 최대전단응력을 각각 τ_{AC}, τ_{CB}라 하고, 식 (6·40)을 고려하면 다음 식이 얻어진다.

$$\begin{aligned} \tau_{AC} &= \frac{T_A\,d_A}{2\,I_{pA}} = \frac{T\,b\,d_A}{2(a\,I_{pB} + b\,I_{pA})} \\ \tau_{CB} &= \frac{T_B\,d_B}{2\,I_{pB}} = \frac{T\,a\,d_B}{2(a\,I_{pB} + b\,I_{pA})} \end{aligned} \tag{6·43}$$

예제 6-5

[그림 6-16]과 같이 지름 $d = 22$[mm], 길이 $l = 1$[m]인 봉의 양끝을 고정하고, A점에서 400[mm] 떨어진 C점에 비틀림 모멘트 $T = 100$[N·m]가 작용할 때 다음 물음에 답하시오. 단, 봉의 전단탄성계수 $G = 83$[GPa]로 한다.

(1) 봉의 양끝에 발생하는 비틀림 모멘트 T_A, T_B

(2) 봉의 고정점 A, B에 발생하는 전단응력 τ_A, τ_B

(3) 비틀림 모멘트 T가 작용하는 C단면의 비틀림각 ϕ

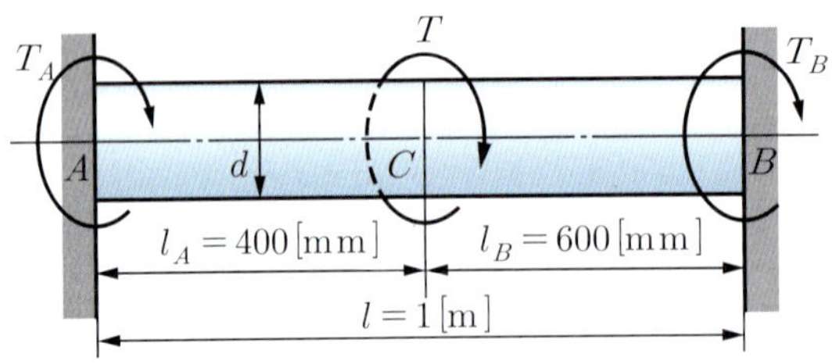

[그림 6-16]

| 풀이 | 봉의 양끝이 고정되어 있으므로 부정정문제로 되고, 외부에서 가해지는 비틀림 모멘트 T는 양끝 A, B에 생기는 반작용 비틀림 모멘트 T_A, T_B의 합이 되므로 모멘트 평형에 의해

$$T = T_A + T_B \tag{a}$$

구간 AC, CB 사이의 비틀림각 ϕ_A, ϕ_B는 식 (6·16)에 의해 다음 식과 같이 된다.

$$\phi_A = \frac{T_A l_A}{GI_p}, \quad \phi_B = \frac{T_B l_B}{GI_p} \tag{b}$$

C단면에 대한 비틀림각은 연속성으로부터 $\phi_A = \phi_B$이 되어야 하므로

$$T_A l_A = T_B l_B$$

(1) 식 (a), (b)와 식 (6·42)에 의해 다음 식과 같이 된다.

$$T_A = \frac{T l_B}{(l_A + l_B)} = \frac{l_B}{l} T = \frac{0.6\,[\text{m}]}{1\,[\text{m}]} \times 100\,[\text{N} \cdot \text{m}] = 60\,[\text{N} \cdot \text{m}]$$

$$T_B = \frac{T l_A}{(l_A + l_B)} = \frac{l_A}{l} T = \frac{0.4\,[\text{m}]}{1\,[\text{m}]} \times 100\,[\text{N} \cdot \text{m}] = 40\,[\text{N} \cdot \text{m}]$$

(2) τ_A, τ_B는 식 (6·8)에 의해

$$\tau_A = \frac{T_A}{Z_p} = \frac{16 T_A}{\pi d^3} = \frac{16 \times 60 \times 10^3\,[\text{N} \cdot \text{mm}]}{\pi \times (22\,[\text{mm}])^3} = 28.7\,[\text{N/mm}^2]$$

$$= 28.7\,[\text{MPa}]$$

$$\tau_B = \frac{T_B}{Z_p} = \frac{16 T_B}{\pi d^3} = \frac{16 \times 40 \times 10^3\,[\text{N} \cdot \text{mm}]}{\pi \times (22\,[\text{mm}])^3} = 19.1\,[\text{N/mm}^2]$$

$$= 19.1\,[\text{MPa}]$$

(3) $\phi = \phi_A = \phi_B = \dfrac{T_A l_A}{GI_p} = \dfrac{32 T_A l_A}{\pi d^4 G}$

$$= \frac{32 \times 60 \times 10^3\,[\text{N} \cdot \text{mm}] \times 400\,[\text{mm}]}{\pi \times 22^4 \times 83 \times 10^3\,[\text{N/mm}^2]} = 0.0126\,[\text{rad}] = 0.72°$$

≫ 예제 6-6

[그림 6-17]과 같이 봉의 지름 및 길이가 각각 $d_1 = 80\,[\mathrm{mm}]$, $l_1 = 400\,[\mathrm{mm}]$, $d_2 = 40\,[\mathrm{mm}]$ $l_2 = 100\,[\mathrm{mm}]$인 단붙이 봉의 양끝을 고정하고, 단면이 변하는 C단면에 작용시킬 수 있는 비틀림 모멘트 T를 구하시오. 단, 봉의 허용전단응력 $\tau_a = 50\,[\mathrm{MPa}]$로 한다.

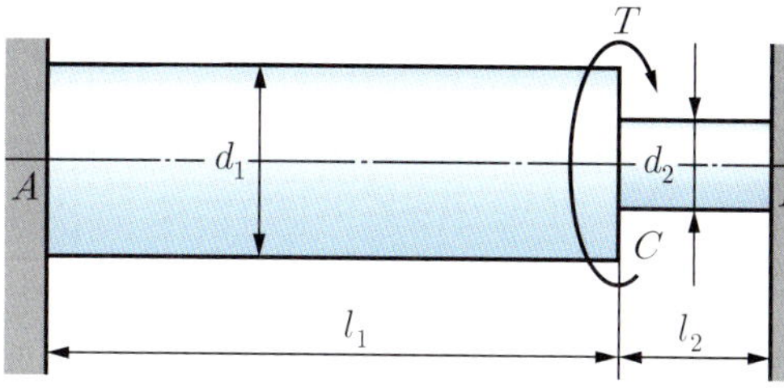

[그림 6-17]

| 풀이 | 봉의 양끝에 대한 반작용 비틀림 모멘트를 각각 T_1, T_2라고 하면

$$T = T_1 + T_2 \tag{a}$$

$\phi = \dfrac{T_1 l_1}{GI_{p1}} = \dfrac{T_2 l_2}{GI_{p2}}$ 에 의해 다음 식과 같이 된다.

$$\frac{T_1}{T_2} = \left(\frac{I_{p1}}{I_{p2}}\right)\frac{l_2}{l_1} = \left(\frac{d_1}{d_2}\right)^4 \frac{l_2}{l_1} = \left(\frac{80}{40}\right)^4 \times \frac{100}{400} = 4 \tag{b}$$

식 (a), (b)에 의해 $T_1 = 4T/5$, $T_2 = T/5$이므로 l_1, l_2부분의 허용전단응력에 대한 각 비틀림 모멘트를 구하면

(1) l_1 부분 : $T_1 = \dfrac{4}{5}T = \tau_a Z_{p1} = \dfrac{\pi d_1^3}{16}\tau_a$

$$T = \frac{\pi d_1^3}{16}\tau_a \times \frac{5}{4} = \frac{\pi \times 80^3}{16} \times 50 \times \frac{5}{4} = 6283185\,[\mathrm{N\cdot mm}]$$

$$= 6283\,[\mathrm{N\cdot m}] = 6.28\,[\mathrm{kN\cdot m}]$$

(2) l_2 부분 : $T_2 = \dfrac{1}{5}T = \tau_a Z_{p2} = \dfrac{\pi d_2^3}{16}\tau_a$

$$T = \frac{\pi d_2^3}{16}\tau_a \times 5 = \frac{\pi \times 40^3}{16} \times 50 \times 5 = 3141593\,[\mathrm{N\cdot mm}]$$

$$= 3141.6\,[\mathrm{N\cdot m}] = 3.14\,[\mathrm{kN\cdot m}]$$

따라서 작은 쪽의 값을 선택하는 것이 안전하므로 단면 C에 작용시킬 수 있는 비틀림 모멘트 $T = 3.14\,[\mathrm{kN\cdot m}]$가 된다.

6.4.2 조합봉의 비틀림

[그림 6-18]과 같이 서로 다른 두 재료 A, B를 동심원(同心圓)으로 완전히 결합된 봉을 조합봉(組合棒; combined bars)이라고 한다. 튜브(tube) B의 안쪽에 중실봉(中實棒) A를 끼워 조합봉을 만든 후 비틀림 모멘트가 작용하면, 이 봉은 부정정 비틀림 문제로 된다.

이러한 부정정문제를 해석하기 위해 중실봉 A와 튜브 B에 대한 기호를 다음과 같이 정의한다.

G_A, G_B : 중실봉 A와 튜브 B의 전단탄성계수
d_A, d_B : 중실봉 A와 튜브 B의 지름
I_{pA}, I_{pB} : 중실봉 A와 튜브 B의 극단면 2차모멘트

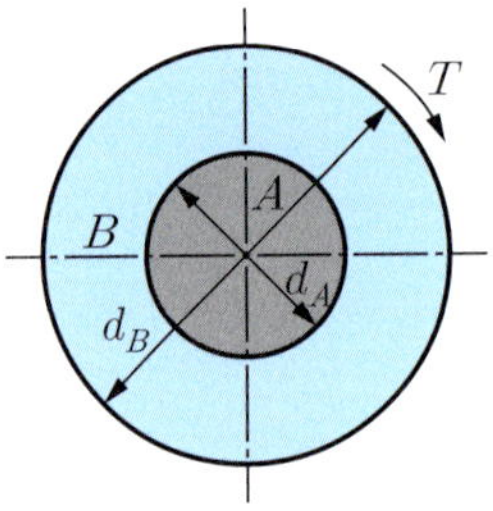

[그림 6-18] 조합봉의 비틀림

이 조합봉에 비틀림 모멘트 T가 작용할 때 중실봉 A와 튜브 B에 발생하는 모멘트의 평형은 다음 식과 같다.

$$T = T_A + T_B \tag{b}$$

또한, 두 부분에 대한 비틀림각 ϕ는 서로 같아야 하므로 다음 식으로 주어진다.

$$\phi = \frac{T_A l}{G_A I_{pA}} = \frac{T_B l}{G_B I_{pB}} \tag{c}$$

여기서 l은 조합봉의 길이이다.

식 (b)와, 식 (c)로부터 중실봉 A와 튜브 B에 작용하는 비틀림 모멘트 T_A, T_B는 다음 식과 같이 된다.

$$T_A = T\left(\frac{G_A I_{pA}}{G_A I_{pA} + G_B I_{pB}}\right)$$
$$T_B = T\left(\frac{G_B I_{pB}}{G_A I_{pA} + G_B I_{pB}}\right) \tag{6·44}$$

그러므로 비틀림각 ϕ는 식 (6·44)를 식 (c)에 대입하면

$$\phi = \frac{Tl}{G_A I_{pA} + G_B I_{pB}} \tag{6·45}$$

중실봉 A와 튜브 B에 대한 최대전단응력 τ_A와 τ_B는 다음 식과 같이 된다.

$$\tau_A = \frac{T_A d_A}{2 I_{pA}}, \quad \tau_B = \frac{T_B d_B}{2 I_{pB}} \tag{6·46}$$

따라서 중실봉 A의 바깥 경계에 대한 전단응력 τ_A와 튜브 B의 바깥 경계에 대한 전단응력 τ_B의 비는 다음 식으로 표시된다.

$$\frac{\tau_B}{\tau_A} = \frac{G_B d_B}{G_A d_A} \tag{6·47}$$

조합봉에 비틀림 모멘트가 작용할 때 두 재료의 경계면에서 비틀림각은 서로 같으므로 전단변형률은 연속적이지만, 두 재료의 탄성계수가 서로 다르기 때문에 전단응력의 크기는 같지 않고, 전단응력의 분포는 불연속적으로 된다.

6.5 비틀림에 의한 전단탄성 변형에너지

전단력 만에 의한 순수전단응력 상태에 있는 탄성재료의 미소요소 안에 축적(蓄積)되는 탄성변형에너지를 구하는 방법은 단순인장에서와 같이 4.9.2절에서 설명하였다. 여기에서는 [그림 6-19]와 같이 반지름 r, 길이 l인 중실축의 양끝에 비틀림 모멘트 T가 작용할 때 축에 발생하는 전단응력 τ에 의해 축 안에 축적되는 전단탄성 변형에너지 U_s를 구하여 보기로 한다.

축의 표면에 대한 최대전단응력을 τ_{max}라 하고, 임의의 반지름 ρ인 곳의 전단응력을 τ라고 하면 다음의 관계식이 성립한다.

$$\frac{\tau}{\tau_{max}} = \frac{\rho}{r} \qquad \therefore \ \tau = \frac{\rho}{r} \tau_{max} \tag{d}$$

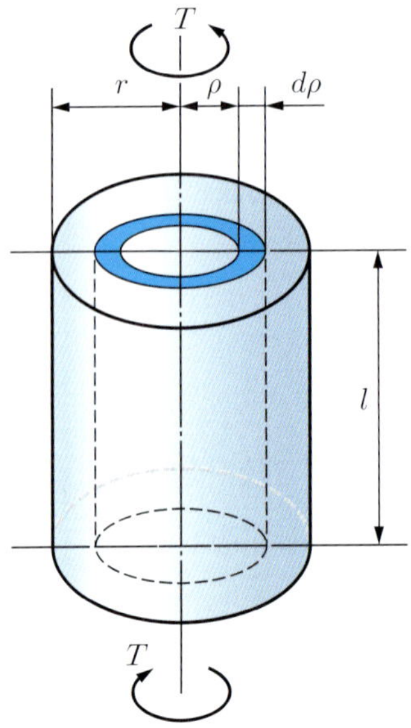

[그림 6-19] 축의 비틀림에 의한 전단탄성 변형에너지

임의의 반지름 ρ에서 단위체적에 대한 전단탄성 변형에너지 u_s는 식 (4·64)로부터 다음 식과 같이 된다.

$$u_s = \frac{U_s}{V} = \frac{\tau^2}{2G} = \frac{\rho^2 \tau_{max}^2}{2r^2 G} \tag{6·48}$$

또한, [그림 6-19]에서 길이 l, 반지름 ρ, 미소반지름 $d\rho$인 미소원통에 축적되는 미소 전단탄성 변형에너지 dU_s는 다음 식과 같이 된다.

$$dU_s = u_s dV = u_s dA\, l = \frac{\rho^2 \tau_{max}^2}{2r^2 G}(2\pi\rho d\rho) l \tag{e}$$

따라서 축에 축적되는 전체 전단탄성 변형에너지 U_s는 식 (e)를 축의 중심으로부터 표면까지 적분하면 다음 식이 얻어진다.

$$U_s = \int dU_s = \frac{\pi l \tau_{max}^2}{r^2 G}\int_0^r \rho^3 d\rho = \frac{\pi l \tau_{max}^2}{r^2 G}\left[\frac{\rho^4}{4}\right]_0^r$$

$$= \frac{1}{2}(\pi r^2 l)\frac{\tau_{max}^2}{2G} \tag{6·49}$$

식 (6·49)로부터 축에 축적되는 전단탄성 변형에너지 U_s는 축의 모든 부분에 최대 전단응력 τ_{max}가 작용할 때 축적되어지는 에너지의 $1/2$이 되는 것을 알 수 있다.

또한, 표면에서의 최대전단응력 $\tau_{max} = T/Z_p = Tr/I_p$이고, $I_p = \pi d^4/32 = \pi r^4/2$의 관계를 고려하면 식 (6·49)는 다음 식과 같이 표시할 수 있다.

$$U_s = \frac{1}{2}(\pi r^2 l)\frac{\tau_{\max}^2}{2G} = \frac{T^2 l}{2GI_p} \tag{6·50}$$

식 (6·49)는 전단응력을 이용하여 전단탄성 변형에너지 U_s를 구할 수 있지만, 비틀림각을 이용하여 구할 수도 있다.

식 (6·16)으로부터 비틀림각 ϕ와 비틀림 모멘트 T의 관계를 이용하면 탄성범위 안에서는 [그림 6-20]과 같은 비례관계가 성립한다. 인장 및 순수전단에 의한 탄성변형에너지를 구하는 방법과 같이 비틀림 모멘트의 작용으로 행하여진 외부일은 축에 축적된 탄성변형에너지와 같다. 이것은 [그림 6-20]에서 $\triangle OAB$의 면적으로 표시되며, 식 (6·16)으로부터 다음 식이 얻어진다.

$$U_s = \frac{1}{2}T\phi = \frac{T^2 l}{2GI_p} = \frac{\phi^2 GI_p}{2l} \tag{6·51}$$

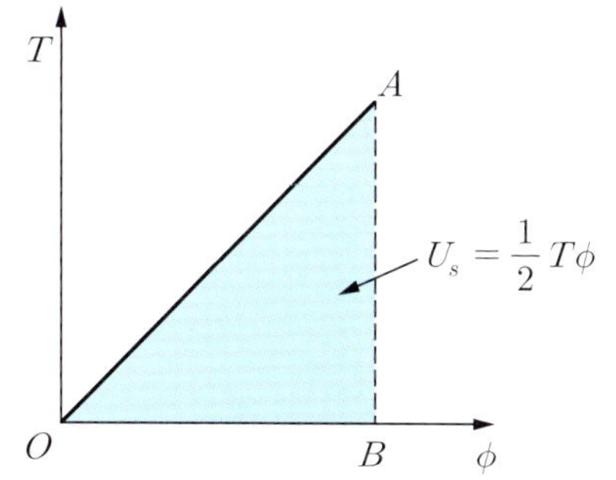

[그림 6-20] 축의 비틀림각 ϕ와 비틀림 모멘트 T의 관계

식 (6·51)에서 중실축일 때는 극단면 2차모멘트 $I_p = \frac{\pi d^4}{32}$을 대입하고, 중공축에 대해서는 $I_p = \frac{\pi}{32}(d_2^4 - d_1^4)$을 대입하면 된다.

6.6 두께가 얇은 관의 비틀림

안지름 d_1과 바깥지름 d_2의 두께 차이가 거의 없는 중공(中空) 원형단면의 축을 얇은 관(thin walled tube)이라고 한다. 이러한 관(管 ; tube)에 비틀림 모멘트가 작용하면 관의 단면 2차모멘트 $I_p = \frac{\pi}{32}(d_2^4 - d_1^4)$의 계산이 필요하다. 그러나 관의 안지름 d_1과 바깥지름 d_2의 차가 거의 없기 때문에 단면 2차모멘트 I_p를 정확히 계산하기가 곤란하므로 다음 식과 같이 근사적으로 계산한다.

$$I_p = \int_A \rho^2 dA \approx r_m^2 \int_A dA = r_m^2(2\pi r_m t) = 2\pi r_m^3 t \tag{6·52}$$

여기서 r_m 은 관의 평균반지름, t 는 관의 두께이다.

얇은 관에 비틀림 모멘트 T 가 작용할 때 관에 발생하는 전단응력 τ 는 다음 식으로부터 구할 수 있다.

$$\tau = \frac{T}{Z_p} = \frac{T r_m}{I_p} = \frac{T}{2\pi r_m^2 t} \tag{6·53}$$

또한, 얇은 관의 비틀림각은 다음 식과 같이 된다.

$$\phi = \frac{Tl}{GI_p} = \frac{Tl}{2\pi r_m^3 tG} \tag{6·54}$$

얇은 관에 대한 단면적 $A_m = \pi r_m^2$ 이고, 평균중심선의 길이 $s_m = 2\pi r_m$ 이므로 식 (6·53)과 식 (6·54)는 각각 다음 식으로 표시할 수 있다.

$$\tau = \frac{T}{2A_m t} \tag{6·55}$$

$$\phi = \frac{Tl}{2\pi r_m^3 tG} = \frac{\tau s_m l}{2A_m G} \tag{6·56}$$

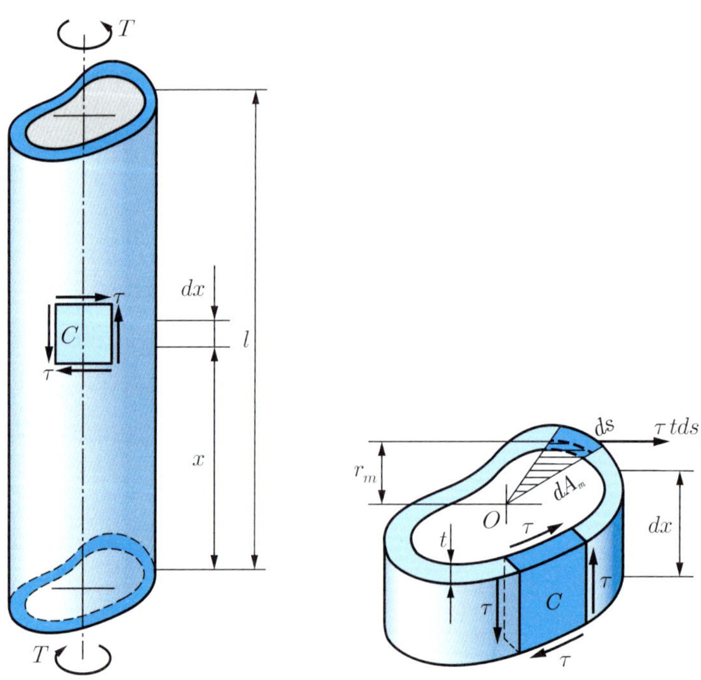

[그림 6-21] 두께가 얇은 관의 비틀림

식 (6·53) ~ 식 (6·56)은 [그림 6-21(a)]와 같이 얇은 관에 비틀림 모멘트 T가 작용할 때 전단응력 τ와 비틀림각 ϕ를 구하는 공식이다. 그림에서와 같이 원형이 아닌 얇은 관에 비틀림 모멘트가 작용하면 그 단면은 평면상태가 유지되지 않고, 각 단면은 비틀림을 받은 후 조금씩 뒤틀리게 된다. 얇은 관의 양끝이 구속되지 않을 때 미소요소 C는 관의 양끝에서 축방향으로는 하중이 작용하지 않고, 전단응력 τ만이 작용한다.

이와 같이 얇은 관에 대해서는 [그림 6-8]에서 중실축의 비틀림에 의한 순수전단 상태의 최대주응력 σ_1의 방향으로 압축이 되어 좌굴(挫屈; buckling)이 발생한다. 이러한 좌굴을 방지하기 위해 강관(鋼管; steel tube)에서는 평균반지름 r_m과 두께 t의 비를 $t/r_m > 1/60$로 제한하고 있다.

또한, [그림 6-21(a)]와 같이 얇은 관에 비틀림 모멘트 T가 작용할 때 미소요소 C에 대한 자유물체도를 그리면 [그림 6-21(b)]와 같이 된다. 미소길이 ds에 작용하는 비틀림 모멘트는 다음 식으로 표시한다.

$$dT = dF\,r_m = \tau\,dA_m\,r_m = \tau\,t\,ds\,r_m \qquad \text{(a)}$$

$$\therefore \; T = \int dT = \tau\,t\int_0^s r_m ds \qquad \text{(b)}$$

식 (b)로부터 $r_m ds$는 [그림 6-21(b)]에서 빗금친 삼각형의 면적 dA_m의 2배로 되고, 이것을 전길이에 대해 적분하면 다음 식이 얻어진다.

$$\int_0^s r_m\,ds = 2\,A_m \qquad \text{(c)}$$

식 (c)를 식 (b)에 대입하면

$$T = 2\,\tau\,t\,A_m \qquad \text{(d)}$$

따라서 전단응력 τ는 다음 식과 같이 된다.

$$\tau = \frac{T}{2\,A_m\,t} \qquad (6{\cdot}55')$$

식 (6·55′)은 식 (6·55)와 일치하는 것을 알 수 있다.

또한, 두께가 얇은 관의 비틀림각을 구하기 위해 변형에너지에 관한 식 (4·63)과 식 (6·49)로부터 관에 축적되는 전체 탄성변형에너지는 다음 식과 같이 표시된다.

$$U_s = \frac{\tau^2}{2G}V = \frac{\tau^2}{2G}A_m\,l = \frac{\tau^2}{2G}(s_m\,t\,l) \qquad \text{(e)}$$

여기서 V는 관 재료의 체적을 나타낸다.

식 (e)의 탄성변형에너지 U_s는 관에 작용하는 비틀림 모멘트 T가 한 일과 같아야 하므로

$$U_s = \frac{1}{2} T\phi = \frac{\tau^2 s_m l t}{2G} \tag{f}$$

$$\therefore \ \phi = \frac{\tau^2}{TG} s_m t l = \frac{\tau s_m l}{2A_m G} \tag{6·56′}$$

식 (6·56′)은 식 (6·56)과 일치하는 것을 알 수 있다.

6.7 원형 단면이 아닌 봉의 비틀림

지금까지는 원형 단면 봉의 비틀림에 대한 전단응력 및 비틀림각을 구하였지만, 여기서는 단면의 형상이 원형이 아닌 직사각형과, 타원형 단면의 봉에 비틀림 모멘트가 작용할 때 전단응력 및 비틀림각을 구하여 보기로 한다.

6.7.1 직사각형 단면 봉의 비틀림

[그림 6-22]는 직사각형 단면의 봉에 비틀림 모멘트가 작용할 때 비틀림 변형을 나타낸 것으로서 모서리 부분에서는 변형이 없지만, 각 측면의 중심선에서 최대변형과 최대전단응력이 발생한다.

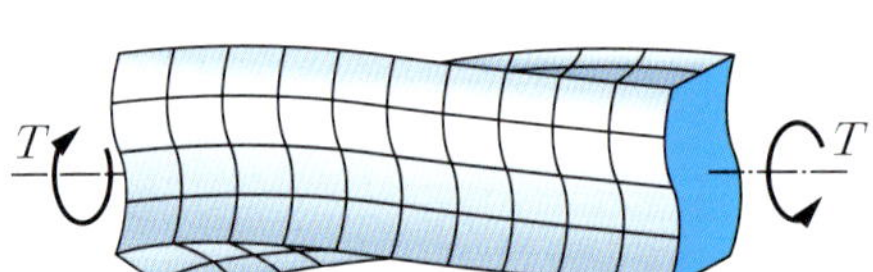

[그림 6-22] 직사각형 단면 봉의 비틀림 변형

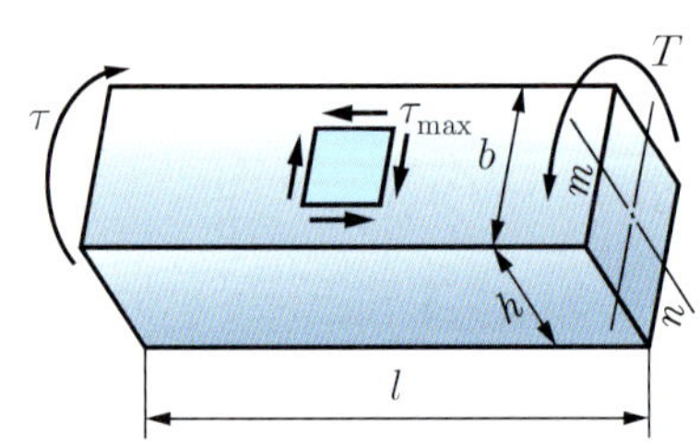

[그림 6-23] 직사각형 단면 봉의 비틀림

[그림 6-23]과 같이 폭 b, 높이 h이고, 길이 l인 직사각형 단면 봉에 비틀림 모멘트 T가 작용할 때 이 봉에 발생하는 최대전단응력 τ_{max}는 단면의 길이가 긴 중앙점 m, n에 발생하고, 탄성이론에 기초하여 수학적으로 해석한 결과를 나타내면 다음 식으로 주어진다.

$$\tau_{max} = \frac{T}{Z_p} = \frac{T}{\alpha b h^2} \tag{6·57}$$

또한, 비틀림각 ϕ 는

$$\phi = \frac{Tl}{\beta bh^3 G} \tag{6·58}$$

여기서 α, β 는 비틀림 형상계수로서 [표 6-2]와 같이 되고, 폭 b 와 높이 h 의 비에 따라 변화한다.

[표 6-2] 직사각형 단면 봉의 비틀림 형상계수

b/h	α	β
1.0	0.208	0.141
1.2	0.219	0.166
1.5	0.231	0.196
1.75	0.239	0.214
2.0	0.246	0.229
2.5	0.258	0.249
3.0	0.267	0.263
4.0	0.282	0.281
5.0	0.291	0.291
6.0	0.298	0.298
8.0	0.307	0.307
10.0	0.312	0.312
∞	0.333	0.333

6.7.2 타원형 단면 봉의 비틀림

[그림 6-24]와 같이 큰 반지름과 작은 반지름이 각각 a, b 인 타원형 단면 봉에 비틀림 모멘트 T 가 작용할 때 단면의 임의의 점 $P(x, y)$ 에 대한 전단응력은 다음 식과 같이 주어진다.

$$\tau_x = \frac{2T}{\pi ab^3} y, \quad \tau_y = \frac{2T}{\pi ba^3} x \tag{6·59}$$

타원형 단면 봉에 비틀림 모멘트가 작용하면 작은 반지름 쪽에서 최대전단응력이 발생하고, 큰 반지름 쪽에서는 최소전단응력이 생긴다. [그림 6-24]에서 최대전단응력 $\tau_{\max}$ 는 m, n 점에서 발생하고 다음 식과 같이 된다.

$$\tau_{\max} = \frac{T}{Z_p} = \frac{2T}{\pi ab^2} \tag{6·60}$$

타원형 단면 봉의 길이가 l 일 때 비틀림각 ϕ 는

$$\phi = \left(\frac{a^2 + b^2}{\pi a^3 b^3} \right) \frac{Tl}{G} = \frac{Tl}{\{2ab/(a^2+b^2)\}^2 I_p G} \tag{6·61}$$

여기서 $I_p = \frac{\pi}{4} ab(a^2 + b^2)$이 된다.

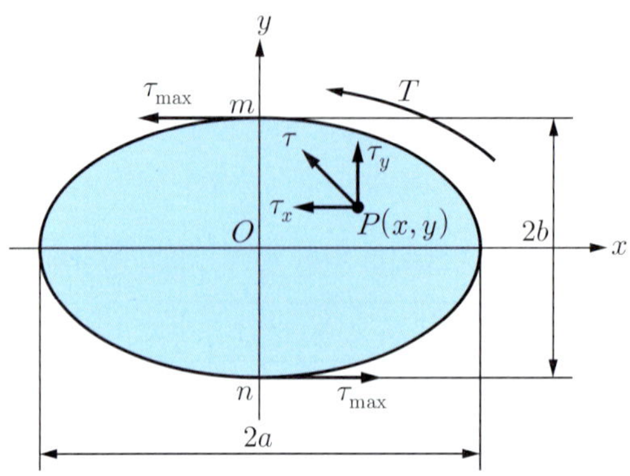

[그림 6-24] 타원형 단면 봉의 비틀림

이상에서와 같이 정사각형, 정삼각형 및 타원형 단면 봉에 비틀림 모멘트 T가 작용할 때 단면에 생기는 최대전단응력 τ_{max} 및 비틀림각 ϕ를 해석한 결과를 나타내면 [표 6-2]와 같이 요약된다. 여기서 최대전단응력 τ_{max}는 봉의 단면중심에서 길이가 가장 짧은 곳에서 발생하므로 [표 6-3]의 각 단면에 점이 찍혀 있는 곳에서 최대전단응력이 발생한다.

[표 6-3] 정사각형, 정삼각형 및 타원형 단면 봉의 τ_{max} 및 ϕ

단면의 형상		최대전단응력(τ_{max})	비틀림각(ϕ)
정사각형	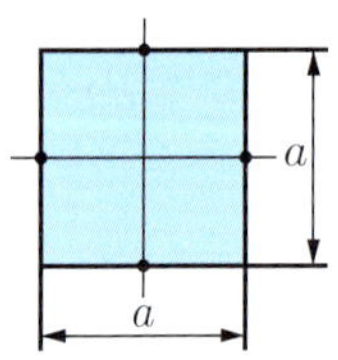	$\frac{4.81T}{a^3}$	$\frac{7.10Tl}{a^4 G}$
정삼각형	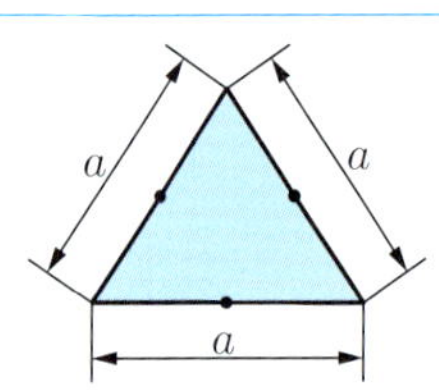	$\frac{20T}{a^3}$	$\frac{46Tl}{a^4 G}$
타원	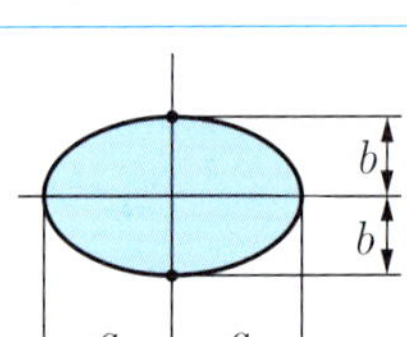	$\frac{20T}{\pi ab^2}$	$\frac{(a^2+b^2)Tl}{\pi a^3 b^3 G}$

예제 6-7

[그림 6-25]에서와 같이 강판으로 얇은 정사각형 관(tube)을 만들어서 비틀림 모멘트 $T = 8\,[\text{kN} \cdot \text{mm}]$을 작용시키려고 할 때 강판의 두께를 구하시오. 단, 이 튜브의 바깥 치수 $a = 10\,[\text{mm}]$, 허용전단응력 $\tau_a = 40\,[\text{N/mm}^2]$로 한다.

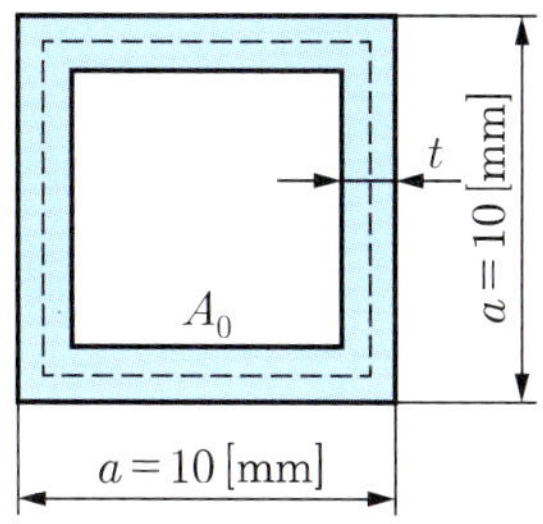

[그림 6-25]

| 풀이 | 비틀림 모멘트 : $T = 2\tau A_0 t = 2\tau t(10 - t)^2$ 이므로

$$8000 = 2 \times 40 \times t(10 - t)^2$$

$$100 = t(10 - t)^2 = t(100 - 20t + t^2)$$

3차항을 무시하고, 2차 방정식에 대한 근의 공식을 이용하면 최소두께 $t = 1.2\,[\text{mm}]$로 한다.

6.8 원통형 코일스프링

탄성변형을 이용하여 에너지를 흡수하거나 축적하기 위해 스프링(spring)이 이용되고, 스프링은 진동방지 및 충격완화 등을 위한 완충장치로써 산업분야에 널리 응용되고 있다. 비틀림 이론을 응용한 대표적인 원통형 코일스프링(coil spring)에 대한 비틀림 응력, 처짐 및 탄성변형에너지 등을 구하여 보기로 한다.

6.8.1 스프링의 강도

[그림 6-26]과 같은 원통형 코일스프링에 대한 강도를 해석하기 위해 다음과 같이 기호를 정의한다.

D : 코일의 평균지름 　　R : 코일의 평균반지름

d : 선재(線材)의 지름 　　r : 선재의 반지름

ϕ : 스프링의 비틀림각 　　δ : 스프링의 변형량

I_p : 선재의 극단면 2차모멘트 $\left(I_p = \dfrac{\pi d^4}{32}\right)$ 　　Z_p : 선재의 극단면계수

T : 선재에 작용하는 비틀림 모멘트　　　G : 선재의 전단탄성계수

l : 선재의 유효길이　　　n : 스프링의 유효감김수

τ_t : 선재의 비틀림 전단응력　　　τ_s : 선재의 전단응력

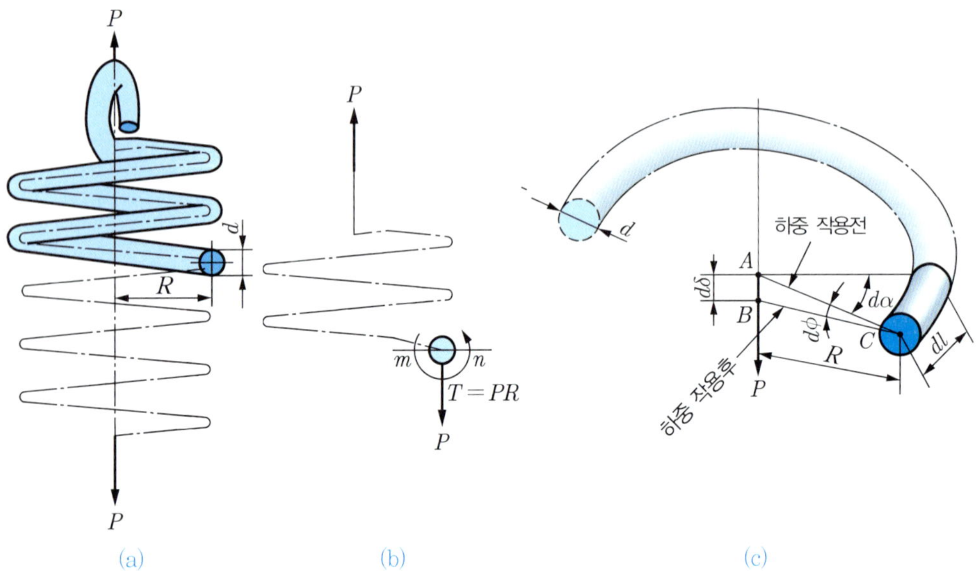

[그림 6-26] 비틀림이 작용하는 원통형 코일스프링

[그림 6-26]에서와 같이 코일스프링은 축방향 하중 P에 의한 인장 또는 압축하중과 비틀림 모멘트 T에 의한 전단응력을 동시에 받는다. 스프링 선재(線材)에는 비틀림 모멘트 $T = PR = \dfrac{PD}{2}$가 작용하므로 비틀림에 의한 전단응력 τ_t는 다음 식과 같이 된다.

$$T = \tau_t Z_p = \frac{\pi d^3}{16}\tau_t \qquad \therefore\ \tau_t = \frac{8PD}{\pi d^3} \tag{6·62}$$

또한, 축방향 하중 P에 의해 선재에 직접 발생하는 전단응력 τ_s는

$$\tau_s = \frac{P}{A} = \frac{4P}{\pi d^2} \tag{6·63}$$

[그림 6-26(b)]에서 전단응력 τ_t와 τ_s는 코일의 안쪽 m점에서는 서로 같은 방향, 바깥쪽 n점에서는 서로 반대방향으로 작용하기 때문에 선재의 안쪽 m점의 전단응력을 τ_i, 바깥쪽 n점의 전단응력을 τ_o라고 하면 다음 식으로 주어진다.

$$\tau_i = \tau_t + \tau_s = \frac{8PD}{\pi d^3} + \frac{4P}{\pi d^2} = \frac{8PD}{\pi d^3}\left(1 + \frac{d}{2D}\right) \tag{6·64}$$

$$\tau_o = \tau_t - \tau_s = \frac{8PD}{\pi d^3} - \frac{4P}{\pi d^2} = \frac{8PD}{\pi d^3}\left(1 - \frac{d}{2D}\right) \tag{6·65}$$

위의 식 (6·64), 식 (6·65)로부터 알 수 있듯이 코일스프링에 작용하는 전단응력은 항상 코일의 안쪽 m 점에서는 바깥쪽 n 점에서보다 더욱 크고, 초기균열도 이곳에서 발생한 후 진전한다.

6.8.2 스프링의 처짐

원통형 코일스프링의 처짐은 일반적으로 코일의 비틀림에 의해서만 발생하는 것으로 가정하면, [그림 6-26(c)]에서 스프링의 미소 처짐량 $d\delta$, 미소길이 dl, 미소 비틀림각 $d\phi$ 의 관계는 다음 식과 같이 된다.

$$d\phi = \frac{T\,dl}{GI_p} \tag{a}$$

$$d\delta = R\,d\phi = R\frac{T\,dl}{GI_p} = R\frac{PR\,dl}{GI_p} = \frac{32PR^2}{\pi d^4 G}dl \tag{b}$$

스프링 선재의 유효길이 l 과 코일의 유효감김수 n 의 관계는

$$l = 2\pi Rn = \pi Dn \tag{6·66}$$

이 되고, 선재의 유효길이 l 에 대한 스프링의 전체 처짐량 δ 는 다음 식으로 표시된다.

$$\delta = \int_0^{\ell} \frac{32PR^2}{\pi d^4 G}dl = \frac{32PR^2 l}{\pi d^4 G} = \frac{32PR^2(2\pi Rn)}{\pi d^4 G}$$

$$= \frac{64PR^3 n}{d^4 G} = \frac{8PD^3 n}{d^4 G} \tag{6·67}$$

따라서 식 (6·67)로부터 다음 식이 얻어진다.

$$P = \frac{d^4 G\delta}{64nR^3} = \frac{d^4 G\delta}{8nD^3} \tag{6·68}$$

$$n = \frac{d^4 G\delta}{64PR^3} = \frac{d^4 G\delta}{8pD^3} \tag{6·69}$$

또한, 스프링상수(spring constant) k 는

$$k = \frac{P}{\delta} = \frac{d^4 G}{8nD^3}\ [\mathrm{N/mm}] \tag{6·70}$$

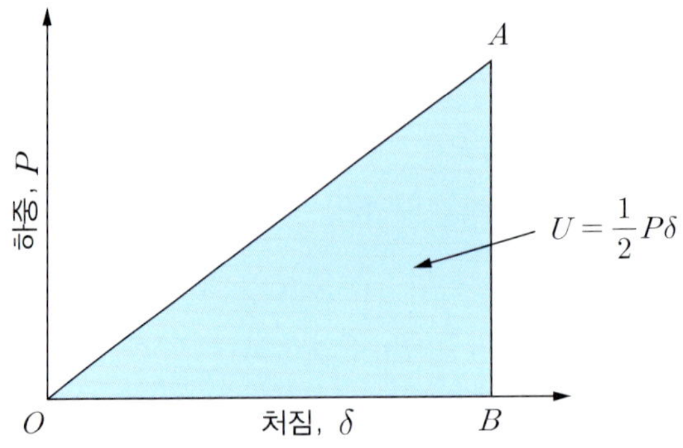

[그림 6-27] 원통형 코일스프링의 탄성변형에너지

탄성한도에서 하중 P와 변형량 δ 사이의 관계는 [그림 6-27]에서와 같이 직선적으로 변화하고, 스프링 안에 축적된 탄성변형에너지를 U라고 하면 다음 식과 같이 표시된다.

$$U=\frac{1}{2}P\delta=\frac{1}{2}k\delta^2 \tag{6·71}$$

식 (6·71)로부터 축적된 탄성변형에너지는 [그림 6-27]에서 ΔOAB의 면적과 같다.

예제 6-8

원통형 코일스프링의 평균지름 50 [mm], 선재의 지름 6 [mm], 선재의 허용전단응력 $\tau_a=60$ [N/mm^2]이고, 스프링상수 $k=15$ [N/mm]일 때 스프링의 안전하중과 유효감김수를 구하시오. 단, 코일스프링 선재의 전단탄성계수 $G=80$ [GPa]로 한다.

| 풀이 | 스프링의 허용전단응력 : $\tau_a=\dfrac{16PR}{\pi d^3}=\dfrac{8PD}{\pi d^3}$이므로

$$P=\frac{\pi d^3\tau_a}{8D}=\frac{\pi\times 6^3\times 60}{8\times 50}=101.8\,[\text{N}]$$

식 (6·70)으로부터 스프링상수 k는

$$k=\frac{P}{\delta}=\frac{d^4G}{8nD^3}$$

$$\therefore\ n=\frac{d^4G}{8D^3k}=\frac{6^4\times 80\times 10^3}{8\times 50^3\times 15}=6.9\rightarrow 7\,[\text{개}]\ :\ \text{유효감김수}$$

CHAPTER 6

연습문제

[6-1] 축의 길이가 1[m]이고, 지름 50[mm]인 연강봉에 2[kN·m]의 비틀림 모멘트가 작용할 때 축에 발생하는 비틀림 전단응력과 비틀림각을 구하시오. 단, 축재료의 전단탄성계수 $G = 80$[GPa]이다.

[6-2] 회전수 900[rpm]으로 30[kW]를 전달하는 축의 지름을 강도 및 강성도를 고려하여 결정하시오. 단, 축재료의 비틀림 허용전단응력 $\tau_a = 30$[MPa]이고, 전단탄성계수 $G = 80$[GPa]이며, 비틀림각은 축의 길이 1[m]에 대하여 $\phi = (1/4)°/\mathrm{m}$이다.

[6-3] 회전수 600[rpm]으로 10[PS]를 전달하는 길이 $l = 1$[m], 안지름 $d_1 = 40$[mm], 바깥지름 $d_2 = 60$[mm]인 중공축의 비틀림각을 구하시오. 단, 축재료의 전단탄성계수 $G = 80$[GPa]이다.

[6-4] 같은 크기의 토크를 전달하는 중실축과 중공축에 대한 단면적의 비와 안지름과 바깥지름의 크기를 구하시오. 단, 재질과 강도는 같고, 중공축의 안지름과 바깥지름의 비 $x = d_1/d_2 = 1/2$로 한다.

[6-5] 지름 50[mm]인 축이 [그림 6-28]과 같이 양끝 A, B가 고정되고, C점에서 비틀림 모멘트 $T_C = 1$[kN·m]가 작용할 때 고정지지점의 T_A, T_B와 비틀림각을 구하시오. 단, 축재료의 전단탄성계수 $G = 80$[GPa]이고, 그림에서 치수의 단위는 [mm]이다.

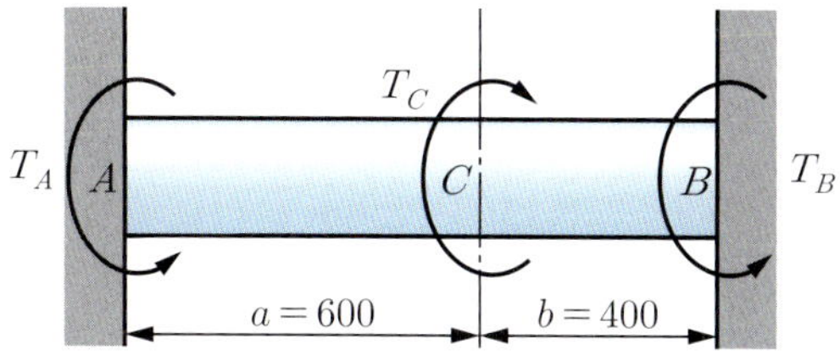

[그림 6-28]

[6-6] [그림 6-29]와 같이 양끝이 고정된 봉의 두 단면에 각각 비틀림 모멘트 T가 작용할 때 BC 부분에 작용하는 비틀림 모멘트를 구하시오.

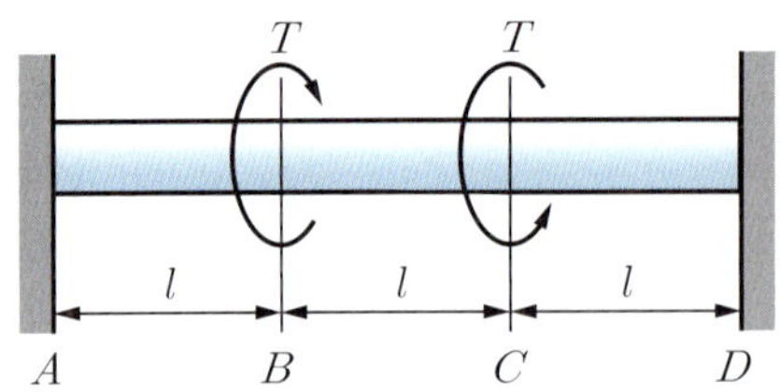

[그림 6-29]

[6-7] [그림 6-30]과 같이 양끝이 고정된 단붙이 축에 비틀림 모멘트 T가 작용할 때 각 부분 A, B에 발생하는 비틀림 모멘트의 비 T_A / T_B를 구하시오. 단, $d_A = 60\,[\text{mm}]$, $d_B = 30\,[\text{mm}]$이고, $l_A = 400\,[\text{mm}]$, $l_B = 150\,[\text{mm}]$이다.

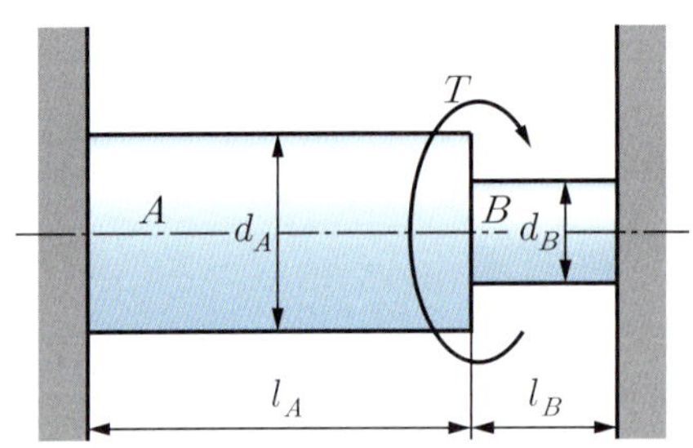

[그림 6-30]

[6-8] [그림 6-31]과 같이 모터의 회전수 $600\,[\text{rpm}]$으로 $45\,[\text{kW}]$의 동력을 지름 $d = 50\,[\text{mm}]$의 연강제 모터 축의 구동으로 기어 B 및 기어 C로 동력을 전달한다.
기어 B가 $30\,[\text{kW}]$, 기어 C가 $15\,[\text{kW}]$의 동력을 전달할 때 축의 최대전단응력과 축 A와 C사이의 비틀림각 ϕ를 구하시오. 단, 축재료의 전단탄성계수 $G = 80\,[\text{GPa}]$로 한다.

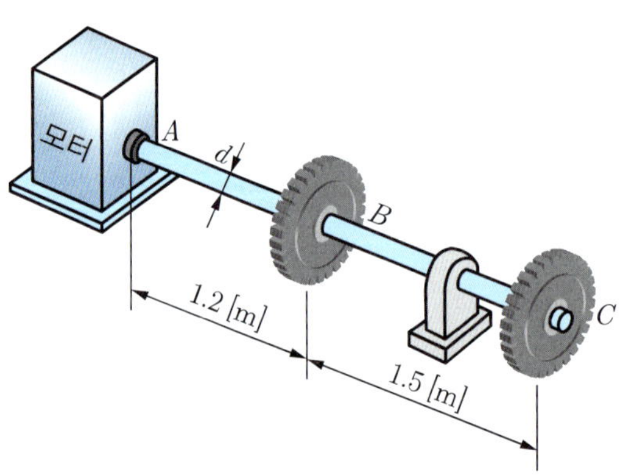

[그림 6-31]

[6-9] 코일스프링의 원통지름이 60 [mm], 소선의 지름 5 [mm], 소선의 전단응력 500 [MPa], 스프링상수 $k = 5\,[\mathrm{N/mm}]$이고, 전단탄성계수 $G = 85\,[\mathrm{GPa}]$일 때 스프링에 가할 수 있는 안전하중과 유효감김수를 구하시오.

[6-10] 지름 $d = 35\,[\mathrm{mm}]$이고, 길이 $l = 2\,[\mathrm{m}]$인 둥근 봉에 비틀림 모멘트 $T = 400\,[\mathrm{N \cdot m}]$가 작용할 때 비틀림각 $\phi = 4°$로 측정되었다면 다음 물음에 답하시오.

(a) 봉에 저장된 탄성변형에너지 (b) 봉의 전단탄성계수

[6-11] 평균반지름 $r_m = 30\,[\mathrm{mm}]$, 두께 $t = 1\,[\mathrm{mm}]$, 길이 $l = 500\,[\mathrm{mm}]$인 관(tube)에 비틀림 모멘트 $T = 5\,[\mathrm{kN \cdot m}]$가 작용할 때 다음 물음에 답하시오. 단, 관의 전단탄성계수 $G = 65\,[\mathrm{GPa}]$이다.

(a) 관에 작용하는 전단응력 (b) 관의 전비틀림각

[6-12] [그림 6-32]와 같이 정삼각형 단면을 갖는 얇은 강관을 그 단면의 평균중심선 길이 $s_m = 3a = 60\,[\mathrm{mm}]$이고, 관의 두께 $t = 1.6\,[\mathrm{mm}]$일 때 강관에 안전하게 작용시킬 수 있는 비틀림 모멘트를 구하시오. 단, 강관의 허용전단응력 $\tau_a = 50\,[\mathrm{MPa}]$이다.

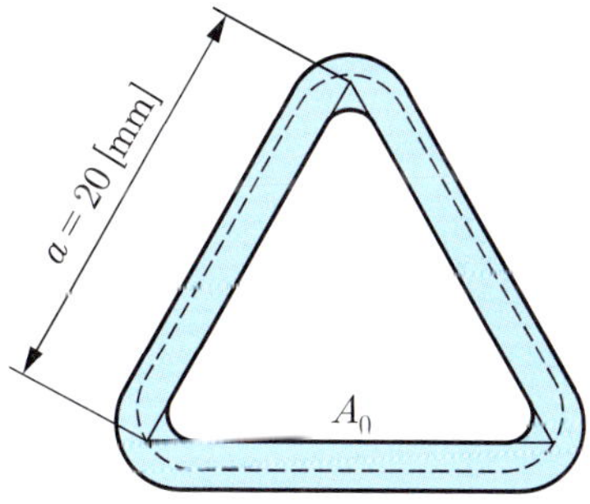

[그림 6-32]

7 CHAPTER 보의 전단력 및 굽힘모멘트

이 장에서는 보의 정의 및 종류, 작용하중에 의한 각종 직선 정정보에 발생하는 반력, 전단력 및 굽힘모멘트를 구하는 방법과 이들을 이용한 전단력 선도와 굽힘모멘트 선도를 그리는 방법에 대해 학습하기로 한다. 보에 작용하는 전단력 및 굽힘모멘트는 보에 발생하는 전단응력 및 굽힘응력을 결정하기 위한 기초자료로써 중요하고, 이렇게 구해진 응력은 구조물 및 기계설계에 유익하게 이용된다.

7.1 보의 정의 및 종류

단면의 치수에 비하여 길이가 긴 부재(部材; members)가 적절한 방법으로 지지되고, 그 길이의 중심선에 수직하중이 작용하여 발생한 굽힘모멘트를 지탱하는 구조물 요소를 보(beam)라고 정의한다.

제 3장 및 제 6장에서 이미 정정문제(靜定問題)와 부정정문제(不靜定問題)를 다루어 보았지만, 보의 종류에도 정정보와 부정정보로 나눌 수 있다. 정정보(statically determinate beam)는 힘 및 굽힘모멘트의 평형방정식(平衡方程式; equilibrium equation)으로부터 정역학적으로 미지(未知)의 반력(反力)을 구할 수 있는 보를 말한다.

그러나 정역학적 평형조건식 만으로는 미지수가 평형방정식의 수보다 많기 때문에 미지의 반력을 모두 결정할 수는 없으므로 변형에 의한 처짐량 또는 변형에너지에 관한 식을 추가하여 반력을 결정할 수 있는 보를 부정정보(statically indeterminate beam)라고 한다. 부정정보에 대해서는 제 10장에서 자세히 설명한다.

보에 작용하는 하중의 종류에는 집중하중, 균일 및 불균일 분포하중, 이동하중 등이 있고, 또는 이들의 조합하중이 작용하거나 굽힘모멘트가 작용하기도 한다.

또한, 보의 단면에 대한 도심(圖心; centroid)을 길이방향으로 연결한 선이 직선인 것을 직선보라 하고, 곡선으로 이루어진 보를 곡선보(curved beam)라고 한다. 여기서는 직선보 만을 다루고, 곡선보에 대해서는 제 11장 및 13장에서 간단히 설명하기로 한다.

7.1.1 보의 지지방법

보를 지지하는 방법에는 일반적으로 [그림 7-1]과 같은 3종류가 있다. [그림 7-1(a)]는 힌지(hinge)점으로서 보의 한쪽 끝이 핀(pin)으로 지지된 것이고, 이것은 그림에서와 같이 간략히 삼각형으로 표시한다. 이와 같이 핀지지(pin support)로 된 보의 중요한 특성은 수평 및 수직방향으로 보가 이동할 수 없다. 따라서 이 보는 회전이 가능하므로 수평 및 수직성분의 반력(反力; reaction force)은 생길 수 있지만, 굽힘모멘트 (bending moment)는 발생하지 않는다.

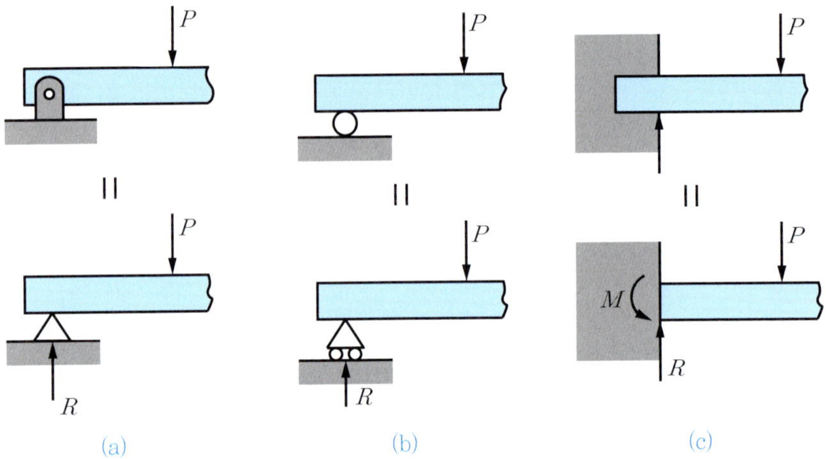

[그림 7-1] 보의 지지 및 표시방법

[그림 7-1(b)]는 이동지지점으로서 보의 한쪽 끝이 롤러지지(roller support)로 되어서 수평방향으로는 이동이 가능하지만, 수직방향으로는 이동할 수 없다. 따라서 이 지지점에서 수직반력은 생기지만 수평반력은 발생하지 않는다.

[그림 7-1(c)]는 보의 한쪽 끝이 완전히 고정지지(固定支持; fixed support)된 보로서 고정지지점에서는 보의 이동이나 회전도 할 수 없다. 그러므로 이 보의 고정지지점에서는 그림에서와 같이 반력 및 반작용 회전모멘트가 발생한다.

7.1.2 정정보의 종류

정정보에는 [그림 7-2]와 같은 3 종류가 있고, 그 특징은 다음과 같다.

(1) 단순보(simple beam)

[그림 7-2(a)]와 같이 보의 한쪽 끝 A는 힌지로 지지되어 이동할 수 없고, 다른 한쪽 끝 B는 롤러로 지지되어 이동이 가능한 보를 말한다. 두 지지점사이에 하중이 작용하면 양 지지점에서는 각각 반력 R_A, R_B가 발생한다.

(2) 외팔보(cantilever beam)

[그림 7-2(b)]에서와 같이 보의 한쪽 끝 B는 고정되고, 다른 쪽 끝 A는 자유단(自由端; free end)으로 된 보로서 하중이 작용하면 고정지지점 B에서는 반력 R_B와 반작용 회전모멘트 M_B가 발생한다.

(3) 내다지보(overhanging beam)

[그림 7-2(c)]와 같이 한쪽은 힌지로 지지되고 다른 쪽은 롤러로 지지된 보의 지지점 바깥으로 한쪽, 또는 양쪽이 돌출된 보로서 돌출보라고도 한다. 내다지보의 두 지지점의 안쪽 또는 바깥쪽 하중이 작용하면 양 지지점에서는 반력 R_A, R_B가 발생한다.

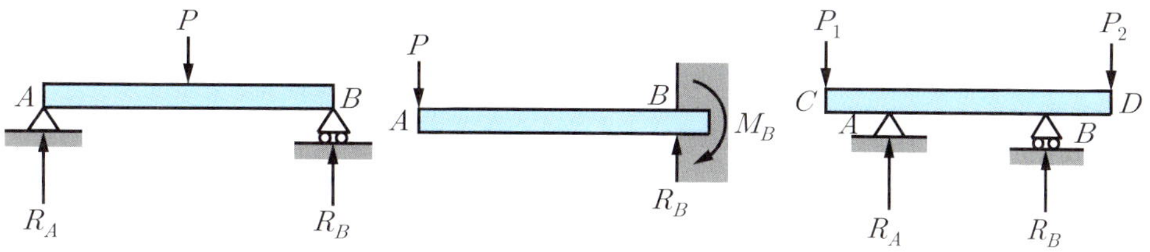

(a) 단순보 (b) 외팔보 (c) 내다지보

[그림 7-2] 정정보의 종류

7.1.3 부정정보의 종류

부정정보에는 [그림 7-3]과 같은 3 종류가 있고, 그 특징은 다음과 같다.

(1) 일단고정 타단지지보(fixed-simple beam 또는 propped cantilever beam)

[그림 7-3(a)]와 같이 한쪽 끝은 고정되고, 다른 쪽 끝은 롤러로 지지된 보를 말한다. 이 보에 하중이 작용하면 양 지지점에서 반력이 생기고, 고정지지점에서는 반작용 회전모멘트가 발생한다.

(2) 양단고정보(fixed-end beam)

[그림 7-3(b)]에서와 같이 양끝이 고정지지점으로 되어 있는 보로서 하중이 작용하면 양 지지점에는 각각 반력과 반력에 의한 회전모멘트가 발생한다.

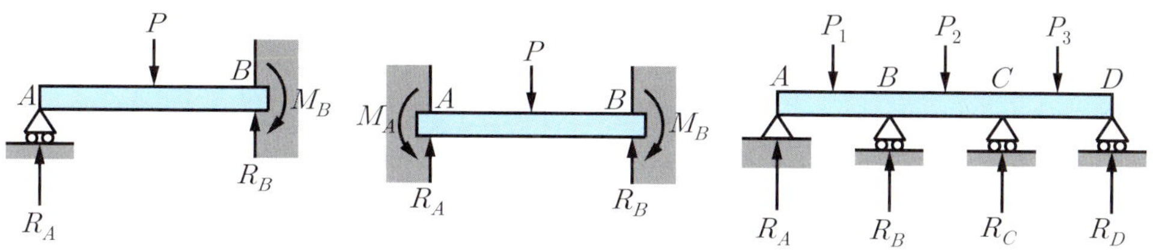

(a) 일단고정 타단지지보 (b) 양단고정 (c) 연속보

[그림 7-3] 부정정보의 종류

(3) 연속보(continuous beam)

[그림 7-3(c)]와 같이 한쪽 끝은 힌지로 지지되어 있고, 그 외는 2개 이상의 롤러에 의해 연속으로 지지된 보로서 각 지지점사이의 거리를 스팬(span)이라 한다. 보의 스팬에 하중이 작용하면 각 지지점에서는 반력과 회전모멘트가 발생한다.

이상에서 설명한 보의 종류를 요약하면 [표 7-1]과 같다.

[표 7-1] 보의 종류

<table>
<tr><td rowspan="2">보
(beam)</td><td>정정보
(statically determinate beam)</td><td>(1) 단순보(simple beam) [그림 7-2(a)]
(2) 외팔보(cantilever beam) [그림 7-2(b)]
(3) 내다지보(overhanging beam) [그림 7-2(c)]</td></tr>
<tr><td>부정정보
(statically indeterminate beam)</td><td>(1) 일단고정 타단지지보(fixed-simple beam) [그림 7-3(a)]
(2) 양단고정보(fixed-end beam) [그림 7-3(b)]
(3) 연속보(continuous beam) [그림 7-3(c)]</td></tr>
</table>

7.2 보의 반력, 전단력 및 굽힘모멘트의 관계

보에 하중이 작용하면 보의 지지점(支持點)에서는 반력이 발생한다. 앞에서 설명한 것과 같이 정정보에서는 힘의 평형 및 회전모멘트의 평형조건을 고려하여 반력을 결정한다. 여기서는 정정보의 경우 지지점의 반력, 전단력 및 굽힘모멘트를 구하는 방법과 이들의 상호 관계를 파악하여 보기로 한다. 전단력 및 굽힘모멘트가 구해지면 이들은 전단력 선도 및 굽힘모멘트 선도를 그리는데 유용하다. 또한, 각 단면에 작용하는 전단력 및 굽힘모멘트가 구해지면 보의 설계를 위한 응력계산에 중요한 자료로 제공된다.

7.2.1 반력의 결정

보에 작용하는 하중에 의한 반력(反力; reaction force)을 결정하기 위해 정정보의 경우 다음 식과 같이 힘의 평형조건(equilibrium condition)과 회전모멘트의 평형조건을 고려한다.

$$\Sigma F_i = 0 \qquad (i = x,\ y,\ z) \tag{7·1}$$

$$\Sigma M_i = 0 \qquad (i = x,\ y,\ z) \tag{7·2}$$

식 (7·1), 식 (7·2)로부터 반력을 구하기 위해 힘 및 회전모멘트가 작용하는 방향에 대한 부호의 규약이 필요하다. 저자에 따라 규약이 다를 수 있으므로 혼동을 피하기 위해 이 교재에서는 다음과 같이 부호를 정하기로 약속한다.

작용하중이나 반력은 [그림 7-4]와 같이 직교좌표계에서 힘의 수평성분이 오른쪽으로 작용할 때를 양(+), 수직성분은 위쪽을 양(+) 으로 한다. 이와 반대방향은 음(−)으로 규정한다.

또한, 회전모멘트는 [그림 7-5]에서와 같이 작용점을 기준으로 시계방향으로 회전할 때를 양(+) 으로 부호를 정하고, 이와 반대방향은 음(−) 으로 한다.

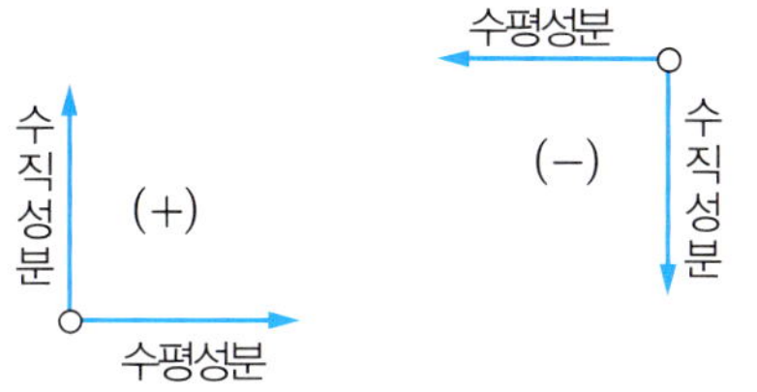

[그림 7-4] 작용 힘의 부호

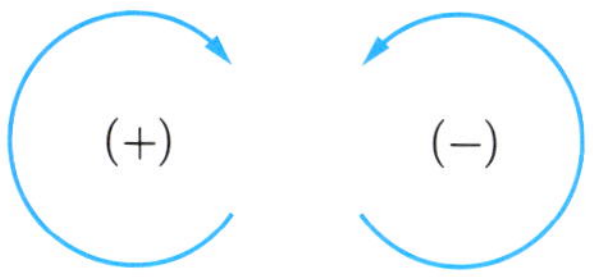

[그림 7-5] 회전모멘트의 부호

[그림 7-6(a)]와 같이 보의 길이가 l 인 단순보의 C, D점에 각각 집중하중 P_1, P_2가 작용할 때 반력 R_A 및 R_B를 구하여 보기로 한다. 힘 및 모멘트의 평형조건에서 수평성분은 없으므로 수직성분만을 고려하면 다음과 같이 된다.

$$\Sigma F_y = 0 : \ R_A + R_B - P_1 - P_2 = 0 \qquad \text{(a)}$$

$$\Sigma M_A = 0 : \ P_1 l_1 + P_2 l_2 - R_B l = 0$$

$$\therefore \ R_B = \frac{P_1 l_1 + P_2 l_2}{l} \qquad (7\cdot3)$$

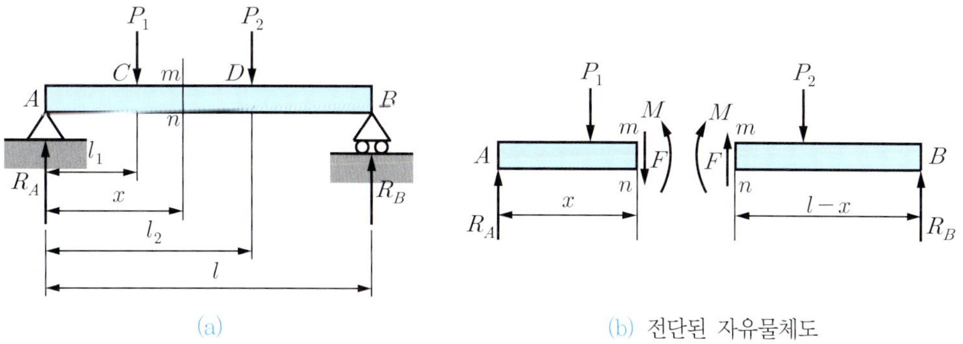

[그림 7-6] 보의 반력, 전단력 및 굽힘모멘트

또한, 지지점 B에 대한 굽힘모멘트의 합은 0이 되므로 다음 식과 같이 표시된다.

$$\Sigma M_B = 0 : R_A l - P_1(l - l_1) - P_2(l - l_2) = 0$$

$$\therefore\ R_A = \frac{P_1(l - l_1) + P_2(l - l_2)}{l} \tag{7·4}$$

여기서 R_A는 식 (7·3)을 식 (a)에 대입하여도 구할 수 있다.

7.2.2 전단력의 결정

[그림 7-6(b)]와 같이 지지점 A로부터 임의의 거리 x인 $m-n$ 단면에서 전단력이 작용하여 좌우 두 부분으로 분리된 것으로 가정한다. 우선, $m-n$ 단면을 기준으로 왼쪽 및 오른쪽 부분에 대한 힘의 평형을 고려하면 수직력 F는 다음 식과 같이 된다.

$$F = R_A - P_1 = -(R_B - P_2) \tag{7·5}$$

여기서 $m-n$ 단면에 작용하는 수직력 F을 전단력(剪斷力 : shearing force)이라 한다.

식 (7·5)로부터 보의 임의의 단면에 작용하는 전단력 F는 좌우 구간의 하중 및 반력의 대수적 합으로 되기 때문에 부호의 약속이 필요하다. 전단력 F의 부호규약은 [그림 7-7(a)]와 같이 전단력이 작용하는 기준면에서 왼쪽이 위로, 오른쪽이 아래로 전단되려고 할 때를 양(+)으로 한다. 이와 반대방향을 [그림 7-7(b)]와 같이 음(−)으로 한다.

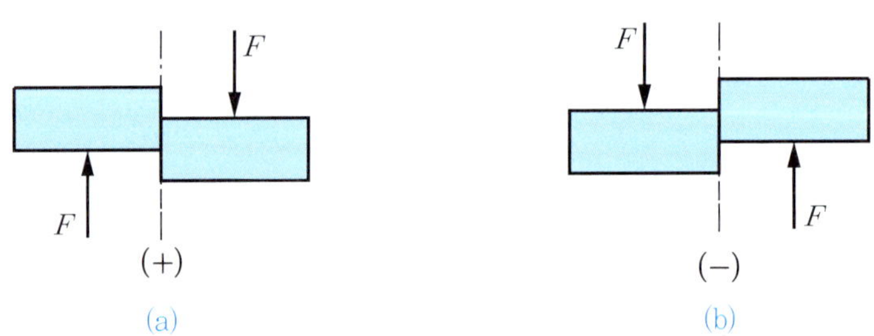

[그림 7-7] 보에 작용하는 전단력의 부호규약

7.2.3 굽힘모멘트의 결정

[그림 7-6(b)]의 지지점 A에서 임의의 거리 x인 $m-n$ 단면을 기준으로 좌우 구간에 대한 모멘트의 평형조건을 고려하면, 모멘트 M의 합이 0이 되어야 하므로 다음 식과 같이 표시된다.

$$M = R_A x - P_1(x - l_1) = -P_2(l_2 - x) + R_B(l - x) \tag{7·6}$$

여기서 M은 보에 굽힘작용을 하므로 굽힘모멘트(bending moment)라고 한다.

식 (7·6)에서 보의 임의의 단면에 작용하는 굽힘모멘트 M은 좌우 구간의 전단력에 거리를 곱한 값이 되므로 역시 부호규약이 필요하다. 굽힘모멘트 M의 부호는 [그림 7-8(a)]와 같이 굽힘모멘트 M이 작용하여 보를 위쪽으로 오목하게 굽히려고 할 때를 양$(+)$으로 한다. 또한, 그 반대로 [그림 7-8(b)]와 같이 아래로 오목하게 변형할 때를 음$(-)$으로 한다.

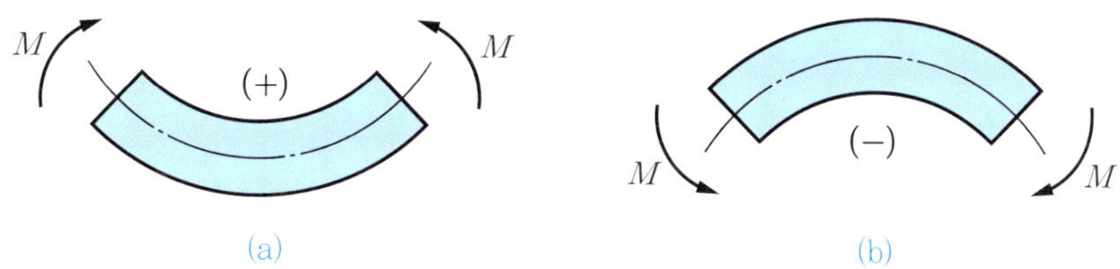

[그림 7-8] 보에 작용하는 굽힘모멘트의 부호규약

이상에서 설명한 부호규약은 작용하는 방향만을 결정하고, 하중, 반력 및 굽힘모멘트의 크기는 그 절대값의 크기로 비교한다.

7.2.4 전단력과 굽힘모멘트의 관계

[그림 7-9(a)]와 같이 분포하중 $w = f(x)$가 작용하는 보의 지점 A로부터 임의의 거리 x에 위치한 미소길이 dx 부분의 왼쪽과 오른쪽에 각각 전단력 F, $F + dF$ 및 굽힘모멘트 M, $M + dM$이 [그림 7-9(b)]와 같이 발생할 때 힘의 평형을 고려하면 다음 식이 얻어진다.

$$F - wdx - (F + dF) = 0 \qquad \text{(a)}$$

$$\therefore \frac{dF}{dx} = -w \qquad (7\cdot7)$$

식 (7·7)에서 분포하중 w는 전단력 F를 보의 길이 x로 미분하면 구할 수 있고, 이들의 작용방향은 서로 반대인 것을 알 수 있다.

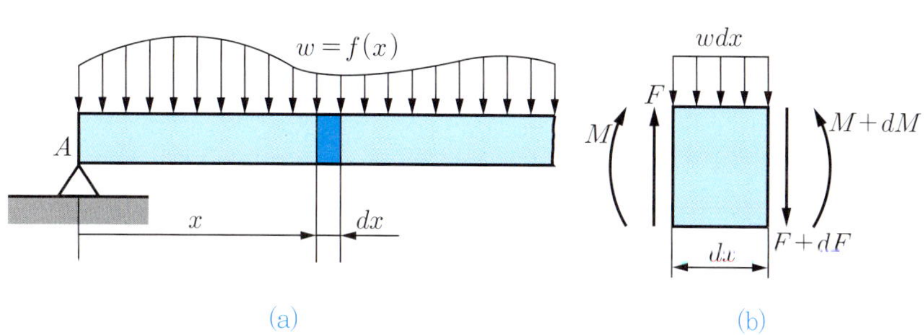

[그림 7-9] 보의 전단력 및 굽힘모멘트의 관계

또한, 모멘트의 평형조건을 고려하면

$$M + Fdx - \frac{1}{2} w\,dx^2 = M + dM \tag{b}$$

이 되고, 식 (b)에서 좌변 제 3항의 dx^2은 다른 항에 비하여 고차(高次)의 미소항(微小項)이므로 무시할 수 있기 때문에 다음 식과 같이 된다.

$$\frac{dM}{dx} = F \qquad M = \int F dx \tag{7·8}$$

식 (7·8)로부터 임의의 단면에 작용하는 전단력 F는 굽힘모멘트 M을 보의 길이 x로 미분한 값이고, 반대로 굽힘모멘트 M은 전단력 F를 보의 길이 x로 적분하면 쉽게 구할 수 있다. 따라서 식 (7·8)에 의해 최대굽힘모멘트 $M_{\max}$는 $\frac{dM}{dx} = 0$일 때 $F = 0$인 단면에서 발생한다. 또한 식 (7·7), 식 (7·8)에 의해 집중하중과 분포하중 사이에는 다음의 관계식이 성립한다.

$$\frac{d^2M}{dx^2} = \frac{dF}{dx} = -w \qquad F = -\int w dx \tag{7·9}$$

그러므로 식 (7·9)에 의해 분포하중을 집중하중으로 대체할 수 있다.

7.3 보의 전단력 선도 및 굽힘모멘트 선도

보에 하중이 작용하면 축방향의 임의의 거리 x에 따라 식 (7·7) 및 (7·8)에 의해 전단력 F와 굽힘모멘트 M이 발생한다. 보를 설계하기 위해 보의 길이방향으로 임의의 거리 x인 각 단면에 발생하는 전단력 F와 굽힘모멘트 M의 변화를 그래프로 나타내면 이해가 더욱 쉬워질 것이다.

이와 같이 그래프로 나타내기 위해 보의 단면 위치를 나타내는 거리 x를 가로축에 잡고, 이에 대응하는 전단력 F와 굽힘모멘트 M을 세로축에 나타낸다. 각종 정정보에 대하여 이렇게 나타낸 각각의 그래프를 전단력 선도(剪斷力線圖; shear-force diagram: SFD) 및 굽힘모멘트 선도(bending-moment diagram: BMD)라고 한다.

그러면, 지금부터 정정보에 속하는 외팔보, 단순보 및 내다지보에 여러 가지 하중 및 굽힘모멘트가 작용할 때 전단력 선도(SFD)와 굽힘모멘트 선도(BMD)를 그리는 방법을 알아보기로 한다.

7.3.1 외팔보의 경우

(1) 자유단에 집중하중이 작용

[그림 7-10(a)]와 같이 외팔보(cantilever)의 지지점 B가 고정되고, 길이 l인 자유단 A에 집중하중 P가 작용할 때 전단력 및 굽힘모멘트를 구한 후 이들을 이용하여 선도를 그리는 방법은 다음과 같다.

우선, 선도를 그리기 위해서는 힘 및 모멘트의 평형을 고려하여 반력 R_B 및 회전모멘트 M_B를 구한다. 다음은 자유단 A로부터 임의의 거리 x 단면에 작용하는 전단력 및 굽힘모멘트을 구한 후 [그림 7-7]과 [그림 7-8]에 규정한 부호규약을 따라 전단력 및 굽힘모멘트에 대한 각 작용방향의 부호를 표시한다.

힘의 평형조건식 (7·1)에 의해 수직성분 힘의 합은 0이 되어야 하므로

$$\Sigma F_y = 0 : \; -P + R_B = 0 \qquad \therefore \; R_B = P \tag{7·10}$$

또한, 모멘트의 평형조건식 (7·2)에 의해 지지점 B에 관한 회전모멘트의 합이 0이므로

$$\Sigma M_B = 0 : \; -Pl + M_B = 0 \qquad \therefore \; M_B = Pl \tag{7·11}$$

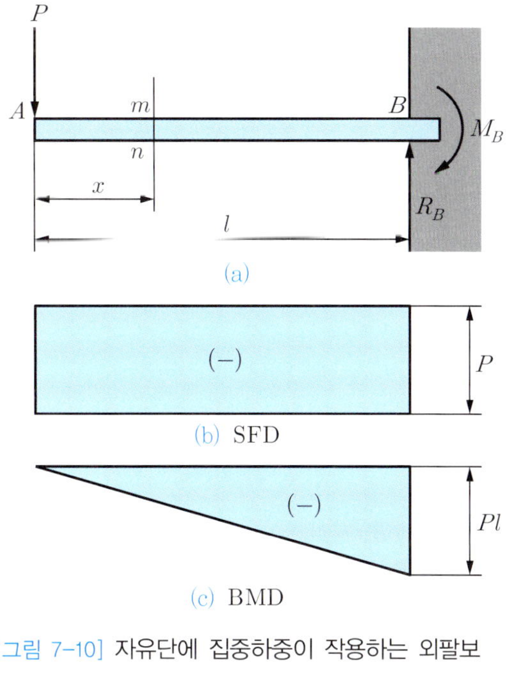

[그림 7-10] 자유단에 집중하중이 작용하는 외팔보

자유단 A 로부터 거리 x 단면에 대한 전단력 F_x 는 보의 전길이에서 일정하므로 다음 식과 같이 된다.

$$F_x = -P \tag{7·12}$$

식 (7·12)에서 전단력의 부호는 [그림 7-7(b)]에 의해 음(−) 이므로 기준선의 길이를 보의 길이 l 로 그린 후 음(−) 의 방향은 아래쪽으로 한다. 식 (7·12)로부터 전단력 F_x 는 상수이므로 보의 전길이 l 에 대하여 일정하기 때문에 전단력 선도(SFD)는 [그림 7-10(b)]와 같이 직사각형으로 된다.

또한, 그림 7-10(a)에서 자유단 A 로부터 임의의 거리 x 단면에 대한 굽힘모멘트 M_x 는 [그림 7-8(b)]의 부호를 고려하면 다음 식과 같다.

$$M_x = -Px \tag{7·13}$$

굽힘모멘트를 구하는 식 (7·13)은 식 (7·8)로부터 전단력의 식을 적분하면 구해지므로 식 (7·12)를 적분하면 쉽게 구할 수 있다.

식 (7·13)으로부터 굽힘모멘트의 부호는 음(−) 이므로 M_x 는 기준선의 아래쪽으로 그려진다. 식 (7·13)에서 M_x 는 x 의 1차방정식이므로 굽힘모멘트 선도(BMD)는 [그림 7-10(c)]와 같이 x 의 값에 따라 직선적으로 변화하여 직각삼각형으로 된다. 이때 $x = l$ 에서 최대굽힘모멘트 $M_B = -Pl$ 이 되는 것을 알 수 있다.

(2) 여러 개의 집중하중이 작용

[그림 7-11(a)]와 같이 외팔보에 3 개의 집중하중 P_1, P_2, P_3가 작용할 때 보의 길이 l 을 3 개의 구간으로 나누어 전단력 및 굽힘모멘트를 구한다. 각 구간에 작용하는 전단력 F_x 및 굽힘모멘트 M_x 는 다음과 같이 구한다.

(a) 구간 $AC\,(0 \le x \le l_1)$

$$F_x = -P_1, \quad M_x = -P_1 x \tag{a}$$

(b) 구간 $CD\,(l_1 \le x \le l_2)$

$$F_x = -P_1 - P_2, \quad M_x = -P_1 x - P_2(x - l_1) \tag{b}$$

(c) 구간 $DB\,(l_2 \le x \le l)$

$$F_x = -P_1 - P_2 - P_3, \quad M_x = -P_1 x - P_2(x - l_1) - P_3(x - l_2) \tag{c}$$

따라서 전단력 선도(SFD)는 [그림 7-11(b)]와 같이 기준선의 아래로 계단모양이 되고, 이것은 집중하중 P_1, P_2, P_3가 각각 별도로 작용하는 경우를 중첩한 것과 같다. 또한, 굽힘모멘트 선도(BMD)는 [그림 7-11(c)]와 같이 각 구간에서 기울기가 다른 직선이 되며, 각 하중점에서 기울기가 변화한다. 굽힘모멘트 선도도 각 하중이 별도로 작용하는 경우를 중첩하면 그 결과는 같게 된다.

최대굽힘모멘트 M_{max}는 고정지지점 B에서 발생하며, 그 크기는 다음과 같이 된다.

$$M_{max} = M_B = -P_1 l - P_2(l - l_1) - P_3(l - l_2) \tag{7·14}$$

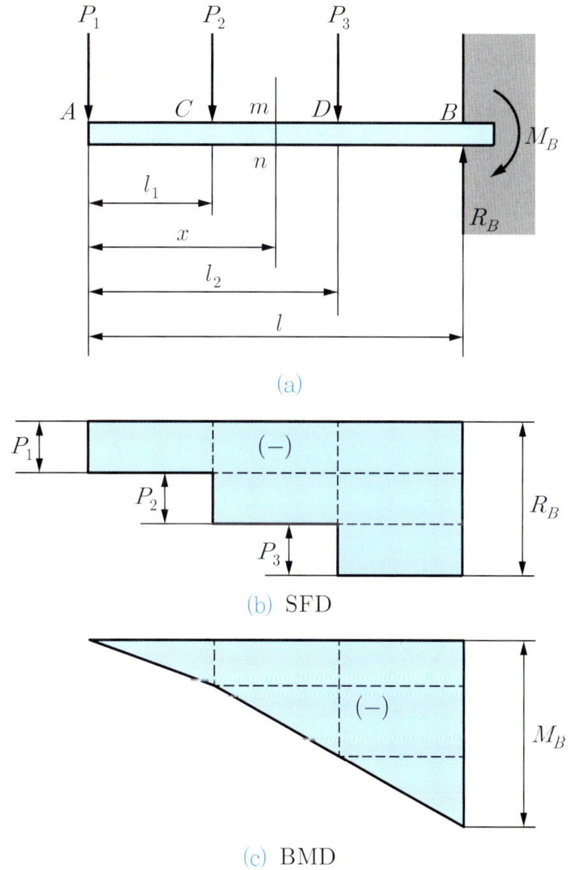

[그림 7-11] 여러 개의 집중하중이 작용하는 외팔보

(3) 균일분포하중이 작용

[그림 7-12(a)]와 같이 외팔보의 단위길이에 대한 균일분포하중 w[N/m]가 작용할 때 고정지지점 B에 발생하는 반력은 힘의 평형조건으로부터 구한다.

$$\Sigma F_y = 0 : -wl + R_B = 0$$
$$\therefore R_B = wl \tag{7·15}$$

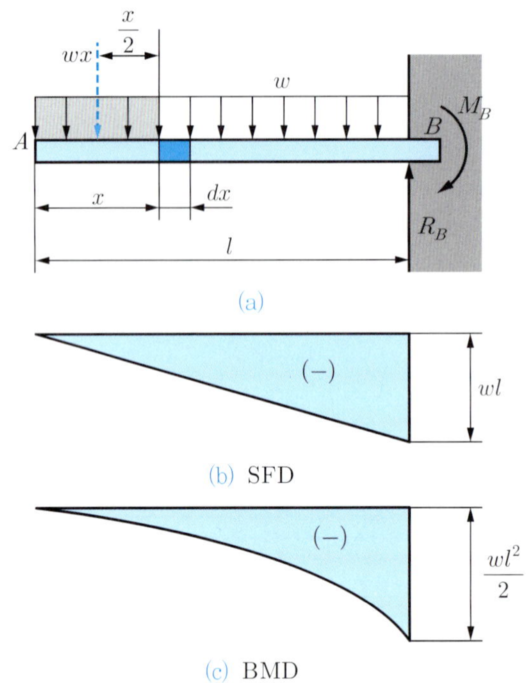

[그림 7-12] 균일분포하중이 작용하는 외팔보

반력을 결정하기 위해 식 (7·9)로부터 분포하중을 집중하중으로 대체할 수 있다. 이때 대체하는 집중하중의 크기는 분포하중이 작용하는 면적이 되고, 집중하중의 작용점은 그 면적의 도심이 된다. 따라서 [그림 7-12(a)]에서 집중하중의 크기는 분포하중의 작용면적 $P = wl$ 이 되고, 그 작용점은 자유단 A 로부터 $l/2$ 인 지점이 된다.

[그림 7-12(a)]에서 임의의 x 단면에 대한 전단력 F_x 및 굽힘모멘트 M_x 는 다음 식으로 주어진다.

$$F_x = -\int_0^x w\,dx = -wx \tag{7·16}$$

$$M_x = -wx \times \frac{x}{2} = -\frac{wx^2}{2} \tag{7·17}$$

또는 식 (7·16)을 적분하면 다음 식과 같이 된다.

$$M_x = \int_0^x F_x\,dx = -\int_0^x (wx)\,dx = -\frac{wx^2}{2} \tag{7·17′}$$

전단력 선도(SFD)는 식 (7·16)에 의해 x 의 1차방정식이므로 [그림 7-12(b)]와 같이 기준선 아래쪽에 삼각형으로 그려진다. 굽힘모멘트 선도(BMD)는 식 (7·17) 또는 식 (7·17′)에 의해 x 의 2차방정식이므로 [그림 7-12(c)]와 같이 기준선 아래쪽으로 포물선이 된다.

최대전단력 F_{max} 와 최대굽힘모멘트 M_{max} 는 외팔보의 $x=l$ 인 고정지지점 B 에서 발생하고, 그 값은 다음 식과 같이 된다.

$$F_{max} = -R_B = -wl \tag{7·18}$$

$$M_{max} = M_B = -\frac{wl^2}{2} \tag{7·19}$$

▶ 예제 7-1

[그림 7-13(a)]와 같이 외팔보에 삼각형 분포하중이 작용할 때 전단력 선도(SFD)와 굽힘모멘트 선도(BMD)를 그리시오.

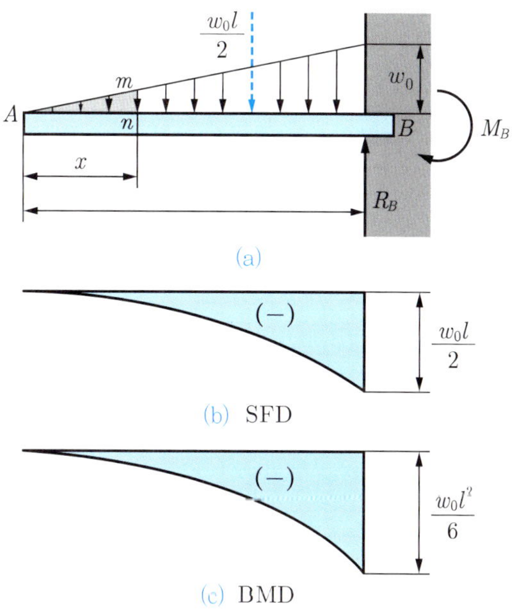

[그림 7-13]

| 풀이 | 고정지지점 B 에 발생하는 R_B 는 힘의 평형조건으로부터 구한다.

$$-\frac{w_0 l}{2} + R_B = 0$$

$$\therefore\ R_B = \frac{w_0 l}{2} \tag{a}$$

자유단 A 로부터 임의의 x 단면에 작용하는 분포하중 w_x 는 비례식에 의해

$$w_x = \frac{w_0}{l} x \tag{b}$$

x 단면에 작용하는 전단력 F_x 는 밑변이 x 이고, 높이는 $\frac{w_0 x}{l}$ 인 $\triangle Amn$ 의 면적과 같으므로 F_x 는 다음 식으로 주어진다.

$$F_x = -\left(x \times \frac{w_0 x}{l}\right) \times \frac{1}{2} = -\frac{w_0}{2l} x^2 \tag{7·20}$$

x 단면에 작용하는 굽힘모멘트 M_x 는 전단력 F_x 에 작용점까지의 거리를 곱하므로 $\triangle Amn$ 에 대한 도심의 위치는 mn 단면으로부터 $\frac{x}{3}$ 인 위치에서 M_x 는

$$M_x = -\left(x \times \frac{w_0 x}{l} \times \frac{1}{2}\right) \times \frac{x}{3} = -\frac{w_0}{6l} x^3 \tag{7·21}$$

식 (7·20) 및 식 (7·21)을 이용하여 SFD와 BMD를 그리면, [그림 7-13(b)] 및 [그림 7-13(c)]와 같이 된다.

최대전단력 $F_{\max}$ 와 최대굽힘모멘트 $M_{\max}$ 는 고정지지점 $B\,(x = l)$ 에서 발생하며, 그 크기는 다음 식과 같이 된다.

$$F_{\max} = -R_B = -\frac{w_0 l}{2} \tag{7·22}$$

$$M_{\max} = M_B = -\frac{w_0 l^2}{6} \tag{7·23}$$

▶ 예제 7-2

[그림 7-14(a)]와 같이 외팔보의 자유단 A 에 짝힘(우력) 모멘트 M_0 가 작용할 때 전단력 선도(SFD)와 굽힘모멘트 선도(BMD)를 그리시오.

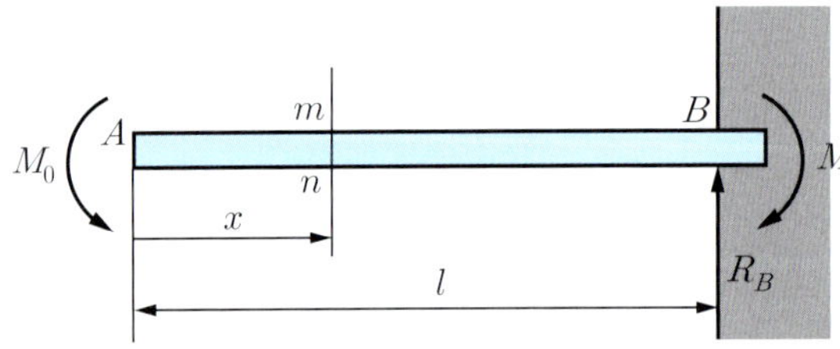

(a)

(b) SFD

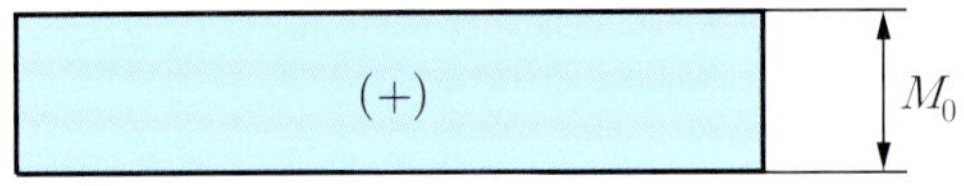

(c) BMD

[그림 7-14]

| 풀이 | 고정지지점 B에 발생하는 반력은 힘의 평형조건으로부터 수직력의 합은 0이 되어야 하므로 하중이 작용하지 않기 때문에 반력 $R_B = 0$ 이 된다. 또한, 고정지지점 B에서 회전모멘트의 합은 0이므로

$$\Sigma M_B = 0 : -M_0 + M_B = 0$$
$$\therefore\ M_B = M_0 \tag{a}$$

자유단 A에서 임의의 x 단면에 대한 전단력은 수직하중이 작용하지 않으므로 전단력 F_x도 0이 된다.

$$F_x = 0 \qquad \text{(b)}$$

그러므로 외팔보의 전길이에서 전단력은 0이 되므로 전단력 선도는 [그림 7-14(b)]와 같이 된다.

또한, 자유단 A로부터 임의의 거리 x에서 굽힘모멘트 M_x는 일정한 값 M_0가 작용하므로 거리 x에 관계없이

$$M_x = M_0 \qquad \text{(c)}$$

이 되고, 굽힘모멘트 선도는 [그림 7-14(c)]와 같다.

따라서 전단력선도와 굽힘모멘트 선도는 보의 전길이에 대해서 각각 일정한 값을 나타낸다.

7.3.2 단순보의 경우

(1) 1개의 집중하중이 작용

[그림 7-15(a)]와 같이 길이 l인 단순보(simple beam)에 집중하중 P가 C점에 작용할 때 지지점 A로부터 임의의 거리 x 단면에 발생하는 전단력과 굽힘모멘트를 구한 후 이들을 이용하여 전단력 선도(SFD) 및 굽힘모멘트 선도(BMD)를 그려보기로 한다.

힘의 평형조건으로부터 수직력의 합이 0이 되어야 하므로

$$\Sigma F_y = 0 : \; R_A - P + R_B = 0 \qquad \text{(a)}$$

또한, 지지점 B에 대한 회전모멘트의 합이 0이므로 다음 식이 얻어진다.

$$\Sigma M_B = 0 : \; R_A l - Pb = 0$$

$$\therefore \; R_A = \frac{Pb}{l} \qquad (7\cdot24)$$

식 (7·24)을 식 (a)에 대입하면

$$R_B = \frac{Pa}{l} \qquad (7\cdot25)$$

또는, 지지점 A에 대한 회전모멘트의 합이 0인 것을 고려하면 R_B는 식 (7·25)와 일치한다.

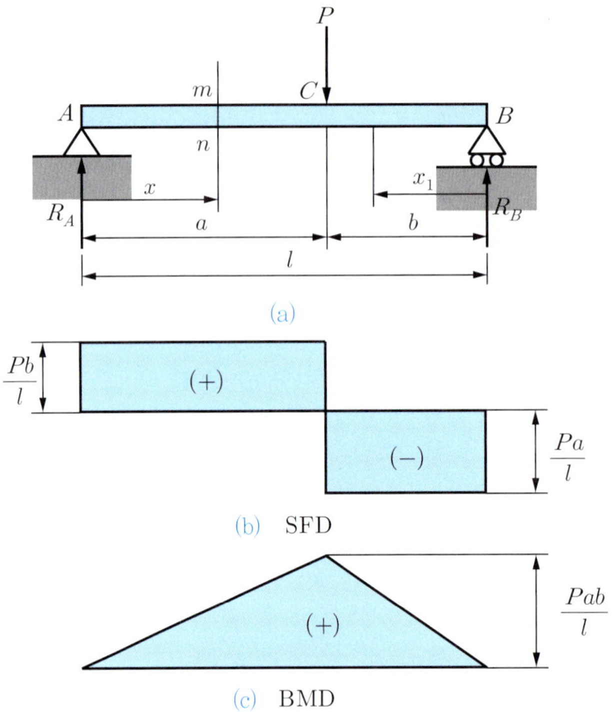

[그림 7-15] 1개의 집중하중이 작용하는 단순보

[그림 7-15(a)]의 각 구간에 대한 전단력 및 굽힘모멘트의 식을 구하면

(a) 구간 $AC(0 \leq x \leq a)$

$$F_x = R_A = \frac{Pb}{l} \tag{7·26}$$

$$M_x = R_A x = \frac{Pb}{l} x \tag{7·27}$$

(b) 구간 $CB(a \leq x \leq l)$

$$F_x = R_A - P = -R_B = -\frac{Pa}{l} \tag{7·28}$$

$$M_x = R_A x - P(x-a) = R_B(l-x) = \frac{Pa}{l}(l-x) \tag{7·29}$$

또는, 지지점 B로부터 임의의 거리 x_1을 잡으면

$$M_x = R_B x_1 = \frac{Pa}{l} x_1 \tag{7·29′}$$

여기서 구간 CB에서 굽힘모멘트는 지지점 B로부터 임의의 거리 x_1을 잡은 후 식 (7·29′)과 같이 구하는 것이 편리하다.

식 (7·26)과 식 (7·28)로부터 전단력 F_x는 [그림 7-15(a)]와 같이 각 구간에서 상수이므로 일정하다. 그러나 하중 작용점 C에서 부호가 서로 바뀌어 불연속이 되고, 전단력 선도의 직사각형 면적에 대한 (+) 및 (−)의 값은 같다.

또한, 식 (7·27)과 식 (7·29)에 의한 굽힘모멘트 선도를 그리면 [그림 7-15(c)]와 같이 삼각형으로 된다. 이때 하중 작용점 C에서 최대굽힘모멘트가 발생하고, 그 크기는 다음 식과 같다.

$$M_{\max} = \frac{Pab}{l} \tag{7·30}$$

만일, 단순보의 중앙에 집중하중이 작용한다면 식 (7·30)으로부터 $a = b = l/2$이므로

$$M_{\max} = \frac{Pl}{4} \tag{7·31}$$

이 되고, 굽힘모멘트 선도는 2등변삼각형이 된다.

지금까지의 결과로부터 정정보의 하중분포, 전단력 F 및 굽힘모멘트 M의 관계를 요약하면 다음과 같다.

(1) 집중하중 P가 작용하는 위치에서 전단력 F는 P만큼 급격히 변화하고, 굽힘모멘트 M의 기울기도 급변한다.
(2) 전단력 $F = 0$의 위치에서 굽힘모멘트 M은 최대값, 또는 최소값으로 된다.
(3) 하중작용이 없는 범위에서 전단력 F는 수평선, 굽힘모멘트 M은 직선이 된다.
(4) 균일분포하중의 범위에서 전단력 F는 직선, 굽힘모멘트 M은 2차곡선이 된다.

이상을 고려하면 [그림 7-15(a)]와 같이 단순보에 집중하중이 작용할 때 [그림 7-15(b)]의 전단력 선도는 [그림 7-15(a)]에 나타낸 힘의 작용방향만 보고도 쉽게 그려지는 것을 알 수 있다. 또한, 굽힘모멘트 선도는 전단력 선도의 적분값이 되므로 이들의 상호관계를 이해하면 쉽게 이들 선도를 그릴 수 있다.

(2) 여러 개의 집중하중이 작용

[그림 7-16(a)]와 같이 단순보에 3개의 집중하중 P_1, P_2, P_3가 작용할 때 각 반력 R_A, R_B는 힘 및 모멘트의 평형방정식에 의해 다음 식과 같이 된다.

$$\Sigma F_y = 0 \ : \ R_A + R_B = P_1 + P_2 + P_3 \tag{b}$$

$$\Sigma M_A = 0 \ : \ P_1 l_1 + P_2 l_2 + P_3 l_3 - R_B l = 0 \tag{c}$$

식 (b), 식 (c)에 의해

$$R_A = \frac{P_1(l - l_1) + P_2(l - l_2) + P_3(l - l_3)}{l}$$
$$R_B = \frac{P_1 l_1 + P_2 l_2 + P_3 l_3}{l} \tag{7·32}$$

각 구간에 대한 전단력 및 굽힘모멘트를 구하면 다음과 같이 된다.

(a) 구간 $AC(0 \le x \le l_1)$

$$F_x = R_A, \quad M_x = R_A x \tag{d}$$

(b) 구간 $CD(l_1 \le x \le l_2)$

$$F_x = R_A - P_1, \quad M_x = R_A x - P_1(x - l_1) \tag{e}$$

(c) 구간 $DE(l_2 \le x \le l_3)$

$$F_x = R_A - P_1 - P_2, \quad M_x = R_A x - P_1(x - l_1) - P_2(x - l_2) \tag{f}$$

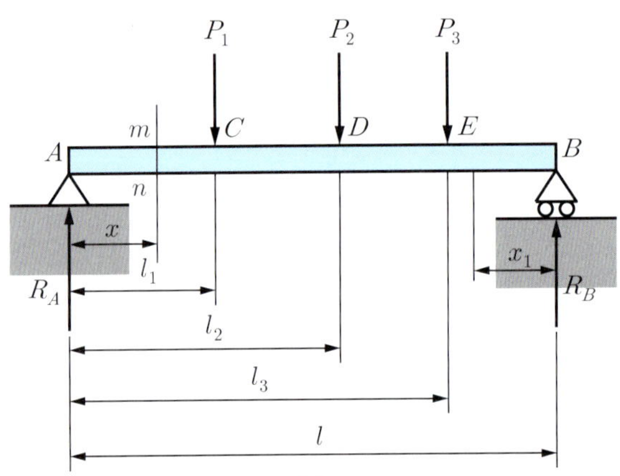

(a)

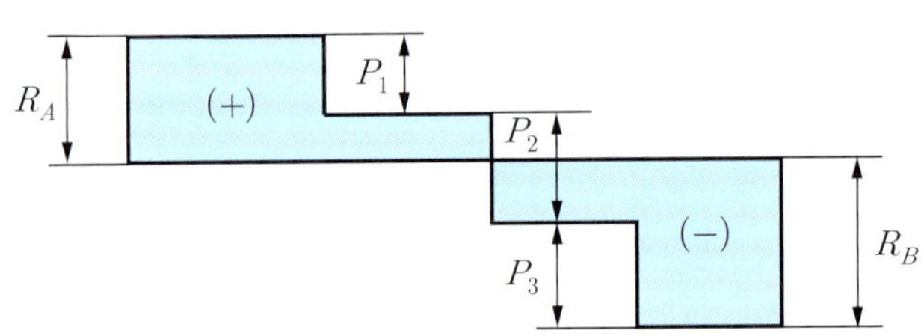

(b) SFD

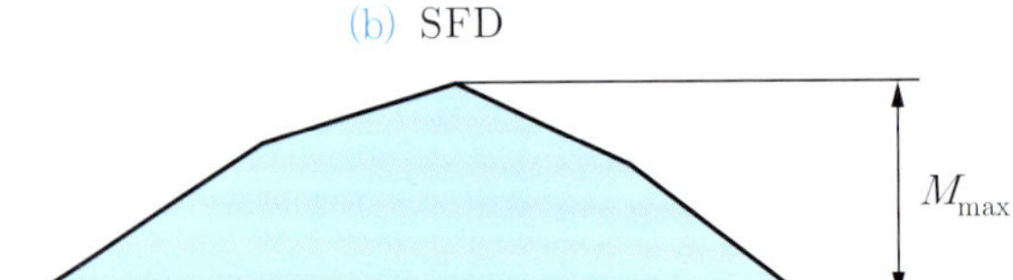

(c) BMD

[그림 7-16] 3 개의 집중하중이 작용하는 단순보

(d) 구간 $EB(l_3 \le x \le l)$

$$F_x = R_A - P_1 - P_2 - P_3 = -R_B$$

$$M_x = R_A x - P_1(x - l_1) - P_2(x - l_2) - P_3(x - l_3) = R_B(l - x) \quad \text{(g)}$$

$$M_x = R_B x_1 \quad \text{(g')}$$

여기서, 구간 EB에 대한 굽힘모멘트는 지지점 B로부터 임의의 거리 x_1으로 잡은 후 식 (g′)에서와 같이 $M_x = R_B x_1$에서 구하는 것이 편리하다.

이상의 결과를 고려하여 전단력 선도(SFD)와 굽힘모멘트 선도(BMD)를 그리면, [그림 7-16(b)] 및 [그림 7-16(c)]와 같이 된다. 이때 최대굽힘모멘트 M_{max}는 전단력 선도가 기준선을 지나는 하중점에서 발생하는 것을 알 수 있다.

[그림 7-16(b)]와 [그림 7-16(c)]에서 알 수 있듯이 단순보에 2개 이상의 집중하중이 작용할 때 전단력 선도와 굽힘모멘트 선도의 작성은 집중하중이 각각 독립적으로 작용하는 경우를 해석한 후 이들을 중첩하여 구할 수도 있다.

(3) 균일분포하중이 작용

[그림 7-17(a)]와 같이 단순보의 전길이 l에 균일분포하중 w[N/m]가 작용할 때 전단력 선도(SFD)와 굽힘모멘트 선도(BMD)를 그려보기로 한다.

반력 R_A, R_B는 힘 및 모멘트의 평형방정식에 의해

$$\Sigma F_y = 0 \ : \ R_A + R_B = wl \quad \text{(a)}$$

$$\Sigma M_B = 0 \ : \ R_A l - \frac{wl^2}{2} = 0 \quad \text{(b)}$$

$$\therefore \ R_A = R_B = \frac{wl}{2} \quad (7\cdot33)$$

임의의 x 단면에 대한 전단력 F_x와 굽힘모멘트 M_x는 다음 식과 같이 된다.

$$F_x = R_A - wx = \frac{wl}{2} - wx \quad (7\cdot34)$$

$$M_x = R_A x - wx \cdot \frac{x}{2} = \frac{wl}{2}x - \frac{w}{2}x^2 \quad (7\cdot35)$$

식 (7·34)를 이용하여 전단력 선도를 그리면 [그림 7-17(b)]와 같이 보의 길이 x에 관한 1차식이 되어 직선적으로 변화하고, 보의 중앙 $x = l/2$에서 전단력 $F_x = 0$이 된다. 이때 보의 중앙에서 부호가 바뀌어 보의 양끝에서 최대전단력 $F_{max} = \pm\dfrac{wl}{2}$이 된다.

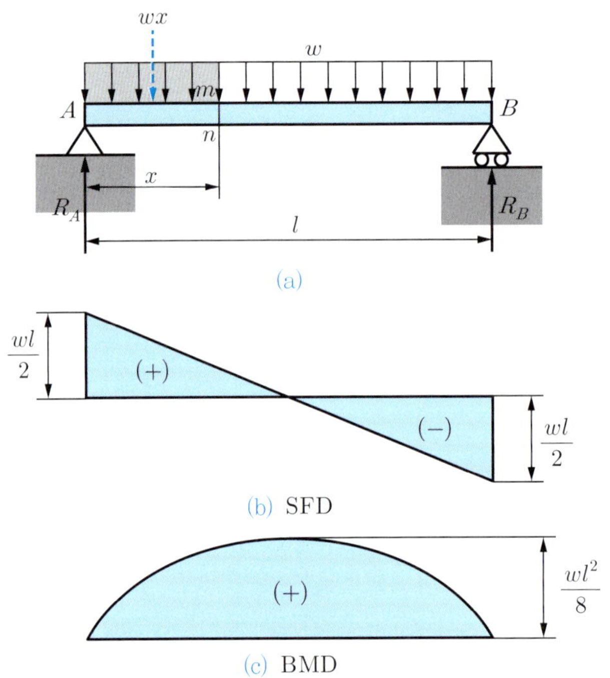

[그림 7-17] 균일분포하중이 작용하는 단순보

또한, 식 (7·35)를 이용하여 굽힘모멘트 선도를 그리면 [그림 7-17(c)]와 같이 포물선이 되고, 전단력 $F_x = 0$ 인 보의 중앙단면에서 최대굽힘모멘트 $M_{\max}$ 가 발생하며 그 값은 다음 식과 같다.

$$\left(M_{\max}\right)_{x=l/2} = \frac{wl^2}{8} \tag{7·36}$$

(4) 삼각형 분포하중이 작용

[그림 7-18(a)]와 같이 단순보에 삼각형 분포하중이 작용할 때 전단력 선도 (SFD) 및 굽힘모멘트 선도 (BMD)를 그려보기로 한다.

반력 R_A, R_B는 힘 및 모멘트의 평형조건으로부터

$$\Sigma F_y = 0 \ : \ R_A + R_B - \frac{w_0 l}{2} = 0 \tag{a}$$

$$\Sigma M_B = 0 \ : \ R_A l - \frac{w_0 l}{2} \times \frac{l}{3} = 0 \tag{b}$$

$$\therefore \ R_A = \frac{w_0 l}{6} \tag{7·37}$$

식 (7·37)을 식 (a)에 대입하면

$$R_B = \frac{w_0 l}{3} \tag{7·38}$$

임의의 x 단면에 대한 전단력 F_x 는 다음 식과 같이 된다.

$$F_x = R_A - \frac{w_0 x}{l} \times \frac{x}{2} = \frac{w_0 l}{6} - \frac{w_0}{2l} x^2 \tag{7·39}$$

식 (7·39)는 x 에 관한 2차식이므로 전단력 선도는 [그림 7-18(b)]와 같이 되고, 이 식에서 전단력 $F_x = 0$ 인 위치는 다음 식으로부터 구한다.

$$\frac{w_0 l}{6} - \frac{w_0}{2l} x^2 = 0 \tag{c}$$

$$\therefore\ x = \frac{l}{\sqrt{3}} \tag{7·40}$$

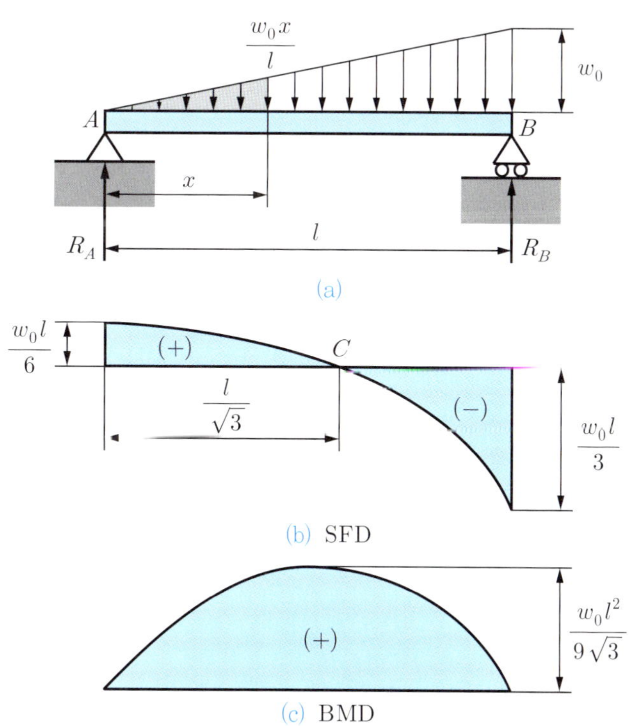

[그림 7-18] 삼각형 분포하중이 작용하는 단순보

[그림 7-18(b)]에서 $x=\dfrac{l}{\sqrt{3}}$ 인 곳에서 전단력의 부호가 바뀌고, 지지점 A, B의 전단력은 다음 식과 같이 된다.

$$(F_A)_{x=0}=\frac{w_0 l}{6},\quad (F_B)_{x=l}=-\frac{w_0 l}{3} \tag{7·41}$$

또한, 임의의 x 단면에 대한 굽힘모멘트 M_x 는 다음 식으로 주어진다.

$$M_x=R_A x-\frac{w_0 x^2}{2l}\times\frac{x}{3}=\frac{w_0 l}{6}x-\frac{w_0}{6l}x^3 \tag{7·42}$$

식 (7·42)는 x 에 관한 3차식이므로 굽힘모멘트 선도는 [그림 7-18(c)]와 같이 되고, $x=\dfrac{l}{\sqrt{3}}$ 인 곳에서 전단력의 부호가 바뀌므로 이 위치에서 최대굽힘모멘트가 발생한다. 각 지점 A, B, C 에 발생하는 굽힘모멘트는 식 (7·42)로부터 다음 식과 같이 된다.

$$(M_A)_{x=0}=0,\quad (M_C)_{x=l/\sqrt{3}}=\frac{w_0 l^2}{9\sqrt{3}},\quad (M_B)_{x=l}=0 \tag{7·43}$$

따라서 최대굽힘모멘트 $M_{\max}$ 는 다음과 같이 주어진다.

$$M_{\max}=M_C=\frac{w_0 l^2}{9\sqrt{3}} \tag{7·44}$$

(5) 양끝에 짝힘 모멘트가 작용

[그림 7-19(a)]와 같이 지지점 A 와 B 에 각각 짝힘 모멘트(couple moment) M_A, M_B 가 작용할 때 전단력 선도(SFD) 및 굽힘모멘트 선도(BMD)를 그려보기로 한다.
단, $M_B > M_A$ 인 것으로 가정한다.

반력 R_A, R_B는 힘 및 모멘트의 평형방정식에 의해

$$\Sigma F_y=0\ :\ R_A+R_B=0 \tag{a}$$

$$\Sigma M_B=0\ :\ M_A+R_A l-M_B=0 \tag{b}$$

$$\therefore\ R_A=\frac{M_B-M_A}{l}=-R_B \tag{7·45}$$

식 (7·45)로부터 반력 R_A, R_B는 크기가 같고, 작용방향이 서로 반대인 짝힘이다.

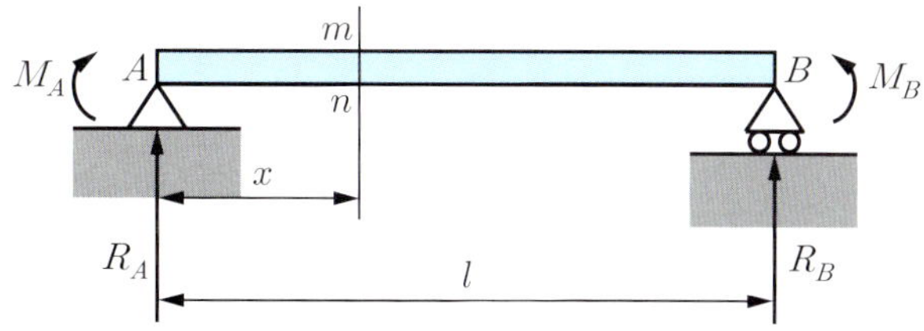

(a)

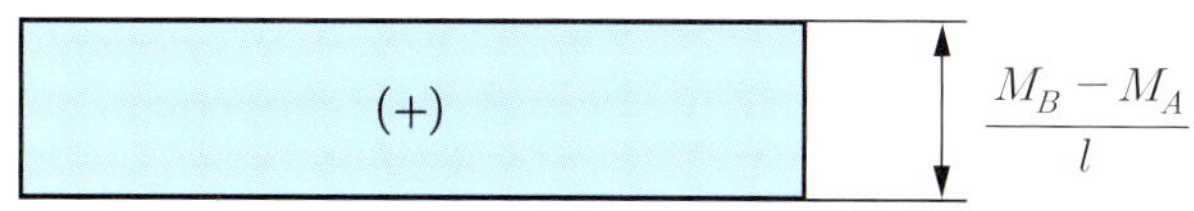

(b) SFD

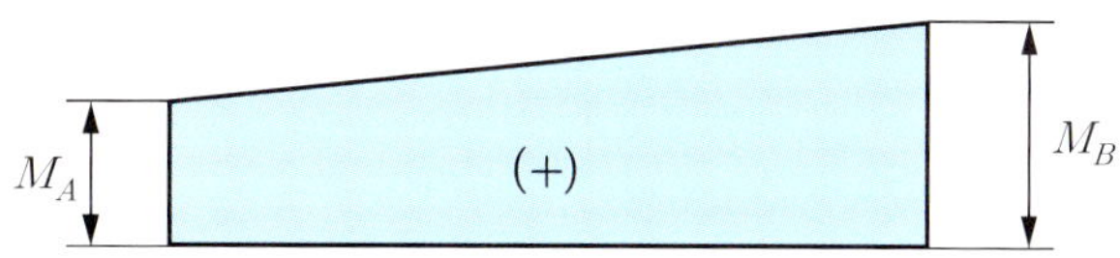

(c) BMD

[그림 7-19] 단순보의 양끝에 굽힘모멘트가 작용

[그림 7-19(a)]에서 임의의 x 단면에 대한 전단력 F_x 는

$$F_x = R_A = \frac{M_B - M_A}{l} \tag{7·46}$$

이 되고, 보의 길이에 관계없이 전단력은 일정하며 전단력 선도는 [그림 7-19(b)]와 같은 직사각형이 된다. 또한, 임의의 x 단면에 대한 굽힘모멘트 M_x 는 다음 식으로 주어진다.

$$M_x = M_A + R_A x = M_A + \frac{M_B - M_A}{l} x = \frac{M_A(l - x)}{l} + \frac{M_B x}{l} \tag{7·47}$$

식 (7·47)로부터 굽힘모멘트 선도를 그리면 [그림 7-19(c)]와 같은 사다리꼴로 된다.

(6) 임의의 위치에 짝힘 모멘트가 작용

[그림 7-20(a)]와 같은 단순보에서 지지점 A로부터 거리 a만큼 떨어진 C점에 짝힘 모멘트 M_0가 작용할 때 전단력선도와 굽힘모멘트 선도를 그려보기로 한다.

반력 R_A, R_B는 힘의 평형조건으로부터

$$R_A + R_B = 0$$

$$\therefore\ R_A = -R_B \tag{7·48}$$

지지점 B에 대한 모멘트의 평형조건에 의해 다음 식이 얻어진다.

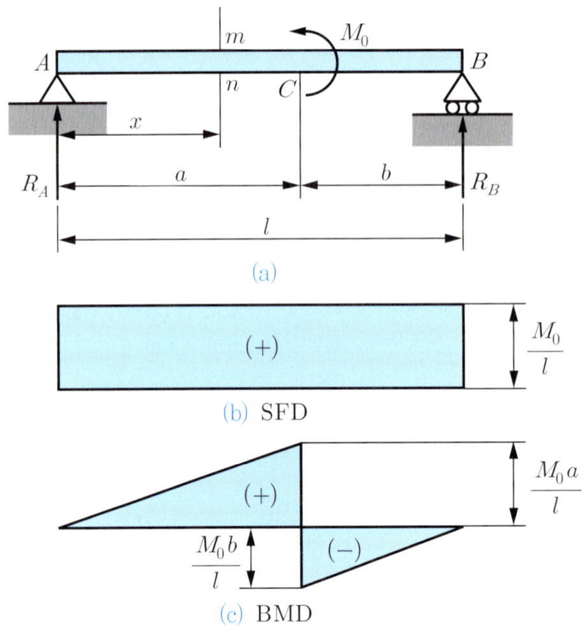

[그림 7-20] 단순보의 임의의 위치에 짝힘 모멘트가 작용

$$\Sigma M_B = 0 : R_A l - M_0 = 0$$

$$\therefore \ R_A = \frac{M_0}{l} \tag{7·49}$$

식 (7·49)를 식 (7·48)에 대입하면

$$R_B = -\frac{M_0}{l} \tag{7·50}$$

반력 R_A, R_B는 크기가 같고 방향은 서로 반대인 짝힘이 된다.

[그림 7-20(a)]에서 지지점 A로부터 임의의 x 단면에 대한 전단력 F_x는

$$F_x = R_A = \frac{M_0}{l} \tag{7·51}$$

전단력은 보의 길이에 관계없이 항상 일정하므로 전단력 선도를 그리면 [그림 7-20(b)]와 같은 직사각형이 된다.

또한, 임의의 x 단면에 대한 굽힘모멘트 M_x는 구간 AC와 구간 CB에서 C점을 경계로 하여 짝힘 모멘트 M_0에 의해 변화한다.

(a) 구간 AC : $M_x = R_A x = \dfrac{M_0}{l} x$ (a)

(b) 구간 CB : $M_x = R_A x - M_0 = \dfrac{M_0}{l} x - M_0$ (b)

식 (a), 식 (b)로부터 굽힘모멘트의 최소값은 양끝 지지점 A, B에서 0이 되고, 최대 굽힘모멘트는 M_0의 작용점 C의 굽힘모멘트 M_C에 대한 두 값 중에서 절대값이 큰 쪽으로 된다.

짝힘 모멘트 M_0의 작용점 C에 발생하는 굽힘모멘트를 구하면

(a) 구간 AC : $(M_C)_{x=a} = \dfrac{M_0 a}{l}$ (c)

(b) 구간 CB : $(M_C)_{x=a} = \dfrac{M_0}{l} a - M_0 = -\dfrac{M_0 b}{l}$ (d)

식 (a) ~ 식 (b)를 고려하여 굽힘모멘트 선도를 그리면 [그림 7-20(c)]와 같은 삼각형으로 된다. [그림 7-20(a)]에서 $a > b$인 것으로 가정하면, 식 (c)와 식 (d)로부터 최대굽힘모멘트는 $M_{max} = M_0 a / l$가 된다.

7.3.3 내다지보의 경우

(1) 양끝에 집중하중이 작용

[그림 7-21(a)]와 같이 내다지보(over hanging beam)의 양끝 C, D점에 각각 집중하중 P가 작용할 때 전단력 선도와 굽힘모멘트 선도를 그려보기로 한다.

반력 R_A, R_B는 힘의 평형조건으로부터

$$\Sigma F_y = 0 \;:\; -P - P + R_A + R_B = 0 \tag{a}$$

지지점 B에 대한 모멘트의 평형조건에 의해

$$\Sigma M_B = 0 \;:\; -P(a+l) + R_A l + Pa = 0 \tag{b}$$

식 (a), 식 (b)에 의해 반력 R_A, R_B는 다음과 같다.

$$R_A = R_B = P \tag{7·52}$$

임의의 x 단면에 대한 각 구간의 전단력 F_x와 굽힘모멘트 M_x는 다음과 같다.

(a) 구간 CA

$$F_x = -P, \quad M_x = -Px \tag{a}$$

(b) 구간 AB

$$F_x = -P + R_A = 0, \quad M_x = -Px + R_A(x-a) = -Pa \tag{b}$$

(c) 구간 BD

$$F_x = -P + R_A + R_B = P \tag{c}$$

$$M_x = -Px + R_A(x-a) + R_B(x-a-l) = Px - P(2a+l) \tag{d}$$

또는 D점으로부터 임의의 거리 x_1에 대한 전단력 F_x 및 M_x는

$$F_x = P \tag{e}$$

$$M_x = -Px_1 \tag{f}$$

여기서 구간 BD에서 전단력 및 굽힘모멘트는 하중점 D로부터 임의의 거리 x_1으로 잡은 후 각각 식 (d)와 식 (f)에 의해 구하는 것이 편리하다.

각 구간에 대한 전단력 및 굽힘모멘트에 관한 식을 이용하여 선도를 그리면 각각 [그림 7-21(b)], [그림 7-21(c)]와 같이 된다.

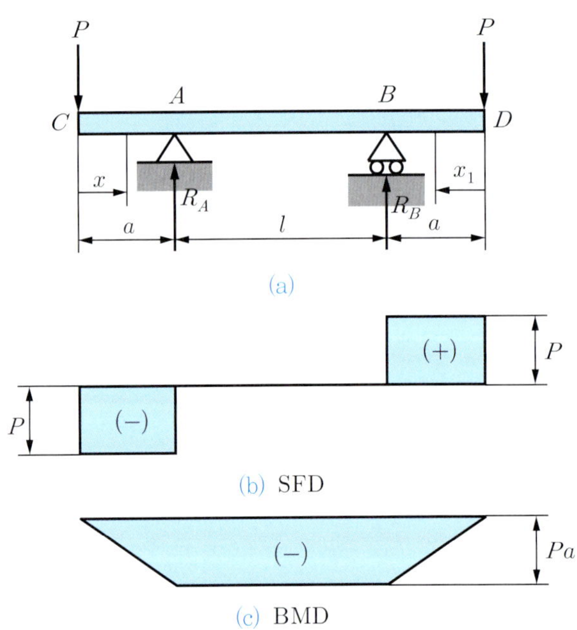

[그림 7-21] 양 끝에 집중하중이 작용하는 내다지보

(2) 균일분포하중이 작용

[그림 7-22(a)]와 같이 내다지보의 전길이에 균일분포하중 w[N/m]가 작용할 때 전단력 선도(SFD)와 굽힘모멘트 선도(BMD)를 그려보기로 한다.

반력 R_A, R_B는 힘의 평형조건으로부터

$$\Sigma F_y = 0 : R_A + R_B = w(l+a) \tag{a}$$

지지점 A, B에 관한 모멘트의 평형조건에 의해

$$\Sigma M_A = 0 : R_B l - w(l+a)\frac{(l+a)}{2} = 0 \tag{b}$$

$$\therefore\ R_B = \frac{w(l+a)^2}{2l} \tag{7·53}$$

$$\Sigma M_B = 0 : R_A l - \frac{wl^2}{2} + \frac{wa^2}{2} = 0 \tag{c}$$

$$\therefore\ R_A = \frac{w(l^2-a^2)}{2l} \tag{7·54}$$

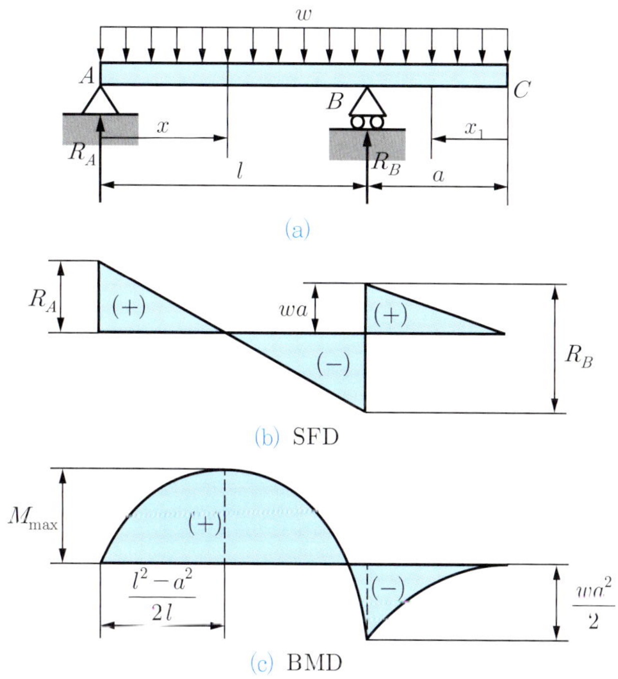

[그림 7-22] 균일분포하중이 작용하는 내다지보

임의의 x 단면에 대한 각 구간의 전단력 F_x 와 굽힘모멘트 M_x 는 다음과 같다.

(a) 구간 AB

$$F_x = R_A - wx = \frac{w(l^2-a^2)}{2l} - wx = \frac{w}{2l}(l^2-a^2-2lx) \tag{d}$$

$$M_x = R_A x - \frac{wx^2}{2} = \frac{wx}{2l}(l^2-a^2-lx) \tag{e}$$

지지점 A와 B에 대한 전단력을 구하면

$$F_A = R_A = \frac{w(l^2 - a^2)}{2l}, \quad F_B = -R_B = -\frac{w(l+a)^2}{2l} \tag{7·55}$$

이 구간에서 최대굽힘모멘트 $M_{\max}$는 $F=0$인 단면에서 발생하므로 식 (d)로부터 $x = \dfrac{l^2 - a^2}{2l}$인 위치에서 $M_{\max}$는 다음 식으로 주어진다.

$$M_{\max} = \frac{w}{2l}\left(\frac{l^2 - a^2}{2l}\right)\left\{l^2 - a^2 - l\left(\frac{l^2 - a^2}{2l}\right)\right\} = \frac{w(l^2 - a^2)^2}{8l^2} \tag{7·56}$$

(b) 구간 BC : 계산을 간단히 하기 위해 보의 오른쪽 끝 C로부터 임의의 거리 x_1을 잡으면 다음 식을 얻을 수 있다.

$$F_x = w x_1, \quad M_x = -\frac{w x_1^2}{2} \tag{f}$$

지지점 B에 대한 전단력 및 굽힘모멘트를 구하면

$$F_B = w a, \quad M_B = -\frac{w a^2}{2} \tag{7·57}$$

이상의 전단력에 대한 해석결과를 이용하여 선도를 그리면 [그림 7-22(b)]와 같이 된다. 전단력선도는 각 구간에서 x에 관한 1차식으로 되어 직선적으로 변화하고, 지지점 B에서 불연속이 된다. 또한, 굽힘모멘트 선도는 [그림 7-22(c)]와 같이 각 구간에서 x에 관한 2차식의 포물선이 되고, 최대굽힘모멘트 $M_{\max}$는 $F=0$인 단면에서 발생하는 것을 알 수 있다.

7.3.4 이동하중이 작용하는 보

차량이 통과하는 교량과 같이 이동하중이 작용하는 보는 이동하중의 위치에 따라 반력, 전단력 및 굽힘모멘트가 변화한다. [그림 7-23(a)]와 같이 1개의 집중하중 P가 스팬(span) l인 단순보의 지지점 A로부터 임의의 거리 x에 작용하면서 이동한다면, 이동하중의 영향으로 반력, 전단력 및 굽힘모멘트도 계속 변화한다.

이동하중 P가 x인 위치에 작용할 때 반력을 R_{Ax}, R_{Bx}라고 하면 힘의 평형조건에 의해

$$\Sigma F_y = 0 : R_{Ax} + R_{Bx} = P \tag{a}$$

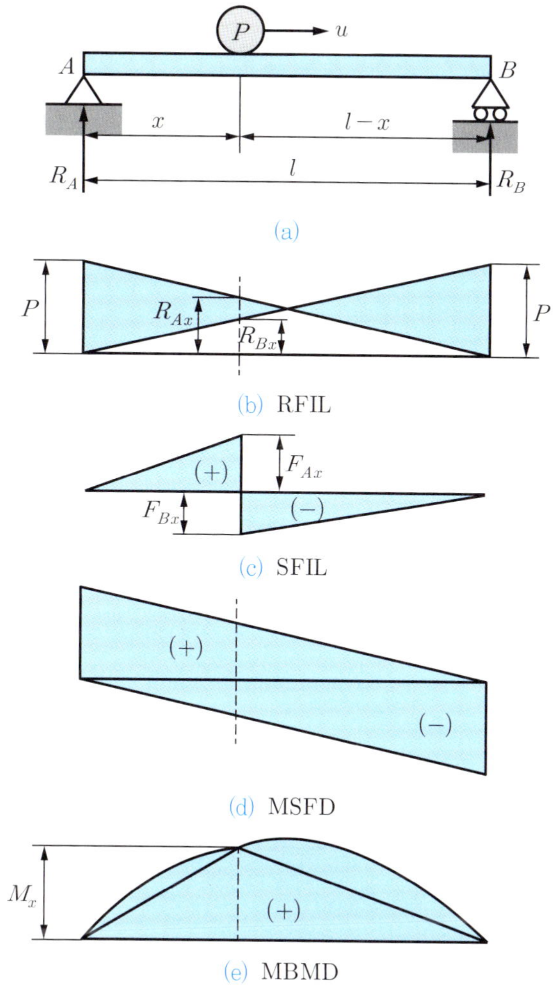

[그림 7-23] 이동하중이 작용하는 보

또한, 지지점 A, B에 관한 모멘트의 평형조건에 의해 다음 식과 같이 된다.

$$\Sigma M_B = 0 : R_{Ax} l - P(l - x) = 0 \tag{b}$$

$$\therefore \ R_{Ax} = \frac{(l-x)}{l} P \tag{7·58}$$

$$\Sigma M_A = 0 : Px - R_{Bx} l = 0 \tag{c}$$

$$\therefore \ R_{Bx} = \frac{x}{l} P \tag{7·59}$$

식 (7·58), 식 (7·59)에 의한 반력의 선도는 [그림 7-23(b)]와 같이 되며, 이것을 반력 영향선(反力影響線; reaction force influence line: RFIL)이라 한다.

이때 전단력을 구하면 다음 식과 같이 된다.

$$F_{Ax} = R_{Ax} = \frac{(l-x)}{l}P, \quad F_{Bx} = -R_{Bx} = -\frac{x}{l}P \tag{7·60}$$

여기서 F_{Ax}는 지지점 A에서 x로 접근할 때 발생하는 전단력이고, F_{Bx}는 지지점 B에서 x에 접근하는 전단력을 나타낸다. 이러한 관계를 선도로 나타낸 것이 전단력 영향선(剪斷力影響線; shearing force influence line: SFIL)이라 하고, [그림 7-23(c)]와 같이 된다. 이때 최대전단응력 선도(最大剪斷應力線圖; maximum shearing force diagram: MSFD)는 [그림 7-23(d)]와 같이 된다.

따라서 굽힘모멘트는 다음 식으로 주어진다.

$$M_x = R_{Ax}x = \frac{P}{l}(l-x)x = Px - \frac{P}{l}x^2 \tag{7·61}$$

식 (7·61)을 선도로 나타내면 [그림 7-23(e)]에서 삼각형이 되고, 이것을 굽힘모멘트 영향선(bending moment influence line: BMIL)이라고 한다. [그림 7-23(e)]에서 하중이 이동할 때 변화하는 최대굽힘모멘트는 삼각형 꼭지점의 궤적을 나타내는 2 차곡선이 되고, 이것을 최대굽힘모멘트 선도(maximum bending moment diagram: MBMD)라고 한다.

연습문제

[7-1] [그림 7-24]와 같은 단순보에 대한 전단력 및 굽힘모멘트를 구한 후 전단력 선도(SFD)와 굽힘모멘트 선도(BMD)를 그리시오.

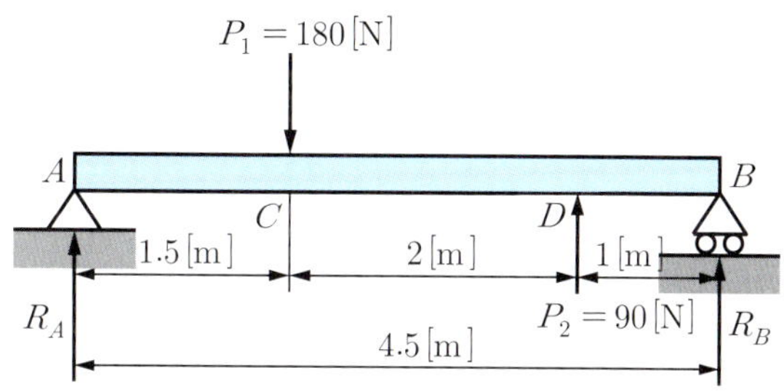

[그림 7-24]

[7-2] [그림 7-25]와 같은 단순보에 대한 전단력 및 굽힘모멘트를 구한 후 SFD와 BMD를 그리시오.

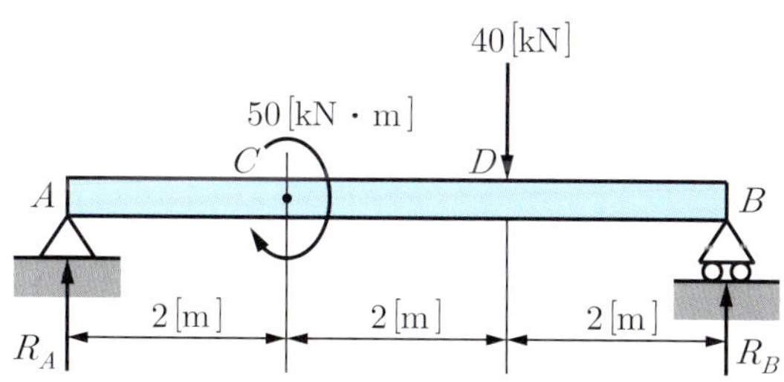

[그림 7-25]

[7-3] [그림 7-26]과 같은 외팔보에 대한 지지점 B의 반력을 구한 후 SFD 및 BMD를 그리시오.

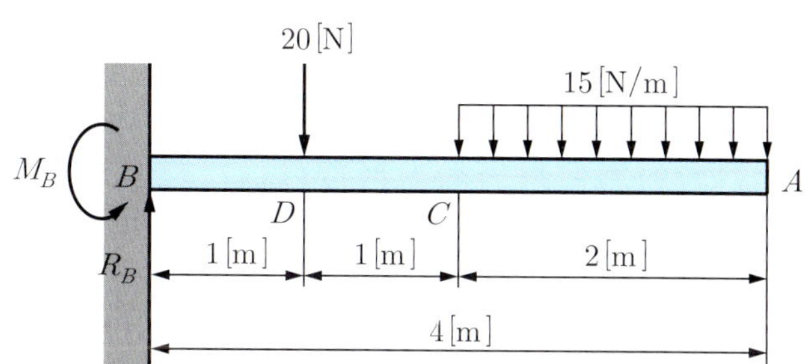

[그림 7-26]

[7-4] [그림 7-27]과 같은 외팔보에 대한 B점의 반력을 구한 후 SFD 및 BMD를 그리시오.

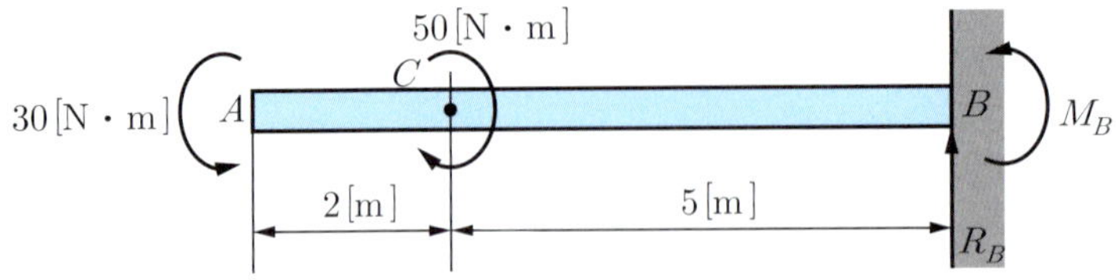

[그림 7-27]

[7-5] [그림 7-28]과 같은 내다지보에 대한 각 구간의 전단력 및 굽힘모멘트를 구한 후 SFD와 BMD를 그리시오.

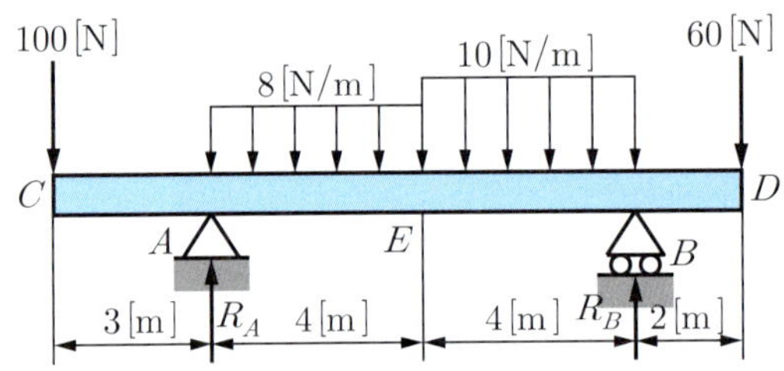

[그림 7-28]

[7-6] [그림 7-29]와 같은 내다지보의 각 구간에 대한 전단력 및 굽힘모멘트를 구한 후 SFD와 BMD를 그리시오.

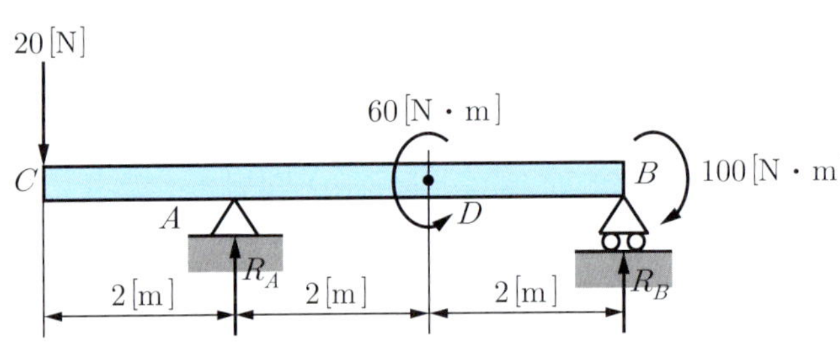

[그림 7-29]

[7-7] [그림 7-30]과 같은 외팔보에서 하중 $P = 3$ [kN], 균일분포하중 $w = 600$ [N/m]이 작용할 때 고정점 A에 대한 전단력 및 굽힘모멘트를 구하시오.

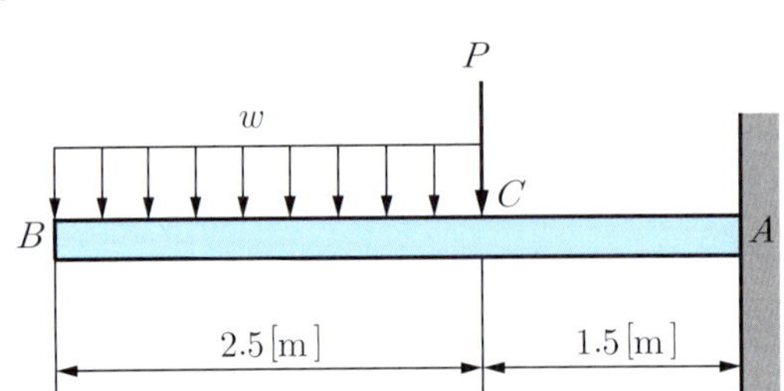

[그림 7-30]

[7-8] [그림 7-31]과 같은 단순보의 C점에 짝힘 $Q = 10$[kN]이 작용할 때 A 점으로부터 1[m] 떨어진 단면에 대한 굽힘모멘트를 구하시오.

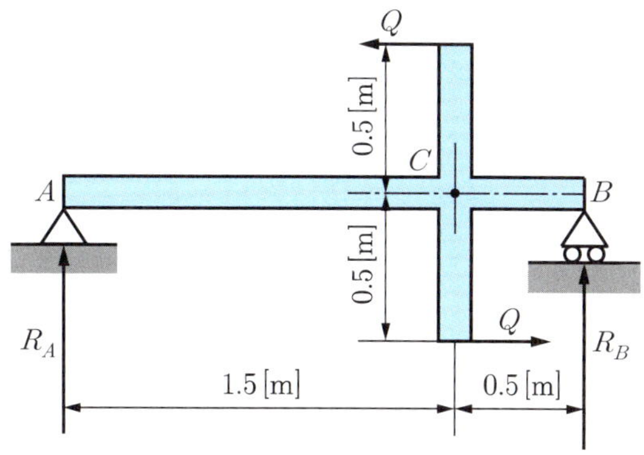

[그림 7-31]

[7-9] [그림 7-32]와 같은 단순보에 $P = 3$[kN], $Q = 6$[kN]이 작용할 때 AB 구간에 대한 전단력과 굽힘모멘트를 구하시오.

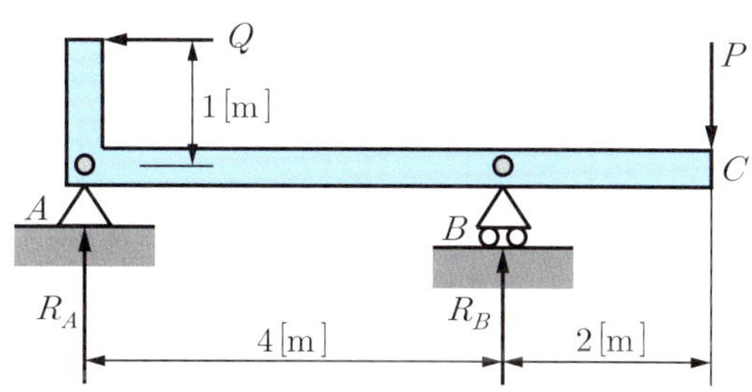

[그림 7-32]

[7-10] [그림 7-33]과 같은 단순보에 대한 반력 R_A 및 R_B를 구하시오.

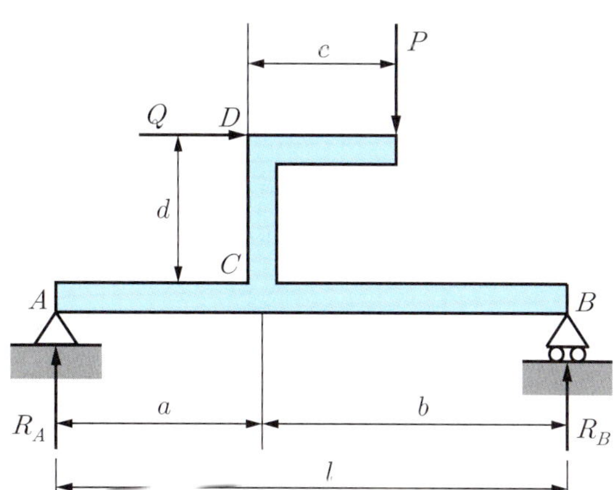

[그림 7-33]

[7-11] [그림 7-34]와 같이 보의 한쪽 끝이 고정된 A점에 대한 굽힘모멘트를 구하시오.

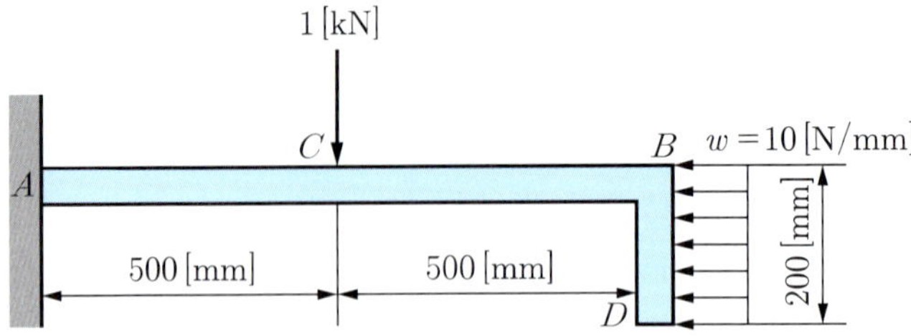

[그림 7-34]

[7-12] [그림 7-13(a)]에서 외팔보의 길이 $l = 2$ [m]이고, 삼각형 분포하중 $w_0 = 3$ [kN/m]일 때 고정지지점 B에 대한 반력 및 굽힘모멘트를 구하시오.

[7-13] [그림 7-18(a)]와 같은 단순보에서 보의 길이 $l = 3$ [m]이고, 삼각형 분포하중 $w_0 = 3$ [kN/m]이 작용할 때 지지점 A로부터 최대굽힘모멘트가 발생하는 위치를 구하시오.

[7-14] [그림 7-22(a)]와 같은 내다지보의 길이 $l = 4$ [m], $a = 2$ [m]에 균일분포하중 $w = 4$ [kN/m]이 작용할 때 전단응력이 0 인 단면에 대한 굽힘모멘트를 구하시오.

8 CHAPTER 보에 발생하는 응력

각종 보에 하중이 작용할 때 보의 단면에는 전단력 및 굽힘모멘트가 발생하며, 전단력 선도(SFD)와 굽힘모멘트 선도(BMD)를 그리는 방법은 앞 장에서 학습하였다. 전단력 및 굽힘모멘트에 의해 단면에 발생하는 굽힘응력(bending stress)과 전단응력(shearing stress)의 해석은 강도적으로 안전한 보의 설계를 위해서 필수적이며, 이들 값은 설계 단면의 치수를 결정하는데 중요한 인자(因子)로써 사용된다.

이 장에서는 굽힘응력 및 전단응력을 구하는 방법을 설명하고, 이들이 조합적으로 작용할 때 또는 굽힘모멘트와 비틀림 모멘트가 동시에 작용하는 보에 대한 응력을 계산하는 방법을 설명한다.

8.1 보의 굽힘응력

8.1.1 순수굽힘

보에 하중이 작용할 때 임의의 단면에서 발생하는 굽힘모멘트 M과 전단력 F를 구하는 방법은 앞에서 설명하였다. 따라서 보는 굽힘모멘트 M에 의한 굽힘응력과 전단력 F에 따른 전단응력이 동시에 발생하여 조합응력으로 된다. 그러나 많은 보의 단면에는 최대굽힘응력이 작용하는 단면에서 전단응력은 0이 되고, 최대전단응력이 작용하는 단면에서는 굽힘응력이 0이 된다. 이와 같은 경우 계산의 편의를 위해 굽힘모멘트 M만에 의한 순수굽힘응력과 전단력 F에 의한 전단응력을 각각 별개로 계산한다. 이때 전단력 $F=0$이고, 굽힘모멘트 M만이 일정하게 작용하는 상태를 순수굽힘(pure bending)이라고 한다.

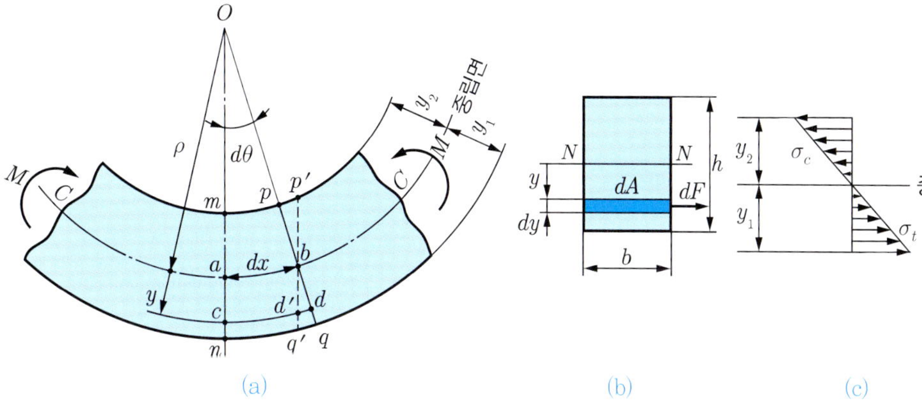

[그림 8-1] 보의 순수굽힘

[그림 8-1(a)]와 같이 보의 양끝에 순수굽힘 모멘트 M이 작용하면 보의 윗부분 mp'은 압축이 되어 줄어들고, 보의 아랫부분 nq'은 인장(引張)으로 늘어난다. 이때 윗면과 아랫면 사이에서 인장이나 압축도 아닌 $\widehat{ab}$를 포함하는 면이 존재하는데, 이 면을 중립면(中立面; neutral plane)이라고 한다.

또한, [그림 8-1(b)]에서와 같이 중립면과 각 단면이 서로 만나는 선 $\overline{NN}$ 을 중립축(中立軸; neutral axis)이라고 한다. 따라서 중립면을 기준으로 윗부분에서는 압축응력(σ_c)이 발생하고, 중립면의 아랫부분에서는 인장응력 (σ_t)이 발생한다. 이때, 중립면이 이루는 곡선 $\widehat{CC}$ 를 탄성곡선(彈性曲線; elastic curve) 또는 처짐곡선(deflection curve)이라 하고, 처짐을 계산할 때 탄성곡선에 대한 미분방정식의 기초가 된다.

8.1.2 굽힘응력

[그림 8-1(a)]와 같이 보에 축방향으로 일정한 굽힘모멘트 M이 작용하면 굽힘에 의해 중립면의 $\widehat{ab}$ 가 바깥쪽에서는 인장으로 $\widehat{nq}$ 로 늘어나고, 안쪽에서는 압축에 의해 $\widehat{mp}$ 로 줄어든다. 굽힘모멘트 M에 의한 굽힘변형으로 $\overline{mn}$ 과 $\overline{pq}$ 의 연장선은 O점에서 만난다. 중심 O에서 중립면까지의 거리를 ρ라고 하면, ρ는 곡률반지름(radius of curvature)이 된다.

미소거리 dx의 두 점 a, b를 지나는 두 인접 단면이 이루는 미소각을 $d\theta$라 하면, 다음의 관계식이 성립한다.

$$\widehat{ab} = dx = \rho\, d\theta = \widehat{cd'} \tag{a}$$

$\overline{mn} // p'q'$ 이고, 중립면에서 y만큼 떨어진 점을 각각 c, d라고 하면 다음과 같다.

$$\widehat{cd} - \widehat{ab} = \widehat{cd} - \widehat{cd'} = \widehat{dd'} = (\rho + y)d\theta - \rho\, d\theta = y\, d\theta \tag{b}$$

중립면에서 y만큼 떨어진 축방향의 변위 $\widehat{cd}$ 의 변형률은 식 (a), (b)에 의해 다음 식과 같이 된다.

$$\varepsilon = \frac{\widehat{cd} - \widehat{cd'}}{\widehat{ab}} = \frac{\widehat{dd'}}{\widehat{ab}} = \frac{y\, d\theta}{\rho\, d\theta} = \frac{y}{\rho} \tag{8·1}$$

식 (8·1)에서 변형률 ε은 중립면으로부터 거리 y에 비례하는 것을 알 수 있다.

세로탄성계수를 E라고 하면, 이때의 굽힘응력 σ는 Hooke의 탄성법칙에 의해 다음 식으로 표시된다.

$$\sigma = E\varepsilon = \frac{E}{\rho} y \tag{8·2}$$

식 (8·2)에서 굽힘응력은 중립면으로부터 떨어진 거리 y에 비례하는 것을 알 수 있다. [그림 8-1(b)]와 같은 직사각형 단면에 대한 굽힘응력의 분포는 식 (8·2)에 의해 [그림 8-1(c)]와 같이 중립축에서는 굽힘응력이 0이 된다. 보의 중립축으로부터 거리 y가 바깥쪽 표면으로 커질수록 인장응력(σ_t)은 증가하고, 표면 $y=y_1$일 때 최대인장응력 $(\sigma_t)_{max}$이 된다.

또한, 중립축에서 거리 y가 안쪽 표면으로 커질수록 압축응력(σ_c)이 증가하고, 표면 $y=y_2$에서 최대압축응력 $(\sigma_c)_{max}$이 된다.

8.1.3 굽힘모멘트와 굽힘응력의 관계

지금까지 보에 작용하는 굽힘모멘트를 구한 후 굽힘모멘트 선도를 그리는 방법을 배웠는데, 이들을 학습한 이유는 굽힘모멘트에 의한 굽힘응력을 계산하여 설계에 이용하기 위함이다.

여기서는 굽힘모멘트가 작용할 때 보에 발생하는 굽힘응력을 구하는 방법을 알아보기로 한다.

[그림 8-1(b)]에서 미소면적 dA에 작용하는 미소힘 dF는 다음 식으로 표시된다.

$$dF = \sigma\, dA = \frac{E}{\rho} y\, dA$$

$$\therefore\ F = \frac{E}{\rho}\int y\, dA \qquad \text{(a)}$$

식 (a)로부터 [그림 8-1(c)]의 중립축에 대한 전단력 $F=0$이므로 단면 1차모멘트 (first moment of area) $G_x = \int y\, dA = 0$이 된다. 단면 1차모멘트 G_x와 도심까지의 거리 $\bar{y}$ 사이에는 다음 식의 관계가 성립한다.

$$G_x = \int y\, dA = \bar{y}\, A \qquad (8\cdot3)$$

식 (8·3)으로부터 중립축은 단면의 도심(圖心; centroid)을 지나는 것을 알 수 있다.

또한, 미소면적 dA에 작용하는 힘 dF에 의해 중립축에 발생하는 굽힘모멘트 dM은 다음 식과 같이 된다.

$$dM = y\, dF = \frac{E}{\rho} y^2\, dA$$

$$\therefore\ M = \frac{E}{\rho}\int y^2\, dA = \frac{EI}{\rho} \qquad \text{(b)}$$

여기서 ρ는 곡률반지름(radius of curvature), E는 세로탄성계수, $I=\int y^2\,dA$는 단면 2차모멘트(second moment of area) 또는 관성모멘트(moment of inertia)이고, EI는 굽힘강성(flexural rigidity)이라고 한다.

식 (b)를 곡률(曲率; curvature) $1/\rho$로 나타내면 다음 식과 같다.

$$\frac{1}{\rho}=\frac{M}{EI} \tag{8·4}$$

따라서 식 (8·4)로부터 곡률은 굽힘모멘트 M에 비례하고, 굽힘강성 EI에 반비례하는 것을 알 수 있다.

또한, 식 (b)를 식 (8·2)에 대입하면, 굽힘모멘트 M에 의한 굽힘응력 σ는 다음 식과 같이 된다.

$$\sigma=\frac{My}{I} \tag{8·5}$$

[그림 8-1(c)]와 같이 중립축에서 표면까지의 거리를 y_1, y_2라고 하면, 굽힘응력은

$$\sigma_1=\frac{My_1}{I}=\frac{M}{Z_1},\quad \sigma_2=\frac{My_2}{I}=\frac{M}{Z_2} \tag{8·6}$$

만일, $y_1=y_2=y$이면 $Z=Z_1=Z_2$이므로 식 (8·6)은 다음 식으로 표시된다.

$$\sigma=\frac{M}{Z} \tag{8·7}$$

또는

$$M=\sigma Z \tag{8·8}$$

여기서 Z는 보의 단면계수(斷面係數; modulus of section)라 하고, 단면 2차모멘트 I를 중립축에서 표면까지의 거리 y로 나눈 값이다. 단면계수는 단면의 형상에 따라 결정되고, 굽힘응력 σ는 단면계수 Z가 증가할수록 작아진다.

≫ 예제 8-1

길이 $l=1.5\,[\text{m}]$, 단면의 치수 $b\times h=40\times 60\,[\text{mm}]$인 외팔보의 자유단에 집중하중 $P=1\,[\text{kN}]$이 작용할 때 최대굽힘모멘트와 최대굽힘응력을 구하시오.

| 풀이 | 최대굽힘모멘트 : $M=Pl=1000\,[\text{N}]\times 1500\,[\text{mm}]=1.5\times 10^6\,[\text{N}\cdot\text{mm}]$

최대굽힘응력 : $\sigma=\dfrac{M}{Z}=\dfrac{M}{bh^2/6}=\dfrac{6M}{bh^2}=\dfrac{6\times 1.5\times 10^6}{40\times 60^2}=62.5\,[\text{N/mm}^2]$

$=62.5\,[\text{MPa}]$

▶ 예제 8-2

[그림 8-2]와 같이 길이 $l = 2\,[\mathrm{m}]$, 단면의 치수 $b \times h = 30 \times 50\,[\mathrm{mm}]$인 단순보의 지지점 A로부터 $1.2\,[\mathrm{m}]$인 C점에 집중하중 $P = 10\,[\mathrm{kN}]$이 작용할 때 다음 물음에 답하시오.

(1) 지지점 A로부터 $x = 0.8\,[\mathrm{m}]$인 단면의 굽힘모멘트

(2) $x = 0.8\,[\mathrm{m}]$인 단면의 중립축에서 $y = 20\,[\mathrm{mm}]$인 부분의 굽힘응력

(3) 보에 발생하는 최대굽힘모멘트

(4) 보에 발생하는 최대굽힘응력

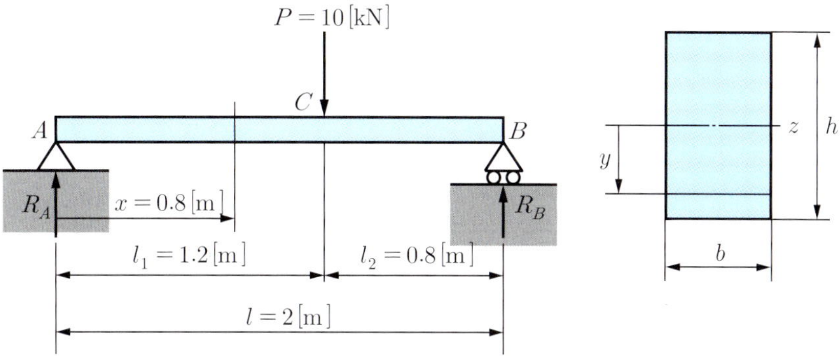

[그림 8-2]

| 풀이 | 반력 R_A, R_B의 결정 :

$$R_A = \frac{Pl_2}{l} = \frac{10 \times 10^3 \times 800}{2000} = 4000\,[\mathrm{N}] = 4\,[\mathrm{kN}]$$

$$R_B = P - R_A = 6000\,[\mathrm{N}] = 6\,[\mathrm{kN}]$$

(1) x인 단면의 굽힘모멘트 : $M_x = R_A x = 4000\,[\mathrm{N}] \times 800\,[\mathrm{mm}]$

$$= 3.2 \times 10^6\,[\mathrm{N \cdot mm}] = 3.2\,[\mathrm{kN \cdot m}]$$

(2) $x = 0.8\,[\mathrm{m}]$인 단면의 중립축에서 $y = 20\,[\mathrm{mm}]$인 부분의 굽힘응력 :

$$\sigma_x = \frac{My}{I} = \frac{My}{bh^3/12} = \frac{12My}{bh^3} = \frac{12 \times 3.2 \times 10^6 \times 20}{30 \times 50^3}$$

$$= 204.8\,[\mathrm{N/mm^2}] = 204.8\,[\mathrm{MPa}]$$

(3) 최대굽힘모멘트 : 하중점 C에서 발생하므로

$$M_{\max} = M_C = R_A l_1 = 4000\,[\mathrm{N}] \times 1200\,[\mathrm{mm}]$$

$$= 4.8 \times 10^6\,[\mathrm{N \cdot mm}] = 4.8\,[\mathrm{kN \cdot m}]$$

(4) 최대굽힘응력 : $\sigma_{\max} = \dfrac{M_{\max}}{Z} = \dfrac{M_{\max}}{bh^2/6} = \dfrac{6M_{\max}}{bh^2} = \dfrac{6 \times 4.8 \times 10^6}{30 \times 50^2}$

$$= 384\,[\mathrm{N/mm^2}] = 384\,[\mathrm{MPa}]$$

예제 8-3

폭 200[mm], 두께 2[mm]인 연강판(軟鋼板)을 [그림 8-3]과 같이 지름 1[m]의 원통에 감을 때 판에 발생하는 굽힘응력과 굽힘모멘트를 구하시오. 단, 연강판의 세로탄성계수 $E = 205$[GPa]이다.

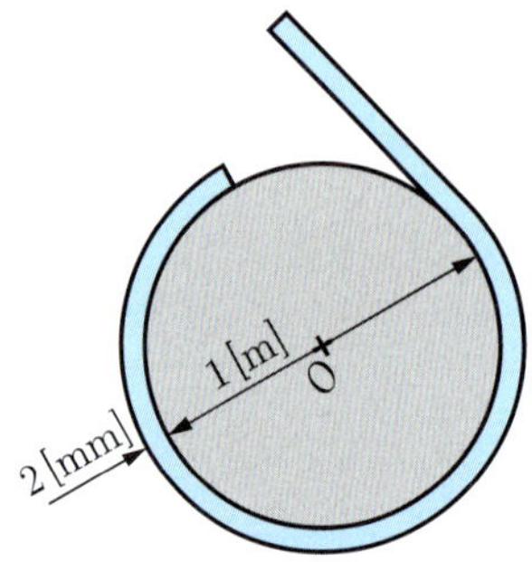

[그림 8-3]

| 풀이 | 굽힘응력 : $\sigma = \dfrac{E}{\rho}y = \dfrac{205 \times 10^3 [\mathrm{N/mm^2}] \times 1[\mathrm{mm}]}{501[\mathrm{mm}]}$

$$= 409.2[\mathrm{N/mm^2}] = 409.2[\mathrm{MPa}]$$

굽힘모멘트 : 식 (8·4)로부터

$$M = \frac{EI}{\rho} = \frac{E}{\rho}\left(\frac{bh^3}{12}\right) = \frac{205 \times 10^3}{501} \times \frac{200 \times 2^3}{12}$$

$$= 54558[\mathrm{N \cdot mm}] ≒ 54.6[\mathrm{N \cdot m}]$$

예제 8-4

[그림 8-4]와 같이 길이가 2[m]인 T형 단면의 단순보에 균일분포하중 $w = 0.5$[N/mm]가 작용할 때 보에 발생하는 최대인장응력과 최대압축응력을 구하시오. 단, 그림에 표시한 치수의 단위는 [mm]이다.

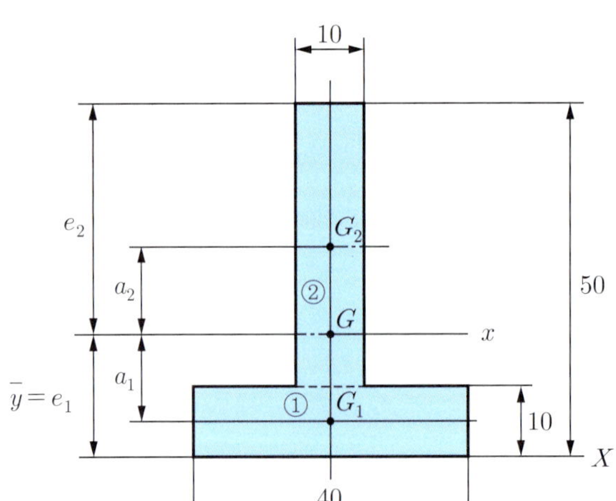

[그림 8-4]

| 풀이 | 도심의 위치 : 단면을 ①, ② 나누어 X축으로부터 도심의 위치를 구하면

$$\bar{y}=\frac{G_x}{A}=\frac{A_1y_1+A_2y_2}{A_1+A_2}=\frac{(40\times10)\times5+(10\times40)\times30}{(40\times10)+(10\times40)}$$

$$=17.5\,[\mathrm{mm}]$$

단면 2차모멘트 : 2개의 직사각형 ①, ②에 대하여 평행축정리를 적용하면

$$I_x=\left(I_{x1}+A_1a_1^2\right)+\left(I_{x2}+A_2a_2^2\right)$$

$$=\left(\frac{40\times10^3}{12}+400\times(17.5-5)^2\right)+\left(\frac{10\times40^3}{12}+400\times(30-17.5)^2\right)$$

$$=181667\,[\mathrm{mm}^4]$$

단면계수 : 단면의 도심으로부터 표면까지의 거리를 e_1, e_2라 하면 각 단면계수는

$$Z_1=\frac{I_x}{e_1}=\frac{181667}{17.5}=10381\,[\mathrm{mm}^3]$$

$$Z_2=\frac{I_x}{e_2}=\frac{181667}{32.5}=5590\,[\mathrm{mm}^3]$$

최대굽힘모멘트 : 최대굽힘모멘트는 보의 중앙에서 발생하므로

$$M_{\max}=\frac{wl^2}{8}=\frac{0.5\times2000^2}{8}=2.5\times10^5\,[\mathrm{N\cdot mm}]=250\,[\mathrm{N\cdot m}]$$

최대굽힘응력 : 최대인장응력은 보의 도심으로부터 아래쪽 표면의 중앙에서 발생하고, 최대압축응력은 도심으로부터 위쪽 표면의 중앙에 생긴다.

$$(\sigma_t)_{\max}=\frac{M_{\max}}{Z_1}=\frac{2.5\times10^5}{10381}=24.1\,[\mathrm{N/mm^2}]=24.1\,[\mathrm{MPa}]$$

$$(\sigma_c)_{\max}=\frac{M_{\max}}{Z_2}=\frac{2.5\times10^5}{5590}=44.7\,[\mathrm{N/mm^2}]=44.7\,[\mathrm{MPa}]$$

8.2 보의 전단응력

보에 불균일한 굽힘하중이 작용하면 단면에는 굽힘모멘트 M과 전단력 F가 동시에 작용한다. 굽힘모멘트 M에 의한 굽힘응력 σ를 구하는 방법은 이미 설명하였으므로 여기서는 전단력 F에 의한 전단응력 τ를 구하는 방법을 설명한다.

[그림 8-5(a)]와 같이 미소거리 dx 만큼 떨어진 2개의 단면 ab, cd에 작용하는 전단력과 굽힘모멘트를 각각 F, $F+dF$ 및 M, $M+dM$이라고 한다. 중립면에서 y_1의 위치에서 중립면에 평행한 면 ef를 잡고, 미소부분 $ebdf$에 대해서 x방향에 대한 힘의 평형을 고려한다. 면 ef에는 전단력 F에 의한 전단응력 τ가 작용하므로 면 ef에는 공액전단응력(complementary shear stress)이 작용하여야 한다.

[그림 8-5(a)]에서 면 eb에는 굽힘모멘트 M에 이한 굽힘응력 σ와 임의의 거리 y 만큼 떨어진 미소면적 dA에 작용하는 수직력 dF는 식 (8·5)로부터 다음 식이 얻어진다.

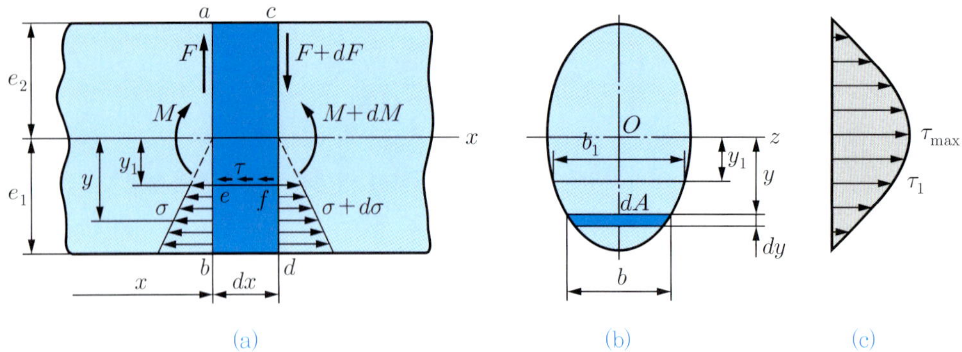

[그림 8-5] 보에 작용하는 전단응력

$$dF = \sigma\, dA = \frac{My}{I}\, dA \tag{a}$$

그러므로 면 eb 에 대한 전수직력(全垂直力)은 다음 식으로 표시된다.

$$\int_{y_1}^{e_1} \frac{My}{I}\, dA \tag{b}$$

같은 방법으로 면 fd 에 작용하는 전수직력은

$$\int_{y_1}^{e_1} \frac{(M + dM)y}{I}\, dA \tag{c}$$

중립면에서 거리 y_1 인 위치의 전단응력을 τ 라 하면 [그림 8-5(b)]와 같이 폭은 b_1 이고, 임의의 거리 y 만큼 떨어진 위치의 폭 b 의 미소면적 dA 에 작용하는 전단력 F 는 다음 식과 같이 된다.

$$F = \tau b\, dx \tag{d}$$

보의 x 방향에 대한 힘의 평형을 고려하면 식 (b), (c), (d)에 의해

$$\int_{y_1}^{e_1} \frac{(M+dM)y}{I}\, dA - \int_{y_1}^{e_1} \frac{My}{I}\, dA - \tau b\, dx = 0$$

$$\therefore\ \tau = \frac{dM}{dx}\,\frac{1}{bI}\int_{y_1}^{e_1} y\, dA = \frac{F}{bI}\int_{y_1}^{e_1} y\, dA \tag{8·9}$$

식 (8·9)에서 $\dfrac{dM}{dx} = F$ 이고, 적분항은 [그림 8-5(b)]의 중립축 z 에서 y_1 만큼 떨어진 위치로부터 표면 e_1 까지의 단면 1차모멘트가 된다. $\int_{y_1}^{e_1} y\, dA = Q$ 라고 놓으면, 식 (8·9)는 다음 식과 같이 표시된다.

$$\tau = \frac{FQ}{bI} \tag{8·10}$$

식 (8·10)으로부터 보의 단면 1차모멘트 Q는 보의 상 · 하표면의 위치 $y_1 = e_1$ 또는 $y_2 = -e_2$에서 0이 되고, 중립축 $y_1 = 0$에서 최대로 된다. 또한 전단응력은 중립축에서 최대로 되고, 상 · 하 표면에서는 $\tau = 0$이 되므로 [그림 8-5(c)]와 같이 분포한다.

따라서 중립축에서는 최대전단응력이 발생하므로 굽힘응력은 0으로 되고, 단면의 상 · 하 표면에서는 최대굽힘응력이 생기므로 전단응력은 0이 된다.

지금부터 보의 대표적인 단면에 작용하는 전단응력을 구하여 보기로 한다.

8.2.1 직사각형 단면의 보

[그림 8-6(a)]과 같이 직사각형 단면의 폭 b, 높이 h인 보의 중립축에서 y_1 만큼 떨어진 위치로부터 표면까지의 단면 1차모멘트 Q는

$$Q = \int_{y_1}^{\frac{h}{2}} y\,dA = \int_{y_1}^{\frac{h}{2}} b\,y\,dy = \frac{b}{2}\left(\frac{h^2}{4} - y_1^2\right) \tag{e}$$

식 (e)를 식 (8·10)에 대입하면 다음 식이 얻어진다.

$$\tau = \frac{F}{2I}\left(\frac{h^2}{4} - y_1^2\right) \tag{8·11}$$

직사각형의 단면 2차모멘트 $I = \dfrac{bh^3}{12}$ 이므로 식 (8·11)은 다음 식과 같이 된다.

$$\tau = \frac{3}{2}\frac{F}{bh}\left(1 - \frac{4y_1^2}{h^2}\right) = \frac{3}{2}\frac{F}{A}\left(1 - \frac{4y_1^2}{h^2}\right) = \frac{3}{2}\tau_m\left(1 - \frac{4y_1^2}{h^2}\right) \tag{8·12}$$

여기서 $\tau_m = \dfrac{F}{bh}$는 전단력 F를 단면적 bh로 나눈 평균전단응력이 된다.

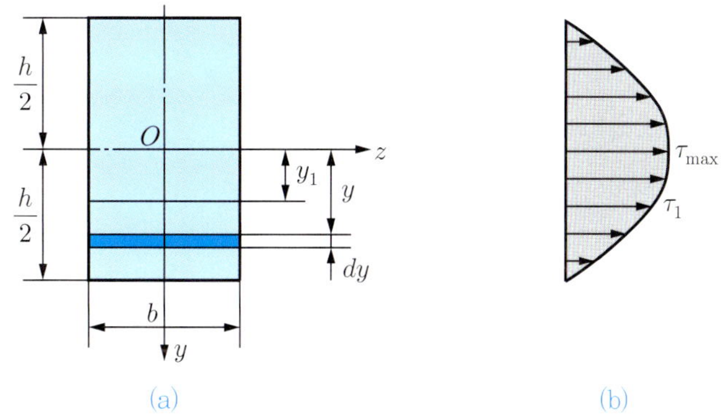

[그림 8-6] 직사각형 단면 보의 전단응력

식 (8·12)로부터 최대전단응력 및 최소전단응력은 다음 식과 같다.

$$\left(\tau_{\max}\right)_{y_1=0} = \frac{3F}{2bh} = \frac{3}{2}\frac{F}{A} = \frac{3}{2}\tau_m \tag{8·13}$$

$$\left(\tau_{\min}\right)_{y_1=\frac{h}{2}} = 0 \tag{8·14}$$

따라서 식 (8·13)으로부터 최대전단응력 $\tau_{\max}$ 는 전단력 F를 단면적 A로 나눈 평균 전단응력보다 50% 크고, 전단응력의 분포는 [그림 8-6(b)]와 같이 중립축에서의 거리 y_1에 따라 포물선 모양으로 변화하는 것을 알 수 있다.

8.2.2 원형 단면의 보

[그림 8-7(a)]와 같이 반지름 r인 원형 단면의 중립축으로부터 y_1의 거리에 대한 전단응력을 구하기 위해 단면 1차모멘트 Q를 계산하면 다음 식과 같이 된다.

$$Q = \int_{y_1}^{r} y\,dA = \int_{y_1}^{r} b\,y\,dy = \int_{y_1}^{r} 2\sqrt{r^2-y^2}\;y\,dy = \frac{2}{3}\left(r^2 - y_1^2\right)^{\frac{3}{2}} \tag{8·15}$$

여기서 $b_1 = 2r\cos\theta = 2\sqrt{r^2-y_1^2}$, $\quad b = 2\sqrt{r^2-y^2}$, $\quad I = \dfrac{\pi r^4}{4}$,

$\theta \neq 0$, $\quad dA = b\,dy$

식 (8·10)으로부터 중립축에서 y_1인 위치에 대한 전단응력 τ를 구하면

$$\tau = \frac{FQ}{b_1 I} = \frac{4}{3}\frac{F}{\pi r^2}\left(1-\frac{y_1^2}{r^2}\right) = \frac{4}{3}\frac{F}{A}\left(1-\frac{y_1^2}{r^2}\right) = \frac{4}{3}\tau_m\left(1-\frac{y_1^2}{r^2}\right) \tag{8·16}$$

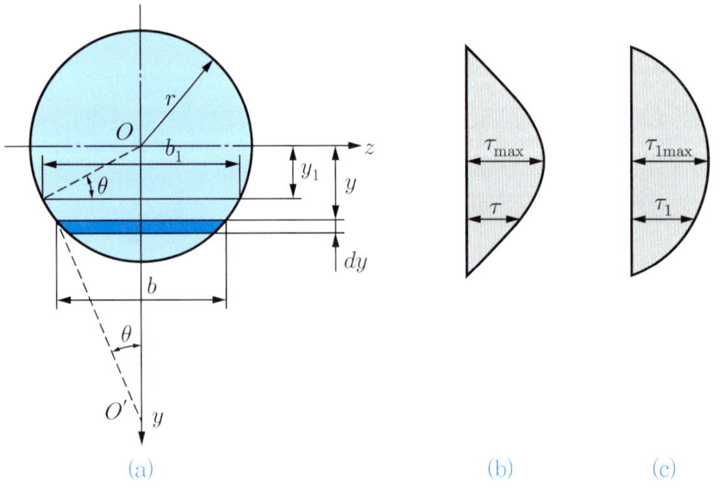

[그림 8-7] 원형 단면 보의 전단응력

또한, 단면의 주변에 대한 전단응력의 합 τ_1 은 다음 식으로 표시된다.

$$\tau_1 = \frac{\tau}{\cos\theta} = \frac{4}{3}\tau_m\left(1 - \frac{y_1^2}{r^2}\right)^{\frac{1}{2}} \tag{8·17}$$

따라서 식 (8·16)으로부터 전단응력 τ 의 분포는 [그림 8-7(b)]와 같이 포물선 모양이 되고, 식 (8·17)에 의해 τ_1 은 [그림 8-7(c)]와 같이 타원 모양으로 된다.

최대전단응력 $\tau_{\max}$ 는 $y_1 = 0$ 인 중립축에서 발생하고, 그 값은 다음과 같이 된다.

$$\tau_{\max} = \tau_{1\max} = \frac{4}{3}\frac{F}{A} = \frac{4}{3}\tau_m \tag{8·18}$$

8.2.3 I 형 단면 보

구조물에는 I 형, T 형, L 형 등의 단면을 갖는 형강재(形鋼材)가 많이 이용되고 있다. 이러한 단면에는 식 (8·10)으로부터 플랜지(flange) 또는 웨브(web) 부분의 경계면에서는 전단응력이 불연속적으로 급격히 변화하고, 플랜지의 내부에서는 전단응력이 작용하여 복잡한 응력분포가 발생한다. 이러한 복잡성을 피하기 위해 얇은 두께의 단면에 작용하는 전단응력은 두께 방향으로 균일하고, 각 부분의 두께 중심선에 응력이 평행하게 작용하는 것으로 가정한다.

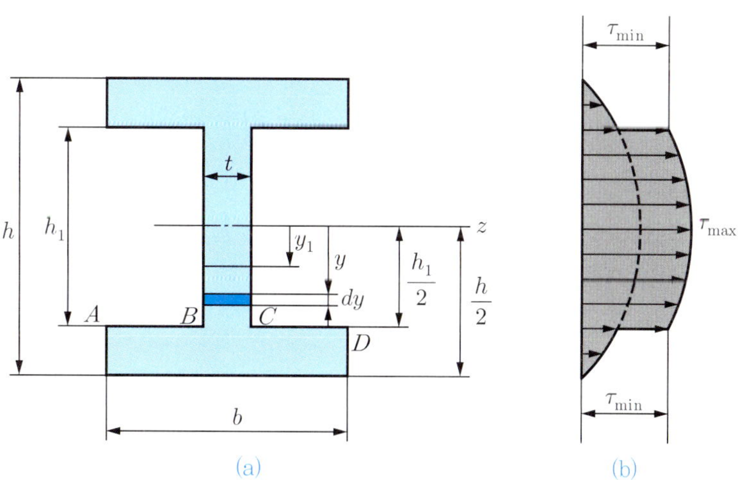

[그림 8-8] I형 단면 보의 전단응력

[그림 8-8(a)]와 같은 I 형 단면에 대한 전단응력을 구하기 위해 단면의 두께가 t 인 웨브와 양끝 부분의 플랜지가 서로 결합된 것으로 보고 전단응력을 구하기로 한다.

그림에서 진한 청색의 미소단면에 대한 단면 1차모멘트 Q는 다음 식과 같이 나타낸다.

$$Q=\int_{y_1}^{\frac{h}{2}} y\,dA=\int_{y_1}^{\frac{h_1}{2}} t\,y\,dy+\int_{-\frac{h_1}{2}}^{\frac{h}{2}} b\,y\,dy=t\left[\frac{y^2}{2}\right]_{y_1}^{\frac{h_1}{2}}+b\left[\frac{y^2}{2}\right]_{-\frac{h_1}{2}}^{\frac{h}{2}}$$

$$=\frac{t}{2}\left(\frac{h_1^2}{4}-y_1^2\right)+\frac{b}{2}\left(\frac{h^2}{4}-\frac{h_1^2}{4}\right) \qquad (8\cdot19)$$

전단응력 τ는 식 (8·10)에 의해 다음 식이 얻어진다.

$$\tau=\frac{FQ}{tI}=\frac{F}{tI}\left\{\frac{t}{2}\left(\frac{h_1^2}{4}-y_1^2\right)+\frac{b}{2}\left(\frac{h^2}{4}-\frac{h_1^2}{4}\right)\right\} \qquad (8\cdot20)$$

최대전단응력 $\tau_{\max}$는 $y_1=0$인 중립축에서 발생하며, 다음 식과 같이 표시된다.

$$\left(\tau_{\max}\right)_{y_1=0}=\frac{F}{tI}\left\{\frac{b}{2}\left(\frac{h^2}{4}-\frac{h_1^2}{4}\right)+\frac{t h_1^2}{8}\right\} \qquad (8\cdot21)$$

최소전단응력 $\tau_{\min}$은 중립축 $y_1=\dfrac{h_1}{2}$에서 플랜지와 결합된 웨브의 끝에 발생하며, 다음 식과 같이 된다.

$$\left(\tau_{\min}\right)_{y_1=h_1/2}=\frac{F}{tI}\left\{\frac{b}{2}\left(\frac{h^2}{4}-\frac{h_1^2}{4}\right)\right\} \qquad (8\cdot22)$$

식 (8·21) 및 식 (8·22)에 의한 $\tau_{\max}$와 $\tau_{\min}$은 [그림 8-8(b)]와 같이 포물선으로 된다. [그림 8-8(b)]에서 알 수 있듯이 전단응력은 주로 웨브에서 발생하며, 플랜지 부분에 작용하는 전단응력은 매우 작으므로 무시하는 경우가 많다. 실제로 $y_1=h_1/2$인 플랜지와 웨브의 이음부분은 응력집중 등 여러 가지 복잡한 불균일 응력분포가 되므로 응력집중을 완화하기 위해 [그림 8-8(a)]에서 모서리 B, C 부분을 둥글게 한다.

▶▶ 예제 8-5

[그림 8-9]와 같이 길이가 2 [m]인 L 형 단면의 단순보에 균일분포하중 $w = 1.5$ [N/mm]이 작용할 때 보에 발생하는 최대굽힘응력과 최대전단응력을 구하시오. 단, 그림에 표시한 치수의 단위는 [mm]이다.

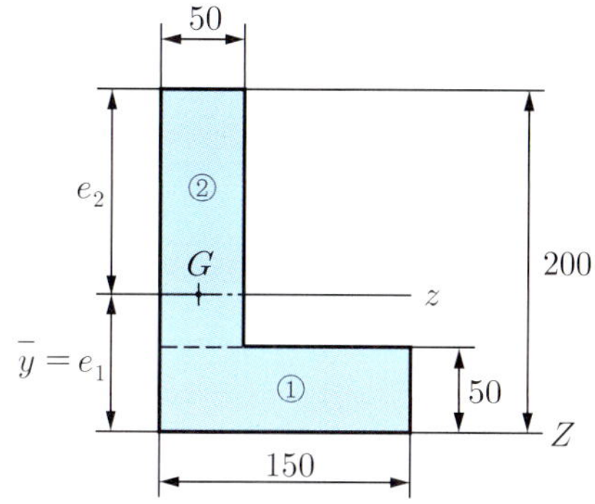

[그림 8-9]

| 풀이 | 최대굽힘모멘트 : 보의 중앙에 작용하므로

$$M = \frac{wl^2}{8} = \frac{1.5 \times 2000^2}{8} = 7.5 \times 10^5 \, [\text{N} \cdot \text{mm}] = 750 \, [\text{N} \cdot \text{m}]$$

도심의 위치 : 2개의 단면으로 나누어 L 형 단면의 밑면 Z축으로부터 도심을 구하면

$$\bar{y} = \frac{G_z}{A} = \frac{A_1 y_1 + A_2 y_2}{A_1 + A_2} = \frac{(7500 \times 25) + (7500 \times 125)}{(150 \times 50) + (50 \times 150)} = 75 \, [\text{mm}]$$

도심에서 양 표면까지의 거리 : $e_1 = 75$ [mm], $e_2 = 125$ [mm]

단면 2차모멘트 : 도심축 z에 관한 단면 2차모멘트 I_z는

$$I_z = \left(I_1 + A_1 a_1^2\right) + \left(I_2 + A_2 a_2^2\right)$$

$$= \left(\frac{150 \times 50^3}{12} + 7500 \times (75 - 25)^2\right) + \left(\frac{50 \times 150^3}{12} + 7500 \times (125 - 75)^2\right)$$

$$= 53125000 \, [\text{mm}^4] = 5312.5 \, [\text{cm}^4]$$

단면계수 : $Z_1 = \dfrac{I}{e_1} = \dfrac{53125000}{75} = 708333.3 \, [\text{mm}^3] = 708.3 \, [\text{cm}^3]$

$$Z_2 = \frac{I}{e_2} = \frac{53125000}{125} = 425000 \, [\text{mm}^3] = 425 \, [\text{cm}^3]$$

최대굽힘응력 : $\sigma_t = \dfrac{M}{Z_1} = \dfrac{7.5 \times 10^5}{708333.3} = 1.06 \, [\text{N/mm}^2] = 1.06 \, [\text{MPa}]$

최대압축응력 : $\sigma_c = \dfrac{M}{Z_2} = \dfrac{7.5 \times 10^5}{425000} = 1.76 \, [\text{N/mm}^2] = 1.76 \, [\text{MPa}] : \sigma_{\max}$

중립축으로부터 아래쪽에는 인장응력, 위쪽에서는 압축응력이 작용한다.

최대전단응력 : 최대전단력 $F = \dfrac{wl}{2} = \dfrac{1.5 \times 2000}{2} = 1500$ [N]

난번 e_2 부분의 단면 1차모멘트 $Q = 50 \times 125 \times \dfrac{125}{2} = 390625 \, [\text{mm}^3]$

$$\tau_{\max} = \frac{FQ}{bI_z} = \frac{1500 \times 390625}{50 \times 53125000} = 0.22 \, [\text{N/mm}^2] = 0.22 \, [\text{MPa}]$$

예제 8-6

[그림 8-10]과 같이 길이가 $2\,[\mathrm{m}]$인 T형 단면의 단순보에 균일분포하중 $w = 3\,[\mathrm{N/mm}]$이 작용할 때 보에 발생하는 최대전단응력을 구하시오. 단, 그림에서 치수의 단위는 $[\mathrm{mm}]$이다.

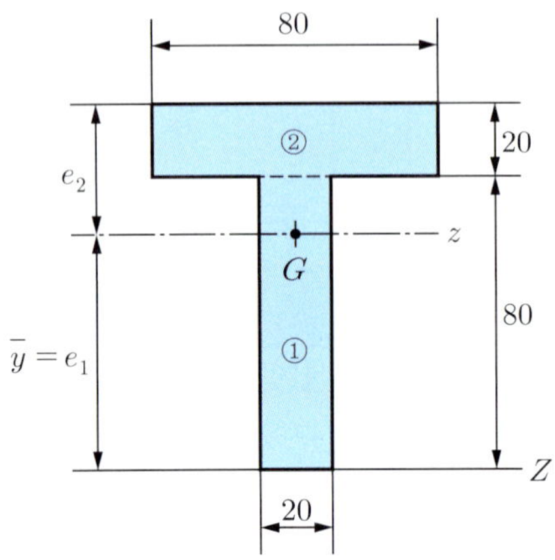

[그림 8-10]

| 풀이 | 도심의 위치 : T형 단면의 밑면 Z축으로부터

$$\bar{y} = \frac{G_z}{A} = \frac{A_1 y_1 + A_2 y_2}{A_1 + A_2} = \frac{(1600 \times 40) + (1600 \times 90)}{(20 \times 80) + (80 \times 20)} = 65\,[\mathrm{mm}]$$

단면 2차모멘트 : 도심축 z에 관한 단면 2차모멘트 I_z는

$$I_z = \left(I_1 + A_1 a_1^2\right) + \left(I_2 + A_2 a_2^2\right)$$

$$= \left(\frac{20 \times 80^3}{12} + 1600 \times (65 - 40)^2\right) + \left(\frac{80 \times 20^3}{12} + 1600 \times (90 - 65)^2\right)$$

$$= 2906667\,[\mathrm{mm}^4]$$

최대전단력 : 최대전단력은 반력과 같으므로

$$F = R_A = \frac{wl}{2} = \frac{3 \times 2000}{2} = 3000\,[\mathrm{N}]$$

단면 e_1 부분의 단면 1차모멘트 $Q = 20 \times 65 \times \dfrac{65}{2} = 42250\,[\mathrm{mm}^3]$

최대전단응력 : $\tau_{\max} = \dfrac{FQ}{bI_z} = \dfrac{3000 \times 42250}{20 \times 2906667} = 2.18\,[\mathrm{N/mm}^2] = 2.18\,[\mathrm{MPa}]$

▶ 예제 8-7

[그림 8-11]과 같은 I 형 강재(鋼材)의 단순보에 집중하중과 균일분포하중이 작용할때 다음을 구하시오. 단, [그림 8-11(b)]에서 치수의 단위는 [mm]이다.

(1) 전단력 선도(SFD) (2) 굽힘모멘트 선도(BMD)

(3) 최대굽힘응력 (4) 최대전단응력

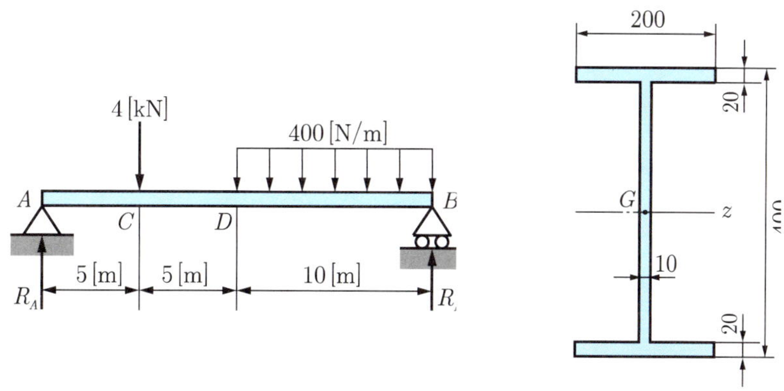

(a) (b)

[그림 8-11]

| 풀이 | 지지점의 반력 : $\Sigma M_A = 0 : 4 \times 5 + 4 \times 15 - R_B \times 20 = 0$

$$R_B = 4\,[\text{kN}]$$

$$\Sigma F_y = 0 : R_A - 4 - 4 + R_B = 0$$

$$R_A = 4\,[\text{kN}]$$

각 구간의 전단력 : $F_{AC} = 4\,[\text{kN}]$, $F_{CD} = 0$, $F_{DB} = 0.4x_1\,[\text{kN}]$, $F_B = -4\,[\text{kN}]$

각 구간의 굽힘모멘트 : $M_{AC} = 4x\,[\text{kN}\cdot\text{m}]$, $M_{CD} = 20\,[\text{kN}\cdot\text{m}]$

$$M_{DB} = 0.2x_1^2\,[\text{kN}\cdot\text{m}],\quad M_B = 0$$

위의 결과를 이용하여 전단력 선도(SFD) 및 굽힘모멘트 선도(BMD)를 그리면 [그림 8-12]와 같이 된다.

단면 2차모멘트 : $I_z = \dfrac{20 \times 40^3}{12} - 2 \times \dfrac{9.5 \times 36^3}{12} = 32795\,[\text{cm}^4]$

최대굽힘응력 : $\sigma_{\max} = \dfrac{M_{\max}}{Z} = \dfrac{20 \times 10^3 \times 20}{32795} = 12.2\,[\text{N/cm}^2] = 0.12\,[\text{N/mm}^2]$

$$= 0.12\,[\text{MPa}]$$

단면 1 차모멘트 : $Q = (1 \times 18 \times 9) + (2 \times 20 \times 19) = 922\,[\text{cm}^3]$

최대전단응력 : $\tau_{\max} = \dfrac{FQ}{bI_z} = \dfrac{(4 \times 10^3) \times 922}{32795} = 112.5\,[\text{N/cm}^2]$

$$= 1.125\,[\text{N/mm}^2] = 1.125\,[\text{MPa}]$$

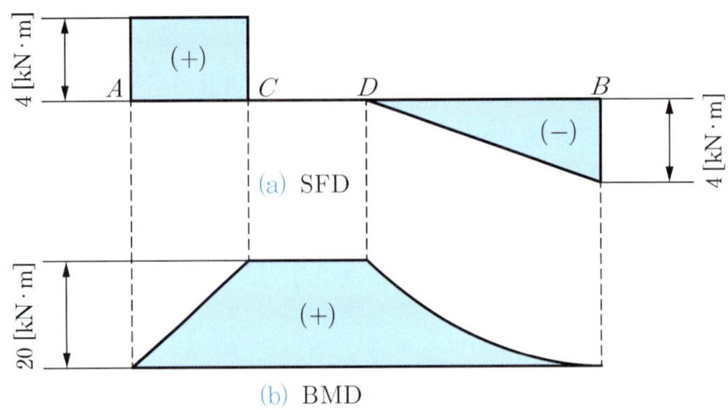

[그림 8-12]

8.2.4 전단흐름

두께 t가 얇은 단면의 보, 또는 관(管; tube)에서는 굽힘에 의한 전단응력 τ는 식 (8·20)으로 주어지고, 그 방향은 단면의 축방향으로 된다. 이때 단위길이에 대한 전단력의 값 q를 전단흐름(shear flow)이라 하고, 다음 식과 같이 표시한다.

$$q = \frac{\text{전단력}}{\text{단위길이}} = \tau \times (t \times 1) = \tau t = \frac{F}{I}\int y\,dA \qquad (8\cdot23)$$

식 (8·23)에서 전단력 τ와 두께 t의 곱은 모든 점에서 일정하다는 것을 의미한다.

예제 8-8

[그림 8-13(a)]와 같이 절단한 얇은 원형 관으로 된 외팔보의 자유단에 집중하중 P가 작용할 때 단면에 대한 전단흐름의 방향 및 분포를 구한 후 그림으로 나타내시오.

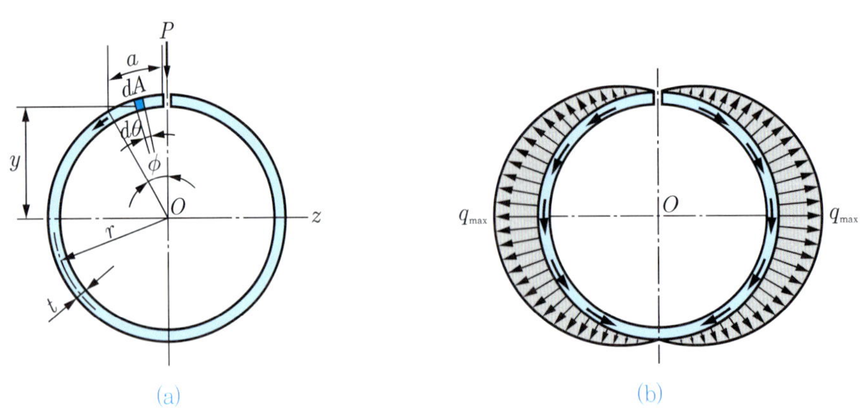

[그림 8-13]

| 풀이 | 자유물체도는 [그림 8-13(a)]와 같이 되고, 절단면에 대하여 $a = r\phi$로 되며, 외팔보에서 $F = P$로 된다. 식 (8·23)을 이용하기 위해 중립축에 관한 단면 2차모멘트 I_z와 단면 1차모멘트를 구하면

$$I_z = \frac{I_p}{2} = \frac{2\pi r t r^2}{2} = \pi r^3 t$$

$$\int y\,dA = \int_0^{\phi} r\cos\phi\, t\, r\, d\theta = t r^2 \sin\phi$$

$$\therefore\ q = \frac{F}{I_z}\int y\,dA = \frac{P}{\pi r^3 t} t r^2 \sin\phi$$

[그림 8-13(a)]에서 $\phi = 0,\ \pi$에서 $q = 0$이고, $\phi = \dfrac{\pi}{2}$일 때 $q_{\max} = \dfrac{P}{\pi r}$가 된다.

따라서 전단흐름의 분포도는 [그림 8-13(b)]와 같이 좌우 대칭으로 된다.

8.2.5 전단중심

축방향에 수직한 가로하중이 작용할 때 굽힘모멘트 만이 발생하고, 비틀림 모멘트가 생기지 않도록 하기 위해서는 전단력은 단면 안의 어떤 특정한 점을 통과하는데, 이 점을 전단중심(剪斷中心; shear center: SC)이라고 한다. 그러나 하중이 전단중심에 작용하지 않으면 굽힘 및 비틀림 하중이 동시에 작용하므로 굽힘응력, 전단응력 및 비틀림 응력을 동시에 고려하여야 한다. 전단중심은 단면의 형상 및 치수에 따라 결정되는 특정한 점으로서 단면의 주축에 평행한 전단응력의 합력을 구한 후 합력의 교차점으로부터 결정한다.

만일, 1개의 대칭축을 갖는 단면이라면 전단중심은 그 축 위에 있고, 2개의 대칭축을 가지는 단면에 대한 전단중심은 두 축의 교차점으로 되는 도심(圖心 ; centroid)이 된다. 중실단면(中實斷面)이나 중공단면(中空斷面)에 대한 전단중심은 도심이나 도심 근처에 위치하고, 이러한 단면은 비틀림 강성(torsional rigidity)이 크므로 비틀림의 영향은 일반적으로 무시할 수 있다.

그러나 두께가 매우 얇은 단면을 갖는 채널(channel), 앵글(angle), T형 및 E형 보는 비틀림에 매우 약하므로 전단중심을 구하고, 비틀림의 영향을 고려하는 것이 중요한 문제이다.

[그림 8-14]와 같은 단면을 갖는 외팔보의 자유단에 집중하중 P가 작용할 때 전단중심을 고려하기 위해 자유물체도를 나타낸 것이다. 굽힘응력으로서 플랜지의 위쪽에 작용하는 인장력을 F_t, 아래쪽에 작용하는 압축력을 F_c라고 한다.

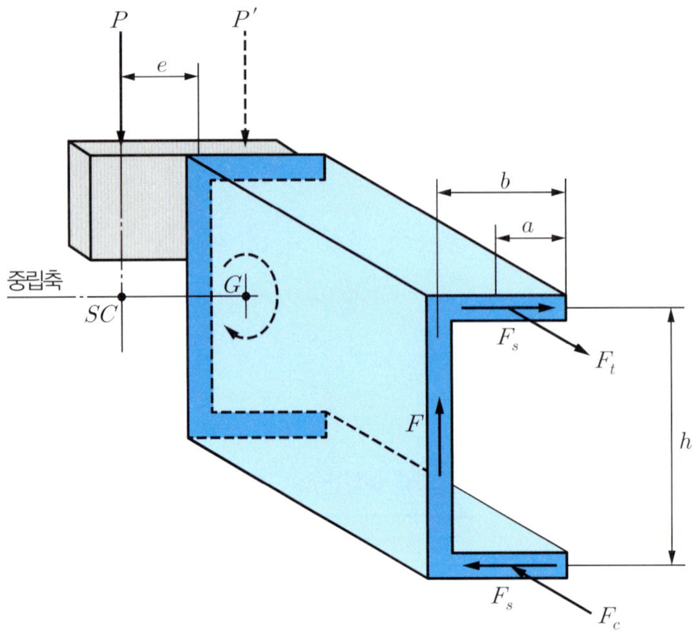

[그림 8-14] 전단중심

또한 위쪽 플랜지에서 오른쪽으로 작용하는 전단력을 F_s, 아래쪽 플랜지에서 왼쪽으로 작용하는 전단력을 F_s, 웨브의 위쪽으로 작용하는 전단력을 F 라고 한다. 만일, 자유단에 작용하는 집중하중 P 가 도심 G 에 작용하는 힘을 P' 이라고 하면, 단면에 발생하는 전단흐름에 의한 비틀림 모멘트는 보에 비틀림 변형을 생기게 한다.

따라서 비틀림을 방지하려면 하중점을 어느 정도 이동시킬 필요가 있다. 이 이동거리를 웨브의 중심으로부터의 거리 e 라고 하면, 다음의 관계식이 성립한다.

$$Pe = F_s h \qquad \therefore\ e = F_s h / P \tag{8·24}$$

[그림 8-14]에서 P 의 작용선과 굽힘의 중립축이 만나는 점은 전단중심(SC)이 된다. 만일, 보의 단면이 굽힘면에 대하여 좌우 대칭이라면 도심에 작용하는 하중에 의한 비틀림은 생기지 않고, 단면의 도심과 전단중심은 서로 일치한다.

8.3 보에 작용하는 주응력

보의 임의의 단면에는 굽힘모멘트 M 과 전단력 F 가 작용하므로 굽힘응력 σ_x 와 전단응력 τ 가 동시에 발생한다. 보에 작용하는 응력 σ_x 와 τ 는 각각 식 (8·5)와 식 (8·10)을 이용하여 구할 수 있고, 보의 안전설계를 위해 σ_x 와 τ 가 작용하는 조합응력을 고려하여 주응력을 구하여야 한다.

굽힘모멘트 M과 전단력 F는 보의 임의의 위치 x에 따라 변화하므로 σ_x와 τ도 x와 y에 따라 연속적으로 변화한다. 조합응력 σ_x와 전단응력 τ_{xy}가 작용할 때 최대 및 최소주응력은 식 (4·28), 식 (4·29)로부터 다음의 식이 얻어진다.

$$\sigma_{1,2} = \frac{\sigma_x}{2} \pm \sqrt{\left(\frac{\sigma_x}{2}\right)^2 + \tau_{xy}^2} \tag{8·25}$$

또한, 주응력의 방향은 식 (4·30)에 의해 다음 식과 같이 된다.

$$\phi = \frac{1}{2}\tan^{-1}\left(\frac{2\tau}{\sigma_x}\right) \tag{8·26}$$

최대전단응력 τ_{max}는 식 (4·31)로부터 다음 식으로 표시된다.

$$\tau_{max} = \sqrt{\left(\frac{\sigma_x}{2}\right)^2 + \tau^2} \tag{8·27}$$

[그림 8-15(a)]와 같이 균일분포하중 w가 작용하는 단순보에서 주응력의 방향은 식 (8·26)으로부터 구한 후 선도로 나타낸 것이다. 실선은 인장응력선이며, 점선은 압축응력선을 나타낸 것으로서 두 곡선은 서로 직교하고, x축과 45°를 이룬다. 이와 같은 곡선군(曲線群)을 주응력선(主應力線; principal stress trajectories)이라고 한다.

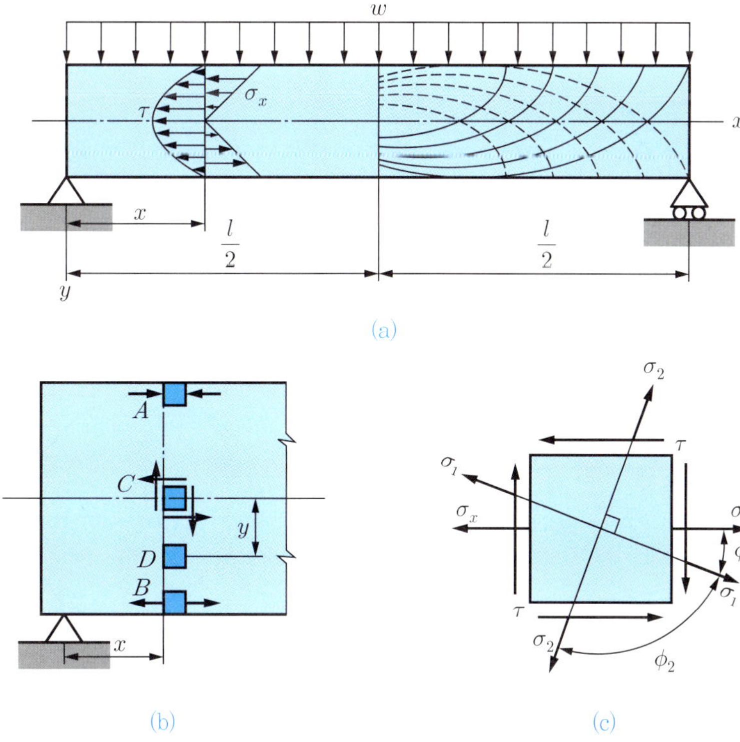

[그림 8-15] 균일분포하중이 작용하는 단순보의 주응력선

[그림 8-15(b)]에서와 같이 지지점에서 임의의 거리 x 인 상 · 하 표면 A, B점에서는 인장 및 압축의 최대값이 되고, 전단응력 $\tau = 0$가 되는 주응력이 된다. [그림 8-15(c)]에서와 같이 주응력의 방향은 식 (8·26)에 A, B 점의 $\tau = 0$를 대입하면 $\phi_1 = 0°$, $\phi_2 = 90°$가 되므로 x, y 축과 일치함을 알 수 있다. 또한, 그림 8-15(b)의 C 점에서 $\sigma_x = 0$ 이므로 주응력방향 $\phi = \pm 45°$로 된다.

8.4 굽힘과 비틀림에 의한 조합응력

풀리(pulley), 기어(gear), 플라이휠(flywheel) 및 크랭크 축(crank shaft) 등과 같은 회전축은 굽힘모멘트 M, 비틀림 모멘트 T와 전단력 F가 동시에 작용한다. 이러한 경우 축에는 굽힘모멘트 M에 의한 굽힘응력, 비틀림 모멘트 T에 의한 비틀림 전단응력 및 전단력 F에 의한 전단응력을 고려하는 설계가 필요하다.

이와 같은 조합응력에 의한 최대주응력 및 최대전단응력을 구하여 이들 조건을 만족할 수 있는 강도설계가 필요하다. 이때 굽힘모멘트 M에 의한 최대굽힘응력은 축의 상 · 하 표면에서 발생하며, 비틀림 모멘트 T에 의한 전단응력은 중심에서 0이 되고 표면으로 갈수록 증가한다.

이와 같이 축에 굽힘모멘트 M 및 비틀림 모멘트 T가 동시에 작용하면, [그림 8-16]과 같이 미소단면에는 굽힘응력 σ_b와 비틀림에 의한 전단응력 τ가 발생한다. 이것을 모어의 응력원으로 나타내면 [그림 8-17]과 같이 된다.

원형 중실축(中實軸)의 지름이 d일 때 굽힘모멘트 M에 의한 굽힘응력 σ_b는 다음 식으로 표시된다.

$$\sigma_b = \frac{M}{Z} = \frac{M}{\pi d^3/32} = \frac{32M}{\pi d^3} \tag{a}$$

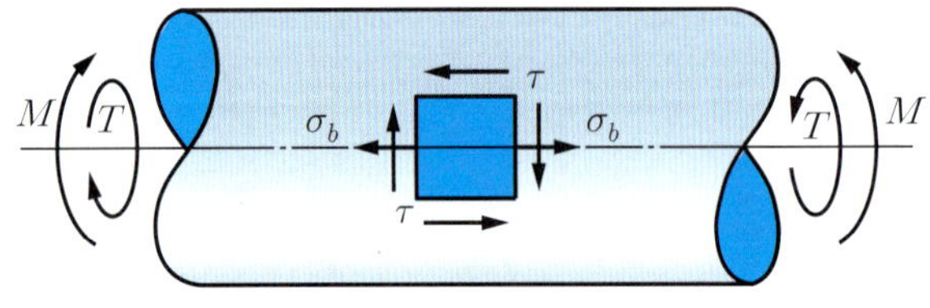

[그림 8-16] 굽힘 및 비틀림을 동시에 받는 축

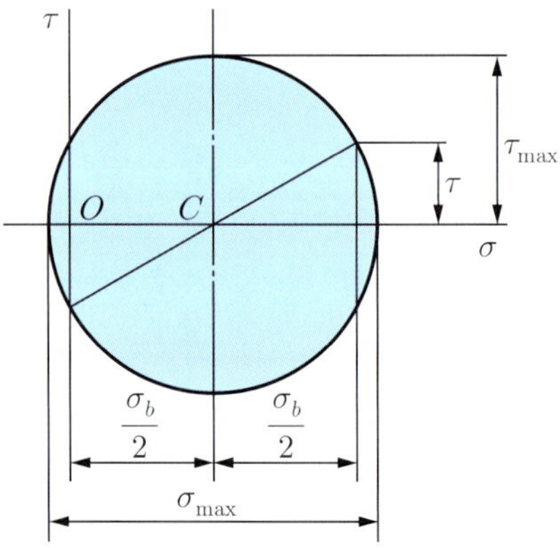

[그림 8-17] 모어의 응력원

또한, 비틀림 모멘트 T에 의한 전단응력 τ는 다음 식과 같다.

$$\tau = \frac{T}{Z_p} = \frac{T}{\pi d^3/16} = \frac{16T}{\pi d^3} \tag{b}$$

이와 같이 조합응력이 작용할 때 모어의 응력원에 의한 최대주응력 $\sigma_{\max}$ 및 최대전단응력 $\tau_{\max}$는 다음 식과 같이 표시된다.

$$\sigma_{\max} = \frac{\sigma_b}{2} + \sqrt{\left(\frac{\sigma_b}{2}\right)^2 + \tau^2} = \frac{32M}{2 \cdot \pi d^3} + \sqrt{\left(\frac{32M}{2 \cdot \pi d^3}\right)^2 + \left(\frac{16T}{\pi d^3}\right)^2}$$
$$= \frac{32}{2 \cdot \pi d^3}\left(M + \sqrt{M^2 + T^2}\right) = \frac{1}{2Z}\left(M + \sqrt{M^2 + T^2}\right) = \frac{M_e}{Z} \tag{8·28}$$

여기서

$$M_e = \frac{1}{2}\left(M + \sqrt{M^2 + T^2}\right) \tag{8·29}$$

; 등가(또는 상당)굽힘모멘트(equivalent bending moment)

또한, 최대전단응력 $\tau_{\max}$는 다음 식으로 표시된다.

$$\tau_{\max} = \sqrt{\left(\frac{\sigma_b}{2}\right)^2 + \tau^2} = \sqrt{\left(\frac{32M}{2 \cdot \pi d^3}\right)^2 + \left(\frac{16T}{\pi d^3}\right)^2}$$
$$= \frac{16}{\pi d^3}\sqrt{M^2 + T^2} = \frac{T_e}{Z_p} \tag{8·30}$$

여기서

$$T_e = \sqrt{M^2 + T^2} \tag{8·31}$$

; 등가(또는 상당)비틀림 모멘트(equivalent twisting moment)

등가굽힘모멘트 M_e를 고려한 축의 지름 d를 구하면

$$d = \sqrt[3]{\frac{32M_e}{\pi \sigma_a}} \tag{8·32}$$

등가비틀림 모멘트 T_e를 고려한 축의 지름 d를 구하면 다음 식과 같다.

$$d = \sqrt[3]{\frac{16T_e}{\pi \tau_a}} \tag{8·33}$$

여기서 σ_a, τ_a는 각각 축재료의 허용굽힘응력 및 허용전단응력을 나타낸다.

원형 중실축의 지름은 식 (8·32)와 식 (8·33)으로부터 구한 큰 쪽의 지름 d를 선택한다.

또한, 중공축(中空軸)일 때 안지름을 d_1, 바깥지름을 d_2라 하고, 지름의 비 $x = \frac{d_1}{d_2}$이라 하면 축의 바깥지름 d_2는 다음 식으로 주어진다.

$$d_2 = \sqrt[3]{\frac{32M_e}{\pi(1-x^4)\sigma_a}} \tag{8·34}$$

$$d_2 = \sqrt[3]{\frac{16T_e}{\pi(1-x^4)\tau_a}} \tag{8·35}$$

중공축의 바깥지름은 식 (8·34), 식 (8·35)에서 구한 후 둘 중에서 큰 쪽의 바깥지름 d_2를 선택한다.

≫ 예제 8–9

[그림 8-18]과 같이 축 지름 $d = 40$[mm]인 축의 끝에 지름 $D = 300$[mm], 무게 $W = 500$[N]의 풀리가 설치되어 동력을 전달한다. 풀리에 연결된 벨트에 의한 장력은 각각 $T_1 = 1000$[N], $T_2 = 450$[N]이고, 풀리의 중심과 베어링 중심사이의 거리 $a = 50$[mm]일 때 축에 발생하는 최대주응력과 최대전단응력을 구하시오.

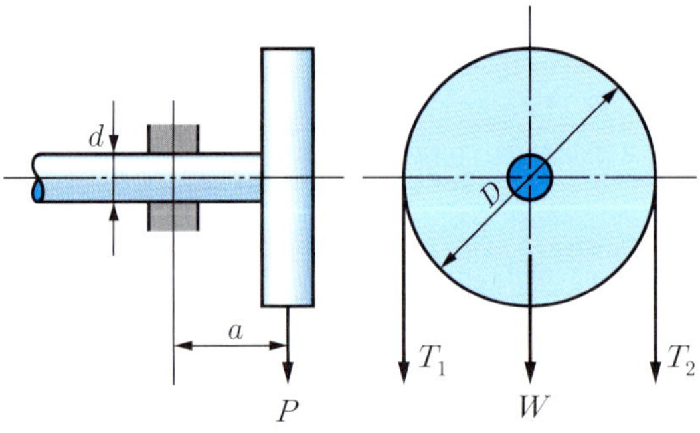

[그림 8–18]

| 풀이 | 굽힘모멘트 및 비틀림 모멘트 : 축은 장력 T_1, T_2의 차에 의한 토크와 베어링에 고정된 길이 a인 외팔보로 고려하면, 굽힘하중 P, 굽힘모멘트 M과 비틀림 모멘트 T는 다음 식과 같이 구한다.

$$P = W + (T_1 + T_2) = 500 + (1000 + 450) = 1950\,[\text{N}]$$

$$M = Pa = 1950 \times 50 = 97500\,[\text{N} \cdot \text{mm}]$$

$$T = T_1\left(\frac{D}{2}\right) - T_2\left(\frac{D}{2}\right) = (T_1 - T_2)\frac{D}{2}$$

$$= (1000 - 450) \times \frac{300}{2} = 82500\,[\text{N} \cdot \text{mm}]$$

최대주응력 : 식 (8·28)로부터

$$\sigma_{\max} = \frac{M_e}{Z} = \frac{16}{\pi d^3}\left(M + \sqrt{M^2 + T^2}\right)$$

$$= \frac{16}{\pi \times 40^3}\left(97500 + \sqrt{97500^2 + 82500^2}\right) = 17.9\,[\mathrm{N/mm^2}] = 17.9\,[\mathrm{MPa}]$$

최대전단응력 : 식 (8·30)으로부터

$$\tau_{\max} = \frac{T_e}{Z_p} = \frac{16}{\pi d^3}\sqrt{M^2 + T^2} = \frac{16}{\pi \times 40^3}\sqrt{97500^2 + 82500^2}$$

$$= 10.2\,[\mathrm{N/mm^2}] = 10.2\,[\mathrm{MPa}]$$

예제 8-10

허용굽힘응력 $\sigma_a = 80\,[\mathrm{MPa}]$, 허용전단응력 $\tau_a = 50\,[\mathrm{MPa}]$인 강재(鋼材)를 사용하여 [그림 8-19]와 같은 축을 설계하려고 한다. 축이 전달할 수 있는 토크는 $500\,[\mathrm{N \cdot m}]$이고, 축의 중앙에 설치된 풀리의 자중과 벨트 장력의 합 $P = 2\,[\mathrm{kN}]$이다. 축의 길이 $l = 1.2\,[\mathrm{m}]$일 때 굽힘과 비틀림에 안전한 축의 최소지름 d를 구하시오.

| 풀이 | 최대굽힘모멘트는 축의 중앙에서 발생하므로

$$M = \frac{Pl}{4} = \frac{2000 \times 1200}{4} = 6 \times 10^5\,[\mathrm{N \cdot mm}] = 600\,[\mathrm{N \cdot m}]$$

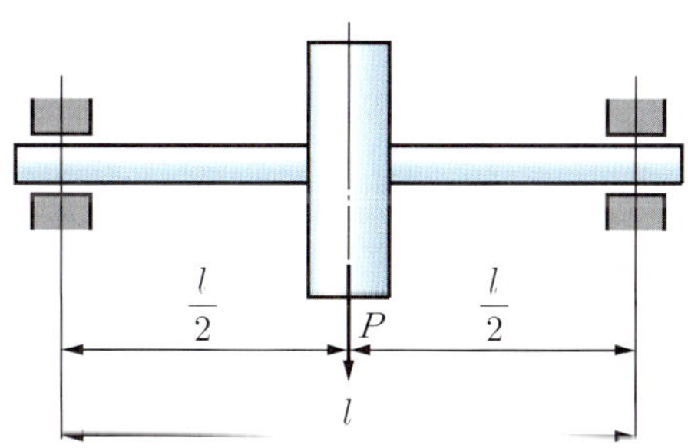

[그림 8-19]

등가굽힘모멘트 M_e 및 등가비틀림 모멘트 T_e :

$$M_e = \frac{1}{2}\left(M + \sqrt{M^2 + T^2}\right) = \frac{1}{2}\left(600 + \sqrt{600^2 + 500^2}\right) = 690.5\,[\mathrm{N \cdot m}]$$

$$T_e = \sqrt{M^2 + T^2} = \sqrt{600^2 + 500^2} = 781\,[\mathrm{N \cdot m}]$$

축의 지름 :

$$d = \sqrt[3]{\frac{32 M_e}{\pi \sigma_a}} = \sqrt[3]{\frac{32 \times 690.5 \times 10^3}{\pi \times 80}} = 44.5\,[\mathrm{mm}]$$

$$d = \sqrt[3]{\frac{16 T_e}{\pi \tau_a}} = \sqrt[3]{\frac{16 \times 781 \times 10^3}{\pi \times 50}} = 43\,[\mathrm{mm}]$$

그러므로 축의 지름은 큰 쪽을 선택하면 44.5[mm] 이상으로 한다.

CHAPTER 8

연습문제

[8-1] [그림 8-20]과 같이 지름 20[mm]인 단순보에 하중 $P=1\,[\mathrm{kN}]$이 작용할 때 지지점 A로부터 $x=200\,[\mathrm{mm}]$인 곳의 굽힘응력과 이 보에 발생하는 최대굽힘응력 및 최대전단응력을 구하시오.

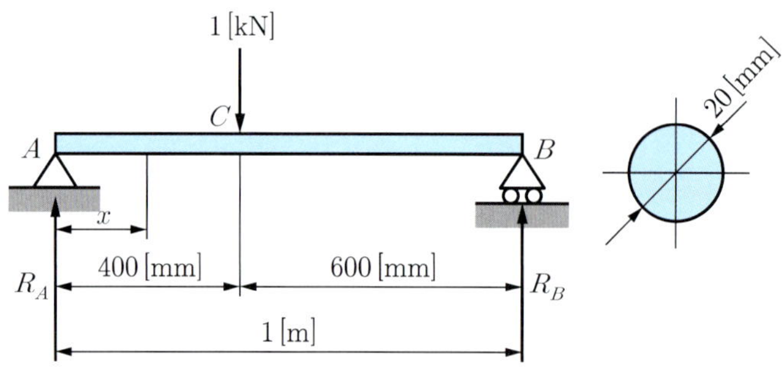

[그림 8-20]

[8-2] [그림 8-21]과 같이 지름 60[mm]인 단순보에 하중 $P=2\,[\mathrm{kN}]$이 작용할 때 이 보의 최대굽힘응력을 구하시오.

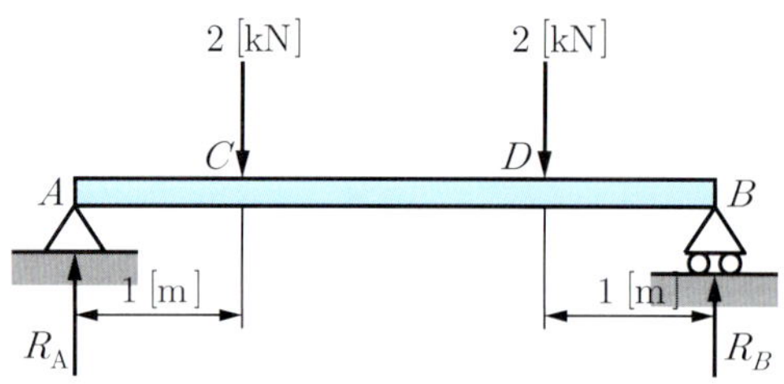

[그림 8-21]

[8-3] [그림 8-22]와 같은 I형 강에 작용시킬 수 있는 굽힘모멘트를 결정하시오. 단, 그림에서 치수의 단위는 [mm]이고, 강의 허용굽힘응력 $\sigma_a = 50\,[\mathrm{N/mm^2}]$으로 한다.

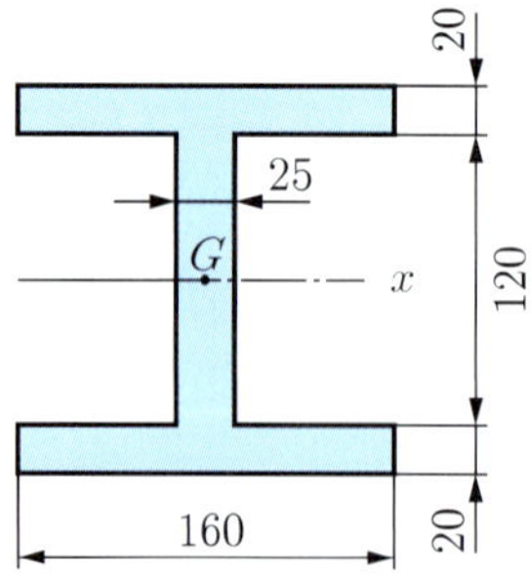

[그림 8-22]

[8-4] 지름 10[mm]인 강선(鋼線)을 굽혀서 응력이 100[MPa]을 초과하지 않는 굽힘의 곡률반지름을 결정하시오. 단, 강선의 세로탄성계수 $E=200$[GPa]로 한다.

[8-5] [그림 8-23]과 같이 한 변의 길이가 5[cm]인 직사각형 단면의 외팔보에 균일분포하중이 작용할 때 최대굽힘응력 및 최대전단응력을 구하시오.

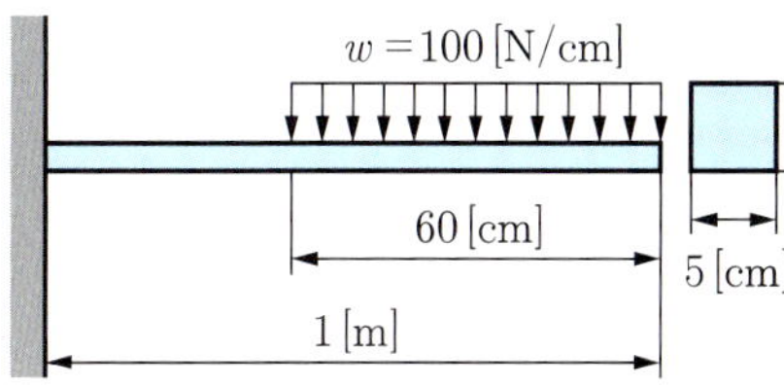

[그림 8-23]

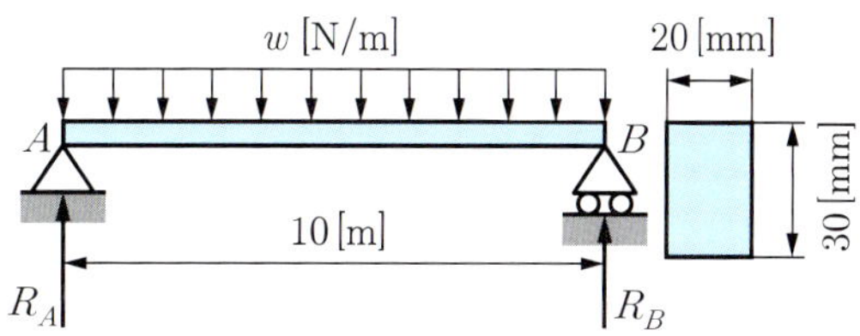

[그림 8-24]

[8-6] [그림 8-24]와 같은 단순보의 자중 10[kN/m^3]에 의한 응력의 안전성을 검토하시오. 단, 허용굽힘응력 $\sigma_a=60$[MPa], 허용전단응력 $\tau_a=4$[MPa]이다.

[8-7] [그림 8-22]와 같은 I형 단면의 보에 전단력 $F=100$[kN]이 작용할 때 중립축 면에 발생하는 최대전단응력 τ_{max}를 구하시오.

[8-8] [그림 8-25]와 같은 단면을 갖는 보에 전단력 $F=60$[kN]이 작용할 때 $n-n$ 단면에 발생하는 전단응력을 구한 후 전단응력의 분포를 나타내시오.

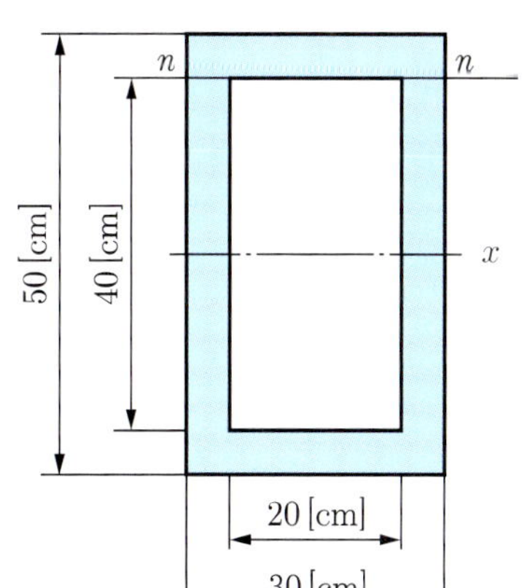

[그림 8-25]

[8-9] [그림 8-26]과 같은 단면을 갖는 보에 전단력 $F=100$ [kN]이 작용할 때 $n-n$ 단면에 발생하는 전단응력을 구하시오. 단, 그림에서 치수의 단위는 [mm]이다.

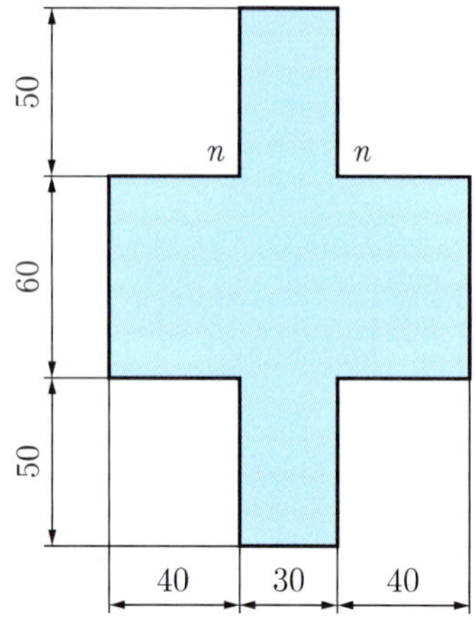

[그림 8-26]

[8-10] 회전수 1200 [rpm], 전달동력 30 [kW]인 펌프 축에 굽힘모멘트 5 [kN · mm]가 작용할 때 필요한 축의 지름을 구하시오. 단, 축재료의 허용굽힘응력 $\sigma_a = 60$ [MPa], 허용전단응력 $\tau_a = 40$ [MPa]이다.

[8-11] [그림 8-27]과 같이 지름 $d=50$ [mm]의 축에 무게 $W=100$ [kg_f], 지름 $D=600$ [mm]의 풀리를 베어링에서의 거리 $a=300$ [mm]에 설치하여 800 [N], 400 [N]의 장력으로 동력을 전달할 때 필요한 축의 지름 d를 구하시오. 단, 축재료의 허용굽힘응력 $\sigma_a = 50$ [N/mm^2], 허용전단응력 $\tau_a = 30$ [N/mm^2]이다.

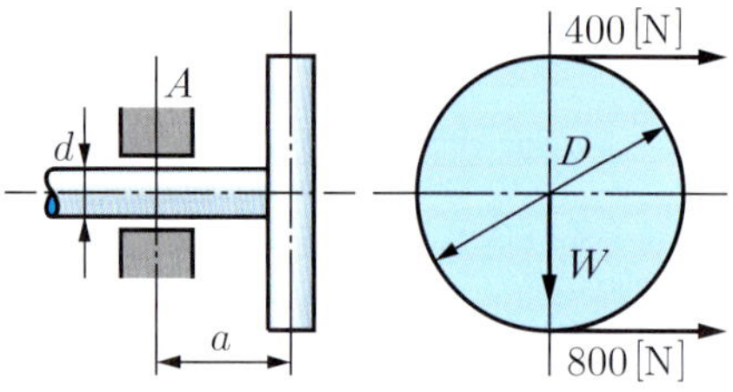

[그림 8-27]

[8-12] 지름 $d=100$ [mm], 길이 $l=2$ [m]인 원형 단면의 단순보가 보의 양쪽 지지점으로부터 각각 0.5 [m]씩 떨어진 곳에 집중하중 $P=20$ [kN]이 작용할 때 최대전단응력을 구하시오.

[8-13] [그림 8-28]과 같이 지름 $d=40\,[\mathrm{mm}]$, 길이 $l=1\,[\mathrm{m}]$인 외팔보의 자유단에 비틀림 모멘트 $T=400\,[\mathrm{N\cdot m}]$와 수직방향으로 집중하중 $P=50\,[\mathrm{kN}]$이 동시에 작용할 때 이 보에 발생하는 최대전단응력을 구하시오.

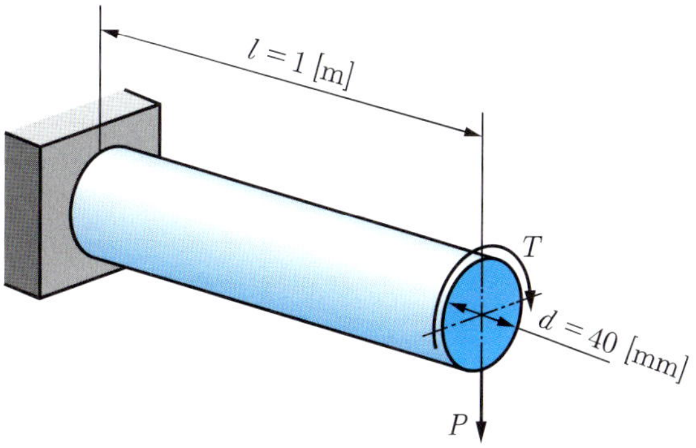

[그림 8-28]

[8-14] 굽힘모멘트 M과 비틀림 모멘트 T가 동시에 작용하는 지름 d인 원형 단면의 축이 있다. 축재료의 허용굽힘응력 σ_a와 허용전단응력 τ_a의 비 $\sigma_a/\tau_a=1.5$일 때 축에 발생하는 최대굽힘응력과 최대전단응력에 의한 파괴가 동시에 발생하는 모멘트의 비 T/M를 구하시오.

[8-15] [그림 8-14]와 같이 얇은 난번을 갖는 외팔보의 자유단에 집중하중 P가 작용할 때 전단흐름의 분포를 구하시오. 단, 단면의 폭 b, 높이 h이고, 중립축에 관한 단면 2차모멘트는 I로 한다.

[8-16] [그림 8-14]와 같이 단면의 폭 b, 높이 h인 외팔보의 자유단에 집중하중 P가 작용할 때 전단중심을 구하시오.

9 CHAPTER 보의 처짐

탄성한도 안에서 보에 수직하중이 작용하면 보의 축방향 선은 휘어져 곡선으로 되는데, 축의 휘어지는 중심선을 탄성곡선(彈性曲線; elastic curve) 또는 처짐곡선(deflection curve)이라 한다. 보가 휘어지기 전의 중심으로부터 탄성곡선까지의 수직변위를 처짐(deflection)이라 하며, 보의 설계에서 강도와 함께 고려되어야할 중요한 강성(剛性)을 나타낸다.

처짐곡선의 미분방정식을 구한 후 보의 처짐을 계산하는 방법에는 여러 가지가 있고, 부정정보를 해석하기 위해서 보의 처짐을 계산하는 것은 필수적이라 할 수 있다. 이 장에서는 탄성곡선의 미분방정식, 모멘트 면적법 및 겹침법에 의한 처짐을 구하는 방법을 설명한다. 일과 에너지의 개념에 기초한 카스틸리아노(Castigliano)의 정리는 제 13장에서 논의하기로 한다.

9.1 탄성곡선의 미분방정식

8.1절에서는 보의 처짐에 의한 곡률 및 굽힘모멘트의 관계를 알아 보았지만, 여기서는 보의 탄성곡선에 대한 일반식을 구하여 보기로 한다. 균일단면의 직선보에 굽힘모멘트 M이 작용하여 [그림 9-1]과 같이 보의 축방향 중심선 $\overline{AB}$ 가 곡선 $\widehat{ACDB}$ 로 오목하게 휘어진 곡선을 고려한다. 이때 오목하게 휘어진 곡선 $\widehat{ACDB}$ 을 탄성곡선(彈性曲線; elastic curve) 또는 처짐곡선(deflection curve)이라고 한다.

처음 직선 $\overline{AB}$ 에 대한 한 점의 수직변위를 처짐(deflection), 휘어진 곡선의 한 점에서 그은 접선과 처음 접선이 이루는 각을 처짐각(angle of deflection curve)이라고 한다.

순수굽힘이 작용하는 균일단면의 보는 굽힘모멘트 M에 의해 처짐곡선이 곡률(曲率; curvature) $1/\rho$로 휘어질 때 곡률과 굽힘모멘트의 관계는 식 (8·4)와 같다.

$$\frac{1}{\rho} = \frac{M}{EI} \tag{8·4}$$

[그림 9-1]에서 지지점 A로부터 임의의 거리를 x, $\widehat{CD} = ds$를 처짐곡선의 미소길이라 하고, 곡선 $\widehat{CD}$의 곡률반지름을 ρ, 곡률중심을 O라고 하면 $\angle COD$는 두 점 C, D 사이의 처짐각 차이 $d\theta$와 같다. 따라서 $ds = \rho\, d\theta$이므로 곡률은 다음 식과 같이 된다.

$$\frac{1}{\rho} = \left| \frac{d\theta}{ds} \right| \tag{a}$$

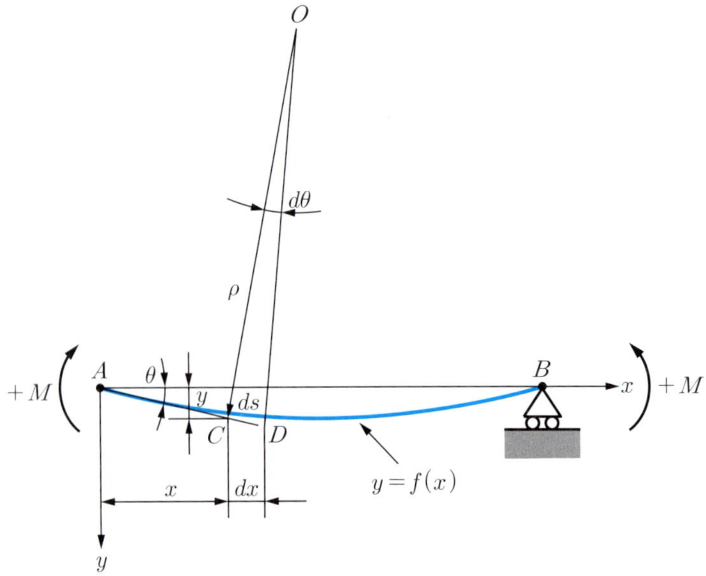

[그림 9-1] 굽힘에 의한 보의 처짐곡선

또한, 다음 식과 같은 관계가 성립하므로

$$\tan\theta = \frac{dy}{dx} \qquad \text{또는} \qquad \theta = \tan^{-1}\left(\frac{dy}{dx}\right) \tag{b}$$

$$\frac{dx}{ds} = \cos\theta = \frac{1}{\sqrt{1+\tan^2\theta}} = \frac{1}{\sqrt{1+\left(\dfrac{dy}{dx}\right)^2}} \tag{c}$$

식 (a), (b), (c)를 고려하면 곡률은 다음 식으로 주어진다.

$$\frac{1}{\rho} = \frac{d\theta}{dx}\,\frac{dx}{ds} = \frac{\dfrac{d^2y}{dx^2}}{1+\left(\dfrac{dy}{dx}\right)^2}\,\frac{1}{\sqrt{1+\left(\dfrac{dy}{dx}\right)^2}} = \frac{\dfrac{d^2y}{dx^2}}{\left\{1+\left(\dfrac{dy}{dx}\right)^2\right\}^{3/2}} \tag{9·1}$$

참고사항

삼각함수 : $\sin^2\theta + \cos^2\theta = 1$이고, 양변을 $\cos^2\theta$로 나누면

$$1+\tan^2\theta = \frac{1}{\cos^2\theta}, \quad \cos^2\theta = \frac{1}{1+\tan^2\theta}$$

$$\therefore \cos\theta = \frac{1}{\sqrt{1+\tan^2\theta}}$$

식 (9·1)은 보의 처짐이 매우 클 때 사용하지만, 일반적으로 보는 탄성범위 안에서 처짐량 y 및 처짐각 θ는 미소하므로 근사적으로 $ds \approx dx$, $\theta \approx \tan\theta = \dfrac{dy}{dx}$로 하여도 지장이 없다. 따라서 식 (a)는 다음 식과 같이 된다.

$$\frac{1}{\rho} = \left|\frac{d^2y}{dx^2}\right| \qquad \text{(d)}$$

식 (d)는 절대값을 나타낸 것이므로 부호의 선택이 필요하다. [그림 9-1]에서 굽힘모멘트 $+M$이 작용하여 오목하게 휘어진 처짐곡선은 거리 x가 증가할수록 기울기 dy/dx는 감소하므로 d^2y/dx^2는 $(-)$값이 된다. 이와 반대로 굽힘모멘트 $-M$이 작용하면 d^2y/dx^2는 $(+)$값이 된다.

따라서 [그림 9-2]와 같이 처짐곡선의 미분방정식 d^2y/dx^2의 부호는 굽힘모멘트 M의 부호와 항상 반대이므로 식 (8·4)와 식 (d)에 의해 다음 식이 얻어진다.

$$\frac{d^2y}{dx^2} = -\frac{M}{EI} \qquad (9 \cdot 2)$$

식 (9·2)는 굽힘모멘트가 작용하는 보에 대한 처짐곡선의 식 $y = f(x)$를 구하기 위해 기본이 되는 식으로서 탄성곡선의 미분방정식, 또는 처짐곡선의 미분방정식이라 하고, 이 식을 적분하면 보의 처짐각 및 처짐량을 구할 수 있다. 따라서 식 (9·2)는 순수굽힘만이 작용하는 것으로 가정하여 전단변형에 의한 처짐은 고려하지 않았지만, 일반적으로 전단변형에 의한 처짐량은 작으므로 무시하여도 지장이 없다.

처짐곡선의 미분방정식 (9·2)를 x에 관하여 적분하면 다음 식이 얻어진다.

$$\left.\begin{aligned} \frac{dy}{dx} &= -\int \frac{M}{EI}\,dx = \theta \ : \text{처짐각} \\ y &= -\iint \frac{M}{EI}\,dx = \delta \ : \text{처짐량} \end{aligned}\right\} \qquad (9 \cdot 3)$$

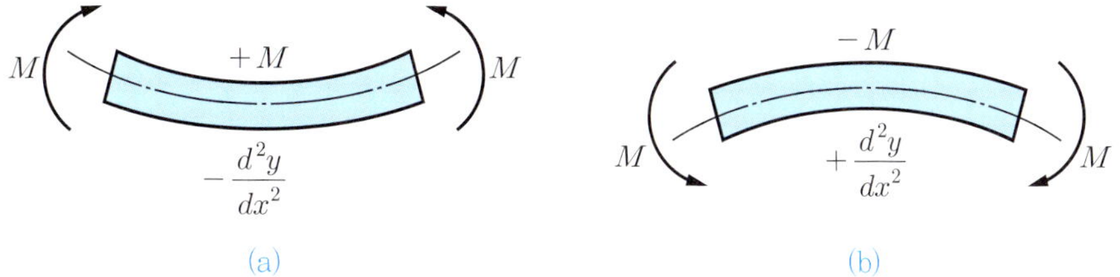

[그림 9-2] 굽힘모멘트와 처짐곡선의 부호규약

식 (9·3)에서 알 수 있듯이 처짐곡선의 미분방정식 (9·2)를 x에 관하여 한 번 적분하면 처짐각이 되고, 두 번 적분하면 처짐량이 되므로 이들의 상호 관계를 알 수 있다. 이때 적분상수는 보에 대한 경계조건(境界條件; boundary condition)을 적절히 고려하여 결정할 수 있다.

또한, 식 (9·2)를 x에 관하여 미분하면 다음 식과 같이 된다.

$$EI\frac{d^3y}{dx^3} = -\frac{dM}{dx} = -F : \text{ 전단력}$$
$$EI\frac{d^4y}{dx^4} = -\frac{dF}{dx} = w : \text{ 분포하중} \qquad (9\cdot4)$$

식 (9·4)는 처짐곡선의 미분방정식 (9·2)를 x에 관하여 한 번 미분하면 전단력이 되고, 두 번 미분하면 분포하중을 구할 수 있다.

이와 같은 처짐곡선의 미분방정식 (9·2)를 이용하여 각종 정정(靜定)보에 대한 처짐각 및 처짐량을 구할 수 있고, 이들을 결정하는 방법을 설명하기로 한다.

9.2 외팔보의 처짐

9.2.1 자유단에 집중하중이 작용

[그림 9-3]과 같이 길이 l인 외팔보(cantilever)의 자유단(自由端) A에 집중하중 P가 작용할 때 자유단으로부터 임의의 거리 x인 단면에 발생하는 굽힘모멘트 M_x는

$$M_x = -Px \qquad (a)$$

처짐곡선의 미분방정식 (9·2)에 의해 다음 식과 같이 된다.

$$\frac{d^2y}{dx^2} = -\frac{M_x}{EI} = \frac{P}{EI}x \qquad (b)$$

식 (b)를 두 번 적분하면 다음 식이 얻어진다.

$$\frac{dy}{dx} = \frac{P}{EI}\left(\frac{x^2}{2} + C_1\right) \qquad (c)$$

$$y = \frac{P}{EI}\left(\frac{x^3}{6} + C_1x + C_2\right) \qquad (d)$$

식 (c), 식 (d)로부터 적분상수 C_1, C_2를 결정하기 위한 경계조건은 $x = l$인 고정점

B에서 처짐각 $\theta_B = \dfrac{dy}{dx} = 0$, 처짐량 $\delta_B = y = 0$의 경계조건을 대입하면 적분상수는 다음과 같이 결정된다.

$$C_1 = -\frac{l^2}{2}, \quad C_2 = \frac{l^3}{3} \tag{e}$$

식 (e)를 식 (c), 식 (d)에 대입하면 자유단 A로부터 임의의 거리 x인 위치에 대한 처짐각 θ_x 및 처짐량 δ_x는 다음 식과 같이 주어진다.

$$\begin{aligned} \frac{dy}{dx} &= \theta_x = \frac{P}{2EI}(x^2 - l^2) \\ y &= \delta_x = \frac{P}{6EI}(x^3 - 3l^2x + 2l^3) \end{aligned} \tag{9·5}$$

최대처짐각 및 최대처짐량은 $x = 0$인 자유단에서 발생하므로 식 (9·5)로부터 다음 식이 얻어진다.

$$\begin{aligned} \left(\frac{dy}{dx}\right)_{x=0} &= \theta_A = \theta_{\max} = -\frac{Pl^2}{2EI} \\ (y)_{x=0} &= \delta_A = \delta_{\max} = \frac{Pl^3}{3EI} \end{aligned} \tag{9·6}$$

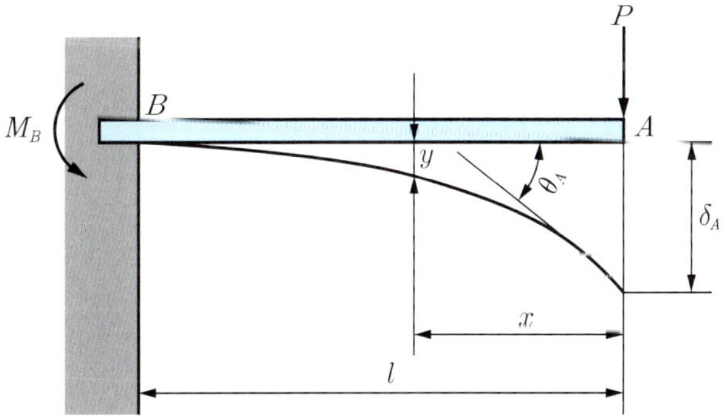

[그림 9-3] 자유단에 집중하중이 작용하는 외팔보의 처짐

9.2.2 균일분포하중이 작용

[그림 9-4]와 같이 외팔보의 전길이 l에 균일분포하중 w[N/m]가 작용할 때 자유단에서 거리 x인 단면에 발생하는 굽힘모멘트 M_x는

$$M_x = -\frac{wx^2}{2} \tag{a}$$

처짐곡선의 미분방정식 (9·2)에 의해 다음 식과 같이 된다.

$$\frac{d^2y}{dx^2} = -\frac{M_x}{EI} = \frac{wx^2}{2EI} \tag{b}$$

식 (b)를 두 번 적분하면

$$\frac{dy}{dx} = \frac{w}{2EI}\left(\frac{x^3}{3} + C_1\right) \tag{c}$$

$$y = \frac{w}{2EI}\left(\frac{x^4}{12} + C_1x + C_2\right) \tag{d}$$

식 (c), 식 (d)로부터 적분상수 C_1, C_2를 결정하기 위한 경계조건은 $x = l$인 고정점 B에서 처짐각 $\frac{dy}{dx} = 0$, 처짐량 $y = 0$의 경계조건을 대입하면 적분상수는 다음과 같다.

$$C_1 = -\frac{l^3}{3}, \quad C_2 = \frac{l^4}{4} \tag{e}$$

식 (e)를 식 (c), 식 (d)에 대입하면 자유단 A로부터 임의의 거리 x인 위치에서 처짐각 θ_x 및 처짐량 δ_x는 다음 식과 같이 주어진다.

$$\begin{aligned} \frac{dy}{dx} &= \theta_x = \frac{w}{6EI}(x^3 - l^3) \\ y &= \delta_x = \frac{w}{24EI}(x^4 - 4l^3x + 3l^4) \end{aligned} \tag{9·7}$$

최대처짐각 및 최대처짐량은 $x = 0$인 자유단에서 발생하므로 다음 식과 같다.

$$\begin{aligned} \left(\frac{dy}{dx}\right)_{x=0} &= \theta_A = \theta_{\max} = -\frac{wl^3}{6EI} \\ (y)_{x=0} &= \delta_A = \delta_{\max} = \frac{wl^4}{8EI} \end{aligned} \tag{9·8}$$

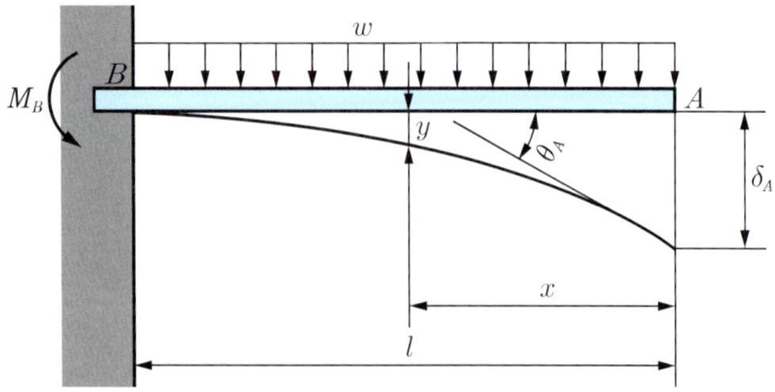

[그림 9-4] 균일분포하중이 작용하는 외팔보의 처짐

9.2.3 자유단에 짝힘 모멘트가 작용

[그림 9-5]와 같이 외팔보의 자유단에 짝힘 모멘트(couple moment) M_0 가 작용할 때 어느 단면에서나 일정한 모멘트 $M_x = -M_0$ 가 발생하기 때문에 처짐곡선의 미분방정식은 다음 식과 같다.

$$\frac{d^2y}{dx^2} = -\frac{M_x}{EI} = \frac{M_0}{EI} \tag{a}$$

식 (a)를 적분하면 다음 식과 같이 된다.

$$\frac{dy}{dx} = \frac{M_0}{EI}(x + C_1) \tag{b}$$

$$y = \frac{M_0}{EI}\left(\frac{x^2}{2} + C_1 x + C_2\right) \tag{c}$$

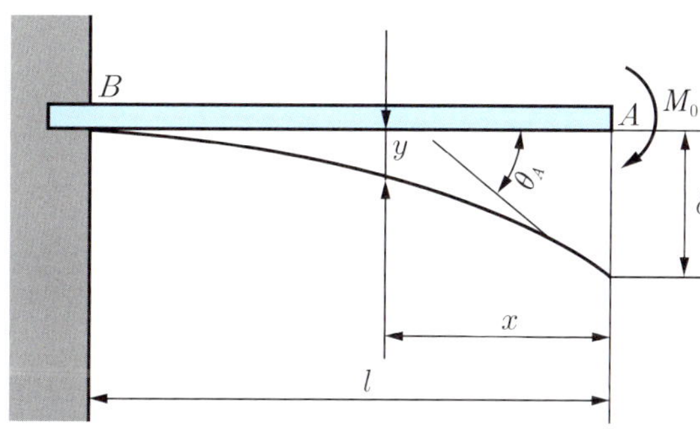

[그림 9-5] 자유단에 짝힘 모멘트가 작용하는 외팔보의 처짐

상수를 결정하기 위해 $x = l$ 에서 $\frac{dy}{dx} = 0$, $y = 0$ 인 경계조건을 식 (b)와 식 (c)에 대입하면

$$C_1 = -l, \quad C_2 = \frac{l^2}{2} \tag{d}$$

식 (d)를 식 (b), 식 (c)에 대입하면 다음 식이 얻어진다.

$$\begin{aligned} \frac{dy}{dx} &= \theta_x = \frac{M_0}{EI}(x - l) \\ y &= \delta_x = \frac{M_0}{2EI}(x^2 - 2lx + l^2) = \frac{M_0}{2EI}(x - l)^2 \end{aligned} \tag{9·9}$$

최대처짐각 및 최대처짐량은 $x = 0$ 인 자유단에서 발생하고, 그 값은 다음 식과 같이 된다.

$$\left(\frac{dy}{dx}\right)_{x=0} = \theta_A = \theta_{max} = -\frac{M_0 l}{EI}$$
$$(y)_{x=0} = \delta_A = \delta_{max} = \frac{M_0 l^2}{2EI} \qquad (9\cdot10)$$

9.3 단순보의 처짐

9.3.1 집중하중이 작용

[그림 9-6]과 같이 길이 l 인 단순보의 지지점 A 로부터 a, 지지점 B에서 b의 거리에 있는 C 점에 집중하중 P가 작용할 때 처짐각과 처짐량을 구하여 본다. 이때 구간 AC, CB에서 굽힘모멘트의 식이 서로 다르기 때문에 각 구간으로 나누어 처짐각과 처짐량을 구한다.

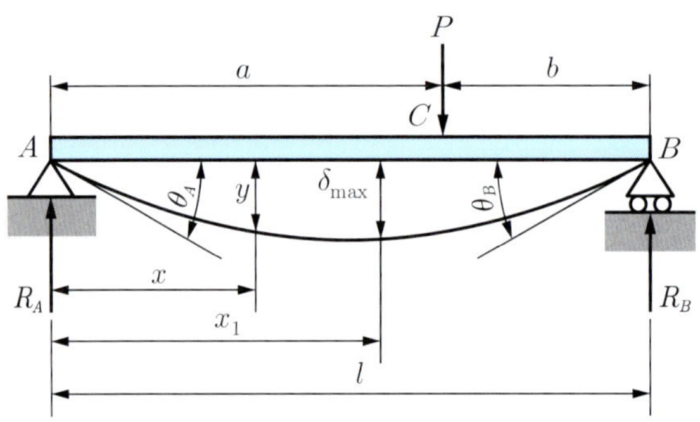

[그림 9-6] 집중하중이 작용하는 단순보의 처짐

(1) 구간 $AC\,(0 \le x \le a)$

지지점 A 로부터 거리 x 인 단면의 굽힘모멘트는

$$M_x = R_A x = \frac{Pb}{l}x \qquad \text{(a)}$$

처짐곡선의 미분방정식은 다음 식과 같다.

$$EI\frac{d^2y}{dx^2} = -M_x = -\frac{Pb}{l}x \qquad \text{(b)}$$

식 (b)를 두 번 적분하면 다음 식이 얻어진다.

$$EI\frac{dy}{dx} = -\frac{Pb}{2l}x^2 + C_1 \qquad \text{(c)}$$

$$EIy = -\frac{Pb}{6l}x^3 + C_1 x + C_2 \tag{d}$$

(2) 구간 $CB\ (a \le x \le l)$

지지점 A 로부터 거리 x 인 단면의 굽힘모멘트는

$$M_x = R_A x - P(x-a) = \frac{Pb}{l}x - P(x-a) \tag{e}$$

처짐곡선의 미분방정식은

$$EI\frac{d^2y}{dx^2} = -\frac{Pb}{l}x + P(x-a) \tag{f}$$

식 (f)를 두 번 적분하면 다음 식과 같이 된다.

$$EI\frac{dy}{dx} = -\frac{Pb}{2l}x^2 + \frac{P(x-a)^2}{2} + C_3 \tag{g}$$

$$EIy = -\frac{Pb}{6l}x^3 + \frac{P(x-a)^3}{6} + C_3 x + C_4 \tag{h}$$

다음과 같은 경계조건으로부터 적분상수 $C_1 \sim C_4$ 를 결정한다.

(i) $x=0$ 에서 $y=0$ 를 식 (d)에 대입하면 $C_2 = 0$ 가 된다.

(ii) $x=a$ 인 C 점에서 AC 구간과 CB 구간의 처짐각 dy/dx 가 같으므로 식 (c)와 식 (g)로부터 $C_1 = C_3$ 가 된다.

(iii) $x=a$ 인 C 점에서 AC 구간과 CB 구간의 처짐량 y 가 같으므로 식 (d)와 식 (h)로부터 $C_4 = 0$ 이 얻어진다.

(iv) $x=l$ 에서 $y=0$ 를 식 (h)에 대입하면 $C_1 = C_3$ 는 다음 식과 같이 된다.

$$C_1 = C_3 = \frac{Pb}{6l}(l^2 - b^2)$$

이상의 적분상수를 대입하면 각 구간에 대한 처짐각과 처짐량은 다음과 같이 된다.

(3) 구간 AC 에서 처짐각과 처짐량의 식

$$\frac{dy}{dx} = \theta_x = \frac{1}{EI}\left\{-\frac{Pb}{2l}x^2 + \frac{Pb}{6l}(l^2 - b^2)\right\} = \frac{Pb}{6lEI}(l^2 - b^2 - 3x^2) \tag{9·11}$$

$$y = \delta_x = \frac{1}{EI}\left\{-\frac{Pb}{6l}x^3 + \frac{Pb}{6l}(l^2 - b^2)x\right\} = \frac{Pbx}{6lEI}(l^2 - b^2 - x^2) \tag{9·12}$$

$x = 0$ 일 때 지지점 A 의 처짐각은 식 (9·11)에 의해 다음 식과 같이 된다.

$$\left(\frac{dy}{dx}\right)_{x=0} = \theta_A = \frac{Pb}{6lEI}(l^2 - b^2) = \frac{Pab}{6lEI}(l+b) \qquad (9\cdot 13)$$

(4) 구간 CB 에서 처짐각과 처짐량의 식

$$\begin{aligned}\frac{dy}{dx} = \theta_x &= \frac{1}{EI}\left\{-\frac{Pb}{2l}x^2 + \frac{P(x-a)^2}{2} + \frac{Pb}{6l}(l^2 - b^2)\right\} \\ &= \frac{Pb}{6lEI}(l^2 - b^2 - 3x^2) + \frac{P}{2}EI(x-a)^2\end{aligned} \qquad (9\cdot 14)$$

$$\begin{aligned}y = \delta_x &= \frac{1}{EI}\left\{-\frac{Pb}{6l}x^3 + \frac{P(x-a)^3}{6} + \frac{Pb}{6l}(l^2 - b^2)x\right\} \\ &= \frac{Pbx}{6lEI}(l^2 - b^2 - 3x^2) + \frac{P}{2}EI(x-a)^3\end{aligned} \qquad (9\cdot 15)$$

$x = l$ 일 때 지지점 B 의 처짐각은 식 (9·14)로부터 다음 식이 얻어진다.

$$\left(\frac{dy}{dx}\right)_{x=l} = \theta_B = -\frac{Pab}{6lEI}(2l - b) = -\frac{Pab}{6lEI}(l + a) \qquad (9\cdot 16)$$

하중의 작용점 C에서 보의 처짐량은 식 (9·12) 또는 식 (9·15)로부터 $x = a$ 일 때이므로 다음 식과 같이 된다.

$$(y_c)_{x=a} = \delta_c = \frac{Pab}{6lEI}\{(l+b)(l-b) - a^2\} = \frac{Pa^2b^2}{3lEI} \qquad (9\cdot 17)$$

단순보에서 최대처짐이 발생하는 지지점은 처짐각이 0 이고, $a > b$ 인 하중상태에서는 구간 AC의 한 점에서 최대처짐이 발생한다. 또한, $a < b$ 인 경우에는 CB구간에서 최대처짐이 생긴다. 따라서 식 (9·11)에서 $dy/dx = 0$ 로 놓은 후 이 식을 만족하는 x_1 의 값을 구하면 다음과 같이 된다.

$$l^2 - b^2 - 3x_1^2 = 0$$

$$\therefore\ x_1 = \sqrt{\frac{l^2 - b^2}{3}} \qquad (9\cdot 18)$$

식 (9·18)로부터 x_1 의 위치에서 최대처짐이 발생하므로 이것을 식 (9·12)에 대입하면

$$\delta_{\max} = \frac{Pb}{9\sqrt{3}\,lEI}\sqrt{(l^2 - b^2)^3} \qquad (9\cdot 19)$$

만일, 단순보의 중앙에 집중하중이 작용한다면 최대처짐은 보의 중앙점에서 발생하므로 $a = b = l/2$ 을 식 (9·19)에 대입하면

$$\delta_{max} = \delta = \frac{Pl^3}{48EI} \tag{9·20}$$

최대처짐각은 $a = b = l/2$ 을 식 (9·13)과 식 (9·16)에 대입하면 다음 식과 같이 된다.

$$\theta_{max} = \theta = \frac{Pl^2}{16EI} \tag{9·21}$$

9.3.2 균일분포하중이 작용

[그림 9-7]과 같이 길이 l 인 단순보에 균일분포하중 w[N/m]가 작용할 때 지지점 A 로부터 거리 x 인 단면의 굽힘모멘트는

$$M_x = R_A x - \frac{wx^2}{2} = \frac{wl}{2}x - \frac{w}{2}x^2 \tag{a}$$

처짐곡선의 미분방정식은 다음과 같이 된다.

$$EI\frac{d^2y}{dx^2} = -M_x = -\frac{wl}{2}x + \frac{w}{2}x^2 \tag{b}$$

식 (b)를 두 번 적분하면

$$EI\frac{dy}{dx} = -\frac{wl}{4}x^2 + \frac{w}{6}x^3 + C_1 \tag{c}$$

$$EIy = -\frac{wl}{12}x^3 + \frac{w}{24}x^4 + C_1 x + C_2 \tag{d}$$

다음과 같이 경계조건을 고려하여 식 (c)와 식 (d)로부터 적분상수 C_1, C_2를 결정한다.

(i) $x = 0$ 에서 $y = 0$ 를 식 (d)에 대입하면 $C_2 = 0$ 가 된다.

(ii) $x = l/2$ 에서 $dy/dx = 0$ 를 식 (c)에 대입하면 $C_1 = \frac{wl^3}{24}$ 이 된다.

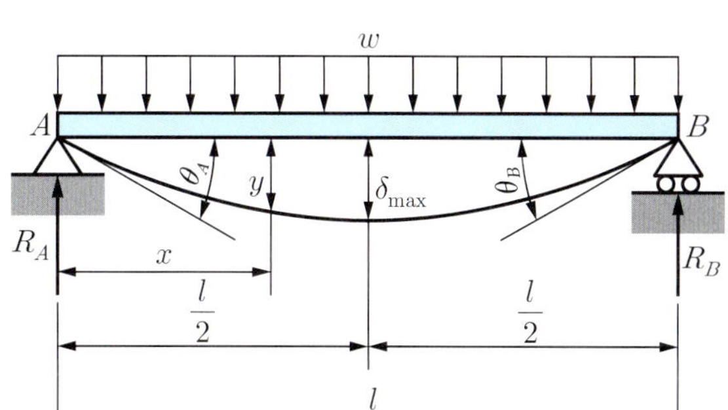

[그림 9-7] 균일분포하중이 작용하는 단순보의 처짐

따라서 이 보의 지지점 A로부터 거리 x인 단면의 처짐각과 처짐량은 다음 식과 같다.

$$\frac{dy}{dx} = \theta_x = \frac{w}{24EI}(4x^3 - 6lx^2 + l^3) \tag{9·22}$$

$$y = \delta_x = \frac{wx}{24EI}(x^3 - 2lx^2 + l^3) \tag{9·23}$$

최대처짐량은 보의 중앙점 $x = l/2$에서 발생하므로

$$\delta_{\max} = \delta = \frac{5wl^4}{384EI} \tag{9·24}$$

또한, 최대처짐각은 보의 양끝($x = 0$, 또는 $x = l$)에서 생기므로 다음 식과 같다.

$$\theta_{\max} = \theta_A = -\theta_B = \frac{wl^3}{24EI} \tag{9·25}$$

9.3.3 짝힘 모멘트가 작용

[그림 9-8]과 같이 지지점 B에 짝힘 모멘트 M_0가 작용할 때 $R_A = \frac{M_0}{l}$이고 지지점 A로부터 거리 x인 단면의 굽힘모멘트는

$$M_x = R_A x = \frac{M_0}{l}x \tag{a}$$

처짐곡선의 미분방정식은 다음 식과 같이 된다.

$$EI\frac{d^2y}{dx^2} = -M_x = -\frac{M_0}{l}x \tag{b}$$

식 (b)를 두 번 적분하면

$$EI\frac{dy}{dx} = -\frac{M_0}{2l}x^2 + C_1 \tag{c}$$

$$EIy = -\frac{M_0}{6l}x^3 + C_1 x + C_2 \tag{d}$$

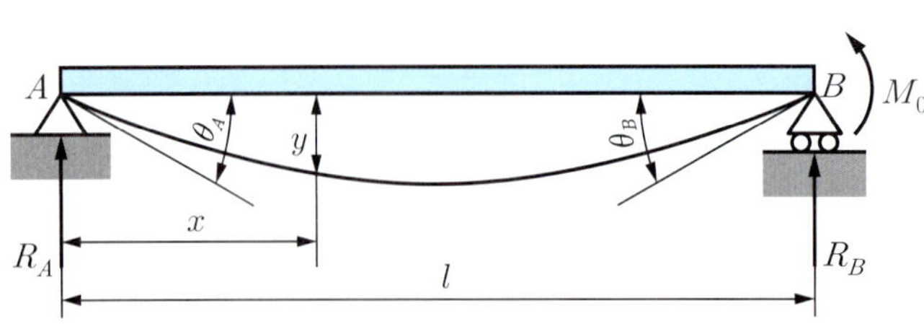

[그림 9-8] 짝힘 모멘트가 작용하는 단순보의 처짐

다음과 같이 경계조건을 고려하여 식 (c)와 식 (d)에서 적분상수 C_1, C_2를 결정한다.

(ⅰ) $x=0$에서 $y=0$를 식 (d)에 대입하면 $C_2=0$가 된다.

(ⅱ) $x=l$에서 $y=0$를 식 (d)에 대입하면 $C_1=M_0 l/6$이 된다.

따라서 이 보의 지지점 A로부터 x인 단면의 처짐각과 처짐량은 다음 식과 같다.

$$\frac{dy}{dx}=\theta_x=\frac{M_0}{6lEI}(l^2-3x^2) \tag{9·26}$$

$$y=\delta_x=\frac{M_0 x}{6lEI}(l^2-x^2) \tag{9·27}$$

최대처짐은 $dy/dx=0$인 곳에서 발생하므로 식 (9·26)으로부터 x의 값을 구하면

$$x=\frac{l}{\sqrt{3}} \tag{e}$$

이 되고, 이것을 식 (9·27)에 대입하면 최대처짐량은 다음 식과 같이 된다.

$$\delta_{\max}=\frac{M_0 l^2}{9\sqrt{3}\,EI} \tag{9·28}$$

또한, 지지점 A와 B의 처짐각은 식 (9·26)에서 각각 $x=0$, $x=l$일 때이므로 다음 식으로 주어진다.

$$\theta_A=\frac{M_0 l}{6EI},\quad \theta_B=-\frac{M_0 l}{3EI} \tag{9·29}$$

지금까지 해석한 정정보의 경우 최대처짐각 $\theta_{\max}$와 최대처짐량 $\delta_{\max}$는 다음과 같이 일반식의 형태로 나타낼 수 있다.

$$\theta_{\max}=\alpha\frac{Pl^2}{EI}\,[\mathrm{rad}] \tag{9·30}$$

$$\delta_{\max}=\beta\frac{Pl^3}{EI}\,[\mathrm{mm}] \tag{9·31}$$

[표 9-1]은 외팔보와 단순보의 하중작용 상태에 따른 처짐각 및 처짐량을 나타낸 것이다.

[표 9-1] 외팔보와 단순보의 작용하중 상태에 따른 처짐각 및 처짐량

외팔보의 하중상태	처짐각 및 처짐량	단순보의 하중상태	처짐각 및 처짐량
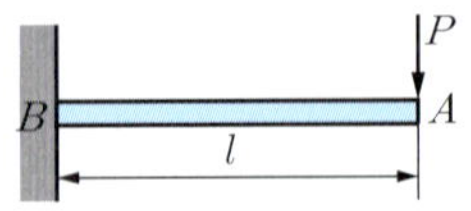	$\theta_A = \dfrac{Pl^2}{2EI}$ $\delta_A = \dfrac{Pl^3}{3EI}$	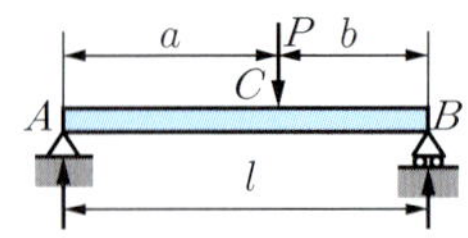	$\theta_A = \dfrac{Pab(l+b)}{6lEI}$ $\theta_B = \dfrac{Pab(l+a)}{6lEI}$
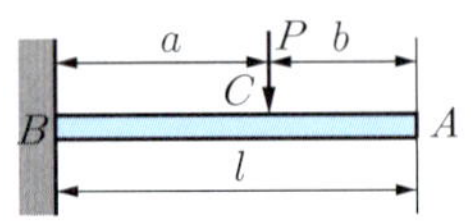	$\theta_A = \dfrac{Pa^2}{2EI}$ $\delta_A = \dfrac{Pa^2(2a+3b)}{6EI}$	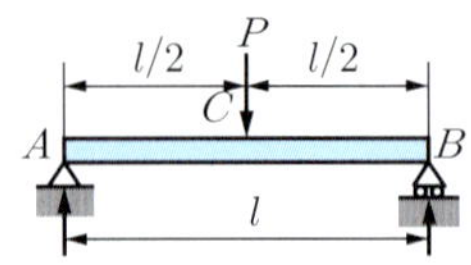	$\theta_A = \dfrac{Pl^2}{16EI}$ $\delta_C = \dfrac{Pl^3}{48EI}$
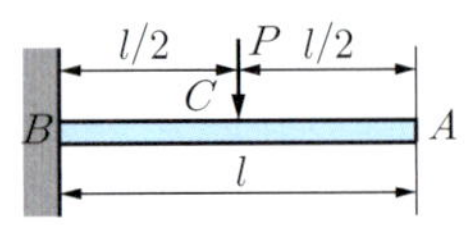	$\theta_A = \dfrac{Pl^2}{8EI}$ $\delta_C = \dfrac{Pl^3}{24EI}$	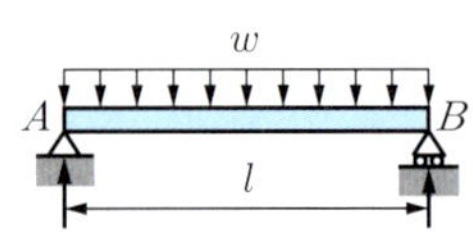	$\theta_A = \dfrac{wl^3}{24EI}$ $\delta_{max} = \dfrac{5wl^4}{384EI}$
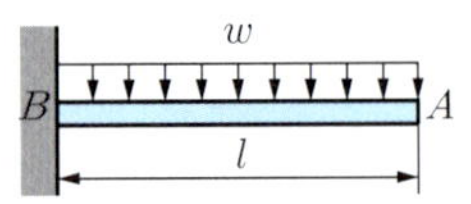	$\theta_A = \dfrac{wl^3}{6EI}$ $\delta_A = \dfrac{wl^4}{8EI}$	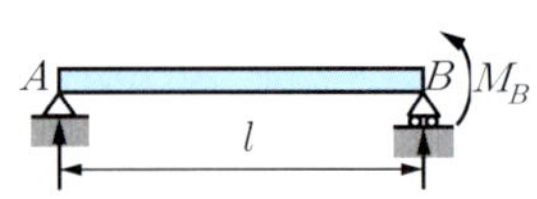	$\theta_A = \dfrac{M_B l}{6EI}$ $\theta_B = \dfrac{M_B l}{3EI}$ $\delta_{max} = \dfrac{M_B l^2}{9\sqrt{3}\,EI}$
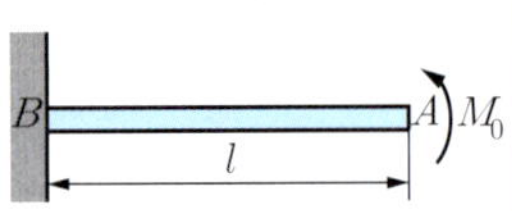	$\theta_A = \dfrac{M_0 l}{EI}$ $\delta_A = \dfrac{M_0 l^2}{2EI}$	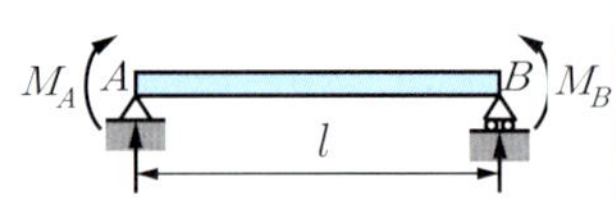	$\theta_A = \dfrac{(2M_A + M_B)l}{6EI}$ $\theta_B = \dfrac{(M_A + 2M_B)l}{6EI}$

9.4 내다지보의 처짐

[그림 9-9]와 같이 C점에 집중하중 P가 작용하는 내다지보의 A, B, C점에 대한 처짐곡선의 식을 유도하여 보기로 한다.

지지점 A와 B에 반력 R_A, R_B가 작용하므로 구간 AB, BC로 나누어 서로 다른 처짐곡선의 미분방정식을 이용한다. 각 구간에 대한 전단력은 식 (9·4)의 3차 미분방정식으로부터 구하고, 처짐각 및 처짐량은 식 (9·3)을 이용하여 구해 보기로 한다.

(1) 구간 AB $(0 \le x \le l)$

$$F_x = -\frac{P}{2} \text{ : 전단력} \tag{a}$$

$$\frac{d^3y}{dx^3} = \frac{P}{2EI} \text{ : 식 (9·4)에 적용} \tag{b}$$

(2) 구간 $BC\left(l \le x \le \frac{3l}{2}\right)$

$$F_x = P : \text{전단력} \tag{c}$$

$$\frac{d^3y}{dx^3} = -\frac{P}{EI} \tag{d}$$

식 (b)와 식 (d)를 적분하면 각 구간에 대한 다음과 같은 굽힘모멘트 방정식이 얻어진다.

(1) 구간 $AB\ (0 \le x \le l)$

$$\frac{d^2y}{dx^2} = \frac{1}{EI}\left(\frac{Px}{2} + C_1\right) \tag{e}$$

(2) 구간 $BC\left(l \le x \le \frac{3l}{2}\right)$

$$\frac{d^2y}{dx^2} = \frac{1}{EI}(-Px + C_2) \tag{f}$$

다음과 같이 경계조건을 고려하여 적분상수 C_1, C_2를 결정한다.

(i) $x = 0$ 에서 $\frac{d^2y}{dx^2} = -\frac{M_x}{EI} = 0$ 이므로 식 (e)로부터 $C_1 = 0$이 된다.

(ii) $x = \frac{3l}{2}$ 에서 $\frac{d^2y}{dx^2} = 0$ 이므로 식 (f)로부터 $C_2 = \frac{3Pl}{2}$ 이 된다.

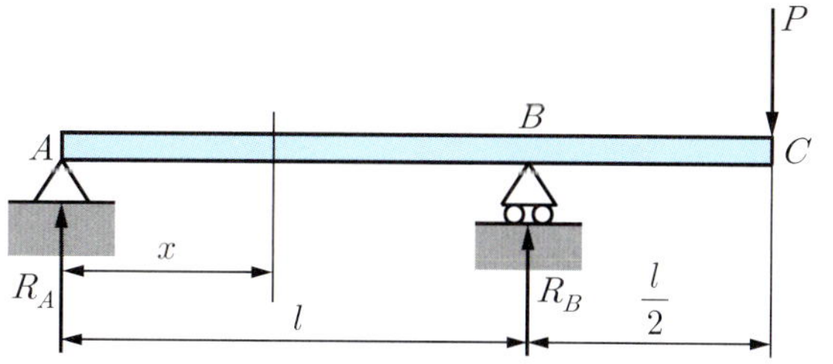

[그림 9-9] 집중하중이 작용하는 내다지보의 처짐

따라서 처짐곡선의 미분방정식은 다음과 같다.

(1) 구간 $AB\ (0 \le x \le l)$

$$\frac{d^2y}{dx^2} = \frac{Px}{2EI} \tag{9·32}$$

(2) 구간 $BC\left(l \le x \le \frac{3l}{2}\right)$

$$\frac{d^2y}{dx^2} = \frac{P(3l-2x)}{2EI} \tag{9·33}$$

식 (9·32), 식 (9·33)을 적분하면 다음 식과 같은 처짐각을 구할 수 있다.

(1) 구간 $AB\,(0 \le x \le l)$

$$\frac{dy}{dx} = \frac{1}{EI}\left(\frac{Px^2}{4} + C_3\right) \tag{g}$$

(2) 구간 $BC\left(l \le x \le \frac{3l}{2}\right)$

$$\frac{dy}{dx} = \frac{1}{EI}\left\{\frac{Px(3l-x)}{2} + C_4\right\} \tag{h}$$

식 (g), 식 (h)에서 적분상수 C_3, C_4를 결정하기 위해 경계조건은 지지점 B에서의 연속조건을 고려한다. 즉, 구간 AB에서 $x=l$일 때 기울기 dy/dx와 구간 BC에서 $x=l$인 기울기 dy/dx는 서로 같아야 한다. 이러한 조건을 식 (g)와 식 (h)에 대입하면

$$\frac{Pl^2}{4} + C_3 = Pl^2 + C_4$$

$$\therefore\ C_4 = C_3 - \frac{3Pl^2}{4} \tag{i}$$

식 (i)를 식 (h)에 대입한 후 식 (g), 식 (h)를 다시 적분하면 각 구간에서 다음과 같이 된다.

(1) 구간 $AB\,(0 \le x \le l)$

$$y = \frac{1}{EI}\left(\frac{Px^3}{12} + C_3x + C_5\right) \tag{j}$$

(2) 구간 $BC\,(l \le x \le \frac{3l}{2})$

$$y = \frac{1}{EI}\left\{\frac{Px^2(9l-2x)}{12} + C_4x + C_6\right\} \tag{k}$$

지지점 A, B에서 처짐량이 0이므로 다음과 같은 경계조건을 고려한다.

(i) 구간 AB의 $x=0$, $x=l$에서 $y=0$이므로 식 (j)로부터 $C_5=0$이다.

(ii) 구간 BC의 $x = l$에서 $y = 0$이므로 식 (j)와 식 (k)에 대입하면

$$C_3 = -\frac{Pl^2}{12}, \qquad C_4 l + C_6 = -\frac{7Pl^3}{12} \tag{l}$$

식 (l)을 식 (i)에 대입하면 다음과 같이 나머지 적분상수가 결정된다.

$$C_4 = -\frac{5Pl^2}{6}, \quad C_6 = \frac{Pl^3}{4} \tag{m}$$

따라서 보의 처짐방정식은 각 구간에 대해 다음 식으로 주어진다.

(1) 구간 $AB\,(0 \le x \le l)$

$$y = \delta_x = -\frac{Px}{12EI}\left(l^2 - x^2\right) \tag{9·34}$$

(2) 구간 $BC\,\left(l \le x \le \frac{3l}{2}\right)$

$$\begin{aligned} y = \delta_x &= \frac{P}{12EI}\left(3l^3 - 10l^2x + 9lx^2 - 2x^3\right) \\ &= \frac{P}{12EI}(3l - x)(l - x)(l - 2x) \end{aligned} \tag{9·35}$$

내다지보의 작용점 $C(x = 3l/2)$에 대한 처짐량은 식 (9·35)로부터 구하면

$$y_c = \delta_c = \frac{Pl^3}{8EI} \tag{9·36}$$

이 보의 처짐은 구간 AB에서는 위쪽 방향으로 발생하고, 구간 BC에서는 아래쪽 방향으로 생긴다.

예제 9-1

[그림 9-10]과 같은 외팔보의 고정지지점 A에 단위길이에 대한 분포하중의 크기가 w_0인 삼각형 분포하중이 작용할 때 이 보의 자유단 B의 처짐을 구하시오.

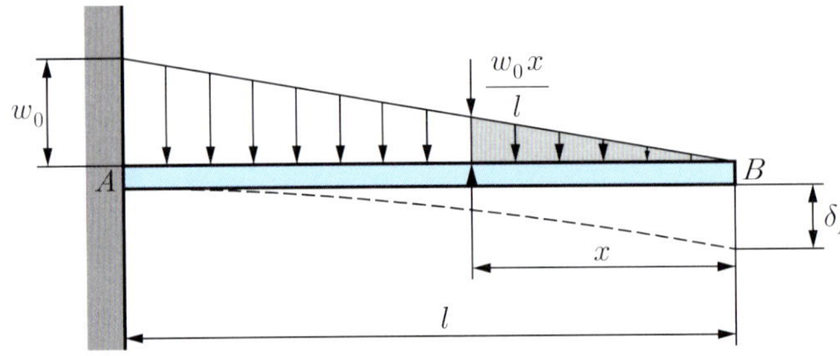

[그림 9-10] 삼각형 분포하중이 작용하는 외팔보의 처짐

| 풀이 | 자유단 B에서 거리 x인 단면의 굽힘모멘트는

$$M_x = -\frac{1}{2}x\left(\frac{w_0 x}{l}\right)\frac{x}{3} = -\frac{w_0}{6l}x^3 \tag{a}$$

처짐곡선의 미분방정식은 다음과 같이 된다.

$$EI\frac{d^2y}{dx^2} = -M_x = \frac{w_0}{6l}x^3 \tag{b}$$

식 (b)를 두 번 적분하면

$$EI\frac{dy}{dx} = \frac{w_0}{24l}x^4 + C_1 \tag{c}$$

$$EIy = \frac{w_0}{120l}x^5 + C_1 x + C_2 \tag{d}$$

다음과 같이 경계조건을 고려하여 적분상수 C_1, C_2를 결정한다.

(i) $x = l$일 때 $dy/dx = 0$이 되므로 식 (c)에 대입하면 $C_1 = -\frac{w_0 l^3}{24}$이 된다.

(ii) $x = l$에서 $y = 0$이므로 식 (d)에 대입하면 $C_2 = \frac{w_0 l^4}{30}$이 된다.

따라서 이 보의 처짐각과 처짐량은 다음 식과 같이 주어진다.

$$\frac{dy}{dx} = \theta_x = \frac{w_0}{24l\,EI}\left(x^4 - l^4\right) \tag{9·37}$$

$$y = \delta_x = \frac{w_0}{120l\,EI}\left(x^5 - 5l^4x + 4l^5\right) \tag{9·38}$$

구하려고 하는 자유단의 처짐량은 식 (9·38)에서 $x = 0$일 때이므로 다음 식과 같다.

$$y_B = \delta_B = \delta_{\max} = \frac{w_0 l^4}{30EI} \tag{9·39}$$

9.5 모멘트 면적법에 의한 처짐

지금까지 보의 처짐각 및 처짐량은 처짐곡선의 미분방정식을 이용하여 적분하는 방법을 학습하였지만, 적분상수를 구하기 위해 경계조건을 적용하므로 그 과정이 복잡하고 해석의 어려움이 있다. 이러한 복잡성과 어려움을 줄이고, 간단히 구할 수 있는 기하학적 개념을 도입하는 방법이 요구된다. 보의 굽힘모멘트 선도의 면적을 이용하는 도식적(圖式的) 방법을 모멘트 면적법(moment-area method)이라고 한다. 이 방법은 보의 한 점에 대한 처짐각 및 처짐량을 구하려고 할 때 매우 유용하며, 처짐곡선의 완전한 미분방정식을 구하지 않고도 특정 지점의 값을 간편하게 구할 수 있는 이점(利點)이 있다.

[그림 9-11]의 윗 그림에서 곡선 AB는 보의 처짐곡선의 일부분이고, 아래 그림의 $A_1'B_1'$은 그에 대응하는 굽힘모멘트 선도이다. 미소거리 ds만큼 떨어진 두 면적의 접선 및 법선이 이루는 각을 $d\theta$라고 하면, $ds = \rho\, d\theta$가 되므로 다음의 관계식이 성립한다.

$$d\theta = \frac{1}{\rho} ds = \frac{M}{EI} ds \qquad \text{(a)}$$

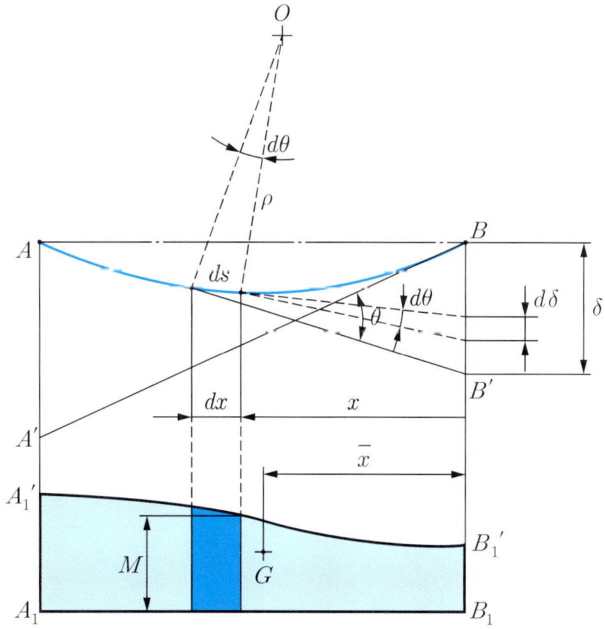

[그림 9-11] 모멘트 면적법

일반적으로 곡률은 매우 작으므로 $ds \approx dx$ 의 관계를 적용하면 식 (a)는

$$d\theta = \frac{M}{EI}\,dx \tag{b}$$

식 (b)를 도식적으로 나타내면 미소각 $d\theta$ 는 굽힘모멘트 선도에서 진한 청색 부분의 미소면적 Mdx 를 굽힘강성 EI 로 나눈 값과 같다.

따라서 처짐곡선 AB 에서 접선사이의 각 θ 는 식 (b)를 적분하면

$$\theta = \int_A^B d\theta = \frac{1}{EI}\int_A^B M dx = \left[\frac{A_M}{EI}\right]_A^B = \left[\frac{\text{면적}}{EI}\right]_A^B \tag{9·40}$$

여기서 A_M은 모멘트 선도의 면적이다.

식 (9·40)에서 보의 처짐각 θ 는 굽힘모멘트 선도의 면적을 굽힘강성 EI 로 나눈 값으로 되고, 이것을 제 1모멘트 면적법(first moment-area theorem)이라고 한다.

다음은 미소길이 ds 의 양쪽 끝에서 그은 두 접선에 의한 B 점 아래에서의 미소 수직처짐량을 $d\delta$ 라 하면 다음 식과 같이 된다.

$$d\delta = x\,d\theta = \frac{M}{EI}\,x\,dx \tag{c}$$

식 (c)를 적분하면

$$\delta = \overline{BB'} = \frac{1}{EI}\int_A^B xM\,dx = \frac{1}{EI}\int_A^B x\,dA = \frac{1}{EI}G_y$$

$$= \frac{1}{EI}\,\bar{x}\,A = \left[\frac{A_M}{EI}\right]_A^B \bar{x} = \left[\frac{\text{면적}}{EI}\right]_A^B \bar{x} = \theta \cdot \bar{x} \tag{9·41}$$

여기서 G_y 는 단면 1차모멘트이고, $\bar{x}$ 는 B_1 에서 모멘트 선도의 면적 A_M 의 도심까지의 거리이다.

식 (9·41)에서 보의 처짐량 δ 는 굽힘모멘트 선도의 면적 A_M 을 굽힘강성 EI 로 나눈 값에 도심까지의 거리 $\bar{x}$ 를 곱한 값과 같고, 이것을 제 2모멘트 면적법(second moment-area theorem)이라 한다. 결국, 제 2모멘트 면적법은 제 1모멘트 면적법에 도심까지의 거리 $\bar{x}$ 를 곱하여 처짐량 δ 를 구한다.

이상에서 설명한 모멘트 선도에서 면적의 부호는 굽힘모멘트의 부호와 같이 잡는다. 즉, 접선의 기울기가 반시계방향일 때를 양(+)으로 취급한다. 그러나 대부분의 보는 처짐이 위쪽, 또는 아래쪽으로 일어나고, 처짐각은 시계방향이거나 반시계방향으로 되기 때문에 부호규약을 따를 필요가 없이 이들의 절대값을 먼저 계산한 후 방향은 육안(肉眼)으로 결정하는 것이 좋다.

보의 처짐각 및 처짐량은 식 (9·40)과 식 (9·41)에 의한 적분계산은 굽힘모멘트 선도의 면적과 도심의 공식을 이용하면 편리하다. 기본적인 도형의 면적과 도심의 위치를 [그림 9-12]에 나타낸다.

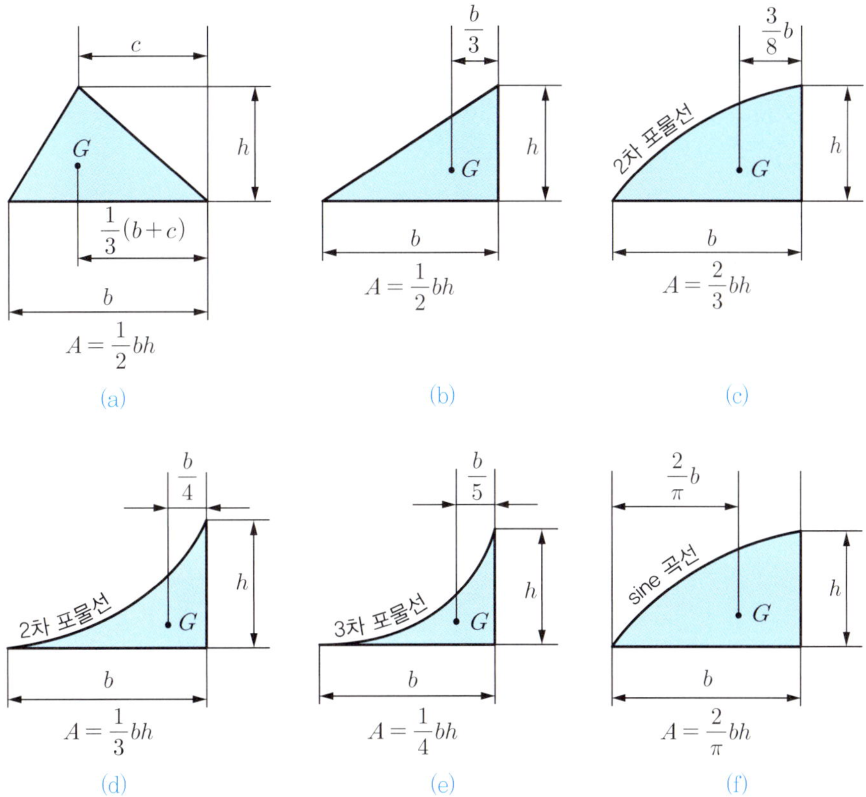

[그림 9-12] 기본도형의 면적 및 도심

모멘트 면적법에 의한 각종 정정보의 처짐각 및 처짐량을 구하여 보기로 한다.

9.5.1 외팔보에 대한 모멘트 면적법

(1) 1개의 집중하중이 작용

[그림 9-13]과 같이 외팔보의 자유단 A에 집중하중 P가 작용할 때 굽힘모멘트 선도를 나타낸 것으로서, 이것으로부터 처짐각과 처짐량을 구하여 본다. 자유단 A 점의 처짐각 θ_A는 식 (9·40)에 의해 다음 식과 같이 된다.

$$\theta_A = \theta_{max} = \left[\frac{\text{면적}}{EI} \right]_A^B = \frac{1}{EI}\left(Pl \times \frac{l}{2} \right) = \frac{Pl^2}{2EI} \qquad (9\cdot42)$$

또한, A 점의 최대처짐량은 식 (9·41)에서 다음 식과 같이 간단히 구할 수 있다.

$$\delta_A = \delta_{\max} = \theta_A \cdot \bar{x} = \frac{Pl^2}{2EI} \times \frac{2l}{3} = \frac{Pl^3}{3EI} \tag{9·43}$$

따라서 모멘트 면적법에 의한 식 (9·42)와 식 (9·43)은 처짐곡선의 미분방정식을 적분한 식 (9·6)과 일치하는 것을 알 수 있다.

[그림 9-13]에서 고정지지점 B로부터 임의의 거리 x인 mn 단면에 대한 처짐각 θ_x는 모멘트 선도의 사다리꼴 면적 $m'n'B_1B_1'$의 면적을 EI로 나눈 값과 같으므로 다음 식과 같이 주어진다.

$$\theta_x = \frac{1}{EI}\left\{\frac{Pl \times l}{2} - \frac{P(l-x)}{2}\right\} = \frac{Pl^2}{2EI}\left\{1 - \frac{(l-x)^2}{l^2}\right\}$$

$$= \frac{Px}{2EI}(2l - x) \tag{9·44}$$

또한, 임의의 거리 x인 단면 mn에 대한 처짐량 δ_x는

$$\delta_x = \frac{1}{EI}\left\{P(l-x)\frac{x^2}{2} + \frac{Px^2}{2} \times \frac{2x}{3}\right\} = \frac{Px^2}{6EI}(3l - x) \tag{9·45}$$

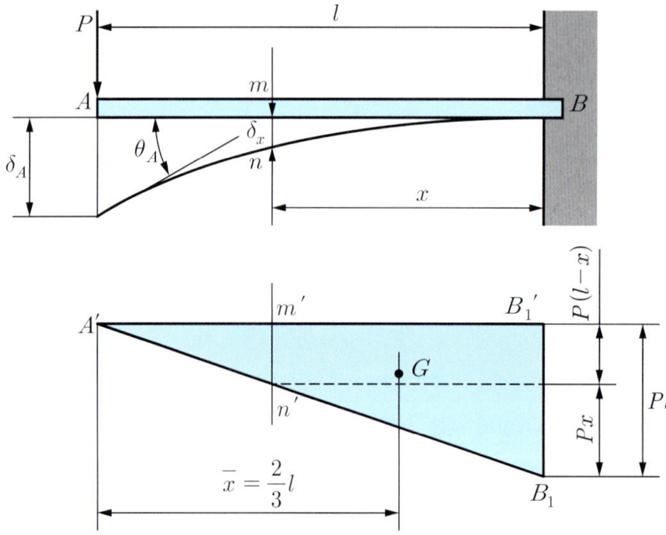

[그림 9-13] 집중하중이 작용하는 외팔보의 모멘트 면적법

(2) 균일분포하중이 작용

[그림 9-14]와 같이 외팔보의 전길이 l에 균일분포하중 w가 작용할 때 굽힘모멘트 선도에서 A 점의 처짐각 θ_A는 식 (9·40)으로부터 다음 식이 얻어진다.

$$\theta_A = \theta_{\max} = \left[\frac{\text{면적}}{EI}\right]_A^B = \frac{1}{EI}\left(\frac{wl^2}{2} \times l \times \frac{1}{3}\right) = \frac{wl^3}{6EI} \tag{9·46}$$

또한, A 점의 최대처짐량은 식 (9·41)에 의해 다음 식과 같이 간단히 얻을 수 있다.

$$\delta_A = \delta_{\max} = \theta_A \cdot \bar{x} = \frac{wl^3}{6EI} \times \frac{3l}{4} = \frac{wl^4}{8EI} \tag{9·47}$$

따라서 모멘트 면적법에 의한 식 (9·46)과 식 (9·47)은 처짐곡선의 미분방정식을 적분한 식 (9·8)과 일치한다.

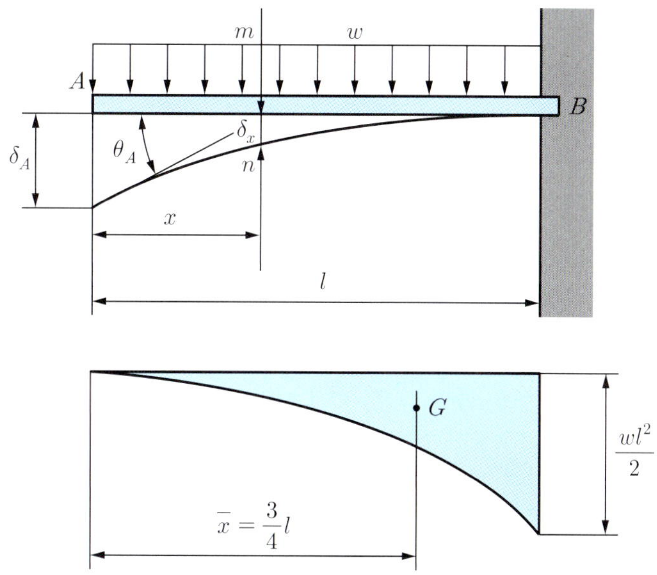

[그림 9-14] 균일분포하중이 작용하는 외팔보의 모멘트 면적법

9.5.2 단순보에 대한 모멘트 면적법

(1) 집중하중이 작용

[그림 9-15]와 같이 길이 l 인 단순보에 1개의 집중하중이 C점에 작용할 때 굽힘모멘트 선도를 나타낸 것으로서, 이 선도를 공액보(conjugate beam)로 고려하여 처짐각과 처짐량을 구한다.

[그림 9-15]의 굽힘모멘트 선도에서 최대굽힘모멘트, 면적 및 처짐각은 다음 식으로 주어진다.

$$M_{\max} = \frac{Pab}{l} \tag{a}$$

$$A_M = \frac{Pab}{l} \times \frac{l}{2} = \frac{Pab}{2} \tag{b}$$

$$\theta = \left[\frac{A_M}{EI} \right]_A^B = \frac{1}{EI}\left(\frac{Pab}{2} \right) = \frac{Pab}{2EI} \tag{c}$$

지지점 A에 대한 처짐곡선의 접선과 지지점 B에서 그은 수직선이 만나는 거리 $\overline{BB'}$을 δ_B라 하고, 지지점 B에 대한 처짐곡선의 접선과 지지점 A에서 그은 수직선이 만나는 거리 $\overline{AA'}$을 δ_A라고 한다. 이때 지지점 B에서의 처짐량 δ_B는 식 (9·41)과 [그림 9-12(a)]를 참조하면 다음 식과 같이 된다.

$$\delta_B = \frac{1}{EI}\left(\frac{Pab}{2} \times \frac{l+b}{3}\right) = \frac{Pab(l+b)}{6EI} \tag{9·48}$$

지지점 A에서의 처짐각 θ_A는

$$\theta_A = \frac{\delta_B}{l} = \frac{1}{EI}\left(\frac{Pab}{2} \times \frac{l+b}{3}\right) \times \frac{1}{l} = \frac{Pab(l+b)}{6lEI} \tag{9·49}$$

또한, 지지점 B에서의 처짐각 θ_B는 다음 식으로 주어진다.

$$\theta_B = \frac{\delta_A}{l} = \frac{1}{EI}\left(\frac{Pab}{2} \times \frac{l+a}{3}\right) \times \frac{1}{l} = \frac{Pab(l+a)}{6lEI} \tag{9·50}$$

또는 $\theta = \theta_A + \theta_B$에서 θ_B를 구하면 식 (9·50)과 같이 된다.

$$\theta_B = \theta - \theta_A = \frac{Pab}{2EI} - \frac{Pab(l+b)}{6lEI} = \frac{Pab(l+a)}{6lEI}$$

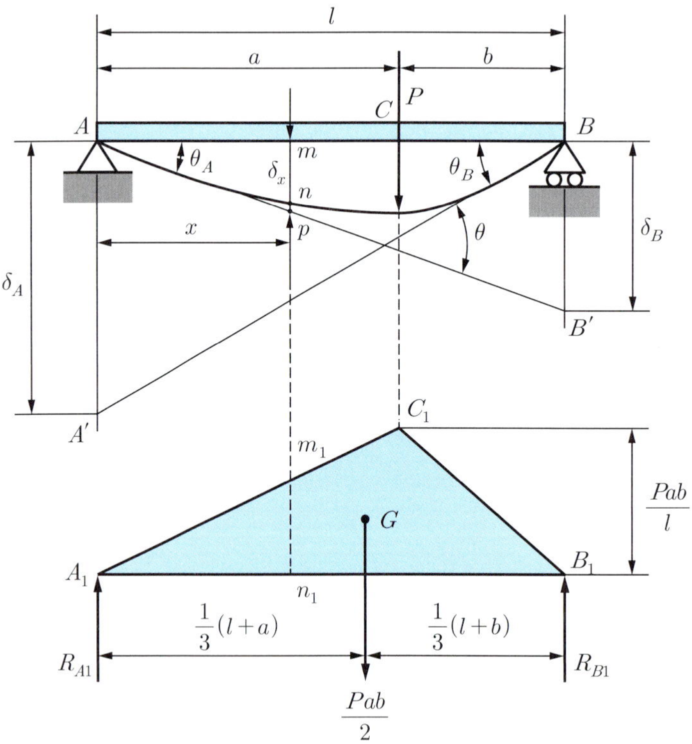

[그림 9-15] 집중하중이 작용하는 단순보의 모멘트 면적법

지지점 A로부터 임의의 거리 x인 mn단면의 처짐량 δ_x는 다음 식과 같다.

$$\delta_x = \overline{mn} = \overline{mp} - \overline{np} = \theta_A \cdot x - \left[\frac{\triangle A_1 m_1 n_1 \text{의 면적}}{EI}\right] \times \frac{x}{3}$$
$$= \frac{Pab(l+b)}{6lEI}x - \frac{1}{EI}\left(\frac{Pab}{l} \times x \times \frac{1}{2}\right) \times \frac{x}{3} = \frac{Pbx}{6lEI}(l^2 - b^2 - x^2) \quad (9\cdot51)$$

따라서, 모멘트 면적법으로 구한 식 (9·51)은 처짐곡선의 미분방정식을 적분한 식 (9·12)와 일치하는 것을 알 수 있다.

만일, 보에 중앙 집중하중이 작용한다면 최대처짐은 $x = l/2$인 점에서 발생하므로 $a = b = l/2$을 식 (9·51)에 대입하면 다음 식이 얻어진다.

$$\delta_{\max} = \frac{Pb}{6lEI} \times \frac{l}{2}\left\{l^2 - b^2 - \left(\frac{l}{2}\right)^2\right\} = \frac{P}{6lEI} \times \frac{l^2}{4} \times \frac{l^2}{2} = \frac{Pl^3}{48EI} \quad (9\cdot52)$$

또한, 중앙 집중하중이 작용할 때의 최대처짐각은 식 (9·49), 또는 식 (9·50)으로부터 다음 식이 얻어진다.

$$\theta_{\max} = \theta_A = \theta_B = \frac{Pl^2}{16EI} \quad (9\cdot53)$$

모멘트 면적법에 의한 식 (9·52) 및 식 (9·53)은 각각 식 (9·20), 식 (9·21)과 일치한다.

[그림 9-15]에서 보의 양 지지점 A, B에 대한 처짐각 θ_A, θ_B는 굽힘모멘트 선도의 면적 A_M을 분포하중으로 고려한 가상(假想)보의 지지점 A_1, B_1에 대한 반력 R_{A1}, R_{B1}을 구한 후 이 반력을 EI로 나눈 값이 된다. 이와 같이 고려한 가상보 A_1B_1을 공액보(conjugate beam)라고 하며, 이러한 방법으로 처짐각을 구하여 보기로 한다.

식 (b)에 의한 굽힘모멘트 선도의 면적 A_M을 [그림 9-15]의 밑에 있는 그림과 같이 분포하중으로 대체한 후 지지점 A_1, B_1에 대한 반력 R_{A1}, R_{B1}을 구하면

$$R_{A1} = \frac{Pab}{2} \times \frac{l+b}{3} = \frac{Pab(l+b)}{6l}$$
$$R_{B1} = \frac{Pab}{2} \times \frac{l+a}{3} = \frac{Pab(l+a)}{6l} \quad (e)$$

지지점 A, B에 대한 θ_A, θ_B는 다음 식과 같다.

$$\theta_A = \frac{R_{A1}}{EI} = \frac{Pab(l+b)}{6lEI}, \quad \theta_B = \frac{R_{B1}}{EI} = \frac{Pab(l+a)}{6lEI} \quad (f)$$

식 (f)는 식 (9·49) 및 식 (9·50)과 일치하는 것을 알 수 있다.

(2) 균일분포하중이 작용

[그림 9-16]과 같이 길이 l 인 단순보에 균일분포하중 w 가 작용할 때 굽힘모멘트 선도를 공액보로 대체하여 처짐각과 처짐량을 구하여 보기로 한다.

지지점 A 로부터 임의의 거리 x 인 단면에 대한 굽힘모멘트는

$$M_x = R_A x - wx \times \frac{x}{2} = \frac{wl}{2}x - \frac{wx^2}{2} \tag{a}$$

[그림 9-16]의 굽힘모멘트 선도에서 최대굽힘모멘트는 다음 식과 같다.

$$(M_{\max})_{x=l/2} = \frac{wl^2}{2} \times \frac{l}{2} - \frac{w}{2}\left(\frac{l}{2}\right)^2 = \frac{wl^2}{8} \tag{b}$$

굽힘모멘트 선도의 면적 A_M은 2차 포물선일 때 [그림 9-12(c)]를 참조하면 [그림 9-16]으로부터

$$A_M = 2\left(\frac{2}{3}bh\right) = \frac{2}{3} \times l \times \frac{wl^2}{8} = \frac{wl^3}{12} \tag{c}$$

또한, 굽힘모멘트 선도가 2차 포물선일 때 도심의 위치는 [그림 9-12(c)]로부터

$$\bar{x} = \frac{3}{8}b = \frac{3}{8} \times \frac{l}{2} = \frac{3}{16}l \tag{d}$$

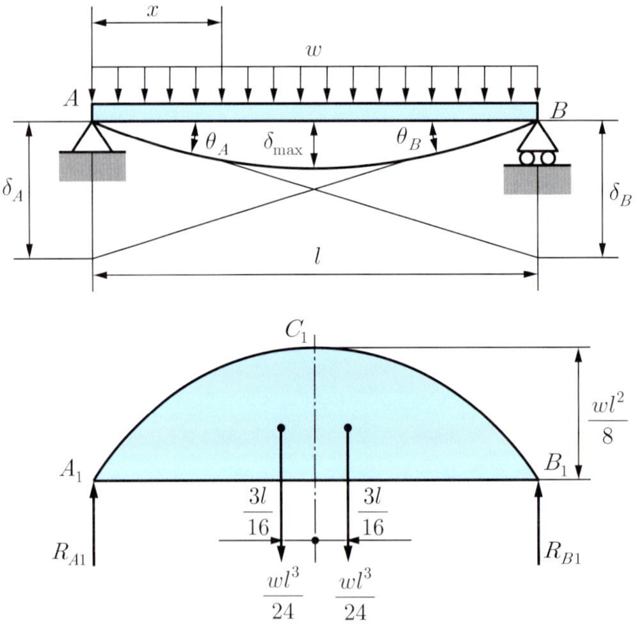

[그림 9-16] 균일분포하중이 작용하는 단순보의 모멘트 면적법

[그림 9-16]에서 굽힘모멘트 선도의 면적을 분포하중으로 고려하는 공액보의 반력을 구한 후 굽힘강성 EI로 나누면, 지점 A, B에 대한 처짐각이 구해진다.

$$R_{A1} = R_{B1} = A_M \times \frac{1}{2} = \frac{wl^3}{12} \times \frac{1}{2} = \frac{wl^3}{24} \tag{e}$$

$$\theta_A = \theta_B = \frac{R_{A1}}{EI} = \frac{wl^3}{24EI} \tag{f}$$

식 (f)는 식 (9·25)와 일치한다.

이 보의 중앙점에 대한 최대처짐량은 다음 식과 같다.

$$\delta_{\max} = \theta_A \times \frac{l}{2} - \frac{wl^3}{24EI} \times \frac{3l}{16} = \frac{wl^3}{24EI}\left(\frac{l}{2} - \frac{3l}{16}\right) = \frac{5wl^4}{384EI} \tag{g}$$

식 (g)는 식 (9·24)와 일치하는 것을 알 수 있다.

(3) 짝힘 모멘트가 작용

[그림 9-17]과 같이 지지점 B에 짝힘 모멘트 M_0가 작용할 때 굽힘모멘트 선도를 나타낸 것으로서, 이것을 공액보로 고려하여 처짐각 및 처짐량을 구하여 본다.

굽힘모멘트 선도의 면적은 직각삼각형이므로

$$A_M = \frac{M_0 l}{2} \tag{a}$$

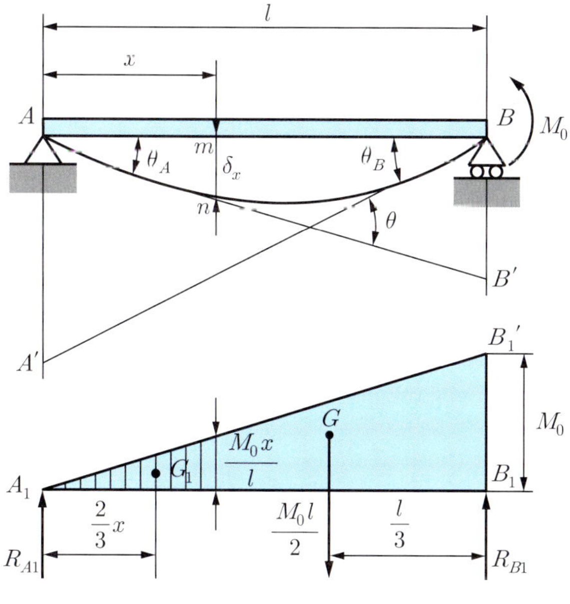

[그림 9-17] 짝힘 모멘트가 작용하는 단순보의 모멘트 면적법

지지점의 반력 R_{A1}, R_{B1}는 다음 식과 같이 된다.

$$R_{A1} = \frac{M_0 l}{6}, \quad R_{B1} = \frac{M_0 l}{3} \tag{b}$$

각 지지점에 대한 처짐각은

$$\theta_A = \frac{R_{A1}}{EI} = \frac{M_0 l}{6EI}, \quad \theta_B = \frac{R_{B1}}{EI} = \frac{M_0 l}{3EI} \tag{c}$$

또는, 처짐각 θ_A는 다음과 같이 구할 수도 있다.

$$\delta_B = \overline{BB'} = \frac{1}{EI}\left(\frac{M_0 l}{2} \times \frac{l}{3}\right) = \frac{M_0 l^2}{6EI} = \theta_A l$$

$$\therefore\ \theta_A = \frac{M_0 l}{6EI} \tag{d}$$

같은 방법으로 처짐각 θ_B는

$$\delta_A = \overline{AA'} = \frac{1}{EI}\left(\frac{M_0 l}{2} \times \frac{2l}{3}\right) = \frac{M_0 l^2}{3EI} = \theta_B l$$

$$\therefore\ \theta_B = \frac{M_0 l}{3EI} \tag{e}$$

식 (d), 식 (e)는 식 (c)와 일치하는 것을 알 수 있다.

지지점 A로부터 임의의 거리 x인 단면 $m-n$에 발생하는 처짐량은 식 (9·51)을 참조하면 다음 식이 얻어진다.

$$\delta_x = \frac{1}{EI}\left(\frac{M_0 l x}{6} - \frac{M_0 l}{2} \times \frac{x^2}{l^2} \times \frac{x}{3}\right) = \frac{M_0 l x}{6EI}\left(1 - \frac{x^2}{l^2}\right) \tag{f}$$

최대처짐의 위치 x는 [그림 9-17]의 공액보에서 빗금친 부분의 면적 A_{M1}을 구한 후 이것을 EI로 나눈 값을 식 (d)와 같게 놓으면

$$\left[\frac{A_{M1}}{EI}\right]_0^x = \frac{1}{EI}\left(\frac{M_0 x^2}{2l}\right) = \theta_A = \frac{M_0 l}{6EI}$$

$$\therefore\ x = \frac{l}{\sqrt{3}} \tag{g}$$

최대처짐량은 식 (f)를 식 (g)에 대입하여 구할 수 있지만, 식 (g)를 구하는 것은 번거로운 일이다. 식 (g)를 구하는 번거러움이 없이 모멘트 면적법을 이용하면 최대처짐량은 다음과 같이 간단히 구할 수 있다.

$$\left(\delta_{\max}\right)_{x=\frac{l}{\sqrt{3}}} = \theta_A \cdot \overline{x_1} = \frac{M_0 l}{6EI} \times \frac{2}{3} x = \frac{M_0 l^2}{9\sqrt{3}\,EI} \tag{h}$$

식 (h)는 식 (9·28)과 일치하는 것을 알 수 있다.

예제 9-2

[그림 9-18(a)]와 같이 외팔보의 중앙점 C로부터 고정지지점 B까지 균일분포하중 w가 작용할 때 이 보의 중앙과 자유단 A에 대한 처짐각 및 처짐량을 모멘트 면적법으로 구하시오.

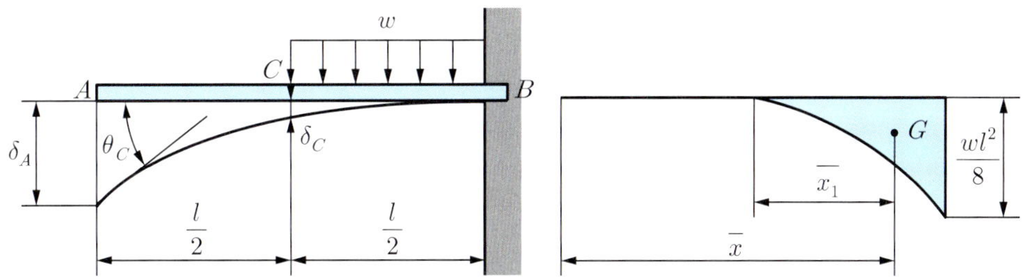

[그림 9-18]

| 풀이 | 굽힘모멘트 선도는 [그림 9-18(b)]와 같고, 2차 포물선이 되므로 모멘트 선도의 면적 A_M은 [그림 9-12(d)]로 부터

$$A_M = \frac{1}{3}\left(\frac{l}{2} \times \frac{w l^2}{8}\right) = \frac{w l^3}{48} \tag{a}$$

C점의 처짐각은 다음 식과 같이 된다.

$$\theta_A = \theta_C = \frac{A_M}{EI} = \frac{w l^3}{48EI} \tag{b}$$

C점의 처짐량은

$$\delta_C = \frac{A_M}{EI}\left(\overline{x_1}\right) = \frac{1}{EI} \times \frac{w l^3}{48} \times \left(\frac{l}{2} \times \frac{3}{4}\right) = \frac{w l^4}{128EI} \tag{c}$$

또한, A점의 처짐량은 다음 식으로 주어진다.

$$\delta_A = \frac{A_M}{EI}\left(\overline{x}\right) = \frac{1}{EI} \times \frac{w l^3}{48} \times \left(\frac{l}{2} + \frac{l}{2} \times \frac{3}{4}\right) = \frac{7 w l^4}{384EI} \tag{d}$$

▶ 예제 9-3

[그림 9-19(a)]와 같이 단순보의 양 끝에 짝힘 모멘트 M_A, M_B가 작용할 때 양 끝의 처짐각 θ_A 및 θ_B를 모멘트 면적법으로 구하시오. 단, 짝힘 모멘트 $M_A < M_B$이다.

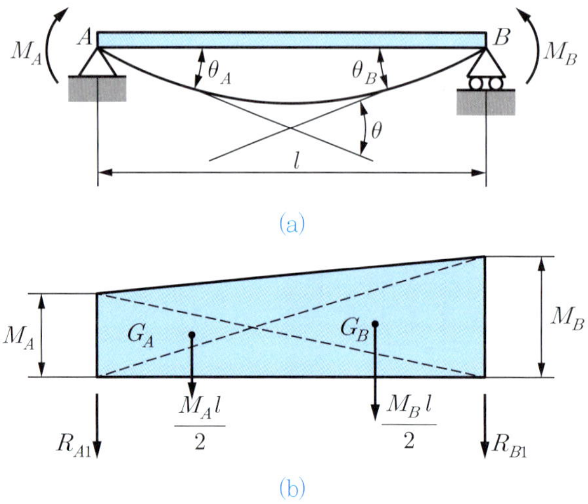

[그림 9-19]

| 풀이 | [그림 9-19(b)]와 같은 굽힘모멘트 선도를 공액보로 대체하여 반력 R_{A1}, R_{B1}을 구한 후 그 값을 EI로 나누면 양 끝의 처짐각 θ_A 및 θ_B가 구해진다. 짝힘 모멘트 M_A와 M_B가 각각 별개로 작용할 때의 반력을 중첩하여 구할 수 있다.

$$R_{A1} = \frac{M_A l}{3} + \frac{M_B l}{6} \tag{a}$$

$$R_{B1} = \frac{M_B l}{3} + \frac{M_A l}{6} \tag{b}$$

그러므로 양 끝의 처짐각 θ_A 및 θ_B는 다음 식과 같이 된다.

$$\theta_A = \frac{R_{A1}}{EI} = \frac{l}{6EI}(2M_A + M_B) \tag{9·54}$$

$$\theta_B = \frac{R_{B1}}{EI} = \frac{l}{6EI}(2M_B + M_A) \tag{9·55}$$

9.6 겹침법에 의한 처짐

보에 2개 이상의 하중이 동시에 작용할 때 처짐각이나 처짐량은 하중이 각각 독립적으로 작용하는 것으로 간주하여 구한 값을 합하는 방법을 겹침법(method of superposition), 또는 중첩법이라고도 한다. 따라서 2개 이상의 하중이 작용할 때 처짐곡선의 미분방정식도 겹침법을 적용하여 처짐각과 처짐량을 구할 수 있다.

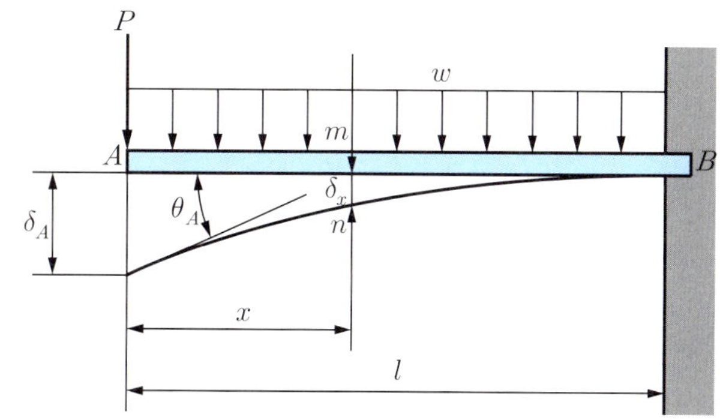

[그림 9-20] 집중하중과 균일분포하중이 작용하는 외팔보의 겹침법

[그림 9-20]과 같이 외팔보의 전길이 l에 분포하중 w가 작용하는 동시에 자유단 A에 집중하중 P가 작용할 때 자유단의 처짐각과 처짐량을 겹침법으로 구하여 보기로 한다.

자유단의 처짐각 θ_A는 다음 식으로 주어진다.

$$\theta_A = \frac{Pl^2}{2EI} + \frac{wl^3}{6EI} \qquad \text{(a)}$$

또한, 자유단의 처짐량을 겹침법으로 구하면 다음 식과 같이 된다.

$$\delta_A = \frac{Pl^3}{3EI} + \frac{wl^4}{8EI} \qquad \text{(b)}$$

식 (a)와 식 (b)는 외팔보의 집중하중 P와 균일분포하중 w가 각각 따로 작용할 때의 값을 구한 후 합하는 겹침법을 이용하는 것이 편리하다.

예제 9-4

[그림 9-21(a)]와 같은 내다지보에서 돌출길이 a에 균일분포하중 w가 작용할 때 내다지보의 끝 C점에 대한 처짐각과 처짐량을 겹침법으로 구하시오.

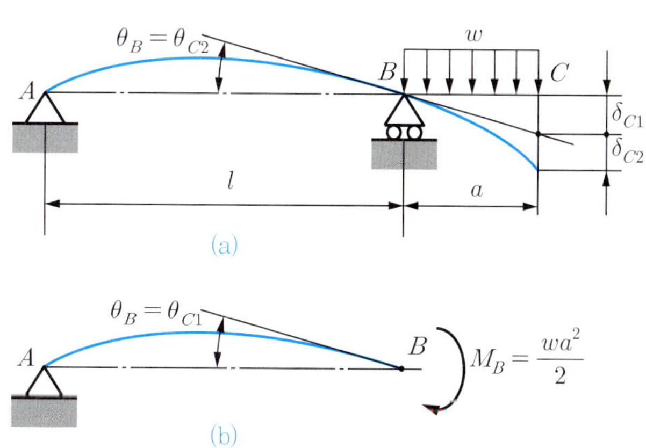

[그림 9-21]

| 풀이 | 내다지보의 끝 C점의 처짐각은 [그림 9-21(b)]와 같이 돌출길이 a에 작용하는 균일분포하중 w에 의한 처짐각이 발생하고, 굽힘모멘트 M_B에 의한 처짐각을 각각 따로 구한 후 겹침법을 적용한다. 이때 굽힘모멘트에 의한 처짐각을 $\theta_B = \theta_{C1}$, 돌출길이 a에 작용하는 균일분포하중 w에 의한 처짐각을 $\theta_B = \theta_{C2}$라고 한다.

지지점 B의 굽힘모멘트는

$$M_B = \frac{wa^2}{2} \tag{a}$$

C점의 처짐각은 $\theta_C = \theta_{C1} + \theta_{C2}$가 되므로 다음 식과 같이 된다.

$$\theta_{C1} = \frac{M_B l}{3EI} = \frac{wa^2 l}{6EI}, \quad \theta_{C2} = \frac{wa^3}{6EI}$$

$$\therefore\ \theta_C = \theta_{C1} + \theta_{C2} = \frac{wa^2 l}{6EI} + \frac{wa^3}{6EI} = \frac{wa^2}{6EI}(l+a) \tag{b}$$

또한, C점의 처짐량은 지지점 B의 굽힘모멘트 M_B에 의한 처짐량 δ_{C1}과 돌출길이 a에 작용하는 균일분포하중 w에 의한 처짐량 δ_{C2}를 겹침법으로 구하면

$$\delta_{C1} = a \cdot \theta_{C1} = a \times \frac{wa^2 l}{6EI} = \frac{wa^3 l}{6EI}, \quad \delta_{C2} = \frac{wa^4}{8EI}$$

$$\therefore\ \delta_C = \delta_{C1} + \delta_{C2} = \frac{wa^3 l}{6EI} + \frac{wa^4}{8EI} \tag{c}$$

9.7 전단력에 의한 처짐

지금까지 보의 순수굽힘에 의한 처짐을 구하였지만, 일반적으로 단면에는 굽힘모멘트와 전단력이 동시에 작용하므로 보의 처짐에 대한 전단력의 영향을 고려하여 보기로 한다.

길이가 짧은 보, 또는 불균일한 굽힘이 작용할 때 보의 처짐은 전단변형에 의한 처짐과 굽힘변형의 처짐을 합하여 구한다. 가로단면의 전단응력은 중립축으로부터 거리에 따라 불균일하게 분포하므로 처짐곡선의 가로단면은 [그림 9-22]와 같이 위쪽 끝에서 아래쪽 끝까지 포물선형으로 뒤틀리는 곡선변형을 한다. 이와 같이 중립축의 가로단면은 수직방향을 유지하고, 처짐곡선의 임의의 점에 대한 기울기는 중립축에서의 전단변형률 γ와 같다.

임의의 x 단면에 대한 전단변형에 의한 처짐량을 y_s라고 하면, 처짐각은 다음 식과 같다.

$$\frac{dy_s}{dx} = \gamma = \frac{(\tau)_{y_s=0}}{G} = \frac{\alpha F}{AG} \tag{9·56}$$

여기서 $\dfrac{F}{A} = \tau_m$ 은 평균전단응력, G는 전단탄성계수, α는 중립축에서의 전단응력 $(\tau)_{y_s=0}$와 평균전단응력 τ_m의 비이다.

식 (9·56)은 전단력에 의한 처짐곡선의 미분방정식이 되고, 이것을 적분하면 전단력에 의한 처짐을 구할 수 있다. 또한, 계수 α는 직사각형 단면일 때 식 (8·13)으로부터 $\alpha = \dfrac{3}{2}$ 이고, 원형 단면에서는 식 (8·18)에 의해 $\alpha = \dfrac{4}{3}$ 로 된다.

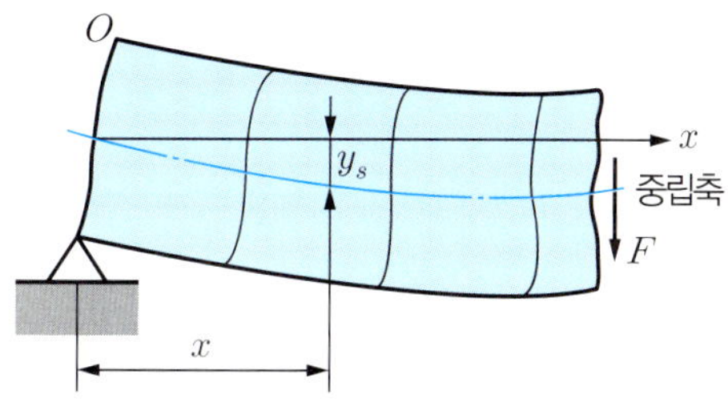

[그림 9-22] 전단력에 의한 처짐

전단력 F는 x에 관한 연속함수이므로 x로 미분이 가능하고, 전단력 만에 의한 처짐곡선의 곡률(曲率)은 다음 식과 같이 된다.

$$\frac{d^2 y_s}{dx^2} = \frac{\alpha}{AG}\frac{dF}{dx} = -\frac{\alpha}{AG}w \tag{9·57}$$

보의 곡률은 전단력에 의한 곡률의 식 (9·57)과 굽힘응력에 의한 곡률의 식 (8·4)의 합이 되므로 다음 식으로 주어진다.

$$\frac{d^2 y}{dx^2} = -\frac{1}{EI}\left(M + \frac{\alpha EI}{AG}w\right) \tag{9·58}$$

식 (9·58)을 적분하여 전단력에 의한 처짐각과 처짐량을 구할 수 있지만, 일반적으로 전단력에 의한 처짐은 굽힘모멘트에 의한 처짐에 비하여 매우 작으므로 무시하여도 지장이 없다.

보의 전단력에 의한 처짐을 구하는 예로써 [그림 9-23(a)]와 같이 균일분포하중 w가 작용하는 단순보의 전단력 및 굽힘모멘트에 의한 처짐량을 비교하여 보기로 한다.

[그림 9-23(a)]에서 지지점 A로부터 임의의 거리 x인 단면에 대한 굽힘모멘트는

$$M_x = \frac{wl}{2}x - \frac{wx^2}{2} \tag{a}$$

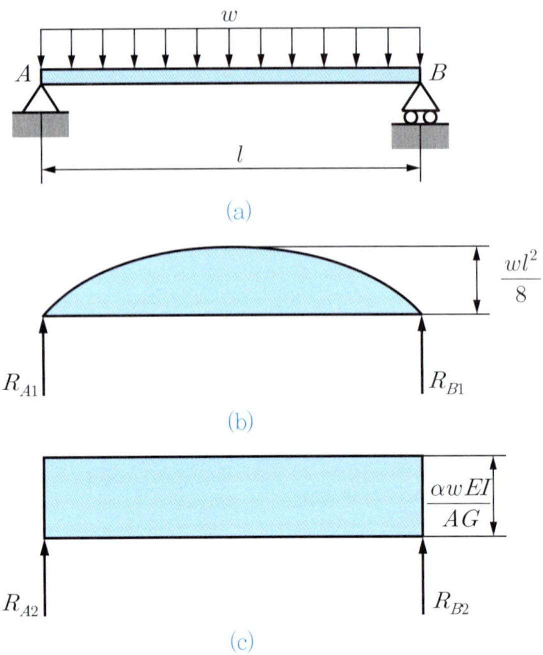

[그림 9–23]

굽힘모멘트에 의한 공액보는 [그림 9-23(b)]와 같고, 전단력에 의한 공액보는 [그림 9-23(c)]와 같이 된다. [그림 9-23(c)]에서 전단력에 의한 중앙점의 처짐은 모멘트 면적법에 의해 다음 식으로 표시된다.

$$y_s = \delta_s = \frac{1}{EI}\left\{\left(\frac{\alpha wEI}{AG} \times \frac{l}{2}\right) \times \frac{l}{2} - \left(\frac{\alpha wEI}{AG} \times \frac{l}{2}\right) \times \frac{l}{4}\right\}$$

$$= \frac{\alpha wl^2}{8AG} \qquad \text{(b)}$$

이 보의 굽힘에 의한 최대처짐량 $\delta_{\max} = \dfrac{5wl^4}{384EI}$ 이므로 굽힘 및 전단에 의한 전체 처짐량 δ는 다음 식과 같이 주어진다.

$$\delta = \delta_{\max} + \delta_s = \frac{5wl^4}{384EI} + \frac{\alpha wl^2}{8AG} = \frac{5wl^4}{384EI}\left(1 + \frac{48\alpha}{5}\frac{k_z^2}{l^2}\frac{E}{G}\right) \qquad (9{\cdot}59)$$

직사각형 단면일 때 회전반지름은 $k_z^2 = \dfrac{h^2}{12}$ 이고, $\alpha = \dfrac{3}{2}$ 이므로, 보의 재질을 강으로 하면 $\dfrac{E}{G} = 2(1+\nu) = 2.6$ 이 되므로 식 (9·59)에 이것을 대입하면 다음 식이 얻어진다.

$$\delta = \frac{5wl^4}{384EI}\left(1 + 3.12\frac{h^2}{l^2}\right) \qquad (9{\cdot}60)$$

식 (9·60)으로부터 $l/h = 10$일 때 전단력에 의한 처짐량의 영향은 약 3% 정도이고, l/h의 비가 감소할수록 처짐의 영향은 증가하는 것을 알 수 있다.

▶ 예제 9-5

[그림 9-24]와 같이 단면의 형상이 직사각형인 외팔보의 자유단 B에 집중하중 P가 작용할 때 전단력에 의한 처짐량은 굽힘 처짐량의 몇 % 인가? 단, 외팔보의 단면은 길이와 높이의 비 $\dfrac{h}{l} = \dfrac{1}{10}$이고, $\dfrac{E}{G} = 2.6$으로 한다.

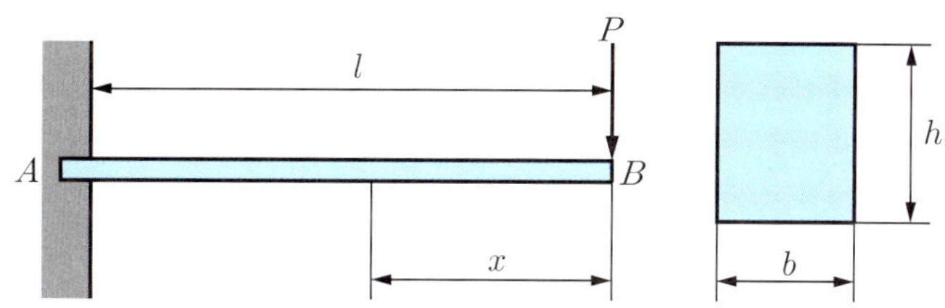

[그림 9-24]

| 풀이 | 식 (9·56)으로부터

$$\frac{dy_s}{dx} = \frac{\alpha F_x}{AG} = \frac{\alpha P}{AG}$$

$$\therefore\ y_s = \delta_s = \frac{\alpha P}{AG}x + C \qquad \text{(a)}$$

적분상수 C를 구하기 위해 경계조건으로써 $x = l$일 때 전단변형량 $\delta_s = 0$이므로 $C = -\dfrac{\alpha P}{AG}l$이 되고, 이것을 식 (a)에 대입하면 δ_s는 다음 식과 같다.

$$\delta_s = \frac{\alpha P}{AG}(x - l) \qquad \text{(b)}$$

또한, $x = 0$일 때 자유단에서 최대전단변형량 δ_s는

$$(\delta_s)_{x=0} = \frac{\alpha Pl}{AG} \qquad \text{(c)}$$

굽힘에 의한 자유단의 처짐 $\delta_{max} = \dfrac{Pl^3}{3EI}$이므로 $\alpha = \dfrac{3}{2}$, $I = \dfrac{bh^3}{12}$을 식 (c)에 대입한 후 정리하면 다음 식과 같이 된다.

$$\frac{\delta_s}{\delta_{max}} = \frac{\alpha Pl}{AG} \times \frac{3EI}{Pl^3} = \frac{3 \times 2.6}{8}\left(\frac{h}{l}\right)^2 \qquad \text{(d)}$$

이때 $\dfrac{h}{l} = \dfrac{1}{10}$이므로 식 (d)는 다음과 같다.

$$\frac{\delta_s}{\delta_{max}} = \frac{3 \times 2.6}{8}\left(\frac{h}{l}\right)^2 = \frac{3 \times 2.6}{8}\left(\frac{1}{10}\right)^2 = 0.0098 \fallingdotseq 1\% \qquad \text{(e)}$$

따라서 전단력에 의한 처짐량은 굽힘에 의한 처짐량의 약 1% 이하로 전단에 의한 처짐량은 무시하여도 지장이 없음을 알 수 있다.

9.8 열변형에 의한 보의 처짐

구속되지 않은 보에 온도변화 $\Delta T = (T_2 - T_1)$가 균일하고 보의 길이 l, 열팽창계수 α 일 때 길이의 변화량 δ는 다음 식으로 표시된다.

$$\delta = \alpha l (T_2 - T_1) = \alpha \Delta T l \qquad \text{(a)}$$

이와 같은 보는 구속되지 않으므로 축방향으로 자유로이 변화하기 때문에 휘어지지 않고, 처짐도 생기지 않는다. [그림 9-25(a)]와 같이 처음에는 온도 T_0로 균일하게 분포된 직선상태의 단순보가 불균일하게 변화하여 윗면에서의 온도 T_1, 아랫면의 온도가 T_2로 변화한 것으로 가정한다.

이때 단순보에 대한 상 · 하면의 온도차 ΔT에 의해 보의 상 · 하면의 길이 변화량에 차이가 생기므로 보는 곡률로 휘어져 처짐이 발생한다. 보의 평균온도는 상 · 하면의 온도가 선형적으로 변화한다면, 이 평균온도 $T_m = (T_1 + T_2)/2$ 는 높이 h의 중간인 중립축의 온도로 된다. 평균온도 T_m과 처음온도 T_0의 차이 때문에 보의 길이가 변화한다.

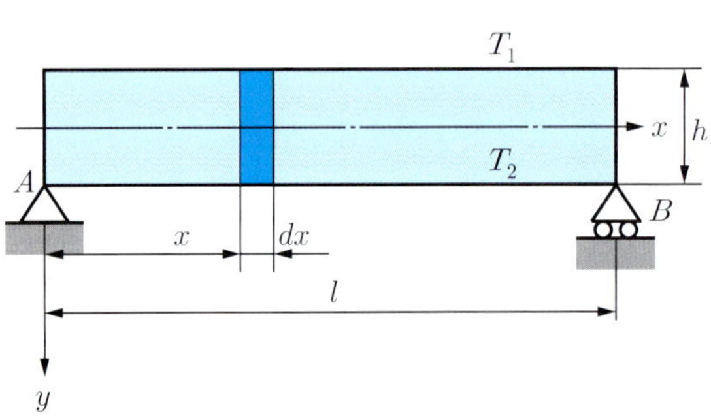

(a)

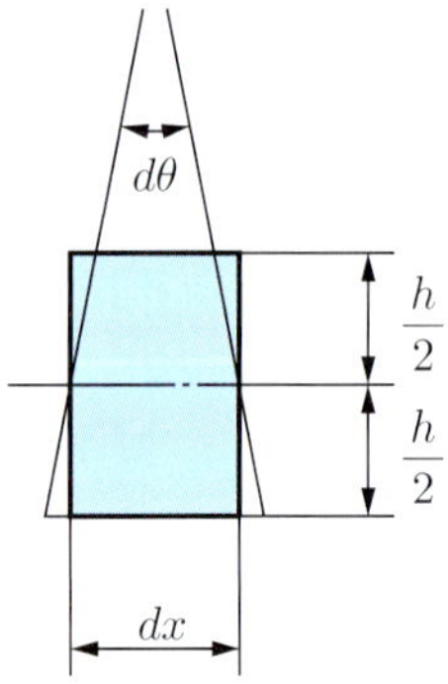

(b)

[그림 9-25] 열변형에 의한 보의 처짐

처짐을 구하기 위해 [그림 9-25(b)]와 같이 보의 미소길이 dx에 대한 중립축을 기준으로 상 · 하면의 각 길이에 대한 변화량은 $\alpha(T_2 - T_0)dx$, $\alpha(T_1 - T_0)dx$로 된다.

만일, $T_2 > T_1$이라면 미소요소의 양끝 면은 [그림 9-25(b)]와 같이 미소각 $d\theta$로 회전하므로 다음의 관계식이 성립한다.

$$h\,d\theta = \alpha(T_2 - T_0)dx - \alpha(T_1 - T_0)dx$$

$$\therefore \frac{d\theta}{dx} = \frac{\alpha(T_2 - T_1)}{h} \qquad \text{(b)}$$

식 (b)는 보의 처짐곡선의 곡률을 나타내므로 다음 식과 같은 미분방정식으로 표시할 수 있다.

$$\frac{d^2y}{dx^2} = -\frac{\alpha(T_2 - T_1)}{h} \tag{9·61}$$

식 (9·61)은 식 (9·2)와 비교하면 $\alpha(T_2 - T_1)/h$는 M/EI에 해당하는 것을 알 수 있고, 이 처짐곡선의 미분방정식을 적분하여 열변형에 의한 처짐을 해석할 수 있다. 또한, 모멘트 면적법으로 열영향을 고려한 보의 처짐을 구할 수도 있다.

9.9 굽힘에 의한 탄성변형에너지

변형에너지에 대해서는 축하중이 작용하는 인장, 전단 및 비틀림에 대한 에너지 개념을 앞에서 설명하였다. 여기서는 순수굽힘 모멘트가 작용하는 보에 대한 변형에너지를 검토하여 보기로 한다. [그림 9-26(a)]는 보의 전길이 l에 굽힘모멘트 M이 작용하여 보의 처짐곡선이 곡률반지름 ρ로 휘어져 원호의 중심각이 θ로 변화된 것을 나타낸다. 이때 처짐각 θ와 곡률반지름 ρ 및 굽힘모멘트 M 사이에는 보의 전길이 l에 걸쳐 다음의 관계식이 성립한다.

$$\theta = \frac{Ml}{EI} \tag{9·62}$$

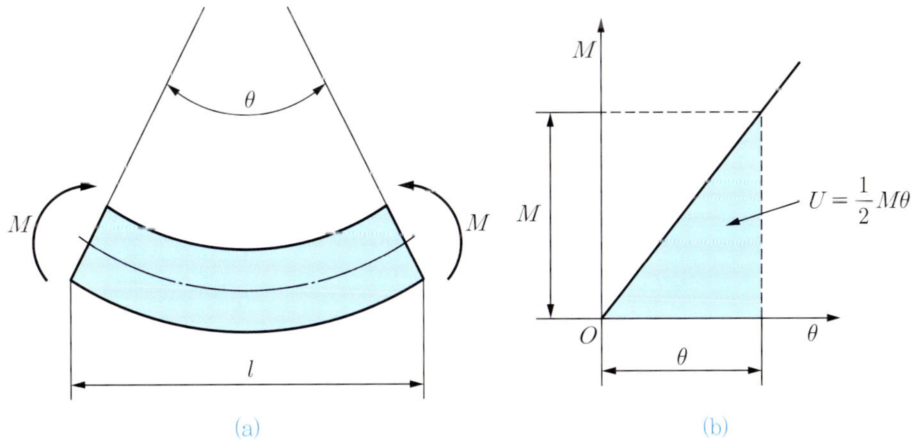

[그림 9-26] 굽힘에 의한 탄성변형에너지

굽힘모멘트 M과 처짐각 θ 사이에는 탄성범위 안에서 선형적인 변화를 하기 때문에 [그림 9-26(b)]에서 색칠한 부분의 면적만큼 보에 축적된다. 이때 보의 외부에서 행한 일 $W = \frac{1}{2}P\delta$와 내부에 축적된 탄성변형에너지 U는 서로 같고, 다음 식으로 표시된다.

$$U = W = \frac{1}{2} M\theta \tag{9·63}$$

식 (9·63)을 식 (9·62)에 대입하면 다음 식으로 주어진다.

$$U = \frac{M^2 l}{2EI} \tag{9·64}$$

$$U = \frac{EI\theta^2}{2l} \tag{9·65}$$

식 (9·64)는 변형에너지를 굽힘모멘트 M의 항으로 표시한 것이고, 식 (9·65)는 처짐각 θ의 항으로 나타낸 것이다.

[그림 9-27]과 같이 불균일한 굽힘모멘트가 작용할 때 보속에 축적되는 변형에너지를 구하는 방법을 검토하여 보기로 한다. 미소길이 dx의 요소에 축적되는 탄성변형에너지는 식 (9·64) 및 식 (9·65)에 의해 다음 식으로 표시된다.

$$dU = \frac{M_x^2}{2EI} dx, \quad dU = \frac{EI}{2} \frac{(d\theta)^2}{dx} \tag{a}$$

굽힘모멘트 M_x는 임의의 거리 x에 따라 변화하고, $dx = \rho\, d\theta$이므로

$$d\theta = \frac{dx}{\rho} = \left| \frac{d^2y}{dx^2} \right| dx \tag{b}$$

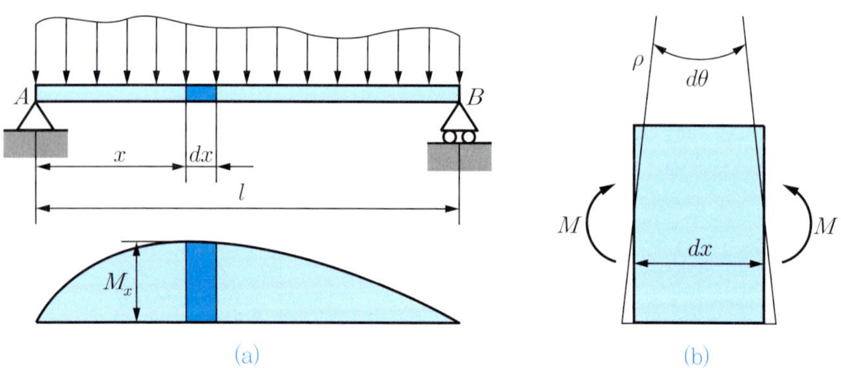

[그림 9-27] 굽힘모멘트에 의한 탄성변형에너지

따라서 보에 축적되는 전체 탄성변형에너지는 식 (a)를 적분하면 다음 식과 같이 된다.

$$U = \int_0^l \frac{M_x^2}{2EI} dx \tag{9·66}$$

$$U = \int_0^l \frac{EI}{2} \left(\frac{d^2y}{dx^2} \right)^2 dx \tag{9·67}$$

식 (9·66)은 굽힘모멘트를 알고 있을 때, 그리고 식 (9·67)은 처짐곡선을 아는 경우 사용한다.

이와 같이 변형에너지를 기초로 한 역학(力學; mechanics)의 원리는 구조해석 및 동하중이 작용하는 구조물의 설계에 중요한 역할을 한다. 이 원리에 대해서는 뒤에서 에너지법이라는 명칭으로서 제 13장에서 상세히 설명하고자 한다.

9.9.1 외팔보의 처짐량

[그림 9-28]과 같이 길이 l 인 외팔보의 자유단에 집중하중 P 가 작용할 때 자유단의 처짐량 δ 를 탄성변형에너지를 이용하여 구해 보기로 한다. 자유단으로부터 임의의 거리 x 인 단면에 작용하는 굽힘모멘트 M_x 는

$$M_x = -Px \qquad \text{(a)}$$

이므로 이것을 식 (9·66)에 대입하면, 탄성변형에너지 U는 다음 식과 같이 된다.

$$U = \int_0^l \frac{M_x^2}{2EI}dx = \int_0^l \frac{(-Px)^2}{2EI}dx = \frac{P^2}{2EI}\left[\frac{x^3}{3}\right]_0^l = \frac{P^2 l^3}{6EI} \qquad (9\cdot68)$$

식 (9·68)은 보가 굽힘작용을 하는 동안 하중 P가 하는 외부일과 내부에 축적되는 탄성변형에너지 U는 서로 같아야 하므로 자유단의 처짐량 δ는 다음 식과 같다.

$$\frac{P\delta}{2} = \frac{P^2 l^3}{6EI} \qquad \text{(b)}$$

$$\therefore\ \delta = \frac{Pl^3}{3EI} \qquad \text{(c)}$$

식 (c)는 식 (9·6)과 일치하는 것을 알 수 있다.

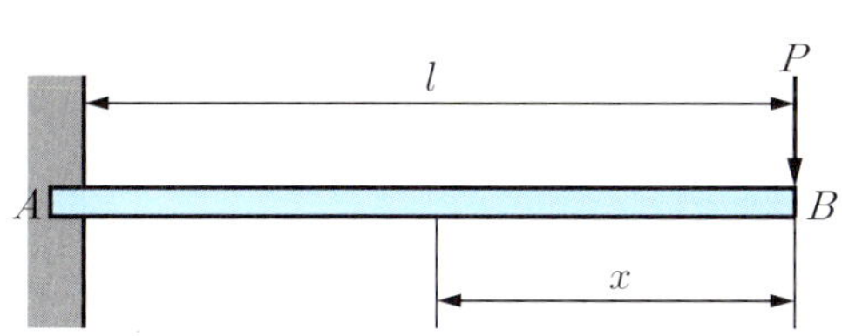

[그림 9-28] 탄성변형에너지에 의한 외팔보의 처짐량

9.9.2 단순보의 처짐량

[그림 9-29]와 같이 길이 l 인 단순보의 중앙에 집중하중 P가 작용할 때 중앙점의 처짐량을 탄성변형에너지를 이용하여 구해 보자. 지지점 A 로부터 임의의 거리 x 인 단면에 작용하는 굽힘모멘트 M_x 는

$$M_x = \frac{Px}{2} \tag{a}$$

이 되고, 이것을 식 (9·66)에 대입하면, 탄성변형에너지 U는 다음 식으로 표시된다.

$$U = \int_0^l \frac{M_x^2}{2EI}dx = 2\int_0^{\frac{l}{2}} \frac{(Px/2)^2}{2EI}dx = 2\int_0^{\frac{l}{2}} \frac{P^2}{8EI}x^2 dx$$

$$= \frac{P^2 l^3}{96EI} \tag{9·69}$$

식 (9·69)는 보가 굽힘작용을 하는 동안 외부에서 행한 일과 내부에 축적된 탄성변형에너지는 같으므로 중앙점의 처짐량 δ는 다음 식으로 표시된다.

$$\frac{P\delta}{2} = \frac{P^2 l^3}{96EI} \tag{b}$$

$$\therefore\ \delta = \frac{Pl^3}{48EI} \tag{c}$$

식 (c)는 식 (9·20)과 일치한다.

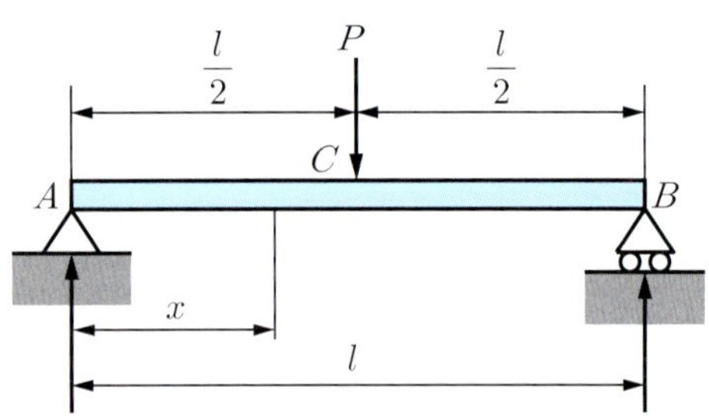

[그림 9-29] 탄성변형에너지에 의한 단순보의 처짐량

≫ 예제 9-6

[그림 9-30]과 같이 외팔보의 자유단 A 에 짝힘 모멘트 M_0 가 작용할 때 보의 탄성변형에너지를 구한 후 자유단에서의 처짐각 및 처짐량을 결정하시오.

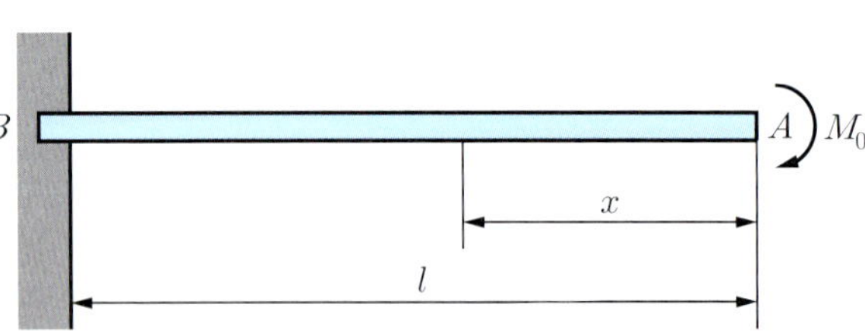

[그림 9-30]

| 풀이 | 굽힘모멘트는 일정하고, $M_x = -M_0$ 이므로 탄성변형에너지 U는

$$U = \int_0^l \frac{M_x^2}{2EI}dx = \int_0^l \frac{(-M_0)^2}{2EI}dx = \frac{M_0^2 l}{2EI} \tag{a}$$

이 보에 하중이 작용하는 동안 짝힘 모멘트 M_0가 한 일은 $M_0\theta_A/2$이고, 이것은 보의 내부에 축적된 탄성변형에너지와 같으므로 다음의 관계식으로 주어진다.

$$\frac{M_0\theta_A}{2} = \frac{M_0^2 l}{2EI} \tag{b}$$

$$\therefore\ \theta_A = \frac{M_0 l}{EI} \tag{c}$$

처짐각 θ_A의 부호는 모멘트의 부호와 같으므로 이 보의 경우 시계방향이다.

자유단의 처짐량 δ_A는 다음 식과 같이 된다.

$$\delta_A = \theta_A \bar{x} = \frac{M_0 l}{EI} \times \frac{l}{2} = \frac{M_0 l^2}{2EI} \tag{d}$$

따라서 식 (c)와 식 (d)는 식 (9·10)과 일치함을 알 수 있다.

9.9.3 충격하중에 의한 처짐량

축하중이 작용하는 봉의 충격응력에 대해서는 4.10절에서 설명하였지만, 이러한 현상은 보에도 적용된다. 충격하중이 작용하는 보의 동적(動的) 처짐은 하중이 행한 일과 보에 축적되는 탄성변형에너지를 서로 같게 놓으면 결정할 수 있다.

[그림 9-31]과 같이 길이 l인 단순보의 중앙에 무게 W의 물체를 높이 h에서 자유낙하시킬 때 탄성변형에너지를 이용하여 처짐량을 구하여 보기로 한다.

보의 최대처짐량을 δ라고 하면, 낙하한 물체가 한 일은 보에 축적된 탄성변형에너지와 같으므로 다음의 관계식이 성립한다.

$$\frac{P\delta}{2} = W(h + \delta)$$

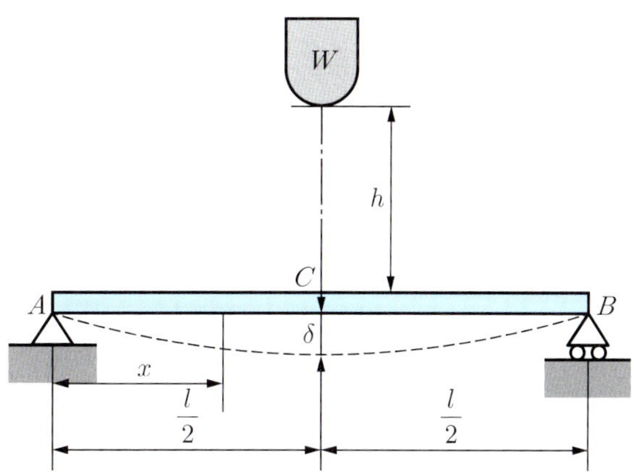

[그림 9-31] 충격하중에 의한 단순보의 변형량

그러므로

$$P = \frac{2W}{\delta}(h+\delta) \tag{a}$$

[그림 9-31]에서 중앙에 정하중 W가 작용할 때 최대처짐량은

$$\delta = \frac{Wl^3}{48EI} \tag{b}$$

식 (b)를 식 (a)에 대입하면 다음 식이 얻어진다.

$$\delta = \frac{2Wl^2}{48EI}\left(\frac{h+\delta}{\delta}\right) \tag{c}$$

무게 W에 의한 보의 정적 처짐량을 δ_s 라고 하면

$$\delta_s = \frac{Wl^3}{48EI} \tag{d}$$

이 되고, 식 (d)를 식 (c)에 대입하면 다음 식으로 주어진다.

$$\delta^2 - 2\delta_s\delta - 2h\delta_s = 0 \tag{e}$$

식 (e)의 2차방정식에 관한 양(+)의 근을 선택하면 최대처짐량 δ는 다음 식과 같다.

$$\delta = \delta_s + \sqrt{\delta_s^2 + 2h\delta_s} \tag{9·70}$$

식 (9·70)에서 동적 처짐량 δ는 정적 처짐량 δ_s 보다 크고, $h=0$ 이더라도 $\delta = 2\delta_s$ 가 된다. 따라서 자유낙하를 시키지 않고 갑자기 플랜지에 놓았을 때도 이 하중에 의한 처짐량은 정적 처짐량의 2배로 된다. 이러한 결과는 식 (9·70)과 식 (4·68)이 일치하는 것을 알 수 있다.

CHAPTER 9

연습문제

[9-1] [그림 9-32]와 같이 단순보의 전길이 l에 균일분포하중 w [N/m]가 작용할 때 보의 중앙점 C에서 R의 하중을 작용시켜 중앙점의 처짐량이 0으로 되도록 작용하중 R을 결정하시오.

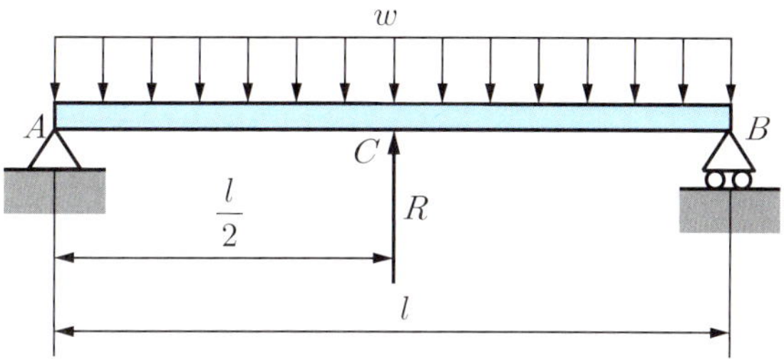

[그림 9-32]

[9-2] 지름 20 [mm], 길이 1 [m]의 원형 단면인 외팔보의 자유단에 집중하중이 작용할 때 최대처짐량이 10 [mm]로 되었다면, 이 때의 최대굽힘응력을 구하시오. 단, 보의 세로탄성계수 $E = 206$ [GPa]이다.

[9-3] [그림 9-33]과 같은 단순보의 하중 작용점 C에 대한 곡률반지름을 구하시오. 단, 보의 세로탄성계수 $E = 200$ [GPa]로 하고, 자중은 무시한다.

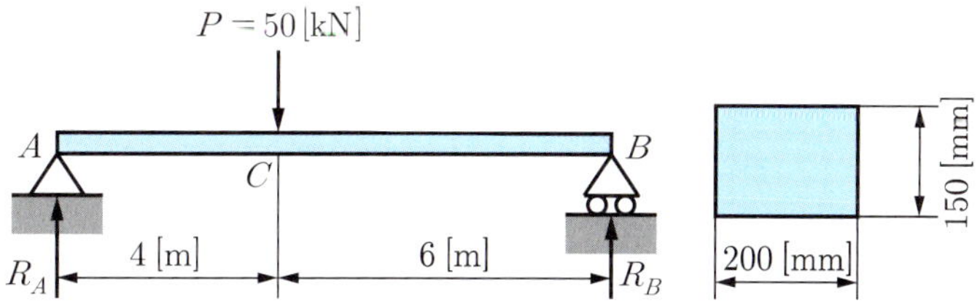

[그림 9-33]

[9-4] [그림 9-34]와 같은 단순보에 짝힘 모멘트 M_A, M_B가 작용할 때 최대처짐이 발생하는 위치와 최대처짐량을 구하시오. 단, 보의 세로탄성계수 $E = 70\,[\text{GPa}]$다.

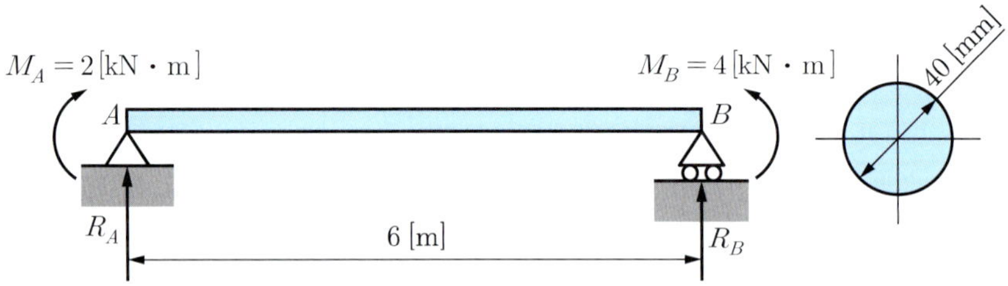

[그림 9-34]

[9-5] [그림 9-35]와 같은 단순보의 $a = l/4$ 인 지점에 집중하중 P 가 대칭으로 작용할 때 최대처짐량을 모멘트 면적법을 이용하여 구하시오.

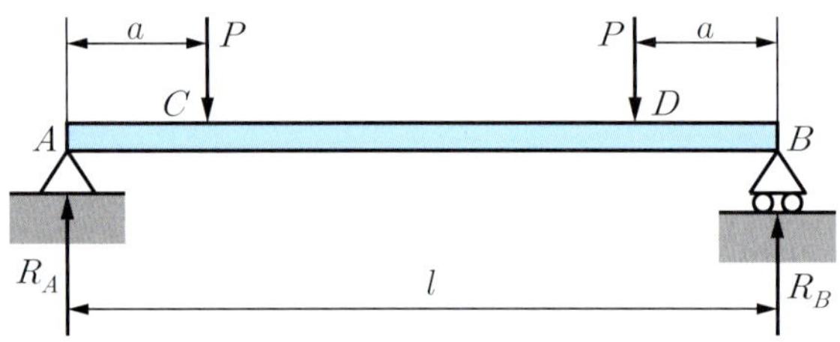

[그림 9-35]

[9-6] [그림 9-36]과 같이 길이 $l = 600\,[\text{mm}]$인 단붙이 외팔보의 자유단 A 에 집중하중 $P = 1\,[\text{kN}]$이 작용할 때 자유단 A 의 처짐량을 모멘트 면적법으로 구하시오.
단, 단붙이 원형 단면의 지름은 각각 $d_1 = 30\,[\text{mm}]$, $d_2 = 50\,[\text{mm}]$이고, 세로탄성계수 $E = 200\,[\text{GPa}]$이다.

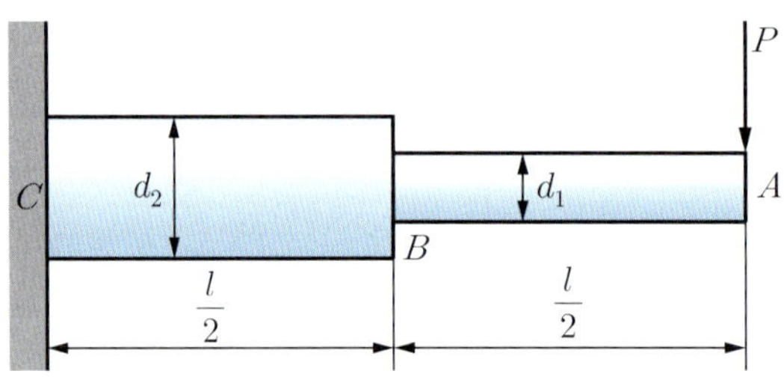

[그림 9-36]

[9-7] [그림 9-37]과 같이 길이 $l = 800\,[\mathrm{mm}]$인 단붙이 원형 단면인 단순보의 중앙점 C에 집중하중 $P = 2\,[\mathrm{kN}]$이 작용할 때 최대처짐량과 그 위치를 모멘트 면적법을 이용하여 구하시오. 단, 단붙이 원형 단면의 지름은 각각 $d_1 = 20\,[\mathrm{mm}]$, $d_2 = 40\,[\mathrm{mm}]$이고, 세로탄성계수 $E = 206\,[\mathrm{GPa}]$이다.

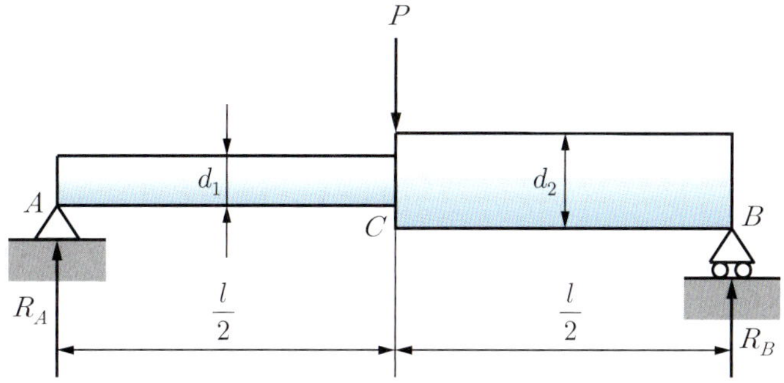

[그림 9-37]

[9-8] [그림 9-38]과 같은 단순보의 전단변형에 의한 최대처짐량을 모멘트 면적법으로 구하시오.

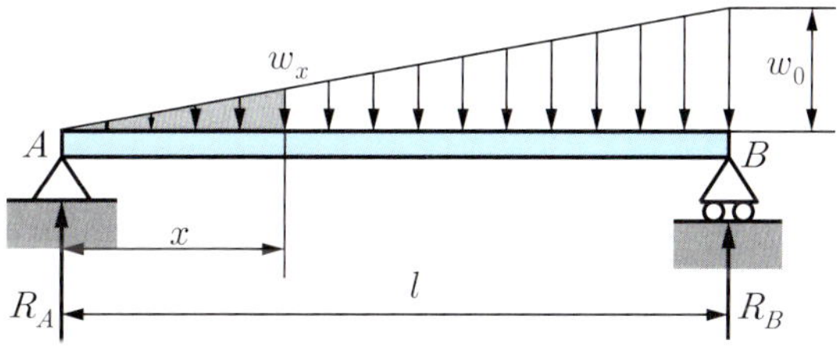

[그림 9-38]

[9-9] [그림 9-39]와 같이 단순보의 C점에 짝힘 모멘트 M_0가 작용할 때 C점의 처짐량을 모멘트 면적법으로 구하시오.

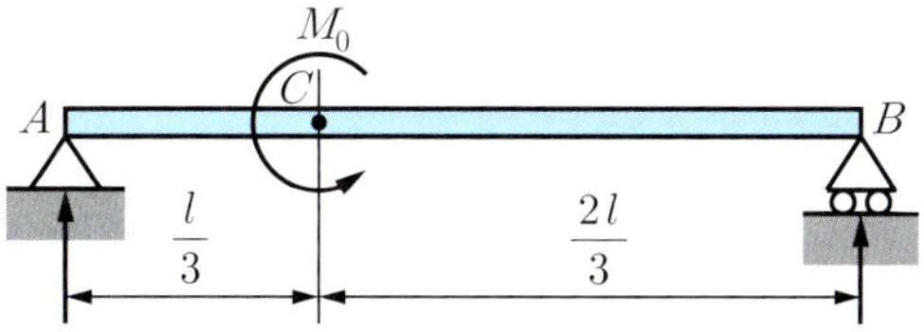

[그림 9-39]

[9-10] [그림 9-40]과 같은 내다지보의 자유단 A에 집중하중 P가 작용할 때 자유단의 처짐각 및 처짐량을 모멘트 면적법으로 구하시오.

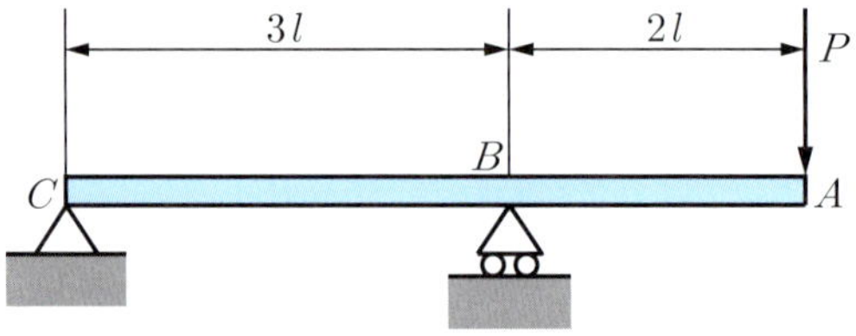

[그림 9-40]

[9-11] [그림 9-41]과 같이 외팔보에 2개의 집중하중 P가 작용할 때 자유단 A의 처짐량을 모멘트 면적법을 이용하여 구하시오.

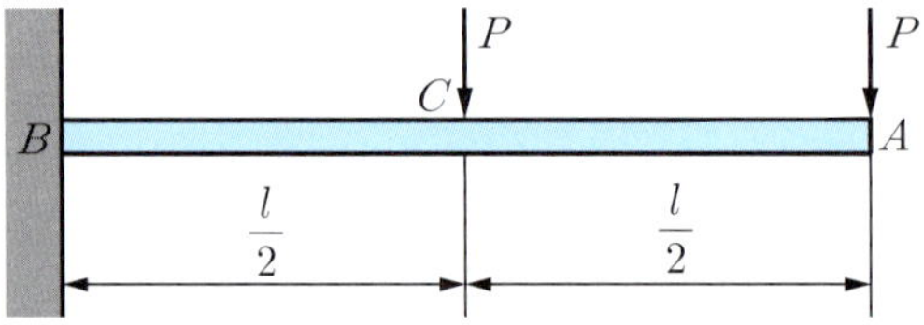

[그림 9-41]

[9-12] [그림 9-42]와 같이 지름 $d=40\,[\mathrm{mm}]$, 길이 $l=2\,[\mathrm{m}]$, 세로탄성계수 $E=70\,[\mathrm{GPa}]$, 굽힘항복강도 $\sigma_Y=300\,[\mathrm{MPa}]$인 알루미늄 봉으로 만든 단순보의 중앙에 높이 h에서 $W=500\,[\mathrm{N}]$의 추가 낙하하였다. 이때 보의 탄성을 잃지 않고 하중을 작용시킬 수 있는 높이 h를 구하시오.

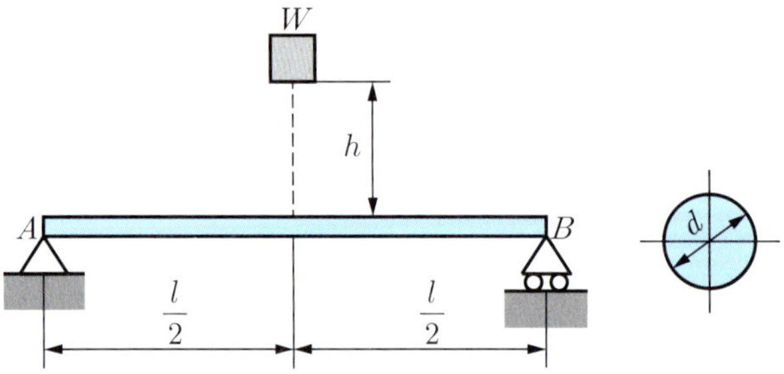

[그림 9-42]

[9-13] [그림 9-43]과 같이 직사각형 단면의 폭×높이 = $30 \times 20\,[\mathrm{mm}]$, 길이 $l = 1\,[\mathrm{m}]$, 세로탄성계수 $E = 200\,[\mathrm{GPa}]$인 강봉으로 만든 외팔보의 자유단에 무게 $W = 100\,[\mathrm{N}]$의 물체가 높이 $h = 500\,[\mathrm{mm}]$에서 낙하하였다. 이때 낙하 충돌에 의한 탄성변형에너지가 전부 보에 축적되었다면, 정적하중 W가 외팔보의 자유단에 작용하였을 때의 처짐량과 비교하시오.

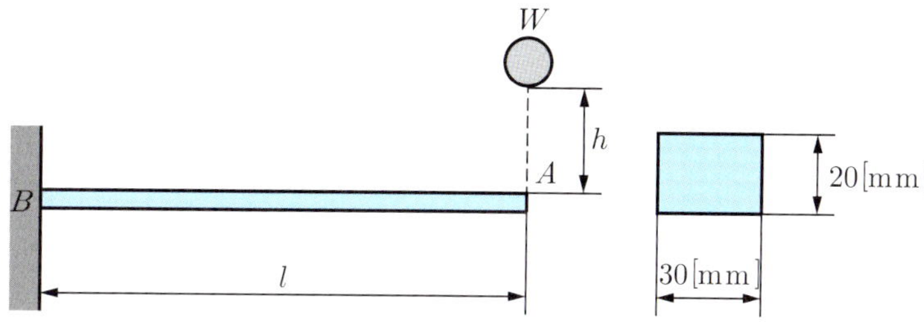

[그림 9-43]

[9-14] 직사각형 단면의 폭 b, 높이 h, 길이 l인 보에 순수굽힘이 작용할 때 탄성범위 안에서 저장할 수 있는 변형에너지를 구하시오.

[9-15] 지름 $d = 5\,[\mathrm{mm}]$, 길이 $l = 1\,[\mathrm{m}]$인 강선(鋼線)을 반원형으로 굽혔을 때 강선에 저장되는 탄성변형에너지를 구하시오. 단, 강선의 세로탄성계수 $E = 200\,[\mathrm{GPa}]$이다.

[9-16] 동일한 재료로 단면적과 길이가 같은 원형 단면보(A_c)와 정사각형 단면보(A_s)를 만들었을 때 두 보에 저장할 수 있는 탄성변형에너지의 비 U_c / U_s를 구하시오.

10 CHAPTER 부정정보

지금까지는 보의 정역학적인 힘의 평형조건만으로 반력을 결정할 수 있는 정정(靜定)보에 대한 반력을 구한 후, 전단력, 굽힘모멘트 및 처짐 등을 구하는 방법을 설명하였다. 그러나 보의 미지반력(未知反力)이나 짝힘 모멘트가 정역학적인 힘의 평형조건식보다 많을 때는 결정할 수 없는 미지량(未知量)이 있으므로 별도의 조건식을 고려하여야 한다. 이와 같이 보의 미지량을 전부 결정하기 위해서는 힘의 평형조건식 외에도 변형조건을 추가하여야만 해석할 수 있는 보를 부정정(不靜定)보라고 한다.

부정정보을 해석하는 방법에는 처짐곡선의 미분방정식을 이용하는 방법, 모멘트 면적를 이용하는 방법, 겹침의 원리를 이용하는 방법, 3모멘트 정리를 이용하는 방법 또는 에너지법 등이 있다. 이와 같이 부정정보를 해석하기 위해서는 먼저 과잉력을 선택하고, 과잉지지점을 제거한 후 정정보로 취급하여 처짐각 및 처짐량에 대한 경계조건을 적용한다. 이때 경계조건의 수는 과잉력의 수와 같게 하여 연립방정식을 세운 후 굽힘모멘트 및 미지반력을 정역학적으로 구한다.

이 장에서는 각종 부정정보에 대한 반력, 전단력, 굽힘모멘트를 구한 후 전단력 선도, 굽힘모멘트 선도 및 처짐의 해석방법을 설명한다. 또한, 에너지법은 일과 에너지의 개념에 기초한 카스틸리아노(Castigliano)의 정리를 이용한 보의 해석방법이 있지만, 이것은 제 13장에서 설명하기로 한다.

10.1 부정정보의 종류

[그림 10-1(a)]에서 지지점 A는 핀지지(pin support)이고, B와 C는 롤러지지(roller support)로 이루어진 보에 하중 P_1과 P_2가 작용할 때 이것에 대한 자유물체도는 [그림 10-1(b)]와 같이 나타낸다.

이때 반력은 X_A, $R_A \sim R_C$인 4개로 되고, 방정식의 수는 3개로써 다음 식과 같이 된다.

$$\begin{aligned} \Sigma X_i &= 0 \qquad (i = x,\ y) \\ \Sigma R_i &= 0 \qquad (i = x,\ y) \qquad (10\cdot1) \\ \Sigma M_i &= 0 \qquad (i = x,\ y) \end{aligned}$$

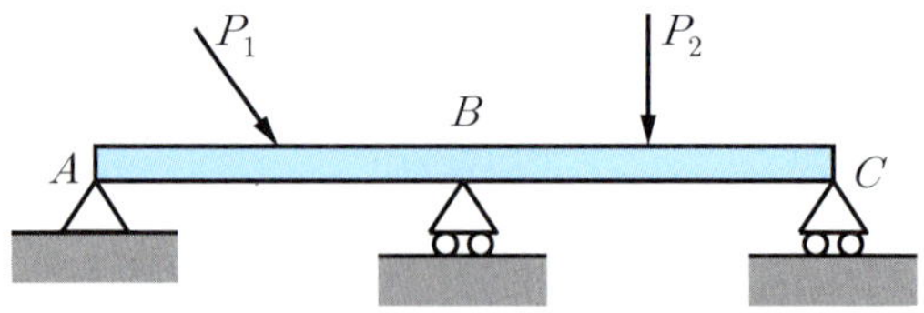

(a)

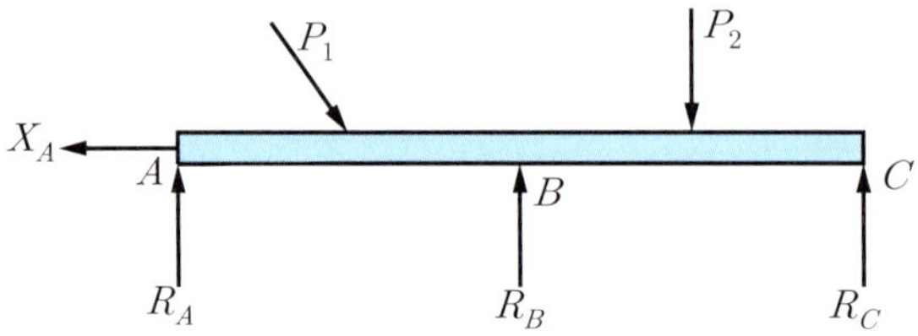

(b)

[그림 10-1] 부정정보의 지점에 대한 반력

이와 같이 반력의 수는 4개이지만 정역학적인 평형조건에 의한 방정식은 식 (10·1)과 같이 3개이므로 반력을 결정하기 위해서는 변형조건을 고려한 방정식의 추가가 필요하기 때문에 [그림 10-1(a)]는 부정정보(statically indeterminate beam)가 된다. 따라서 [그림 10-1(a)]와 같은 부정정보에서 지지점 B와 C 중의 1 개는 과잉지지점(過剩支持點; redundant support)이라고 한다.

부정정보의 종류에는 다음과 같은 보가 있다.

(1) 일단고정 타단지지(一端固定 他端支持)보(fixed simple beam) : [그림 10-2(a)]와 같이 한쪽 끝이 고정되고 다른 쪽 끝은 롤러로 지지된 보
(2) 양단고정(兩端固定)보(fixed beam) : [그림 10-2(b)]와 같이 양쪽 끝이 고정된 보
(3) 연속(連續)보(continuous beam) : [그림 10-2(c)]와 같이 3 개 이상의 지지점을 갖고, 2 개 이상의 스팬(span)으로 이루어진 보

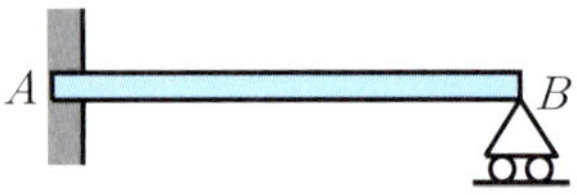

(a) 일단고정 타단지보

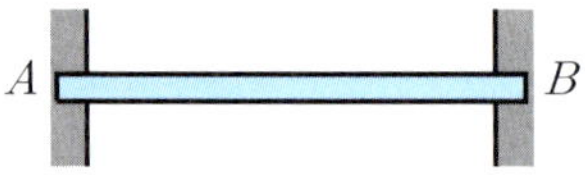

(b) 양단고정보

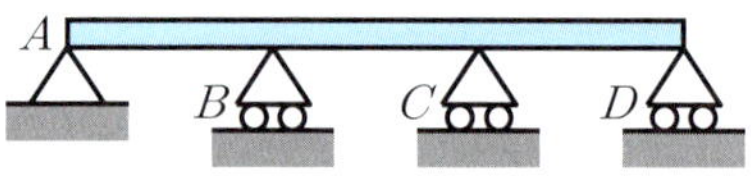

(c) 연속보

[그림 10-2] 부정정보의 종류

부정정(不靜定)보를 해석하는 방법에는 여러 가지가 있고, 각 방법은 과잉지지점의 과잉력(過剩力)을 구하는 것이 중요한 목적이다. 과잉력이 결정되면 나머지 반력들은 정역학적으로 구할 수 있고, 이 반력들을 이용하여 임의의 지지점에 대한 응력 및 처짐을 해석할 수 있다.

지금부터는 부정정보의 해석방법을 알아 보기로 한다.

10.2 처짐곡선의 미분방정식에 의한 처짐 해석

부정정보의 처짐도 처짐곡선의 미분방정식을 이용하여 해석할 수 있고, 해석과정은 정정보의 경우와 같다. 미분방정식을 풀이하여 일반해를 구한 후, 경계조건을 고려하여 적분상수 및 과잉력을 결정한다. 그러나 이 방법은 결정해야할 적분상수가 많을 때 번거로운 계산이 되므로 작용하중이 비교적 간단하고, 1 개의 스팬을 갖는 보에만 적용하는 것이 좋다.

[그림 10-3]과 같이 균일분포하중 w[N/m]가 작용하는 일단고정 타단지지보에 대한 처짐곡선의 미분방정식을 이용하여 처짐을 해석한다. 처짐곡선의 미분방정식을 만들기 위해 1 개의 과잉력을 결정하고, 나머지 반력들은 이 과잉력의 항으로 식을 표시한다.

반력 R_A 를 과잉력으로 하여 평형방정식을 세워서 R_A 의 항으로 표시된 지지점 B 의 반력은 다음 식과 같이 구한다.

$$\Sigma F_y = 0 : R_A - wl + R_B = 0 \tag{a}$$

$$\Sigma M_B = 0 : M_B - (wl) \times \frac{l}{2} + R_A l = 0 \tag{b}$$

식 (a)와 식 (b)에 의해

$$R_B = wl - R_A, \quad M_B = \frac{wl^2}{2} - R_A l \tag{10·2}$$

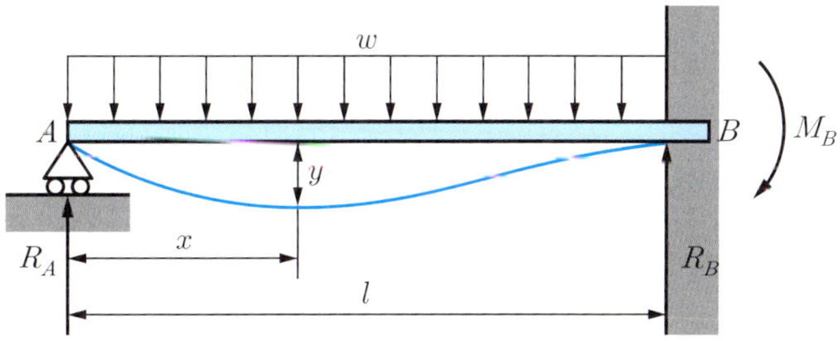

[그림 10-3] 일단고정 타단지지보

지지점 A 에서 임의의 거리 x 단면에 발생하는 굽힘모멘트 M_x 의 식을 반력 R_A 의 항으로 나타내면 다음 식으로 주어진다.

$$M_x = R_A x - \frac{wx^2}{2} \tag{10·3}$$

처짐곡선의 미분방정식은 다음과 같다.

$$\frac{d^2y}{dx^2} = -\frac{M_x}{EI} = \frac{1}{EI}\left(\frac{wx^2}{2} - R_A x\right) \qquad \text{(c)}$$

식 (a)를 2 회 적분하면

$$\frac{dy}{dx} = \frac{1}{EI}\left(\frac{w}{6}x^3 - \frac{R_A}{2}x^2 + C_1\right) \qquad \text{(d)}$$

$$y = \frac{1}{EI}\left(\frac{wx^4}{24} - \frac{R_A}{6}x^3 + C_1 x + C_2\right) \qquad \text{(e)}$$

식 (c) ~ (e)에는 3 개의 미지수 C_1, C_2, R_A가 있고, 이 미지수를 결정하기 위해 경계조건 $(y)_{x=0} = 0$, $(dy/dx)_{x=l} = 0$를 식 (d) 및 식 (e)에 대입하면 상수 C_1, C_2는 다음과 같이 결정된다.

$$C_1 = \frac{R_A l^2}{2} - \frac{wl^3}{6}, \quad C_2 = 0 \qquad \text{(f)}$$

또한, 경계조건 $(y)_{x=l} = 0$을 식 (e)에 적용하면 R_A는 다음과 같이 결정된다.

$$R_A = \frac{3}{8}wl \qquad (10{\cdot}4)$$

그러므로 상수 C_1은 식 (10·4)와 식 (f)로부터

$$C_1 = \frac{wl^3}{48} \qquad \text{(g)}$$

식 (10·4)의 과잉력 R_A를 이용하여 식 (10·2)로부터 나머지 반력들을 구하면 다음 식과 같다.

$$R_B = \frac{5}{8}wl, \quad M_B = \frac{1}{8}wl^2 \qquad (10{\cdot}5)$$

이렇게 구한 R_A, R_B, M_B의 값을 처짐각 $dy/dx = \theta$, 처짐량 y 및 굽힘모멘트 M_x의 식에 대입하여 [그림 10-3]과 같은 일단고정 타단지지보의 처짐을 해석할 수 있다.

처짐각을 구하기 위해서 식 (f)를 식 (d)에 대입하면

$$\frac{dy}{dx} = \frac{1}{EI}\left(\frac{w}{6}x^2 - \frac{3wl}{16}x^2 + \frac{wl^3}{48}\right) = \frac{w}{48EI}(8x^2 - 9lx^2 + l^3) \qquad (10{\cdot}6)$$

지지점 A, B의 처짐각은 식 (10·6)으로부터 다음 식과 같이 된다.

$$\left(\frac{dy}{dx}\right)_{x=0} = \theta_A = \theta_{\max} = \frac{wl^3}{48EI}$$
$$\left(\frac{dy}{dx}\right)_{x=l} = \theta_B = 0 \qquad (10{\cdot}7)$$

처짐량은 식 (f)를 식 (e)에 대입하거나, 식 (10·6)을 적분하면 다음 식이 얻어진다.

$$y = \frac{w}{48EI}\left(2x^4 - 3lx^3 + l^3x\right) \tag{10·8}$$

최대처짐량은 처짐각 $dy/dx = 0$ 인 위치에서 발생하므로 식 (10·6)을 0 으로 놓으면

$$8x^3 - 9lx^2 + l^3 = (x-l)\left(8x^2 - lx - l^2\right) = 0$$

$$\therefore\ x = l,\quad x = \frac{1 \pm \sqrt{33}}{16}\,l = 0.4215l,\ -0.2965l \tag{h}$$

따라서 적합한 값은 $x = 0.4215l$ 이 되고, 이 값을 식 (10·8)에 대입하면 최대처짐량은 다음 식과 같이 된다.

$$(y)_{x=0.4215l} = \delta_{\max} \fallingdotseq 0.005416\left(\frac{wl^4}{EI}\right) = \frac{wl^4}{185EI} \tag{10·9}$$

보의 중앙에 발생하는 처짐량은 식 (10·8)에 $x = l/2$ 을 대입하면 다음 식과 같다.

$$(y)_{x=l/2} = (\delta_x)_{x=l/2} = \frac{wl^4}{192EI} \tag{10·10}$$

또한, [그림 10-3]과 같은 보를 해석하는 다른 방법으로는 모멘트 M_B 를 과잉력으로 취급하여 해석할 수도 있다. 이때 임의의 x 단면에 대한 굽힘모멘트 M_x 를 모멘트 M_B 의 함수로 나타내고, 이것을 처짐곡선의 미분방정식에 대입하여 해석한다.

예제 10–1

[그림 10-4]와 같이 양단고정보에 중앙 집중하중 P 가 작용할 때 처짐곡선의 미분방정식을 이용하여 처짐량을 구하시오.

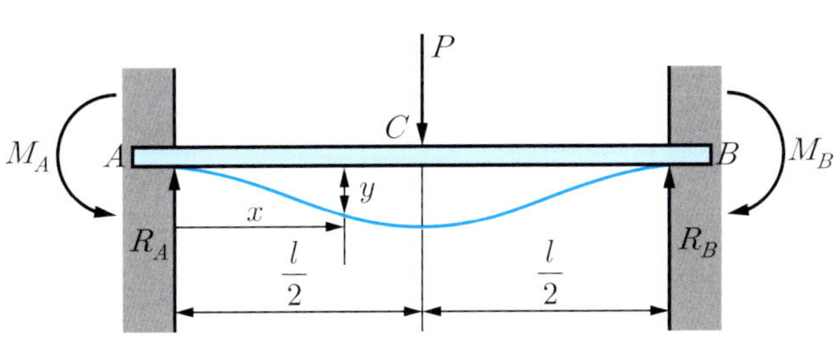

[그림 10–4] 양단고정보

| 풀이 | 대칭조건으로부터 $M_A = M_B,\ R_A = R_B = \frac{P}{2}$ 이고, 1 개의 과잉력 M_A 만이 미지수가 된다. $0 < x < l/2$ 의 구간에서는 하중이 작용하지 않기 때문에 처짐곡선의 미분방정식은 다음과 같다.

$$\frac{d^4y}{dx^4} = -\frac{M_x}{EI} = 0 \tag{a}$$

식 (a)를 4회 적분하면

$$\frac{d^3y}{dx^3} = \frac{1}{EI}C_1 \tag{b}$$

$$\frac{d^2y}{dx^2} = \frac{1}{EI}(C_1x + C_2) \tag{c}$$

$$\frac{dy}{dx} = \frac{1}{EI}\left(\frac{C_1}{2}x^2 + C_2x + C_3\right) \tag{d}$$

$$y = \frac{1}{EI}\left(\frac{C_1}{6}x^3 + \frac{C_2}{2}x^2 + C_3x + C_4\right) \tag{e}$$

상수 $C_1 \sim C_4$를 결정하기 위해 다음과 같은 경계조건을 적용한다.

(1) 임의의 x 단면에 대한 전단력은 R_A이므로 식 (b)로부터 $C_1 = -\frac{P}{2}$로 된다.

(2) $x=0$에서 굽힘모멘트 $M_x = -M_A$이므로 식 (c)에서 $C_2 = M_A$이다.

(3) $x=0$, $x=l/2$에서 굽힘모멘트 $M_x = -M_A$이고, 보의 처짐각 $\theta = 0$이므로 식 (d)로부터 $dy/dx = 0$, $C_3 = 0$이 되고, 과잉력 M_A는 다음과 같다.

$$M_A = \frac{Pl}{8} \tag{10·11}$$

(4) $x=0$에서 처짐량 $y=0$이므로 식 (e)에서 $C_4 = 0$으로 된다.

이와 같이 구한 적분상수를 처짐곡선의 미분방정식 (e)에 대입하면

$$y = \frac{Px^2}{48EI}(3l - 4x) \qquad \left(0 \le x \le \frac{l}{2}\right) \tag{10·12}$$

이 되고, 식 (10·12)를 미분하면 임의의 x 단면에 대한 처짐각과 굽힘모멘트를 구할 수 있다.

10.3 겹침법에 의한 처짐 해석방법

겹침법(superposition method)은 부정정보을 해석하는 또 다른 방법으로서 이러한 겹침법은 보 이외에도 트러스 및 골조구조물 등의 부정정 구조물을 해석하는 기본적인 방법으로써 적용할 수 있다. 겹침법에 의한 부정정보의 처짐을 해석하는 과정은 다음과 같은 방법으로 한다.

(1) 정적 과잉력을 선택한다.

(2) 과잉지지점을 제거한 후 정정보로 취급한다.

(3) 정정보에 필요한 변위를 구한다.

(4) 겹침법을 이용하여 처짐을 해석한다.

(5) 과잉력을 구한 후 나머지 반력을 정역학적으로 결정한다.

겹침법을 이용하여 처짐을 구하는 방법은 예제를 통하여 검토하기로 한다.

≫ 예제 10-2

[그림 10-5(a)]와 같이 외팔보 AB의 자유단 B가 단순보 CD의 중앙에 지지되고, 자유단 B에 수직하중 P가 작용할 때 겹침법을 이용하여 B점의 수직처짐량 δ_B를 구하시오.

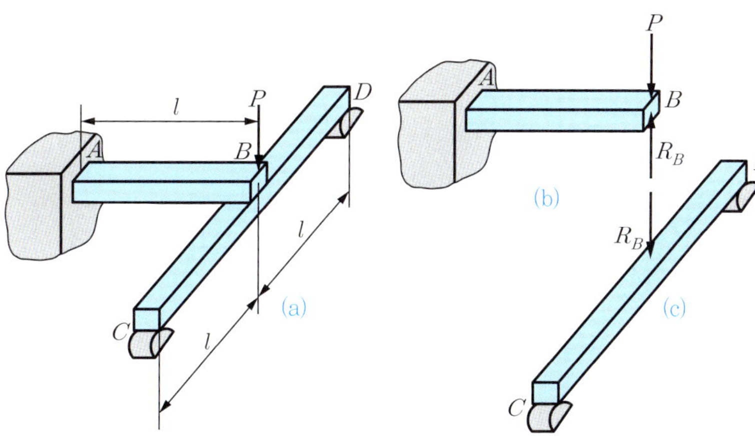

[그림 10-5]

| 풀이 | 2개의 보가 접촉점 B에서 서로 작용하는 반력을 R_B라고 하면, 일단고정 타단지지보 AB의 자유단 B에 작용하는 실제하중은 [그림 10-5(b)]와 같이 $P-R_B$이므로 이때의 처짐량 $\delta_B{}'$은 다음 식과 같이 된다.

$$\delta_B{}' = \frac{(P-R_B)l^3}{3EI} \qquad \text{(a)}$$

또한, [그림 10-5(c)]와 같이 단순보 CD의 중앙점 B에는 아랫방향으로 R_B가 작용하므로 이때의 처짐량 $\delta_B{}''$은 다음 식과 같이 표시된다.

$$\delta_B{}'' = \frac{R_B(2l)^3}{48EI} \qquad \text{(b)}$$

결국, 식 (a)와 식 (b)의 처짐은 같아야 하므로 다음 식이 얻어진다.

$$\frac{(P-R_B)}{3} - \frac{R_B}{6} = 0$$

$$\therefore\ R_B = \frac{2}{3}P \qquad \text{(c)}$$

식 (c)를 처짐량이 식 (a), 또는 식 (b)에 대입하면 다음 식과 같이 된다.

$$\delta_B = \delta_B{}' = \delta_B{}'' = \frac{Pl^3}{9EI} \qquad \text{(d)}$$

10.4 일단고정 타단지지보의 겹침법에 의한 처짐 해석

10.4.1 집중하중이 작용

[그림 10-6(a)]와 같이 일단고정 타단지지보의 임의의 단면에 집중하중 P가 작용할 때 처짐을 구하여 보기로 한다. 이때 고정지지점 A에 2개, 지지점 B에 1개의 작용 요소가 있으므로 1개의 과잉구속을 갖는 부정정보가 된다. 지점 A에 발생하는 회전 모멘트 M_A를 부정정 요소로 보고, [그림 10-6(b)] 및 [그림 10-6(c)]와 같이 2개의 정정보로 분해하여 겹침법으로 해석할 수 있다. 고정지지점 A에서는 처짐각이 0이므로 [그림 10-6(b)] 및 [그림 10-6(c)]에 대한 처짐각의 합이 0이 되어야 한다.

$$\theta_A' - \theta_A'' = 0 \tag{a}$$

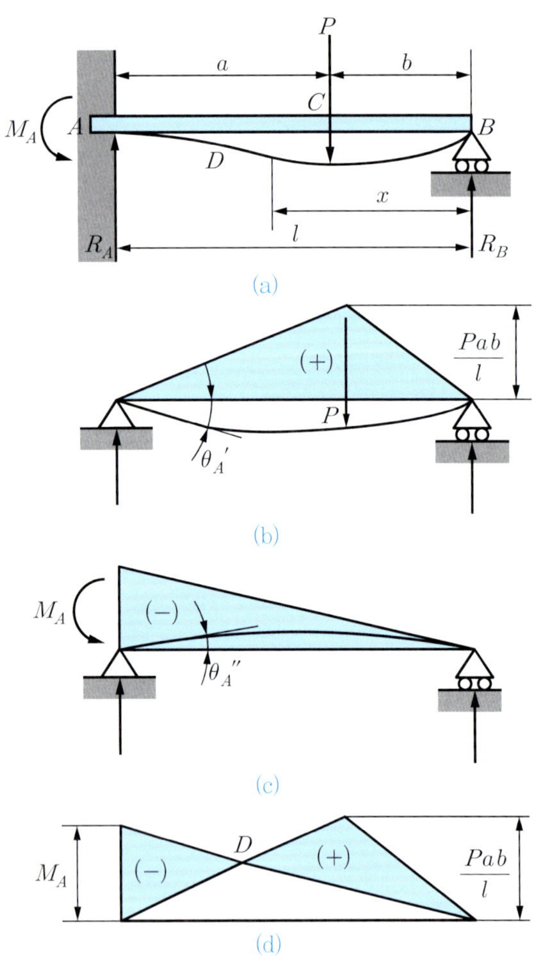

[그림 10-6] 집중하중이 작용하는 일단고정 타단지지보

또한, [그림 10-6(b)]에서 집중하중 P에 의한 고정지지점 A의 처짐각 θ_A'과 [그림 10-6(c)]에서 짝힘 모멘트 M_A에 의한 지지점 A의 처짐각 θ_A''은 각각 식 (9·13)과 식 (9·29)에 의해

$$\theta_A' = \frac{Pb}{6lEI}\left(l^2 - b^2\right) = \frac{Pab}{6lEI}(l+b)$$
$$\theta_A'' = \frac{M_A l}{3EI} \qquad \text{(b)}$$

로 되므로 식 (b)를 식 (a)에 대입하면 M_A는 다음 식과 같이 된다.

$$\frac{Pb}{6lEI}\left(l^2 - b^2\right) - \frac{M_A l}{3EI} = 0$$
$$\therefore\ M_A = \frac{Pb\left(l^2 - b^2\right)}{2l^2} = \frac{Pab}{2l^2}(l+b) \qquad (10\cdot13)$$

정역학적인 평형방정식에 의해 반력은 다음 식과 같이 구해진다.

$$\Sigma M_B = 0 : R_A l - Pb - M_A = 0$$
$$\therefore\ R_A = \frac{Pb}{2l^3}\left(3l^2 - b^2\right) \qquad (10\cdot14)$$

$$\Sigma M_A = 0 : -R_B l + Pa - M_A = 0$$
$$\therefore\ R_B = \frac{Pa^2}{2l^3}(3l - a) = \frac{Pa^2}{2l^3}(2l + b) \qquad (10\cdot15)$$

각 구간에 대한 굽힘모멘트는 다음 식과 같이 된다.

(1) AC 구간

$$M_x = R_B x - P(x - b) = \frac{Pa^2(3l - a)}{2l^3}x - Px + Pb \qquad (10\cdot16)$$

(2) CB 구간

$$M_x = R_B x = \frac{Pa^2(3l - a)}{2l^3}x \qquad (10\cdot17)$$

굽힘모멘트 선도(BMD)는 [그림 10-6(b)]와 [그림 10-6(c)]로 각각 분리하여 해석한 후 서로 중첩하면 [그림 10-6(d)]와 같이 된다. [그림 10-6(b)]는 단순보에 집중하중이 작용할 때의 굽힘모멘트 선도이고, [그림 10-6(c)]는 단순보의 지지점 A의 모멘트 M_A가 작용할 때 굽힘모멘트를 나타낸 것이다. 또한, [그림 10-6(d)]는 [그림 10-6(b)]

와 [그림 10-6(c)]에서 굽힘모멘트 선도의 (+)와 (−)가 겹쳐진 부분을 제외한 굽힘모멘트 선도를 나타낸 것이다.

고정지지점 A에서 발생하는 굽힘모멘트 M_A는 하중의 위치에 관계되므로 M_A의 최대값은 식 (10·13)으로부터

$$\frac{dM_A}{db} = -\frac{P(l^2 - 3b^2)}{2l^2} = 0$$

$$\therefore\ b = \frac{l}{\sqrt{3}} \tag{e}$$

식 (e)를 식 (10·13)에 대입하면 다음과 같이 결정된다.

$$(M_A)_{max} = -\frac{Pl}{3\sqrt{3}} = -0.192Pl \tag{10·18}$$

하중 작용점 C에서 발생하는 굽힘모멘트 M_C는 [그림 10-6(b), (c)]에서

$$M_C = \frac{Pab}{l} - \frac{Pb(l^2 - b^2)}{2l^2} = \frac{Pa^2b(2l + b)}{2l^3} \tag{10·19}$$

작용하중 P의 위치가 변할 때 최대굽힘모멘트 M_C가 최대값으로 되는 b의 위치는 식 (10·19)를 편미분하면 다음 식과 같이 된다.

$$\frac{dM_C}{db} = 0 :\ 2b^2 + 2bl - l^2 = 0$$

$$\therefore\ b = \frac{l}{2}(\sqrt{3} - 1) = 0.366l \tag{f}$$

식 (f)를 식 (10·19)에 대입하면 M_C의 최대값은 다음과 같다.

$$(M_C)_{max} = 0.174Pl \tag{10·20}$$

식 (10·20)과 식 (10·18)을 비교하면 $(M_A)_{max}$가 큰 값이기 때문에 작용하중이 P일 때 최대굽힘모멘트는 $b = l/\sqrt{3}$인 단면에서 발생하는 것을 알 수 있다.

만일, 집중하중 P가 중앙점에 작용한다면 식 (10·14)에 $a = b = l/2$을 대입하면 반력은 다음과 같이 결정된다.

$$R_A = \frac{11}{16}P, \quad R_B = \frac{5}{16}P \tag{10·21}$$

따라서 중앙 집중하중 P가 작용할 때 식 (10·13) 및 식 (10·19)로부터 굽힘모멘트를 구하면 다음과 같다.

$$M_A = \frac{3}{16}Pl, \quad M_C = \frac{5}{32}Pl \tag{10·22}$$

이때 굽힘모멘트가 0 으로 되는 위치 x 는 다음 식과 같이 구할 수 있다.

$$M_x = R_B x - P\left(x - \frac{l}{2}\right) = \frac{5}{16}Px - P\left(x - \frac{l}{2}\right) = 0$$

$$\therefore \ x = \frac{8}{11}l \tag{10·23}$$

임의의 거리 x단면에 대한 보의 처짐량은 P 및 M_A 에 의한 처짐량을 각각 구한 후 더하면 되므로 식 (9·12) 및 식 (9·27)에 $x = l/2$ 을 대입하면 다음 식으로 주어진다.

$$\delta_{x1} = (y)_{x=l/2} = \frac{Pb}{48EI}(3l^2 - 4b^2) \tag{c}$$

$$\delta_{x2} = (y)_{x=l/2} = \frac{M_A l^2}{16EI} \tag{d}$$

$$\therefore \ \delta_x = \frac{Pb}{48EI}(3l^2 - 4b^2) + \frac{M_A l^2}{16EI} = \frac{Pb}{96EI}(3l^2 - 5b^2) \tag{10·24}$$

중앙점$(a = b = l/2)$ 의 최대처짐량 δ 는 식 (10·24)로부터 다음 식이 얻어진다.

$$\delta = (\delta_x)_{b=l/2} = \frac{Pb}{96EI}(3l^2 - 5b^2) = \frac{7Pl^3}{768EI} \tag{10·25}$$

10.4.2 균일분포하중이 작용

[그림 10-7(a)]와 같이 진길이 l 에 균일분포하중 w 가 작용하는 일단고정 타단지지보에 대한 처짐을 겹침법으로 해석하여 보기로 한다. 이 보가 작용하중에 의해 휘어실 때 지지점 A 에 대한 처짐곡선의 접선이 회전하는 것을 방지하기 위해 반시계방향의 굽힘모멘트 M_A 가 발생한다. 이 구속모멘트 M_A 를 과잉반력으로 하여 소거하면 각각 [그림 10-7(b)] 및 [그림 10-7(c)]와 같은 단순보로 취급하여 해석할 수 있다.

[그림 10-7(b)]는 균일분포하중 w 가 작용할 때 지지점 A 의 처짐각 $\theta_A{}'$, [그림 10-7(c)]는 지지점 A 에 대한 과잉모멘트 M_A 에 의한 처짐각 $\theta_A{}''$ 을 나타낸 것이다. 고정지지점 A 에 대한 과잉모멘트 M_A 를 구하기 위한 구속조건은 [그림 10-7(b)] 및 [그림 10-7(c)]의 같은 단순보로부터 다음 식과 같이 표시된다.

$$\theta_A{}' - \theta_A{}'' = 0 \tag{a}$$

또한, 처짐각 $\theta_A{}'$ 와 $\theta_A{}''$ 는 각각 다음 식과 같다.

$$\theta_A{}' = \frac{wl^3}{24EI} \tag{b}$$

$$\theta_A{}'' = \frac{M_A l}{3EI} \tag{c}$$

식 (b), 식 (c)를 식 (a)에 대입하면 M_A는 다음과 같이 결정된다.

$$M_A = \frac{wl^2}{8} \tag{10·26}$$

식 (10·26)에서 M_A의 부호가 양(+)의 값이 얻어진 것은 [그림 10-7(a)]에서 가정한 M_A의 방향과 같음을 의미한다. 겹침법에 의한 식 (10·26)은 식 (10·5)와 일치한다.

[그림 10-7(a)]에서 지지점 A, B에 관한 굽힘모멘트의 대수적 합은 0이 되므로 반력 R_A 및 R_B는 다음과 같이 구해진다.

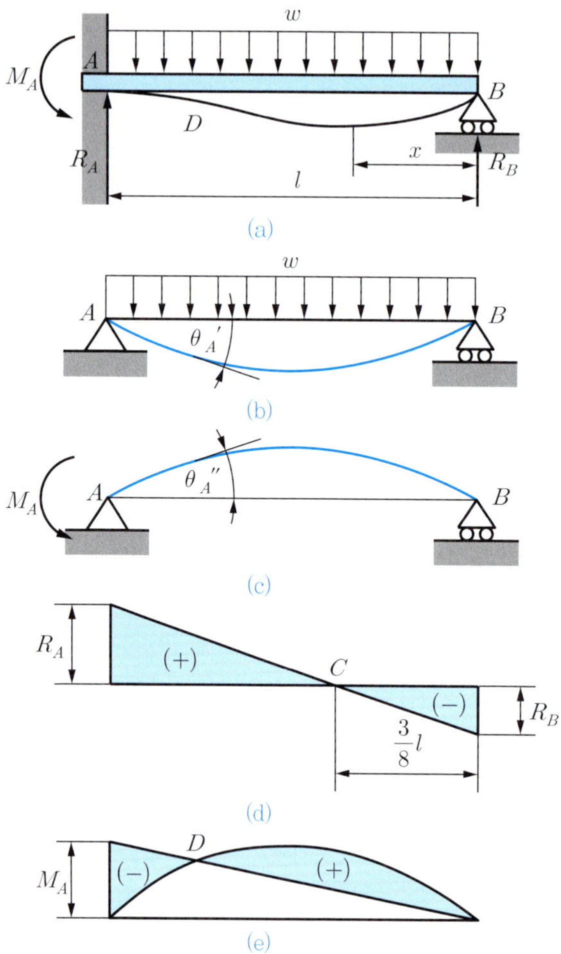

[그림 10-7] 균일분포하중이 작용하는 일단고정 타단지지보

$$\Sigma M_A = 0 : R_B l - \frac{wl^2}{2} + M_A = R_B l - \frac{wl^2}{2} + \frac{wl^2}{8} = 0 \quad \text{(d)}$$

$$\therefore\ R_B = \frac{3}{8} wl \quad (10\cdot27)$$

$$\Sigma M_B = 0 : R_A l - \frac{wl^2}{2} - M_A = R_A l - \frac{wl^2}{2} - \frac{wl^2}{8} = 0 \quad \text{(e)}$$

$$\therefore\ R_A = \frac{5}{8} wl \quad (10\cdot28)$$

이와 같이 겹침법에 의한 처짐해석은 10.2절의 처짐곡선의 미분방정식에 의한 처짐해석과 일치하는 것을 알 수 있다.

지지점 B로부터 임의의 거리 x 단면에 대한 전단력 F_x는

$$F_x = -R_B + wx = -\frac{3}{8} wl + wx \quad (10\cdot29)$$

식 (10·29)로부터 지지점 A, B에 대한 전단력을 구하면 다음 식이 얻어진다.

$$\left.\begin{aligned} F_A &= R_A = (F_x)_{x=l} = \frac{5}{8} wl \\ F_B &= -R_B = (F_x)_{x=0} = -\frac{3}{8} wl \end{aligned}\right\} \quad (10\cdot30)$$

전단력 $F_x = 0$인 단면의 위치 x는 식 (10·29)로부터 $x = 3l/8$이 된다. 이렇게 결정한 값들을 이용하여 전단력 선도(SFD)를 그리면 [그림 10-7(d)]와 같다.

또한, x 단면에 발생하는 굽힘모멘트 M_x는 다음 식과 같이 된다.

$$M_x = R_B x - \frac{wx^2}{2} = \frac{3wl}{8} x - \frac{wx^2}{2} \quad (10\cdot31)$$

최대굽힘모멘트는 $\frac{dM}{dx} = F_x = 0$일 때이므로 식 (10·29)로부터 $x = \frac{3l}{8}$인 단면에서 발생하며, 식 (10·31)로부터 다음과 같은 값을 구할 수 있다.

$$M_{\max} = \frac{9}{128} wl^2 \quad (10\cdot32)$$

굽힘모멘트 $M_x = 0$인 x의 위치는 식 (10·31)에서 다음 식과 같이 된다.

$$M_x = \frac{3wl}{8} x - \frac{wx^2}{2} = 0 \quad \therefore\ x = \frac{3l}{4} \quad \text{(f)}$$

따라서 지지점 A에 발생하는 최대굽힘모멘트 M_A는 식 (10·31)에서 $x = l$인 위치이므로

$$M_A = -\frac{1}{8}wl^2 \qquad (10\cdot33)$$

▶ 예제 10-3

[그림 10-8(a)]와 같은 일단고정 타단지지보에서 지지점 A 에 짝힘 모멘트 M_0 가 작용할 때 반력 R_A, R_B, 굽힘모멘트 M_B, 처짐각 θ_A, θ_B 및 최대처짐량 $\delta_{\max}$ 을 구하시오.

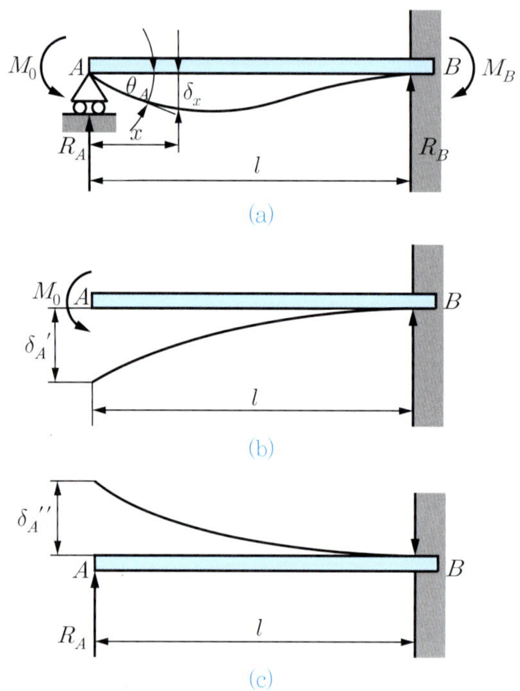

[그림 10-8]

| 풀이 | [그림 10-8(b)] 및 [그림 10-8(c)]와 같이 외팔보의 자유단에 짝힘 모멘트 M_0 가 작용하여 자유단의 처짐량이 δ_A' 인 경우와 외팔보의 자유단에 반력 R_A 에 의해 발생하는 처짐량 δ_A'' 을 겹침의 원리를 이용하여 결정할 수 있다.

[그림 10-8(b)]와 같이 자유단의 짝힘 모멘트 M_0 에 의한 처짐량 δ_A' 은 식 (9·10)으로부터

$$\delta_A' = \frac{M_0 l^2}{2EI} \qquad (a)$$

또한, [그림 10-8(c)]와 같이 반력 R_A 에 의한 처짐량 δ_A'' 은 식 (9·6)으로부터 다음 식이 얻어진다.

$$\delta_A'' = -\frac{R_A l}{3EI} \qquad (b)$$

$\delta_A' + \delta_A'' = 0$ 이므로 식 (a)와 식 (b)로부터

$$\frac{M_0 l^2}{2EI} - \frac{R_A l^3}{3EI} = 0$$

$$\therefore\ R_A = \frac{3M_0}{2l} \qquad (c)$$

[그림 10-8(a)]에서 지지점 B에 관한 모멘트의 대수적 합은 0 이므로

$$R_A l - M_0 + M_B = 0 \tag{d}$$

식 (c)와 식 (d)로부터 M_B는 다음 식과 같이 된다.

$$\frac{3M_0 l}{2l} \times l - M_0 + M_B = 0$$

$$\therefore\ M_B = -\frac{M_0}{2} \tag{e}$$

지지점 A에 관한 모멘트의 대수적 합이 0 인 것을 이용하면 R_B는 다음과 같이 된다.

$$-M_0 - R_B l + M_B = 0$$

$$\therefore\ R_B = \frac{3M_0}{2l} \tag{f}$$

임의의 위치에 대한 전단력 F_x는 다음 식으로 표시된다.

$$F_x = R_A = \frac{3M_0}{2l} \tag{g}$$

또한, 임의의 위치에 대한 굽힘모멘트 M_x는

$$M_x = R_A x - M_0 = \frac{3M_0}{2l}x - M_0 \tag{h}$$

따라서 식 (h)로부터 양끝 지지점 A, B에 대한 굽힘모멘트는 다음 식과 같다.

$$\left(M_x\right)_{x=0} = M_A = -M_0$$
$$\left(M_x\right)_{x=l} = M_B = \frac{M_0}{2} \tag{i}$$

굽힘모멘트가 0 인 위치는 식 (h)를 0 으로 놓으면

$$M_x = \frac{3M_0}{2l}x - M_0 = 0$$
$$\therefore\ x = \frac{2l}{3} \tag{j}$$

처짐각을 구하기 위해 저심곡선의 비분방정식을 적분하면 다음 식과 같이 나타낸다.

$$\frac{d^2y}{dx^2} = -\frac{M_x}{EI} = \frac{1}{EI}\left(M_0 - \frac{3M_0}{2l}x\right) \tag{j}$$

$$\frac{dy}{dx} = -\int \frac{M_x}{EI}dx = \frac{1}{EI}\left(M_0 x - \frac{3M_0}{4l}x^2 + C_1\right) \tag{k}$$

식 (k)에 $x = l$ 일 때 $\dfrac{dy}{dx} = 0$ 인 경계조건을 대입하면 $C_1 = -\dfrac{M_0 l}{4}$ 이 되므로 식 (k)는 다음 식과 같이 된다.

$$\frac{dy}{dx} = \theta_x = \frac{1}{EI}\left(M_0 x - \frac{3M_0}{4l}x^2 - \frac{M_0 l}{4}\right) \tag{l}$$

그러므로 지지점 A, B에 대한 처짐각은 다음과 같이 된다.

$$\left(\frac{dy}{dx}\right)_{x=0} = \theta_A = -\frac{M_0 l}{4EI}$$
$$\left(\frac{dy}{dx}\right)_{x=l} = \theta_B = 0 \tag{m}$$

처짐각이 0인 지점에서 최대처짐량이 발생하므로 이 위치는 식 (l)로부터 다음과 같이 구한다.

$$3x^2 - 4lx + l^2 = (3x-l)(x-l) = 0$$

$$\therefore\ x = l,\ \ x = \frac{l}{3} \text{ 이므로 } x = \frac{l}{3}\text{이 적합하다.} \tag{n}$$

또한, 식 (l)을 적분하면 다음 식과 같이 된다.

$$y = \frac{1}{EI}\left(-\frac{3M_0}{12l}x^3 + \frac{M_0}{2}x^2 - \frac{M_0 l}{4}x + C_2\right) \tag{o}$$

식 (o)에서 $x=0$일 때 $y=0$의 경계조건을 적용하면 $C_2=0$가 되므로 임의의 거리 x단면에 대한 처짐량은

$$y = \delta_x = -\frac{M_0}{12lEI}(3x^3 - 6lx^2 + 3l^2x) \tag{p}$$

따라서 최대처짐량은 식 (p)에서 $x = \frac{l}{3}$인 곳에서 발생하므로 다음과 같다.

$$(y)_{x=l/3} = \delta_{max} = -\frac{M_0 l^2}{27EI} \tag{q}$$

예제 10-4

[그림 10-9(a)]와 같이 일단고정 타단지지보의 길이 l에 삼각형 분포하중 w_0가 작용할 때 반력 R_A, R_B와 지지점 B의 굽힘모멘트 M_B 및 처짐각 θ_A, θ_B를 구하시오.

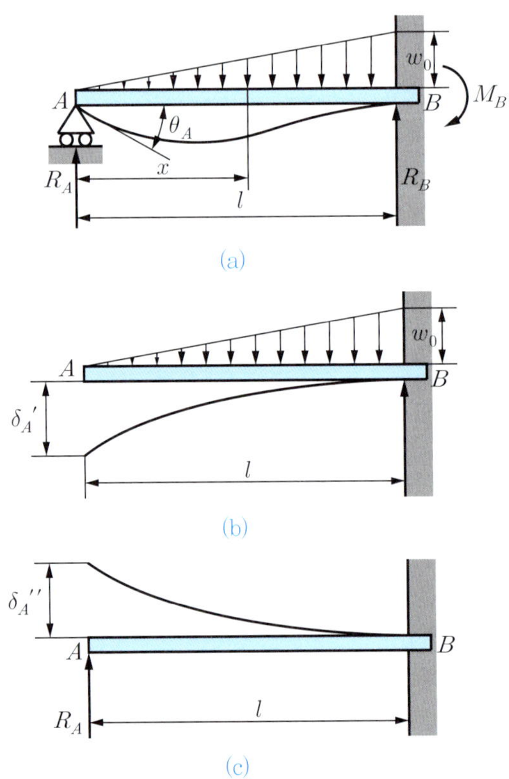

[그림 10-9]

| 풀이 | 외팔보에 삼각형 분포하중 w_0 가 작용하는 [그림 10-9(b)]에 대한 처짐량 δ_A' 과 외팔보에 집중하중 R_A 가 작용하는 [그림 10-9(c)]에서의 처짐량 δ_A'' 은 같다.

[그림 10-9(b)]에서 자유단의 처짐량 δ_A' 는 식 (9·39)로부터

$$\delta_A' = \frac{w_0 l^4}{30EI} \qquad \text{(a)}$$

[그림 10-9(c)]에서 집중하중 R_A 에 의한 자유단의 처짐량 δ_A'' 는

$$\delta_A'' = -\frac{R_A l^3}{3EI} \qquad \text{(b)}$$

처짐량 $\delta_A' = \delta_A''$ 이므로 식 (a)와 식 (b)에 의해 R_A 는 다음과 같이 결정된다.

$$\frac{w_0 l^4}{30EI} - \frac{R_A l^3}{3EI} = 0$$

$$\therefore\ R_A = \frac{w_0 l}{10} \qquad \text{(c)}$$

또한, 힘의 평형조건에 의해

$$R_A + R_B - \frac{w_0 l}{2} = 0$$

$$\therefore\ R_B = \frac{2}{5} w_0 l \qquad \text{(d)}$$

지지점 B 에 관한 모멘트의 대수적 합은 0 이므로 다음과 같이 M_B 를 구한다.

$$R_A l - \frac{w_0 l}{2} \times \frac{l}{3} + M_B = 0$$

$$\therefore\ M_B = \frac{w_0 l^2}{15} \qquad \text{(e)}$$

[그림 10-9(a)]와 같은 양단고정보의 지지점 A 에 대한 처짐각 $\theta_A = \theta_A' + \theta_A''$ 이므로

$$\theta_A = \theta_A' + \theta_A'' = -\frac{w_0 l^3}{24EI} + \frac{R_A l^2}{2EI}$$

$$= -\frac{w_0 l^3}{24EI} + \frac{w_0 l^3}{20EI} = \frac{w_0 l^3}{120EI} \qquad \text{(f)}$$

$$\theta_B = 0 \qquad \text{(g)}$$

예제 10-5

[그림 10-10(a)]와 같은 내다지보에서 스팬 AB 의 길이가 l 이고, 지지점 B 에서 돌출길이 a 인 자유단에 집중하중 P 가 작용할 때 지지점 A, B 의 반력 R_A, R_B 와 지지점 A 의 굽힘모멘트 M_A 를 구하시오.

| 풀이 | [그림 10-10(a)]의 지지점 A 에서 처짐각 및 처짐량은 0 이고, 지지점 B 에서는 처짐량이 0 으로 된다. [그림 10-10(b)]와 같이 지지점 B 에 대한 지지력을 제거하면 B 점은 집중하중 P 에 의해 δ_B' 만큼 아래로 처짐이 발생한다.

[그림 10-10(d)]와 같이 하중작용이 없이 반력 R_B 만에 의해 δ_B'' 만큼 위로 처짐이 발생한다. 그러나 지지점 B 에서의 실제 처짐량은 $\delta_B' + \delta_B'' = 0$ 이 되어야 한다.

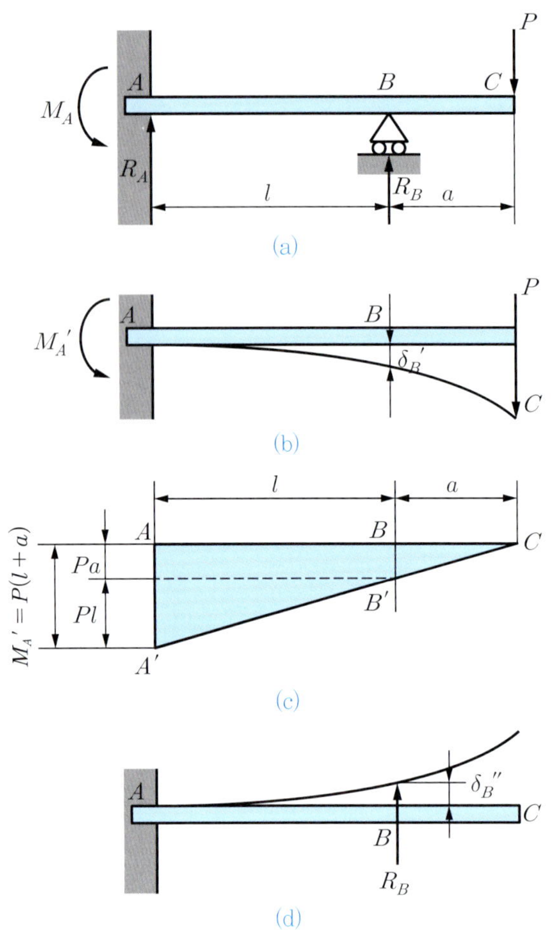

[그림 10-10]

[그림 10-10(b)]에서 외팔보의 자유단에 집중하중 P가 작용할 때 굽힘모멘트 선도(BMD)는 [그림 10-10(c)]와 같다. 또한 지지점 B의 처짐량 δ_B'은 굽힘모멘트 선도의 면적 $ABB'A'$ 면적을 EI로 나눈 값이 된다.

$$\delta_B' = \frac{1}{EI}\left\{(Pal) \times \frac{l}{2} + \left(Pl \times l \times \frac{1}{2}\right) \times \frac{2l}{3}\right\}$$

$$= \frac{Pl^2}{6EI}(2l + 3a) \qquad \text{(a)}$$

[그림 10-10(d)]에서 반력 R_B에 의한 지지점 B의 처짐량 δ_B''은

$$\delta_B'' = -\frac{R_B l^3}{3EI} \qquad \text{(b)}$$

$\delta_B = \delta_B' + \delta_B'' = 0$ 이므로 식 (a)와 식 (b)로부터 다음 식과 같이 된다.

$$\frac{Pl^2}{6EI}(2l+3a) - \frac{R_B l^3}{3EI} = 0$$

$$\therefore\ R_B = \frac{P(2l+3a)}{2l} \qquad \text{(c)}$$

또한, 지지점 A 에 관한 모멘트의 대수적 합은 0 이므로 다음과 같이 M_A 가 구해진다.

힘의 평형조건으로부터

$$R_A + R_B - P = 0$$

$$R_A = -\frac{3a}{2l}P \qquad \text{(d)}$$

$$\Sigma M_A = 0 : P(l+a) - R_B l - M_A = 0$$

$$M_A = P(l+a) - R_B l = P(l+a) - \frac{P(2l+3a)}{2l} \times l = -\frac{Pa}{2} \qquad \text{(e)}$$

10.5 양단고정보의 겹침법에 의한 처짐 해석

10.5.1 집중하중이 작용

[그림 10-11(a)]와 같이 보의 양끝이 고정되고 집중하중 P가 작용할 때 양끝에는 반력 R_A, R_B가 생기며, 또한 회전을 방지하기 위한 짝힘 모멘트 M_A, M_B의 과잉반력이 발생한다. 이때 2 개의 과잉력 M_A, M_B가 발생하므로 양단고정보는 부정정보가 되며, 구속모멘트 M_A, M_B를 제거하면 단순보로 취급하여 겹침법으로 해석할 수 있다.

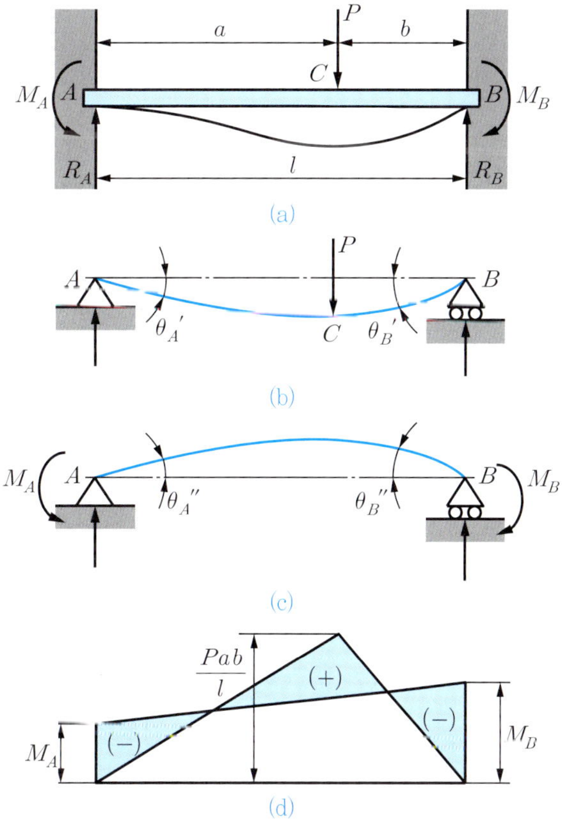

[그림 10-11] 집중하중이 작용하는 양단고정보

과잉력 M_A, M_B를 구하기 위해 우선 [그림 10-11(b)]와 같이 집중하중이 작용하는 단순보로 고려하여 양끝의 처짐각 $\theta_A{}'$, $\theta_B{}'$은 식 (9·13)과 식 (9·16)에 의해

$$\theta_A{}' = \frac{Pb}{6lEI}(l^2 - b^2) = \frac{Pab}{6lEI}(l+b)$$
$$\theta_B{}' = \frac{Pab}{6lEI}(l+a) = \frac{Pab}{6lEI}(2l-b) \qquad \text{(a)}$$

또한 M_A, M_B를 과잉력으로 고려하면 [그림 10-11(c)]와 같이 단순보로 취급하여 양끝 지지점 A, B의 모멘트 M_A, M_B에 의한 처짐각 $\theta_A{}''$, $\theta_B{}''$을 구하면 다음 식과 같이 된다.

$$\theta_A{}'' = \frac{M_A l}{3EI} + \frac{M_B l}{6EI}$$
$$\theta_B{}'' = \frac{M_A l}{6EI} + \frac{M_B l}{3EI} \qquad \text{(b)}$$

그러나 양단고정보의 양끝 고정점에 대한 실제의 처짐각은 0이 되어야 하므로 $\theta_A{}' + \theta_A{}'' = 0$, $\theta_B{}' + \theta_B{}'' = 0$이 되어서 다음의 관계식이 성립한다.

$$\frac{Pab}{6lEI}(l+b) = \frac{M_A l}{3EI} + \frac{M_B l}{6EI}$$
$$\frac{Pab}{6lEI}(l+a) = \frac{M_A l}{6EI} + \frac{M_B l}{3EI} \qquad \text{(c)}$$

연립방정식 (c)를 풀면

$$M_A = \frac{Pab^2}{l^2}$$
$$M_B = \frac{Pa^2 b}{l^2} \qquad (10\cdot34)$$

여기서 $a > b$이면, $M_B > M_A$이 된다.

따라서 [그림 10-11(a)]와 같은 양단지지보의 굽힘모멘트 선도는 [그림 10-11(b)] 및 [그림 10-11(c)]와 같은 단순보의 굽힘모멘트 선도를 중첩한 것으로 되며, 이들을 중첩하면 [그림 10-11(d)]와 같다. [그림 10-11(d)]에서 M_A 및 M_B에 의한 모멘트 부호에 의해 상쇄되는 부분을 제외하면 순수하게 작용하는 굽힘모멘트 선도는 색칠한 부분이 된다.

또한, B점에 관한 굽힘모멘트의 대수적 합은 0이 되어야 하므로

$$R_A l - M_A - Pb + M_B = 0 \tag{d}$$

식 (10·34)를 식 (d)에 대입하면 반력 R_A가 구해진다.

$$R_A = \frac{M_A - M_B + Pb}{l} = \frac{Pb^2(l+2a)}{l^3} = \frac{Pb^2(3a+b)}{l^3} \tag{10·35}$$

같은 방법으로 반력 R_B를 구하면 다음 식과 같이 된다.

$$R_B = \frac{M_B - M_A + Pa}{l} = \frac{Pa^2(l+2b)}{l^3} = \frac{Pa^2(a+3b)}{l^3} \tag{10·36}$$

구간 AC, CB에서 각 전단력의 식은 다음과 같이 표시된다.

$$F_{AC} = R_A = \frac{Pb^2(l+2a)}{l^3} = \frac{Pb^2(3a+b)}{l^3} \tag{10·37}$$

$$F_{CB} = R_A - P = \frac{Pb^2(l+2a)}{l^3} - P$$

$$= \frac{Pb^2(3a+b)}{l^3} - P = -\frac{Pa^2(a+3b)}{l^3} \tag{10·38}$$

[그림 10-11(a)]에서 집중하중 P가 작용하는 C점의 처짐량을 겹침법에 의해 구하여 보기로 한다. [그림 10-11(b)]에서 집중하중 P에 의한 단순보의 하중점 C의 처짐량 δ_C'은 다음 식과 같다.

$$\delta_C' = \frac{Pa^2b^2}{3lEI} \tag{e}$$

또한, [그림 10-11(c)]와 같은 단순보의 양끝에 발생하는 모멘트 M_A, M_B에 의한 하중점의 처짐량 δ_C''은 다음 식과 같이 된다.

$$\delta_C'' = \frac{M_A ab}{6lEI}(l+b) + \frac{M_B ab}{6lEI}(l+a) \tag{f}$$

식 (f)에 식 (10·26)의 M_A, M_B를 대입하면

$$\delta_C'' = \frac{Pa^2b^3}{6l^3EI}(l+b) + \frac{Pa^3b^2}{6l^3EI}(l+a) \tag{g}$$

이 되므로 C점의 전체처짐량 δ_C는 다음 식으로 주어진다.

$$\delta_C = \delta_C' - \delta_C'' = \frac{Pa^3b^3}{3l^3EI} \tag{10·39}$$

만일, 집중하중 P가 보의 중앙점 C에 작용한다면 전체처짐량 δ_C는

$$\delta_C = \frac{Pl^3}{192EI} \tag{10·40}$$

또한, 중앙 집중하중 P가 작용할 때 미지반력 및 모멘트는 다음과 같이 구해진다.

$$M_A = M_B = \frac{Pl}{8}$$
$$R_A = R_B = \frac{P}{2} \tag{10·41}$$

10.5.2 균일분포하중이 작용

[그림 10-12(a)]와 같이 양단고정보의 전길이 l에 균일분포하중 w가 작용할 때 겹침법을 이용하여 처짐을 해석하여 보기로 한다. 양단고정보의 각 지점에는 균일분포하중 w에 의한 반력 R_A, R_B 및 모멘트 M_A, M_B가 발생한다.

따라서 [그림 10-12(a)]와 같은 양단고정보는 [그림 10-12(b)] 및 [그림 10-12(c)]와 같은 단순보로 취급하여 겹침법을 이용하여 해석할 수 있다. [그림 10-12(a)]에서 균일분포하중 w에 의한 양끝 고정점의 처짐각 $\theta_A{}'$, $\theta_B{}'$과 모멘트 M_A, M_B에 의한 양끝 고정점의 처짐각 $\theta_A{}''$, $\theta_B{}''$의 합은 0이 되어야 하므로 다음의 관계식이 성립한다.

$$\theta_A{}' + \theta_A{}'' = 0, \quad \theta_B{}' + \theta_B{}'' = 0 \tag{a}$$

[그림 10-12(b)]에서 균일분포하중 w에 의한 단순보의 처짐각 $\theta_A{}'$, $\theta_B{}'$은 좌우가 대칭이므로 식 (9·25)로부터 다음 식과 같이 된다.

$$\theta_A{}' = \theta_B{}' = \frac{wl^3}{24EI} \tag{b}$$

또한, [그림 10-12(c)]와 같이 단순보의 양끝에 굽힘모멘트 M_A, M_B가 작용할 때 처짐각은 [예제 9-3]의 식 (9.54)와 식 (9.55)로부터 다음 식과 같다.

$$\theta_A{}'' = \frac{l}{6EI}(2M_A + M_B)$$
$$\theta_B{}'' = \frac{l}{6EI}(2M_B + M_A) \tag{c}$$

식 (b) 및 식 (c)를 식 (a)에 대입하면 다음 식과 같이 된다.

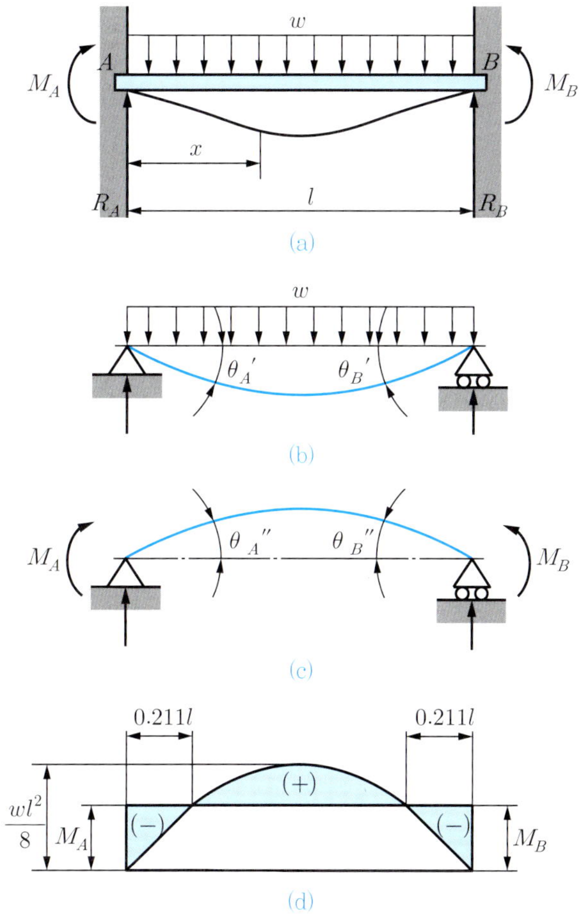

[그림 10-12] 균일분포하중이 작용하는 양단고정보

$$M_A = M_B = -\frac{w\,l^2}{12} \tag{10·42}$$

지지점 A, B에 대한 모멘드의 대수적합은 0이므로 다음 식과 같이 된다.

$$\begin{aligned} &\Sigma M_B = 0 : R_A l + M_A - \frac{w\,l^2}{2} - M_B = 0,\ \ M_A = M_B \\ &\Sigma M_A = 0 : R_B l - M_A - \frac{w\,l^2}{2} + M_B = 0 \end{aligned} \tag{d}$$

$$\therefore\ R_A = R_B = \frac{w\,l}{2} \tag{10·43}$$

굽힘모멘트 선도는 [그림 10-12(b)] 및 [그림 10-12(c)]에 관한 굽힘모멘트 선도를 합하면 [그림 10-12(d)]와 같은 선도가 된다.

전단력은 [그림 10-12(a)]에서 다음 식과 같이 표시된다.

$$F_x = R_A - wx = \frac{wl}{2} - wx \tag{10·44}$$

식 (10·44)로부터 지지점 A, B에 대한 각 전단력은 다음 식과 같다.

$$(F_A)_{x=0} = \frac{wl}{2},\quad (F_A)_{x=l} = -\frac{wl}{2} \tag{10·45}$$

따라서 전단력이 0인 지점에서 최대굽힘모멘트가 발생하므로 식 (10·44)로부터 $x = l/2$이 되고, 이것은 보의 중앙점이 된다.

또한, [그림 10-12(a)]에서 임의의 x단면에 대한 굽힘모멘트 M_x는 다음 식과 같다.

$$\begin{aligned} M_x &= M_A + R_A x - \frac{w}{2}x^2 = -\frac{wl^2}{12} + \frac{wl}{2}x - \frac{w}{2}x^2 \\ &= -\frac{w}{12}(6x^2 - 6lx + l^2) \end{aligned} \tag{10·46}$$

식 (10·46)으로부터 M_A 및 M_B를 구하면

$$(M_A)_{x=0} = -\frac{wl^2}{12},\quad (M_B)_{x=l} = -\frac{wl^2}{12} \tag{e}$$

식 (e)는 식 (10·42)와 일치하는 것을 알 수 있다.

또한, 중앙점$(x = l/2)$ C의 굽힘모멘트 M_C는 전단력이 0인 위치이므로 다음 식과 같다.

$$(M_C)_{x=l/2} = \frac{wl^2}{24} \tag{10·47}$$

[그림 10-12(a)]에서 처짐량을 구하기 위해 처짐곡선의 미분방정식으로 나타내면 다음 식과 같이 된다.

$$\frac{d^2y}{dx^2} = -\frac{M_x}{EI} = \frac{w}{12EI}(6x^2 - 6lx + l^2) \tag{f}$$

식 (f)를 적분하면

$$\frac{dy}{dx} = \frac{w}{12EI}(2x^3 - 3lx^2 + l^2x) + C_1 \tag{g}$$

이 되고, $x = 0$일 때 $dy/dx = 0$이므로 $C_1 = 0$이 된다.

따라서 식 (g)는 다음 식으로 표시된다.

$$\frac{dy}{dx} = \theta_x = \frac{w}{12EI}(2x^3 - 3lx^2 + l^2x) \tag{10·48}$$

식 (10·48)을 적분하면

$$y = \frac{w}{24EI}\left(x^4 - 2lx^3 + l^2x^2\right) + C_2 \qquad \text{(h)}$$

식 (h)에 $x = 0$일 때 $y = 0$인 경계조건을 적용하면 $C_2 = 0$이 되므로 다음 식이 얻어진다.

$$y = \delta_x = \frac{w}{24EI}\left(x^4 - 2lx^3 + l^2x^2\right) = \frac{wx^2}{24EI}(x-l)^2 \qquad (10\cdot49)$$

최대처짐량은 처짐각 $dy/dx = \theta_x = 0$인 지점에서 발생하므로 식 (10·48)로부터 다음과 같이 구할 수 있다.

$$\frac{w}{12EI}\left(2x^3 - 3lx^2 + l^2x\right) = 0$$

$$\left(2x^3 - 3lx^2 + l^2x\right) = x(2x-l)(x-l) = 0$$

$$\therefore\ x = 0,\quad x = \frac{l}{2},\quad x = l \qquad \text{(i)}$$

식 (i)에서 적합한 값은 $x = l/2$이므로 이것을 식 (10·49)에 대입하면 최대처짐량은 다음 식과 같이 된다.

$$\left(\delta_{max}\right)_{x=\frac{l}{2}} = \frac{wx^2}{24EI}(x-l)^2 = \frac{wl^4}{384EI} \qquad (10\cdot50)$$

다음은 최대처짐각이 발생하는 곳은 굽힘모멘트가 0이 되는 위치이므로 식 (10·46)을 이용하여 다음 식과 같이 구할 수 있다.

$$-\frac{w}{12}\left(6x^2 - 6lx + l^2\right) = 0$$

$$\therefore\ x = \frac{(3-\sqrt{3})l}{6} = 0.211l \qquad (10\cdot51)$$

$$x = \frac{(3+\sqrt{3})l}{6} = 0.789l$$

식 (10·51)를 식 (10·48)에 대입하면 최대처짐각 θ_{max}는 다음 식과 같다.

$$\theta_{max} = \pm\frac{\sqrt{3}\,wl^3}{216EI} \fallingdotseq \pm 0.0080\frac{wl^3}{EI} = \pm\frac{wl^3}{125EI} \qquad (10\cdot52)$$

여기서 θ_{max}의 값에 ±의 부호를 붙인 것은 양끝 지지점 A, B의 기울기가 서로 반대인 것을 의미한다.

10.6 3점 지지보의 겹침법에 의한 해석

3 개의 지지점으로 지지되고, 2 개의 스팬으로 이루어진 보를 3 점 지지보라고 한다. 이와 같은 3 점 지지보는 부정정보로 되고, 미지반력 및 굽힘모멘트는 겹침의 원리를 이용하여 구할 수 있다.

10.6.1 집중하중이 작용하는 3점 지지보

[그림 10-13(a)]와 같이 각 스팬의 길이가 l_1, l_2 이고, 지지점 B로부터 거리 a에 집중하중 P가 작용할 때 겹침법으로 해석하여 보기로 한다.

[그림 10-13(b)]는 단순보의 길이가 $l_1 + l_2$ 이고, 점 D에 집중하중 P가 작용하면 지지점 C는 아래로 δ_C' 만큼 처짐이 발생한다. 또한, [그림 10-13(c)]는 길이가 $l_1 + l_2$ 인 단순보가 지지점 C에서 반력 R_C에 의해 δ_C'' 만큼 처짐이 위로 발생한다.

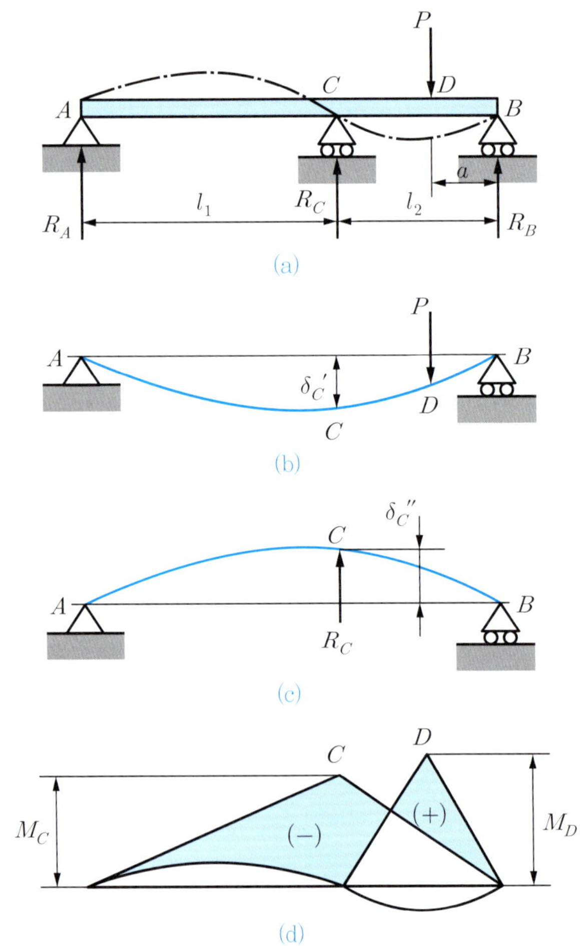

[그림 10-13] 집중하중이 작용하는 3점 지지보

이때 [그림 10-13(b)]와 [그림 10-13(c)]를 중첩하면, [그림 10-13(a)]와 같이 되므로 지지점 C에서의 처짐은 0이 되기 때문에 다음 식으로 표시된다.

$$\delta_C' + \delta_C'' = 0 \qquad \text{(a)}$$

[그림 10-13(b)]와 같이 단순보의 D점에 집중하중 P가 작용할 때 지지점 C에서의 처짐량 δ_C'은 식 (9·12)로부터

$$\delta_C' = \frac{Pal_1\left\{(l_1+l_2)^2 - a^2 - l_1^2\right\}}{6(l_1+l_2)EI} \qquad \text{(b)}$$

또한, [그림 10-13(c)]와 같이 반력 R_C에 의한 단순보의 지지점 C에서의 처짐량 δ_C''은 식 (9·17)에 의해 다음 식과 같이 된다.

$$\delta_C'' = -\frac{R_C l_1^2 l_2^2}{3(l_1+l_2)EI} \qquad \text{(c)}$$

식 (b)와 식 (c)를 식 (a)에 대입하여 반력 R_C를 구하면 다음 식으로 주어진다.

$$R_C = \frac{Pa\left\{(l_1+l_2)^2 - a^2 - l_1^2\right\}}{2\,l_1 l_2^2} \qquad (10\cdot53)$$

지점 B에 대한 모멘트의 대수적 합은 0이 되므로 다음 식이 얻어진다.

$$R_A(l_1+l_2) + R_C l_2 - Pa = 0 \qquad \text{(d)}$$

$$\therefore\ R_A = -\frac{Pa\left(l_2^2 - a^2\right)}{2l_1 l_2(l_1+l_2)} \qquad (10\cdot54)$$

지지점 C에 발생하는 모멘트의 대수적 합은 0이 되므로 다음 식과 같이 지지점 B의 반력 R_B를 구할 수 있다.

$$R_A l_1 + P(l_2 - a) - R_B l_2 = 0 \qquad \text{(e)}$$

$$\therefore\ R_B = \frac{P(l_2-a)\left\{2l_2(l_1+l_2) - a(l_2+a)\right\}}{2l_2^2(l_1+l_2)} \qquad (10\cdot55)$$

지지점 C에 대한 굽힘모멘트 M_C는 다음 식과 같이 된다.

$$M_C = R_A l_1 = -\frac{Pa\left(l_2^2 - a^2\right)}{2l_2(l_1+l_2)} \qquad (10\cdot56)$$

이상의 결과를 이용하여 굽힘모멘트 선도를 그리면 [그림 10-13(d)]와 같이 된다.

10.6.2 균일분포하중이 작용하는 3점 지지보

[그림 10-14(a)]와 같이 스팬의 길이가 l 인 3점 지지보에 균일분포하중이 작용할 때 각 지지점의 반력과 지지점 C에 발생하는 굽힘모멘트를 겹침법을 이용하여 구해 보기로 한다.

[그림 10-14(b)]와 같이 단순보의 길이 $2l$ 에 균일분포하중이 작용할 때 지지점 C의 처짐량 δ_C' 은 다음 식으로 주어진다.

$$\delta_C' = \frac{5w(2l)^4}{384EI} = \frac{5wl^4}{24EI} \tag{a}$$

또한, [그림 10-14(c)]와 같이 단순보의 중앙에 집중하중 R_C가 작용할 때 중앙점의 처짐량 δ_C'' 은 다음 식과 같다.

$$\delta_C'' = -\frac{R_C(2l)^3}{48EI} = -\frac{R_C l^3}{6EI} \tag{b}$$

그러나 지지점 C에서의 처짐량은 0 이 되므로 지지점 C의 반력은 다음 식과 같이 구한다.

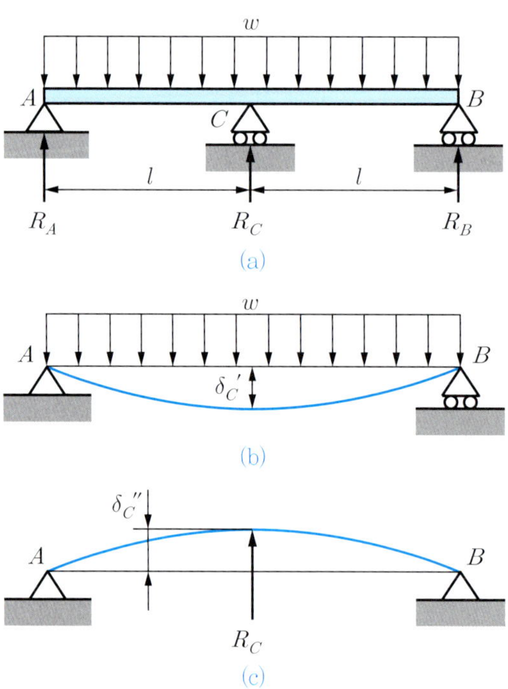

[그림 10-14] 균일분포하중이 작용하는 3점 지지보

$$\delta_C' + \delta_C'' = 0 \tag{c}$$

$$\frac{5wl^4}{24EI} - \frac{R_C l^3}{6EI} = 0 \tag{d}$$

$$\therefore\ R_C = \frac{5}{4}wl \tag{10·57}$$

힘의 평형조건을 고려하면 다음 식과 같이 된다.

$$R_A + R_B + R_C - 2wl = 0 \tag{e}$$

좌우가 대칭이므로 $R_A = R_B$이고, 이것을 식 (e)에 대입하면

$$R_A = R_B = \frac{3}{8}wl \tag{10·58}$$

지지점 C에 발생하는 굽힘모멘트 M_C를 구하면 다음 식으로 주어진다.

$$M_C = R_A l - \frac{wl^2}{2} = \frac{3}{8}wl^2 - \frac{wl^2}{2} = -\frac{wl^2}{8} \tag{10·59}$$

10.7 연속보

10.7.1 연속보와 과잉력

[그림 10-15(a)]와 같이 3 개 이상의 지지점으로 지지된 보를 연속(連續)보(continuous beam)라 하며 교량, 건축물 및 관로(管路) 등에 널리 이용되고 있다. 연속보는 1 개의 움직일 수 없는 힌지(hinge)와 나머지 지지점들은 모두 움직일 수 있는 롤러(roller)로 취급하여 해석한다. [그림 10-15(a)]와 같이 5 개의 지지점을 갖는 연속보는 4 개의 스팬(span)으로 구성되며, 이때 반력의 전체수는 지지점의 수와 같고 부정정(不靜定) 차수(次數)는 지지점의 수보다 2 개 적게 된다. 따라서 이와 같은 연속보에서는 5 개의 반력이 발생하므로 과잉력의 수는 3 개로 된다.

연속보에 겹침의 원리를 이용하여 중간지지점들의 반력을 과잉력으로 취급하면 이 완구조물은 단순보가 되며, 과잉력이 2개 이상일 때는 중간지지점의 굽힘모멘트를 과잉력으로 취급하는 것이 편리하다. 이러한 방법은 과잉력의 수에 관계없이 각 방정식에 최대 3 개의 미지수만이 포함되는 연립방정식이 세워지므로 계산이 간단하다.

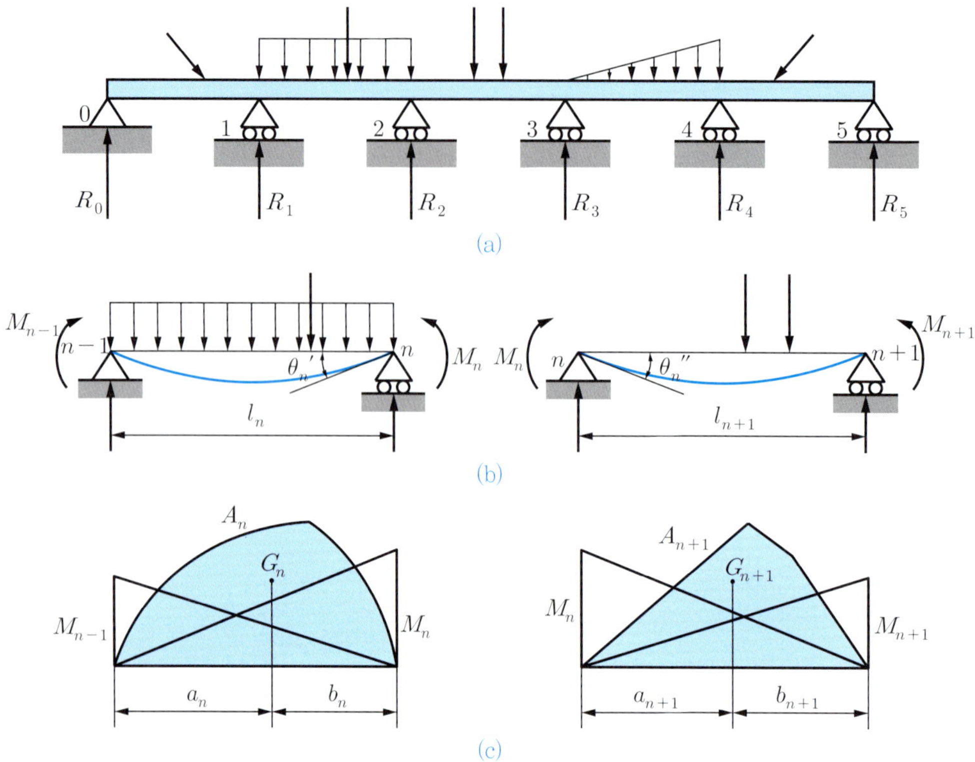

[그림 10-15] 연속보의 3 모멘트 정리

10.7.2 3모멘트 정리

[그림 10-15(a)]와 같은 연속보에서 4 개의 중간처짐에 대한 반력 $R_1 \sim R_4$를 과잉력으로 하고, 이들 작용점의 처짐량 $\delta_1 \sim \delta_4$를 0 으로 놓는다. 이때 4 개의 방정식과 이 보 전체에 대한 3 개의 정역학적 방정식을 연립으로 풀면 미지반력을 전부 결정할 수 있다.

그러나 이 보를 중간지지점에서 절단한 후 그 지지점들에 작용하는 굽힘모멘트 $M_1 \sim M_4$를 과잉구속으로 취급하는 것이 더욱 간단하다. 이때 4 개의 단순보가 얻어지는데, 각 단순보는 외부에서 작용하는 하중과 양끝에 발생하는 2 개의 과잉모멘트가 작용하므로 이들 단순보를 2 개씩 묶어서 취급하면 문제의 복잡성을 줄일 수 있다.

[그림 10-15(b)]에서 지점 $n-1$, n, $n+1$로 지지된 임의의 두 인접 스팬의 길이를 각각 l_n, l_{n+1}, 그 지지점의 과잉구속에 의한 3 개의 굽힘모멘트를 각각 M_{n-1}, M_n, M_{n+1}이라고 하면, 스팬 l_n, l_{n+1}인 2 개의 보에 굽힘변형이 발생한다. 왼쪽 보의 지지점 n에 대한 처짐각을 $\theta_n{}'$, 오른쪽 보의 지지점 n에 대한 처짐각을 $\theta_n{}''$이라 하고, 굽힘모멘트 M_n의 방향과 일치하는 처짐각을 양(+)으로 가정한다. 이때 절단하기 전의 지지점 n에서 실제의 처짐곡선은 연속상태이므로 이들의 처짐각은 크기가 같고,

방향이 서로 반대이므로 다음 식과 같이 주어진다.

$$\theta_n{}' = -\theta_n{}'' \tag{10·60}$$

[그림 10-15(c)]와 같은 굽힘모멘트 선도를 이용하여 $\theta_n{}'$, $\theta_n{}''$을 과잉구속 모멘트와 하중에 의한 처짐각을 모멘트 면적법으로 구할 수 있다. 이때 외부에서 작용하는 하중에 의한 굽힘모멘트 선도의 면적을 각각 A_n 및 A_{n+1}이라 하고, 두 스팬의 양끝으로부터 면적의 도심 G_n, G_{n+1}까지의 거리를 각각 a_n, b_n, a_{n+1}, b_{n+1}이라고 한다.

이때 왼쪽 스팬 l_n에서 처짐각 $\theta_n{}'$을 겹침법으로 구하면 다음 식과 같이 표시된다.

$$\theta_n{}' = \frac{M_n l_n}{3EI} + \frac{M_{n-1} l_n}{6EI} + \frac{A_n a_n}{l_n EI} \tag{10·61}$$

같은 방법으로 오른쪽 스팬 l_{n+1}을 고려하면 다음 식이 얻어진다.

$$\theta_n{}'' = \frac{M_n l_{n+1}}{3EI} + \frac{M_{n+1} l_{n+1}}{6EI} + \frac{A_{n+1} b_{n+1}}{l_{n+1} EI} \tag{10·62}$$

식 (10·61)과 식 (10·62)를 식 (10·60)에 대입하면 다음 식과 같이 된다.

$$M_{n-1} l_n + 2M_n (l_n + l_{n+1}) + M_{n+1} l_{n+1} = -\frac{6A_n a_n}{l_n} - \frac{6A_{n+1} b_{n+1}}{l_{n+1}} \tag{10·63}$$

식 (10·63)은 보의 연속된 3개의 굽힘모멘트에 대한 관계를 나타내므로 3 모멘트 정리(theorem of three moment)라고 한다. 이러한 방정식은 연속보의 각 중간지지점에 대하여 1 개씩 얻어지고, 이들 방정식을 연립으로 풀면 중간지지점의 굽힘모멘트를 결정할 수 있다.

또한, 고정지지점 0에서 처짐각 θ_0는 식 (10·61)로부터 다음 식을 얻을 수 있다.

$$\theta_0 = \frac{M_0 l_1}{3EI} + \frac{M_1 l_1}{6EI} + \frac{A_1 b_1}{l_1 EI} \tag{10·64}$$

[그림 10-15(a)]에서 고정지지점 0에 대한 굽힘모멘트를 구하기 위해 식 (10·64)를 0으로 놓으면 다음 식과 같이 된다.

$$M_0 = -\frac{M_1}{2} - \frac{3A_1 b_1}{l_1^2} \tag{10·65}$$

연속보의 반력은 단순보의 반력을 합하는 것이므로 임의의 중간지지점 n에 발생하는 전반력(全反力)을 구하여 보기로 한다. [그림 10-15(b)]에서 두 인접 스팬을 고려하면 스팬 l_n에서 외부하중에 의한 단순보의 지지점 n에 발생하는 반력을 $R_n{}'$이라 하고, 스팬 l_{n+1}에 발생하는 반력을 R_n''이라고 한다. 또한, 각 지지점에는 스팬의 양끝에 작용하는 굽힘모멘트 M_{n-1}, M_n, M_{n+1}에 의한 반력이 발생한다.

이때 굽힘모멘트의 방향을 [그림 10-15(b)]와 같이 가정하면, 이들에 의한 지지점 n에 발생하는 반력은 다음 식으로 표시된다.

$$\frac{M_{n-1} - M_n}{l_n} + \frac{-M_n + M_{n+1}}{l_{n+1}} \qquad \text{(a)}$$

식 (a)의 첫 항은 스팬 l_n의 양끝 굽힘모멘트에 의한 반력이고, 둘째 항은 스팬 l_{n+1}의 양끝 굽힘모멘트에 의한 반력으로 된다. 이 반력과 외부하중에 의한 반력 R_n' 및 R_n''을 합하면 임의의 중간지지점 n에 발생하는 전반력 R_n은 다음 식과 같이 된다.

$$R_n = R_n' + R_n'' + \frac{M_{n-1} - M_n}{l_n} + \frac{-M_n + M_{n+1}}{l_{n+1}} \qquad (10 \cdot 66)$$

이와 같은 방법으로 연속보의 모든 지지점에 대한 반력과 굽힘모멘트가 구해지면, 이 보의 전단력 선도(SFD)와 굽힘모멘트 선도(BMD)를 그릴 수 있다.

(1) 1개의 집중하중이 작용하는 연속보

[그림 10-16(a)]와 같이 3개의 스팬을 갖는 연속보에 1개의 집중하중 P가 작용할 때 보의 3모멘트 정리를 이용하여 각 지지점에 발생하는 반력을 구하고, 전단력 선도(SFD) 및 굽힘모멘트 선도(BMD)를 그려보기로 한다.

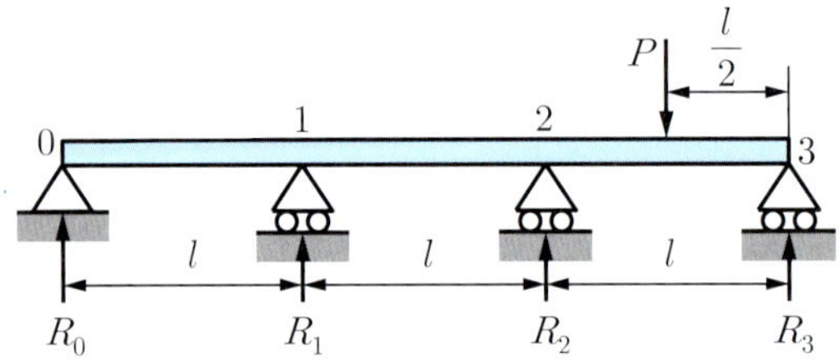

(a) 연속보

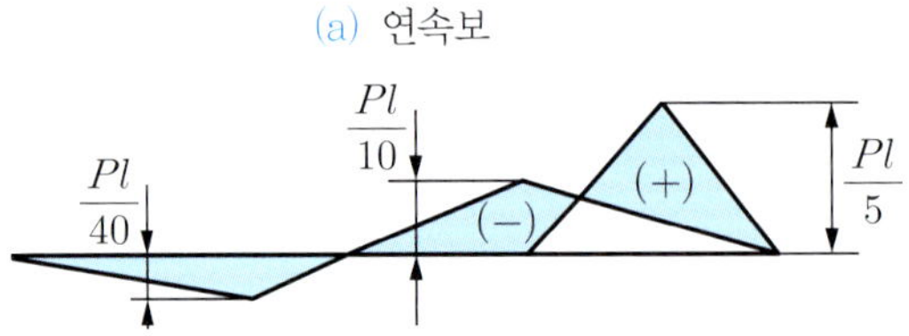

(b) BMD

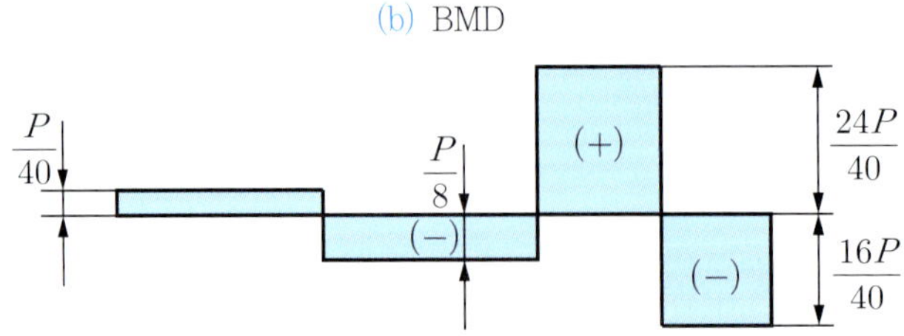

(c) SFD

[그림 10-16] 1개의 집중하중이 작용하는 연속보

우선 단순보의 길이 l에 중앙 집중하중 P가 작용할 때 굽힘모멘트 선도는 삼각형이 되며, 최대굽힘모멘트는 $Pl/4$이고 이 선도의 면적은 다음 식으로 주어진다.

$$A = \frac{Pl}{4} \times \frac{l}{2} = \frac{Pl^2}{8} \tag{b}$$

이때 도심의 위치는 스팬의 중앙이 되므로 $a = b = l/2$이다.

[그림 10-16(a)]에서 왼쪽부터 2개의 스팬씩 묶어서 식 (10·63)의 3 모멘트 정리를 적용하면 각각 다음 식과 같이 된다.

$$\begin{aligned} &0 + 2M_1(2l) + M_2 l = 0 \\ &M_1 l + 2M_2(2l) + 0 = 0 - \frac{3Pl^2}{8} \end{aligned} \tag{c}$$

식 (c)를 연립으로 풀이하면 M_1, M_2는 다음과 같이 구해진다.

$$M_1 = \frac{Pl}{40}, \quad M_2 = -\frac{Pl}{10} \tag{10·67}$$

[그림 10-16(a)]에 대한 굽힘모멘트 선도(BMD)를 그리면 [그림 10-16(b)]와 같고, 최대굽힘모멘트 $M_{\max}$는 다음 식으로 표시된다.

$$M_{\max} = \frac{Pl}{4} - \frac{Pl}{20} = \frac{Pl}{5} \tag{10·68}$$

또한, 식 (10·66)으로부터 두 중간지지점에서의 반력 R_1, R_2는 다음 식과 같다.

$$\begin{aligned} R_1 &= 0 + 0 - \frac{P}{40} - \frac{P}{40} - \frac{P}{10} = -\frac{3P}{20} \\ R_2 &= 0 + \frac{P}{2} + \frac{P}{40} + \frac{P}{10} + \frac{P}{10} = \frac{29P}{40} \end{aligned} \tag{10·69}$$

연속보 전체를 자유물체도로 보면 R_0, R_3는 다음과 같이 구해진다.

$$R_0 = \frac{P}{40}, \quad R_3 = \frac{16P}{40} \tag{10·70}$$

이들 값을 이용하여 전단력 선도(SFD)를 그리면 [그림 10-16(c)]와 같다.

(2) 균일분포하중이 작용하는 연속보

[그림 10-17(a)]와 같이 길이 l인 3개의 스팬으로 이루어진 연속보에 균일분포하중 w가 작용할 때 전단력 선도(SFD)와 굽힘모멘트 선도(BMD)를 그려보기로 한다.

균일분포하중이 작용하는 단순보에 대한 굽힘모멘트 선도는 포물선이 되며, 최대굽힘모멘트는 $wl^2/8$이 되고 포물선 선도의 면적은 다음 식으로 표시된다.

$$A = \frac{2l}{3} \times \frac{wl^2}{8} = \frac{wl^3}{12} \tag{d}$$

이 포물선 면적에 대한 도심의 위치는 스팬의 중앙이 되므로 $a = b = l/2$ 이다. [그림 10-17(a)]에서 왼쪽부터 두 스팬에 대하여 식 (10·63)의 3 모멘트 정리를 적용하고, $M_0 = 0$을 고려하면 다음 식과 같이 표시된다.

$$0 + 2M_1(2l) + M_2 l = -\frac{wl^3}{4} - \frac{wl^3}{4} \tag{e}$$

대칭조건을 고려하면 $M_1 = M_2$로 되고, 식 (e)로부터

$$M_1 = -\frac{wl^2}{10} = M_2 \tag{10·71}$$

이들 굽힘모멘트의 결과를 이용하여 굽힘모멘트 선도(BMD)를 그리면, [그림 10-17 (b)]와 같다.

식 (10·66)으로부터 지지점 1에 대한 반력은 다음 식과 같이 된다.

$$R_1 = \frac{wl}{2} + \frac{wl}{2} + \frac{wl}{10} = \frac{11}{10}wl \tag{10·72}$$

또한, 대칭조건을 고려하면 $R_1 = R_2$, $R_0 = R_3$이므로 다음 식과 같다.

$$R_0 + R_1 + R_2 + R_3 = 3wl \tag{f}$$

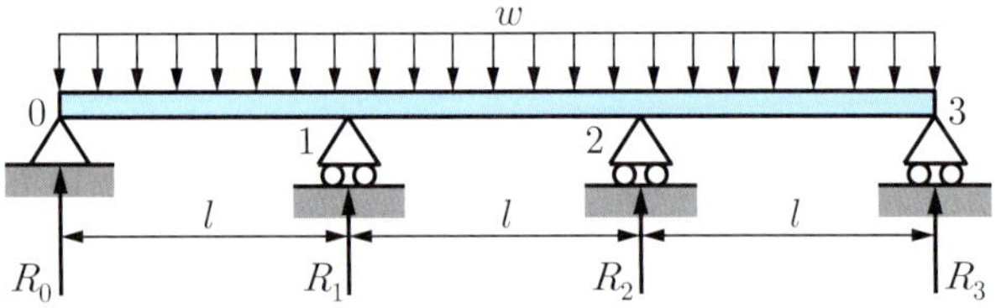

(a) 연속보

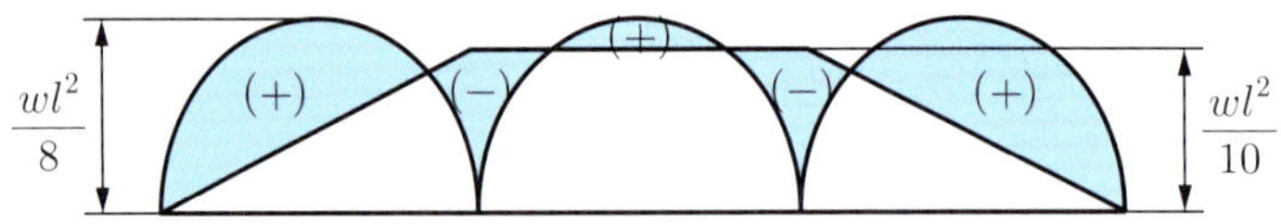

(b) BMD

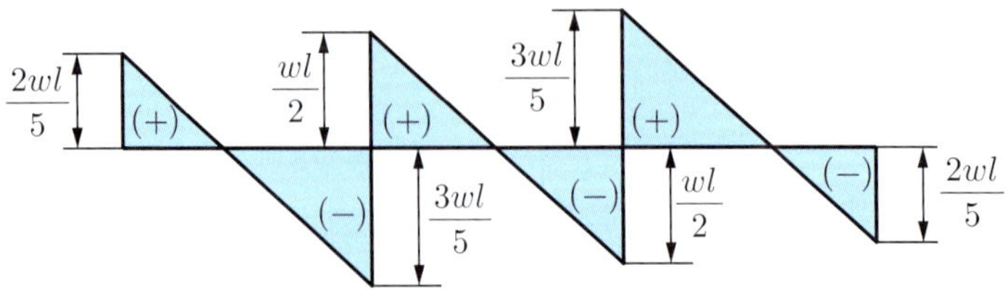

(c) SFD

[그림 10-17] 균일분포하중이 작용하는 연속보

$$\therefore\ R_0 = R_3 = \frac{2}{5} w l \qquad (10\cdot73)$$

이상의 반력을 이용하여 전단력 선도(SFD)를 그리면 [그림 10-17(c)]와 같다.

예제 10-6

[그림 10-18(a)]와 같은 3점 지지보에 균일분포하중 w가 작용할 때 3모멘트 정리를 이용하여 각 지지점의 굽힘모멘트 및 반력을 구하고, 전단력선도(SFD)와 굽힘모멘트 선도(BMD)를 그리시오.

| 풀이 | 3모멘트 정리를 적용하기 위하여 [그림 10-18(a)]에서 $l_1 = l_2 = l$, $a_1 = b_1 = \frac{l}{2}$ 이고, $M_A = M_C = 0$, $A_1 = A_2 = \left(\frac{wl^2}{8} \times l\right) \times \frac{2}{3} = \frac{wl^3}{12}$ 이므로 식 (10·63)으로부터 다음의 식이 얻어진다.

$$M_A l_1 + 2M_B(l_1 + l_2) + M_C l_2 = -\frac{6A_1 a_1}{l_1} - \frac{6A_2 b_1}{l_2}$$

$$4M_B l = -\frac{wl^3}{2}$$

$$\therefore\ M_B = -\frac{wl^2}{8} \quad ;\ \text{겹침법에 의한 식 (10·59)와 일치} \qquad (a)$$

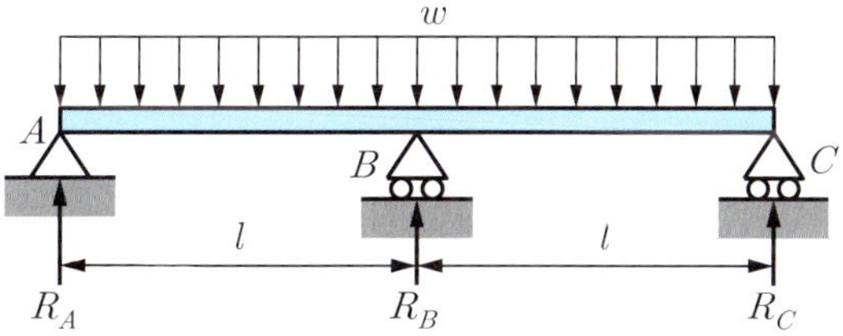

(a)

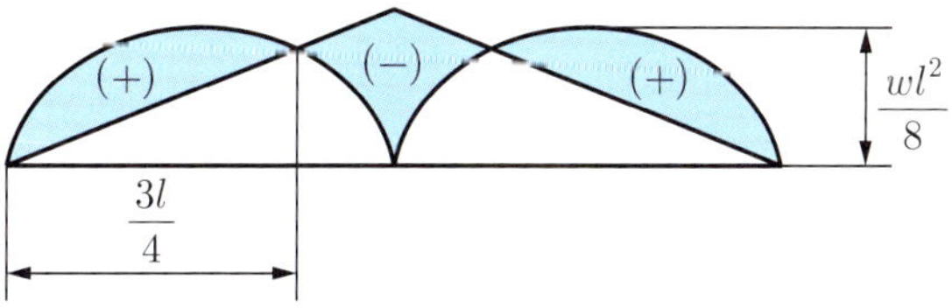

(b) BMD

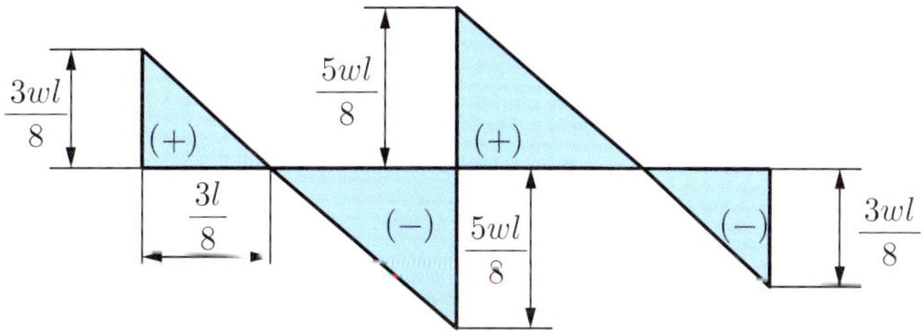

(c) SFD

[그림 10-18]

지지점 B에 관한 모멘트의 대수적 합은 0이므로 반력 R_A는 다음 식과 같이 된다.

$$M_A + R_A l - \frac{wl^2}{2} = M_B$$

$$\therefore\ R_A = \frac{3}{8} wl \tag{b}$$

보는 대칭이므로

$$R_A = R_C = \frac{3}{8} wl \text{ ; 겹침법에 의한 식 (10·58)과 일치} \tag{c}$$

또한, 힘의 평형조건으로부터 R_B를 구하면

$$R_A + R_B + R_C - 2wl = 0$$

$$\therefore\ R_B = \frac{5}{4} wl \text{ ; 겹침법에 의한 식 (10·57)과 일치} \tag{d}$$

각 스팬에서 임의의 단면에 대한 전단력은 다음 식과 같이 된다.

$$\begin{aligned} F_{AB} &= R_A - wx = \frac{3}{8} wl - wx \\ F_{BC} &= R_A + R_B - wx = \frac{13}{8} wl - wx \end{aligned} \tag{e}$$

각 스팬에서 임의의 x 단면에 대한 굽힘모멘트는 다음 식으로 표시된다.

$$M_{AB} = R_A x - \frac{wx^2}{2} = \frac{3wl}{8} x - \frac{wx^2}{2} \tag{f}$$

$$M_{BC} = R_A x + R_B (x - l) - \frac{w}{2} x^2 = \frac{3wl}{8} x + \frac{5wl}{4} (x - l) - \frac{w}{2} x^2$$

$$= -\frac{w}{2} x^2 + \frac{13wl}{8} x - \frac{5wl^2}{4} \tag{g}$$

전단력이 0인 위치에서 최대굽힘모멘트가 발생하므로 식 (e)로부터 다음 식이 얻어진다.

$$F_{AB} = \frac{3}{8} wl - wx = 0$$

$$\therefore\ x = \frac{3}{8} l \tag{h}$$

따라서 최대모멘트 $M_{\max}$는 식 (f)로부터 다음과 같이 된다.

$$M_{\max} = (M_{AB})_{x = 3l/8} = \frac{3wl}{8} x - \frac{wx^2}{2} = \frac{9wl^2}{128} \tag{i}$$

굽힘모멘트 선도(BMD)와 전단력 선도(SFD)는 각각 [그림 10-18(b)] 및 [그림 10-18(c)]와 같이 된다.

▶ 예제 10-7

[그림 10-19(a)]와 같은 연속보에서 돌출된 길이 $l/2$ 인 자유단 D에 집중하중 P가 작용할 때 3 모멘트 정리를 이용하여 각 지지점의 굽힘모멘트 및 반력을 구한 후 전단력 선도(SFD)와 굽힘모멘트 선도(BMD)를 그리시오.

| 풀이 | 두 스팬에 대하여 3 모멘트 정리를 적용하면, 식 (10·63)에 의해 다음 식을 얻을 수 있다.

$$M_A l + 2M_B(2l) + M_C l = 0 \qquad \text{(a)}$$

지지점 A는 고정되어 있고, 첫째 스팬에서는 외부하중이 작용하지 않으므로 식 (10·65)로부터 다음 식이 얻어진다.

$$M_A = -\frac{M_B}{2} \qquad \text{(b)}$$

또한, 지지점 C로부터 오른쪽으로 돌출된 부분의 평형조건에 의해 M_C는

$$M_C = -\frac{Pl}{2} \qquad \text{(c)}$$

식 (b)와 식 (c)를 식 (a)에 대입하면 M_A가 얻어진다.

$$M_A = -\frac{Pl}{14} \qquad \text{(d)}$$

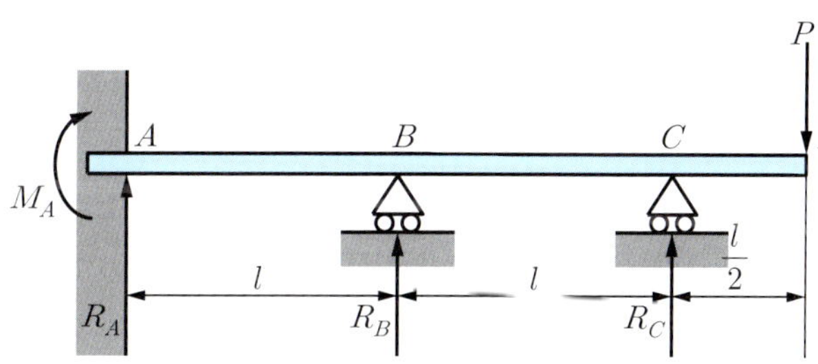

(a) 연속보

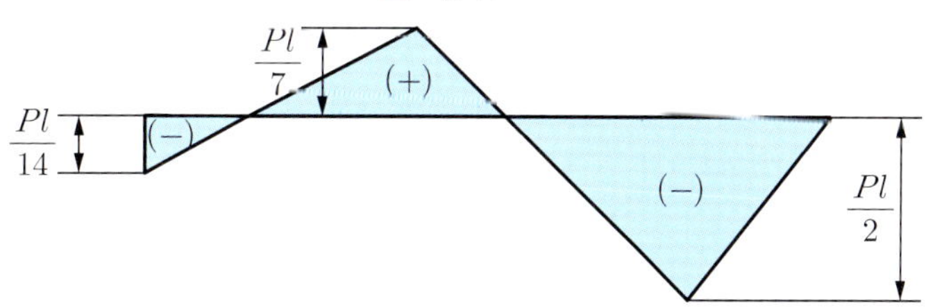

(b) BMD

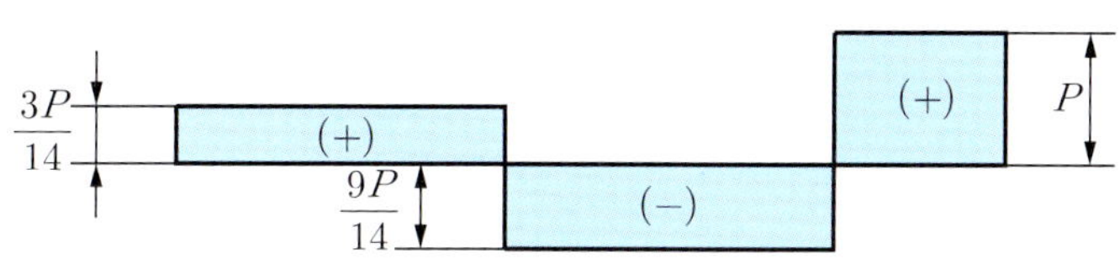

(c) SFD

[그림 10-19]

따라서 M_B는 식 (b)에 의해 다음과 같이 된다.

$$M_B = \frac{Pl}{7} \tag{e}$$

이와 같은 굽힘모멘트의 계산결과를 이용하여 굽힘모멘트 선도(BMD)를 그리면, [그림 10-19(b)]와 같이 된다.

또한, 식 (10·66)으로부터 두 중간지점에서의 반력 R_B, R_C 는 다음 식과 같이 결정된다.

$$R_B = 0 + 0 - \frac{P}{14} - \frac{P}{7} - \frac{P}{7} - \frac{P}{2} = -\frac{12}{14}P \tag{f}$$

$$R_C = 0 + \frac{P}{2} + \frac{P}{7} + \frac{P}{2} + \frac{P}{2} = \frac{23}{14}P \tag{g}$$

힘의 평형조건을 고려하여 식 (f)와 식 (g)를 대입하면, 지지점 A 의 반력 R_A 는 다음 식과 같이 구할 수 있다.

$$R_A + R_B + R_C - P = 0$$

$$\therefore\ R_A = P - R_B - R_C = \frac{3}{14}P \tag{h}$$

그러므로 식 (f) ~ 식 (h)를 이용하여 전단력 선도(SFD)를 그리면, [그림 10-19(c)]와 같이 된다.

CHAPTER 10

연습문제

[10-1] [그림 10-20]과 같이 일단고정 타단지지보의 지지점 B에 짝힘 굽힘모멘트 M_0가 작용할 때 각 지지점의 반력을 구하시오.

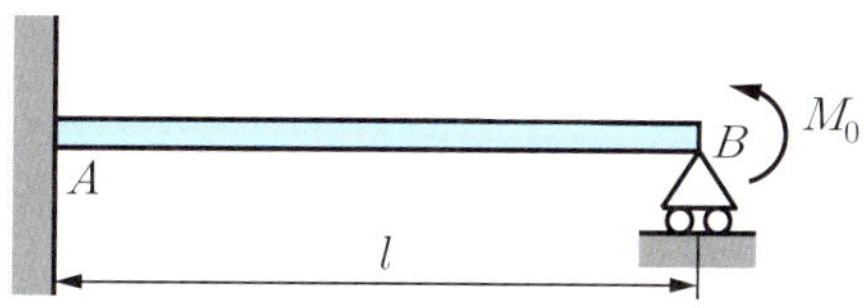

[그림 10-20]

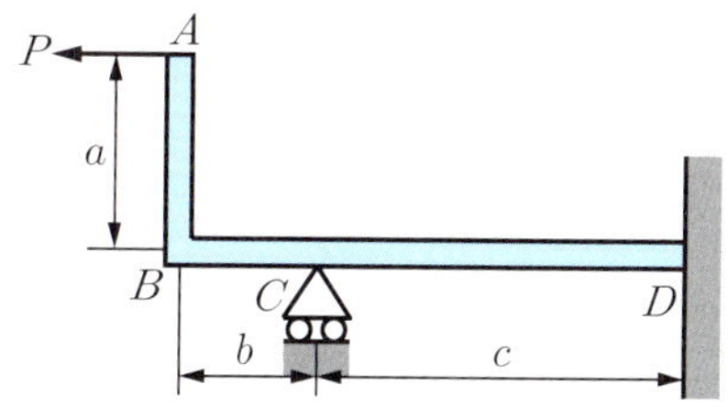

[그림 10-21]

[10-2] [그림 10-21]과 같이 일단고정 타단지지 된 L형 보의 A 점에 수평하중 P가 작용할 때 지지점 C의 반력 R_C를 구하시오.

[10-3] [그림 10-22]와 같이 일단고정 타단지지보에 균일분포하중 $w = 2\,[\mathrm{kN/m}]$이 작용할 때 전단력 선도(SFD)및 굽힘모멘트 선도(BMD)를 그리시오. 단, 보는 균질재료로서 EI는 일정한 것으로 한다.

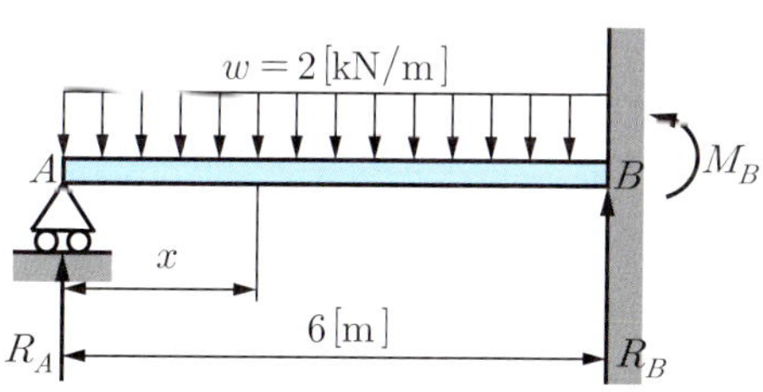

[그림 10-22]

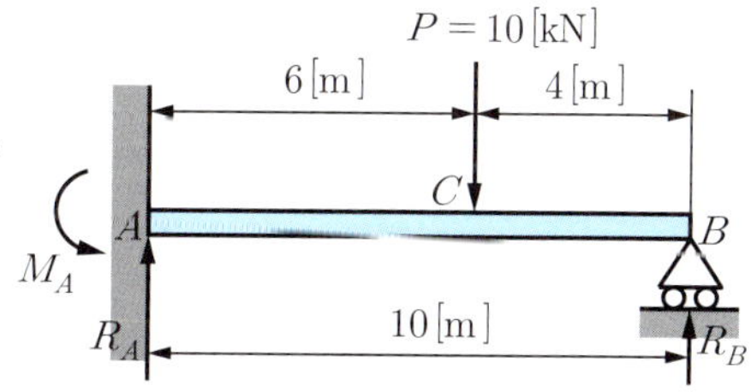

[그림 10-23]

[10-4] [그림 10-23]과 같이 일단고정 타단지지보에 집중하중 $P = 10\,[\mathrm{kN}]$이 작용할 때 전단력 선도 및 굽힘모멘트 선도를 그리시오.

[10-5] [그림 10-24]와 같이 양단고정보에 균일분포하중 $w = 2[\text{kN/m}]$이 작용할 때 전단력 선도 및 굽힘모멘트 선도를 그리시오. 단, 보는 균질재로서 EI는 일정한 것으로 한다.

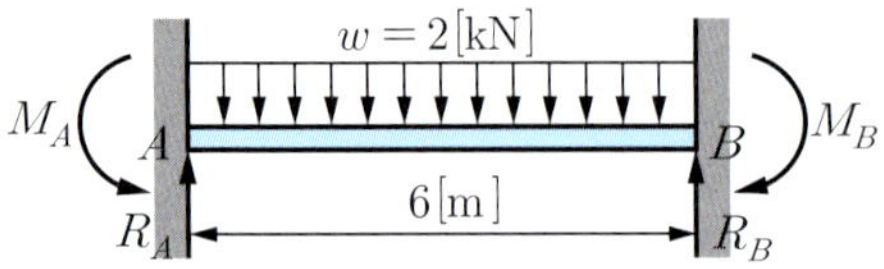

[그림 10-24]

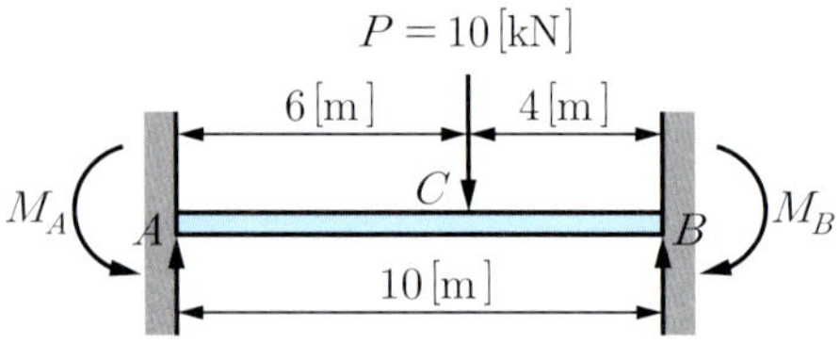

[그림 10-25]

[10-6] [그림 10-25]와 같이 양단고정보에 집중하중 $P = 10[\text{kN}]$이 작용할 때 전단력 선도 및 굽힘모멘트 선도를 그리시오.

[10-7] [그림 10-26]과 같이 양단고정보의 C점에 짝힘 모멘트 M_C가 작용할 때 고정지지점 A, B의 반력 R_A, R_B 및 모멘트 M_A, M_B를 구하시오.

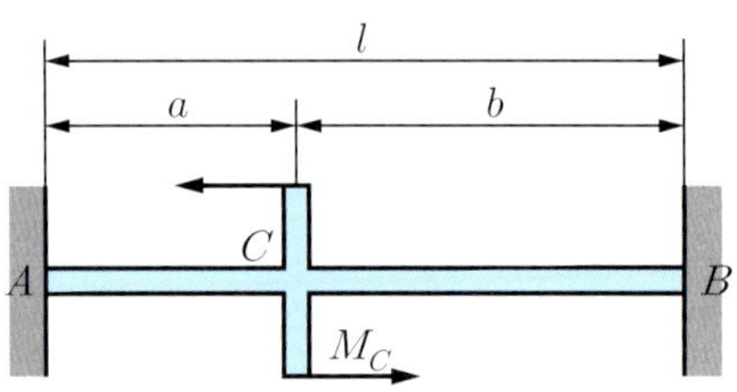

[그림 10-26]

[10-8] [그림 10-27]과 같이 내다지보의 길이 $l = 2[\text{m}]$, $a = 500[\text{mm}]$이고, 직사각형 단면의 폭 $b = 40[\text{mm}]$, 높이 $h = 30[\text{mm}]$에 균일분포하중 $w = 2[\text{kN/m}]$이 작용할 때 지지점 B에 대한 반력 R_B와 C점의 처짐량 δ_C를 구하시오. 단, 보의 세로탄성계수 $E = 200[\text{GPa}]$로 한다.

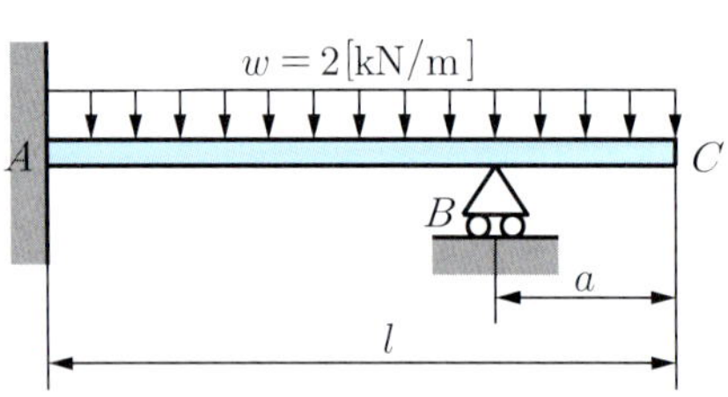

[그림 10-27]

[10-9] [그림 10-28]과 같이 일단고정 타단지지보에 삼각형 분포하중 w_0[kN/m]가 작용할 때 지지점의 반력을 모멘트 면적법으로 구하시오.

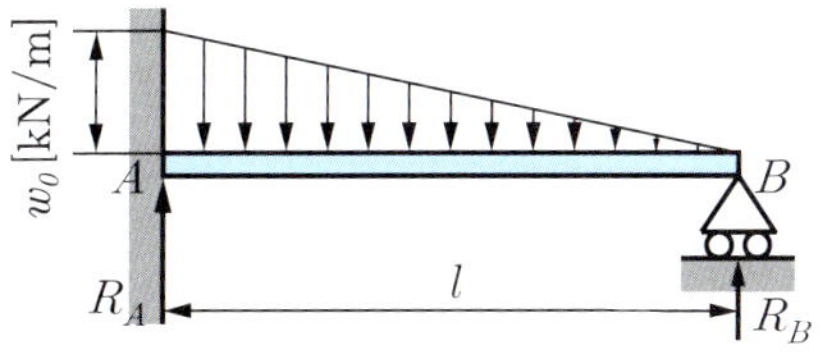

[그림 10-28]

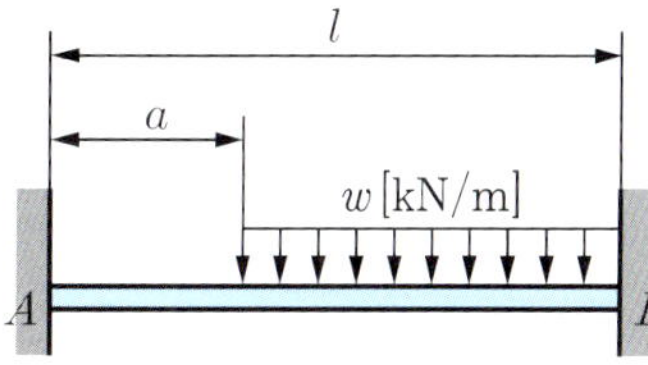

[그림 10-29]

[10-10] [그림 10-29]와 같이 양단고정보의 일부분에 균일분포하중 w[kN/m]가 작용할 때 지지점의 반력을 모멘트 면적법을 이용하여 구하시오.

[10-11] [그림 10-30]과 같이 양단고정보에 2개의 집중하중 P가 대칭으로 작용할 때 고정점 A에 대한 굽힘모멘트 M_A를 구하시오.

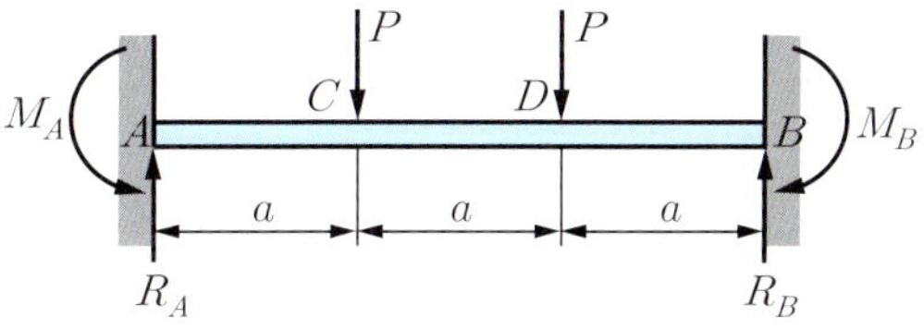

[그림 10-30]

[10-12] [그림 10-31]과 같이 한쪽 끝이 고정된 직사각형 보에 균일분포하중이 작용하고 있는 A점을 같은 재질의 원형 봉으로 보강을 하였을 때, 이 봉에 작용하는 하중을 구하시오. 단, 보의 길이 $l_1 = 4$[m], $l_2 = 1$[m], 균일분포하중 $w = 5$[kN/m]이고, 직사각형 보의 폭 $b = 30$[mm], 높이 $h = 20$[mm]이다. 또한, 원형 단면의 지름 $d = 10$[mm], 보강길이 $l_2 = 1$[m]이고, 보와 보강 봉의 세로탄성계수 $E = 200$[GPa]로 한다.

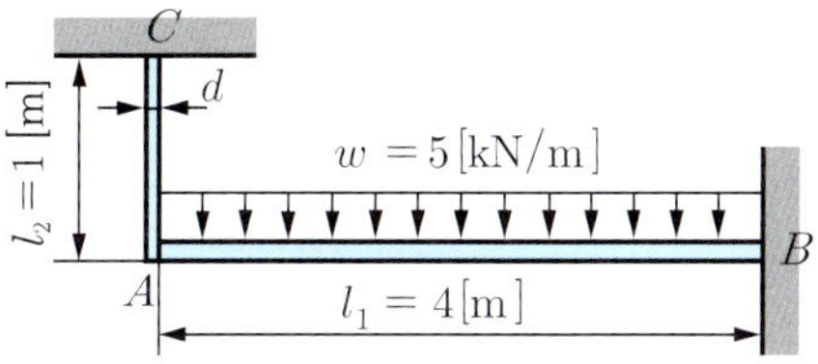

[그림 10-31]

[10-13] [그림 10-32]와 같이 4개의 점이 지지된 연속보에 집중하중 P와 균일분포하중 w가 작용할 때 각 지지점의 반력 $R_A \sim R_D$를 구하시오. 단, 집중하중 $P = wl$이다.

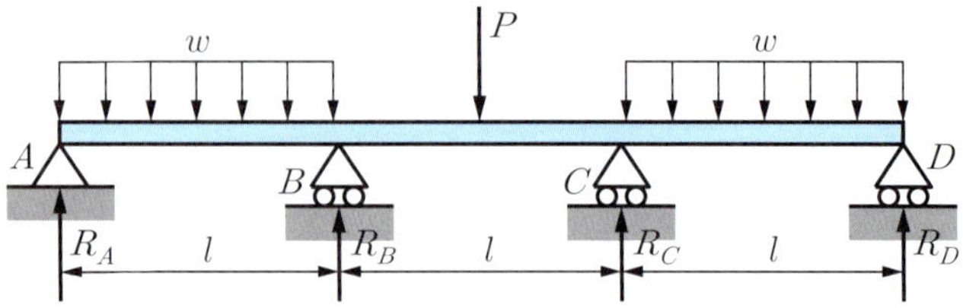

[그림 10-32]

[10-14] [그림 10-33]과 같이 3개의 점이 지지된 연속보의 전길이에 균일분포하중 w가 작용할 때 지지점의 반력 $R_A \sim R_C$를 구하시오. 단, $l = 3a$로 한다.

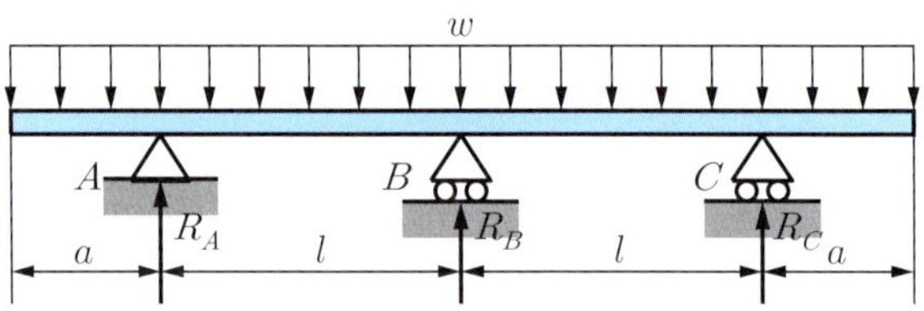

[그림 10-33]

[10-15] [그림 10-34]와 같이 4개의 점이 지지된 연속보에 집중하중 P와 균일분포하중 w가 작용할 때 B점의 반력 R_B를 구하시오. 단, $P = wl$로 한다.

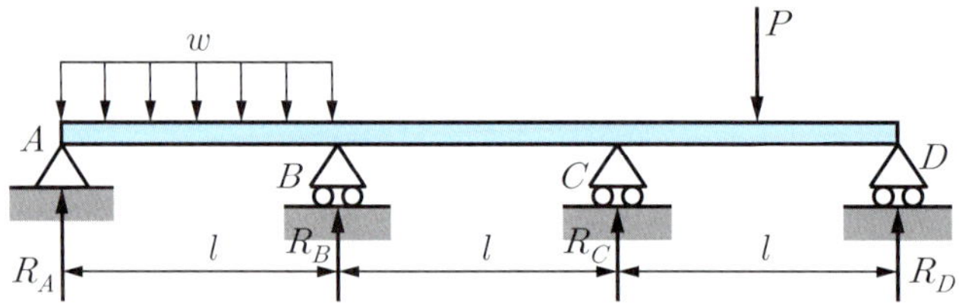

[그림 10-34]

11 CHAPTER 특수보

지금까지는 정정보 및 부정정보의 단면이 일정한 균일단면을 갖는 직선보에 작용하는 하중에 의한 반력, 전단력, 응력, 굽힘모멘트 및 처짐 등을 다루었다. 그러나 여기서는 균일강도를 유지하기 위해 단면이 불균일한 특수단면의 보, 또는 조립보, 복합보, 비대칭보 및 겹판 스프링에 대한 처짐과 굽힘응력 등을 해석하여 보기로 한다.

11.1 균일강도의 보

균일단면(均一斷面)의 보는 최대굽힘모멘트가 작용하는 위치에 최대굽힘응력이 발생하고, 그 외 부분에서는 응력이 점차적으로 변화한다. 보의 전길이를 동일한 단면으로 만들면 최대굽힘응력이 작용하는 단면 이외에는 필요한 단면 이상으로 커지게 되므로 그 만큼 재료의 낭비를 초래한다. 그러나 굽힘모멘트의 변화에 따라 단면의 크기를 변화시키면 재료의 절약 및 중량을 감소시킬 수 있으므로 경량화가 가능하고, 허용응력은 모든 단면에 대하여 일정하므로 이러한 보를 균일강도의 보(beam of uniform strength)라고 한다.

단면이 균일한 보에서 임의의 x 단면에 작용하는 굽힘응력 σ_x는 다음 식으로 표시된다.

$$\sigma_x = \frac{M_x}{Z} \quad \text{(a)}$$

식 (a)로부터 균일단면의 보에서 단면계수 Z는 일정한 값이 되고, 굽힘모멘트 M_x는 임의의 위치 x에 따라 변화하므로 굽힘응력 σ_x도 M_x에 비례하여 변화한다. 따라서 단면이 균일한 보에서는 단면의 위치에 따라 굽힘강도가 변화하는 것을 알 수 있다.

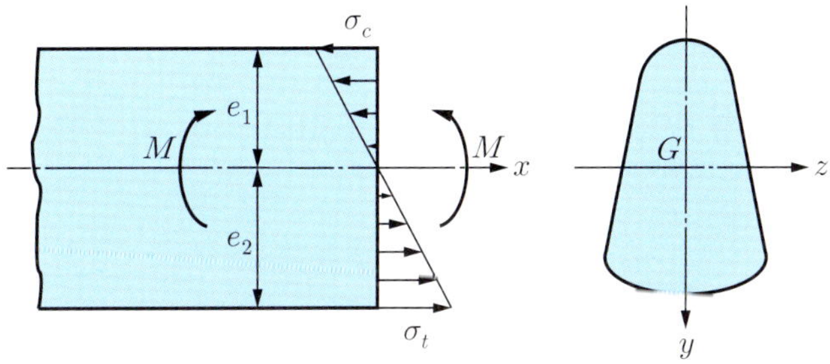

[그림 11-1] 균일강도의 보

[그림 11-1]과 같은 보에서 임의의 단면에 대한 인장 및 압축에 의한 최대굽힘응력은 식 (8·6)로부터 다음 식과 같이 표시할 수 있다.

$$(\sigma_c)_{\max} = \frac{M}{I}e_1 = \frac{M}{Z_1}$$
$$(\sigma_t)_{\max} = \frac{M}{I}e_2 = \frac{M}{Z_2} \tag{b}$$

균일강도의 보를 설계하려면 축방향 응력 σ를 일정하게 하고, 단면계수 Z_x가 굽힘모멘트 M_x에 비례적으로 변화해야 하므로 다음 식과 같이 주어진다.

$$\sigma = \frac{M_x}{I}e = \frac{M_x}{Z} = C\ (\text{일정}) \tag{c}$$

여기서 e는 단면의 중립축으로부터 표면까지의 거리이다.

단면계수 Z_x는 단면의 모양에 따라 변화하므로 Z_x의 변화에 따라 단면의 모양도 변화하여야 한다.

또한, 균일단면의 보에 대한 처짐곡선의 미분방정식은 다음 식과 같이 표시된다.

$$\frac{d^2y}{dx^2} = -\frac{M_x}{EI} = -\frac{1}{e}\times\frac{\sigma}{E} = -\frac{1}{e}\times \text{정수} \tag{11·1}$$

11.1.1 균일강도의 외팔보

외팔보에 집중하중 또는 균일분포하중이 작용할 때 단면의 모양이 직사각형이고, 폭 및 높이가 일정한 경우 굽힘응력 및 처짐을 구하여 보기로 한다. 또한, 원형 단면에 집중하중이 작용할 때 굽힘응력 및 처짐을 계산한다.

(1) 직사각형 단면의 경우

(a) 집중하중이 작용

직사각형 단면을 갖는 외팔보의 자유단(自由端)에 집중하중 P가 작용할 때 고정단(固定端)에 대한 단면의 폭 b, 높이를 h라 하자. 자유단으로부터 임의의 거리 x 단면에 대한 굽힘모멘트를 M_x, 굽힘응력을 σ_b라고 하면 이들 사이에는 다음의 관계식이 성립한다.

$$\sigma_b = \frac{M_x}{Z} = \frac{6Px}{bh^2} \tag{d}$$

식 (d)는 다음 식과 같이 된다.

$$bh^2 = \frac{6P}{\sigma_b}x \tag{11·2}$$

식 (11·2)에서 P와 σ_b가 일정할 때 x값의 변화에 따른 b와 h의 변화량을 구하면, 강도가 일정한 직사각형 단면의 외팔보가 된다.

(ⅰ) 단면의 폭 b가 일정할 때

[그림 11-2]와 같이 외팔보의 고정부분에 대한 폭 및 높이를 각각 b_0, h_0라 하고, 자유단으로부터 임의의 거리 x인 단면의 폭과 높이를 b, h라고 하면 식 (d)는 다음 식과 같이 된다.

$$\sigma_x = \frac{M_x}{Z} = \frac{6Px}{bh^2} = \frac{6Pl}{b_0 h_0^2} = \sigma_b\,(\text{일정}) \tag{11·3}$$

식 (11·3)으로부터 다음과 같은 관계식이 얻어진다.

$$bh^2 = b_0 h^2\left(\frac{x}{l}\right), \quad b_0 h_0^2 = \frac{6Pl}{\sigma_b} \tag{11·4}$$

식 (11·4)에서 $b = b_0 = C$ (일정)일 때 높이 h와 h_0는 다음 식과 같이 변화한다.

$$h = h_0\sqrt{\frac{x}{l}}, \quad h_0 = \sqrt{\frac{6Pl}{\sigma_b b}} \tag{11·5}$$

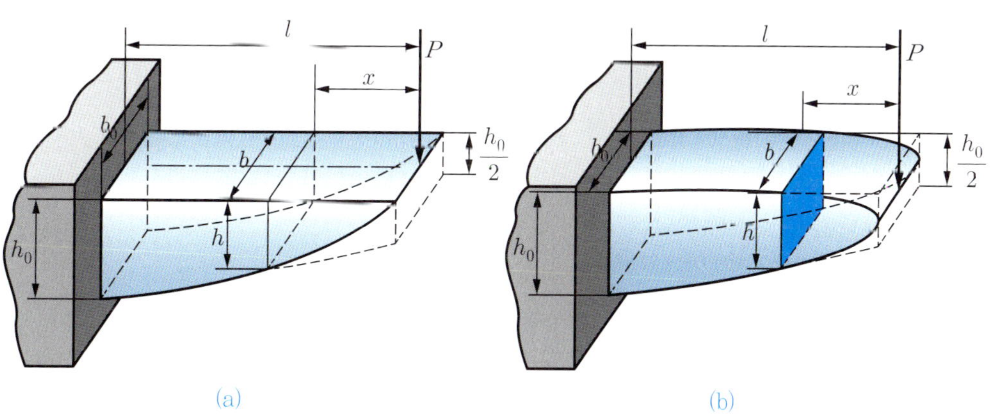

[그림 11-2] 폭 b가 일정한 균일강도의 외팔보

단면의 폭 b가 일정할 때 높이 h는 식 (11·5)에 의해 포물선 모양으로 변화하기 때문에 [그림 11-2]와 같은 모양이 되는 2개의 외팔보로 된다. 여기에 전단력의 영향을 고려하면 점선으로 표시된 모양 및 치수의 외팔보로 하는 것이 실용적이다.

또한, 고정부분과 임의의 x지점에 대한 단면 2차모멘트를 각각 I_0 및 I라고 할 때, 다음 식의 관계가 성립한다.

$$I = \frac{bh^3}{12} = \frac{bh_0^3}{12}\left(\sqrt{\frac{x}{l}}\right)^3, \quad I = I_0\left(\sqrt{\frac{x}{l}}\right)^3 \tag{11·6}$$

[그림 11-2]와 같은 외팔보의 자유단에 대한 처짐량 δ는 다음 식과 같이 된다.

$$\delta = \int_0^l \frac{M_x}{EI} x\,dx = \int_0^l \frac{12P}{bh^3E} x^2\,dx = \frac{12Pl^{3/2}}{bh_0^3E}\int_0^l \sqrt{x}\,dx = \frac{2Pl^3}{3EI_0} \tag{11·7}$$

여기서 $I_0 = \dfrac{b_0h^3}{12}$ 은 고정부분의 단면 2차모멘트이다.

이와 같이 식 (11·7)에서 $b = C$ (일정)인 균일강도 보의 처짐량은 균일단면 보의 처짐량 $\delta = \dfrac{Pl^3}{3EI_0}$ 의 2배인 것을 알 수 있다.

(ii) 단면의 높이 h가 일정할 때

식 (11·4)에서 $h = h_0 = C$ (일정)이므로 다음과 같은 식을 얻을 수 있다.

$$b = b_0\left(\frac{x}{l}\right), \quad b_0 = \frac{6Pl}{\sigma_b h^2} \tag{11·8}$$

단면의 높이 h가 일정할 때 폭 b는 자유단으로부터 식 (11·8)에 따라 직선적으로 변화하므로 [그림 11-3]과 같은 모양의 균일강도의 외팔보가 된다.

[그림 11-3]과 같은 외팔보의 자유단에 대한 처짐량 δ는 다음 식과 같이 된다.

$$\delta = \int_0^l \frac{M_x}{EI} x\,dx = \int_0^l \frac{12P}{bh^3E} x^2\,dx = \frac{12Pl}{bh_0^3E}\int_0^l x\,dx = \frac{Pl^3}{2EI_0} \tag{11·9}$$

식 (11·9)로부터 $h = C$ (일정)인 균일강도의 보에 대한 처짐량은 균일단면 보의 처짐량 $\delta = \dfrac{Pl^3}{3EI_0}$ 의 1.5배가 된다.

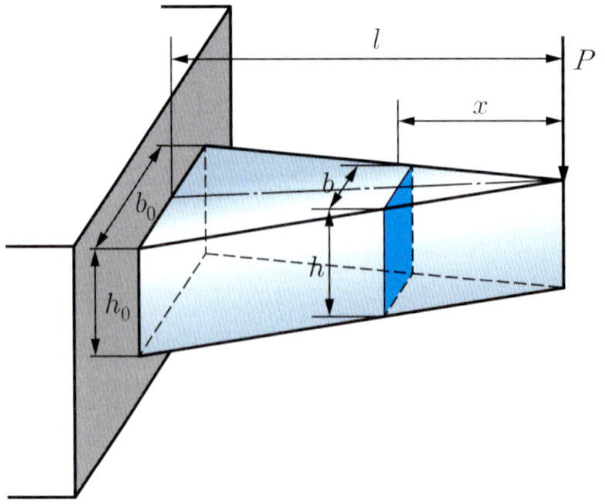

[그림 11-3] 높이 h 가 일정한 균일강도의 외팔보

(iii) 단면의 폭 b 와 높이 h 가 일정비 ϕ 로 변화할 때

외팔보의 자유단으로부터 임의의 거리 x 단면에 대한 폭 b 와 높이 h 의 비가 일정한 ϕ 로 변화할 때 $b = \phi h$ 이므로 단면계수 Z 는 다음 식과 같이 된다.

$$Z = \frac{M_x}{\sigma_b} = \frac{Px}{\sigma_b} = \frac{bh^2}{6} = \frac{\phi h^3}{6} \tag{11·10}$$

또한, 식 (11·4)와 식 (11·10)으로부터 다음의 관계식을 얻을 수 있다.

$$h = h_0 \sqrt[3]{\frac{x}{l}}\ ,\quad b = b_0 \sqrt[3]{\frac{x}{l}}\ ,\quad h_0 = \sqrt[3]{\frac{6Pl}{\phi \sigma_b}}\ ,\quad b_0 = \phi h_0 \tag{11·11}$$

식 (11·10)과 식 (11·11)에 의해 다음 식과 같이 표시된다.

$$\begin{aligned} h &= \sqrt[3]{\frac{6Px}{\phi \sigma_b}} = h_0 \sqrt[3]{\frac{x}{l}} \\ b &= \phi h = \phi \sqrt[3]{\frac{6Px}{\phi \sigma_b}} \end{aligned} \tag{11·12}$$

식 (11·12)에 의해 [그림 11-4]와 같이 폭과 높이가 3차 곡선모양으로 변화하는 균일강도의 외팔보가 된다.

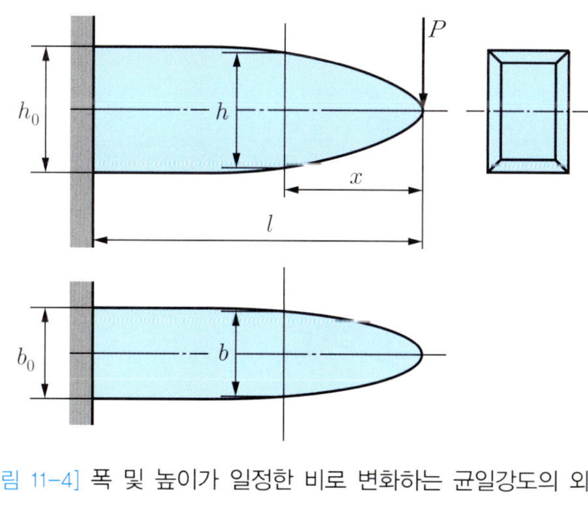

[그림 11-4] 폭 및 높이가 일정한 비로 변화하는 균일강도의 외팔보

(b) 균일분포하중이 작용

균일분포하중 w 가 작용하는 균일강도의 외팔보에 대한 자유단으로부터 임의의 거리 x 단면에 굽힘모멘트 M_x 가 작용할 때 굽힘응력 σ_b 는 다음 식과 같이 표시된다.

$$\sigma_x = \frac{M_x}{Z} = \frac{6}{bh^2}\left(\frac{wx^2}{2}\right) = \frac{6}{b_0 h_0^2}\left(\frac{wl^2}{2}\right) = \sigma \text{ (일정)} \tag{11·13}$$

(i) 단면의 폭 b가 일정할 때

식 (11·13)에서 $b = b_0 = C$(일정)이므로 다음의 식이 얻어진다.

$$h = h_0\left(\frac{x}{l}\right), \quad h_0 = \sqrt{\frac{3wl^2}{\sigma_b b}} \tag{11·14}$$

식 (11·14)에서 높이 h는 [그림 11-5]와 같이 자유단으로부터 고정부분의 높이 h_0까지 직선적으로 변화하는 균일강도의 외팔보가 된다.

고정단 및 임의의 거리 x단면에 대한 단면 2차모멘트를 각각 I_0, I라고 하면, 식 (11·14)로부터 다음 식이 얻어진다.

$$I = \frac{bh^3}{12} = \frac{bh_0^3}{12}\left(\frac{x}{l}\right)^3 = I_0\left(\frac{x}{l}\right)^3 \tag{11·15}$$

[그림 11-6]과 같은 외팔보의 자유단에 대한 처짐량 δ는 다음 식으로 나타낸다.

$$\delta = \int_0^l \frac{M_x}{EI}x\,dx = \int_0^l \frac{wx^3}{2EI_0}\left(\frac{l}{x}\right)^3 dx = \frac{wl^3}{2EI_0}\int_0^l dx = \frac{wl^4}{2EI_0} \tag{11·16}$$

식 (11·16)으로부터 $b = C$(일정)인 균일강도 보에 대한 처짐량은 균일단면 보의 처짐량 $\delta = \dfrac{Pl^3}{8EI_0}$의 4배로 된다.

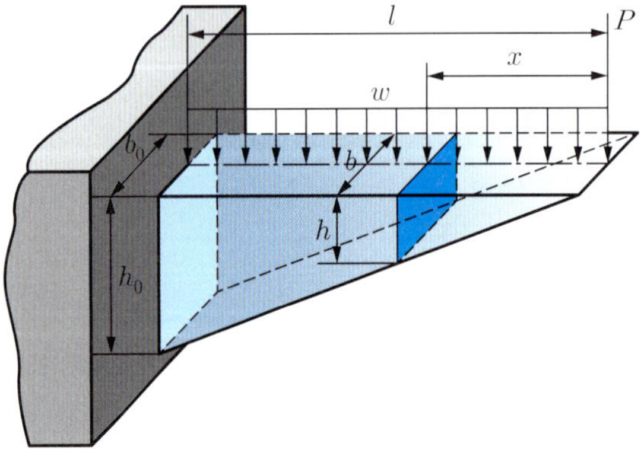

[그림 11-5] 폭 b가 일정한 균일강도의 외팔보

(ii) 단면의 높이 h가 일정할 때

식 (11·13)에서 $h = h_0 = C$(일정)이므로 다음 식과 같이 표시된다.

$$b = b_0\left(\frac{x}{l}\right)^2, \quad b_0 = \frac{3wl^2}{\sigma_b h^2} \tag{11·17}$$

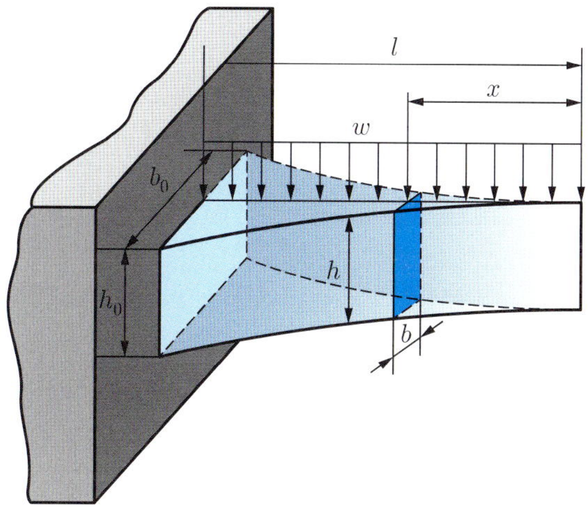

[그림 11-6] 폭 h 가 일정한 균일강도의 외팔보

식 (11·17)에서 폭 b 는 [그림 11-6]과 같이 자유단으로부터 고정부분의 폭 b_0 까지 포물선 모양으로 변화하는 균일강도의 외팔보가 된다.

고정단 및 임의의 거리 x 단면에 대한 단면 2차모멘트를 각각 I_0, I 라고 하면 식 (11·17)로부터 다음 식이 얻어진다.

$$I = \frac{bh^3}{12} = \frac{b_0 h^3}{12}\left(\frac{x}{l}\right)^2 = I_0\left(\frac{x}{l}\right)^2 \tag{11·18}$$

[그림 11-6]과 같은 외팔보의 자유단에 대한 처짐량 δ 는 다음 식으로 나타낸다.

$$\delta = \int_0^l \frac{M_x}{EI}\, x\, dx = \int_0^l \frac{w x^3}{2EI_0}\left(\frac{l}{x}\right)^2 dx = \frac{w l^3}{2EI_0}\int_0^l x\, dx = \frac{w l^4}{4EI_0} \tag{11·19}$$

식 (11·19)로부터 $h - C$ (일정)인 균일강도 보에 대한 처짐량은 균일단면 보의 처짐량 $\delta = \dfrac{Pl^3}{8EI_0}$ 의 2 배가 된다.

(iii) 단면의 폭 b 와 높이 h 가 일정비 ϕ 로 변화할 때

외팔보의 자유단으로부터 임의의 거리 x 단면에 대한 폭 b 와 높이 h 의 비가 일정한 ϕ 로 변화할 때 $b = \phi h$ 이므로 단면계수 Z 는 다음 식과 같이 된다.

$$Z = \frac{M_x}{\sigma_b} = \frac{w x^2}{2\sigma_b} = \frac{bh^2}{6} = \frac{\phi h^3}{6} \tag{11·20}$$

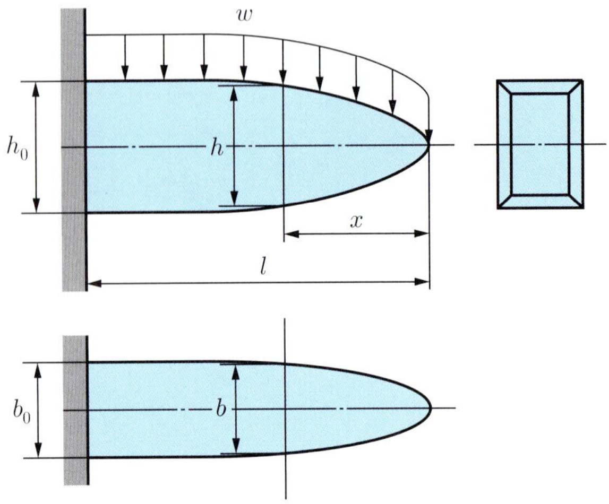

[그림 11-7] 폭 및 높이가 일정한 비로 변화하는 균일강도의 외팔보

또한, 식 (11·4)와 식 (11·20)으로부터 다음의 관계식을 얻을 수 있다.

$$h = h_0 \sqrt[3]{\frac{x}{l}}\,, \quad b = b_0 \sqrt[3]{\frac{x}{l}}\,, \quad h_0 = \sqrt[3]{\frac{3wl^2}{\phi\sigma_b}}\,, \quad b_0 = \phi h_0 \qquad (11\cdot21)$$

식 (11·21)에 의해 [그림 11-7]과 같이 폭과 높이가 3차 곡선모양으로 변화하는 균일강도의 외팔보가 된다.

(2) 원형 단면의 경우

원형 단면(圓形斷面)을 갖는 외팔보의 자유단에 집중하중 P가 작용할 때 임의의 거리 x단면에 작용하는 굽힘모멘트 M_x는 다음 식과 같이 된다.

$$M_x = Px = \sigma_b Z = \frac{\pi d^3}{32}\sigma_b \qquad (e)$$

식 (e)로부터 지름 d는

$$d = \sqrt[3]{\frac{32P}{\pi\sigma_b}x} \qquad (11\cdot22)$$

그러므로 지름 d는 $\sqrt[3]{x}$ 에 비례하여 변화한다. 식 (11·22)에서 $x = l$일 때 $d = d_0$라고 하면

$$d_0 = \sqrt[3]{\frac{32Pl}{\pi\sigma_b}} \qquad (11\cdot23)$$

또한, 임의의 x단면에 대한 지름 d_x는 다음 식과 같이 된다.

$$d_x = d_0 \sqrt[3]{\frac{x}{l}} \tag{11·24}$$

따라서 (11·24)에 의해 [그림 11-8]과 같은 3차 포물선 모양으로 변화하는 균일강도의 원형 외팔보로 된다. 이때 자유단에서는 전단력의 영향을 고려하여 지름을 $\frac{2}{3}d_0$로 대체한 것이다. [그림 11-8]에서 자유단의 처짐량 δ는 식 (e)와 식 (11·24)를 고려하면 다음 식과 같이 된다.

$$\delta = \int_0^l \frac{M_x}{EI} x\,dx = \frac{3Pl^2}{5EI} \tag{11·25}$$

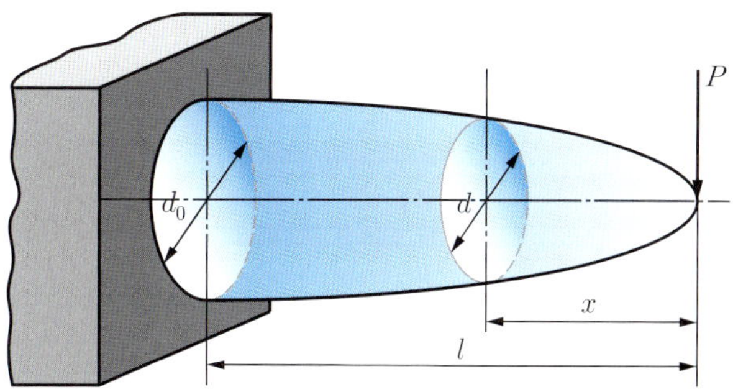

[그림 11-8] 원형 단면의 균일강도의 외팔보

11.1.2 균일강도의 단순보

단순보의 단면이 직사각형 및 원형 단면이고, 집중하중 또는 균일분포하중이 작용할 때 단면 모양의 변화와 굽힘응력을 구하여 보기로 한다.

(1) 직사각형 단면보에 집중하중이 작용

[그림 11-9(a)]와 같이 단순보의 지지점에 대한 단면의 폭 및 높이를 b_0, h_0라 하고, 임의의 x단면에 대한 폭 및 높이를 b, h라고 할 때 굽힘모멘트 M_x는 각 구간에 대하여 다음 식과 같이 된다.

(i) AC 구간$(0 \leq x \leq a_1)$: $M_x = R_A x = \dfrac{Pa_2}{l}x$ (a)

(ii) CB 구간$(a_2 \leq x \leq l)$:

$$\begin{aligned} M_x &= R_A x - P(x - a_1) \\ &= \frac{Pa_2}{l}x - P(x - a_1) \end{aligned} \tag{b}$$

이때 $M_x = \sigma Z$이므로 각 구간에 대한 이들의 관계는

$$\text{(i)}\ \ AC\ \text{구간}(0 \le x \le a_1)\ :\ \frac{Pa_2}{l}x = \frac{bh^2}{6}\sigma \tag{c}$$

$$\text{(ii)}\ \ CB\ \text{구간}(a_2 \le x \le l)\ :\ -\frac{Pa_1}{l}x - Pa_1 = \frac{bh^2}{6}\sigma \tag{d}$$

따라서 식 (c)와 식 (d)로부터 다음의 관계식이 얻어진다.

$$bh^2 = \frac{6Pa_2}{\sigma l}x, \quad bh^2 = \frac{6Pa_1}{\sigma l}(l - x) \tag{11·26}$$

하중이 작용하는 단면의 치수가 b_0, h_0 이므로 식 (11·26)으로부터

$$b_0 h_0^2 = \frac{6Pa_1 a_2}{\sigma l} \tag{e}$$

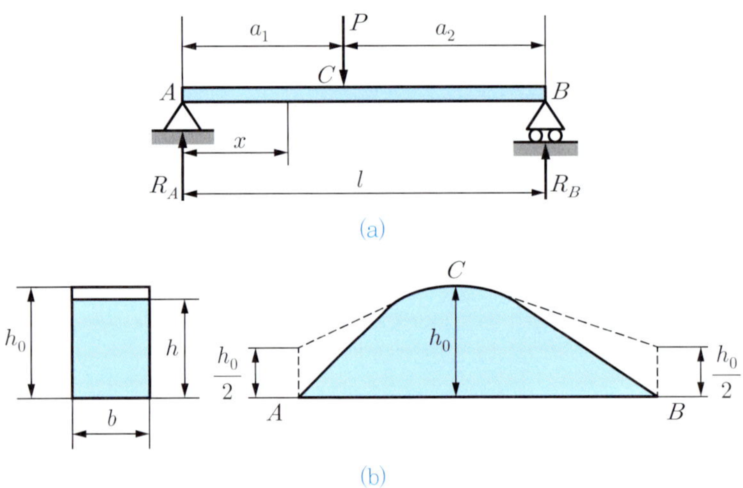

[그림 11–9] 집중하중이 작용하는 직사각형 단면을 갖는 균일강도의 단순보

각 구간에 대하여 다음의 관계식이 성립한다.

$$\begin{aligned} &\text{(i)}\ \ AC\ \text{구간}(0 \le x \le a_1)\ :\ bh^2 = \frac{b_0 h_0^2}{a_1}x \\ &\text{(ii)}\ \ CB\ \text{구간}(a_2 \le x \le l)\ :\ bh^2 = \frac{b_0 h_0^2}{a_1}(l - x) \end{aligned} \tag{11·27}$$

식 (11·26) 및 식 (11·27)로부터 단순보의 모양은 [그림 11-9(b)]와 같이 하중의 작용점 C를 경계로 각 구간에 대하여 서로 다른 포물선으로 된다. 실용적으로는 [그림 11-9(b)]에서 점선으로 나타낸 모양이 되고, 양쪽 끝의 높이는 $h_0/2$로 된다.

(a) 단면의 폭 b가 일정할 때

식 (11·26) 및 식 (11·27)에서 $b = b_0$로 놓으면 각 구간에 대하여 다음 식과 같이 된다.

$$\begin{aligned} &\text{(i)}\ AC\ \text{구간}(0 \le x \le a_1) : h^2 = \frac{h_0^2}{a_1}x \quad \therefore\ h = h_0\sqrt{\frac{x}{a_1}} \\ &\text{(ii)}\ CB\ \text{구간}(a_2 \le x \le l) : bh^2 = \frac{h_0^2}{a_2}(l - x) \quad \therefore\ h = h_0\sqrt{\frac{l-x}{a_2}} \end{aligned} \tag{11·28}$$

하중의 작용점에 대한 단면의 높이 h_0는 다음 식으로 표시된다.

$$h_0 = \sqrt{\frac{6Pa_1a_2}{\sigma b l}} \tag{11·29}$$

따라서 단면의 폭 b가 일정할 때 단순보의 모양은 [그림 11-10]과 같다.

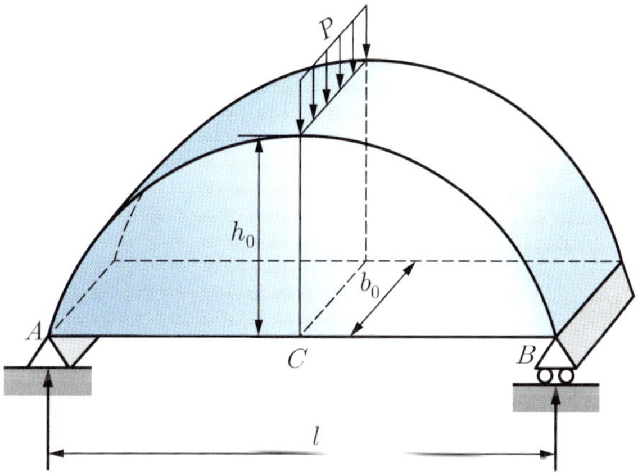

[그림 11-10] 집중하중이 작용하는 직사각형 단면을 갖는 균일강도의 단순보

(b) 균일분포하중이 작용

[그림 11-11(a)]와 같이 폭 b가 일정한 단면의 단순보에 균일분포하중 w가 작용할 때 임의의 x 단면에 대한 굽힘모멘트 M_x는 다음 식과 같이 된다.

$$M_x = \frac{wl}{2}x - \frac{wx^2}{2} = \sigma Z = \frac{bh^2}{6}\sigma \tag{f}$$

$$\therefore\ bh^2 = \frac{3w}{\sigma}(lx - x^2) \tag{11·30}$$

폭 b가 일정하므로 식 (11·30)은 다음 식과 같이 나타낸다.

$$h^2 = \frac{3w}{b\sigma}(lx - x^2) \tag{g}$$

$$\frac{b\sigma}{3w}h^2 - \frac{l^2}{4} = -\frac{l^2}{4} + lx - x^2$$

$$\therefore \quad \frac{(l/2 - x)^2}{(l/2)^2} + \frac{h^2}{(3wl^2/4b\sigma)} = 1 \tag{11·31}$$

식 (11·31)은 타원의 식이 되고, 가로축에 $\frac{l}{2}$, 세로축에 $\sqrt{\frac{3wl^2}{4b\sigma}}$ 의 반지름을 갖는 타원이 된다. 이때 $x = l/2$로 놓으면 식 (11·31)은 다음 식과 같이 된다.

$$h = \frac{l}{2}\sqrt{\frac{3w}{b\sigma}} \tag{11·32}$$

식 (11·32)에 의한 균일강도의 단순보 모양은 [그림 11-11(b)]와 같이 된다. 실용적으로는 [그림 11-11(b)]에서 점선으로 표시한 모양이 되고, 양쪽 끝의 높이는 $h_0/2$로 된다.

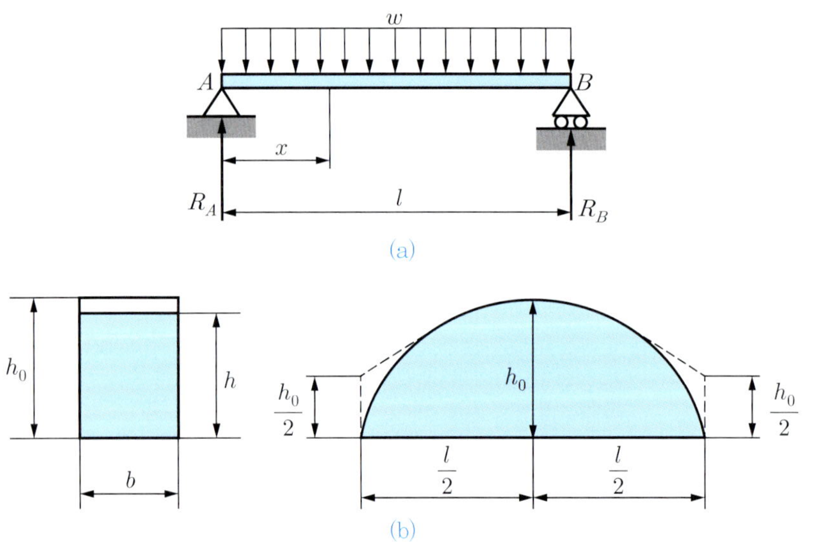

[그림 11-11] 균일분포하중이 작용하는 직사각형 단면을 갖는 균일강도의 단순보

(2) 원형 단면보에 집중하중이 작용

[그림 11-9(a)]와 같이 단순보의 $0 \le x \le a_1$ 구간에서 단면의 지름을 d_1, $a_1 \le x \le l$ 구간에서 단면의 지름을 d_2라 하면, 그 단면에 대한 굽힘모멘트는 다음과 같이 표시된다.

(i) AC 구간$(0 \le x \le a_1)$: $M_x = \frac{Pa_2}{l}x = \sigma Z = \frac{\pi d_1^3}{32}\sigma$

$$\therefore \quad \frac{Pa_2}{l}x = \frac{\pi d_1^3}{32} \tag{h}$$

(ii) CB 구간$(a_2 \le x \le l)$: $M_x = \dfrac{Pa_2}{l}x - P(x-a_1) = \dfrac{\pi d_2^3}{32}\sigma$

$$\therefore \frac{Pa_1}{l}(l-x) = \frac{\pi d_2^3}{32} \quad \text{(i)}$$

따라서

(i) AC 구간$(0 \le x \le a_1)$: $d_1 = \sqrt[3]{\dfrac{32Pa_1x}{\pi\sigma l}}$

(ii) CB 구간$(a_2 \le x \le l)$: $d_2 = \sqrt[3]{\dfrac{32Pa_1(l-x)}{\pi\sigma l}}$ (11·33)

하중의 작용점에 대한 단면의 지름을 d_0라 하고, $x = a_1$로 놓으면 다음 식으로 표시된다.

$$d_0 = \sqrt[3]{\frac{32Pa_1a_2}{\pi\sigma l}} \quad (11·34)$$

또한, 임의의 거리 x 단면에 대한 지름 d_1 및 d_2는 각 구간에서 다음 식과 같다.

(i) AC 구간$(0 \le x \le a_1)$: $d_1 = d_0\sqrt[3]{\dfrac{x}{a_1}}$

(ii) CB 구간$(a_2 \le x \le l)$: $d_2 = d_0\sqrt[3]{\dfrac{(l-x)}{a_2}}$ (11·35)

보의 모양은 식 (11·35)에 의해 [그림 11-12]에서 점선으로 나타낸 2개의 3차원 곡선으로 된다. 실용적으로는 점선에 외접하는 원주와 원추를 합성한 실선으로 표시한 모양을 갖는 균일강도의 단순보가 된다.

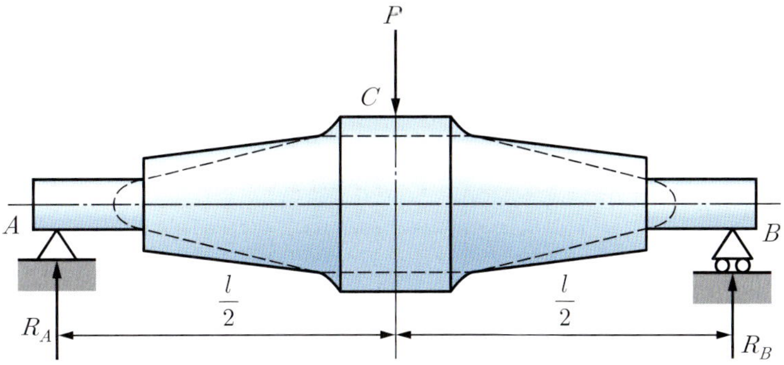

[그림 11-12] 원형 단면일 때 집중하중이 작용하는 단순보

예제 11-1

직사각형 단면의 길이 $l=3\,[\mathrm{m}]$, 폭 $b=60\,[\mathrm{mm}]$인 외팔보의 자유단에 집중하중 $P=10\,[\mathrm{kN}]$이 작용할 때 자유단에서 $1.5\,[\mathrm{m}]$인 단면의 높이 h와 고정단의 높이 h_0 및 최대처짐량을 구하시오. 단, 보의 세로탄성계수 $E=200\,[\mathrm{GPa}]$, 허용굽힘응력 $\sigma_b=50\,[\mathrm{MPa}]$이다.

| 풀이 | 식 (11·5)로부터

$$h_0=\sqrt{\frac{6Pl}{\sigma_b b}}=\sqrt{\frac{6\times10\times10^3\times3\times10^3}{50\times60}}=245\,[\mathrm{mm}]$$

$$h=h_0\sqrt{\frac{x}{l}}=245\sqrt{\frac{1.5\times10^3}{3\times10^3}}=173\,[\mathrm{mm}]$$

자유단의 최대처짐량 $\delta_{\max}$는 식 (11·7)에 의해

$$\delta_{\max}=\frac{2Pl^3}{3EI_0}=\frac{2\times10\times10^3\times(3\times10^3)^3\times12}{3\times200\times10^3\times60\times245^3}=12.2\,[\mathrm{mm}]$$

예제 11-2

원형 단면의 길이 $l=1\,[\mathrm{m}]$인 연강제 균일강도의 외팔보에서 자유단에 집중하중 $P=5\,[\mathrm{kN}]$이 작용할 때 고정부분에서 $450\,[\mathrm{mm}]$인 단면의 지름 d를 구하시오. 단, 보의 세로탄성계수 $E=200\,[\mathrm{GPa}]$, 허용굽힘응력 $\sigma_b=50\,[\mathrm{MPa}]$이다.

| 풀이 | 식 (11·23)과 식 (11·24)로부터

$$d_0=\sqrt[3]{\frac{32Pl}{\pi\sigma_b}}=\sqrt[3]{\frac{32\times5\times10^3\times1\times10^3}{\pi\times50}}=101\,[\mathrm{mm}]$$: 고정부분의 지름

$$d_x=\sqrt[3]{\frac{32Px}{\pi\sigma_b}}=\sqrt[3]{\frac{32\times5\times10^3\times450}{\pi\times50}}=77\,[\mathrm{mm}]$$: 고정부분에서 $x=450\,[\mathrm{mm}]$인 곳의 외팔보 지름

11.2 겹판 스프링

판스프링(leaf spring)은 한 장의 스프링강 판재를 구부려 강판의 탄성을 스프링으로 사용하거나, 여러 장을 겹쳐서 겹판 스프링(laminated spring)으로 사용한다. 겹판 스프링은 협소한 공간에서 큰 하중을 지지할 때 사용하고, 판스프링은 반복 굽힘응력이 작용하는 경우가 많으므로 피로강도가 커야 한다. 판스프링이 하중을 지지하는 형식에는 외팔보형과 단순보형이 있다.

11.2.1 겹판 스프링의 특성

겹판 스프링은 다음과 같은 특성이 있다.

(1) 강도는 균일단면 보와 같고, 처짐은 더욱 크다.
(2) 처짐에 의한 에너지 저장이 크므로 진동의 감쇠능력이 크다.
(3) 판사이의 마찰에 의해 큰 진동을 감쇠한다.
(4) 내구성(耐久性)이 좋고, 유지보수가 용이하다.
(5) 승용차, 트럭 및 철도차량의 현가장치(懸架裝置; suspension system)로 이용한다.
(6) 판사이의 마찰 때문에 미소진동의 흡수가 곤란하다.

11.2.2 외팔보형 판스프링

겹판 스프링의 특성값은 각 스프링이 전체 면에서 접촉하고 각 중심으로부터 동일한 위치에 대한 판의 곡률이 같다면, 겹판 스프링을 동일평면에 전개하더라도 역학적으로는 같으므로 외팔보로 취급하여 해석한다.

(1) 단판 스프링

두께 h는 일정하게 하고 폭을 변화시켜 균일강도의 외팔보로 하면, [그림 11-13]과 같은 2등변 삼각형의 판스프링이 된다. 이 삼각판에서 고정판의 폭을 b라고 하면 $b_n = nb$가 되고, 이 판스프링의 자유단에 집중하중 P가 작용할 때 응력 및 처짐량은 다음 식으로 나타낸다.

$$\sigma = \frac{M}{Z} = \frac{6Pl}{nbh^2} \qquad (11\cdot36)$$

$$\delta = \frac{Pl^3}{2EI_0} = \frac{6Pl^3}{nbh^3E} \qquad (11\cdot37)$$

이 경우 처짐은 균일 폭의 보에 대한 처짐보다 크므로 동일한 작용하중에 의해 축적되는 탄성에너지도 커지기 때문에 스프링의 효율이 좋다. 그러나 고정단의 폭이 너무 넓기 때문에 사용할 때 불편하므로 [그림 11-14]와 같이 삼각판을 상 · 하로 여러 장을 겹쳐서 겹판 스프링으로 사용한다. 이렇게 하면 동일한 효과를 얻을 수 있는 균일강도의 보가 된다.

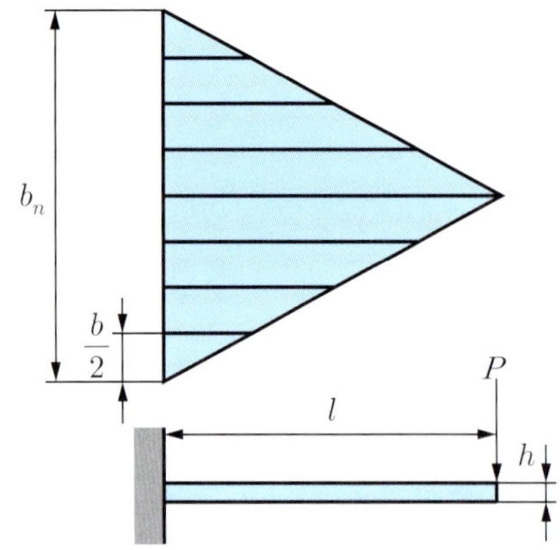

[그림 11-13] 2등변 삼각형 판스프링

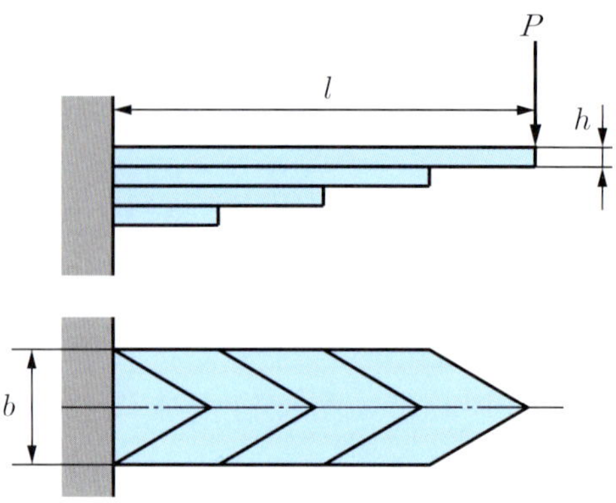

[그림 11-14] 겹판 스프링

(2) 겹판 스프링

[그림 11-14]와 같이 겹판 스프링의 폭을 b, 겹치는 판의 수를 n 으로 하면 $b_n = nb$ 이고, 응력 σ 및 처짐량 δ는 다음 식과 같다.

$$\sigma = \frac{6Pl}{nbh^2}, \quad \delta = \frac{6Pl^3}{nbh^3E} \tag{11·38}$$

11.2.3 단순보형 겹판 스프링

(1) 겹판 스프링의 구성

[그림 11-15]는 자동차용 겹판 스프링을 나타낸 것으로서 여러 장의 판을 겹쳐서 볼트 등으로 체결하여 단순보형 스프링으로 한 것이다. 겹판 스프링에서 가장 긴 스프링 판을 주판(主板; main plate)이라 하고, 주판의 양끝을 둥글게 말아서 핀을 끼울 수 있게 만든 것을 스프링 아이(spring eye)라고 한다. 2 개의 양끝 스프링 아이 사이의 거리를 스팬(span)이라 하고, 이들 두 스프링 아이의 중심을 연결하는 선과 스프링 중앙 부분과의 거리를 캠버(camber)라고 한다. 여러 장의 겹판 스프링을 체결하기 위해 스프링의 중앙부에는 밴드(band) 또는 센터볼트(center bolt)를 사용하고, 겹판 스프링의 중앙부에서 떨어진 부분에는 조정클립(alignment clip)으로 고정한다.

(2) 겹판 스프링의 응력 및 처짐량

[그림 11-15]와 같은 겹판 스프링을 밴드의 중심선을 기준으로 절단하면 [그림 11-16]과 같이 겹판 스프링의 길이 $l/2$, 작용하중 $P/2$ 인 외팔보형 겹판 스프링으로 고려할 수 있다.

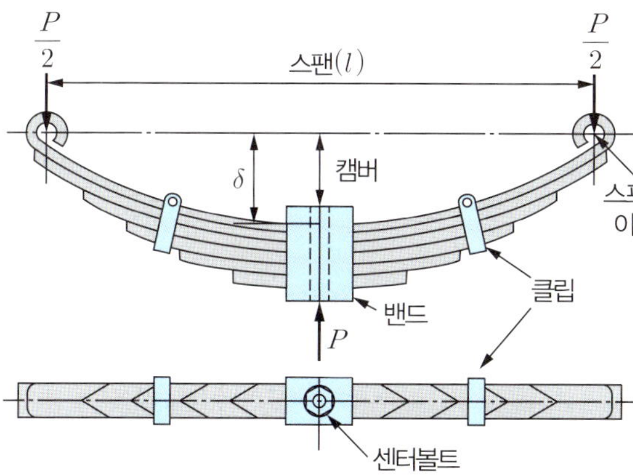

[그림 11-15] 겹판 스프링의 구성

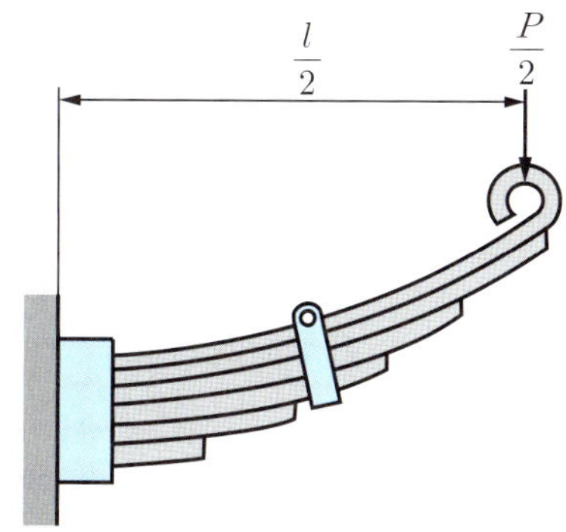

[그림 11-16] 겹판 스프링의 해석

따라서 겹판 스프링의 중앙에 발생하는 굽힘응력 σ_b와 처짐량 δ는 식 (11·38)에서 하중 P를 $P/2$, 길이 l을 $l/2$로 대체하면 다음 식으로 표시된다.

$$\sigma_b = \frac{6(P/2)(l/2)}{nbh^2} = \frac{3Pl}{2nbh^2} \tag{11·39}$$

$$\delta = \frac{6(P/2)(l/2)^3}{nbh^3E} = \frac{3Pl^3}{8nbh^3E} \tag{11·40}$$

여기서 l은 겹판 스프링의 스팬, P는 스프링의 중앙에 작용하는 집중하중이다.

또한, 곡률반지름을 ρ라고 하면 $\frac{1}{\rho} = \frac{M}{EI}$이므로 곡률반지름 ρ는 다음 식과 같이 된다.

$$\rho = \frac{EI}{M} = \frac{E(bh^3/12)}{Pl/4n} = \frac{nbh^3E}{3Pl} \tag{11·41}$$

예제 11-3

[그림 11-15]와 같은 차량용 겹판 스프링에서 스프링의 전길이 $l = 750$[mm], 폭 $b = 80$[mm], 높이 $h = 10$[mm]이고, 판의 수 $n = 10$매, 허용굽힘응력 $\sigma_b = 60$[MPa], 세로탄성계수 $E = 210$[GPa]일 때 다음 물음에 답하시오.

(1) 안전하중　　(2) 처짐량　　(3) 곡률반지름

| 풀이 | [그림 11-16]과 같은 외팔보로 계산한다.

(1) 안전하중 : 식 (11·39)로부터

$$P = \frac{2nbh^2\sigma_b}{3l} = \frac{2 \times 10 \times 80 \times 10^2 \times 60}{3 \times 750} = 4267\,[\mathrm{N}]$$

(2) 처짐량 : 식 (11·40)에서

$$\delta = \frac{3Pl^3}{8nbh^3E} = \frac{3 \times 4267 \times 750^3}{8 \times 10 \times 80 \times 10^3 \times 210 \times 10^3} = 4\,[\text{mm}]$$

(3) 곡률반지름 : 식 (11·41)로부터

$$\rho = \frac{nbh^3E}{3Pl} = \frac{10 \times 80 \times 10^3 \times 210 \times 10^3}{3 \times 4267 \times 750} = 17.5\,[\text{m}]$$

11.3 조립보

2개 이상의 동일한 재료를 조합하여 1개의 보로 된 것을 조립보(built-up beam)라 하고, 이것은 특수한 용도 또는 일반적으로 큰 단면을 필요로 할 때 주로 사용한다. 조립(組立)보에는 [그림 11-17(a)]와 같이 4매의 나무판으로 구성된 상자형 보(box beam)의 단면으로서 못, 나사 또는 접착제로 결합한다. 또한, 강판(鋼板; steel plate) 및 앵글(angle)을 리벳, 나사 또는 용접으로 결합하는 조합보가 있다. [그림 11-17(b)]는 강판과 앵글을 리벳으로 결합한 I형 조립보의 단면이고, [그림 11-17(c)]는 강판을 용접으로 결합한 I형 조립보의 단면을 나타낸 것이다.

이와 같은 조립보에 발생하는 응력은 각 부재가 1개의 단면으로 강인하면서 완전한 결합이 된 것으로 보고, 굽힘모멘트에 대한 충분한 강도를 갖는 단면을 검토한다. 조립보를 만들기 위해 리벳 및 나사 등의 결합용 구멍에 의해 단면이 감소하여 강도가 약해지므로, 이를 고려하는 만큼의 단면을 크게 할 필요가 있다.

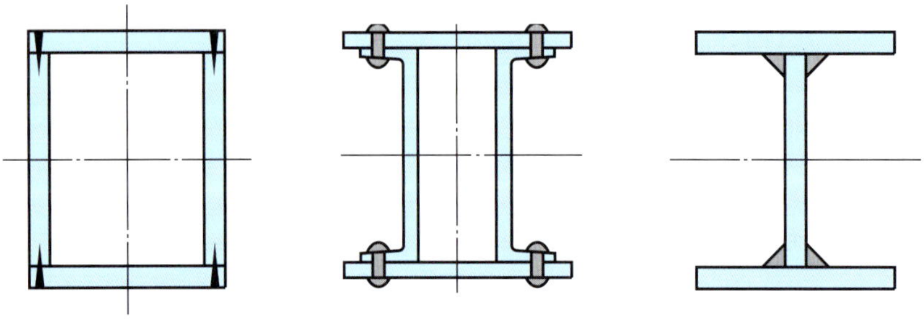

(a) 상자형 보 (b) I형 리벳보 (c) I형 용접보

[그림 11-17] 조립보의 단면

11.3.1 상자형 조립보의 해석

[그림 11-18]은 [그림 11-17(a)]와 같은 상자형 조립보가 단순보로 되어 있는 스팬의 길이 l인 중앙에 집중하중 P가 작용할 때 이 보에 발생하는 굽힘응력, 전단응력 및 결합용 못의 간격을 나타내는 피치 p를 결정하기로 한다.

이 보의 중립축에 관한 단면 2차모멘트 I_z는

$$I_z = \frac{b_2 h_2^3 - b_1 h_1^3}{12} \quad \text{(a)}$$

단면계수 Z는 다음 식과 같이 된다.

$$Z = \frac{I_z}{y} = \frac{b_2 h_2^3 - b_1 h_1^3}{12} \times \frac{2}{h_2} = \frac{b_2 h_2^3 - b_1 h_1^3}{6 h_2} \quad \text{(b)}$$

이 보의 중앙점에는 최대굽힘모멘트 M_{max}가 발생하므로

$$M_{max} = \frac{Pl}{4} \quad \text{(c)}$$

따라서 굽힘응력 σ_b는 다음 식으로 표시된다.

$$\sigma_b = \frac{M_{max}}{Z} = \frac{Pl}{4} \times \frac{6 h_2}{b_2 h_2^3 - b_1 h_1^3} \quad (11 \cdot 42)$$

또한, 작용하중 P에 의한 이 보의 각 단면에 발생하는 전단력 $F = P/2$에 의해 단면의 결합부분 ab와 cd에 생기는 전단응력 τ는 다음 식과 같이 된다.

$$\tau = \frac{FQ}{bI_z} = \frac{Pb_2\left(\frac{h_2 - h_1}{2}\right)\left(\frac{h_2 + h_1}{2}\right) \times \frac{1}{2}}{2I_z(b_2 - b_1)} = \frac{Pb_2(h_2^2 - h_1^2)}{16 I_z (b_2 - b_1)} \quad (11 \cdot 43)$$

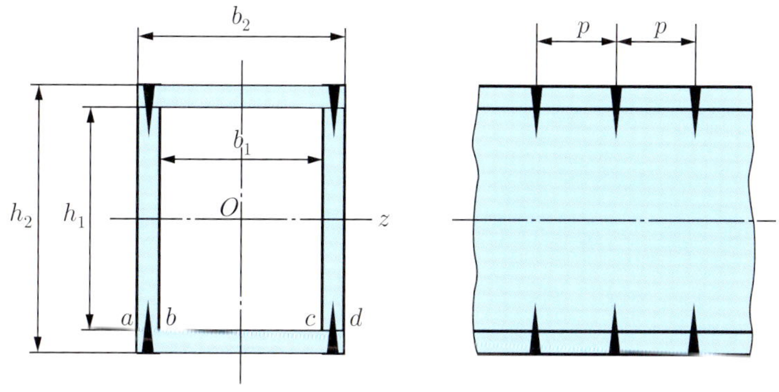

[그림 11-18] 상자형 조립보

이때 1 개의 나사못으로 전달해야 할 전단력을 F_1, 나사못의 피치를 p 라고 하면, 1 개의 피치에 의해 세로단면에 좌우 2 개의 나사못이 있으므로 다음과 같이 p 를 구할 수 있다.

$$2F_1 = \tau(b_2 - b_1)p = \frac{Pb_2(h_2^2 - h_1^2)}{16I_z}p \tag{d}$$

$$\therefore\ p = \frac{32F_1 I_z}{Pb_2(h_2^2 - h_1^2)} \tag{11·44}$$

식 (11·43)에서 단위길이에 대한 전단력을 f 라 하면

$$f = \tau b = \frac{FQ}{I_z} \tag{11·45}$$

여기서 f 를 전단흐름(shear flow)이라 하고, 직사각형 단면의 보에 대한 전단흐름 $f = \tau b$ 가 된다.

따라서 식 (11·44)는 다음 식과 같이 표시된다.

$$p = \frac{2F}{f} \tag{11·46}$$

또한, 나사못 1 개에 작용하는 전단력 F_1 은

$$F_1 = \frac{FQ_1}{I_z}p \tag{11·47}$$

여기서 Q_1 은 나사못 1 개가 분담하는 부분의 단면 1차모멘트이다.

11.3.2 I 형 조립보의 해석

[그림 11-19]는 [그림 11-17(b)]를 더욱 구체적으로 나타낸 것이다. 각각 2 개의 앵글과 강판을 리벳으로 결합한 I 형 단순보의 길이 l 인 중앙에 집중하중 P 가 작용할 때 굽힘응력, 전단응력 및 리벳이음의 피치를 구하여 보기로 한다.

2 개의 앵글과 강판에 대한 단면계수를 계산한 후 식 (11·42)을 이용하면 굽힘응력 σ 를 구할 수 있다. 또한, 보의 전길이 l 에 대한 전단력 $F = P/2$ 이므로 한쪽 강판의 중립축에 대한 단면 1차모멘트 Q는 다음 식과 같이 된다.

$$Q = \bar{y}A = bt\left(\frac{h - t}{2}\right) \tag{e}$$

앵글과 강판의 결합부분에 발생하는 전단응력 τ 는 다음 식으로 표시된다.

$$\tau = \frac{FQ}{bI_z} = \frac{Pbt(h-t)}{4bI_z} \qquad (11 \cdot 48)$$

전단흐름 f는 식 (11·45)와 같고, 리벳이 강판의 양쪽에 있으므로 리벳이음의 피치 p는 식 (11·46)과 같이 된다.

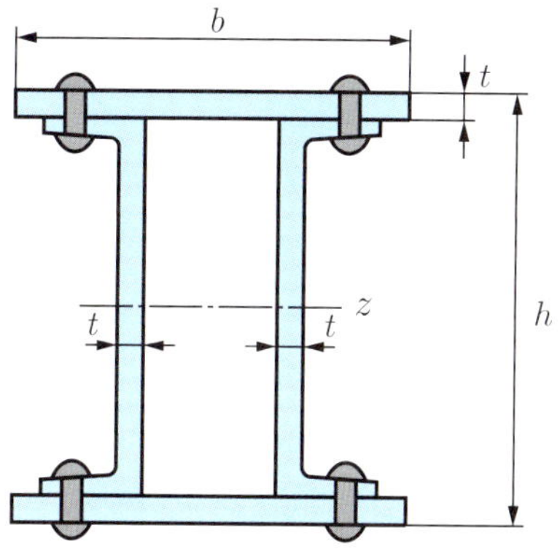

[그림 11-19] I형 리벳 조립보

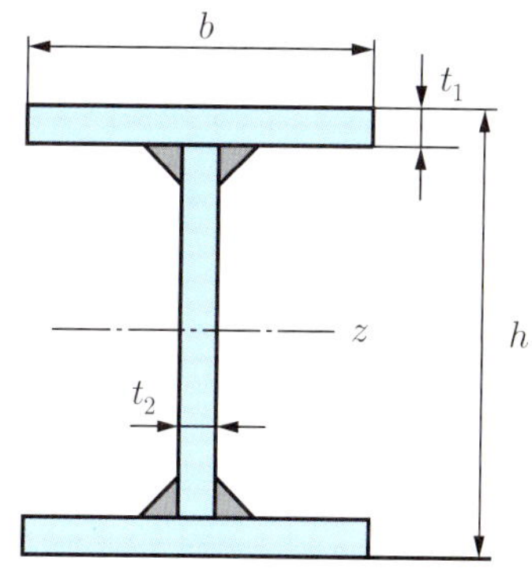

[그림 11-20] I형 용접 조립보

[그림 11-20]은 [그림 11-17(c)]를 구체적으로 나타낸 것으로서 3개의 강판을 용접하여 I형 단면으로 구성된 단순보의 중앙에 집중하중 P가 작용할 때 용접부의 전단흐름을 구하여 본다.

단면 2차모멘트와 한쪽 강판의 중립축에 대한 단면 1차모멘트는 다음 식과 같다.

$$I_z = \frac{(bh^3) - (b - t_1)(h - 2t_2)^3}{12} \qquad (11 \cdot 49)$$

$$Q = \bar{y}A = bt_2\left(\frac{h - t_2}{2}\right) \qquad (g)$$

또한, 전단력이 보의 전길이에 대하여 $F = P/2$이므로 용접부의 전단흐름 f는 식 (11·45)와 같고, 용접이음이 강판의 양쪽에 있으므로 용접이음의 피치 p는 식 (11·46)과 같이 된다.

≫ 예제 11-4

[그림 11-18]과 같이 못을 박아서 조립한 상자형 단면보의 길이 $l = 1.2$[m]의 중앙에 집중하중 P가 작용할 때 못의 피치 p를 구하시오. 단, 상자형 단면의 폭 $b_1 = 15$[cm], $b_2 = 25$[cm]이고, 높이 $h_1 = 25$[cm], $h_2 = 30$[cm]이며, 보의 허용굽힘응력 $\sigma_b = 10$[MPa], 못 1개의 허용전단력 $F_1 = 3$[kN]이다.

| 풀이 | (1) 굽힘모멘트의 계산 : 우선 중립축에 관한 단면 2차모멘트 I_z와 단면계수를 구하면 다음과 같이 된다.

$$I_z = \frac{25 \times 30^3}{12} - \frac{15 \times 25^3}{12} = 36719\,[\mathrm{cm}^4] = 367.19 \times 10^{-6}\,[\mathrm{m}^4]$$

$$Z_z = \frac{I_z}{y} = \frac{36719}{15} = 2448\,[\mathrm{cm}^3] = 2448 \times 10^{-6}\,[\mathrm{m}^3]$$

따라서 굽힘모멘트 M은

$$M = \sigma_b Z_z = (10 \times 10^6)(2448 \times 10^{-6}) = 24480\,[\mathrm{N \cdot m}]$$

(2) 집중하중의 계산 : 단순보의 중앙에 집중하중 P가 작용할 때 굽힘모멘트 $M = Pl/4$ 이므로

$$P = \frac{4M}{l} = \frac{4 \times 24480}{1.2} = 81600\,[\mathrm{N}] = 81.6\,[\mathrm{kN}]$$

(3) 최대전단력의 계산 : 최대전단력 F는

$$F = \frac{P}{2} = \frac{81600}{2} = 40800\,[\mathrm{N}] = 40.8\,[\mathrm{kN}]$$

(4) 1개의 못에 작용하는 전단력의 계산 : 단면의 결합부 ab와 cd에 대한 못 1 개가 분담하는 전단력은 ad 단면의 1/2 이고, 단면 1차모멘트 Q_1도 ad 단면의 1/2 에 대한 것이므로

$$Q_1 = 12.5 \times 2.5 \times 15 = 469\,[\mathrm{cm}^3] = 469 \times 10^{-6}\,[\mathrm{m}^3]$$

따라서 1개의 못에 작용하는 전단력 F_1은 식 (11·47)에 의해

$$F_1 = \frac{FQ_1}{I_z}p = \frac{40800 \times (469 \times 10^{-6})}{367.19 \times 10^{-6}}p = 3000\,[N]$$

$$\therefore\ p = 0.0576\,[\mathrm{m}] = 57.6\,[\mathrm{mm}]$$

11.4 복합보

세로탄성계수가 서로 다른 2 개 이상의 재료를 조합하여 만든 보를 복합보(composite beam)라 하고, 복합(複合)보의 굽힘은 동일재료의 단면보로 변환하여 해석한다. 복합보에는 합성(合成)보, 샌드위치 보(sandwich beam), 철근콘크리트 보(reinforced-concrete beam) 등이 있다.

11.4.1 합성보

세로탄성계수가 서로 다르다는 것은 재료의 성질이 다른 것을 의미하며, 이러한 재료를 이종재료(異種材料; dissimilar materials)라고 한다.

[그림 11-21(a)]와 같이 세로탄성계수가 다른 2개의 이종재료로 이루어진 보를 합성보라고 하며, [그림 11-21(b)]에서와 같이 세로변형률 ε_x는 두 재료의 합성면에서 연속적인 변화를 하고, 굽힘응력 σ_x는 [그림 11-21(c)]와 같이 불연속적으로 변화한다.

따라서 합성보는 두 재료의 단면을 [그림 11-21(d)]와 같이 그것과 동일한 단일재료의 단면으로 변환한 후 굽힘이론(bending theory)을 적용한다.

[그림 11-21(a)]와 같은 합성보에서 재료 1과 재료 2의 세로탄성계수를 각각 E_1 및 E_2 라 하고, $E_2 > E_1$ 이라고 하면 폭이 b 인 재료 1은 재료 2의 폭과 대등한 단일재료의 폭 b_2 로 대체하는 변환단면(變換斷面; transformed section), 또는 등가단면(等價斷面)으로 나타내면 다음 식과 같이 표시된다.

$$b_2 = \frac{E_2}{E_1} b = nb \tag{11·50}$$

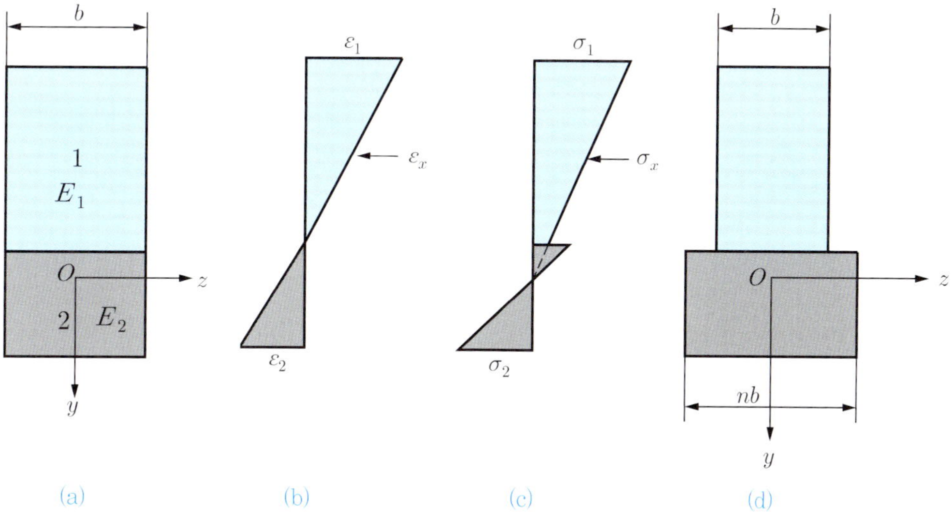

[그림 11-21] 두 재료의 합성보

[그림 11-21(a)]의 합성단면은 식 (11·50)을 고려하면 [그림 11-21(d)]와 같이 나타낸다. 합성보의 중립축으로부터 임의의 거리 y 만큼 떨어진 위치에서 굽힘응력 σ_x 는 식 (8·2)로부터 다음의 식을 얻을 수 있다.

$$\sigma_{x1} = \frac{E_1}{\rho} y = E_1 \varepsilon_1, \quad \sigma_{x2} = \frac{E_2}{\rho} y = E_2 \varepsilon_2 \tag{11·51}$$

여기서 σ_{x1} 은 재료 1의 굽힘응력, σ_{x2} 는 재료 2의 굽힘응력이다.

합성보의 중립축에 작용하는 축방향 하중의 대수적 합은 0이므로 재료 1과 재료 2에서

$$F = F_1 + F_2 = \int_1 \sigma_{x1} dA + \int_2 \sigma_{x2} dA = 0 \tag{11·52}$$

식 (11·52)에 식 (11·51)을 대입하면 다음 식과 같이 된다.

$$E_1 \int_1 y\,dA + E_2 \int_2 y\,dA = \int_1 y\,dA + \int_2 yn\,dA = 0 \tag{11·53}$$

식 (11·53)을 고려하면 m 개의 재료로 적층(積層)하여 합성된 보에서 단면의 위 표면으로부터 중립축까지의 거리를 $\bar{y}$ 라고 하면, 다음 식과 같은 일반식으로 표시할 수 있다.

$$\bar{y} = \frac{\displaystyle\sum_{i=1}^{m}\left(E_i \int_{A_i} y_z\,dA_i\right)}{\displaystyle\sum_{i=1}^{m} E_i A_i} \tag{11·54}$$

보에 대한 굽힘모멘트 M과 굽힘응력 σ_x 의 관계는 굽힘공식 (8·4) ~ 식 (8·6)를 참조하면 합성보에 대해서는 다음의 관계식이 성립한다.

$$M = \int \sigma_x\,dA = \int_1 \sigma_{x1}\,dA + \int_2 \sigma_{x2}\,dA = \frac{E_1}{\rho}\int_1 y^2\,dA + \frac{E_2}{\rho}\int_2 y^2\,dA$$

$$= \frac{1}{\rho}(E_1 I_1 + E_2 I_2) = \frac{1}{\rho}(I_1 + nI_2) \tag{11·55}$$

여기서 I_1 및 I_2 는 재료 1과 재료 2에 대한 단면 2 차모멘트이다.

식 (11·55)를 고려하면 m 개의 재료로 적층 합성된 보는 다음 식과 같이 된다.

$$M = \frac{1}{\rho}\sum_{i=1}^{m}\left(E_i \int_{A_i} y_i^2\,dA_i\right) = \frac{1}{\rho}\sum_{i=1}^{m}(E_i I_i) \tag{11·56}$$

식 (11·55)로부터 곡률은 다음 식으로 표시할 수 있다.

$$\frac{1}{\rho} = \frac{M}{E_1 I_1 + E_2 I_2} = \frac{M}{I_1 + nI_2} \tag{11·57}$$

합성보에 대한 응력은 곡률의 식 (11·57)에 식 (11·51)을 대입하면 다음 식과 같다.

$$\begin{aligned} \sigma_{x1} &= \frac{E_1}{E_1 I_1 + E_2 I_2} My = \frac{E_1}{I_1 + nI_2} My \\ \sigma_{x2} &= \frac{E_2}{E_1 I_1 + E_2 I_2} My = \frac{E_2}{I_1 + nI_2} My \end{aligned} \tag{11·58}$$

식 (11·58)에서 두 재료가 서로 같다면 $E_1 = E_2$ 로 되어 식 (11·51)로부터 두 식은 단일재료에 대한 굽힘응력의 식으로 되는 것을 알 수 있다.

또한, 처짐곡선의 미분방정식은 다음과 같다.

$$\frac{d^2y}{dx^2} = -\frac{1}{\rho} = -\frac{M}{\sum_{i=1}^{m}(E_iI_i)} \quad (11\cdot59)$$

11.4.2 샌드위치 보

[그림 11-22]와 같이 1개의 두꺼운 재료가 중간의 핵(核; core)을 이루고, 그 양쪽 표면에는 얇은 재료로 구성된 보를 샌드위치 보(sandwich beam)라고 말한다. 핵을 이루는 중간재료(中間材料)는 주로 필러(filler), 또는 스페이서(spacer)로 사용되어지는 가볍고 강도가 낮은 재료로 구성되며, 양쪽의 표면재료는 높은 강도의 재료로 구성된다. 따라서 샌드위치 보는 높은 강성(剛性) 및 강도(强度), 경량(輕量)의 구조물이 필요할 때 사용되며, 이 보의 굽힘해석은 합성보에서 설명한 방법을 적용한다.

[그림 11-22]에서 표면에 대한 굽힘응력 σ_z는 다음 식과 같이 나타낸다.

$$\sigma_z = \frac{Mh}{2I_z} \quad (11\cdot60)$$

여기서 h는 보의 높이, h_c는 중간재료의 높이이며, z축에 대한 단면 2차모멘트 $I_z = \frac{b(h^3 - h_c^3)}{12}$이 된다.

만일, 표면재료의 두께가 얇다면 중간재료에서 모든 전단력을 지탱하여야 하므로 중간재료에 대한 평균전단응력과 전단변형률은 각각 다음 식과 같이 된다.

$$\tau = \frac{F}{A} = \frac{F}{bh_c} \quad (11\cdot61)$$

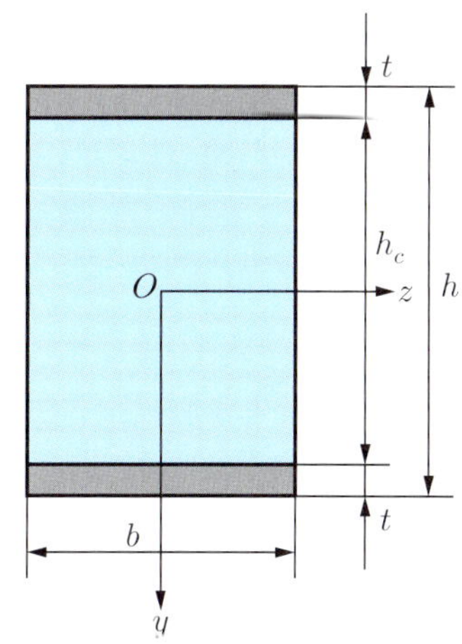

[그림 11-22] 샌드위치 보

$$\gamma = \frac{\tau}{G_c} = \frac{F}{b h_c G_c} \tag{11·62}$$

여기서 F는 전단력, G_c는 중간재료의 전단탄성계수이다.

예제 11-5

[그림 11-23(a)]와 같은 목재 단면의 상 · 하면을 강판으로 보강한 합성보에 작용시킬 수 있는 최대굽힘모멘트를 구하시오. 단, 목재의 허용굽힘응력 $\sigma_w = 6\,[\mathrm{MPa}]$, 세로탄성계수 $E_w = 8\,[\mathrm{GPa}]$이고, 강의 허용굽힘응력 $\sigma_s = 60\,[\mathrm{MPa}]$, 세로탄성계수 $E_s = 200\,[\mathrm{GPa}]$이다. 또한, [그림 11-23]에서 보의 단면에 대한 치수의 단위는 [mm]이다.

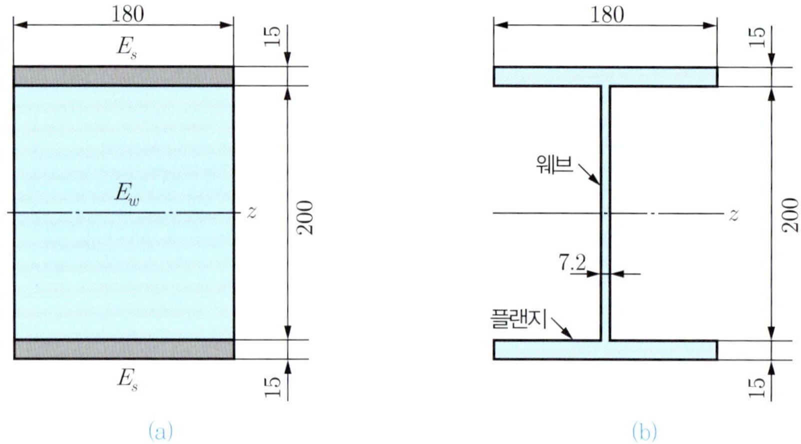

[그림 11-23]

| 풀이 | 식 (11·50)으로부터 목재단면 b_w는

$$b_w = \frac{E_w}{E_s} b_s = \frac{8 \times 10^3}{200 \times 10^3} \times 180 = 7.2\,[\mathrm{mm}]$$

[그림 11-23(a)]와 같은 보의 등가단면(等價斷面)은 [그림 11-23(b)]로 되고, I형 단면의 웨브부의 허용응력 σ_w는

$$\sigma_w = \frac{E_s}{E_w}\sigma_w = \frac{200 \times 10^3}{8 \times 10^3} \times 6 = 150\,[\mathrm{N/mm^2}] = 150\,[\mathrm{MPa}]$$

[그림 11-23(b)]에서 I형 단면의 상 · 하면의 플랜지부의 허용응력 $\sigma_s = 60\,[\mathrm{MPa}]$이 되고, $\sigma_s > \sigma_w$이므로 σ_s을 기준으로 굽힘모멘트를 구한다.

[그림 11-23(b)]에서 I형 단면의 중립축에 관한 단면 2차모멘트 I_z는

$$I_z = \frac{18 \times 23^3}{12} - \frac{(18 - 0.72) \times 20^3}{12} = 6730.5\,[\mathrm{cm^4}]$$

그러므로 보에 작용할 수 있는 최대굽힘모멘트 $M_{\max}$는

$$M_{\max} = \frac{I_z}{y}\sigma_s = \frac{6730.5}{11.5} \times (60 \times 10^2) = 35.1\,[\mathrm{kN \cdot m}]$$

11.4.3 철근콘크리트 보

철근콘크리트 보(reinforced-concrete beam)는 많이 사용되고 있는 구조물 중의 하나이다. 콘크리트는 압축력에 대한 저항력은 크지만, 인장력에 대해서는 매우 약하다. 그러므로 인장력에 대한 저항력이 큰 연강봉(軟鋼棒)의 철근(鐵筋)을 인장력이 작용하는 콘크리트 보의 안쪽에 넣어 인장력을 지지하도록 만든 보를 철근콘크리트 보라고 말한다. 철근콘크리트 보의 해석은 압축력은 콘크리트가 지지하고, 인장력은 철근에서만 지탱하는 것으로 고려한다.

[그림 11-24]에서 임의의 단면에 대한 콘크리트의 압축응력을 σ_c, 콘크리트 단면의 폭을 b, 높이를 h 라 하고, 철근의 인장응력을 σ_s, 철근의 수를 n, 단면적을 A_s 라고 하면

$$A_s = n A_s = n\left(\frac{\pi d^2}{4}\right) \qquad \text{(a)}$$

중립축 z 에 대한 단면 1차모멘트 $G_z = 0$ 이므로 콘크리트에 대한 중립축의 위치 y_c 는 다음 식에서 구한다.

$$G_z = (b y_c)\frac{y_c}{2} - \alpha A_s (h_s - y_c) = 0 \qquad (11 \cdot 63)$$

여기서 y_s 는 철근의 중심으로부터 중립축까지의 거리이고, $\alpha = E_s / E_c$ 로서 세로탄성계수의 비를 나타낸다.

콘크리트에 작용하는 중립축에 관한 굽힘모멘트 M_c 는

$$M_c = \frac{1}{2}\sigma_c b y_c \times \frac{2}{3} y_c = \frac{1}{3}\sigma_c b y_c^2 \qquad \text{(b)}$$

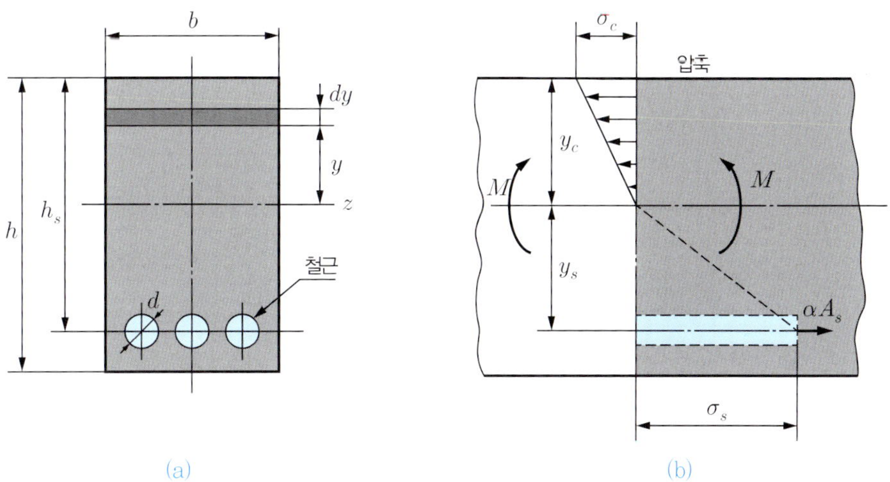

[그림 11-24] 철근콘크리트 보

철근에 대한 굽힘모멘트 M_s 는 다음 식과 같이 된다.

$$M_s = \sigma_s A_s (h_s - y_c) \quad \text{(c)}$$

여기서 $h_s = y_c + y_s$ 는 철근의 중심으로부터 단면의 위쪽 표면까지의 거리이다. 따라서 철근콘크리트 보에 작용하는 굽힘모멘트 M 은

$$M = M_s + M_c = \sigma_s A_s (h_s - y_c) + \frac{1}{3}\sigma_c b y_c^2 \quad (11\cdot64)$$

또한, 중립축 z 에 대한 단면 2차모멘트는 평행축정리를 이용하여 구하면, 다음 식과 같이 표시된다.

$$I_z = \frac{1}{3} b y_c^3 + A_s (h_s - y_c)^2 \quad (11\cdot65)$$

콘크리트 및 철근에 발생하는 각 응력 σ_c 및 σ_s 는 다음 식과 같이 주어진다.

$$\sigma_c = -\frac{M y_c}{I_z} \text{ (압축응력)}, \quad \sigma_s = \alpha \frac{M y_s}{I_z} \text{ (인장응력)} \quad (11\cdot66)$$

예제 11-6

[그림 11-25]와 같은 단면을 갖는 철근콘크리트 단순보의 길이 $l = 4.8$ [m]에 균일분포하중 w [kN/m]이 작용할 때 콘크리트의 허용굽힘응력 $\sigma_c = 4$ [MPa]로 하려면 균일일분포하중 w 및 철근에 발생하는 굽힘응력 σ_s 를 결정하시오. 단, 철근의 세로탄성계수 $E_c = 206$ [GPa], 두 재료의 세로탄성계수의 비 $\alpha = E_s / E_c = 15$ 이고, 철근의 수 $n = 4$ 개로 한다.

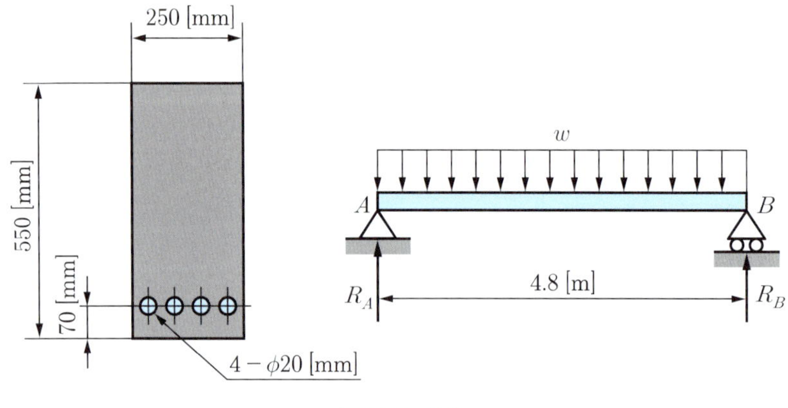

[그림 11-25]

| 풀이 | 중립축까지의 거리 : 철근의 중심으로부터 중립축까지의 거리를 y_s, 보의 위쪽 표면에서 중립축까지의 거리를 y_c 로 하면

$$y_c + y_s = 550 - 70 = 480[\text{mm}] \quad \therefore\ y_s = 480 - y_c[\text{mm}]$$

철근의 단면적 : $A_s = n\left(\dfrac{\pi d^2}{4}\right) = 4\times\left(\dfrac{\pi\times 20^2}{4}\right) = 1257[\text{mm}^2]$

중립축에 대한 단면 1차모멘트 $G_x = 0$ 이므로

$$G_z = (by_c)\frac{y_c}{2} - \alpha A_s(h_s - y_c)$$

$$= 250\times y_c\times\frac{y_c}{2} - 15\times 1257\times(550-70) = 0$$

$$\therefore\ y_c = 269[\text{mm}],\quad y_s = 211[\text{mm}]$$

철근에 발생하는 굽힘응력 σ_s 는

$$\sigma_s = \sigma_c\times\frac{y_s}{y_c}\times\frac{E_s}{E_c} = 4\times\frac{211}{269}\times 15 = 47[\text{N/mm}^2] = 47[\text{MPa}]$$

최대굽힘모멘트 $M_{\max}$ 는

$$M_{\max} = \frac{wl^2}{8} = \frac{w\times 4800^2}{8} = 288\times 10^4 w[\text{N}\cdot\text{mm}] = 2.88w[\text{kN}\cdot\text{m}]$$

따라서 식 (11·64)로부터

$$M = M_s + M_c = \sigma_s A_s y_s + \frac{1}{3}\sigma_c b y_c^2$$

$$288\times 10^4 w = (47\times 1257\times 211) + \frac{(4\times 250\times 269^2)}{3}$$

$$\therefore\ w = 12.7[\text{N/mm}] = 12.7[\text{kN/m}]$$

11.5 곡선보

보의 수직단면의 중심을 연결한 선을 축선(軸線)이라 하고, 축선이 직선인 보를 직선보, 축선이 처음부터 곡률반지름으로 휘어져 있는 보를 곡선보(curved beam)라고 한다. 실제로 곡선보를 응용한 예로는 후크(hook), 체인 링크(chain link) 및 아치(arch) 등이 있다. 곡선보는 그 곡률평면 안에서 굽힘하중이 작용할 때 축선에 수직한 세로방향의 길이가 다르므로 응력과 변형률의 분포가 직선적이지 않고, 중립축은 단면의 도심(圖心)과 일치하지 않는다.

[그림 11-26]과 같이 두 단면 AB, CD에 양(+)의 굽힘모멘트 M이 작용하여 보는 휘어지고, 곡률의 중심은 O에서 O'으로 이동하며, 곡률의 중심각이 $d\phi$에서 $\Delta d\phi$만큼 변화하고, 곡률반지름은 ρ에서 ρ'으로 변화한 것으로 가정한다.

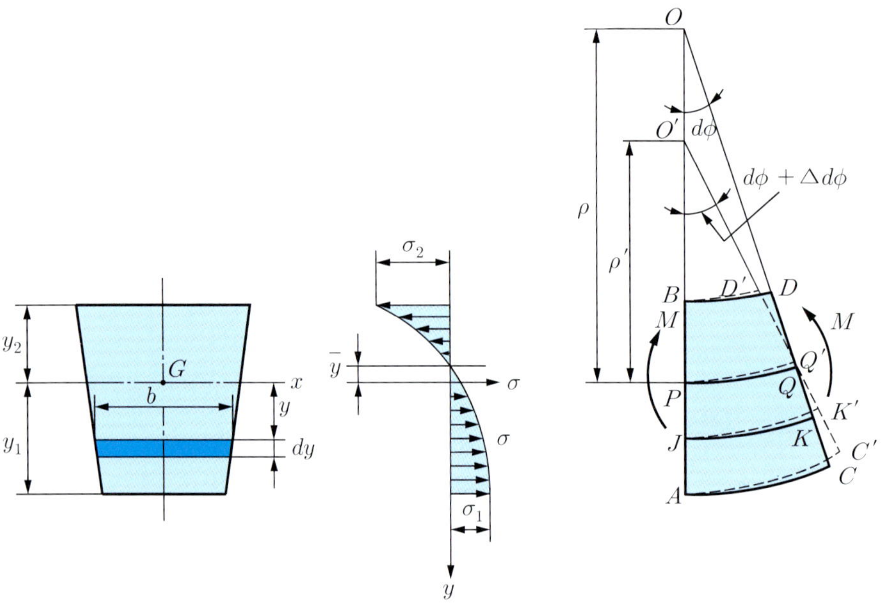

[그림 11-26] 굽은 보에 대한 굽힘응력의 분포

곡선보에서는 일반적으로 중립축은 축선과 일치하지 않고, 곡률중심 쪽으로 기울어진다. 축선 $\widehat{PQ}=\rho\,d\phi$ 의 변형률을 ε_0 라 하고, 축선 $\widehat{PQ}$ 로부터 거리 y 인 위치의 신장량 $\widehat{JK}=(\rho+y)d\phi$ 에 대한 변형률을 ε 이라고 하면 다음 식으로 표시된다.

$$\varepsilon_0=\frac{\widehat{PQ'}-\widehat{PQ}}{\widehat{PQ}}=\frac{\rho'(d\phi+\Delta d\phi)-\rho\,d\phi}{\rho\,d\phi} \tag{11·67}$$

$$\begin{aligned}\varepsilon=\frac{\widehat{JK'}-\widehat{JK}}{\widehat{JK}}&=\frac{(\rho'+y)(d\phi+\Delta d\phi)-(\rho+y)d\phi}{(\rho+y)d\phi}\\&=\frac{\{\rho'(d\phi+\Delta d\phi)-\rho\,d\phi\}+y\Delta d\phi}{(\rho+y)d\phi}\\&=\frac{\varepsilon_0\rho\,d\phi+y\,\Delta d\phi}{(\rho+y)}=\frac{\rho\varepsilon_0+y(\Delta d\phi/d\phi)}{\rho+y}\end{aligned} \tag{11·68}$$

여기서 $\omega=\dfrac{\Delta d\phi}{d\phi}$ (a)

식 (11·68)의 분자에 $(y\varepsilon_0-y\varepsilon_0)$를 더한 후 정리하면 다음 식과 같이 된다.

$$\varepsilon=\frac{\rho\varepsilon_0+y\omega}{\rho+y}=\varepsilon_0+(\omega-\varepsilon_0)\left(\frac{y}{\rho+y}\right) \tag{11·69}$$

따라서 축선 $\widehat{PQ}$ 에서 거리 y의 위치에 발생하는 굽힘응력 σ는 Hooke의 법칙에 의해 다음 식으로 표시된다.

$$\sigma = E\varepsilon = E\left\{\varepsilon_0 + (\omega - \varepsilon_0)\left(\frac{y}{\rho + y}\right)\right\} \qquad (11\cdot70)$$

식 (11·70)에서 미지의 ε_0 및 ω는 다음과 같이 힘과 모멘트의 평형조건으로부터 구할 수 있다. 곡선보에 굽힘모멘트 M만이 작용하고, 축하중은 작용하지 않는다면 힘의 평형조건으로부터 다음 식을 얻을 수 있다.

$$\begin{aligned}\int \sigma\, dA &= E\int\left\{\varepsilon_0 + (\omega - \varepsilon_0)\left(\frac{y}{\rho + y}\right)\right\}dA \\ &= E\left\{\varepsilon_0\int dA + (\omega - \varepsilon_0)\int\left(\frac{y}{\rho + y}\right)dA\right\} = 0\end{aligned} \qquad (11\cdot71)$$

또한, 모멘트의 평형조건을 고려하면 다음 식과 같이 된다.

$$M = \int \sigma(y\,dA) = E\left\{\varepsilon_0\int y\,dA + (\omega - \varepsilon_0)\int\left(\frac{y^2}{\rho + y}\right)dA\right\} \qquad (11\cdot72)$$

식 (11·72)에서

$$\int \frac{y^2}{\rho + y}dA = \int\left\{y - \rho\left(\frac{y^2}{\rho + y}\right)\right\}dA = -\rho\int\left(\frac{y}{\rho + y}\right)dA = \rho k A \qquad (11\cdot73)$$

여기서

$$\int y\,dA = G_x = 0\,(\because G_x\text{는 축선의 난면 1차모멘트}) \qquad (b)$$

$$\int \frac{y}{\rho + y}dA = -kA \qquad (c)$$

$$k = -\frac{1}{A}\int \frac{y}{\rho + y}dA \qquad (d)$$

여기서 k는 곡선보의 계수, 또는 곡선보의 단면계수라고 한다.
위의 식들로부터 다음과 같은 식을 얻을 수 있다.

$$M = \rho k A E(\omega - \varepsilon_0) \qquad (11\cdot74)$$

$$\varepsilon_0 = \frac{M}{\rho A E} \qquad (11\cdot75)$$

$$\omega = \frac{M(1 + k)}{\rho k A E} \qquad (11\cdot76)$$

$$\sigma = \frac{M}{\rho A}\left\{1 + \frac{1}{k}\left(\frac{y}{\rho + y}\right)\right\} \tag{11·77}$$

굽힘응력 σ 는 y 에 따라 직선적으로 분포하지 않고 쌍곡선 모양으로 분포하며, 곡률반지름 ρ 가 작을수록 굽힘응력 σ 의 분포곡선의 휘어짐은 더욱 크게 된다. 곡선보의 경우 일반적으로 도심$(y=0)$에서 굽힘응력 $\sigma = 0$ 으로 되지 않는다.

11.6 비대칭 보

보의 중립축이 대칭이 아닌 비대칭 보의 굽힘을 해석하는 방법을 고려하여 보기로 한다. [그림 11-27]과 같이 Oy 와 각도 θ 로 경사진 한쪽 끝에 집중하중 P가 작용하는 외팔보를 나타낸 것이고, 이때 Oz 는 Oy와 수직하는 또 다른 주응력을 나타낸다.

외팔보의 자유단으로부터 임의의 거리 x단면 mn 에 작용하는 굽힘모멘트 M_x 는

$$M_x = Px \tag{a}$$

축 Oz 및 Oy 에 관한 굽힘모멘트는 다음 식과 같다.

$$Px\cos\theta = M\cos\theta, \quad Px\sin\theta = M\sin\theta \tag{b}$$

단면 mn 의 한 점 $Q(z, y)$ 에 관한 합성굽힘응력 σ_z 는 다음 식과 같이 표시된다.

$$\sigma_z = \frac{My\cos\theta}{I_z} + \frac{Mz\sin\theta}{I_y} \tag{11·78}$$

여기서 I_z 및 I_y 는 각각 주축 Oz 와 Oy 에 관한 단면 2차모멘트이다.

만일, Q가 중립축의 한 점이라면 중립축에서 굽힘응력 $\sigma_z = 0$ 이므로 중립축으로부터 거리 y 는 다음 식과 같이 된다.

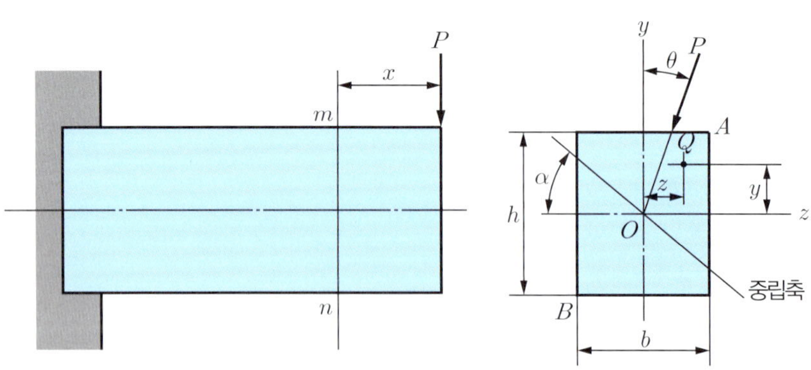

[그림 11-27] 비대칭 보의 굽힘

$$y = -z\left(\frac{I_z}{I_y}\right)\tan\theta \qquad (11\cdot79)$$

[그림 11-27]에서 중립축은 O점을 지나는 직선이고, Oz에 대하여 경사각도가 α이므로 다음의 관계식이 성립한다.

$$-\frac{y}{z} = \tan\alpha = \frac{I_z}{I_y}\tan\theta \qquad (11\cdot80)$$

식 (11·80)으로부터 각도 θ 및 α는 $I_y = I_z$, $\tan\theta = 0$ 또는 $\tan\theta = \infty$일 때 서로 같은 것을 알 수 있다. 만일, 주축에 관한 단면 2차모멘트가 서로 같을 때 굽힘응력은 항상 굽힘모멘트가 작용하는 평면에 평행한 면에서 발생한다. 이때 각도 $\theta = 0°$ 또는 $\theta = 90°$이므로 굽힘모멘트는 서로 대칭인 면에 작용한다.

대칭이 아닌 비대칭 굽힘일 때 최대굽힘응력을 구하기 위해 식 (11·80)으로부터 중립축의 각도 α를 구하여 그 위치를 결정한다.

최대응력이 발생하는 위치를 구하기 위해 [그림 11-27]에 나타낸 직사각형 단면에서 최대전단응력은 A점에서 발생하고, 최대압축응력은 B점에서 일어난다. 이때 직사각형 단면의 폭을 b, 높이를 h라고 하면 $y = h/2$, $z = b/2$를 식 (11·78)에 대입하면 다음 식과 같이 된다.

$$\sigma_{max} = M\left(\frac{h\cos\theta}{2I_z} + \frac{b\cos\theta}{2I_y}\right) \qquad (11\cdot81)$$

CHAPTER 11 연습문제

[11-1] 길이 $l = 1[\text{m}]$, 폭 $b = 60[\text{mm}]$의 직사각형 단면으로 된 균일강도의 외팔보에 집중하중 $P = 1[\text{kN}]$이 자유단에 작용할 때 자유단으로부터 500[mm] 떨어진 단면의 높이 h, 고정부분의 높이 h_0와 최대처짐량 δ_{max}을 구하시오. 단, 허용굽힘응력 $\sigma_b = 80[\text{MPa}]$, 세로탄성계수 $E = 200[\text{GPa}]$로 한다.

[11-2] 앞의 문제 [11-1]에서 높이 $h = 70[\text{mm}]$로 일정하게 한다면 1[m] 떨어진 단면의 폭 b, 고정부분의 폭 b_0와 최대처짐량 δ_{max}을 구하시오.

[11-3] [그림 11-15]와 같은 겹판 스프링에서 길이 $l = 800[\text{mm}]$, 폭 $b = 60[\text{mm}]$, 높이 $h = 6[\text{mm}]$로 하고, 최대하중 $P = 1[\text{kN}]$이 작용할 때 판의 수 n, 곡률반지름 ρ 및 처짐량 δ를 구하시오. 단, 허용굽힘응력 $\sigma_b = 80[\text{MPa}]$, 세로탄성계수 $E = 200[\text{GPa}]$로 한다.

[11-4] [그림 11-28]과 같이 강판과 구리판을 접착한 단순합성보의 길이 $l = 1[\text{m}]$의 중앙에 집중하중 $P = 2[\text{kN}]$이 작용할 때 2개의 판에 발생하는 최대굽힘응력을 구하시오. 단, 구리판은 강판 두께의 2 배이고, 세로탄성계수의 비 $E_s/E_c = 2$이며, 단면의 폭 $b = 40[\text{mm}]$, 강판의 높이 $h = 10[\text{mm}]$로 한다.

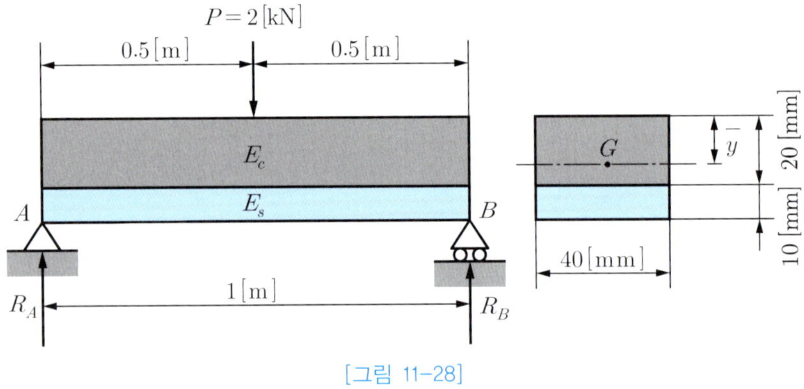

[그림 11-28]

[11-5] [그림 11-29]와 같이 목재를 못으로 웨브(web) 부분과 플랜지(flange) 부분을 I 형으로 짜 맞추어서 길이 $l = 3$ [m]의 단순보를 만들었다. 보의 중앙에 집중하중 $P = 5$ [kN]을 작용시킬 때, 1 개의 허용전단력 $F_1 = 1$ [kN]으로하면 못의 피치 p를 결정하시오. 단, I 형 단면에 대한 치수의 단위는 [mm]이다.

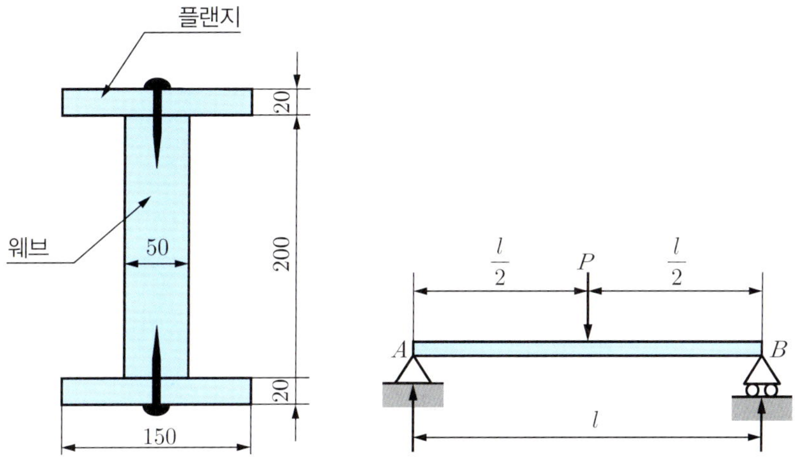

[그림 11-29]

[11-6] [그림 11-30(a)]와 같이 폭 b, 높이 h 인 직사각형 단면의 보와 [그림 11-30(b)]와 같이 서로 같은 재료로써 동일한 폭 및 높이를 갖는 판재 n 매를 적층(積層) 접착하여 단순보를 제작하였다. 이 보에 작용시킬 수 있는 굽힘모멘트의 비를 구하시오.

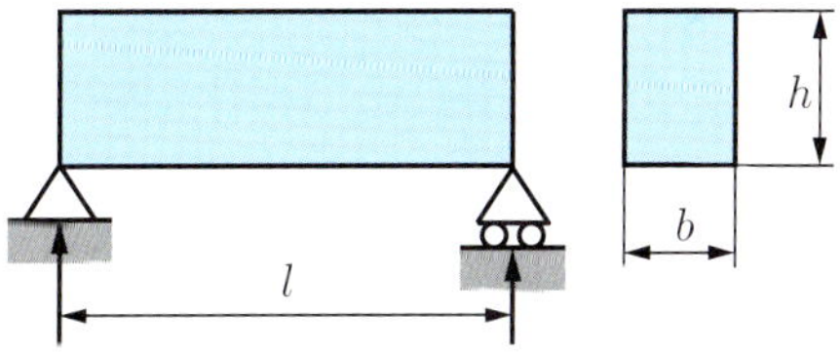

(a)

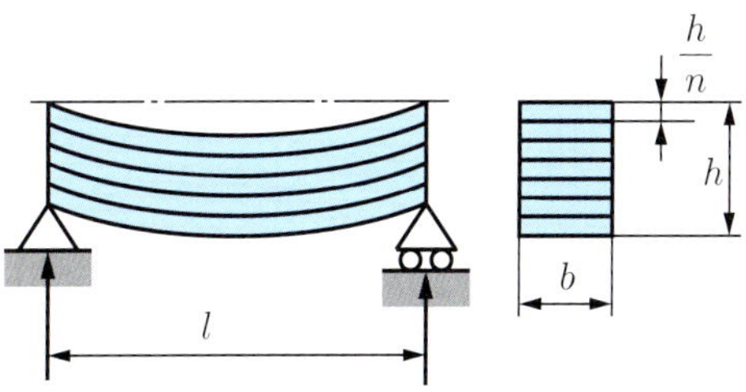

(b)

[그림 11-30]

[11-7] L형강 $40 \times 20 \times 5$[mm]인 4개를 [그림 11-31]과 같이 100×10[mm]인 강판의 양끝을 지름 8[mm]인 리벳으로 리벳이음을 하여 길이 $l = 2$[m]의 단순보로 조립하였다. 보의 중앙에 집중하중 P를 작용시킬 때 굽힘강도에 안전한 리벳의 피치 p를 구하시오. 단, 보의 허용굽힘응력 $\sigma_b = 80$[MPa], 리벳의 허용전단응력 $\tau_a = 40$[MPa]이고, 단면에 대한 치수의 단위는 [mm]이다.

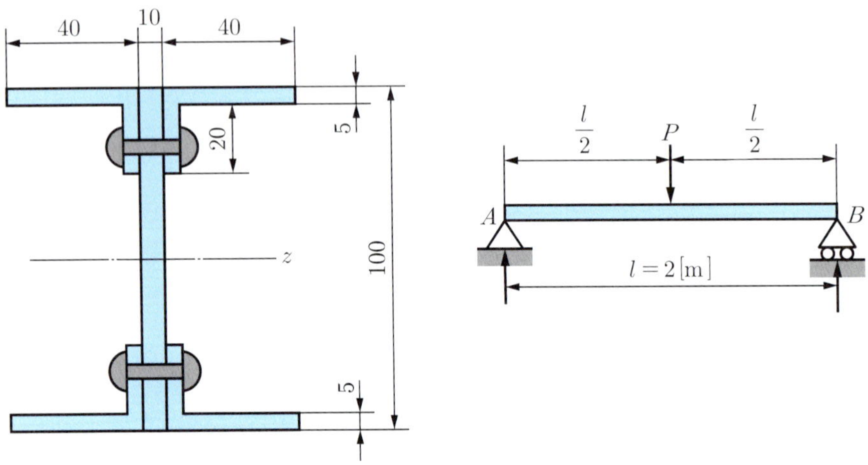

[그림 11-31]

[11-8] [그림 11-32]와 같이 강재 및 목재로 합성된 T형 단순보의 길이 $l = 4$[m]에 균일분포하중 $w = 10$[kN/m]가 작용할 때 목재와 강재에 작용하는 최대굽힘응력을 구하시오. 단, 목재의 세로탄성계수 $E_w = 12.5$[GPa], 강재의 세로탄성계수 $E_s = 200$[GPa]이고, 그림에서 단면치수의 단위는 [mm]이다.

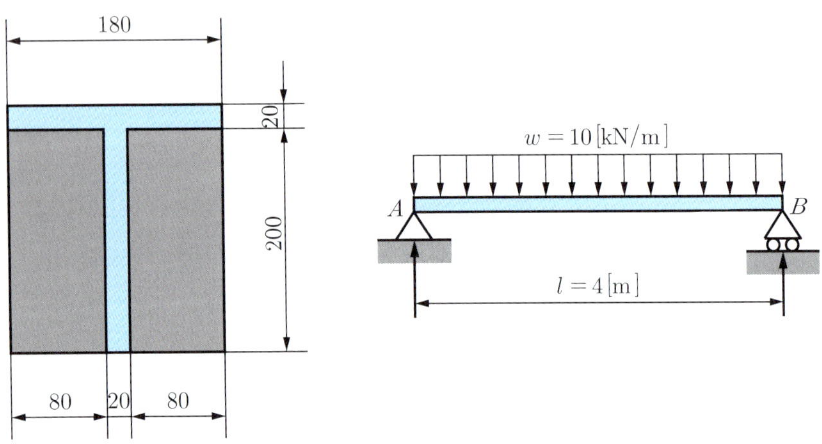

[그림 11-32]

[11-9] [그림 11-33]과 같이 폭 $b = 250\,[\mathrm{mm}]$, 높이 $h = 500\,[\mathrm{mm}]$인 직사각형 단면의 철근콘크리트 보에서 밑면으로부터 $50\,[\mathrm{mm}]$의 위치에 지름 $25\,[\mathrm{mm}]$의 연강제 철근의 수 $n = 4$개를 넣었을 때 중립축의 위치를 구하시오. 단, 철근과 콘크리트에 대한 세로탄성계수의 비 $\alpha = E_s / E_c = 12$로 한다.

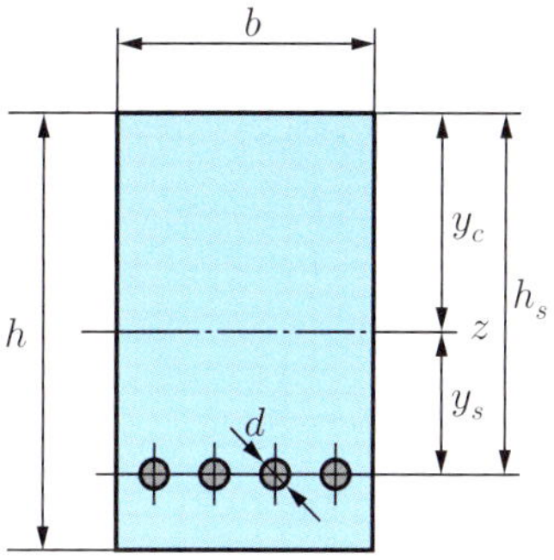

[그림 11-33]

[11-10] [그림 11-34]와 같이 철근콘크리트의 단순보에 중앙집중하중 $P = 100\,[\mathrm{kN}]$이 작용할 때 철근과 콘크리트에 발생하는 최대굽힘응력을 구하시오. 단, 콘크리트의 세로탄성계수 $E_c = 25\,[\mathrm{GPa}]$, 철근의 세로탄성계수 $E_s = 200\,[\mathrm{GPa}]$이고, 철근의 수 $n = 4$, 철근의 지름 $d = 22\,[\mathrm{mm}]$이며, 그림에서 단면치수의 단위는 $[\mathrm{cm}]$이다.

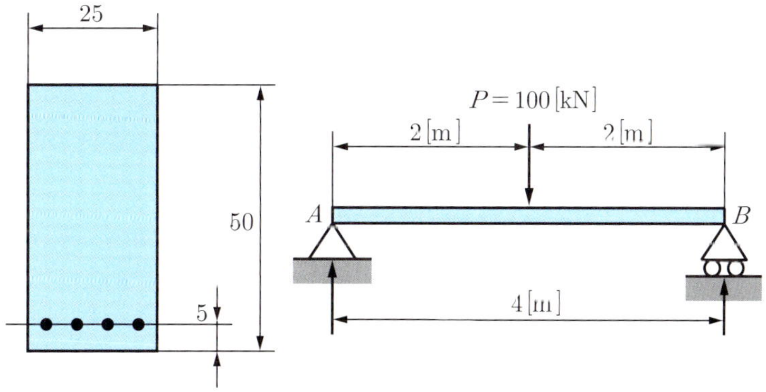

[그림 11-34]

12 CHAPTER 기둥

단면에 비하여 길이가 긴 봉에 축방향으로 압축하중이 작용할 때 이 봉을 기둥(column)이라고 한다. 기둥에 축방향 압축하중이 작용하면 기둥은 압축에 의한 굽힘이 발생하므로 단순한 압축하중으로 취급할 수 없다. 이와 같이 축방향 압축하중에 의해 굽힘이나 처짐이 일어나는 현상을 좌굴(挫屈; buckling)이라고 한다. 여기에서는 짧은 기둥에 편심 압축하중이 작용하는 경우와 압축하중이 작용하는 긴 기둥에 대한 기본이론과 좌굴현상을 학습한다.

12.1 짧은 기둥의 편심압축

길이가 짧은 기둥에 편심 압축하중이 작용하면 압축응력과 편심에 의한 굽힘모멘트의 작용으로 굽힘응력이 동시에 발생한다. [그림 12-1(a)]와 같이 짧은 기둥이 y, z 면에 대칭이고, 압축하중 P는 그 대칭면에 도심축 Oz 로부터 편심거리 e 만큼 떨어진 위치에 작용하는 것으로 한다. 이때 기둥이 짧고 단단할 때는 편심하중(偏心荷重; eccentric load)의 굽힘에 의한 처짐량은 편심거리 e 에 비해 작으므로 무시할 수 있다. 이와 같이 편심하중이 [그림 12-1(a)]와 같은 상태는 [그림 12-1(b)]에서 도심에 압축력 P가 작용하고, [그림 12-1(c)]와 같이 짝힘 모멘트 $M = Pe$ 가 동시에 발생하는 상태로 대체하여 겹침의 원리를 적용하여 해석할 수 있다.

따라서 압축과 굽힘에 의한 조합하중이 기둥의 임의의 단면에 작용할 때 기둥의 도심축으로부터 거리를 y 라고 하면, 전압축응력은 두 응력을 중첩한 것으로 되며, 다음 식으로 주어진다.

$$\sigma = \sigma_1 + \sigma_2 = \frac{P}{A} + \frac{M}{Z} = \frac{P}{A} + \frac{Pey}{I} \qquad (12\cdot1)$$

여기서 A는 기둥의 단면적, Z는 z축에 관한 단면계수, I는 z축의 단면 2차모멘트이다.

식 (12·1)에서 압축응력 P/A는 [그림 12-1(b)]와 같이 분포하고, Pey/I는 [그림 12-1(c)]와 같이 되므로 이 두 응력을 중첩하면 [그림 12-1(a)]와 같이 분포하는 것을 알 수 있다.

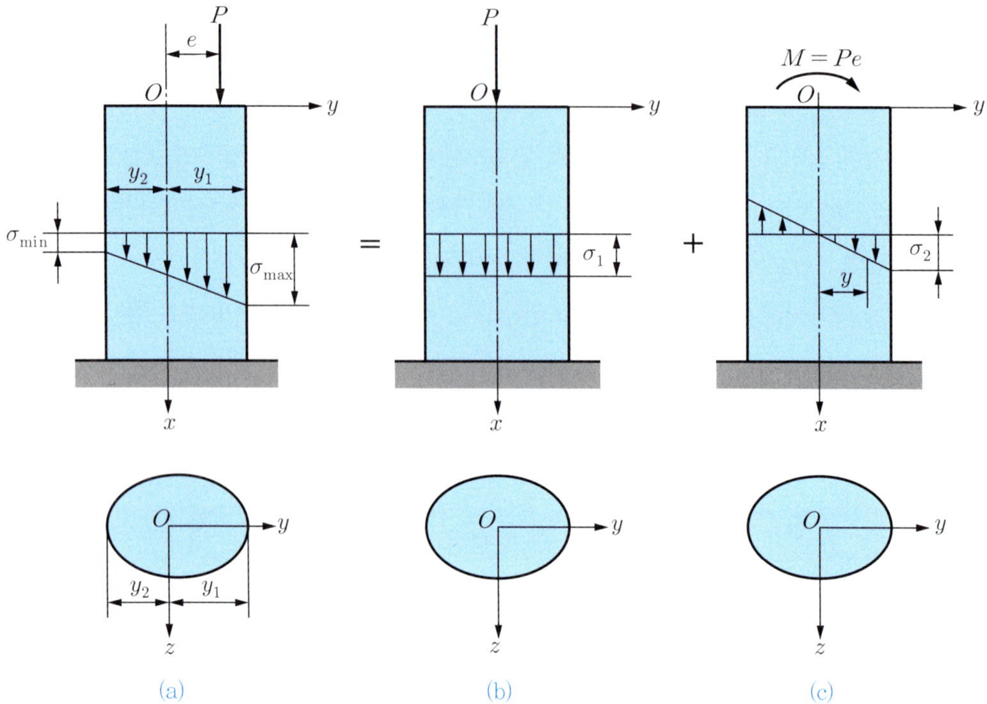

[그림 12-1] 편심하중이 작용하는 짧은 기둥

기둥에 작용하는 최대응력을 구하기 위해 식 (12·1)에서 y 대신에 오른쪽 표면까지의 거리 y_1을 대입하고, 그 단면의 회전반지름 $k = \sqrt{I/A}$ 인 것을 고려하면 최대응력 σ_{max}는 다음 식과 같이 된다.

$$\sigma_{max} = \frac{P}{A}\left(1 + \frac{e\,y_1}{k^2}\right) = \sigma_c\left(1 + \frac{e\,y_1}{k^2}\right) \tag{12·2}$$

여기서 σ_c는 작용하중에 의한 압축응력을 나타낸다.

최소응력 σ_{min}은 식 (12·1)에서 y대신에 왼쪽 표면까지의 거리 $-y_2$를 대입하면, 다음 식과 같이 표시된다.

$$\sigma_{min} = \frac{P}{A}\left(1 - \frac{e\,y_2}{k^2}\right) = \sigma_c\left(1 - \frac{e\,y_2}{k^2}\right) \tag{12·3}$$

일반적으로 식 (12·2)의 최대압축응력(σ_{max})만을 고려하지만, 만일 $e\,y_2/k^2 > 1$ 이면 식 (12·3)의 최소응력(σ_{min})은 음($-$)의 값이 되므로 기둥의 왼쪽 부분에서는 인장응력이 발생하는 것을 알 수 있다. 따라서 기둥의 왼쪽 부분의 응력이 0으로 되는 중립축의 위치는 기둥의 도심으로부터의 거리를 y라고 하면, 식 (12·3)에 $\sigma_{min} = 0$, $y_2 = -y$를 대입하여 정리하면 다음과 같이 된다.

$$e = -\frac{k^2}{y} \quad \text{또는} \quad y = -\frac{k^2}{e} \tag{12·4}$$

식 (12·4)로부터 e는 편심 압축하중이 작용하는 기둥의 단면에 인장응력이 발생하지 않고, 압축응력만이 작용하는 범위를 나타낸다.

[그림 12-2]에서 도심 O를 지나는 축을 y, z라 하고, 압축하중 P가 도심축이 아닌 임의의 점 $Q(a_1,\ a_2)$에 작용할 때 Oy 및 Oz축에 관한 굽힘모멘트는 각각 $M_y = Pa_2$와 $M_z = Pa_1$이 된다. 겹침의 원리를 적용하면 y 및 z축에 대한 임의의 점에 발생하는 압축응력 σ는 다음 식으로 표시된다.

$$\sigma = \frac{P}{A} + \frac{Pa_1}{I_z}y + \frac{Pa_2}{I_y}z \tag{12·5}$$

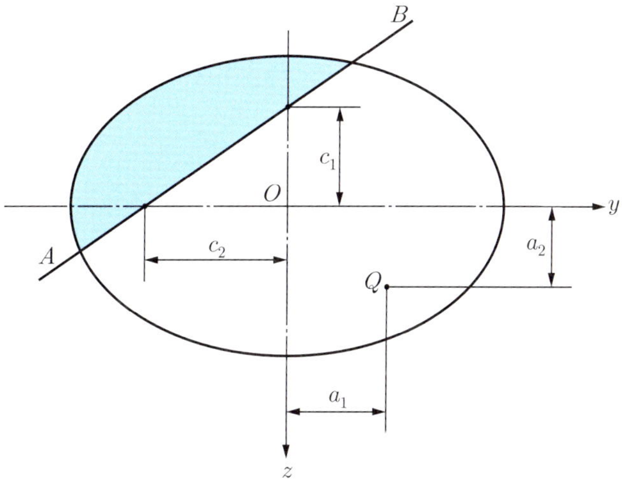

[그림 12-2] 영응력선의 궤적

식 (12·5)의 우변을 0으로 놓으면, 그 단면에서 $\sigma = 0$인 점들의 궤적을 나타내는 식을 얻을 수 있다. 이때 단면의 회전반지름 $k_y = \sqrt{I_y/A}$ 및 $k_z = \sqrt{I_z/A}$로 되는 것을 고려하면 $\sigma = 0$인 점의 궤적을 나타내는 응력선은 다음 식과 같이 된다.

$$\frac{a_1 y}{k_z^2} + \frac{a_2 z}{k_y^2} + 1 = 0 \tag{12·6}$$

식 (12·6)은 직선의 식으로서 [그림 12-2]에서 직선 AB를 나타내고, 이러한 직선을 영응력선(零應力線; line of zero stress)이라고 한다. 직선 AB를 경계로 하여 청색부분은 인장응력, 그 안쪽의 흰색 부분은 압축응력이 발생한다. 영응력선 $\overline{AB}$가 z 및 y축을 자르는 좌표를 각각 c_1, c_2라 하고, 식 (12·6)에서 z와 y를 차례로 0으로 놓은 후 c_1 및 c_2를 구하면 다음과 같다.

$$c_1 = -\frac{k_z^2}{a_1}, \quad c_2 = -\frac{k_y^2}{a_2} \tag{12·7}$$

기둥의 단면에 인장응력은 작용하지 않고, 압축응력만이 작용하도록 하려면 식 (12·7)에서 구한 영응력선을 경계로 그 단면의 도심을 포함하는 일정영역(一定領域) 안에 두어야 하는데, 이러한 영역을 단면의 핵(核; core)이라고 한다.

이러한 핵은 벽돌 및 콘크리트와 같이 압축에 강하고, 인장에 약한 재료로 만들어진 짧은 기둥에서는 매우 중요하므로 인장이 작용하지 않도록 주의하여야 한다.

기둥의 단면이 원형 및 직사각형일 때 단면의 핵을 구하여 보기로 한다.

12.1.1 원형 단면의 경우

[그림 12-3]과 같이 지름이 d인 원형 단면의 짧은 기둥에 편심 압축하중이 작용할 때 $k_y^2 = k_z^2 = \dfrac{d^2}{16}$, $a = a_1 = a_2 = \dfrac{d}{2}$이므로 압축하중만이 작용하는 핵의 반지름은 식 (12·7)로부터 다음과 같이 된다.

$$c = c_1 = \frac{k_z^2}{a_1} = c_2 = \frac{k_y^2}{a_2} = \frac{d^2/16}{d/2} = \frac{d}{8} \tag{12·8}$$

그러므로 [그림 12-3]에서 지름이 $\dfrac{d}{4}$인 청색부분이 단면의 핵이 되고, 이 핵 안에서는 압축응력만이 작용하며, 인장응력은 발생하지 않는다.

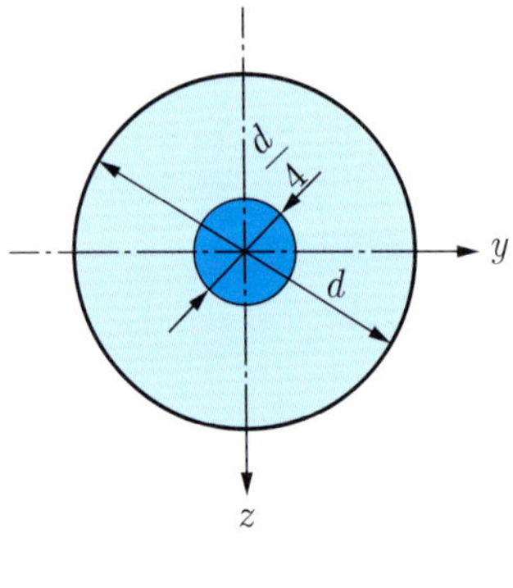

[그림 12-3] 원형 단면의 짧은 기둥

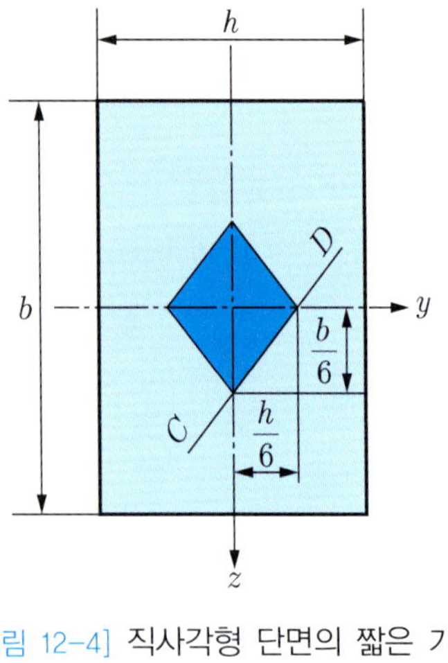

[그림 12-4] 직사각형 단면의 짧은 기둥

12.1.2 직사각형 단면의 경우

[그림 12-4]와 같은 직사각형 단면의 짧은 기둥에 편심 압축하중이 작용할 때 단면의 핵을 구하여 보기로 한다. 직사각형 단면에 대한 단면 2차모멘트 $k_y^2 = b^2/12$ 및 $k_z^2 = h^2/12$ 이고, 단면의 핵은 식 (12·7)로부터 다음과 같이 된다.

$$
\begin{aligned}
c_1 &= \frac{k_z^2}{a_1} = \frac{h^2/12}{h/2} = \frac{h}{6} \\
c_2 &= \frac{k_y^2}{a_2} = \frac{b^2/12}{b/2} = \frac{b}{6}
\end{aligned}
\qquad (12\cdot9)
$$

따라서 직사각형 단면을 갖는 짧은 기둥의 핵은 식 (12·9)에 의해 [그림 12-4]와 같이 도심으로부터 $h/6$ 떨어진 c_1 점과 $b/6$ 인 거리의 c_2 점을 연결하는 CD 선이 만나는 점을 꼭지점으로 하는 마름모꼴의 청색부분이 된다. 따라서 청색의 마름모꼴 핵에서는 압축하중 만이 작용한다.

≫ 예제 12-1

[그림 12-5]와 같이 짧은 기둥의 길이 $l = 200\,[\text{mm}]$ 인 직사각형 $50 \times 100\,[\text{mm}]$ 단면에서 편심거리 $e = 25\,[\text{mm}]$ 의 지점에 $P = 250\,[\text{kN}]$ 의 압축하중이 작용할 때 최대압축응력을 구하시오.

| 풀이 | 식 (12·1)에서 최대압축응력 $\sigma_{\max}$ 는

$$
\begin{aligned}
\sigma_{\max} &= \sigma_1 + \sigma_2 = \frac{P}{A} + \frac{M}{Z} \\
&= \frac{250 \times 10^3}{50 \times 100} + \frac{250 \times 10^3 \times 25}{50 \times 100^2/6} = 125\,[\text{N/mm}^2] = 125\,[\text{MPa}]
\end{aligned}
$$

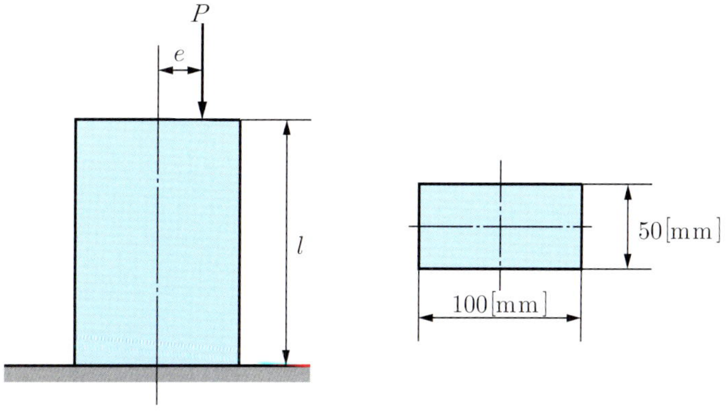

[그림 12-5]

예제 12-2

[그림 12-6]과 같은 클램프(clamp)에 $P = 3\,[\mathrm{kN}]$의 하중이 작용하여 $x-x$ 직사각형 단면에 작용하는 최대인장응력 및 최대압축응력을 구하시오. 단, 편심거리 $e = 120\,[\mathrm{mm}]$이다.

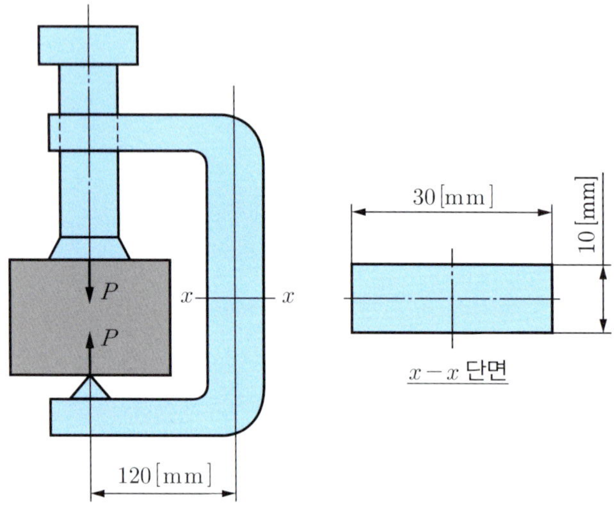

[그림 12-6]

| 풀이 | 식 (12·1)에서 최대압축응력 $\sigma_{\max}$ 는

$$\sigma = \frac{P}{A} \pm \frac{M}{Z} = \frac{P}{A} \pm \frac{Pey}{I}$$

$$= \frac{3 \times 10^3}{30 \times 10} \pm \frac{3 \times 10^3 \times 120 \times 15}{10 \times 30^3/12} = 10 \pm 240\,[\mathrm{N/mm^2}]$$

그러므로 최대인장응력 $\sigma_{\max} = 250\,[\mathrm{N/mm^2}] = 250\,[\mathrm{MPa}]$

최대압축응력 $\sigma_{\min} = 230\,[\mathrm{N/mm^2}] = 230\,[\mathrm{MPa}]$

12.2 긴 기둥의 좌굴

12.2.1 좌굴현상

가늘고 긴 기둥$(l \geq 4d)$에 축방향 압축하중이 작용할 때 길이가 길면 재질의 불균질, 축선의 직선오차, 또는 작용하중이 기둥의 중심선에 정확히 일치하지 않고, 약간의 편심이 있으면 편심 압축하중에 의한 굽힘이 발생한다. 이와 같이 긴 기둥이 축방향의 편심 압축하중에 의한 굽힘으로 파괴되는 현상을 좌굴(挫屈; buckling)이라고 한다. 또한 이때의 하중을 좌굴하중(buckling load) 또는 임계하중(臨界荷重; critical load)

이라고 한다. 좌굴현상을 일으키는 하중을 기둥의 단면적으로 나눈 값을 좌굴응력(挫屈應力; buckling stress), 또는 임계응력(臨界應力; critical stress)이라고 한다.

이와 같은 좌굴현상을 일으키는 임계하중은 기둥의 가늘기 정도(程度) 및 기둥 양끝의 구속조건에 따라 많은 차이가 있으므로 이들의 영향을 검토한다.

12.2.2 세장비

세장비(細長比; slenderness ratio)는 기둥의 가는 정도를 나타내는 것으로서 기둥의 길이 l과 단면의 최소회전반지름 k의 비를 나타낸다. 기둥이 편심 압축하중에 의해 휘어지는 좌굴현상은 기둥의 단면 2차모멘트가 가장 작은 값이 되는 지점에서 발생하고, 단면 2차모멘트의 크기는 단면의 축방향에 따라 그 값이 다르다.

기둥의 최소단면 2차모멘트를 I, 최소회전반지름을 k, 단면적을 A라고 하면 세장비 λ는 다음 식으로 나타낸다.

$$\lambda = \frac{l}{k} \tag{12·10}$$

여기서 $k = \sqrt{\dfrac{I}{A}}$ 이다.

12.3 기둥의 좌굴하중 및 응력

축하중이 증가할수록 기둥의 단면은 압축응력이 항복점에 도달하기 전에 굽힘에 의한 불안정으로 가로방향의 처짐이 증가하면서 파괴에 이르는 하중은 좌굴하중 또는 임계하중으로 된다.

좌굴하중은 기둥 양끝의 구속조건, 기둥의 재질 및 세로탄성계수, 기둥의 길이, 최소단면 2차모멘트 및 최소회전반지름, 세장비 등의 영향을 받는다. 여기에서는 기둥의 좌굴하중(挫屈荷重; buckling load)을 해석하는 각종 방법 및 공식을 파악하고자 한다.

12.3.1 Euler 공식

(1) 일단고정 타단자유의 기둥

[그림 12-7(a)]와 같이 길이가 l인 긴 기둥의 아래 끝 A는 고정되고, 위 끝 B는 자유로운 일단고정 타단자유(一端固定 他端自由)의 기둥에 축방향 압축하중 P가 작용하여 [그림 12-7(b)]에서와 같이 굽힘이 발생하였다. 이때 기둥의 탄성곡선에 대한 임의의 점 x에서의 처짐량을 y, 자유단 B점의 처짐량을 δ라고 한다.

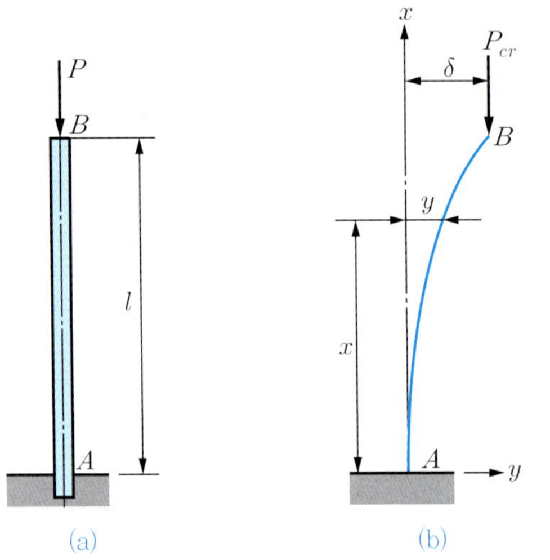

[그림 12-7] 일단고정 타단자유의 기둥

임의의 x 단면에 대한 굽힘모멘트 M_x 는

$$M_x = -P(\delta - y) \tag{a}$$

이고, 처짐량이 미소한 조건에서는 처짐곡선의 미분방정식은 식 (9·2)로부터 다음 식과 같이 된다.

$$\frac{d^2y}{dx^2} = -\frac{M_x}{EI} = \frac{P}{EI}(\delta - y) \tag{12·11}$$

여기서

$$\frac{P}{EI} = \alpha^2, \text{ 또는 } \alpha = \sqrt{\frac{P}{EI}} \tag{b}$$

로 놓으면, 식 (12·11)은 다음과 같은 계수를 갖는 선형미분방정식이 된다.

$$\frac{d^2y}{dx^2} + \alpha^2 y = \alpha^2 \delta \tag{c}$$

식 (c)의 일반해는

$$y = C_1 \sin \alpha x + C_2 \cos \alpha x + \delta \tag{d}$$

적분상수 C_1, C_2를 결정하기 위하여 경계조건 $x = 0$에서 $y = 0$, $\frac{dy}{dx} = 0$를 식 (d)에 적용하면 $C_1 = 0$, $C_2 = -\delta$로 구해진다. 따라서 식 (d)는 다음 식과 같이 완전해가 구해진다.

$$y = \delta(1 - \cos \alpha x) \tag{e}$$

식 (e)는 기둥의 처짐곡선이 코사인(cosine) 곡선으로 되는 것을 알 수 있다.

처짐량 δ를 구하기 위해 $x = l$일 때 $y = \delta$의 경계조건을 식 (e)에 대입하면, 다음의 관계식을 얻을 수 있다.

$$\delta = \delta(1 - \cos\alpha l) \qquad \therefore\ \cos\alpha l = 0 \tag{f}$$

식 (f)를 만족할 수 있는 αl의 값은

$$\alpha l = \frac{n\pi}{2} \quad (n = 1,\ 3,\ 5, \cdots) \tag{g}$$

식 (g)를 식 (b)에 대입하면 다음 식과 같이 된다.

$$P = \frac{n^2\pi^2 EI}{l^2} \quad (n = 0,\ 1,\ 2,\ \cdots) \tag{12·12}$$

식 (12·12)는 기둥의 상단(上端)에서 미소 처짐량 δ가 발생하여 평형을 유지하므로 $n = 1$일 때 좌굴현상이 발생하기 때문에 최소임계하중, 즉 좌굴하중 P_{cr}은 다음 식과 같이 된다.

$$P_{cr} = \frac{\pi^2 EI}{4l^2} \tag{12·13}$$

식 (12·13)은 일단고정 타단자유인 긴 기둥에 대한 좌굴하중(buckling load) 또는 임계하중(critical load)을 구할 수 있는 오일러 공식(Euler's formula)이라고 한다.

이와 같이 좌굴하중은 기둥의 굽힘강성 EI에 비례하고, 길이 l^2에 반비례하는 것을 알 수 있다. 그러나 좌굴하중은 재료의 압축강도에는 무관하고, 기하학적 모양 및 치수, 재료의 강성도(剛性度)에 의해 결정된다.

기둥의 좌굴응력 σ_{cr}은 세장비 $\lambda = l/k$, 회전반지름 $k = \sqrt{I/A}$를 고려하면 다음 식과 같이 표시된다.

$$\sigma_{cr} = \frac{P_{cr}}{A} = \frac{\pi^2}{4} \cdot \frac{E}{l^2} \cdot \frac{I}{A} = \frac{\pi^2}{4} \cdot \frac{E}{(l/k)^2} = \frac{\pi^2 E}{4\lambda^2} \tag{12·14}$$

좌굴응력은 기둥재료의 세로탄성계수 E, 길이 l, 단면의 모양 및 양단 구속조건에 따라 정해지며, 세장비 λ^2에 반비례한다.

(2) 양단회전의 기둥

[그림 12-8(a)]와 같이 기둥의 아래 끝 A을 핀, 위 끝 B를 롤러로 지지하여 양단회전(兩端回轉)이 가능한 기둥에 압축하중이 작용할 때 좌굴하중 및 좌굴응력을 구하기

로 한다.

[그림 12-8(b)]에서 x 단면에 대한 굽힘모멘트 $M_x = Py$ 이므로 탄성곡선의 미분방정식은 다음 식으로 주어진다.

$$\frac{d^2y}{dx^2} = -\frac{M_x}{EI} = -\frac{P}{EI}y \tag{12·15}$$

여기서

$$\alpha^2 = \frac{P}{EI} \tag{a}$$

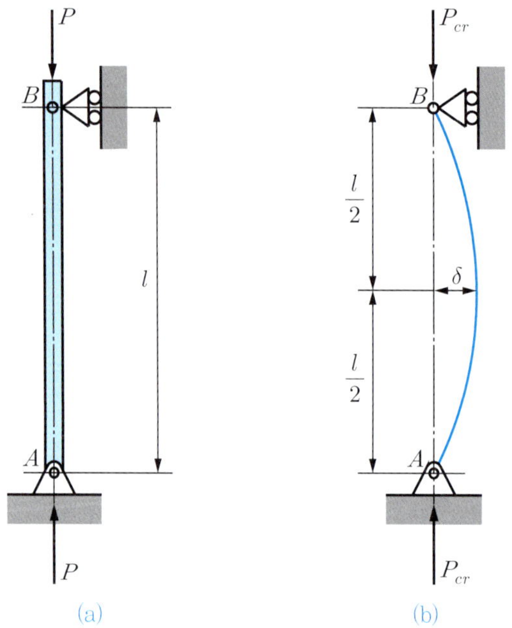

[그림 12-8] 양단회전의 기둥

식 (12·15)에 식 (a)를 대입하면 다음 식과 같이 된다.

$$\frac{d^2y}{dx^2} + \alpha^2 y = 0 \tag{b}$$

식 (b)의 일반해는

$$y = C_1 \sin \alpha x + C_2 \cos \alpha x \tag{c}$$

적분상수 C_1, C_2를 결정하기 위해 경계조건은 $x = 0$ 에서 $y = 0$ 이므로 $C_2 = 0$ 이 된다. 그러므로 식 (c)는 다음 식으로 주어진다.

$$y = C_1 \sin \alpha x \tag{d}$$

경계조건 $x = l$ 에서 $y = 0$ 이므로 $C_1 \sin \alpha l = 0$ 로 되고, $C_1 \neq 0$ 이다. 그 이유는 만일, $C_1 = 0$ 이라면 $y = 0$ 이 되므로 기둥은 좌굴이 일어나지 않아야 하기 때문에 모순이 생긴다.

따라서 기둥에 좌굴이 발생하려면 다음 식이 성립하여야 한다.

$$\sin \alpha l = 0$$

$$\therefore \ \alpha l = n\pi \ (n = 0, 1, 2, \cdots) \tag{f}$$

식 (f)를 식 (a)에 대입하면 다음 식과 같이 된다.

$$P = \frac{n^2 \pi^2 EI}{l^2} \ (n = 0, 1, 2, \cdots) \tag{12·16}$$

좌굴하중 P_{cr} 이 되는 최소하중은 식 (12·16)에서 $n = 1$ 일 때이므로

$$P_{cr} = \frac{\pi^2 EI}{l^2} \tag{12·17}$$

따라서 좌굴응력 σ_{cr} 은 식 (12·17)를 기둥의 단면적 A 로 나누면 다음 식과 같이 된다.

$$\sigma_{cr} = \frac{P_{cr}}{A} = \frac{\pi^2 E}{\lambda^2} \tag{12·18}$$

(3) 일단고정 타단회전의 기둥

[그림 12-9]와 같이 기둥의 아래 끝 A는 고정되고, 위 끝 B는 롤러로 지지된 일단고정 타단회전(一端固定 他端回轉)의 기둥에 대한 임의의 x 단면에 작용하는 굽힘 모멘트 M_x 는

$$M_x = Py - Rx \tag{a}$$

탄성곡선의 미분방정식은 다음 식과 같이 주어진다.

$$\frac{d^2y}{dx^2} = -\frac{M_x}{EI} = -\frac{1}{EI}(Py - Rx) \tag{b}$$

식 (b)의 일반해는

$$y = C_1 \sin \alpha x + C_2 \cos \alpha x + \left(\frac{R}{P}\right)x \tag{c}$$

여기서

$$\alpha = \sqrt{\frac{P}{EI}} \tag{d}$$

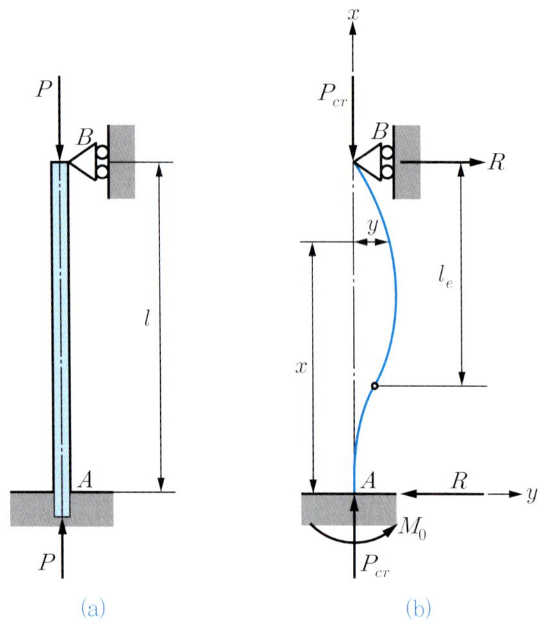

[그림 12-9] 일단고정 타단회전의 기둥

경계조건 $x=0$에서 $y=0$, $x=l$에서 $y=0$, $dy/dx=0$이므로 $C_2=0$이 되고, C_1이 소거(消去)되어 다음 식으로 주어진다.

$$\alpha\cos\alpha l-\left(\frac{1}{l}\right)\sin\alpha l=0$$

$$\therefore\ \tan\alpha l=\alpha l \qquad \text{(e)}$$

식 (e)를 만족하는 αl의 최소값은 $\alpha l=0$을 소거하면 $\alpha l=4.49$가 되므로 좌굴하중 P_{cr}은 식 (d)로부터 다음 식과 같이 표시된다.

$$P_{cr}=\alpha^2EI=20.2\frac{EI}{l^2}=\frac{\pi^2EI}{(0.699l)^2}=2.046\frac{\pi^2EI}{l^2}\fallingdotseq\frac{2\pi^2EI}{l^2} \qquad (12\cdot19)$$

식 (12·19)는 식 (12·17)과 비교하면 $l_e=0.7l$인 길이의 양단회전 기둥이 좌굴될 때의 하중에 해당한다. 따라서 [그림 12-9]에서 $l_e=0.7l$인 부분이 양단회전인 기둥의 좌굴변형과 같은 것을 알 수 있고, 이때 기둥의 길이 l_e를 유효길이(effective length)라고 한다.

식 (12·19)로부터 좌굴응력 σ_{cr}은 다음 식과 같이 된다.

$$\sigma_{cr}=\frac{P_{cr}}{A}=\frac{2\pi^2E}{\lambda^2} \qquad (12\cdot20)$$

(4) 양단고정의 기둥

[그림 12-10(a)]와 같이 기둥의 양 끝이 고정된 기둥의 위 끝에 압축하중 P 가 작용하면 같은 크기의 반력이 기둥의 아래 끝에 발생한다. 좌굴이 발생하면서 [그림 12-10(b)]에서와 같이 반력에 의한 굽힘모멘트 M_0 가 기둥의 양 끝에 발생하고, 탄성곡선은 기둥의 양 끝으로부터 $l/4$ 인 곳에서 변곡점(變曲點)을 갖는 삼각함수로 표시되는 변형곡선이 된다.

따라서 양 끝이 고정된 기둥의 변곡선 사이의 길이를 양단회전인 기둥의 l 에 비교한 유효길이 l_e 는 다음과 같이 된다.

$$l_e = \frac{l}{2} \tag{12·21}$$

그러므로 식 (12·21)을 식 (12·17)에 대입하면 좌굴하중 P_{cr} 은 다음 식과 같다.

$$P_{cr} = \frac{4\pi^2 EI}{l^2} \tag{12·22}$$

좌굴응력 σ_{cr} 은 식 (12·22)로부터 다음 식과 같이 표시된다.

$$\sigma_{cr} = \frac{P_{cr}}{A} = \frac{4\pi^2 E}{\lambda^2} \tag{12·23}$$

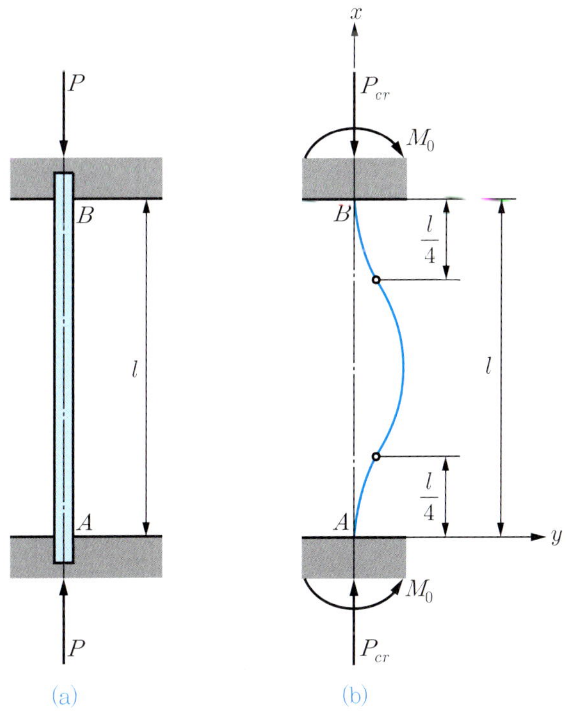

[그림 12-10] 양단고정의 기둥

이상의 결과로부터 좌굴은 기둥의 양 끝을 구속하는 조건에 따라 다르므로 구속조건을 고려하여 좌굴하중 및 응력에 관한 일반식은 다음과 같이 주어진다.

$$P_{cr} = \frac{n\pi^2 EI}{l^2} \tag{12·24}$$

$$\sigma_{cr} = \frac{P_{cr}}{A} = \frac{n\pi^2 E}{l^2} \cdot \frac{I}{A} = n\pi^2 E\left(\frac{k}{l}\right)^2 = n\pi^2 \frac{E}{\lambda^2} \tag{12·25}$$

여기서 n은 기둥의 양 끝에 대한 구속조건에 의한 단말계수(端末係數; coefficient of end-fixity)라고 한다. 단말계수 n의 값은 다음과 같다.

(1) 일단고정 타단자유일 때 : $n = \frac{1}{4}$ [그림 12-7]

(2) 양단회전일 때 : $n = 1$ [그림 12-8]

(3) 일단고정 타단회전일 때 : $n = 2$ [그림 12-9]

(4) 양단고정일 때 : $n = 4$ [그림 12-10]

12.3.2 Euler 공식의 적용범위

오일러(Euler) 공식에 의한 좌굴하중 P_{cr}은 긴 기둥이 압축으로 휘어지는 하중이므로 실제로 작용시킬 수 있는 안전한 허용하중 P_a는 안전계수 S를 고려하면, 다음 식과 같이 표시된다.

$$P_a = \frac{P_{cr}}{S} \tag{12·26}$$

여기서 안전계수 S의 값은 [표 12-1]과 같다.

식 (12·25)로부터 세장비 λ에 대하여 표시하면 다음 식과 같이 된다.

$$\lambda = \frac{l}{k} = \pi\sqrt{\frac{nE}{\sigma_{cr}}} \tag{12·27}$$

식 (12·27)을 세장비 λ에 관한 좌굴응력으로 나타내면 [그림 12-11]과 같다. 그림에서 곡선 ABC는 오일러의 좌굴공식을 나타내고, $FEBA$는 실제 실험결과를 나타낸 것이다.

[표 12-1] 대표적인 기둥재료의 안전계수

재료 / 안전계수	연강	경강	주철	목재
안전계수(S)	5 ~ 6	5 ~ 6	8 ~ 10	10 ~ 12

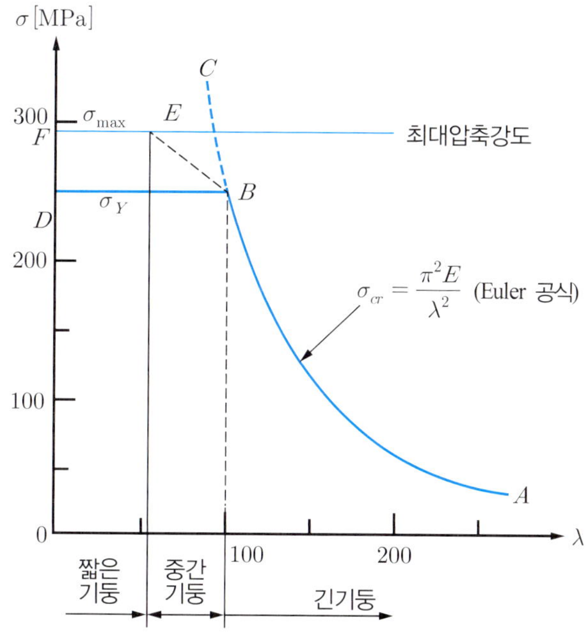

[그림 12-11] 세장비에 의한 오일러 공식의 적용 범위

세장비 λ가 항복강도 σ_Y를 나타내는 B점보다 클 때는 오일러의 식과 실험값은 일치하고, 이 범위를 긴 기둥이라 한다. 그러나 λ가 B점보다 작을 때는 오일러의 좌굴응력 σ_{cr}은 곡선 BC를 따라 무한히 커지고, 파괴가 발생하지 않지만 실제는 항복응력 σ_Y, 또는 최대압축응력 σ_{max}에 의해 파괴되므로 이것은 짧은 기둥의 순수압축 파괴를 의미한다. 그러므로 그림에서 곡선 BE에 대응하는 λ를 갖는 기둥을 중간기둥이라 한다. 직선 EF에 대응하는 λ로 되는 기둥을 짧은 기둥이라고 하며, 이 구간에서는 오일러 공식이 적용되지 않는 것을 알 수 있다.

일반적으로 구조강에 대한 긴 기둥은 $\lambda > 100$이며, 이 범위에서만 오일러 공식이 적용되므로 [그림 12-11]과 같이 된다. 또한, 중간기둥은 $60 < \lambda < 100$이므로 항복응력과 좌굴응력이 조합되고, 짧은 기둥은 $0 < \lambda < 60$의 범위이므로 압축응력만으로 파괴되는 것을 알 수 있다.

대표적인 기둥재료에 대하여 식 (12·27)로부터 계산한 오일러 공식의 적용범위는 [표 12-2]와 같다.

[표 12-2] 대표적인 기둥재료의 세장비에 의한 오일러 공식의 적용범위

재료 \ 세장비	연강	경강	주철	목재
세장비($\lambda = l/k$)	$>90\sqrt{n}$	$>85\sqrt{n}$	$>80\sqrt{n}$	$>60\sqrt{n}$

▶ 예제 12-3

양단회전인 연강으로 만든 긴 기둥의 길이 1.8[m], 지름 50[mm], 세로탄성계수 $E=$ 205[MPa]일 때 좌굴하중 및 좌굴응력을 구하시오. 또한, 안전계수를 5로 할 때 안전하게 사용할 수 있는 하중을 결정하시오.

| 풀이 | 원형 단면에 대한 $I=\dfrac{\pi d^4}{64}$, $A=\dfrac{\pi d^2}{4}$ 이므로

$$k=\sqrt{\frac{I}{A}}=\frac{d}{4}=\frac{50}{4}=12.5\,[\mathrm{mm}]$$

$$\lambda=\frac{l}{k}=\frac{1800}{12.5}=144$$

양단회전의 기둥일 때 $n=1$ 이고, [표 12-2]로부터 연강의 경우

$$\lambda=\frac{l}{k}=90\sqrt{n}=90<144$$

따라서 오일러 공식이 적용되며 좌굴하중, 좌굴응력 및 안전하중은 다음과 같다.

$$P_{cr}=\frac{n\pi^2EI}{l^2}=\frac{1\times\pi^2\times205\times10^3\times\pi\times50^4}{1800^2\times64}=191583.7\,[\mathrm{N}]\fallingdotseq191.6\,[\mathrm{kN}]$$

$$\sigma_{cr}=\frac{P_{cr}}{A}=\frac{4\times191583.7}{\pi d^2}=\frac{4\times191583.7}{\pi\times50^2}=97.6\,[\mathrm{N/mm^2}]=97.6\,[\mathrm{MPa}]$$

$$P_a=\frac{P_{cr}}{S}=\frac{191.6}{5}=38.3\,[\mathrm{kN}]\ ;\ \text{안전하중}$$

▶ 예제 12-4

연강으로 만든 양단회전인 긴 기둥의 길이가 2[m]인 직사각형 단면의 치수 $b\times h=$ 100[mm]×60[mm], 세로탄성계수 $E=205$[MPa]이다. 안전계수를 4로 할 때 안전하게 사용할 수 있는 허용하중을 구하시오.

| 풀이 | 직사각형 단면에 대한 $I=\dfrac{bh^3}{12}=\dfrac{100\times60^3}{12}=1.8\times10^6\,[\mathrm{mm^4}]$이고,

$$A=100\times60=6\times10^3\,[\mathrm{mm^2}]$$

$$k=\sqrt{\frac{I}{A}}=\sqrt{\frac{1.8\times10^6}{6\times10^3}}=17.3\,[\mathrm{mm}]$$

$$\lambda=\frac{l}{k}=\frac{2000}{17.3}=115.6$$

양단회전의 기둥일 때 $n=1$ 이고, [표 12-2]로부터 연강의 경우

$$\lambda=\frac{l}{k}=90\sqrt{n}=90<115.6$$

따라서 오일러 공식이 적용되며 좌굴하중, 좌굴응력 및 안전하중은 다음과 같다.

$$P_{cr}=\frac{n\pi^2EI}{l^2}=\frac{1\times\pi^2\times205\times10^3\times1.8\times10^6}{2000^2}=910471\,[\mathrm{N}]\fallingdotseq910.5\,[\mathrm{kN}]$$

$$P_a=\frac{P_{cr}}{S}=\frac{910.5}{4}=227.6\,[\mathrm{kN}]\ ;\ \text{안전하중}$$

12.3.3 기둥에 대한 실험식

(1) 랭킨-고든(Rankine-Gordon)의 식

오일러 공식은 긴 기둥에 적용되고 굽힘하중 만을 고려하지만, 짧은 기둥일 때는 압축하중 만에 의한 파괴가 발생한다. 따라서 기둥은 압축하중의 영향을 무시할 수 없으므로 랭킨(Rankine)과 고든(Gordon)은 긴 기둥에 적용할 수 있는 좌굴하중(P_{cr}) 및 좌굴응력(σ_{cr})에 대한 실용적인 실험식을 제안하였다.

$$P_{cr} = \frac{\sigma_c A}{1 + \frac{\alpha}{n}\left(\frac{l}{k}\right)^2} = \frac{\sigma_c A}{1 + \frac{\alpha}{n}\lambda^2} \tag{12·28}$$

$$\sigma_{cr} = \frac{\sigma_c}{1 + \frac{\alpha}{n}\left(\frac{l}{k}\right)^2} = \frac{\sigma_c}{1 + \frac{\alpha}{n}\lambda^2} \tag{12·29}$$

여기서 α는 기둥 재료의 실험정수를 나타낸다.

랭킨-고든의 실험식에 대한 정수(定數)는 [표 12-3]과 같고, 세장비 λ가 [표 12-3]의 범위에 속하면 랭킨-고든의 식을 사용한다. 그러나 세장비 λ가 [표 12-3]의 범위보다 클 때는 오일러 공식을 적용한다.

[표 12-3] 랭킨-고든의 실험식에 대한 정수

재료 \ 항목	연강	경강	주철	목재
압축응력(σ_c[N/mm^2])	550	330	480	50
실험정수(α)	$\frac{1}{7500}$	$\frac{1}{1500}$	$\frac{1}{1600}$	$\frac{1}{750}$
세장비의 범위($\lambda = l/k$)	$< 90\sqrt{n}$	$< 85\sqrt{n}$	$< 80\sqrt{n}$	$< 60\sqrt{n}$

(2) 존슨(Johnson)의 식

오일러 공식은 매우 가늘고 긴 기둥에만 적용되지만, 좌굴응력 (σ_{cr})이 항복응력 (σ_Y)를 초과하는 세장비 $\lambda \le 100$의 짧은 기둥에서는 실제 값보다 더욱 크게 되므로 사용할 수 없다.

존슨은 긴 기둥에 대한 이론적 해석이 아닌 실용적인 다음과 같은 실험식을 제안하였다.

$$\sigma_{cr} = \frac{P_{cr}}{A} = \sigma_Y - \frac{\sigma_Y^2}{4n\pi^2 E}\left(\frac{l}{k}\right)^2 \tag{12·30}$$

식 (12·30)에서 σ_Y는 연성재료(ductile material)에 대한 압축항복점, 취성재료(brittle material)에서는 압축파괴강도를 표시하고, 존슨의 식은 오일러 곡선에 접하는 포물선이 된다. [표 12-4]는 존슨의 식 (12·30)에 대한 정수를 나타낸 것이다.

[표 12-4] 존슨의 실험식에 대한 정수

재료	압축항복응력 $\sigma_Y\,[\mathrm{N/mm^2}]$	양단회전 평평한 모양		양단 핀	
		$\dfrac{\sigma_Y^2}{4n\pi^2E}\,[\mathrm{N/mm^2}]$	$\lambda=\dfrac{l}{k}$	$\dfrac{\sigma_Y^2}{4n\pi^2E}\,[\mathrm{N/mm^2}]$	$\lambda=\dfrac{l}{k}$
연강	30	4.3×10^{-3}	<190	6.7×10^{-3}	<150
주철	40	1.6×10^{-2}	<120	4.3×10^{-2}	<70

(3) 테트마이어(Tetmajer)의 식

테트마이어는 양단회전의 긴 기둥에 대하여 다음과 같은 실험식을 제안하였다.

$$\sigma_{cr}=\frac{P_{cr}}{A}=\sigma_Y\left\{1-\alpha\left(\frac{l}{k}\right)+\beta\left(\frac{l}{k}\right)^2\right\} \qquad (12\cdot31)$$

식 (12·31)은 오일러 곡선에 접하는 직선으로 되고, σ_Y는 긴 기둥의 압축하중에 의한 항복응력이고, 정수 α와 β는 [표 12-5]와 같다. [표 12-5]에서 정수 α와 β는 매우 작은 값이므로 주철 이외의 재료에서는 직선으로 된다.

[표 12-5] 테트마이어의 기둥에 대한 실험식의 정수

재료	$\sigma_Y\,[\mathrm{N/mm^2}]$	α	β	$\lambda=l/k$
연강	300	0.0037	0	$10\sim105$
경강	330	0.0155	0	<90
주철	760	0.0019	0.00007	$5\sim80$
목재	30	0.0066	0	$1.8\sim110$

주 양단고정일때는 세장비 λ의 식에서 기둥의 길이 l를 $l/2$로 한다.

(4) 좌굴응력의 비교

[그림 12-12]는 연강제(軟鋼製) 양단회전의 기둥에 대한 오일러의 식, 랭킨-고든의 식 및 존슨의 실험식을 비교한 것이다. 오일러의 곡선은 $\lambda>115$에서 존슨의 실험결과와 잘 일치하지만, $\lambda\le110$에서는 일치하지 않는 것을 알 수 있다. 랭킨-고든의 곡선은 반이론적(半理論的) 및 반실험적(半實驗的)인 식이며, $50<\lambda<150$의 범위를 벗어나면 약간의 오차가 생긴다.

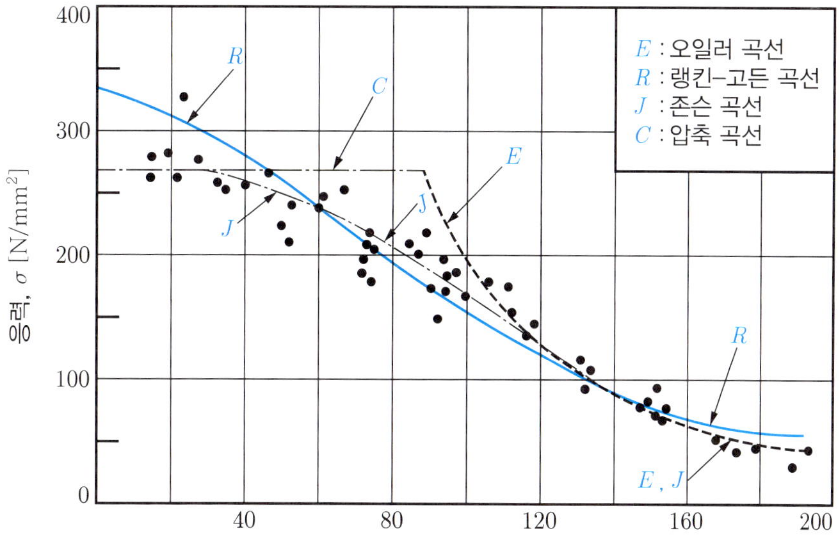

[그림 12-12] 각 기둥식의 비교

존슨은 위와 같은 결점을 고려하여 실험결과에 잘 일치하도록 오일러 곡선에 접하는 포물선을 긋고, 이 포물선을 만족하는 직선에 대한 실험식을 구하였다.

예제 12-5

[예제 12-3]에서 양단회전인 조건만을 양단고정으로 바꿀 때 좌굴응력을 구하시오.

| 풀이 | 세장비 $\lambda = \dfrac{l}{k} = 144$, $n = 4$ 이므로 [표 12-3]으로부터

$$\lambda = \frac{l}{k} = 144 < 90\sqrt{4}\ (= 180)$$

랭킨-고든의 식을 적용하며, [표 12-3]에서 $\sigma_c = 550\,[\text{N/mm}^2]$, $\alpha = 1/7500$ 이므로 식 (12·29)에서 좌굴응력은 다음과 같이 구한다.

$$\sigma_{cr} = \frac{\sigma_c}{1 + \dfrac{\alpha}{n}\lambda^2} = \frac{550}{1 + \dfrac{1}{4 \times 7500} \times 144^2} = 325.2\,[\text{N/mm}^2] = 325.2\,[\text{MPa}]$$

12.3.4 편심하중이 작용하는 긴 기둥

긴 기둥의 축심에 압축하중을 정확히 작용시키려고 하더라도 약간 편심이 된 상태로 작용하는 경우가 많다. [그림 12-13(a)]와 같이 일단고정 타단자유의 길이 l 인 긴 기둥에 편심거리 e 인 위치에서 축방향으로 압축하중 P 가 작용하면 처짐곡선은 [그림 12-13(b)]와 같이 되며, 이때의 좌굴하중, 좌굴응력 및 휨량을 구하여 보기로 한다.

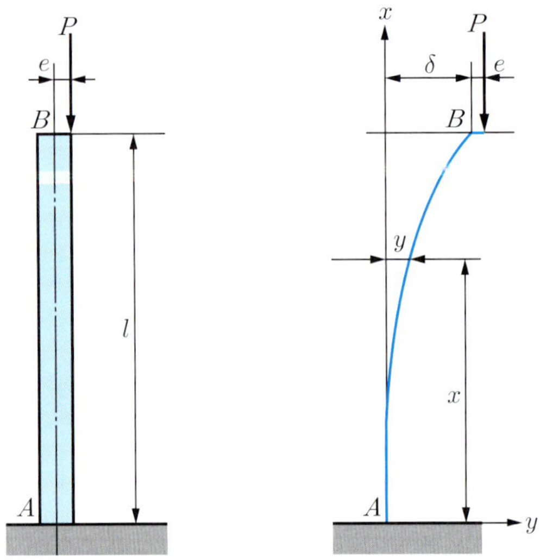

[그림 12-13] 편심하중이 작용하는 긴 기둥

기둥의 자유단 B는 축방향 압축하중 P와 굽힘모멘트 M에 의해 휨량 δ가 발생하고, 고정단 A로부터 임의의 x 단면에 대한 굽힘모멘트 M_x는

$$M_x = -P(e+\delta-y) \qquad \text{(a)}$$

기둥의 탄성곡선에 대한 미분방정식은 다음 식과 같이 된다.

$$\frac{d^2y}{dx^2} = \frac{P}{EI}(e+\delta-y) \qquad \text{(b)}$$

식 (b)에서 $\alpha^2 = \dfrac{P}{EI}$라 하면, 식 (a)는 다음 식과 같은 선형미분방정식이 된다.

$$\frac{d^2y}{dx^2} + \alpha^2 y = \alpha^2(e+\delta) \qquad (12\cdot32)$$

식 (12·32)의 일반해는

$$y = C_1 \sin \alpha x + C_2 \cos \alpha x + e + \delta \qquad \text{(c)}$$

이므로 고정단의 경계조건인 $x=0$에서 $y=0$ 및 dy/dx를 대입하면 상수 C_1, C_2는 다음과 같이 결정된다.

$$C_1 = 0, \quad C_2 = -(e+\delta) \qquad \text{(d)}$$

따라서 식 (b)의 일반해는 다음 식과 같이 된다.

$$y = (e+\delta)(1-\cos \alpha x) \qquad (12\cdot33)$$

자유단 B점은 $x=l$에서 $y=\delta$로 되므로 식 (12·33)은 다음 식으로 주어진다.

$$\delta = e\left(\frac{1-\cos\alpha l}{\cos\alpha l}\right) = e(\sec\alpha l - 1) = e\left\{\sec\left(\sqrt{\frac{Pl}{EI}}\right)\right\} \qquad (12\cdot34)$$

식 (12·34)로부터 휨량 δ는 Hooke의 법칙을 따르지 않는다는 것을 알 수 있고, 이 δ를 식 (12·33)에 대입하면 다음 식과 같이 된다.

$$y = \frac{e(1-\cos\alpha x)}{\cos\alpha l} \qquad (12\cdot35)$$

최대굽힘모멘트 $M_{\max}$는 고정지지점 A인 $x=0$에서 발생하고, 다음 식과 같다.

$$M_{\max} = P(e+\delta) = Pe\sec\alpha l = Pe\sec\left(\sqrt{\frac{Pl}{EI}}\right) \qquad (12\cdot36)$$

최대압축응력 $\sigma_{\max}$는 다음 식과 같이 표시된다.

$$\sigma_{\max} = \left(\frac{P}{A} + \frac{M_{\max}}{Z}\right) = \frac{P}{A}\left\{1 + \frac{ne}{k^2}\sec\left(\sqrt{\frac{Pl}{EI}}\right)\right\} \qquad (12\cdot37)$$

식 (12·37)은 편심하중이 작용하는 기둥의 시컨트 공식(secant formula)이라고 한다.

CHAPTER 12 연습문제

[12-1] [그림 12-14]와 같이 직사각형 단면의 짧은 기둥에 편심거리 $e = 5\,[\mathrm{mm}]$인 곳에 $P = 10\,[\mathrm{kN}]$의 압축하중이 작용할 때 최대응력을 구하시오.

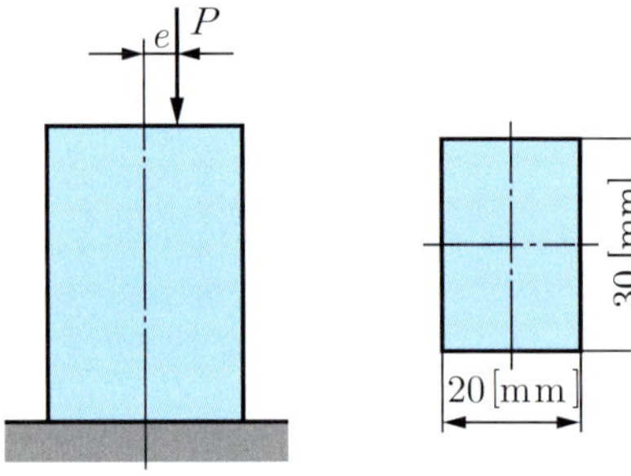

[그림 12-14]

[12-2] [그림 12-15]와 같은 중공단면의 안지름을 d_1, 바깥지름을 d_2 라고 할 때 단면 핵의 반지름을 구하시오.

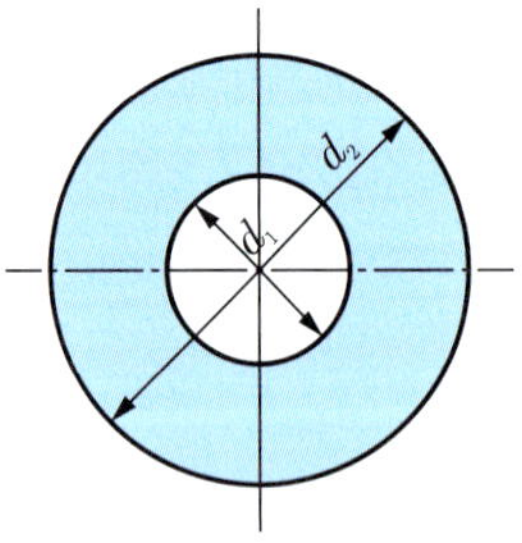

[그림 12-15]

[12-3] [12-1]에서 짧은 기둥의 직사각형 단면에 인장하중이 작용하지 않고 압축하중 만이 작용하는 단면 핵의 크기를 구하시오.

[12-4] [그림 12-16]과 같은 직사각형 단면 $ABCD$의 핵을 $EFGH$라고 하면, FH/BC의 비를 구하시오.

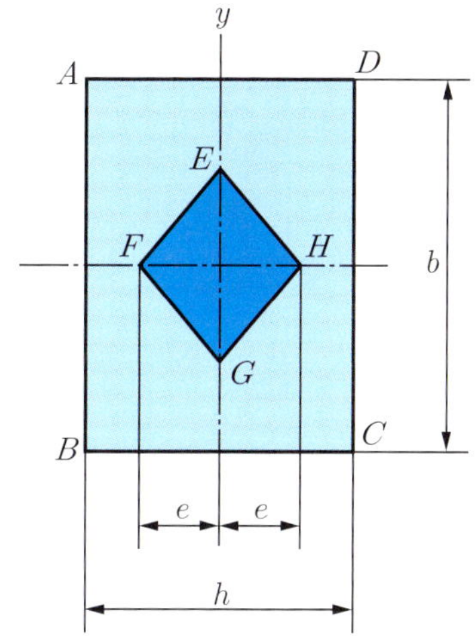

[그림 12-16]

[12-5] [그림 12-17]과 같이 한 변 $a = 100\,[\text{mm}]$인 정사각형의 단면 $x-x$ 부분이 $a/2$로 감소되어 있을 때, 축방향으로 $P = 50\,[\text{kN}]$이 작용하는 경우 $x-x$ 단면에 발생하는 최대응력을 구하시오.

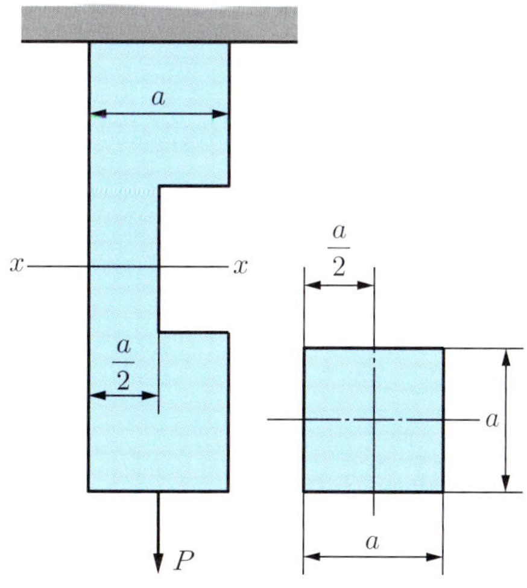

[그림 12-17]

[12-6] [그림 12-18]과 같은 클램프(clamp)가 압축하중 $P = 4\,[\mathrm{kN}]$이 작용할 때 클램프 몸체 $x-x$ 단면의 두께 h를 구하시오. 단, 직사각형 단면의 폭 $b = 20\,[\mathrm{mm}]$, $e = 50\,[\mathrm{mm}]$이고, 클램프 재료의 허용응력 $\sigma_a = 100\,[\mathrm{N/mm^2}]$이다.

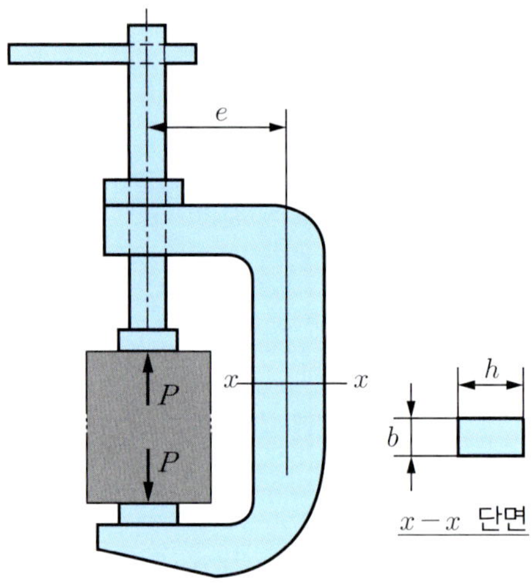

[그림 12-18]

[12-7] [그림 12-19]와 같이 강으로 만든 지름 $d = 30\,[\mathrm{mm}]$의 고리에 안전하게 작용시킬 수 있는 하중 P를 결정하시오. 단, 고리 재료의 허용응력 $\sigma_a = 80\,[\mathrm{MPa}]$이고, 편심거리 $e = 50\,[\mathrm{mm}]$이다.

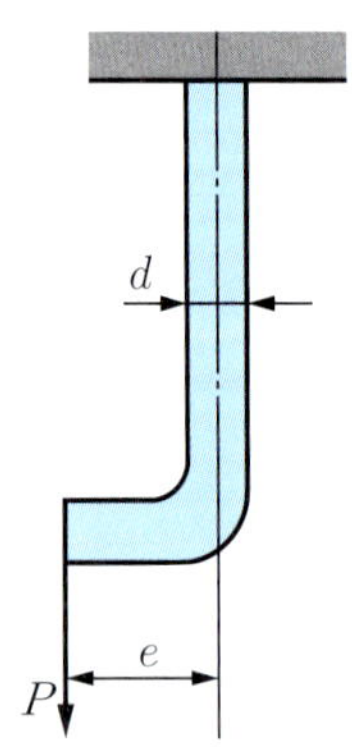

[그림 12-19]

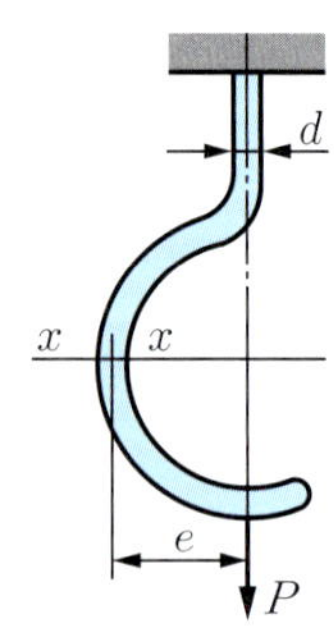

[그림 12-20]

[12-8] [그림 12-20]과 같이 강봉으로 만든 지름 $d = 25\,[\mathrm{mm}]$, $e = 120\,[\mathrm{mm}]$인 고리에 $P = 10\,[\mathrm{kN}]$이 작용할 때 단면 $x-x$에 발생하는 최대응력을 구하시오.

[12-9] [그림 12-21]과 같이 길이 $l = 2\,[\mathrm{m}]$인 양단고정인 연강으로 만든 원형 단면의 기둥에 압축하중 $P = 4\,[\mathrm{kN}]$을 작용시키려고 할 때 오일러 공식을 이용하여 이 기둥의 지름 d를 결정하시오. 단, 세로탄성계수 $E = 200\,[\mathrm{GPa}]$이고, 안전계수는 5로 한다.

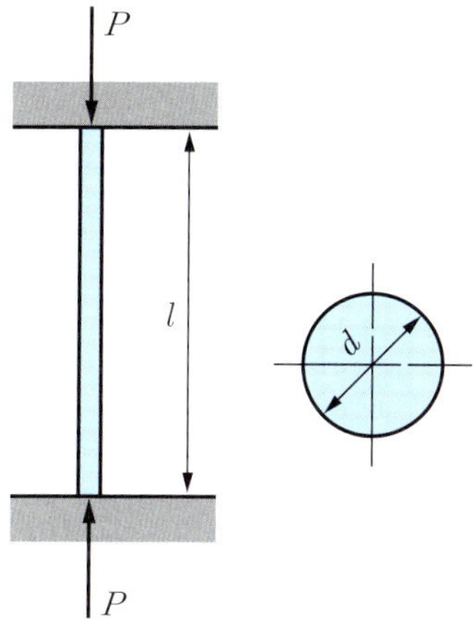

[그림 12-21]

[12-10] [그림 12-22]와 같이 길이 $l = 5\,[\mathrm{m}]$인 양단회전의 연강제 기둥에 작용시킬 수 있는 안전하중 P_a를 결정하시오. 단, 세로탄성계수 $E = 200\,[\mathrm{GPa}]$이고, 안전계수는 4로 하며, 그림에서 치수의 단위는 $[\mathrm{cm}]$이다.

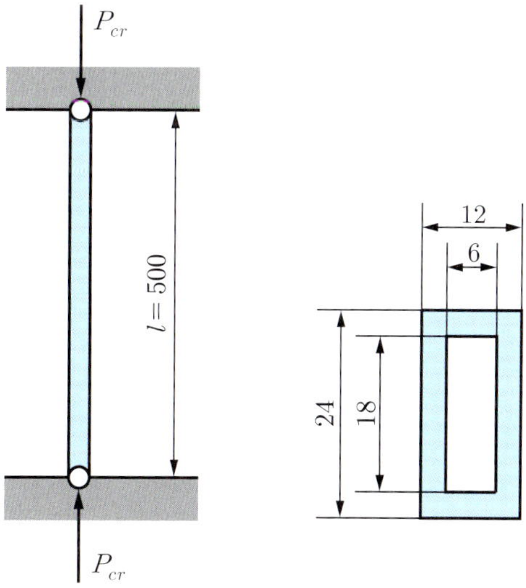

[그림 12-22]

[12-11] [그림 12-23]과 같이 안지름 $d_1 = 80\,[\text{mm}]$ 바깥지름 $d_2 = 120\,[\text{mm}]$의 중공단면인 양단회전의 주철제 긴 기둥에 하중 $P = 100\,[\text{kN}]$이 작용할 때, 오일러 공식을 이용하여 좌굴현상이 발생하는 기둥의 길이를 구하시오. 단, 주철의 세로탄성계수 $E = 110\,[\text{GPa}]$로 한다.

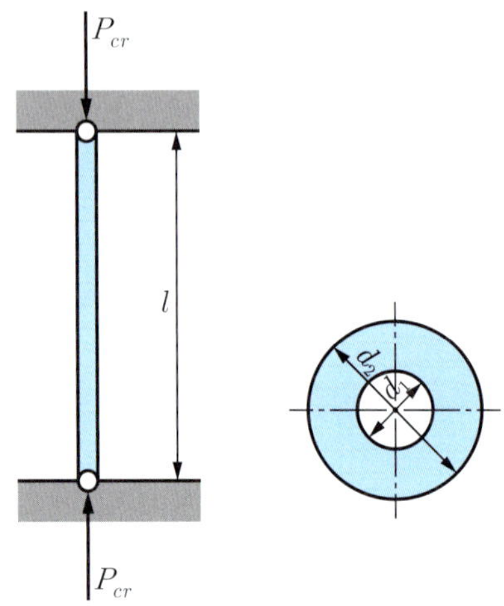

[그림 12-23]

[12-12] 직사각형 단면의 치수 $20 \times 15\,[\text{cm}]$이고, 길이 $l = 5\,[\text{m}]$인 나무기둥이 일단고정 타단회전의 상태에서 압축하중이 작용할 때 오일러 식에 의한 최대안전하중을 구하시오. 단, 안전계수는 10, 나무의 세로탄성계수 $E = 10\,[\text{GPa}]$로 한다.

[12-13] 직사각형 단면의 치수가 $100 \times 200\,[\text{mm}]$이고, 길이 $l = 3\,[\text{m}]$인 긴 기둥의 세장비를 구하시오.

[12-14] 지름 $d = 30\,[\text{mm}]$이고, 길이 $l = 2\,[\text{m}]$인 긴 기둥이 일단고정 타단자유일 때 좌굴하중 P_{cr}을 구하시오. 단, 기둥재료의 세로탄성계수 $E = 206\,[\text{GPa}]$이다.

13 CHAPTER 변형에너지법

지금까지 다루어 온 힘의 평형조건을 대체하는 방법으로써 변형에너지를 이용하여 힘 및 변위를 해석할 수 있다. 앞에서는 인장, 압축, 전단 및 비틀림에 의한 탄성변형에너지와 일의 개념에 관하여 언급하였다. 선형탄성적인 축하중, 비틀림 및 굽힘하중이 구조물에 작용하면 구조물의 변형에 의해 내부에 축적되는 탄성변형에너지의 값으로 표현하였다. 변형에너지법은 전단면적(全斷面積)이 다른 부재를 비롯하여 탄성안정에 대한 복잡한 문제, 또는 여러 요소로 이루어진 구조물의 해석에 효과적인 방법이라고 할 수 있다.

이 장에서는 가상일의 원리를 이용한 선형탄성체의 변형에너지에 관한 일반적인 관계식을 유도한다. 또한, 굽힘 및 비틀림이 작용하는 부재에 축적되는 변형에너지, 에너지 보존법칙을 이용하여 내부변형 에너지를 외부 일과 동일하게 취급하여 단순하중 상태에 대한 부재의 변형이나 처짐을 비롯하여 정정 및 부정정문제, 선형 및 비선형 문제의 해석에 유용한 방법을 검토한다.

13.1 일과 내부에너지

구조물에 외부하중이 작용하면 구조물은 변형에 의해 하중의 작용점이 이동하면서 일을 한다. 대부분의 구조용 재료는 작용하중의 변형에 의한 일은 내부에너지로써 구조물에 축적되는 데, 이것을 변형에너지(strain energy)라고 한다.

에너지의 개념을 이해하기 위해 [그림 13-1(a)]와 같은 균일단면의 봉에 인장하중 P가 작용하여 [그림 13-1(b)]와 같은 비선형(非線形) 하중-변위 선도를 나타낸 것으로 가정한다. 이때 응력-변형률 선도는 [그림 13-1(c)]와 같은 비선형 거동을 보인다.

[그림 13-1(b)]에서 작용하중 P가 한 일은 다음 식으로 표시된다.

$$W = \int_0^{\delta_1} P\,d\delta \qquad \text{(a)}$$

여기서 δ_1은 신장량을 나타낸다.

식 (a)는 [그림 13-1(b)]에 나타낸 하중-변위 선도의 곡선 OA의 아랫부분의 면적이 된다. 만일, 봉이 완전 탄성적인 거동을 보이고 에너지의 손실이 없다면, 외부에서 한 일 W와 내부에 축적되는 탄성변형에너지(elastic strain energy) U는 같으므로 다음 식으로 표시할 수 있다.

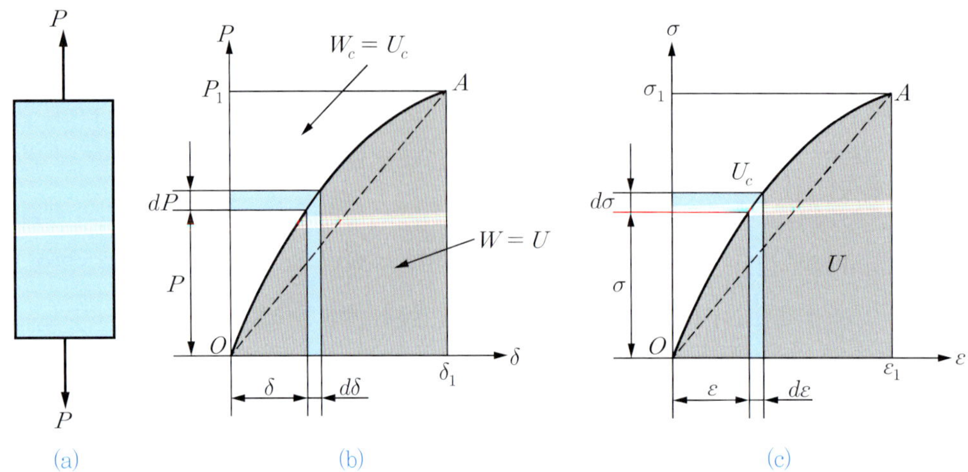

[그림 13-1] 변형에너지와 상보변형에너지

$$U = W = \int_0^{\delta_1} P\, d\delta \tag{13·1}$$

식 (13·1)은 [그림 13-1(b)]에 나타낸 하중-변위 선도를 점선으로 나타낸 직선이 되고, 직선을 기준으로 윗부분과 아랫부분의 면적은 서로 같다.

식 (13·1)의 변형에너지 U를 체적 $V(=Al)$로 나누면 단위체적에 대한 변형에너지 u는 다음 식과 같이 된다.

$$u = \int_0^{\delta_1} \frac{P}{A}\frac{d\delta}{l} = \int_0^{\varepsilon_1} \sigma\, d\varepsilon \tag{13·2}$$

반대로 변형에너지 U는 단위체적에 대한 변형에너지 u를 다음 식과 같이 적분하여 구할 수 있다.

$$U = \int_V u\, dV \tag{13·3}$$

또한, [그림 13-1(c)]에서 변형에너지는 U는

$$U = \int_0^{\varepsilon_1} \sigma\, d\varepsilon \tag{13·4}$$

여기서 U는 곡선 OA의 아랫부분에 대한 면적이다.

[그림 13-1(b)]에 나타낸 비선형 하중-변위 선도에서 하중이 변화하는 것으로 하면, 곡선 OA의 윗부분의 면적에 해당하는 외부에서 한 일은 다음 식과 같다.

$$W_c = \int_0^{P_1} \delta\, dP \tag{13·5}$$

[그림 13-1(c)]로부터 변형에너지 U_c는 다음 식에서 구할 수 있다.

$$U_c = \int_0^{\sigma_1} \varepsilon \, d\sigma \tag{13·6}$$

여기서 U_c는 곡선 OA의 윗부분의 면적이다.

이와 같이 변형에너지 U_c와 하중에 의한 일 W_c는 상호보완적(相互補完的)인 관계에 있으므로 상보성원리(相補性原理 ; complementary principle)라고 한다.

탄성변형에서 식 (13·5)와 식 (13·6)은 같으므로 상보변형에너지(complementary strain energy) U_c와 상보일(complementary work) W_c는 다음 식의 관계로 된다.

$$U_c = W_c = \int_0^{P_1} \delta \, dP = \int_0^{\sigma_1} \varepsilon \, d\sigma \tag{13·7}$$

식 (13·7)의 3번째 항을 부분적분하면 다음 식과 같이 된다.

$$U_c = P_1 \delta_1 - \int_0^{\delta_1} P \, d\delta = P_1 \delta_1 - U \tag{13·8}$$

식 (13·6)의 상보변형에너지 U_c를 체적 $V(=Al)$로 나누면, 단위체적에 대한 상보변형에너지 u_c는 다음 식으로 된다.

$$u_c = \int_0^{P_1} \frac{\delta}{l} \frac{dP}{A} = \int_0^{\sigma_1} \varepsilon \, d\sigma \tag{13·9}$$

반대로 상보변형에너지 U_c는 단위체적에 대한 상보변형에너지 u_c를 다음 식과 같이 적분하여 구할 수도 있다.

$$U_c = \int_V u_c \, dV \tag{13·10}$$

13.2 가상일의 원리

정적인 평형상태에 있는 변형물체에 하중이 직접 작용하여 발생하는 변위를 실제변위(實際變位)라고 하면, 물체에 직접 작용하는 하중으로 생기는 실제변위가 아닌 임의로 가정(假定)한 변위를 가상변위(假想變位; virtual displacement)라고 한다.

가상변위가 발생하는 동안 작용한 힘이 행한 일을 가상일(virtual work)이라 하며, 가상일에는 외력에 의한 외부가상일(external virtual work)과 내부응력에 의한 내부가상일(internal virtual work)이 있다. 가상변위가 한 일과 변형에너지의 변화 관계를 파악할 수 있는데, 이것을 가상일의 원리(principle of virtual work)라고 한다.

가상변위와 가상일은 정역학적 평형문제를 해석하기 위한 방법으로써 구조해석에 일반적으로 이용되고 있다. 구조해석에 가상일의 원리를 적용하기 위해 [그림 13-2]와 같이 정적평형(靜的平衡)을 이루고 있는 변형물체를 고려한다. 그림에서 P_1, P_2, $\cdots$, P_n은 하중이고, δ_1, δ_2, $\cdots$, δ_n은 각 작용하중에 대응하는 방향의 변위를 나타낸다.

만일 δ_1, δ_2, $\cdots$, δ_{n-1}은 일정하게 유지하고, δ_n의 방향으로 가상변위 $d\delta_n$을 주었다면 가상변위가 발생하는 동안 P_1, P_2, $\cdots$, P_{n-1}은 일을 하지 않고, P_n만이 $P_n d\delta_n$ 만큼의 가상일을 한다. 이때 가상변위가 발생하는 동안 하중이 한 가상일 $P_n d\delta_n$은 변형에너지 dU이고, 이것은 물체 안에 내부에너지로써 축적된다. 이 변형에너지 dU는 가상변위로 발생한 변형률과 응력에 의해 내부에서 한 일을 의미한다.

그러므로 가상일의 원리는 다음 식으로 나타낸다.

$$W_e = U_i \tag{13·11}$$

여기서 W_e는 하중에 의해 외부에서 행한 가상일로서 $P_n d\delta_n$이고, U_i는 응력에 의해 내부에서 한 가상일이다.

따라서 가상일의 원리는 '정적 평형상태를 유지하고 있는 변형물체에 미소 가상변위를 주면, 외부하중에 의한 가상일과 내부응력에 의한 가상일은 서로 같다'는 것을 의미한다.

이때 가상변위는 구조물의 경계조건에 적합하여야 하고, 구조물의 연속성을 유지하여야 한다. 또한, 가상변위는 구조의 기하학적 형상이 변하지 않는 미소 변위이어야 한다. 이러한 가상일의 원리는 재료의 거동이 선형 및 비선형에 관계없이 모든 구조물에 적용이 가능하다.

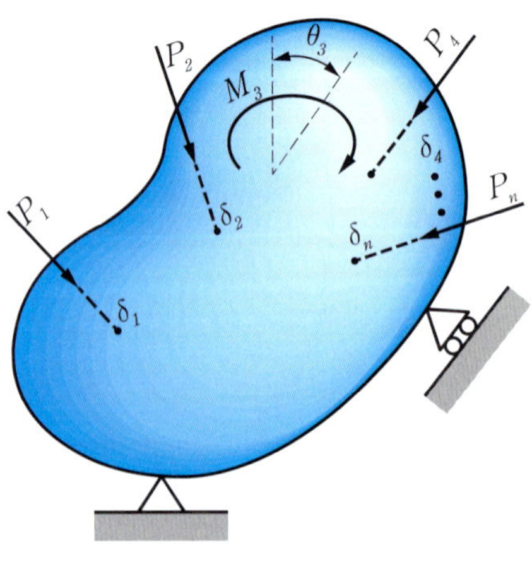

[그림 13-2] 변형물체의 가상변위

예제 13-1

[그림 13-3(a)]와 같은 플라이어(pliers)의 손잡이 C 점에 힘 $F = 100\,[\mathrm{N}]$ 이 작용할 때 가상일의 원리를 이용하여 봉 B 에 발생하는 힘을 구하시오.

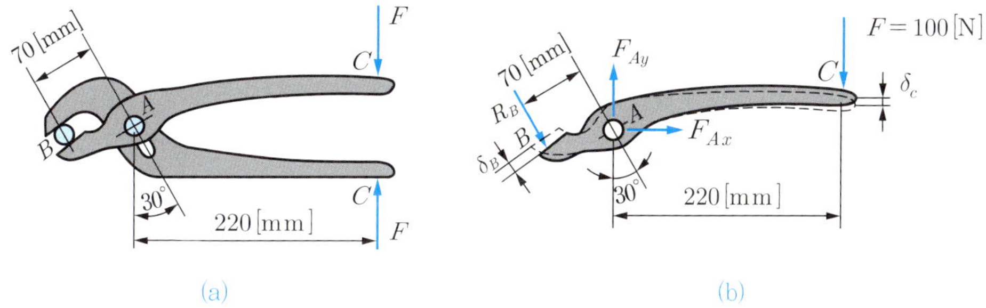

[그림 13-3]

| 풀이 | 자유물체도에 대한 가상변위는 [그림 13-3(b)]와 같고, 다음의 관계가 성립한다.

$$\frac{\delta_B}{70} = \frac{\delta_C}{220}, \quad \delta_C = \frac{220}{70}\delta_B = 3.143\,\delta_B$$

$$\delta U = R_B \cos 30^\circ \delta_B \cos 30^\circ - 100\,\delta_C = 0.75 R_B \delta_B - 3.143 \times 100\,\delta_B$$

$$= 0.75 R_B \delta_B - 314.3\,\delta_B = 0$$

$\delta_B \neq 0$ 므로

$R_B = 419.0\,[\mathrm{N}]$

13.3 상반정리

일과 변형에너지의 개념을 이용하여 겹침의 원리를 적용할 수 있는 신형탄성 구조물에 유용한 상반정리(相反定理; reciprocal theorem)를 설명하고, 이에 대한 식을 유도한다. 상반정리는 평형상태를 유지하는 탄성체에 다음의 조건이 만족되어야 한다.

(1) 구조물의 재료는 Hooke의 법칙을 따른다.

(2) 구조물의 기하학적 형상을 유지하는 변형되지 않는 미소변위이다.

탄성체에 대한 2 개의 서로 다른 평형상태를 고려하면 [그림 13-4(a)]와 같이 제 1 의 평형상태에서 작용하중 P_1, P_2, $\cdots$, P_m 에 대응하는 변위를 각각 δ_{p1}, δ_{p2}, $\cdots$, δ_{pm} 이라 하고, 제 2 의 평형상태에서 작용하는 하중 Q_1, Q_2, $\cdots$, Q_n 에 대응하는 변위를 각각 δ_{q1}, δ_{q2}, $\cdots$, δ_{qn} 이라고 한다. 또한 [그림 13-4(b)]와 같이 제 1 의 평형상태에서 작용하중 P_1, P_2, $\cdots$, P_m 에 대응하는 변위를 각각 $\delta_{p1}{}'$, $\delta_{p2}{}'$, $\cdots$, $\delta_{pm}{}'$ 이라 하고, 제 2 의 평형상태에서 작용하는 하중 Q_1, Q_2, $\cdots$, Q_n 에 대응하는 변위를 각각 $\delta_{q1}{}'$, $\delta_{q2}{}'$, $\cdots$,

$\delta_{qn}{}'$이라고 한다.

이러한 두 평형상태에서 P 하중계 만이 작용할 때 변형에너지 U_1은

$$U_1 = \frac{1}{2}\left(P_1\delta_{p1} + P_2\delta_{p2} + \cdots + P_m\delta_{pm}\right) \quad \text{(a)}$$

이 되고, Q 하중계를 부가적으로 작용시키면 변형에너지 U_2는 다음 식과 같다.

$$U_2 = \frac{1}{2}\left\{\left(Q_1\delta_{q1}' + Q_2\delta_{q2}' + \cdots + Q_n\delta_{qn}'\right) + P_2\delta_{p2}' + \cdots + P_m\delta_{pm}'\right)\right\} \quad \text{(b)}$$

따라서 두 평형상태에서 P, Q 하중계가 동시에 작용할 때 겹침의 원리를 이용하면, 전변형에너지(total strain energy) $U = U_1 + U_2$이므로 다음 식과 같이 표시된다.

$$P_1\delta_{p1}' + P_2\delta_{p2}' + \cdots + P_m\delta_{pm}' = Q_1\delta_{q1}' + Q_2\delta_{q2}' + \cdots + Q_n\delta_{qn}' \quad \text{(c)}$$

식 (c)를 간단히 나타내면 다음 식과 같이 된다.

$$\sum_{i=1}^{m} P_i\delta_{pi}' = \sum_{j=1}^{n} Q_j\delta_{qj}' \quad (13\cdot12)$$

식 (13·12)의 좌변은 P 하중계에서 Q 하중계에 의해 발생하는 P 하중계의 각 대응변위를 곱하여 합한 것이다. 또한, 우변은 Q 하중계에서 P 하중계에 의해 발생하는 Q 하중계의 각 대응변위를 곱한 후 합한 것을 의미한다.

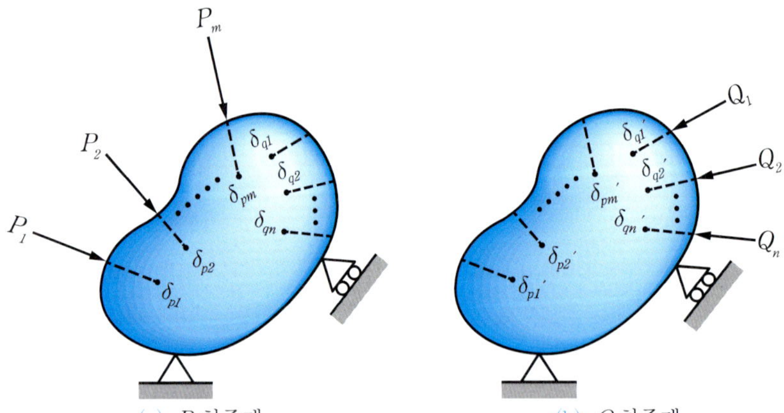

[그림 13-4] 상반정리

[그림 13-4(a)]에서 제 1의 평형상태에서 작용하는 하중 P_1, P_2, $\cdots$, P_m에 의한 응력을 $\sigma^{(1)}$, 변형률을 $\varepsilon^{(1)}$이라 하고, [그림 13-4(b)]와 같이 제 2의 평형상태에서 작용하는 하중 Q_1, Q_2, $\cdots$, Q_n에 의한 응력 및 변형률을 $\sigma^{(2)}$, $\varepsilon^{(2)}$라고 한다.

제 1의 평형상태에서 응력 $\sigma^{(1)}$이 제 2의 평형상태의 변형률 $\varepsilon^{(2)}$에 대해서 하는 일 W_1은 다음 식으로 표시된다.

$$W_1 = \int_V \sigma^{(1)} \varepsilon^{(2)} dV \qquad (13\cdot13)$$

같은 방법으로 제 2의 평형상태에 대한 응력 $\sigma^{(2)}$가 제 1의 평형상태에서 변형률 $\varepsilon^{(1)}$에 대해서 하는 일 W_2는 다음 식과 같다.

$$W_2 = \int_V \sigma^{(2)} \varepsilon^{(1)} dV \qquad (13\cdot14)$$

따라서 상반정리에 의해 다음의 관계식이 성립한다.

$$W_1 = W_2 = \int_V \sigma^{(1)} \varepsilon^{(2)} dV = \int_V \sigma^{(2)} \varepsilon^{(1)} dV \qquad (13\cdot15)$$

따라서 식 (13·15)로부터 '제 1의 평형상태에 대한 외력이 제 2의 평형상태의 변위에 대해서 한 일은 제 2의 평형상태에 대한 외력이 제 1의 변위에 대해서 하는 일과 같다'는 것을 상반정리(相反定離 ; reciprocal theorem)라고 한다.

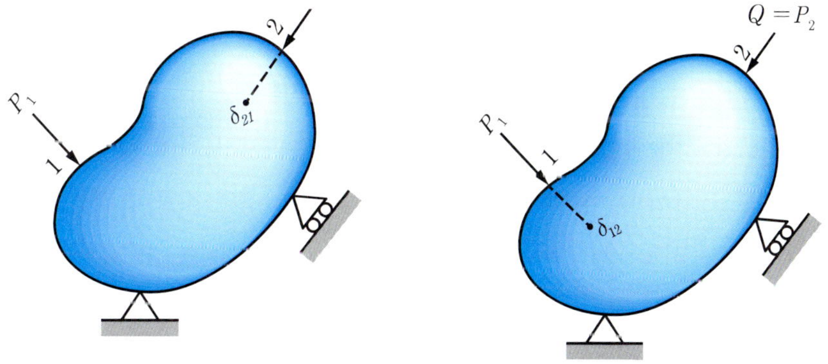

(a) P 하중계 (b) Q 하중계

[그림 13-5] Betti의 상반정리

상반정리의 더욱 간단한 설명을 위하여 [그림 13-5]와 같이 2개의 서로 다른 탄성체의 평형상태를 유지하는 점 1과 점 2에 작용하는 하중을 각각 P_1, P_2라고 한다. [그림 13-5(a)]와 같이 하중 P_1만이 작용하여 점 2에 발생하는 하중 P_2의 작용방향에 대한 변위를 δ_{21}, 하중 P_2만의 작용으로 점 1에 발생하는 하중 P_1의 작용방향에 대한 변위를 δ_{12}라고 하면 다음의 관계식이 성립한다.

$$P_1 \delta_{12} = P_2 \delta_{21} \qquad (13\cdot16)$$

식 (13·16)은 '하중 P_2의 작용으로 하중 P_1의 작용점 1에 발생하는 변위 δ_{12}와 하중 P_1이 하는 일량은 하중 P_2의 작용점 2에 생기는 변위 δ_{21}과 하중 P_2에 의한 일량과 같다'는 것을 의미한다. 이것을 Betti의 상반정리(Betti's reciprocal theorem)라고 한다.

만일, 하중 $P_1 = P_2$라면 식 (13·16)은 간단히 다음 식으로 표시된다.

$$\delta_{12} = \delta_{21} \tag{13·17}$$

식 (13·17)은 '하중 P_1과 P_2가 같을 때 하중 P_1의 작용으로 P_2의 작용점에 생기는 변위 δ_{21}과 P_2의 작용으로 P_1의 작용점에 생기는 변위 δ_{12}가 서로 같다'는 것을 나타낸다. 이것을 Maxwell의 상반정리(Maxwell's reciprocal theorem)라고 한다.

상반정리는 2개의 하중 가운데 1개는 힘이고, 다른 하중은 크기가 같은 짝힘(couple)이거나 2개의 하중이 모두 짝힘인 경우에도 적용이 가능하다. 또한, 상반정리는 겹침의 원리를 적용할 수 있는 선형탄성거동(線形彈性擧動; linear elastic behaviour)을 하는 구조물에만 적용할 수 있다.

13.4 카스틸리아노(Castigliano)의 정리

가상일의 원리는 가상변위에 의한 가상일과 변형에너지의 증가에 관계되고, 변형에너지의 증가는 하중이 하는 일의 증가량과 같음을 알 수 있다.

[그림 13-6]과 같이 구조물이 하중 P_1, P_2, $\cdots$, P_n이 작용하여 각 대응하는 하중에 의해 변위 δ_1, δ_2, $\cdots$, δ_n이 발생하였다면, [그림 13-1(b)]의 하중-변위선도에 의해 변형에너지는 다음 식과 같이 주어진다.

$$U = \frac{1}{2}\left(P_1\delta_1 + P_2\delta_2 + \cdots + P_n\delta_n\right) \tag{a}$$

탄성범위 안에서 변위 δ는 하중 P에 비례하므로 식 (a)에서 δ를 P의 항으로 표시하면, 변형에너지 U는 P의 2차식으로 표시할 수 있다.

[그림 13-6]에서 임의의 1개의 변위 δ_i가 $d\delta_i$만큼 증가하고, 다른 모든 변위는 δ_1, δ_2, $\cdots$, δ_n으로 일정할 때 구조물의 변형에너지는 다음 식과 같이 U'으로 증가한다.

$$U' = U + \frac{\partial U}{\partial \delta_i} d\delta_i \tag{b}$$

여기서 $\dfrac{\partial U}{\partial \delta_i}$는 δ_i에 대한 변형에너지의 증가율이다.

변위 δ_i가 미소변위 $d\delta_i$만큼 증가할 때 대응하는 하중 P_i는 일을 하지만, 다른 변위는 변하지 않으므로 P_i 이외의 하중은 일을 하지 못하므로 수행된 일 W'은 다음 식으로 표시된다.

$$W' = W + P_i d\delta_i \qquad \text{(c)}$$

탄성체의 외부에서 한 일은 내부에 축적되는 변형에너지와 같으므로 식 (b)와 식 (c)는 같기 때문에 다음의 관계식이 얻어진다.

$$U' = W' = U + \frac{\partial U}{\partial \delta_i} d\delta_i = U + P_i d\delta_i$$

$$\therefore \ P_i = \frac{\partial U}{\partial \delta_i} \qquad (13 \cdot 18)$$

식 (13·18)은 변형에너지를 변위의 함수로 표시할 수 있다면, 변형에너지 U를 임의의 변위 δ_i로 편미분한 값은 하중 P_i와 같음을 의미한다. 이 식을 카스틸리아노(Castigliano)의 제 1정리라 하고, 비선형 구조물에도 적용할 수 있다.

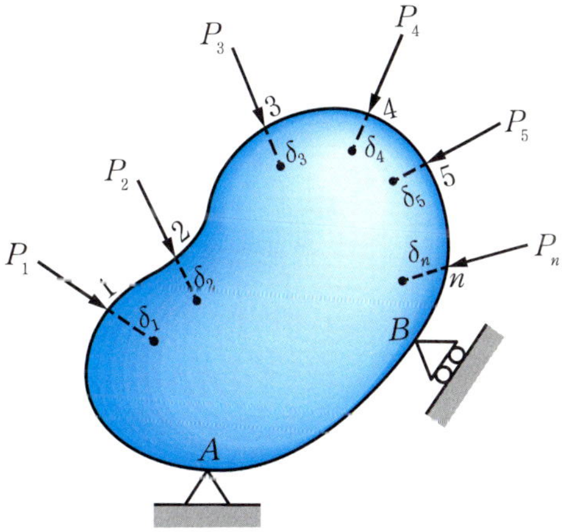

[그림 13-6] 카스틸리아노(Castigliano)의 정리

또한, [그림 13-6]과 같이 탄성체에 하중 P_1, P_2, ⋯, P_n를 작용시킨 후 임의의 1개의 하중 P_i가 dP_i만큼 증가하면, 변형에너지는 다음 식과 같이 U'으로 증가한다.

$$U' = U + \frac{\partial U}{\partial P_i} dP_i \qquad \text{(d)}$$

먼저, 하중 dP_i가 작용한 후 P_1, P_2, ⋯, P_n이 작용하면 P_i의 작용점에 대한 변위 δ_i에 의해 dP_i가 일을 하므로 이 구조물의 변형에너지는 다음 식과 같이 된다.

$$W' = W + \delta_i dP_i \qquad \text{(e)}$$

탄성체에 대하여 외부에서 한 일은 내부에 축적되는 변형에너지와 같으므로 식 (d)와 식 (e)는 다음 식으로 표시된다.

$$U' = W' = U + \frac{\partial U}{\partial P_i} dP_i = U + \delta_i dP_i$$

$$\therefore\ \delta_i = \frac{\partial U}{\partial P_i} \qquad (13\cdot19)$$

식 (13·19)는 카스틸리아노의 제 2 정리라고 한다. 탄성거동을 하는 구조물에서 변형에너지를 하중의 함수로 나타낼 수 있다면, 변형에너지 U를 임의의 하중 P_i로 편미분한 값은 변위 δ_i와 같다.

또한, 식 (13·18)에서 하중 P_i를 굽힘모멘트 M_i, 변위 δ_i를 굽힘각 θ_i로 바꾸면 카스틸리아노의 제 1 정리는 다음 식과 같이 된다.

$$M_i = \frac{\partial U}{\partial \theta_i} \qquad (13\cdot20)$$

또한, 탄성체에 대해서는 굽힘각 θ_i와 굽힘모멘트 M_i는 다음 식의 관계가 성립한다.

$$\theta_i = \frac{\partial U}{\partial M_i} \qquad (13\cdot21)$$

식 (13·20)과 식 (13·21)은 변형에너지 U가 굽힘모멘트 M_i의 함수로 주어질 때 굽힘각 θ_i와 상호 관계를 나타내는 식이다.

비틀림 문제에 카스틸리아노의 제 1 정리를 적용하기 위해서는 비틀림 변형에너지 U는 비틀림 모멘트 T_i, 비틀림각 ϕ_i에 관계되므로 다음 식과 같이 표시된다.

$$T_i = \frac{\partial U}{\partial \phi_i} \qquad (13\cdot22)$$

한편, 탄성체에 대한 비틀림각 ϕ_i와 비틀림 모멘트 T_i는 다음 식과 같이 된다.

$$\phi_i = \frac{\partial U}{\partial T_i} \qquad (13\cdot23)$$

식 (13·22)와 식 (13·23)은 비틀림 변형에너지 U가 비틀림 모멘트 T_i의 함수로 주어질 때 비틀림각 ϕ_i를 구하는 식이 된다.

13.5 보의 처짐량 및 처짐각의 계산

일반적으로 보의 전단력에 의한 변형에너지는 굽힘에 의해 발생하는 변형에너지에 비해서 작으므로 무시하여도 별 지장이 없는 경우가 많다. 보의 굽힘변형에 의한 변형에너지 U는 식 (9·66)으로부터

$$U = \frac{1}{2EI}\int M_x^2\,dx$$

이므로 하중점에서 하중방향에 대한 처짐량 δ는 다음 식으로 표시된다.

$$\delta = \frac{\partial U}{\partial P} = \frac{1}{EI}\int M_x \frac{\partial M_x}{\partial P}\,dx \tag{13·24}$$

보의 처짐각 θ, 또는 기울기는 다음 식으로부터 구한다.

$$\theta = \frac{dy}{dx} = \frac{\partial U}{\partial M} = \frac{1}{EI}\int M_x \frac{\partial M_x}{\partial M}\,dx \tag{13·25}$$

만일 변위, 처짐각 또는 비틀림각을 구하려고 하는 위치와 방향에 외력(힘, 굽힘모멘트, 비틀림 모멘트)이 작용하지 않을 때는 그 위치에 가상외력(假想外力; fictitious external force)을 작용시켜 처짐각, 비틀림각 및 처짐량은 카스틸리아노의 정리를 적용하여 구한 후 가상외력을 0으로 놓는다.

▶ 예제 13-2

[그림 13-7]과 같이 2개의 봉으로 구성된 트러스의 연결점 C에 수직하중 P가 작용할 때 카스틸리아노의 제 2정리를 이용하여 작용점의 수직변위와 수평변위를 구하시오. 단, 봉의 길이는 l, 단면적은 A, 세로탄성계수는 E로 하고, $\theta = 60°$이다.

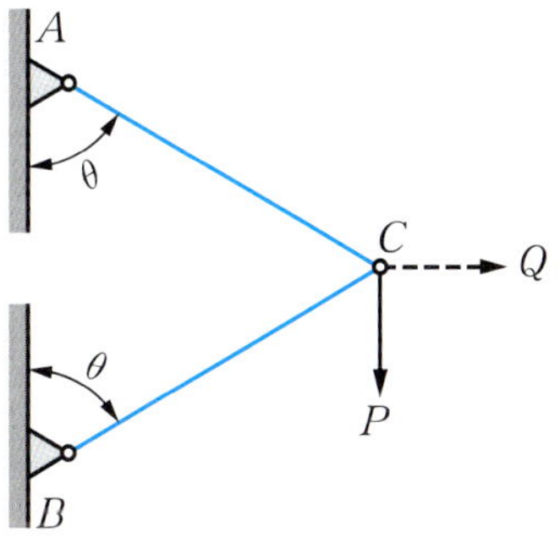

[그림 13-7]

| 풀이 | [그림 13-7]에서 봉 AC의 인장하중과 봉 BC의 압축하중은 P와 같다.

보의 탄성변형에너지 : $U=2\left(\dfrac{1}{2}P\delta\right)=2\left(\dfrac{P^2 l}{2AE}\right)=\dfrac{P^2 l}{AE}$

카스틸리아노의 제 2 정리에 의한 수직변위 : $\delta_V=\dfrac{\partial U}{\partial P}=\dfrac{\partial}{\partial P}\left(\dfrac{P^2 l}{AE}\right)=\dfrac{2Pl}{AE}$

C점의 수평방향 변위를 구하기 위해 수평방향의 가상하중을 Q라고 하면, 하중 P와 Q의 관계는 $Q=P\cos(90°-\theta)=P\sin\theta$가 되므로 $P=Q/\sin\theta$로 된다.

하중 P, Q에 의한 변형에너지는

$$U=\frac{(P+Q/\sqrt{3})^2 l}{2AE}+\frac{(P-Q/\sqrt{3})^2 l}{2AE} \qquad \text{(a)}$$

$\theta=60°$일 때 C점에 대한 수평방향의 변위는 식 (a)를 Q로 편미분하고 $Q=0$로 놓으면, 수평변위 δ_H는 다음 식과 같이 된다.

$$\delta_H=\left(\frac{\partial U}{\partial Q}\right)_{Q=0}=\left(\frac{2Ql}{3AE}\right)_{Q=0}=0 \qquad \text{(b)}$$

예제 13-3

[그림 13-8]과 같이 단순보의 중앙에 집중하중 P가 작용할 때 카스틸리아노의 제 2 정리를 이용하여 작용점의 처짐량을 구하시오. 단, 보의 세로탄성계수는 E, 단면 2차모멘트는 I로 한다.

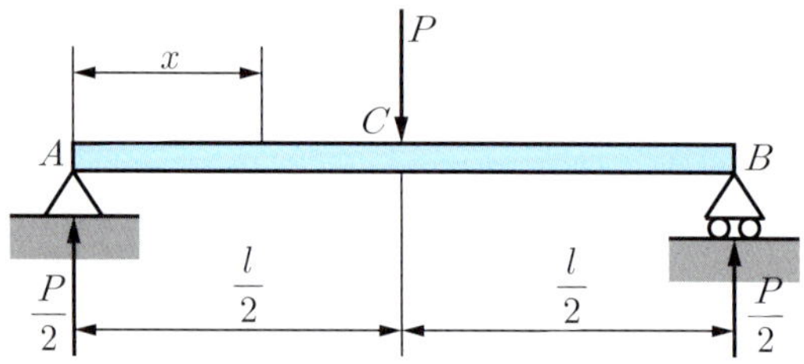

[그림 13-8]

| 풀이 | [그림 13-8]에 대한 보의 탄성변형에너지 :

$$U=\int_0^l \frac{M_x^2}{2EI}dx=2\int_0^{\frac{l}{2}}\frac{M_x^2}{2EI}dx=2\int_0^{\frac{l}{2}}\frac{(Px/2)^2}{2EI}dx=\frac{P^2 l^3}{96EI}$$

카스틸리아노의 제 2 정리에 의해 보의 중앙점에 대한 처짐량 :

$$\delta=\frac{\partial U}{\partial P}=\frac{\partial}{\partial P}\left(\frac{P^2 l^3}{96EI}\right)=\frac{Pl^3}{48EI}$$

≫ 예제 13-4

[그림 13-9]와 같은 반원형 아치(arch)의 중앙점 C 에 수직하중 P 가 작용할 때 아치에 대한 굽힘변형 에너지를 구한 후 작용점 C 에 대한 수직처짐량을 구하시오.
단, 아치의 반지름은 r, 단면 2차모멘트는 I, 세로탄성계수는 E 로 한다.

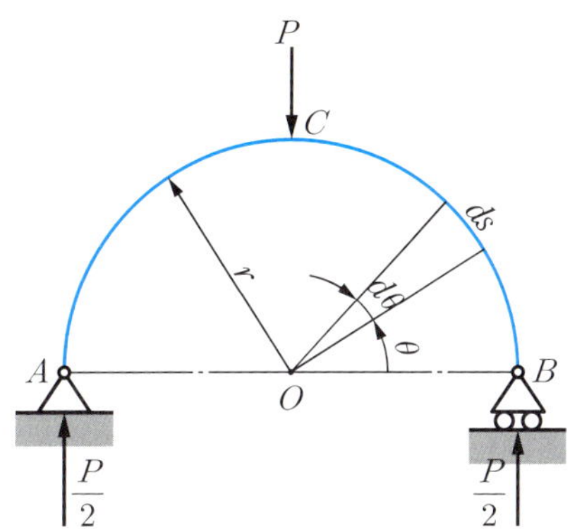

[그림 13-9]

| 풀이 | [그림 13-9]의 B 점으로부터 각도 θ 만큼 떨어진 곳의 굽힘모멘트 M_x 는

$$M_x = \frac{Pr}{2}(1-\cos\theta) \quad \left(0 \le \theta \le \frac{\pi}{2}\right)$$

아치의 굽힘에 의한 변형에너지 :

$$U = 2\int_0^{\frac{\pi}{2}} \frac{M_x^2}{2EI} ds = 2\int_0^{\frac{\pi}{2}} \frac{M_x^2}{2EI} r d\theta$$

$$= 2\int_0^{\frac{\pi}{2}} \frac{P^2 r^2}{2EI}(1-\cos\theta)^2 r d\theta = \frac{P^2 r^3(3\pi - 8)}{16EI}$$

C 점의 수직치짐량 : $\delta_V = \frac{\partial U}{\partial P} = \frac{Pr^3(3\pi-8)}{8EI}$

13.6 최소변형에너지의 원리

탄성체가 Hooke의 법칙을 만족하고 정적 평형상태를 유지할 때 경계조건을 만족하는 실제변위는 탄성체의 변형에너지가 최소로 될 때 안정적이다. 카스틸라아노(Castigliano)의 정리는 부정정(不靜定) 문제를 해석하는데 매우 편리하고, 중요하게 다루어진다. 구조물의 각 지지점에 대한 반력이 부정정이고, 그 과잉반력(過剩反力)을 각각 X_1, X_2, $\cdots$, X_n 이라 하면 변형에너지는 이들의 하중에 대한 함수로 표시된다. 원래 구조물에 정역학적 과잉력에 대응하는 변위가 발생하지 않는다면, 식 (13·19)의 카스틸리아노의 제 2정리로부터 다음과 같은 식이 얻어진다.

$$\frac{\partial U}{\partial X_1} = 0, \quad \frac{\partial U}{\partial X_2} = 0, \quad \cdots, \quad \frac{\partial U}{\partial X_n} = 0 \qquad (13\cdot26)$$

부정정문제를 해석하기 위해 식 (13·26)과 같이 과잉반력의 수만큼 방정식을 세워서 이 식들을 연립으로 풀면, 각 반력을 결정할 수 있다. 이와 같이 안정된 정적평형 상태를 유지하기 위해서는 식 (13·26)에서와 같이 과잉반력 X_1, X_2, $\cdots$, X_n의 크기는 변형에너지 U가 최소로 되는 값을 선택하여야 한다는 것을 알 수 있다.

이것을 최소변형에너지의 원리(principle of minimum strain energy), 또는 최소일의 원리(principle of least work)라고 하며, 과잉반력을 결정하는데 적용하고 있다.

예제 13-5

[그림 13-10(a)]와 같은 외팔보에 균일분포하중 w 가 작용할 때 변형에너지와 카스틸리아노의 정리를 이용하여 자유단의 처짐각을 구하시오. 단, 보의 세로탄성계수는 E, 단면 2차 모멘트는 I로 한다.

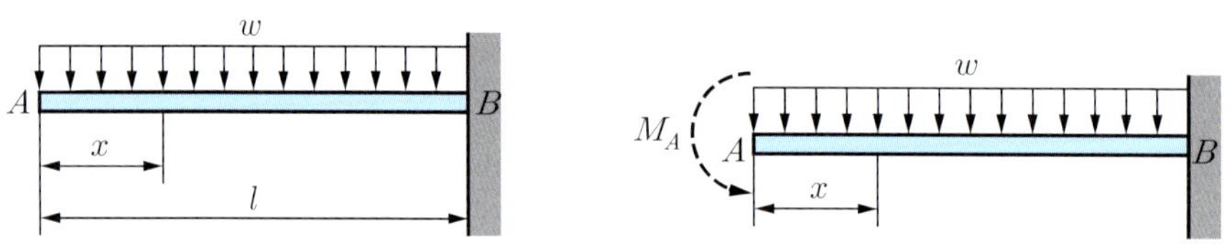

[그림 13-10]

| 풀이 | 균일분포하중은 집중하중이 아니므로 카스틸리아노의 정리를 적용하기 위해서는 보의 자유단에 가상집중하중의 작용을 고려하여 [그림 13-10(b)]와 같이 가상굽힘모멘트 M_A를 작용시킨다.

자유단 A로부터 임의의 x 단면에 작용하는 굽힘모멘트 $M_x = -M_A - wx^2/2$ 이므로 $\partial M_x/\partial M_A = -1$ 이 되고, 식 (13·25)에 의해 처짐각 θ_x 는

$$\theta_x = \frac{\partial U}{\partial M_A} = \frac{1}{EI}\int_0^l M_x \frac{\partial M_x}{\partial M_A} dx = \frac{1}{EI}\int_0^l \left(M_A + \frac{wx^2}{2}\right) dx$$

$$= \frac{1}{EI}\left(M_A l + \frac{wl^3}{6}\right)$$

가상모멘트는 실제로 작용하지 않으므로 $M_A = 0$ 으로 놓으면 자유단의 처짐각은 다음과 같다.

$$(\theta_x)_{x=0} = \frac{wl^3}{6EI}$$

보의 처짐각이 양(+)의 값인 것은 처짐각이 가상모멘트 M_A의 방향과 일치하는 것을 의미한다.

▶ 예제 13-6

[그림 13-11]과 같이 일단고정 타단지지의 부정정보에 균일분포하중 w가 작용한다. 최소변형에너지의 원리를 적용하여 지지점 B의 반력 R_B와 고정지지점 A의 굽힘모멘트 M_A를 결정하시오. 또한, 보의 중앙점에 대한 처짐량 δ_C를 구하시오. 단, 보의 길이 l, 세로탄성계수 E, 단면 2차모멘트 I이다.

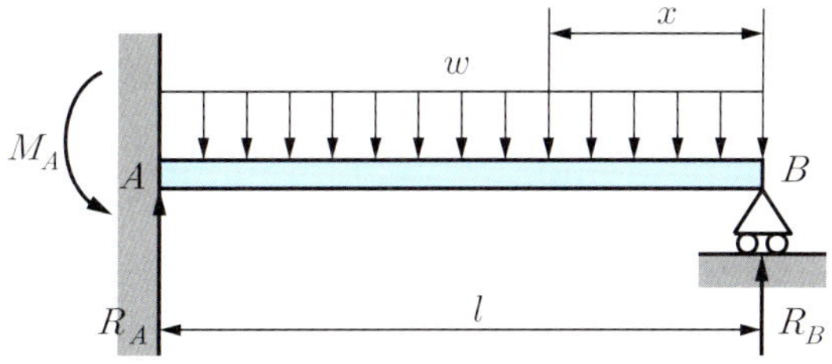

[그림 13-11]

| 풀이 | [그림 13-11]에서 지지점 B에 대한 과잉반력 R_B에 의한 굽힘모멘트 M_x는

$$M_x = R_B x - \frac{wx^2}{2} \quad (0 \le x \le l) \qquad \text{(a)}$$

이 되고, 변형에너지 $U = \int_0^l \frac{M_x^2}{2EI} dx$로 된다.

최소변형에너지의 원리를 적용하면 다음 식과 같이 된다.

$$\frac{\partial U}{\partial R_B} = \frac{1}{EI}\int_0^l M_x \frac{\partial M_x}{\partial R_B} dx = \frac{1}{EI}\int_0^l \left(R_B x - \frac{wx^2}{2}\right) x\,dx$$

$$= \frac{1}{EI}\left(\frac{R_B l^3}{3} - \frac{wl^4}{8}\right) = 0$$

$$\therefore R_B = \frac{3wl}{8}$$

보의 고정지지점 A에 내힌 굽힘모멘트 M_A에 의한 굽힘모멘트 M_x는

$$M_x = \left(\frac{wl}{2} - \frac{M_A}{l}\right)x - \frac{wx^2}{2} \qquad \text{(b)}$$

고정지지점 A에 대한 기울기는 0이므로 최소변형에너지의 원리를 적용하면

$$\frac{\partial U}{\partial R_B} = \frac{1}{EI}\int_0^l M_x \frac{\partial M_x}{\partial R_B} dx = \frac{1}{EI}\int_0^l \left\{\left(\frac{wl}{2} - \frac{M_A}{l}\right)x - \frac{wx^2}{2}\right\}\left(-\frac{x}{l}\right)dx$$

$$= -\frac{1}{EI}\left(\frac{wl^3}{24} - \frac{M_A l}{3}\right) = 0$$

$$\therefore M_A = \frac{wl^2}{8}$$

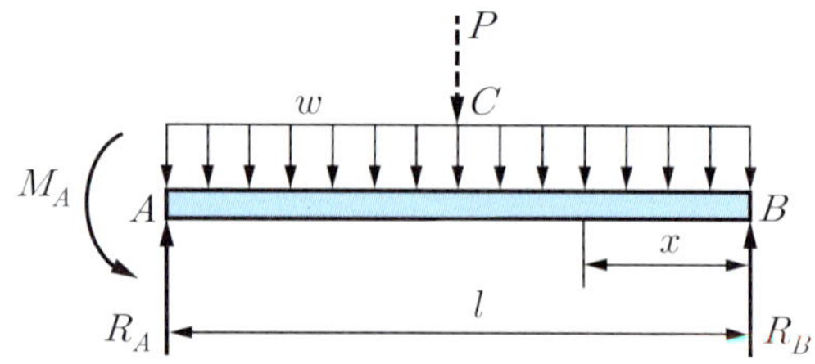

[그림 13-12]

중앙점의 처짐량을 구하기 위해 [그림 13-12]와 같이 중앙점의 처짐에 대응하는 수직방향의 하중이 없으므로 중앙점에 무한히 작은 가상집중하중 P가 작용하는 것으로 가정한다.

[그림 13-12]는 가상하중 P가 작용하는 [그림 13-11]의 자유물체도로서 각 구간의 x 단면에 대한 굽힘모멘트 M_x는 다음 식과 같이 된다.

(1) BC 구간 : $M_x = R_B x - \dfrac{w}{2}x^2$ (c)

(2) AC 구간 : $M_x = R_B x - \dfrac{w}{2}x^2 - P\left(x - \dfrac{l}{2}\right)$ (d)

지지점 B의 처짐량은 0이므로

$$\frac{\partial U}{\partial R_B} = 0 \qquad \therefore\ R_B = \frac{5}{16}P + \frac{3}{8}wl$$

따라서 중앙점의 처짐량 δ_C는 다음 식과 같이 된다.

$$\delta_C = \frac{\partial U}{\partial P}$$

$$= \frac{1}{EI}\int_{l/2}^{l}\left\{\left(\frac{5}{16}P + \frac{3}{8}wl\right)x - \frac{wx^2}{2} - P\left(x - \frac{l}{2}\right)\right\}\left(\frac{l}{2} - x\right)dx \quad \text{(e)}$$

식 (e)를 적분한 후 $P=0$라고 하면, 중앙점의 처짐량 δ_C는 다음과 같이 된다.

$$\delta_C = \frac{wl^4}{192EI}$$

≫ 예제 13-7

[그림 13-13]과 같은 단순보에 균일분포하중 w가 작용할 때 탄성변형에너지와 카스틸리아노의 정리를 이용하여 중앙점의 처짐량과 양쪽 지지점의 처짐각을 구하시오. 단, 보의 세로탄성계수는 E, 단면 2차모멘트는 I로 한다.

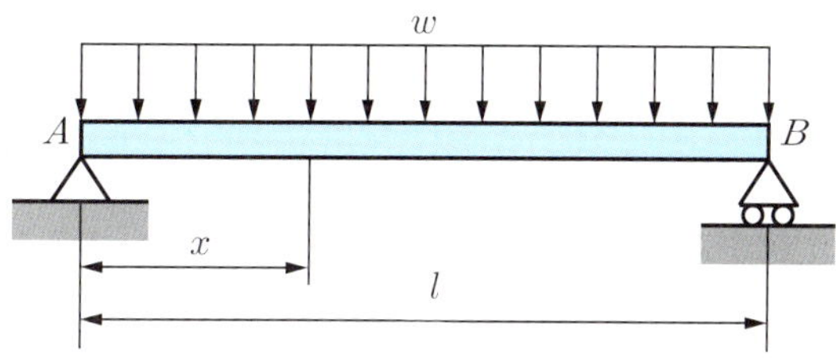

[그림 13-13]

| 풀이 | [그림 13-13]에서 x 단면의 굽힘모멘트 : $M_x = \frac{wl}{2}x - \frac{w}{2}x^2$

보에 축적되는 탄성변형에너지 :

$$U = \int_0^l \frac{M_x^2}{2EI}dx = \frac{1}{2EI}\int_0^l \left(\frac{wl}{2}x - \frac{w}{2}x^2\right)^2 dx$$

$$= \frac{1}{2EI}\int_0^l \left(\frac{w^2 l^2}{4}x^2 - \frac{w^2 l}{2}x^3 + \frac{w^2}{4}x^4\right)dx = \frac{w^2 l^5}{240EI}$$

또한, 단순보의 중앙점에 대한 처짐량은 중앙점의 처짐에 대응하는 수직방향의 하중이 없으므로 중앙점에 무한히 작은 가상집중하중 P가 작용하는 것으로 가정한다. 하중 P의 증가에 의한 굽힘모멘트의 증가율을 나타내는 편미분함수 $\partial M/\partial P$는 [그림 13-14(a)], [그림 13-14(b)]와 같이 나타낼 수 있다.

따라서 M과 $\partial M/\partial P$의 값을 사용하면 처짐량은 다음과 같이 구해진다.

$$\delta = \frac{\partial U}{\partial P} = \int_0^l \frac{\partial}{\partial P}\left(\frac{M_x^2}{2EI}\right)dx = \frac{1}{EI}\int_0^l M_x \frac{\partial M_x}{\partial P}dx$$

$$= \frac{2}{EI}\int_0^{l/2} M_x \frac{\partial M_x}{\partial P}dx = \frac{2}{EI}\int_0^{l/2}\left(\frac{wlx}{2} - \frac{wx^2}{2}\right)\frac{x}{2}dx$$

$$= \frac{5wl^4}{384EI}$$

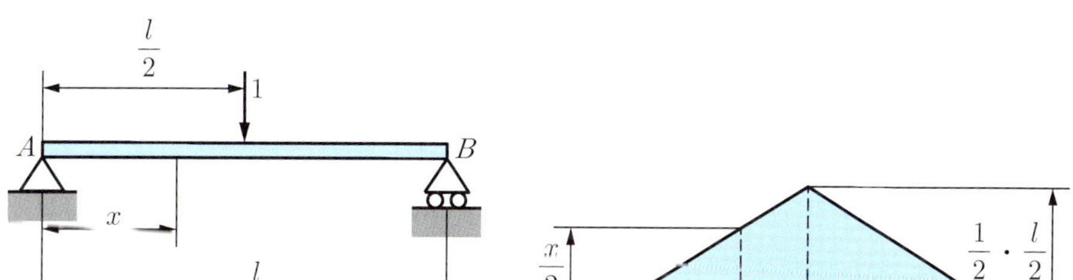

(a) (b)

[그림 13-14]

CHAPTER 13 연습문제

[13-1] [그림 13-15]와 같이 단면적 $5\,[\mathrm{cm}^2]$인 2개의 봉을 연결한 후 C점에 하중 $P=10\,[\mathrm{kN}]$을 작용시킬 때 C점의 수직변형량을 카스틸리아노의 정리를 이용하여 구하시오. 단, 봉 AC의 길이는 $l=2\,[\mathrm{m}]$, 보의 세로탄성계수 $E=200\,[\mathrm{GPa}]$이다.

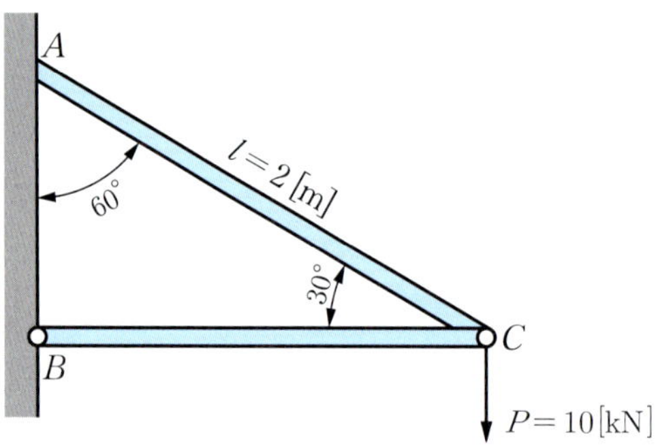

[그림 13-15]

[13-2] [그림 13-16]과 같이 봉의 길이 $l=1\,[\mathrm{m}]$, 단면적 $4\,[\mathrm{cm}^2]$, 세로탄성계수 $E=200\,[\mathrm{GPa}]$인 3개의 봉을 $\theta=30°$로 연결한 후 C점에 하중 $P=100\,[\mathrm{kN}]$을 작용시킬 때 C점의 수직변형량을 카스틸리아노의 정리를 이용하여 구하시오.

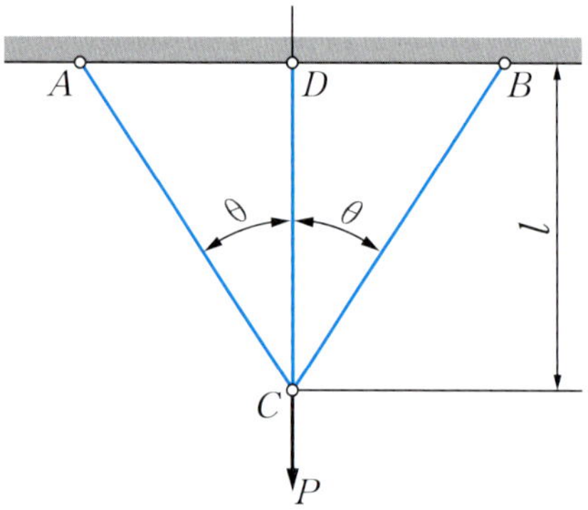

[그림 13-16]

[13-3] [그림 13-17]과 같이 A점이 고정된 1/4인 원호형 외팔보 AB의 자유단 B에 수직하중 P가 작용할 때 굽힘변형만에 의한 B점의 수직변형량을 카스틸리아노의 정리를 이용하여 구하시오. 단, 보의 단면 2차모멘트는 I, 세로탄성계수는 E이다.

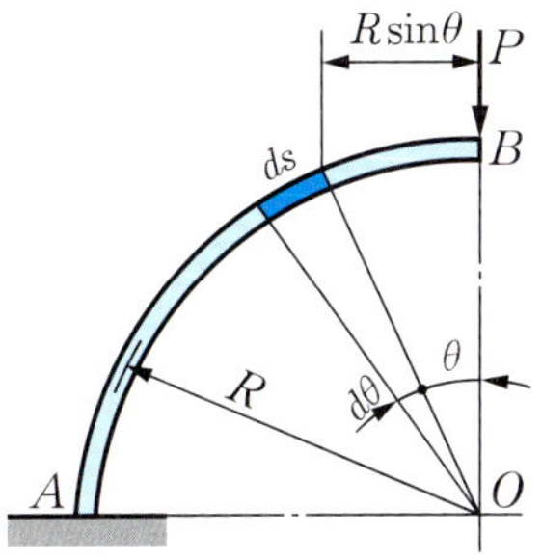

[그림 13-17]

[13-4] [그림 13-18]과 같이 A 점이 고정된 반원호형 외팔보의 자유단 B에 수평하중 Q만이 작용할 때 굽힘변형만에 의한 지점 B의 수평변형량 δ_H를 카스틸리아노의 정리를 이용하여 구하시오. 단, 보의 단면 2차모멘트는 I, 세로탄성계수는 E이다.

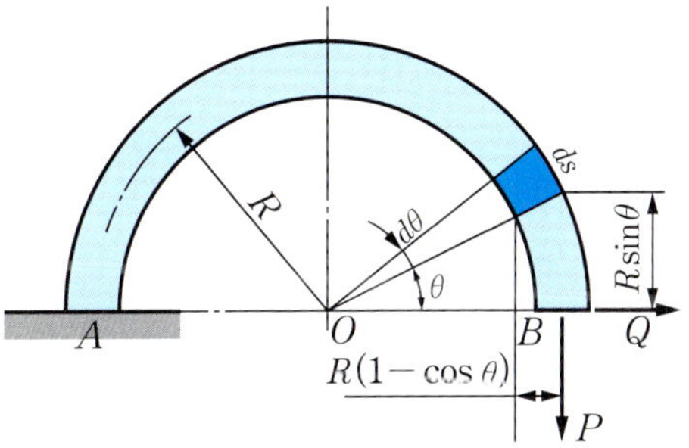

[그림 13-18]

[13-5] [그림 13-18]에서 자유단 B에 수직하중 P만이 작용할 때 카스틸리아노의 정리를 이용하여 다음을 구하시오. 단, 보의 단면 2차모멘트는 I, 세로탄성계수는 E이다.

(1) 하중 P에 의한 굽힘변형만에 의한 지점 B의 수직변형량 δ_V

(2) 하중 P에 의한 굽힘모멘트 및 비틀림 모멘트에 의한 지점 B의 수직변형량 δ

[13-6] [그림 13-19]와 같이 봉의 길이 l, 단면적 A, 세로탄성계수 E인 구조물의 C점에 하중 P가 작용할 때 C점의 수직변형량을 카스틸리아노의 정리를 이용하여 구하시오.

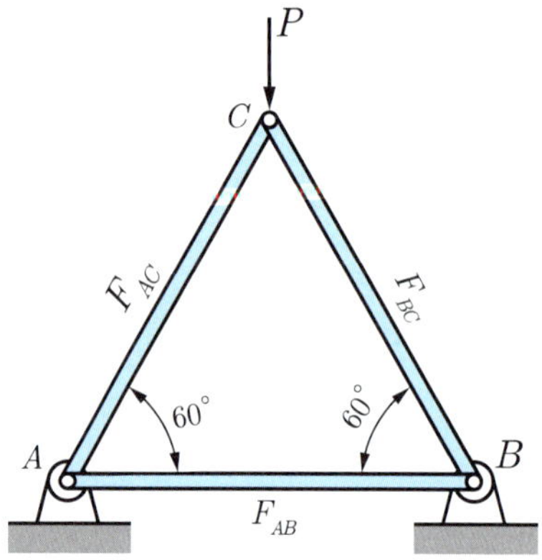

[그림 13-19]

[13-7] [그림 13-20]과 같은 중실단면의 외팔보 AB의 길이 l인 자유단에 브래킷(bracket)이 고정되어 C점에 수직하중 P가 작용할 때 보의 굽힘 및 비틀림 변형만을 고려하고, 카스틸리아노의 정리를 이용하여 C점의 수직처짐량 δ를 구하시오. 단, 보의 세로탄성계수는 E, 단면 2차모멘트는 I, 극단면 2차모멘트는 I_p로 한다.

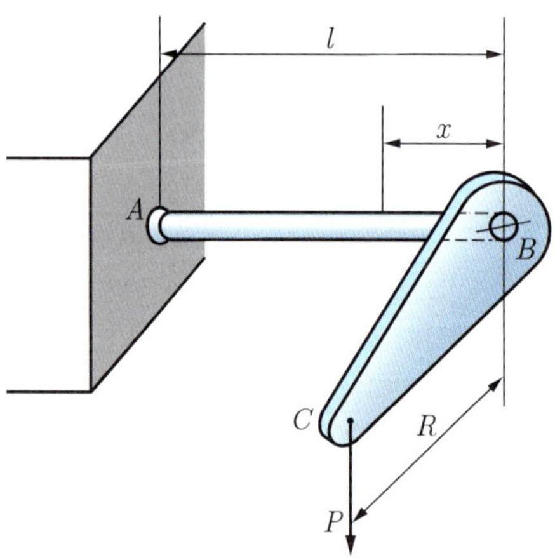

[그림 13-20]

[13-8] [그림 13-21]과 같은 구조물을 5개의 강봉으로 만든 후 지점 A, D에 대각선 방향으로 $P=10$[kN]이 작용할 때 대각선 방향의 변형량 δ를 카스틸리아노의 정리를 이용하여 구하시오. 단, 봉의 단면적 $A=15$[cm^2], 길이 $l=5$[m], 세로탄성계수 $E=200$[GPa]이다.

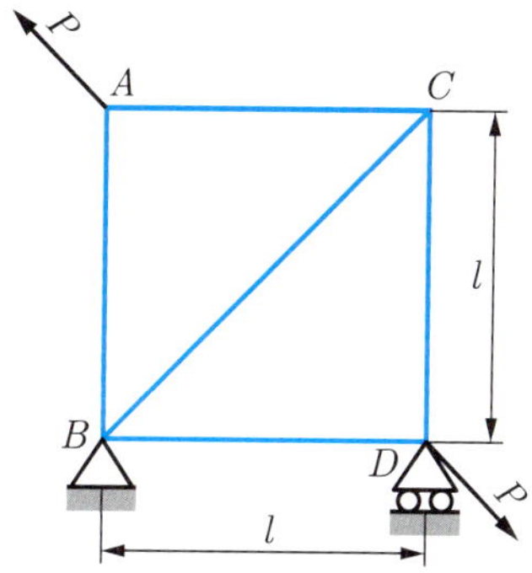

[그림 13-21]

[13-9] [그림 13-22]와 같이 외팔보의 자유단에 집중하중 P와 짝힘 모멘트 M_0가 작용할 때 카스틸리아노의 정리를 이용하여 최대처짐량 δ와 최대처짐각 θ를 구하시오. 단, 보의 세로탄성계수는 E, 단면 2차모멘트는 I이다.

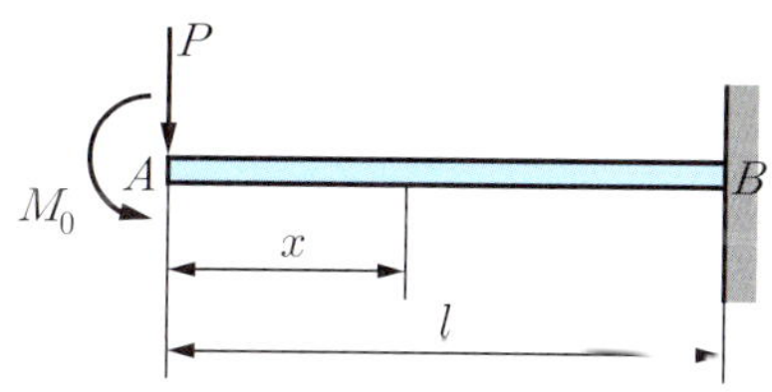

[그림 13-22]

[13-10] [그림 13-23]과 같이 내다지보의 C점에 집중하중 P가 작용할 때 카스틸리아노의 정리를 이용하여 C점의 처짐량 δ를 구하시오. 단, 보의 세로탄성계수는 E, 난넌 2차모멘트는 I로 한다.

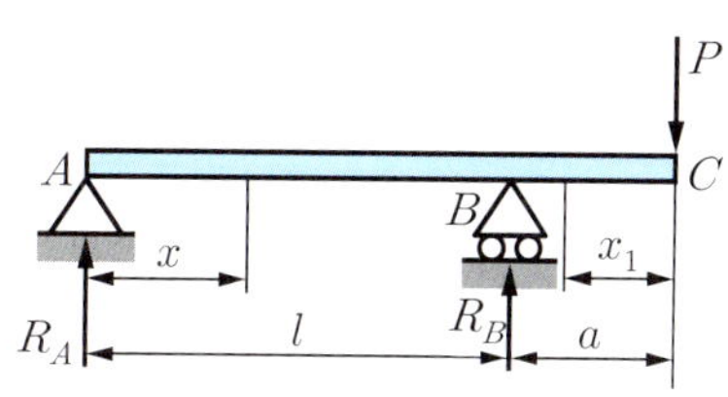

[그림 13-23]

[13-11] [그림 13-24]와 같이 지름 $d = 40$[mm], 세로탄성계수 $E = 200$[GPa]인 외팔보의 자유단에 집중하중 $P = 100$[N]이 수평방향으로 작용할 때 수평변위 δ_H를 카스틸리아노의 정리를 이용하여 구하시오.

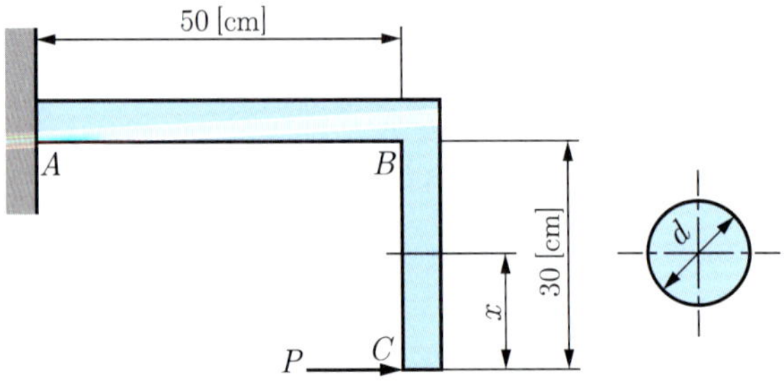

[그림 13-24]

[13-12] [그림 13-25]와 같이 2개의 스팬 l인 연속보에 균일분포하중 w가 작용할 때 중앙 지지점 B의 반력을 카스틸리아노의 정리를 이용하여 구하시오. 단, 보의 세로탄성계수는 E, 단면 2차모멘트는 I로 한다.

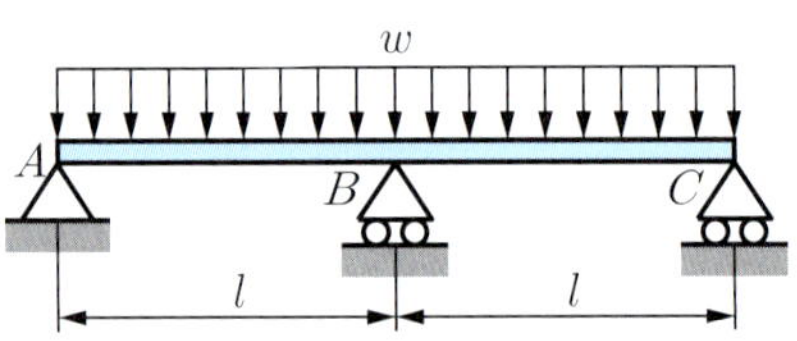

[그림 13-25]

[13-13] [그림 13-26]과 같은 단붙이 단순보에 축적되는 탄성변형에너지와 하중점의 처짐량을 구하시오. 단, 보의 자중은 무시하고, 세로탄성계수는 E로 한다.

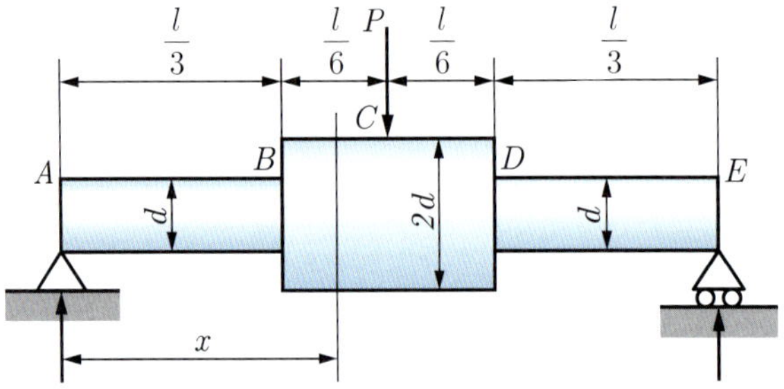

[그림 13-26]

[13-14] [그림 13-27]과 같은 원통형 코일스프링에 축하중 P가 작용할 때 축적되는 탄성변형에너지와 스프링의 처짐량을 구하시오. 단, 선재의 지름은 d, 극단면 2차모멘트는 I_p, 원통의 반지름은 R이고, 유효감김수는 n으로 한다.

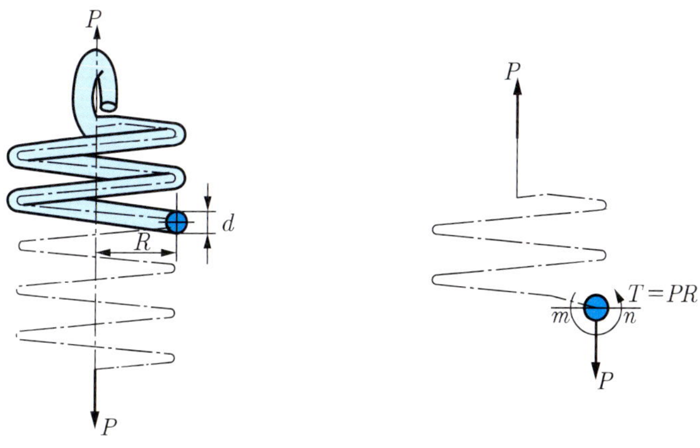

[그림 13-27]

[13-15] [그림 13-28]과 같이 핀으로 지지된 구조물의 봉 AC의 중간점 D에 50[kN]이 작용할 때 가상일의 원리를 적용하여 힌지점 A에 발생하는 수평반력을 구하시오.

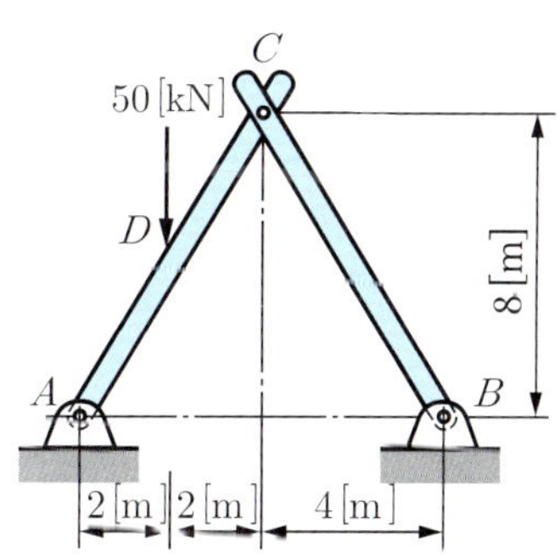

[그림 13-28]

[13-16] [그림 13-29]와 같은 보에서 가상일의 원리를 적용하여 지지점 C에 발생하는 수직반력을 구하시오.

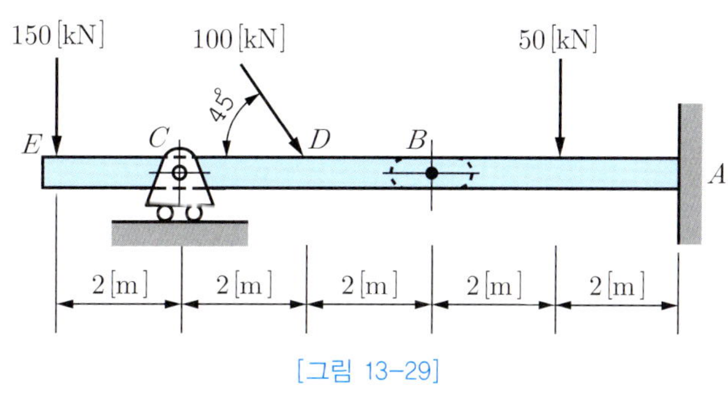

[그림 13-29]

14 CHAPTER 파괴역학

지금까지는 재료에 결함이 없는 이상적인 재료에 대한 역학적인 문제를 다루어 왔지만, 이 장에서는 재료에 균열(crack)이 내재(內在)된 것을 전제(前提)로 재료의 강도를 고려하고자 한다. 현재는 균열이 존재하더라도 안전한 설계를 목적으로 하는 파괴역학에 대한 기초개념과 파괴역학 인자로 사용되고 있는 응력세기계수, 에너지 방출률, J 적분 등의 의미 및 계산방법을 알아보기로 한다. 또한, 이들 인자를 이용한 재료의 파괴인성에 의한 재료의 파괴조건 및 파괴강도를 검토하고, 정적파괴, 피로파괴 및 부식파괴 등에 관한 재료의 파괴거동의 기초적인 내용을 설명하고자 한다.

14.1 파괴역학의 정의

파괴역학(破壞力學; fracture mechanics)은 재료 안에 균열(龜裂; crack)이 존재하는 것을 전제로 연속체역학(連續體力學, continuum mechanics)에 기초한 재료강도학(材料強度學; strength of materials)의 한 분야이며, 재료파괴에 대한 응용역학(應用力學)이라고 할 수 있다.

파괴역학은 미국의 Irwin(1957년)에 의해 체계화된 것으로서 '균열 또는 결함(缺陷; flaw)이 존재하거나 발생이 예측되는 재료를 상도적으로 안전하게 사용하기 위한 공학적 방법'을 말한다.

응력집중의 발생 원인에는 여러 가지가 있지만 균열의 경우가 가장 크며, 균열이 존재할 때 응력집중은 탄성범위에서 이론적으로는 무한대로 되기 때문에 응력집중계수의 계산이 곤란하다. 따라서 균열이 존재하면 응력집중계수를 고려한 강도설계를 할 수 없으므로 균열에 대한 파괴역학의 지식을 습득하여 균열이 존재하더라도 파괴되지 않고, 강도적으로 안전한 설계가 가능하도록 하는 것이 중요한 과제라고 할 수 있다.

[그림 14-1]은 재료역학적인 강도평가 인자와 파괴역학적인 평가인자를 비교하여 나타낸 것이다.

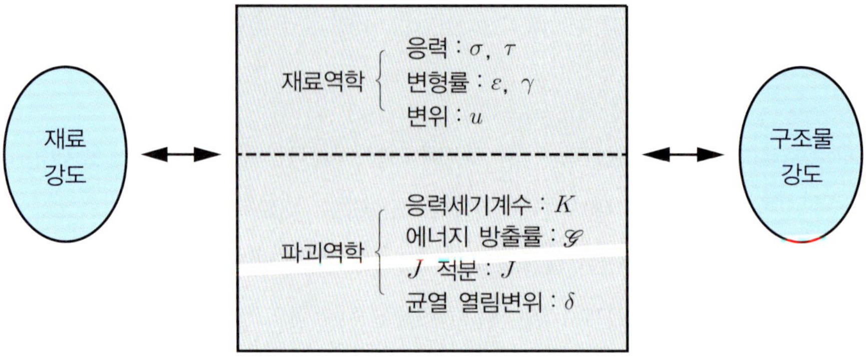

[그림 14-1] 재료역학과 파괴역학의 비교

Irwin은 균열에 대한 특이성(特異性; singularity)의 강도를 표시하는 공학적 양(量)으로 균열선단(龜裂先端; crack-tip)이 소규모 항복을 일으키는 선형탄성 파괴역학(linear elastic fracture mechanics; $LEFM$)의 관점에서 응력세기계수(stress intensity factor) K 라는 인자(因子; parameter)를 도입하여 파괴역학을 정의하였다. 또한, 응력세기계수 K와 균열이 새로이 생성되기 위해 단위면적에 대한 에너지 소비율로 나타내는 에너지 방출률(energy releease rate) $\mathscr{G}$의 관계를 설명하였다.

그러나 균열선단의 소규모 항복에 대해서는 응력세기계수 K가 유효하지만, 대규모 항복이 발생하는 비선형 거동을 일으키는 탄소성 변형에서는 Rice가 제안한 J 적분(J-integral)의 적용이 유효하고, 또는 균열의 열림변위(crack opening displacement: COD), 균열선단의 열림변위(crack-tip opening displacement: $CTOD$) δ를 사용하기도 한다.

이와 같이 균열에 의해 파괴를 지배하는 파괴역학 인자(fracture parameter)로써 사용되는 K, $\mathscr{G}$, J, δ는 균열이 존재할 때 파괴조건을 검토하는데 중요하고, 선형탄성 범위에서는 K, $\mathscr{G}$, J는 서로 일정한 관계가 성립한다.

재료의 변형 및 파괴의 기본형태는 [그림 14-2]와 같이 분류할 수 있다. 재료의 변형은 시간에 의존하지 않는 탄성 및 소성변형이 있고, 시간의 경과에 의존하는 크리프 변형이 있다. 또한 재료의 파괴는 정하중에 의한 파괴와 피로하중, 또는 반복하중에 의한 파괴로 분류된다.

정하중 파괴에는 연성파괴, 취성파괴, 환경파괴 및 크리프 파괴가 있고, 피로 및 반복하중에 의한 파괴에는 저사이클 및 고사이클 파괴, 피로균열의 진전에 의한 파괴, 또는 부식파괴 등으로 나눈다. 따라서 재료를 안전하게 사용하기 위해서는 재료의 변형과 파괴를 동시에 고려할 필요가 있다.

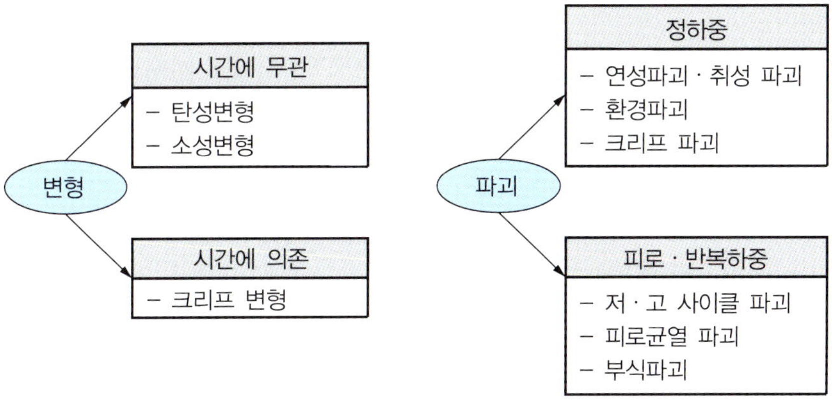

[그림 14-2] 변형 및 파괴의 기본형태

정하중이 작용하는 재료의 균열에 의한 파괴는 재료의 특성을 나타내는 파괴인성값(fracture toughness value)이 그 재료에 작용하는 파괴역학 인자의 값을 초과하면 파괴되는 각각의 파괴기준(fracture criterion)을 설정할 수 있다. 그러므로 재료를 강도적으로 안전하게 사용하기 위해서는 작용하중에 의한 파괴역학 인자의 값을 사용재료의 파괴인성값 이하로 제한하여 사용해야 한다.

각종 파괴인자에 의한 파괴기준은 다음 식과 같이 되고, 이 조건에서 재료는 파괴되므로 재료를 안전하게 사용하기 위해서는 파괴인성값을 파괴기준 이하로 설정하여야 한다.

$$K \geq K_c \tag{14·1}$$

$$\mathscr{G} \geq \mathscr{G}_c \tag{14·2}$$

$$J \geq J_c \tag{14·3}$$

$$\delta \geq \delta_c \tag{14·4}$$

14.2 재료의 파괴형태

연성재료는 변형률이 급격히 증가하여 항복상태가 되면 파손(破損; failure) 되었다고 하며, 취성재료는 변형이 작으므로 균열(crack)이 발생한 후, 이것이 진전하여 파단을 일으키면 파괴(破壞; fracture) 되었다고 한다. 일반적으로 재료에 하중이 작용하여 재료가 항복을 일으키거나, 또는 파괴되는 경우를 총칭하여 파손이라고 한다.

파괴는 1개의 고체가 2개 이상의 부분으로 분리되는 현상을 말하고, 파괴의 형태에 따라 연성파괴(延性破壞; ductile fracture)와 취성파괴(脆性破壞; brittle fracture)로 분류하는 경우가 많다. 연성재료는 항복강도를 초과하면 소성변형이 일어나면서 파손되므로 항복강도에 주의하여야 한다. 항복을 일으키지 않는 주철과 같은 취성재료에서는 파손의 기준으로 인장강도를 사용한다. 또한 취성재료를 선택할 때는 압축강도가 인장강도보다 훨씬 크지만, 연성재료는 일반적으로 인장 및 압축에서 거의 동일한 강도를 나타낸다.

하중이 작용하는 조건에 따라 파괴현상을 분류하면 정적파괴(靜的破壞; static fracture), 피로파괴(疲勞破壞; fatigue fracture), 충격파괴(衝擊破壞; impact fracture), 크리프 파괴(creep fracture) 및 부식파괴(腐蝕破壞; corrosion fracture) 등으로 분류할 수 있다.

또한 금속 등의 결정체에 대한 파괴는 균열이 결정립계(結晶粒界; grain boundary)를 따라 진전하는 입계파괴(粒界破壞; intergranular fracture)와 균열이 결정립의 내부를 관통(貫通)하여 파괴가 일어나는 입내파괴(粒內破壞; transgranular fracture)로 나눈다.

14.2.1 연성파괴(ductile fracture)

연성파괴(延性破壞)는 재료의 소성변형이 상당히 발생한 후 파괴되는 형태로서 취성파괴에 비해 위험성이 적은 파괴형태이다. 연성파괴는 외력을 계속 증가하지 않으면 균열의 진전은 없고, 균열이 진전하기 위해서는 소성변형을 일으키는 큰 에너지가 필요하다. 연강이나 알루미늄 등과 같이 비교적 강도가 낮은 재료는 인장시험 중에 시험편의 일부에 단면의 감소현상이 집중하는 네킹(necking)이 발생한다.

네킹부의 중앙부근에서는 미소한 공동(空洞), 기포(氣泡)가 생성된 후 성장 및 합체되어 1개의 균열로 형성되어 간다. 이때 파단면은 다수의 작은 오목부가 잔물결처럼 파인 모양, 공의 반쪽 또는 C자 형상과 유사한 딤플(dimple)이 나타난다. 이러한 현상이 발생하는 것은 전단하중의 영향인 것으로 판단된다.

또한, 재료의 파단면이 한 쪽은 컵 모양과 같이 움푹 파이고, 반대쪽은 볼록한 원뿔 모양의 컵-콘(cup and cone) 형상으로 파괴된다. 이때 파단면의 좌우는 중앙부가 축 방향에 수직한 파단면으로 되고, 그 주위는 축 방향과 거의 45°로 경사진 원뿔모양의 파단면이 된다. 이 경우 중앙부는 오목 · 볼록이 큰 섬유모양 파괴(fibrous fracture)로 되고, 그 주위는 중앙부에 비해 약간 매끄러운 전단파괴(shear fracture)로 된다.

14.2.2 취성파괴(brittle fracture)

취성파괴(脆性破壞)는 소성변형이 거의 없는 예기치 못한 급속한 파괴가 발생하기 때문에 매우 위험하므로 절대적으로 피해야 한다. 취성파괴의 특징은 체심입방(體心立方; body centered cubic: BCC) 구조, 또는 조밀육방(稠密六方; hexagonal closed packed: HCP) 구조로 된 금속에서 벽개면(劈開面이)이라 부르는 특정의 결정면을 따라 벽개파괴(劈開破壞; cleavage fracture)가 발생하는 것이다. 취성재료의 균열진전은 원자사이의 결합력이 연속적으로 끊어지면서 진행하기 때문에 벽개면은 결정립(結晶粒; grain)마다 다르고, 그 파단면을 관찰하면 결정립의 파단면에 대한 경사에 차이를 보인다. 따라서 벽개파괴가 발생한 파단면은 입상파괴(粒狀破壞; granular fracture)의 양상을 띠는 것이 특징이다. 특히 철과 저탄소강의 BCC 구조와 W, Mo, Cr 등의 BCC 구조 및 Zn, Be, Mg 등의 HCP 구조에서 벽개파괴가 일어난다.

14.3 응력집중

14.3.1 응력집중계수

재료의 단면이 급격히 변화하는 구멍(hole), 홈(groove), 노치(notch) 및 단붙이축의 필릿(fillet) 부분에서는 응력분포가 불규칙하고 국부적(局部的)인 큰 응력이 발생하는데, 이러한 현상을 응력집중(應力集中; stress concentration)이라고 한다. 응력집중 현상이 재료의 한계강도를 초과하면 균열이 발생 · 진전하여 파괴를 초래하는 원인이 된다.

탄성범위 안에서 응력집중의 정도(程度)를 나타내는 인자(因子; parameter)로써 응력집중계수(應力集中係數; stress concentration factor)를 사용한다. 응력집중계수 α_k는 공칭응력(公稱應力; nominal stress) σ_n에 대한 최대응력 $\sigma_{\max}$의 비로써 다음 식과 같이 나타낸다.

$$\alpha_k = \frac{\sigma_{\max}}{\sigma_n} \tag{14·5}$$

여기서 α_k는 형상계수(形狀係數; shape factor)라고도 하며, 재료의 크기에는 무관하고 형상에 의해 결정되는 값이다.

따라서 원공, 타원 홀 및 노치 등의 응력집중계수를 검토하고, 이들보다 응력집중 현상이 매우 클 것으로 예측되는 균열(crack)의 응력집중을 해석하여 보기로 한다.

14.3.2 판재의 원공에 대한 응력집중계수

[그림 14-3(a)]와 같이 판재의 단면이 균일한 재료의 공칭응력 σ_n은 일정하게 분포한다. 그러나 [그림 14-3(b)]와 같이 원형 구멍이 있을 때 구멍의 언저리에서 최대응력 $\sigma_{\max}$가 발생하고, 원공(圓孔; circular hole)에서 멀리 떨어질수록 공칭응력보다 작은 응력이 분포한다. 이때의 공칭응력 σ_n는 다음 식으로 나타낸다.

$$\sigma_n = \frac{P}{(b-d)t} \qquad (14 \cdot 6)$$

[그림 14-3(b)]와 같은 원공에 대한 응력집중계수는 탄성이론(彈性理論; theory of elasticity)에 근거하여 $\alpha_k = \dfrac{\sigma_{\max}}{\sigma_0} = 3$ 으로 유도된다.

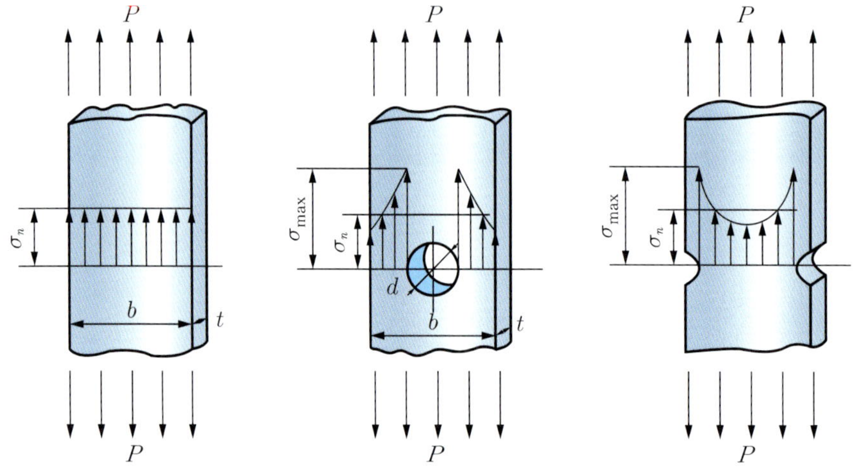

[그림 14-3] 판재의 응력집중

[그림 14-4]는 원공의 크기에 따른 응력집중계수의 변화를 나타낸 것이다.

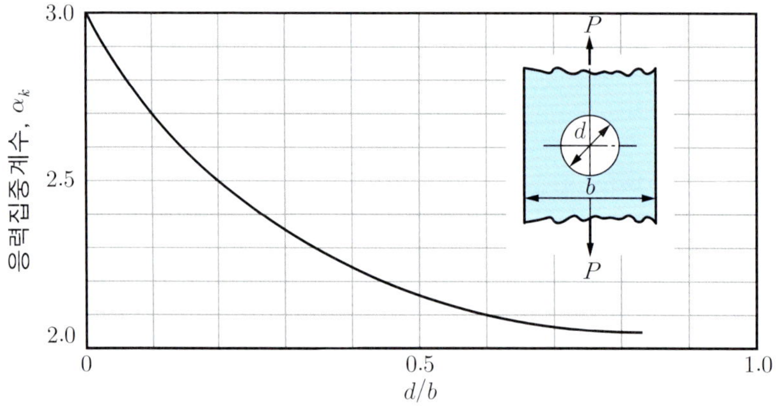

[그림 14-4] 원공의 크기에 따른 응력집중계수

또한, [그림 14-3(c)]와 같이 노치가 있으면 노치 선단에서 최대응력이 발생하고, 그 중심부의 응력은 공칭응력보다 작게 분포하는 것을 알 수 있다. 이외에도 지름이 갑자기 변화하는 단붙이 축(stepped shaft) 또는 홈붙이 축(grooved shaft)에 인장하중, 굽힘 모멘트 및 비틀림 모멘트 등이 작용할 때 이들의 응력집중계수의 해석결과들을 설계에 유익하게 사용하고 있다.

응력집중계수는 재료의 형상이 간단할 때는 탄성이론으로 구할 수 있지만, 이론적 방법에는 제한이 있어 엄밀해(嚴密解)에 근접하는 근사해(近似解)를 구하는 방법으로는 수치해석(數値解析)이 있다. 수치해석 방법으로는 유한요소법(有限要素法: finite element method; FEM)과 경계요소법(境界要素法: boundary element method; BEM) 등이 컴퓨터의 발달과 함께 널리 이용되고 있다. 수치해석이 곤란하던 과거에는 복잡한 형상인 경우 광탄성 실험법(光彈性 實驗法; photoelastic experiment method)에 의한 연구결과가 많이 발표되어 이용되고 있다.

예제 14-1

[그림 14-3(b)]에서 폭 $b = 120\,[\mathrm{mm}]$, 두께 $10\,[\mathrm{mm}]$이고, 중앙에 지름 $d = 40\,[\mathrm{mm}]$의 구멍이 뚫린 판재에 $P = 10\,[\mathrm{kN}]$의 인장하중을 작용시킬 때 안전계수 $S = 5$로 하면 구멍 언저리에 발생하는 최대응력을 결정하시오.

| 풀이 | 공칭응력 : $\sigma_n = \dfrac{P}{S(b-d)t} = \dfrac{10 \times 10^3}{5 \times (120 - 40) \times 10} = 2.5\,[\mathrm{N/mm^2}] = 2.5\,[\mathrm{MPa}]$

폭에 대한 지름의 비 : $\dfrac{d}{b} = \dfrac{40}{120} = 0.333$

[그림 14-4]로부터 $\alpha_k = 2.3$이 되므로 구멍 언저리의 최대응력 $\sigma_{\max}$는

$$\sigma_{\max} = \alpha_k \times \sigma_n = 2.3 \times 2.5 = 5.75\,[\mathrm{N/mm^2}] = 5.75\,[\mathrm{MPa}]$$

14.3.3 판재의 타원 홀에 대한 응력집중계수

[그림 14-5]와 같이 판재에 타원 홀이 존재할 때 타원 홀의 양끝에 최대응력 $\sigma_{\max}$이 생기며, 다음 식과 같이 주어진다.

$$\sigma_{\max} = \sigma_n \left(1 + 2\frac{a}{b}\right) \tag{14·7}$$

여기서 a는 긴 반지름이고, b는 짧은 반지름이다.

식 (14·7)에서 $a = b$이면 원공에 대한 응력집중으로 되고, a/b의 값이 증가할수록 최대응력 $\sigma_{\max}$는 증가한다. 따라서 타원 홀의 짧은 반지름 b가 작아질수록 균열의 형상이 되므로 타원의 양끝에서는 매우 큰 응력집중이 발생한다. 타원 홀의 짧은 반지름 b가 줄어들어 매우 가는 균열로 간주하면, 식 (14·7)은 긴 지름 $2a$와 타원 끝의 곡률 반지름 ρ의 함수로 나타낼 수 있다. [그림 14-5]와 같은 타원 홀은 다음 식으로 주어진다.

$$\left(\frac{x}{a}\right)^2 + \left(\frac{y}{b}\right)^2 = 1 \tag{a}$$

식 (a)로부터 2차미분을 한 후 경계조건을 고려하여 곡률반지름을 구하면 $\rho = b^2/a$ 이 되고, $a/b = \sqrt{a/\rho}$ 가 얻어진다. 이것을 식 (14·7)에 대입하면 타원균열에 대한 최대응력($\sigma_{\max}$) 및 응력집중계수(α_k)는 다음 식과 같이 된다.

$$\sigma_{\max} = \sigma_n\left(1 + 2\sqrt{\frac{a}{\rho}}\right) \tag{14·8}$$

$$\alpha_k = \frac{\sigma_{\max}}{\sigma_n} = \left(1 + 2\sqrt{\frac{a}{\rho}}\right) \tag{14·9}$$

여기서 σ_n은 공칭응력, ρ는 타원균열의 선단에 대한 곡률반지름, a는 균열길이를 나타낸다.

균열이 예리할수록 $\rho \to 0$에 근접하므로 α_k는 점점 증가함을 알 수 있고, $\rho \approx 0$일 때 완전한 균열이 되기 때문에 응력집중계수를 적용할 수 없다.

따라서 타원홀을 타원균열로 고려한 후 타원균열을 예리한 균열로 대체하는 방법을 검토하여 보기로 한다.

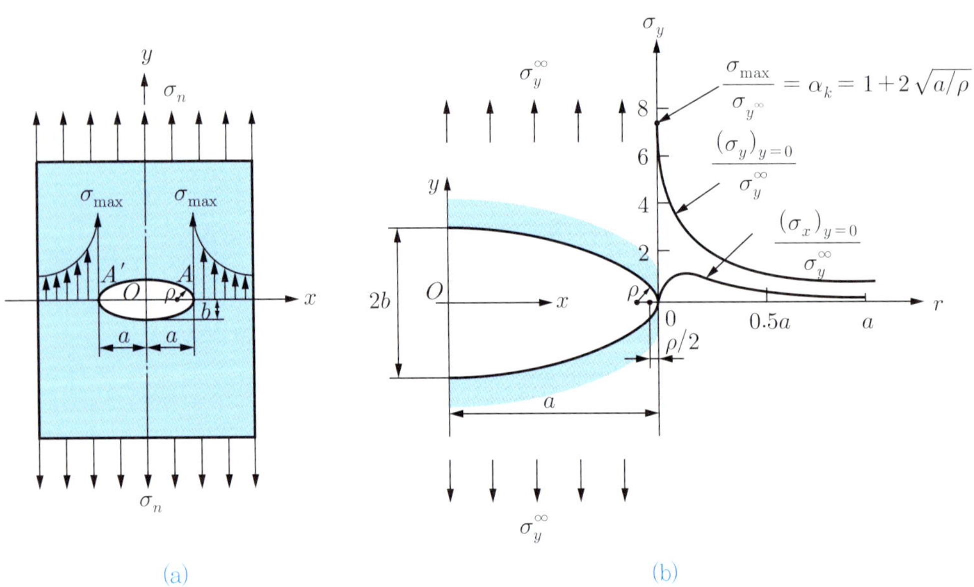

[그림 14-5] 타원 홀의 응력집중

14.4 균열재료의 탄성변형에너지

14.4.1 무균열 재료의 탄성변형에너지

[그림 14-6(a)]와 같이 균열이 없는 탄성재료를 인장하였을 때 [그림 14-6(b)]와 같은 하중(P)- 변위(δ) 선도, 또는 응력(σ)- 변형률(ε) 선도를 나타낸다.

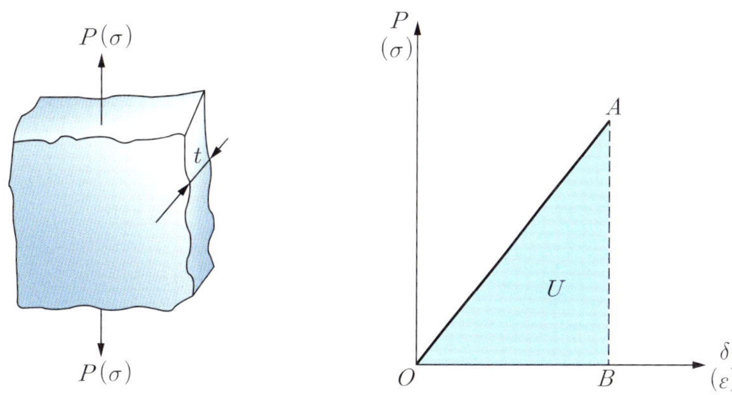

(a) 하중이 작용하는 탄성체 (b) 탄성변형에너지

[그림 14-6] 균열이 없는 판재의 탄성변형에너지

[그림 14-5(b)]에서 탄성체의 내부에 축적된 탄성변형에너지 U는 $\triangle OAB$의 면적이 되므로 다음 식과 같이 표시된다.

$$U = \frac{1}{2}P\delta = \frac{P^2 l}{2AE} \times \frac{A}{A} = \frac{P^2}{2A^2 E}Al = \frac{\sigma^2}{2E}Al = \frac{\sigma^2}{2E}V \qquad (14\cdot 10)$$

여기서 P: 작용하중, δ: 변형량, l: 길이, A: 단면적,
E: 세로탄성계수, σ: 인장응력, V: 체적

14.4.2 균열재료의 탄성변형에너지

새로운 균열이 생성하기 위해서는 재료의 내부응력이 완화되어 내부에 축적된 탄성변형에너지가 방출(放出; release)된다. 예리한 균열 대신에 [그림 14-7]과 같은 지름 $2a$의 원형 균열을 고려하면, 이 원형 균열이 발생할 때 방출되는 탄성변형에너지는 다음 식과 같이 된다.

$$U_r = \frac{\sigma^2}{2E}\pi a^2 t = \frac{\pi\sigma^2 a^2 t}{2E} \qquad (14\cdot 11)$$

여기서 U_r은 방출되는 변형에너지, σ는 작용응력, a는 균열길이, t는 판 두께, E는

세로탄성계수이고, $\pi a^2 t$는 원형 균열면의 체적을 나타낸다.

잉글리스(Inglis)는 균열 주위의 응력장(應力場; stress field)을 엄밀히 적분하여 해석한 결과 식 (14·11)의 2배를 얻었다.

$$U_r = \frac{\pi \sigma^2 a^2 t}{E} \tag{14·12}$$

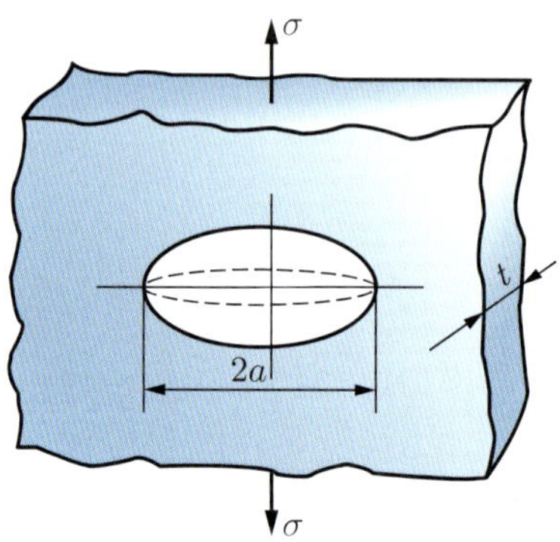

[그림 14-7] 원형 균열의 생성에 의한 방출에너지

14.5 그리피스의 취성파괴 이론

균열이 생성되고 진전하려면 재료내부에 저장되었던 변형에너지는 방출된다. 그리피스(Griffith)는 타원균열에 대한 에너지 밸런스(energy balance) 이론에 근거하여 취성재료에 대한 균열의 진전조건을 제시하였다.

균열을 [그림 14-8]과 같은 타원 홀(elliptical hole)을 고려하면, 타원 홀의 체적은 다음 식으로 주어진다.

$$V = \pi(2a)(a)(t) = 2\pi a^2 t \tag{14·13}$$

결국, 타원균열의 발생에 의해 방출되는 탄성변형에너지는 다음 식과 같이 된다.

$$U_r = \frac{\sigma^2}{2E} V = \frac{\pi \sigma^2 a^2 t}{E} \tag{14·14}$$

균열이 생성되면 균열은 단위면적에 대한 표면에너지 $2\gamma_s$를 갖는다. 즉, 단위깊이의 균열을 생성시키기 위해서는 상 · 하 균열면에 대하여 $2\gamma_s$가 필요하다.

따라서 [그림 14-9]와 같이 길이 $2a$, 깊이 t인 균열이 새로이 생성되기 위해 소비되는 전표면 에너지는 다음 식으로 표시된다.

$$U_s = 2\gamma_s(2at) = 4at\gamma_s \tag{14·15}$$

여기서 U_s는 새로운 균열면의 생성에 소비되는 에너지이고, γ_s는 단위면적에 대한 표면에너지를 의미한다.

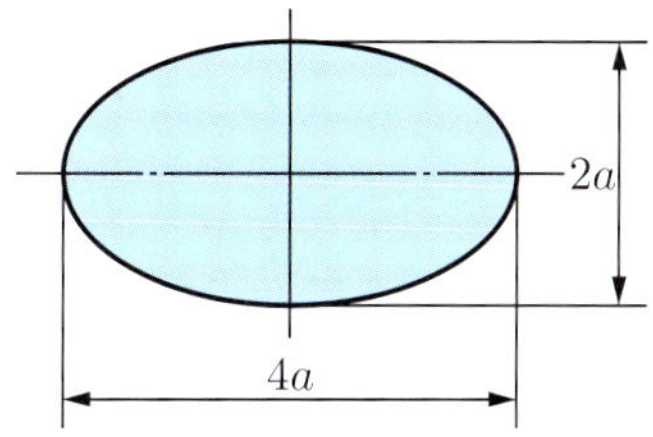

[그림 14-8] 타원균열

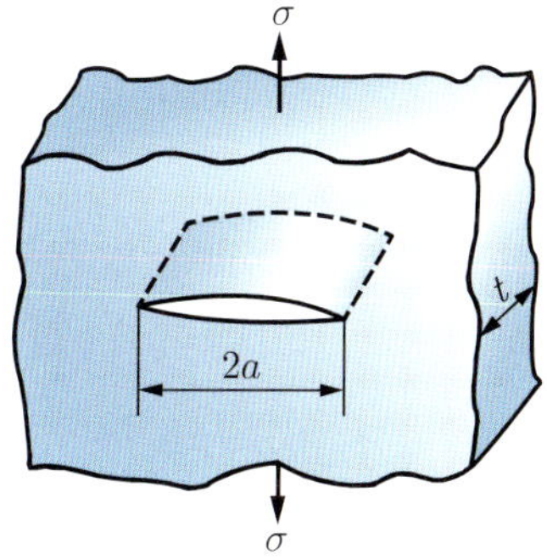

[그림 14-9] 균열면의 생성

따라서 균열의 진전조건은 $\dfrac{\partial(U_r - U_s)}{\partial a} \geq 0$이 되고, 다음의 조건이 성립한다.

$$\frac{\partial U_s}{\partial a} \geq \frac{\partial U_r}{\partial a} \text{ : 균열은 진전하지 않고, 안정상태} \tag{14·16}$$

$$\frac{\partial U_r}{\partial a} \geq \frac{\partial U_s}{\partial a} \text{ : 균열은 진전하고, 불안정상태} \tag{14·17}$$

또는, 식 (14·14)와 (14·15)로부터 $\dfrac{\partial}{\partial a}\left(\dfrac{\pi\sigma^2 a^2 t}{E}\right) \geq \dfrac{\partial}{\partial a}(4a\gamma_s t)$의 조건에서

$$\frac{\pi\sigma^2 a}{E} \geq 2\gamma_s \tag{14·18}$$

그러므로 식 (14·18)에서

$$\sigma \geq \sigma_f = \sqrt{\frac{2E\gamma_s}{\pi a}} \text{ : 균열의 진전조건 (평면응력 상태)} \tag{14·19}$$

여기서, σ_f는 불안정파괴를 일으키는 응력을 나타낸다.

$$\sigma \geq \sigma_f = \sqrt{\frac{2E\gamma_s}{(1-\nu^2)\pi a}} \text{ : 균열의 진전조건 (평면변형률 상태)} \tag{14·20}$$

파괴를 일으키는 임계응력을 σ_c라 하면

$$\sigma_c = \sqrt{\frac{2E\gamma_s}{\pi a}} \text{ : 평면응력 상태} \tag{14·21}$$

임계균열길이 a_c는 다음 식과 같이 된다.

$$a_c = \frac{2\,E\,\gamma_s}{\pi\,\sigma^2} \tag{14·22}$$

또한

$$\sigma\,\sqrt{\pi\,a} = \sqrt{2\,E\,\gamma_s} \tag{14·23}$$

에너지 방출률(energy release rate) $\mathscr{G}$는 균열길이 $2a$의 균열이 한쪽에서 da 만큼 진전할 때 정의한 것이므로, 이 경우 양쪽에서 균열이 진전하기 때문에 $2\,\mathscr{G}$로 하면

$$2\,\mathscr{G} = \frac{\partial\,U}{\partial a} = \frac{2\,\pi\,\sigma^2\,a}{E} \geq 4\,\gamma_s$$

$$\therefore\ \mathscr{G} \geq 2\gamma_s \tag{14·24}$$

따라서 파괴응력 σ_f는 다음 식과 같이 된다.

$$\sigma_f = \sqrt{\frac{E\,\gamma_s}{\pi\,a}} \tag{14·25}$$

[그림 14-10]은 균열진전길이에 대한 에너지 및 에너지 방출률의 관계를 나타낸 것이다.

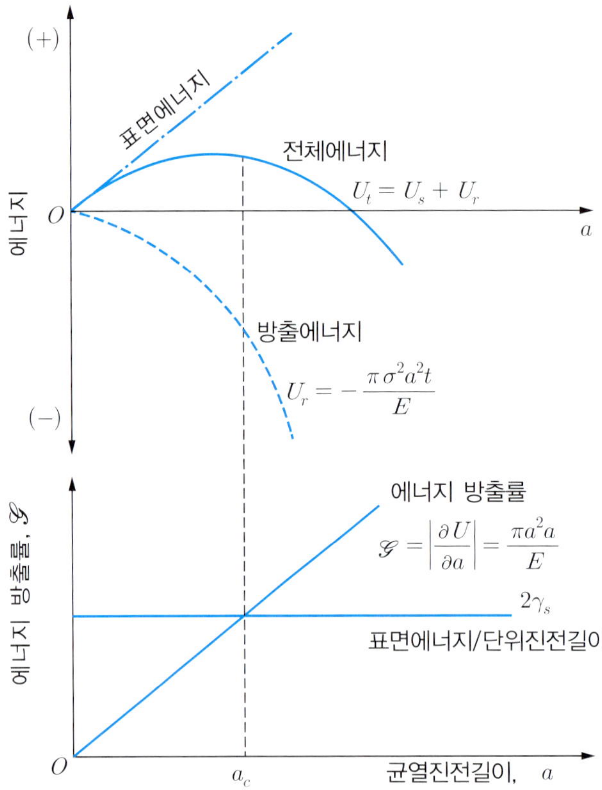

[그림 14-10] 균열진전길이에 대한 에너지 및 에너지 방출률

14.6 파괴역학 인자

14.6.1 응력세기계수

재료에 균열이 존재하면 응력집중 현상이 두드러지지만 균열의 응력집중계수를 구하기는 매우 곤란하므로 균열선단(龜裂先端; crack-tip)의 응력집중을 표현할 수 있는 새로운 인자(因子; parameter)의 도입이 필요하게 되었다. G. R. Irwin에 의해 도입된 응력세기계수(stress intensity factor) K는 균열선단에 대한 탄성응력의 특이성(特異性; singularity) 강도를 나타내는 공학적 양이다. 응력세기계수 K의 물리적 의미는 선형탄성 파괴역학(線形彈性 破壞力學; linear elastic fracture mechanics)에서 균열선단에 발생하는 소성영역(塑性領域; plastic zone)의 크기가 균열길이에 비해 매우 작고, 그 외의 영역은 탄성변형을 하는 소규모 항복일 때 사용하는 파괴역학인자라는 것이다.

균열선단 근방의 국소적인 특성을 지배하는 파괴역학 인자(fracture parameter)로는 응력세기계수 K, 에너지 방출률(strain energy release rate) $\mathscr{G}$, J 적분(J-integral), 또는 $CTOD$(crack-tip opening displacement) δ 등이 있다.

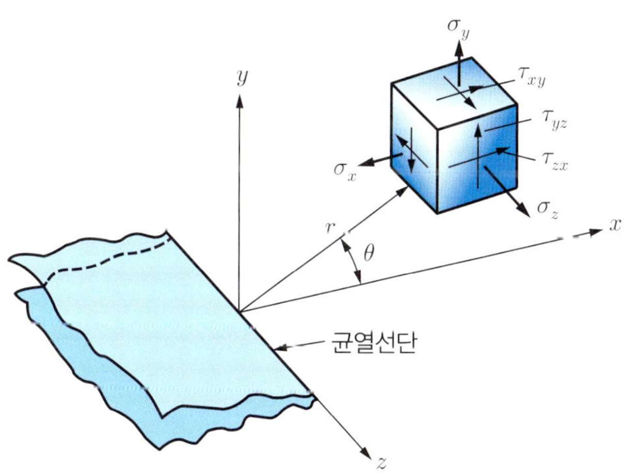

[그림 14-11] 균열선단 근방의 응력장

[그림 14-11]과 같이 직교좌표계와 극좌표계에서 변형하는 탄성체에 대한 균열선단 근방의 응력장(應力場; stress field)은 2차원 탄성역학에 기초하여 다음 식과 같이 표시된다.

$$\sigma_{ij} = \frac{A_1}{\sqrt{r}} f_{ij}^{(1)}(\theta) + A_2 f_{ij}^{(2)}(\theta) + A_3 \sqrt{r}\, f_{ij}^{(3)}(\theta) + \cdots \qquad (14\cdot26)$$

여기서 $i,\ j = x,\ y$ 이고, 계수 $A_1,\ A_2,\ \cdots$는 하중조건, 시험편의 형상 및 균열길이의 함수로서 r과 θ에는 무관하고, $f_{ij}^{(1)}(\theta),\ f_{ij}^{(2)}(\theta),\ \cdots$는 θ만의 함수이다.

응력세기계수 K는 [그림 14-12]와 같은 3종류의 균열형태(crack mode)로 분류한다. 균열에 인장하중이 작용하는 모드 I (열림형; opening mode)인 경우 K_{I}, 균열에 전단하중이 작용하는 모드 II(面內剪斷形; sliding mode, 또는 in-plane mode)인 경우 K_{II}, 균열에 비틀림하중이 작용하는 모드 III(面外剪斷形; tearing mode, 또는 out-plane mode)인 경우에는 K_{III}로 표시한다. 각종 구조물 등의 파괴는 일반적으로 이 3가지의 독립적인 파괴형태, 또는 이들의 복합형태(mixed mode)로 구성된다.

[그림 14-12(a)]와 같은 모드 I 균열형태에 대한 직교좌표계와 극좌표계에서 변형하는 탄성체의 균열선단 근방에 대한 응력장은 [그림 14-11]과 같다.

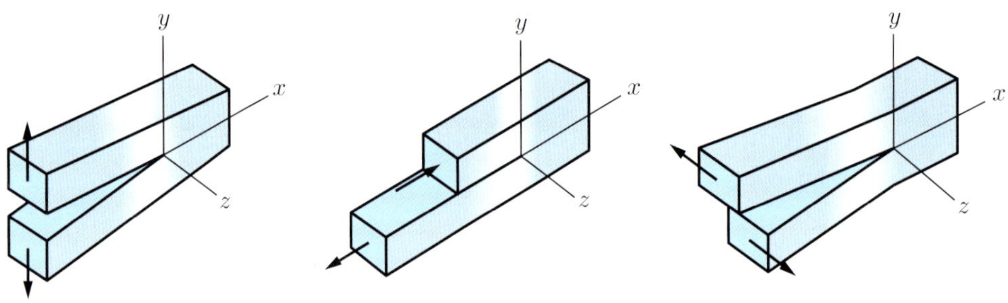

(a) 모드 I (b) 모드 II (c) 모드 III

[그림 14-12] 기본적인 균열형태

식 (14·26)으로부터 균열근방의 $r \to 0$의 극한에서는 제 2항 이상은 무시하고, 응력 및 변위분포의 제 1항을 [그림 14-12]와 같이 3가지의 독립된 균열 모드로 나타내면, 2차원 탄성역학에 근거하여 균열선단의 응력분포는 응력세기계수와 다음의 관계식이 성립한다.

$$\sigma_{ij}(\theta,\ r) = \frac{K_k}{\sqrt{2\pi r}} f_{ij,\,k}(\theta) \qquad (14\cdot27)$$

여기서 첨자 $i,\ j$는 응력텐서(stress tensor)의 항이고, k는 균열형태를 나타낸다. 또한, 균열선단의 변위는 다음 식과 같이 표시한다.

$$u_{ij}(\theta,\ r) = \frac{K_k}{\sqrt{2\pi r}} f_{ij,\,k}(\theta) \qquad (14\cdot28)$$

식 (14·27)과 식 (14·28)을 각 모드에 대하여 구체적으로 나타내면 다음과 같이 표시한다.

(1) 모드 I 균열의 경우

균열이 존재하는 무한평판에 1축 인장응력이 작용할 때 [그림 14-12(a)]와 같은 모드 I 균열에 대한 응력장(stress field)은 탄성역학에 의해 다음 식으로 표시된다.

$$\begin{Bmatrix} \sigma_x \\ \sigma_y \\ \tau_{xy} \end{Bmatrix} = \frac{K_I}{\sqrt{2\pi r}} \cos\frac{\theta}{2} \begin{Bmatrix} 1-\sin\frac{\theta}{2}\sin\frac{3\theta}{2} \\ 1+\sin\frac{\theta}{2}\sin\frac{3\theta}{2} \\ \sin\frac{\theta}{2}\cos\frac{3\theta}{2} \end{Bmatrix} \tag{14·29}$$

또한, 균열선단 근방에 대한 변위장(變位場d; isplacement field)은 탄성역학에 의해 다음 식으로 나타낸다.

$$\begin{aligned} u_x &= \frac{K_I}{2G}\sqrt{\frac{r}{2\pi}}\cos\frac{\theta}{2}\left(k-1+2\sin^2\frac{\theta}{2}\right) \\ u_y &= \frac{K_I}{2G}\sqrt{\frac{r}{2\pi}}\sin\frac{\theta}{2}\left(k+1-2\cos^2\frac{\theta}{2}\right) \end{aligned} \tag{14·30}$$

여기서, ν는 푸아송비, G는 전단탄성계수이고, k는 평면변형률 및 평면응력 상태에 대해서 각각 다음 식과 같이 된다.

$$k = \begin{cases} 3-4\nu & : \text{평면변형률 상태} \\ 3-\nu/(1+\nu) & : \text{평면응력 상태} \end{cases} \tag{14·31}$$

판 두께가 균열의 크기에 비해 매우 얇다면 $\sigma_z = 0$이 되어 평면응력(plane stress) 상태이고, 이와 반대로 판의 두께가 매우 두꺼워지면 $\varepsilon_z = 0$이 되므로 평면변형률(plane strain) 상태가 된다.

식 (14·29)에서 응력세기계수 K_I은 균열선단 근방의 응력분포를 나타내는 유효한 인자로 된다. 응력세기계수는 하중조건, 시험편의 형상 및 균열길이의 함수로써 표시하고, θ와 균열선단으로부터의 거리 r에는 무관하다.

또한, 모드 II와 모드 III 균열선단 근방에 대한 응력장 및 변위장은 다음과 같다.

(2) 모드 II 균열의 경우

[그림 4-12(b)]에서 길이 $2a$인 균열을 갖는 무한평판에 균일전단응력 τ_0가 작용할 때 모드 II 균열에 대한 응력장은 탄성역학에 기초하여 다음 식으로 표시한다.

$$\begin{Bmatrix} \sigma_x \\ \sigma_y \\ \tau_{xy} \end{Bmatrix} = \frac{K_{\mathrm{II}}}{\sqrt{2\pi r}} \begin{Bmatrix} -\sin\frac{\theta}{2}\left(2+\cos\frac{\theta}{2}\cos\frac{3\theta}{2}\right) \\ \sin\frac{\theta}{2}\cos\frac{\theta}{2}\cos\frac{3\theta}{2} \\ \cos\frac{\theta}{2}\left(1-\sin\frac{\theta}{2}\sin\frac{3\theta}{2}\right) \end{Bmatrix} \qquad (14\cdot32)$$

또한, 모드 Ⅱ 균열에 대한 균열선단 근방에서의 변위장은 다음 식으로 유도된다.

$$\begin{aligned} u_x &= \frac{K_{\mathrm{II}}}{2G}\sqrt{\frac{r}{2\pi}}\ \sin\frac{\theta}{2}\left(k+1+2\cos^2\frac{\theta}{2}\right) \\ u_y &= \frac{K_{\mathrm{II}}}{2G}\sqrt{\frac{r}{2\pi}}\ \left\{-\cos\frac{\theta}{2}\left(k-1-2\sin^2\frac{\theta}{2}\right)\right\} \end{aligned} \qquad (14\cdot33)$$

(3) 모드 Ⅲ 균열의 경우

[그림 14-12(c)]와 같이 모드 Ⅲ 균열은 비틀림 하중이 작용하는 경우이므로 응력장 및 변위장은 다음 식으로 주어진다.

$$\tau_{xz} = \frac{K_{\mathrm{III}}}{\sqrt{2\pi r}}\left(-\sin\frac{\theta}{2}\right), \quad \tau_{yz} = \frac{K_{\mathrm{III}}}{\sqrt{2\pi r}}\cos\frac{\theta}{2} \qquad (14\cdot34)$$

$$u_z = \frac{K_{\mathrm{III}}}{\mu}\sqrt{\frac{r}{2\pi}}\ \sin\frac{\theta}{2} \qquad (14\cdot35)$$

또한, 균열선단 근방에 대한 응력장에 대한 3가지 모드의 합은 다음 식과 같이 된다.

$$\sigma_{ij}(r,\ \theta) = \frac{1}{\sqrt{2\pi r}}\left\{K_{\mathrm{I}}\,f_{ij}^{\mathrm{I}}(\theta) + K_{\mathrm{II}}\,f_{ij}^{\mathrm{II}}(\theta) + K_{\mathrm{III}}\,f_{ij}^{\mathrm{III}}(\theta)\right\} + O(r^o) \qquad (14\cdot36)$$

여기서 $f_{ij}^{\mathrm{I}}(\theta)$, $f_{ij}^{\mathrm{II}}(\theta)$, $f_{ij}^{\mathrm{III}}(\theta)$는 식 (13·36)에 나타내는 θ에 대하여 알고 있는 함수이고, 또한 변위장은 3가지 모드의 합으로 표시한다.

식 (14·36)에서 3개의 계수 K_{I}, K_{II}, K_{III}는 균열선단 근방에 분포하는 응력의 세기를 나타내는 것으로서 각각 모드 I, 모드 II 및 모드 III의 응력세기계수라 부른다.

예제 14-2

[그림 14-5]와 같이 타원 홀을 갖는 판재에 $r \to \infty$ 에서 $\sigma_y = \sigma_y^\infty$ 의 균일인장응력이 작용할 때 긴 지름 끝에 발생하는 σ_{max} 와 응력집중계수 α_k 는 다음의 관계식이 성립한다.

$$\alpha_k = \sigma_{max}/\sigma_y^\infty = 1 + 2\sqrt{a/\rho} \qquad \text{(a)}$$

곡률반지름 $\rho \to 0$ 의 극한(極限)으로 되는 모드 I 균열(crack)의 응력세기계수 K_I 를 구하시오. 또한, 균열선단으로부터 멀리 떨어진 표면에서 발생하는 모드 II 만에 의한 최대전단응력 τ_{max} 를 균일전단응력 $\tau_{xy} = \tau_{xy}^\infty$ 가 작용할 때 $\rho \to 0$ 의 극한으로 되는 모드 II 균열의 응력세기계수 K_{II} 를 구하시오.

| 풀이 | 식 (a)로부터 응력집중계수 α_k 에 의한 최대응력 σ_{max} 는

$$\sigma_{max} = \alpha_k \sigma_y^\infty = \sigma_y^\infty(1 + 2\sqrt{a/\rho}) = \lim_{\rho \to 0} \sigma_y^\infty (1 + 2\sqrt{a/\rho})$$

$$\fallingdotseq \sigma_y^\infty 2\sqrt{a/\rho} = 2K_I/\sqrt{\pi\rho} \qquad \text{(b)}$$

$\rho \to 0$ 의 극한으로 되는 모드 I 균열의 응력세기계수 K_I 은 다음과 같다,

$$K_I = \lim_{\rho \to 0} \alpha_k \sqrt{\pi\rho} = \lim_{\rho \to 0} \frac{(\sigma_y)_{max}\sqrt{\pi\rho}}{2} = \sigma_y^\infty \sqrt{\pi a} \qquad \text{(c)}$$

같은 방법으로 타원 홀에 전단응력이 작용할 때 타원 홀의 해는

$$\tau_{max} = \tau_{xy}^\infty \sqrt{a/\rho}\,(1 + \sqrt{\rho/a})^2 \qquad \text{(d)}$$

$$K_{II} = \lim_{\rho \to 0} \alpha_k \sqrt{\pi\rho} = \lim_{\rho \to 0} (\sigma_s)_{max} \sqrt{\pi\rho} = \tau_{xy}^\infty \sqrt{\pi a} \qquad \text{(e)}$$

예제 14-3

[그림 14-5]와 같이 타원 홀을 갖는 판재에 $r \to \infty$ 에서 $\tau_{yz} = \tau_{yz}^\infty$ 의 균일전단응력이 작용할 때 긴 지름 끝에 발생하는 최대전단응력 $(\tau_{yz})_{max}$ 에 대한 응력집중계수 α_k 는 다음 식과 같다.

$$\alpha_k = (\tau_{yz})_{max}/\tau_{yz}^\infty = 1 + \sqrt{a/\rho} \qquad \text{(a)}$$

곡률반지름 $\rho \to 0$ 의 극한으로 되는 균열에 대한 응력세기계수를 구하시오.

| 풀이 | 문제의 대칭성에 의해 $K_I = K_{II} = 0$ 이 되므로

$$K_{III} = \lim_{\rho \to 0} \tau_{yz}^\infty \alpha \sqrt{\pi\rho} = \lim_{\rho \to 0} (\tau_{yz})_{max} \sqrt{\pi\rho} = \tau_{yz}^\infty \sqrt{\pi a} \qquad \text{(b)}$$

14.6.2 응력세기계수의 결정

응력세기계수(stress intensity factor)의 결정에는 균열선단(crack-tip) 근방의 변위, 응력 또는 표면력에 대한 고정밀도의 해석이 요구된다. 고정밀도의 수치해석을 위해서는 유한요소법(有限要素法; finite element method: FEM), 경계요소법(境界要素法; boundary element method: BEM) 등의 수치해석이 필요하다. 균열선단에서의 탄성적인 응력 및 변위는 무한대로 되기 때문에 균열선단 근방의 절점(節點; node) 값을 이용하여 응력세기계수 K를 결정하기 위해 $r \to 0$로 외삽(外挿; extrapolation)하는 방법이 주로 사용된다. 외삽법에는 균열선단 근방의 변위를 이용하는 변위법과 응력을 이용하는 응력법이 있고, 일반적으로 변위법이 더 정밀도 높은 응력세기계수가 구하여진다.

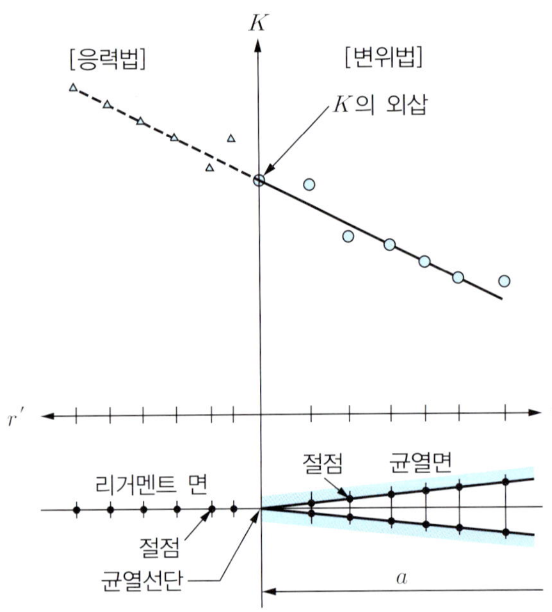

[그림 14-13] 외삽에 의한 K의 결정법

변위외삽법은 [그림 14-13]에서 균열선단 근방의 절점에 대한 상대변위를 이용하는 것으로서 동일 좌표의 균열 상・하면(上下面)에 대한 상대변위 $\Delta u_i = u_i(\theta = \pi)$를 나타내면 식 (14·30), 식 (14·33), 식 (14·35)와 같이 되고, 응력세기계수 K_{I}, K_{II}, K_{III}는 각각 다음과 같이 외삽으로 결정할 수 있다.

$$K_{\mathrm{I}} = \frac{2G}{k+1} \lim_{r \to 0} \sqrt{\frac{2\pi}{r}} \, \Delta u_y \tag{14·37}$$

$$K_{\mathrm{II}} = \frac{2G}{k+1} \lim_{r \to 0} \sqrt{\frac{2\pi}{r}} \, \Delta u_x \tag{14·38}$$

$$K_{\mathrm{III}} = \frac{2G}{k+1} \lim_{r \to 0} \sqrt{\frac{2\pi}{r}} \; \Delta u_z \tag{14·39}$$

응력외삽법은 [그림 14-13]에서 균열선단 근방의 절점에 대한 응력의 분포를 나타내는 식 (14·29), 식 (14·32), 식 (14·34)로부터 $\theta = 0$에 대한 응력에 의해 K_{I}, K_{II}, K_{III}는 각각 다음과 같이 외삽으로 구한다.

$$K_{\mathrm{I}} = \lim_{r \to 0} \sqrt{2\pi r'} \; \sigma_y \tag{14·40}$$

$$K_{\mathrm{II}} = \lim_{r \to 0} \sqrt{2\pi r'} \; \tau_{xy} \tag{14·41}$$

$$K_{\mathrm{III}} = \lim_{r \to 0} \sqrt{2\pi r'} \; \tau_{yz} \tag{14·42}$$

식 (14·37) ~ 식 (14·42)에서 r 및 r'은 [그림 14-13]의 균열선단에 가장 근접한 절점까지의 거리이다.

14.6.3 에너지 방출률과 응력세기계수의 관계

에너지 방출률(energy release rate) $\mathscr{G}$의 개념은 Griffith의 에너지 밸런스 이론에 근거하여 균열진전에 따라 방출되는 에너지가 새로운 균열면을 생성하기 위해 소요되는 변형에너지의 감소율을 나타낸다. 따라서 에너지 방출률 $\mathscr{G}$는 단위면적의 균열을 진전시키기 위해 필요한 에너지를 말한다.

[그림 14-14(a)]와 같은 모드 I 균열의 경우 균열이 da만큼 진전할 때 변형에너지의 감소율을 dU라고 한다. 이것은 [그림 14-14(b)]와 같이 균열이 da만큼 진전한 부분에 균열이 진전하기 전에 작용한 응력 σ_y를 가하여 [그림 14-14(a)]와 같은 상태로 복원시키기 위해 필요한 일로서 다음 식과 같이 표시한다.

$$dU = \int_0^{da} \frac{1}{2} \sigma_y (2u_y) B \, dr \tag{a}$$

여기서 B는 판 두께를 나타낸다.

균열 연장선의 균열선단 근방에 대한 응력 σ_y는 식 (14·29)에서 $\theta = 0$로 놓으면, 다음 식이 얻어진다.

$$(\sigma_y)_{\theta = 0} = \frac{K_{\mathrm{I}}(a)}{\sqrt{2\pi r}} \tag{b}$$

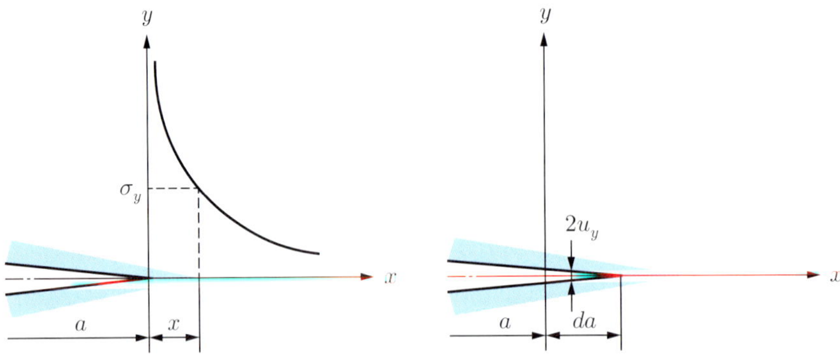

(a) 균열이 진전하기 전　　　(b) 균열이 진전한 후

[그림 14-14] 균열진전에 따른 에너지 방출률

또한, [그림 14·14(b)]에서 균열선단에 대한 변위 u_y는 식 (14·30)에서 $\theta = 0$로 놓으면 다음 식과 같이 된다.

$$\begin{aligned}
2u_y &= \frac{(k+1)}{G}\sqrt{\frac{da-x}{2\pi}}\;K_\text{I}(a+da) \\
&= \frac{(k+1)}{4\pi G}B\int_0^{da}K_\text{I}(a)B\int_0^{da}\sqrt{\frac{da-x}{r}}\;dr \qquad \text{(c)} \\
&\fallingdotseq \frac{(k+1)}{4\pi G}K_\text{I}^2(a)B\int_0^{da}\sqrt{\frac{da-x}{r}}\;dr \qquad (\because\; da \ll a) \\
&= \frac{(k+1)}{4\pi G}K_\text{I}^2 B\left(\frac{\pi}{2}\right)da \qquad \text{(d)}
\end{aligned}$$

균열진전으로 분리되는 균열면의 단위면적에 대하여 소비되는 에너지를 에너지 방출률이라 하고, K_I과 $\mathscr{G}_\text{I}$의 관계를 나타내기 위해 식 (d)에서 $Bda = dA$로 놓고, $da \to 0$로 하면 다음의 관계식이 성립한다.

$$\mathscr{G}_\text{I} = \frac{dU}{dA} = \frac{k+1}{8G}K_\text{I}^2 = \begin{cases} K_\text{I}^2/E & : \text{평면응력 상태} \\ (1-\nu^2)K_\text{I}^2/E & : \text{평면변형률 상태} \end{cases} \qquad (14\cdot 43)$$

탄성변형의 경우 균열선단 근방에 대한 변위장 또는 응력장을 이용하여 계산하는 응력세기계수 K_I과 균열선단으로부터 멀리 떨어진 하중점의 변위를 이용하는 에너지 방출률 $\mathscr{G}_\text{I}$은 식 (14·43)과 같이 대응 관계식이 성립하는 것은 흥미롭다.

같은 방법으로 3종류의 파괴모드가 혼재되어 있는 혼합모드의 경우 y방향으로 작용하는 응력성분은 σ_y, τ_{xy}, τ_{yz}이고, 각각의 변위성분을 u_x, u_y, u_z라고 하면 x방향으로 균열이 진전할 때 혼합모드 균열에 대한 에너지 방출률 $\mathscr{G}$는 다음 식과 같이 된다.

$$\mathscr{G} = \lim_{da \to 0} \frac{1}{da} \int_0^{da} (\sigma_x u_y + \tau_{xy} u_x + \tau_{yz} u_z)\, dx \tag{14·44}$$

식 (14·29) ~ 식 (14·35)로부터 구한 응력 및 변위를 식 (14·43)에 대입하면 다음 식이 얻어진다.

$$\mathscr{G} = \frac{k+1}{8G}(K_{\rm I}^2 + K_{\rm II}^2) + \frac{1}{2G} K_{\rm III}^2 \tag{14·45}$$

따라서 식 (14·45)를 혼합모드 균열의 응력세기계수에 대응시켜 3개의 성분으로 나누어 $\mathscr{G}$로 표시하면 다음 식과 같이 된다.

$$\mathscr{G} = \mathscr{G}_{\rm I} + \mathscr{G}_{\rm II} + \mathscr{G}_{\rm III} \tag{14·46}$$

여기서

$$\mathscr{G}_{\rm I} = \frac{k+1}{8G} K_{\rm I}^2, \quad \mathscr{G}_{\rm II} = \frac{\kappa+1}{8G} K_{\rm II}^2, \quad \mathscr{G}_{\rm III} = \frac{1}{2G} K_{\rm III}^2 \tag{e}$$

로 표시되기 때문에 K와 $\mathscr{G}$는 대응관계가 있고, K와 같이 $\mathscr{G}$도 균열선단의 역학적 인자로 사용된다.

14.6.4 에너지 방출률과 컴플라이언스의 관계

에너지 방출률 $\mathscr{G}$는 컴플라이언스(compliance) C와 관계가 있으므로 컴플라이언스로부터 $\mathscr{G}$를 구할 수 있다. 컴플라이언스는 스프링상수의 역수로서 하중 P와 변위 u에 의해 다음 식과 같이 된다.

$$C = \frac{u}{P} \tag{14·47}$$

여기서 P는 작용하중, u는 하중점의 변위, C는 컴플라이언스를 나타낸다.

[그림 14-15(a)]와 같이 균열길이가 a이고, 두께가 B인 시험편에 하중을 가하면 하중-하중선 변위선도가 그려지고, 균열이 da만큼 진전한 후 하중은 감소한다. 이때 [그림 13-15(b)]에서 색칠한 부분은 균열진전에 유효하게 소비된 단위면적에 대한 변형에너지의 증분 dU로 정의되고, 하중-변위 선도에서 증분된 면적은 dA를 나타낸다.

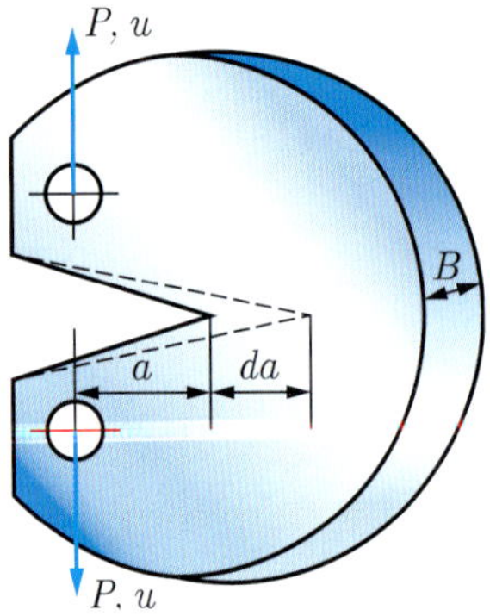

(a) 하중계

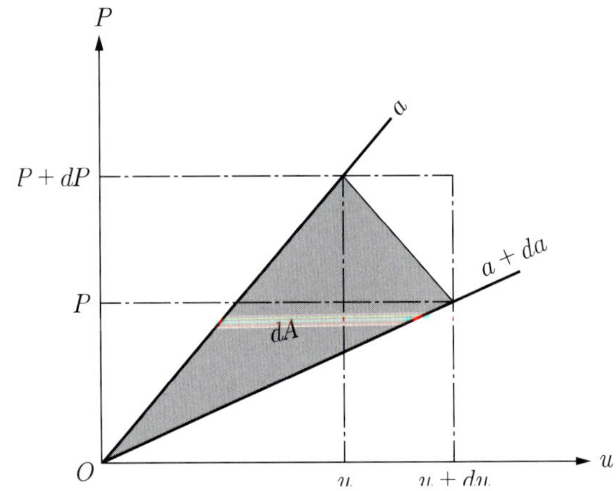

(b) 하중-변위 선도

[그림 14-15] 균열진전에 의한 하중-변위 관계

따라서 균열의 증분면적 dA로 되기 위해 균열진전에 의해 소비되는 에너지 방출률 $\mathscr{G}_{\mathrm{I}}$은 다음 식으로 주어진다.

$$\mathscr{G}_{\mathrm{I}} = \frac{1}{dA}(dW - dU) = \frac{1}{Bda}(dW - dU) \tag{14·48}$$

여기서 증분된 균열의 면적 $dA = B\,da$로 된다.

에너지 방출률 $\mathscr{G}_{\mathrm{I}}$과 컴플라이언스 C의 관계는 다음 식과 같이 된다.

$$\mathscr{G}_{\mathrm{I}} = \frac{P^2}{2B}\frac{dC}{da} \tag{14·49}$$

여기서 P는 작용하중, a는 균열길이, B는 시험편의 두께이다.

또한, 혼합모드 균열에 대한 에너지 방출률, 컴플라이언스 및 응력세기계수 사이에는 다음 식의 관계가 성립한다.

$$\mathscr{G} = \frac{P^2}{2B}\frac{dC}{da} = \frac{k+1}{8G}(K_{\mathrm{I}}^2 + K_{\mathrm{II}}^2) + \frac{1}{2G}K_{\mathrm{III}}^2 \tag{14·50}$$

균열선단으로부터 멀리 떨어진 작용점의 변위에 의한 컴플라이언스를 이용하여 구한 에너지 방출률에 대한 식 (14·50)은 균열선단의 변위를 이용하여 얻은 에너지 방출률의 식 (14·45)와 일치하는 것을 알 수 있다.

≫ 예제 14-4

[그림 14-16]과 같은 이중외팔보(double-cantilever beam; DCB) 시험편에 대한 컴플라이언스(compliance)를 이용하여 에너지 방출률 $\mathscr{G}_{\mathrm{I}}$ 을 구하시오. 단, $a \gg h$ 인 가느다란 보로 가정하고, 세로탄성계수는 E, 단면 2차모멘트는 I로 한다.

| 풀이 | 외팔보의 기초이론에 의해 이중외팔보(DCB)의 변위 u 는

$$u = 2 \times \frac{Pa^3}{3EI} \tag{a}$$

여기서 $I = \frac{Bh^3}{12}$ 이다.

컴플라이언스 C 는 식 (14·47)로부터

$$C = \frac{u}{P} = \frac{2a^3}{3EI} \tag{b}$$

에너지방출률 $\mathscr{G}_{\mathrm{I}}$ 은 식 (14·49)에서 다음과 같이 구해진다.

$$\mathscr{G}_{\mathrm{I}} = \frac{P^2}{2B}\frac{dC}{da} = \frac{P^2}{2B}\frac{2a^2}{EI} = \frac{9u^2EI}{4a^4B} \tag{c}$$

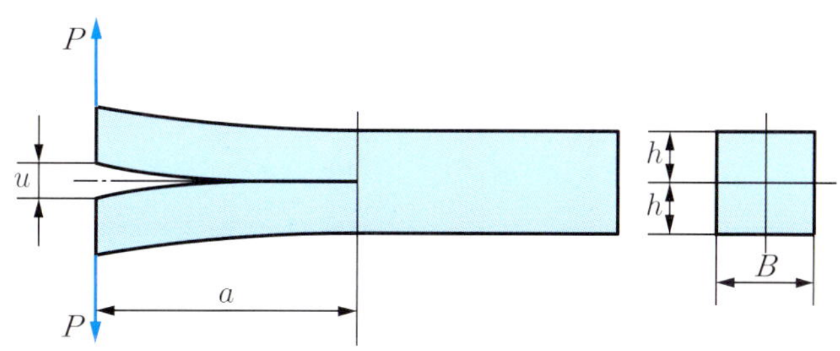

[그림 14-16]

14.6.5 J 적분

탄소성변형 재료에 대한 파괴역학 인자로는 Rice가 제안한 J 적분(J-integral)이 널리 이용되고 있다. [그림 14-17]에서와 같이 $\boldsymbol{T}$는 적분경로 Γ에 대한 표면력 벡터($\boldsymbol{T} = \sigma_{ij}\boldsymbol{n}_{ij}$)이고, $\boldsymbol{u}$는 변위벡터를 나타낸다.

Γ는 균열의 아랫면으로부터 윗면에 이르는 임의의 적분경로이고, $\boldsymbol{n}$은 외향 법선단위벡터이며, ds는 Γ의 미소길이를 나타낸다. 또한 균열면은 x축에 평행이고 균열면에서 표면력 $\boldsymbol{T} = 0$ 일 때, 이 적분은 균열면의 Γ도 포함하는 폐곡선 Γ의 선택방법에 무관하게 일정한 값을 나타내는 경로 독립적분(path-independent integral)으로 된다.

단위 균열진진에 대한 에너지의 변화를 특성지우는 J 적분은 탄소성 파괴거동의 해석에 매우 유용한 인자로써 사용되고 있다.

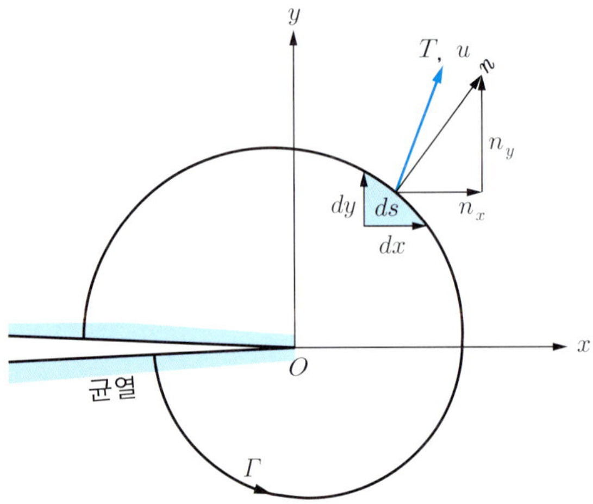

[그림 14-17] 균열선단 좌표계와 J 적분 경로

[그림 14-18(a)]와 같이 균열길이는 a 이고, 두께 B 인 시험편에 하중을 가하면 하중-하중선 변위선도가 그려지고, 균열이 da 만큼 진전한 후 하중은 감소한다. 이때 [그림 14-18(b)]에서 색칠한 부분이 균열진전에 유효하게 소비된 단위면적에 대한 변형에너지의 증분 dU 로 정의되고, 하중-변위 선도에서 증분된 면적은 dA 로 된다.

따라서 균열이 진전하기 위한 단위면적에 대한 변형에너지의 소비율을 나타내는 탄성, 비선형, 또는 소성변형 이론에 의해 특성 지워지는 균열재료의 2차원 문제에 대한 경로적분 J 는 다음 식으로 나타낸다.

$$J = -\frac{dU}{dA} = -\frac{1}{B}\frac{dU}{da} = \int_{\Gamma}\left(M dy - \boldsymbol{T}\frac{\partial u}{\partial x}ds\right) \tag{14·51}$$

여기서 M 은 변형에너지 밀도(strain energy density)로서 다음 식과 같다.

$$M = \int_0^{\varepsilon_{ij}} \sigma_{ij} d\varepsilon_{ij} \tag{14·52}$$

또한, U 는 변형에너지로서 다음 식과 같이 된다.

$$U = U_e + U_p \tag{14·53}$$

U_e 는 변형에너지의 탄성성분이고, U_p 는 소성성분을 의미한다. 서로 다른 균열길이의 증분 da 에 대해 각 실험으로부터 얻어지는 J 는 다음 식에서 구한다.

$$J = \frac{A}{Bb} f\left(\frac{a}{W}\right) \tag{14·54}$$

[그림 14-18(a)]로부터 식 (14·54)의 W 는 시험편의 폭, B 는 시험편의 두께이고, b 는 리거멘트(ligament)로서 $b = W - a$ 로 된다. 또한, A 는 [그림 14-18(b)]의 하중-변

위 선도에서 균열이 발생할 때까지 시험편에 축적된 에너지를 나타내며, 선도에서 색칠한 부분의 면적을 나타낸다. 면적 A는 다음 식과 같이 표시된다.

$$A = \int_0^{u_i} P_i du_i = A_e + A_p \tag{14·55}$$

식 (14·55)에서 P_i, u_i는 하중-변위 선도로부터 균열이 각각 발생하기 시작하는 하중과 변위를 나타내고, A_e는 탄성변형 면적, A_p는 소성변형 면적이다.

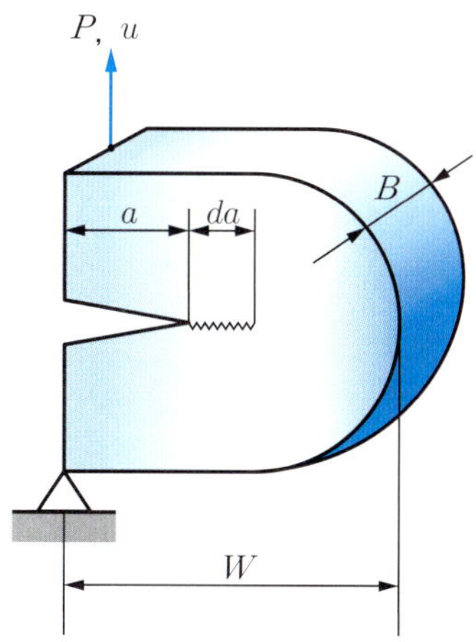

(a) 하중계

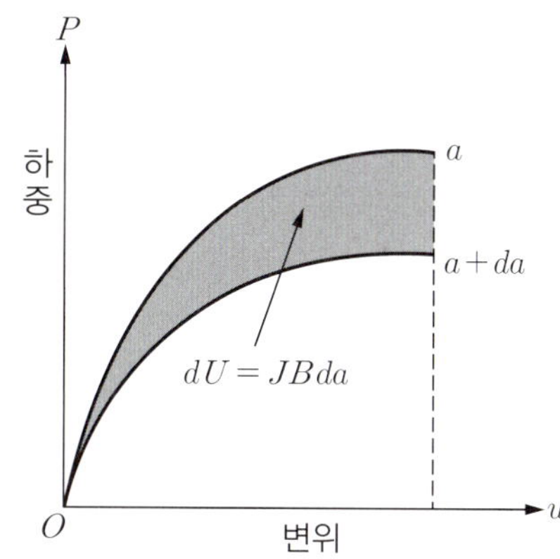

(b) 하중-변위 선도

[그림 14-18] J 적분

식 (14·54)로부터 CT 시험편에 대해서 $f(a/W) \approx 2.2$이므로 평면변형률 상태에서 J는 다음 식과 같이 된다.

$$J = J_e + J_p = \frac{K_{\mathrm{I}}^2(1-\nu^2)}{E} + \frac{2.2 A_p}{B(W-a)} \tag{14·56}$$

따라서 탄성변형을 할 때 K_{I}, $\mathscr{G}_{\mathrm{I}}$, J_{I} 사이에는 다음의 관계식이 성립한다.

$$\mathscr{G}_{\mathrm{I}} = J_{\mathrm{I}} = \begin{cases} K_{\mathrm{I}}^2/E & : \text{평면응력 상태} \\ (1-\nu^2)K_{\mathrm{I}}^2/E & : \text{평면변형률 상태} \end{cases} \tag{14·57}$$

14.7 파괴인성

14.7.1 시험편의 크기

식 (14·29)에서 균열선단 근방에 대한 응력 σ_y는 $\theta = 0$일 때 모드 I 균열에 대해 다음 식으로 표시된다.

$$(\sigma_y)_{\theta=0} = \frac{K_{\mathrm{I}}(a)}{\sqrt{2\pi r}} \tag{14·58}$$

식 (14·58)은 무한판(無限板)에서만 유효하고, 유한판(有限板)에 대해서는 판 폭의 영향을 받기 때문에 모드 I 균열일 때 다음 식과 같이 된다.

$$K_{\mathrm{I}} = \sigma\sqrt{\pi a} \cdot F_{\mathrm{I}}(a/W) \tag{14·59}$$

여기서 W는 시험편의 폭이고, $F_{\mathrm{I}}(a/W)$는 수정계수(correction factor) 또는 무차원화 응력세기계수(non-dimensional stress intensity factor)라고 한다.

각종 균열모드에 대한 이론적 방법, 수치해석 및 실험으로 구한 무차원화 응력세기계수가 있고, 현재도 미해석된 균열에 대한 파괴역학 인자의 해석이 연구되고 있다.

14.7.2 대표적인 시험편의 수정계수

모드 I 균열의 각종 시험편에 대한 판 폭의 영향에 의한 수정계수 $F_{\mathrm{I}}(a/W)$는 파괴역학 전문서적을 참고하면 되지만, 여기서는 대표적인 수정계수를 나타낸다. 모드 I 균열에 대한 응력세기계수 K_{I}은 식 (14·59)로부터 구한 각종 수정계수 $F_{\mathrm{I}}(a/W)$는 다음과 같다.

(1) 중앙균열(central crack)의 인장시험편

[그림 14-19(a)]와 같은 중앙균열 인장시험편에 대한 F_{I}은 다음 식과 같다.

$$F_{\mathrm{I}}\left(\frac{a}{W}\right) = 1 + 0.128\left(\frac{a}{W}\right) - 0.288\left(\frac{a}{W}\right)^2 + 1.525\left(\frac{a}{W}\right)^3 \tag{14·60}$$

또는

$$F_{\mathrm{I}}\left(\frac{a}{W}\right) = \sqrt{\sec\left(\frac{\pi a}{W}\right)} \tag{14·61}$$

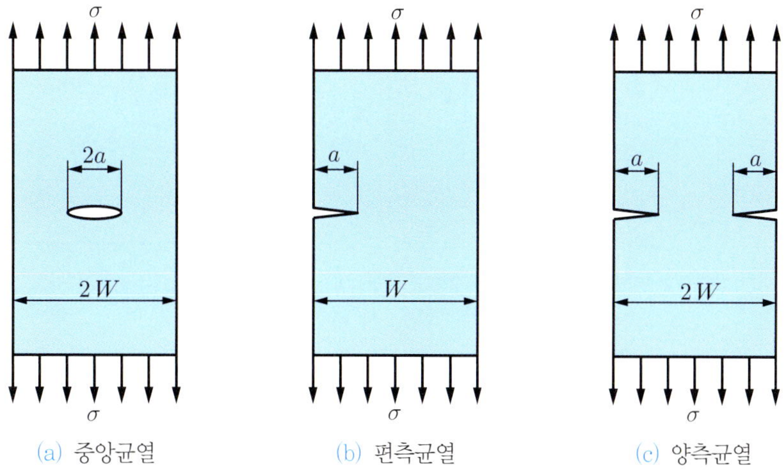

[그림 14-19] 판재의 균열에 대한 인장시험편

(2) 편측균열(single edge crack)의 인장시험편

[그림 14-19(b)]와 같은 편측균열의 인장시험편에 대한 F_{I}은 다음 식으로 표시한다.

$$F_{\mathrm{I}}\left(\frac{a}{W}\right)=1.12-0.231\left(\frac{a}{W}\right)+10.55\left(\frac{a}{W}\right)^2-21.72\left(\frac{a}{W}\right)^3+30.39\left(\frac{a}{W}\right)^4 \quad (14\cdot62)$$

(3) 양측균열(double edge crack)의 인장시험편

[그림 14-19(c)]와 같은 양측균열의 인장시험편에 대한 F_{I}은 다음 식과 같이 된다.

$$F_{\mathrm{I}}\left(\frac{a}{W}\right)=\frac{1.122-0.561\left(\frac{a}{W}\right)-0.205\left(\frac{a}{W}\right)^2-0.471\left(\frac{a}{W}\right)^3-0.191\left(\frac{a}{W}\right)^4}{\sqrt{1-\frac{a}{W}}} \quad (14\cdot63)$$

(4) 3 점 굽힘시험편

[그림 14-20]과 같은 3 점 굽힘시험편에 대한 $\sigma=6M/W^2B$, $M=Pl/4$이므로 식 (14·59)로부터 다음 식이 얻어진다.

$$K_{\mathrm{I}}=\frac{3Pl}{2W^2B}\sqrt{\pi a}\,F_{\mathrm{I}}\left(\frac{a}{W}\right) \quad (14\cdot64)$$

여기서 B는 판 두께이다.

$$F_{\mathrm{I}}\left(\frac{a}{W}\right)=1.090-1.735\left(\frac{a}{W}\right)+8.20\left(\frac{a}{W}\right)^2-14.18\left(\frac{a}{W}\right)^3+14.57\left(\frac{a}{W}\right)^4 \quad (14\cdot65)$$

또는

$$F_{\mathrm{I}}\left(\frac{a}{W}\right)=\frac{1.99-\left(\frac{a}{W}\right)\left(1-\frac{a}{W}\right)\left\{2.15-3.93\left(\frac{a}{W}\right)+2.72\left(\frac{a}{W}\right)\right\}}{\sqrt{\pi}\left\{1+2\left(\frac{a}{W}\right)\right\}\left\{1-\left(\frac{a}{W}\right)\right\}^{3/2}} \qquad (14\cdot 66)$$

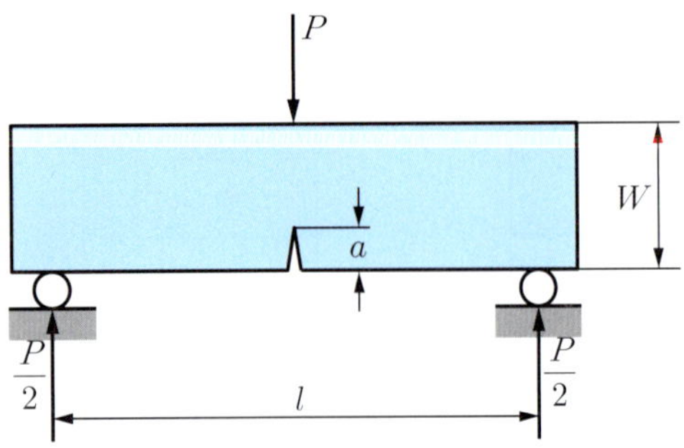

[그림 14-20] 3점 굽힘시험편

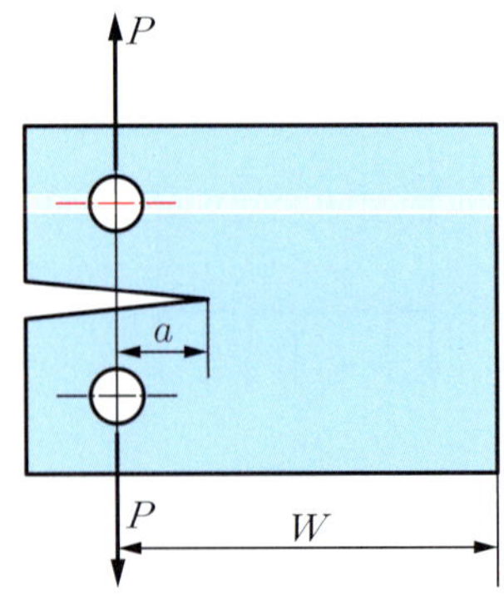

[그림 14-21] 소형인장시험편

(5) 소형인장(compact tension; CT) 시험편

[그림 14-21]과 같은 CT 시험편에 대한 K_{I} 및 F_{I} 은 다음 식과 같이 표시한다.

$$K_{\mathrm{I}}=\frac{P}{B\sqrt{W}}F_{\mathrm{I}}\left(\frac{a}{W}\right) \qquad (14\cdot 67)$$

$$F_{\mathrm{I}}\left(\frac{a}{W}\right)=\frac{2+\left(\frac{a}{W}\right)}{\left\{1-\left(\frac{a}{W}\right)\right\}^{3/2}}\left\{0.886+4.64\left(\frac{a}{W}\right)-13.32\left(\frac{a}{W}\right)^{2}+14.72\left(\frac{a}{W}\right)^{3}-5.6\left(\frac{a}{W}\right)^{4}\right\} \qquad (14\cdot 68)$$

또는

$$F_{\mathrm{I}}\left(\frac{a}{W}\right)=\sqrt{\frac{a}{W}}\left\{29.6-185.5\left(\frac{a}{W}\right)+655.7\left(\frac{a}{W}\right)^{2}-1017.0\left(\frac{a}{W}\right)^{3}+638.9\left(\frac{a}{W}\right)^{4}\right\} \qquad (14\cdot 69)$$

(6) 이중외팔보 시험편(double cantilever beam; DCB)

[그림 14-22]와 같은 DCB 시험편에 대한 K_{I} 은 다음 식과 같다.

$$K_{\mathrm{I}}=\frac{2\sqrt{3}\,Pa}{B\sqrt{H^{3}}} \quad (a \ll W) \qquad (14\cdot 70)$$

또는

$$K_{\mathrm{I}} = \frac{2\sqrt{3}\,P}{B\sqrt{H^3}}\left(\frac{a}{H} + 0.7\right) \tag{14·71}$$

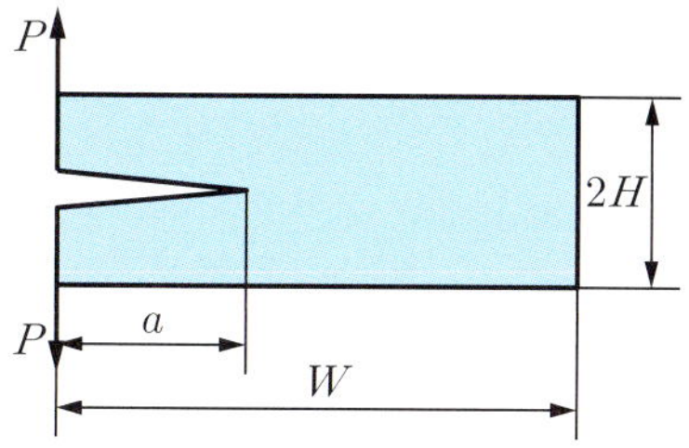

[그림 14-22] 이중외팔보

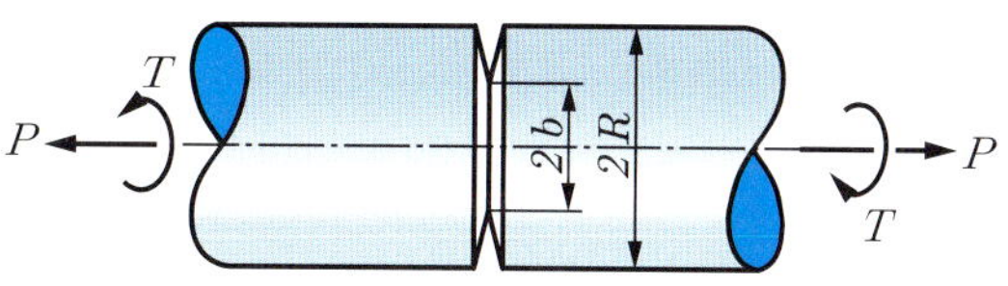

[그림 14-23] 원주균열의 둥근봉

(7) 원주균열의 둥근봉(circumferentially cracked round bar) 시험편

[그림 14-23]과 같은 원주균열의 둥근봉 시험편에 인장 및 비틀림 하중이 각각 작용할 때 다음 식과 같이 표시한다.

(a) 인장하중만이 작용할 때

응력세기계수 K_{I}은 다음 식과 같이 된다.

$$K_{\mathrm{I}} = \sigma\sqrt{\pi b}\,F_{\mathrm{I}}\left(\frac{b}{R}\right) \tag{14·72}$$

여기서 $\xi = b/R$, $\sigma = P/\pi b^2$로 놓는다.

$$F_{\mathrm{I}}(\xi) = \frac{1}{2}\left(1 + \frac{1}{2}\xi + \frac{3}{8}\xi^2 - 0.363\xi^3 + 0.731\xi^4\right)\sqrt{1-\xi} \tag{14·73}$$

(b) 비틀림 하중만이 작용할 때

응력세기계수 K_{III}는 다음 식으로 표시된다.

$$K_{\mathrm{III}} = \tau\sqrt{\pi b}\,F_{\mathrm{III}}\left(\frac{b}{R}\right) \tag{14·74}$$

여기서 $\tau = 2T/\pi b^3$로 놓는다.

$$F_{\mathrm{III}}(\xi) = \frac{3}{8}\left(1 + \frac{1}{2}\xi + \frac{3}{8}\xi^2 + \frac{5}{16}\xi^3 + \frac{35}{128}\xi^4 + 0.208\xi^5\right)\sqrt{1-\xi} \tag{14·75}$$

14.7.3 파괴인성값

앞에서 이미 균열이 존재하는 취성재료의 균열진전 조건에 대하여 설명한 것과 같이 작용하중에 의한 응력세기계수 K의 값이 그 재료의 임계응력세기계수 K_c의 값을 초과하였을 때 재료는 파괴된다. 모드 I 균열에 대한 이러한 임계응력세기계수(critical stress intensity factor) $K_{\mathrm{I}c}$를 파괴인성(破壞靭性; fracture toughness)이라 하고, 다음 식으로 나타낸다.

$$K_{\mathrm{I}c} = \sigma_c \sqrt{\pi a} \cdot F_{\mathrm{I}}(a/W) \qquad (14\cdot76)$$

여기서, σ_c는 임계응력이고, 파괴인성 $K_{\mathrm{I}c}$는 재료정수로서 균열이 존재하지 않는 재료의 항복강도에 대응하는 값이라 할 수 있다.

각종 금속의 경우 ASTM(American Society for Testing and Materials) Standard E399에는 평면변형률 파괴인성(plane strain fracture toughness) $K_{\mathrm{I}c}$를 만족하는 시험편의 크기를 다음 식과 같이 규정하고 있다.

$$a,\ B,\ b \geq 2.5\left(\frac{K_{\mathrm{I}c}}{\sigma_Y}\right)^2 \qquad \left(0.45 \leq \frac{a}{W} \leq 0.55\right) \qquad (14\cdot77)$$

여기서 b는 리거멘트(ligament)로서 $b=(W-a)$이다.

모드 I 균열에 대한 평면응력 상태일 때 임계파괴인성 K_c 및 평면변형률 상태의 파괴인성 $K_{\mathrm{I}c}$를 비교하면 $K_{\mathrm{I}c}$는 K_c보다 작으며, 일반적으로 파괴인성은 평면변형률 상태의 $K_{\mathrm{I}c}$를 의미한다. 또한, 시험편의 두께에 따른 파괴인성의 차이는 [그림 14-24]와 같다.

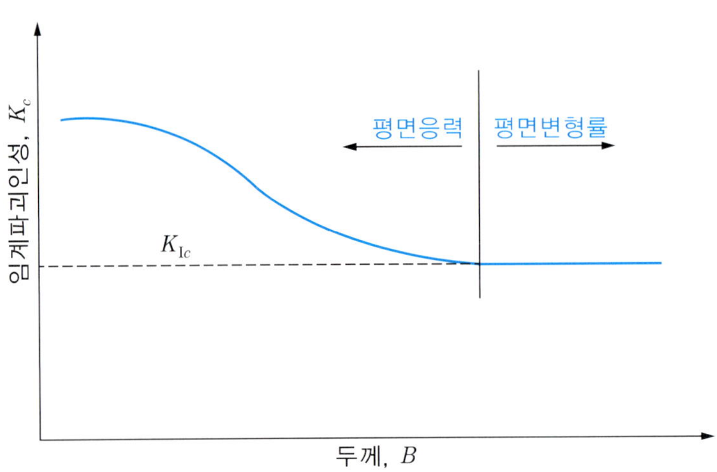

[그림 14-24] 모드 I 파괴인성에 대한 시험편 두께의 영향

균열이 있는 재료의 정적파괴는 작용하중에 의한 파괴역학 인자의 값 K가 재료정수인 파괴인성값 K_{Ic}를 초과하면 파괴가 일어나는 파괴기준(fracture criterion)을 설정할 수 있다. 따라서 재료를 강도적으로 안전하게 사용하기 위해서는 작용하중에 의한 파괴역학 인자의 값 K를 사용재료의 파괴인성값 K_c 이하로 제한하여 사용하여야 한다.

재료의 파괴기준을 살펴보면 다음 식과 같이 되고, 이 조건에서 재료는 파괴된다.

$$K \geq K_c \tag{14·78}$$

등방 · 균질재료에 대해서

$$\mathscr{G}_{\mathrm{I}} = \frac{{K_{\mathrm{I}}}^2}{E} : \text{ 평면응력 상태} \tag{14·79}$$

의 관계가 성립하므로 다음과 같은 파괴기준이 설정된다.

$$\mathscr{G} \geq \mathscr{G}_c \tag{14·80}$$

여기서 $\mathscr{G}$는 작용하중에 의한 에너지 방출률이고, $\mathscr{G}_c$는 사용재료에 대한 파괴인성의 값을 나타낸다.

파괴역학을 적용한 설계를 위해서는 식 (14·76)으로부터 수정계수 F_{I}을 알 수 있다면, 재료선정에 의한 K_{Ic}는 결함 검출법으로 결함길이 및 임계응력에 대한 3개의 변수 중에서 2개가 정해지므로 나머지 1개의 변수는 자동적으로 결정된다.

또한, 식 (14·81)에서 임계응력 σ_c와 임계균열길이 a_c는 각각 다음 조건을 만족하여야 안전하다.

$$\sigma_c \leq \frac{K_{Ic}}{F\sqrt{\pi a}} \tag{14·81}$$

$$a_c \leq \frac{1}{\pi}\left(\frac{K_{Ic}}{\sigma F}\right)^2 \tag{14·82}$$

14.7.4 파괴인성 K_{Ic} 시험법

파괴인성 시험은 ASTM E399에 규정된 3개의 시험편을 사용하여 각각 규정된 시험을 실시한다. 시험을 할 때는 [그림 14-25]와 같이 하중 P와 균열 선단부에 부착된 클립게이지(clip gauge)의 변위 u_g는 $X-Y$ 기록계(recorder)에 의해 자동적으로 기록된다.

3점 굽힘시험, 소형인장(compact tension: CT) 시험편에 대한 하중속도는 응력세기계수의 증가율로 환산하여 $K = 33 \sim 165\,[\mathrm{MPa}\sqrt{\mathrm{m}}/\mathrm{min}]$의 범위가 되도록 규정하고 있다.

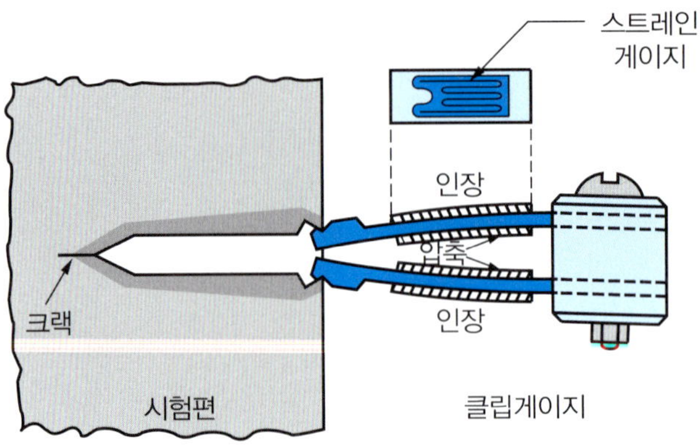

[그림 14-25] 클립게이지에 의한 균열선단 변위의 측정

하중 P와 클립게이지의 변위 u_g의 관계는 [그림 14-26]과 같이 Type Ⅰ ~ Type Ⅲ의 형태로 분류된다. 시험편 각각에 대하여 초기단계에서 선형영역의 기울기보다 5% 작은 기울기의 직선과 $P-u_g$ 선도의 교차점에 대한 하중 P_5를 구한다.

[그림 14-26]으로부터 측정한 하중 P_Q를 사용하여 응력세기계수 K_Q를 계산한다. 이때 Type Ⅰ의 경우 $P_Q = P_5$로 되고, Type Ⅱ와 Type Ⅲ에서는 P_5에 도달할 때까지의 최대하중을 P_Q로 한다.

이와 같이 구한 K_Q와 시험편의 최고하중 $P_{\max}$의 비가 다음 식을 만족할 때 P_Q를 사용하여 K_Q를 구할 수 있다.

$$\frac{P_{\max}}{P_Q} < 1.10 \tag{14·83}$$

위의 P_Q를 이용하여 응력세기계수 K_Q를 계산할 때 3점 굽힘시험편에서는 다음 식을 사용한다.

$$K_Q = \frac{P_Q S}{B W^{3/2}} F\left(\frac{a}{W}\right) \tag{14·84}$$

여기서

$$F(a/W) = \frac{3\sqrt{a/W}\,\{1.99-(a/W)(1-a/W)(2.15-3.93a/W+2.7a^2/W^2)\}}{2(1+2a/W)(1-a/W)^{3/2}} \tag{14·85}$$

여기서 P_Q: 하중, B: 판 두께, S: 스팬, W: 판 폭, a: 균열길이

또한, 소형인장(CT) 시험편에서는 다음 식을 사용한다.

$$K_Q = \frac{P_Q}{B\sqrt{W}} F\left(\frac{a}{W}\right) \tag{14·86}$$

여기서

$$F(a/W) = \frac{(2+a/W)(0.886-4.64a/W-13.32a^2/W^2+14.72a^3/W^3-5.6a^4/W^4)}{(1-a/W)^{3/2}} \tag{14·87}$$

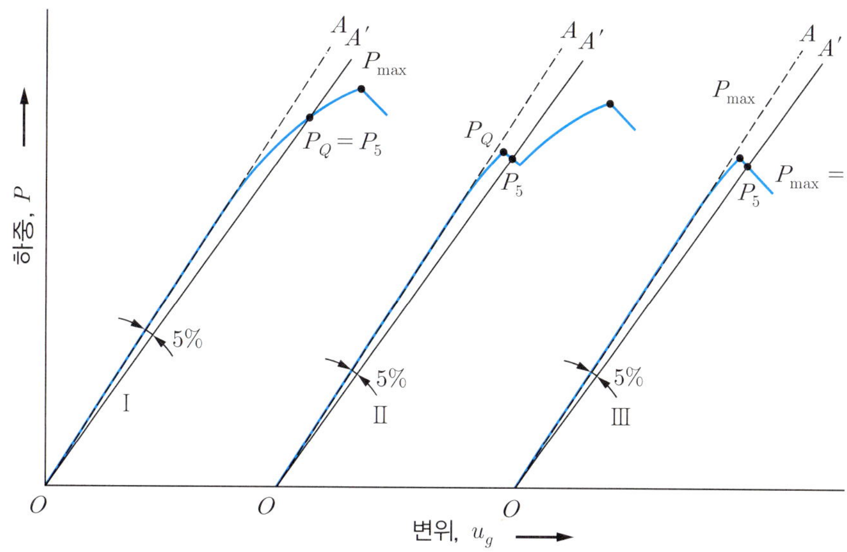

[그림 14-26] Type에 따른 P_Q의 측정

14.7.5 파괴인성 K_{Ic}의 결정

앞에서 설명한 방법에 의해 얻어진 K_Q가 다음 식을 만족할 때 K_Q는 K_{Ic}로 인정한다.

$$B,\ a \geq 2.5\left(\frac{K_Q}{\sigma_Y}\right)^2 \tag{14·88}$$

만일, 식 (14·88)을 만족하지 않을 때는 시험편의 치수를 1.5배로 크게 하여 재시험을 실시한다. 유효한 K_{Ic}값이 얻어지지 않을 경우 재료사이의 파괴인성을 상대적으로 비교하기 위한 값으로써 강도비 R_B(3점 굽힘시험편의 경우)와 R_C(CT 시험편의 경우)는 다음 식에서 구한다.

$$R_B = \frac{6W(P_f)_{max}}{B(W-a)^2\sigma_Y} \tag{14·89}$$

$$R_C = \frac{6W(P_f)_{\max}}{B(W-a)^2\sigma_Y} \tag{14·90}$$

여기서 R_B, R_C는 모두 균열부의 최소단면에 대한 보의 굽힘이론에 의한 최대굽힘응력 $(\sigma_b)_{\max}$ 와 항복응력 σ_Y 의 비를 나타낸다.

예제 14-4

[그림 14-27]과 같은 합금강 시험편의 편측균열(edge crack)에 집중하중 600[kN]을 작용시킬 때 이 시험편이 파단되지 않는 임계균열길이 a_c를 결정하시오. 단, 시험편의 소재인 합금강에 대한 기계적 성질로는 항복강도 $\sigma_Y = 1000$[MPa]이고, 파괴인성값 $K_{\text{I}c} = 110$[MPa$\sqrt{m}$]으로 한다. 또한, 무차원 응력세기계수 F_{I}은 식 (14·62)를 이용하고, 시험편에 대한 치수의 단위는 [mm]이다.

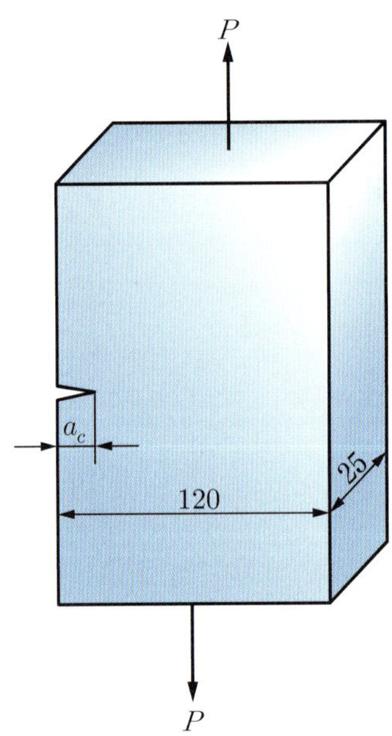

[그림 14-27]

| 풀이 | 합금강의 파괴인성은 식 (14·76)에 의해

$$K_{\text{I}c} = \sigma_c\sqrt{\pi a}\cdot F_{\text{I}}(a/W)$$

여기서 시험편의 폭 $W = 120$[mm], 두께 $t = 25$[mm]이다.

수정계수 F_{I} 은 식 (14·62)로부터

$$F_{\text{I}} = 1.12 - 0.231\left(\frac{a}{W}\right) + 10.55\left(\frac{a}{W}\right)^2 - 21.72\left(\frac{a}{W}\right)^3 + 30.39\left(\frac{a}{W}\right)^4$$

$$= 1.12 - 0.231\left(\frac{1}{10}\right) + 10.55\left(\frac{1}{10}\right)^2 - 21.72\left(\frac{1}{10}\right)^3 + 30.39\left(\frac{1}{10}\right)^4$$

$$= 1.184$$

작용응력 σ는

$$\sigma = \frac{P}{A} = \frac{600\times10^3[\mathrm{N}]}{120\times10^{-3}[\mathrm{m}]\times25\times10^{-3}[\mathrm{m}]} = 2\times10^8[\mathrm{N/m^2}] = 200[\mathrm{MPa}]$$

임계균열길이 a_c는

$$a_c = \frac{(K_{\mathrm{Ic}})^2}{\pi(\sigma\times F_{\mathrm{I}})^2} = \frac{110^2[\mathrm{m}]}{\pi(200\times1.184)^2} = 0.0687[\mathrm{m}] = 68.7[\mathrm{mm}]$$

14.8 피로파괴역학

14.8.1 반복응력 사이클

재료에 일정한 시간의 주기(週期)로 반복하중이 작용하면 반복하중에 의한 최대응력의 크기가 정하중이 작용할 때의 항복강도보다 훨씬 낮은 응력에서도 반복횟수(number of cycles)가 많으면, 매우 작은 반복응력에서도 파괴되는 현상을 피로파괴(fatigue facture)라고 한다.

피로의 응용은 균열이 존재하지 않는 부재의 피로와 균열이 존재하는 부재의 피로파괴로 분류되고, 균열이 존재하지 않는 부재의 피로는 또 다시 고주기피로(high-cycle fatigue)와 저주기피로(low-cycle fatigue)로 구분된다.

반복하중이 작용하면 재료는 어느 점에서 미세균열(micro-crack)이 발생하여 서서히 성장 · 진전하므로 무균열재(無龜裂材)의 $S-N$ 곡선은 적용할 수 없기 때문에 여기서는 균열재의 파괴역학적 피로파괴 거동을 고찰하여 보기로 한다.

피로시험은 제 2장의 [그림 2-13]과 같은 피로시험기를 사용한다.

[그림 14-28]과 같은 반복응력 사이클에서 평균응력(mean stress) σ_m은 최대응력($\sigma_{\max}$)과 최소응력($\sigma_{\min}$)의 평균값으로서 다음 식과 같다.

$$\sigma_m = \frac{\sigma_{\max}+\sigma_{\min}}{2} \tag{14·91}$$

응력범위(stress range) $\Delta\sigma$는 다음 식과 같이 $\sigma_{\max}$와 $\sigma_{\min}$의 차로 표시한다.

$$\Delta\sigma = \sigma_{\max}-\sigma_{\min} \tag{14·92}$$

또한, 응력진폭(stress amplitude) σ_a는 다음 식과 같이 된다.

$$\sigma_a = \frac{\Delta\sigma}{2} = \frac{\sigma_{\max}-\sigma_{\min}}{2} \tag{14·93}$$

응력비(stress ratio) R은 최대응력에 대한 최소응력의 비를 말하고, 다음 식과 같다.

$$R = \frac{\sigma_{min}}{\sigma_{max}} \quad (14 \cdot 94)$$

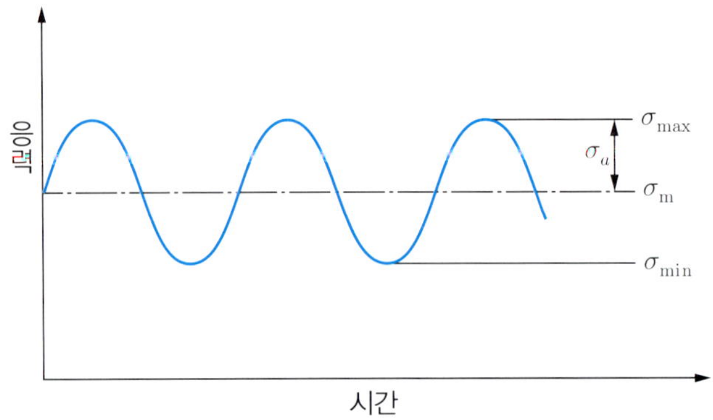

[그림 14-28] 반복응력 사이클

14.8.2 피로균열 진전속도 및 수명예측

반복 피로하중이 작용하는 재료의 피로파괴는 균열의 발생 및 진전에 의해 진행된다. 균열이 존재하지 않는 재료의 피로한도(fatigue limit)를 나타내는 $S-N$ 곡선은 무균열 재료에 대한 피로수명의 예측은 가능하지만, 균열이 발생하면 $S-N$ 곡선은 적용할 수 없다.

균열이 발생하고 진전한다면 균열진전속도의 파악이 필요하고, 이에 대한 데이터를 얻기 위해서는 [그림 14-29]와 같은 피로균열 진전길이 a와 피로사이클 수 N의 관계, 즉 $a-N$ 곡선을 얻기 위한 피로파괴 거동에 대한 실험이 필요하다.

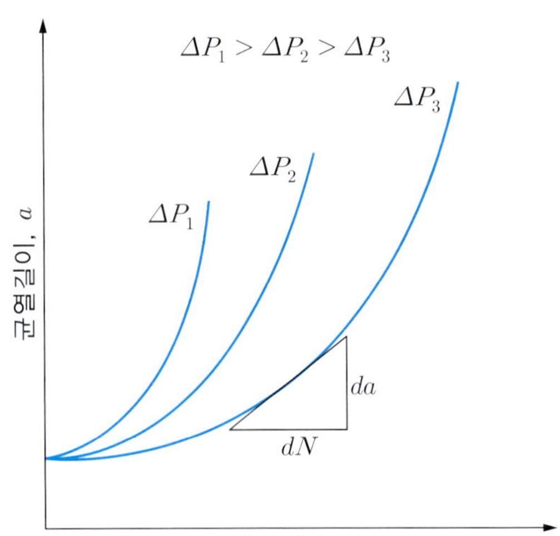

[그림 14-29] 균열진전에 대한 $a-N$ 곡선

피로파괴거동 실험에서 얻은 $a-N$ 곡선을 기초로 하여 균열진전속도(crack propagation rate), 또는 균열성장속도(crack growth rate) da/dN와 응력세기계수 범위 ΔK를 구한 후 $da/dN-\Delta K$를 양대수(兩對數; log-log) 그래프에 나타내면, [그림 14-30]과 같이 된다. 이때 응력세기계수의 범위 ΔK는 다음 식으로 표시된다.

$$\Delta K = K_{\max} - K_{\min} = \Delta\sigma\sqrt{\pi a}\cdot F = (\sigma_{\max} - \sigma_{\min})\sqrt{\pi a}\cdot F \qquad (14\cdot95)$$

또한, 응력비(stress ratio) R은 다음 식과 같이 된다.

$$R = \frac{P_{\min}}{P_{\max}} = \frac{\sigma_{\min}}{\sigma_{\max}} = \frac{K_{\min}}{K_{\max}} \qquad (14\cdot96)$$

이와 같이 Paris가 피로에 파괴역학의 개념을 도입하여 균열진전속도에 대한 다음과 같은 실험식을 제안하였다.

$$\frac{da}{dN} = C(\Delta K)^m \qquad (14\cdot97)$$

여기서 m 및 C는 재료정수이고, a는 균열길이, N은 반복횟수, ΔK는 응력세기계수의 범위를 나타낸다.

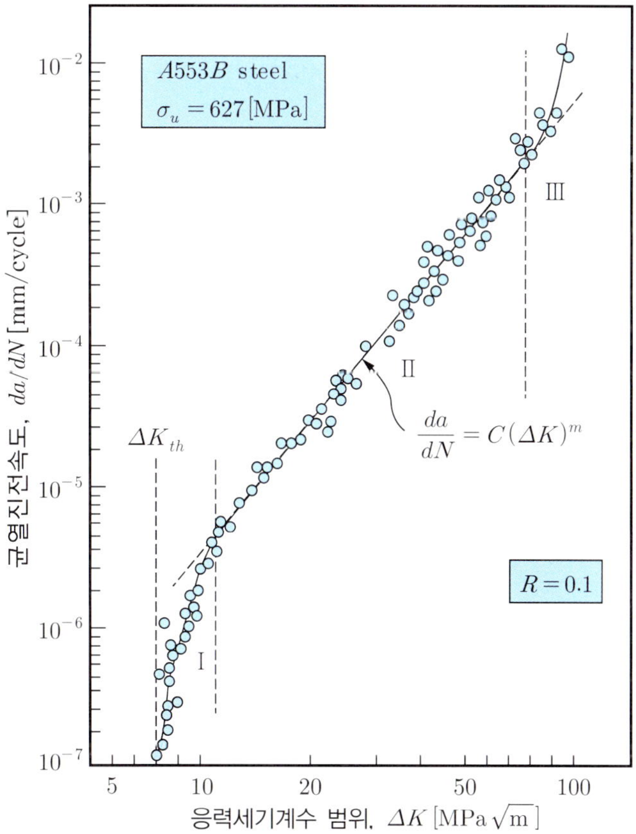

[그림 14-30] 피로균열 진전특성

[그림 14-30]에서와 같이 실제의 $da/dN-\Delta K$의 관계는 ΔK의 하한계(下限界; lower threshold)와 상한계(上限界; upper threshold)가 존재한다. ΔK의 하한계 ΔK_{th}는 $da/dN \to 0$에 대응하고, 이 구간에서는 균열이 존재하더라도 균열은 진전하지 않는다.

균열이 진전하기 위한 조건은 다음 식과 같이 된다.

$$\Delta K \geq \Delta K_{th} \tag{14·98}$$

또한, ΔK의 상한계 K_f는 $da/dN \to \infty$에 대응하고, 다음과 같은 불안정 파괴조건에 대한 식으로 나타낸다.

$$K_f = \frac{\Delta K}{1-R} \geq K_c \tag{14·99}$$

여기서 K_c는 파괴인성(fracture toughness)을 의미한다.

[그림 14-30]으로부터 영역 Ⅰ에서는 균열이 존재하더라도 균열은 진전하지 않는 안전한 구간이다. 영역 Ⅱ에서는 Paris의 식에 의해 균열이 안정된 진전을 하므로 이 구간의 식을 기초로 하여 피로균열의 진전수명을 예측할 수 있다. 그러나 이 구간을 벗어난 영역 Ⅲ에서 재료는 급속도로 파괴된다.

따라서 재료의 총피로파괴수명 N_t는 균열의 발생수명 N_i와 균열의 진전수명 N_p의 합으로 표시한다.

$$N_t = N_i + N_p \tag{14·100}$$

여기서, 균열의 진전수명 N_p는 식 (14·97)로부터 다음 식이 얻어진다.

$$N_p = \int_0^{N_p} dN = \int_{a_0}^{a_c} \frac{da}{C(\Delta K)^m} \tag{14·101}$$

식 (14·101)에서 a_0는 초기균열길이로서 비파괴검사에 의해 검출하고, a_c는 파괴인성시험으로부터 얻어진 임계균열길이를 나타낸다.

▶ 예제 14-5

응력범위 $\Delta\sigma = 100\,[\mathrm{MPa}]$의 피로하중을 작용하여 피로균열 진전시험을 실시하여 다음과 같은 Paris의 관계식을 얻었을 때, 균열의 처음길이 $3\,[\mathrm{mm}]$에서 피로균열길이 $15\,[\mathrm{mm}]$까지 진전하려면 필요한 사이클 수를 구하시오. 이때

$$\frac{da}{dN} = 0.45 \times 10^{-9}(\Delta K)^3$$

응력세기계수 $\Delta K = 1.12\,\Delta\sigma\sqrt{\pi a}\ [\mathrm{MPa}\sqrt{m}]$로 한다.

| 풀이 | 피로균열 진전속도는

$$\frac{da}{dN} = 0.45 \times 10^{-9}(\Delta K)^3 = 0.45 \times 10^{-9}(1.12 \times \Delta\sigma\sqrt{\pi a})^3$$

$$a^{-1.5}da = 0.45 \times 10^{-9} \times (1.12)^3 \times (100)^3 (\pi)^{1.5} dN$$

$$\therefore \int_{a_0}^{a_c} a^{-1.5} da = 3.520 \times 10^{-3} \int_0^{N_p} dN$$

$$N_p \times 3.520 \times 10^{-3} = -\left[\frac{a^{-0.5}}{0.5}\right]_{0.003}^{0.015}$$

따라서 피로균열 진전수명 N_p는 다음 식과 같이 구할 수 있다.

$$N_p = -\frac{(8.1650 - 18.2574)/0.5}{3.520 \times 10^{-3}} = 5734 \text{ 사이클}$$

14.9 응력부식 파괴

응력부식 파괴(stress corrosion cracking: SCC)는 환경파괴의 일종으로서 석유저장 탱크, 화학약품 용기 또는 해양구조물 등에서 균열의 발생에 의한 파괴거동을 예측할 수 있다. 응력부식은 용기가 담고 있는 액체의 화학작용으로 조그만 홈으로 불리는 피트(pit)가 형성된 후 이것이 균열의 발생 및 성장에 의해 용기의 파괴를 초래한다.

응력부식 실험을 통하여 얻은 응력세기계수 K에 대한 균열진전속도 da/dt는 [그림 14-31]과 같고, 이것은 [그림 14-30]에 나타낸 피로실험에 의한 균열진전 속도와 유사한 경향을 보이고 있다.

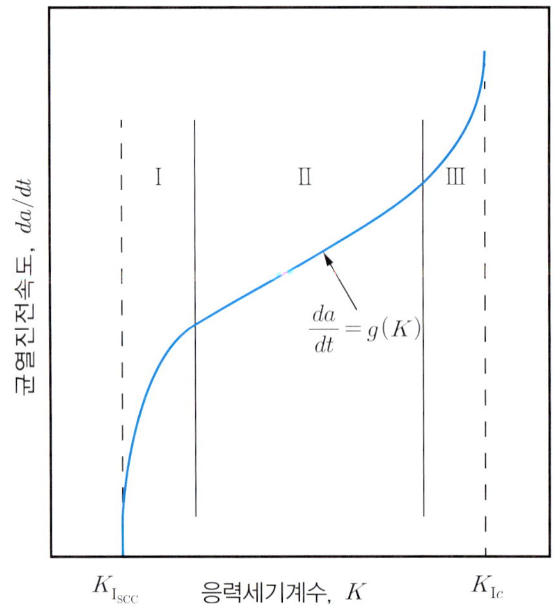

[그림 14-31] 응력부식에 의한 균열진전속도

[그림 14-31]에서 $K_{I_{scc}}$는 응력부식에 의한 하한계값을 나타내고, K_{Ic}는 파괴인성값이다. 따라서 [그림 14-31]로부터 구간 Ⅱ에서 응력부식에 의한 파괴수명 t[h]는 다음 식으로 주어진다.

$$\frac{da}{dt} = g(K) \tag{14·102}$$

$$\therefore \ t = \int_{a_0}^{a_c} \frac{da}{g(K)} \tag{14·103}$$

여기서 a_0: 초기균열길이, a_c: 임계균열길이 (파괴인성값으로부터 계산)

K : 응력세기계수

지금까지 기술한 균열재에 대한 파괴역학적 안전성을 확보하기 위해서는 다음 식에서와 같이 균열의 발생 및 진전조건을 방지하는 것이 중요하다.

(1) 불안정 파괴의 방지: $K_I < K_{Ic}$

(2) 피로균열 성장의 방지: $\Delta K < \Delta K_{th}$

(3) 응력부식의 방지: $K_I < K_{I_{scc}}$

(4) 안정성장 균열의 피로수명 예측: $N_p = \int_{a_0}^{a_c} \frac{da}{f(\Delta K)}$

14.10 파괴역학에 의한 구조물의 안전성 평가

실제 구조물의 안정성 평가는 실험실에서 수행한 시험편의 파괴역학적 해석과 취급하는 파괴현상이 같더라도 다음과 같은 사항을 면밀히 검토할 필요가 있다.

(1) 비파괴 시험의 정밀도와 신뢰성
(2) 결함의 형상, 치수 및 위치에 대한 데이터의 축적과 그 통계적 특징의 파악
(3) 응력의 변동과 그 통계적 계산
(4) 잔류응력, 구속력, 공작오차에 의한 2차응력 등의 안전성 평가에 대한 취급
(5) 보수방법과 그 선정기준
(6) 정기검사의 주기 및 방법의 선정
(7) 유지, 관리 및 감시 · 정보 시스템

파괴역학의 적용에 의한 구조물의 안정성을 평가하기 위해서 필요한 정보로는 다음과 같은 사항이 있다.

(1) 결함의 형상, 치수 및 위치
(2) 응력의 크기, 분포 및 변화
(3) 재료의 파괴인성, 특성값 및 변화
(4) 파괴역학 인자

파괴역학의 적용에 의한 안전성에 대한 평가는 다음과 같은 사항의 고려 및 순서로 평가를 한 후 설계에 적용한다.

(1) 결함의 표준화
(2) 응력의 설정
(3) 파괴역학 인자의 계산
(4) 균열진전에 의한 결함 치수의 확대 예측
(5) 재료의 파괴인성과 시효경화 변화의 평가
(6) 안전성의 판정

이상을 고려하여 [그림 14-32]와 같은 방법으로 파괴역학을 적용한 안전성을 평가한다.

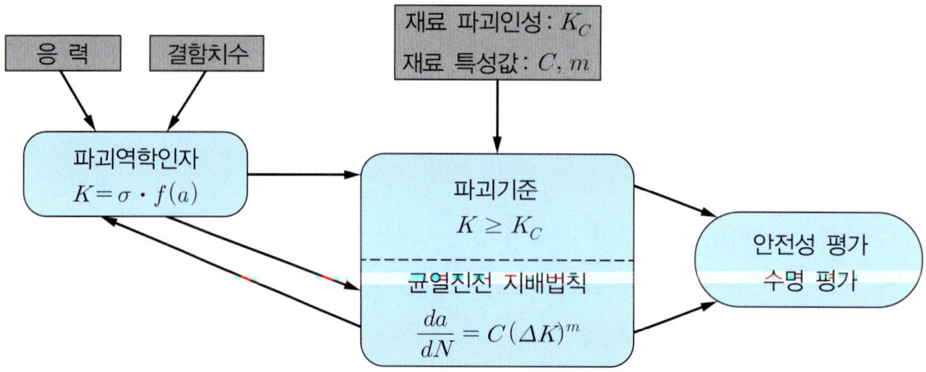

[그림 14-32] 파괴역학의 적용에 의한 안전성 평가방법

CHAPTER 14

연습문제

[14-1] 재료역학과 파괴역학의 특징을 비교 설명하시오.

[14-2] 파괴역학적 인자인 응력세기계수 K_{I}과 에너지 방출률 $\mathscr{G}_{\mathrm{I}}$의 의미 및 계산방법을 설명하시오.

[14-3] 응력세기계수 K_{I}을 구하기 위한 변위 외삽방법을 설명하시오.

[14-4] 파괴인성의 의미와 재료의 파괴인성값을 구하는 방법을 설명하시오.

[14-5] 매일 기차가 일정량 통과하는 철교의 초음파 검사결과 미소균열의 길이 a가 검출되었을 때 이 교량에 대한 피로균열수명의 예측방법을 설명하시오.

부록

1. 계산에 필요한 값 및 수학공식

(1) 계산에 필요한 값

- $\pi = 3.14159\ 26535\ 89793\ 23846\cdots\cdots$
- $e = 2.71828\ 18284\ 59045\ 23536\cdots\cdots$
- 중력가속도 $g = 9.807\,[\mathrm{m/s^2}]$, $g = 32.174\,[\mathrm{ft/s^2}]$
- $1\,[\mathrm{rad}] = 180°/\pi = 57.29578° = 57°17'45$
- $1° = \pi/180°\,[\mathrm{rad}] = 0.01745329\,[\mathrm{rad}]$

(2) 수학공식

○ 2차방정식의 근

$$ax^2 + bx + c = 0$$

$$x = \frac{-b \pm \sqrt{b^2 - 4ac}}{2a}$$

○ 삼각함수

$$\mathrm{cosec}\,\theta = \frac{1}{\sin\theta},\quad \sec\theta = \frac{1}{\cos\theta},\quad \cot\theta = \frac{1}{\tan\theta}$$

$$\tan\theta = \frac{\sin\theta}{\cos\theta},\quad \cot\theta = \frac{\cos\theta}{\sin\theta}$$

$$\sin^2\theta + \cos^2\theta = 1,\quad 1 + \tan^2\theta = \sec^2\theta,\quad 1 + \cot^2\theta = \mathrm{cosec}^2\theta$$

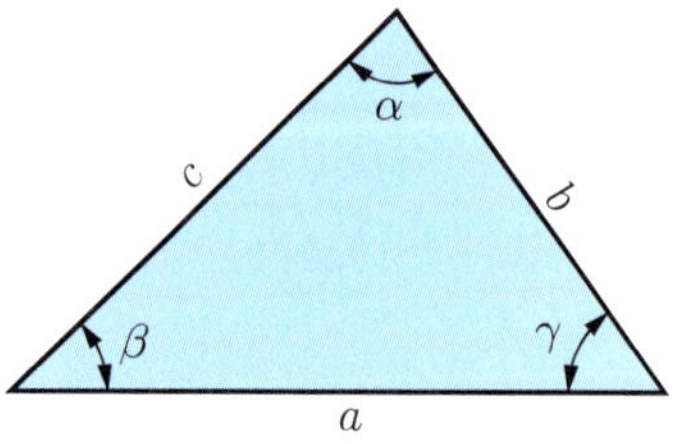

$$\frac{a}{\sin\alpha} = \frac{b}{\sin\beta} = \frac{c}{\sin\gamma}$$: sine 법칙

$$c = \sqrt{a^2 + b^2 - 2ab\cos\gamma}$$: cosine 법칙

$$\sin(\alpha + \beta) = 2\sin\frac{1}{2}(\alpha + \beta)\cos\frac{1}{2}(\alpha - \beta)$$

$$\sin(\alpha - \beta) = 2\cos\frac{1}{2}(\alpha + \beta)\sin\frac{1}{2}(\alpha - \beta)$$

$$\cos(\alpha+\beta) = 2\cos\frac{1}{2}(\alpha+\beta)\cos\frac{1}{2}(\alpha-\beta)$$

$$\cos(\alpha-\beta) = -2\cos\frac{1}{2}(\alpha+\beta)\sin\frac{1}{2}(\alpha-\beta)$$

$$\sin\alpha\sin\beta = \frac{1}{2}[\cos(\alpha-\beta) - \cos(\alpha+\beta)]$$

$$\cos\alpha\cos\beta = \frac{1}{2}[\cos(\alpha-\beta) + \cos(\alpha+\beta)]$$

$$\sin\alpha\cos\beta = \frac{1}{2}[\sin(\alpha-\beta) + \sin(\alpha+\beta)]$$

$$\sin(90° \pm \alpha) = \cos\alpha \qquad \sin(180° \pm \alpha) = \mp\sin\alpha$$

$$\cos(90° \pm \alpha) = \mp\sin\alpha \qquad \cos(180° \pm \alpha) = -\sin\alpha$$

$$\tan(90° \pm \alpha) = \mp\cot\alpha \qquad \tan(180° + \alpha) = \pm\tan\alpha$$

$$\sin(\alpha\pm\beta) = \sin\alpha\cos\beta \pm \cos\alpha\sin\beta$$

$$\cos(\alpha\pm\beta) = \cos\alpha\cos\beta \mp \sin\alpha\sin\beta$$

$$\tan(\alpha\pm\beta) = \frac{\tan\alpha \pm \tan\beta}{1 \mp \tan\alpha\tan\beta}$$

$$\sin 2\alpha = 2\sin\alpha\cos\alpha = 1 - 2\sin^2\alpha$$

$$\cos 2\alpha = \cos^2\alpha - \sin^2\alpha = 2\cos^2\alpha - 1$$

○ 지수함수 및 로그함수

$$y = ax^2,\ \log_a y = x$$

$$y = e^x,\ \log_e y = x$$

$$\log_e x = 2.3\log_{10} x$$

$$\log_{10} x = 0.4343\log_e x$$

$$(1+x)^x_{x\to\infty} = e$$

$$e = 2.71828\cdots$$

○ 적분공식

$$\int x^n dx = \frac{x^{n+1}}{n+1}$$

$$\int \frac{dx}{x} = \ln x$$

$$\int \sin x dx = -\cos x$$

$$\int \cos x\, dx = \sin x$$

○ 미분방정식

$$\frac{dy}{dx} = ay = ax + C$$

$$\frac{dy}{dx} = ax \qquad y = \frac{a}{2}x^2 + C$$

$$\frac{d^2y}{dx^2} = a \qquad y = ax^2 + C_1x + C_2$$

$$\frac{dy}{dx} = ay \qquad y = C \cdot e^{ax}$$

$$\frac{d^2y}{dx^2} = -a^2y \qquad y = A\sin ax + B\cos ax$$

2. 입체도형의 성질

명칭	형상	체적(V)	무게중심(y_c)
원통	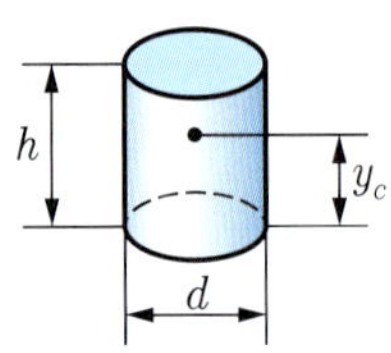	$V = \frac{\pi d^2 h}{4}$	$y_c = \frac{h}{2}$
원추	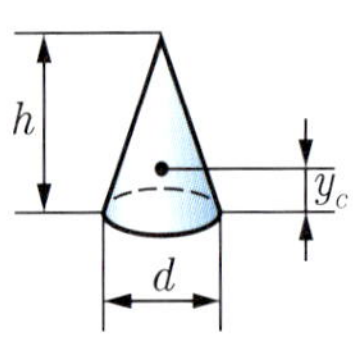	$V = \frac{1}{3}\left(\frac{\pi d^2 h}{4}\right)$	$y_c = \frac{h}{4}$
포물선 회전체	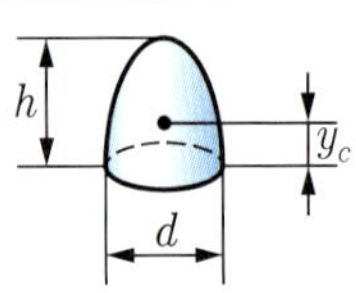	$V = \frac{1}{2}\left(\frac{\pi d^2 h}{4}\right)$	$y_c = \frac{h}{3}$
구(球)	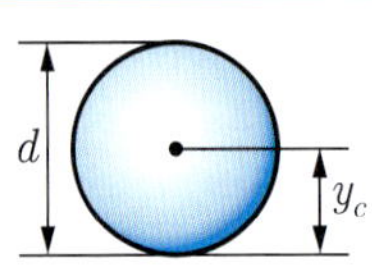	$V = \frac{\pi d^3}{6}$	$y_c = \frac{d}{2}$
반구(半球)	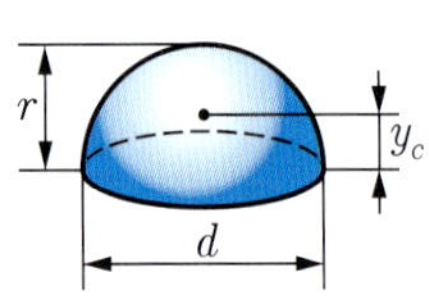	$V = \frac{\pi d^3}{12}$	$y_c = \frac{3r}{8}$

3. 보의 처짐

R[N] : 반력　　w[N/m] : 분포하중　　θ [rad] : 처짐각

F[N] : 전단력　　M_0 [N · m] : 짝힘 모멘트　　δ [m] : 처짐량

M[N · m] : 굽힘모멘트　　E [GPa] : 세로탄성계수　　SFD : 전단력 선도

P[N] : 집중하중　　I [m⁴] : 단면 2차모멘트　　BMD : 굽힘모멘트 선도

보의 종류	R, F, M	δ	θ
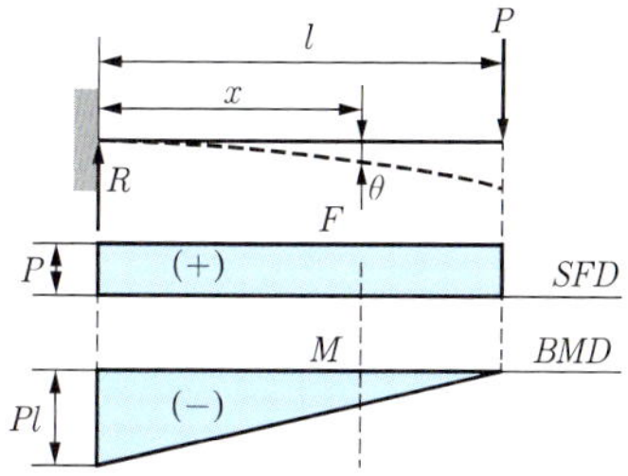	$R = P$ $F = P$ $M = -P(l-x)$ $M_{x=l} = -Pl$	$\delta = \dfrac{Px^2}{6EI}(3l-x)$ $\delta_{max} = \delta_{x=l} = \dfrac{Pl^3}{3EI}$	$\theta = \dfrac{d\delta}{dx} = \dfrac{Px}{2EI}(2l-x)$ $\theta_{max} = \theta_{x=l} = \dfrac{Pl^2}{2EI}$
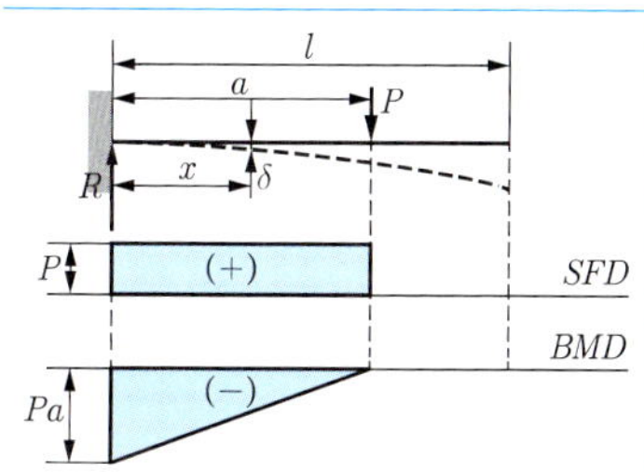	$R = P$ $F = P$　$(0 \le x \le a)$ $= 0$　$(a < x \le l)$ $M = -P(a-x)$　$(0 \le x \le a)$ $= 0$　$(a < x \le l)$ $M_{x=0} = -Pa$	$\delta = \dfrac{Px^2}{6EI}(3a-x)$　$(0 \le x \le a)$ $= \dfrac{Pa^2}{6EI}(3x-a)$　$(a < x \le l)$ $\delta_{x=l} = \dfrac{Pa^2}{6EI}(3l-a)$	$\theta_x = \dfrac{Px^2}{2EI}$ $\theta_{x=l} = \dfrac{Pa^2}{2EI}$
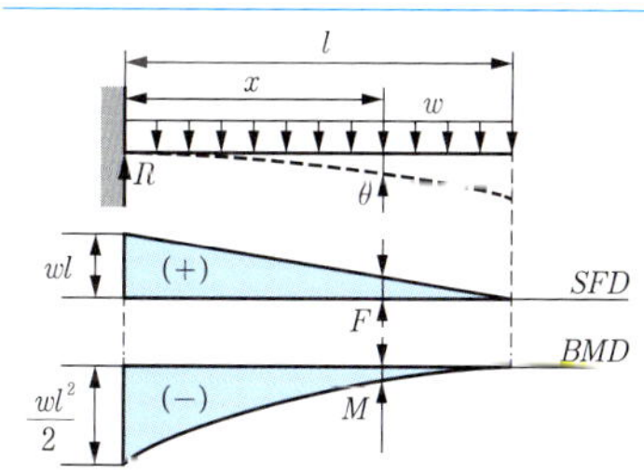	$R = wl$ $F = w(l-x)$ $M = -\dfrac{w}{2}(l-x)^2$	$\delta = \dfrac{wx^2}{24EI}(x^2 - 4lx + 6l^2)$ $\delta_{x=l} = \dfrac{wl^4}{8EI}$	$\theta = \dfrac{wx}{6EI}(x^2 - 3lx + 3l^2)$ $\theta_{x=l} = \dfrac{wl^3}{6EI}$
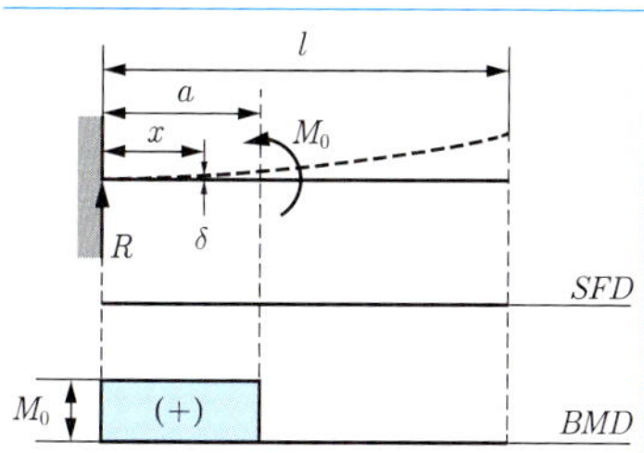	$R = 0$ $F = 0$ $M = M_0$　$(0 \le x \le a)$ $= 0$　$(a < x \le l)$	$\delta = -\dfrac{M_0}{2EI}x^2$　$(0 \le x \le a)$ $= -\dfrac{M_0 a}{2EI}(2x-a)$　$(a < x \le l)$ $\delta_{x=l} = -\dfrac{M_0 a}{2EI}(2l-a)$ $= -\dfrac{M_0 l^2}{2EI}$	$\theta = -\dfrac{M_0}{EI}x$　$(0 \le x \le a)$ $= -\dfrac{M_0 a}{EI}$　$(a < x \le l)$ $\theta_{x=l} = -\dfrac{M_0 l}{EI}$

보의 종류	R, F, M	δ	θ
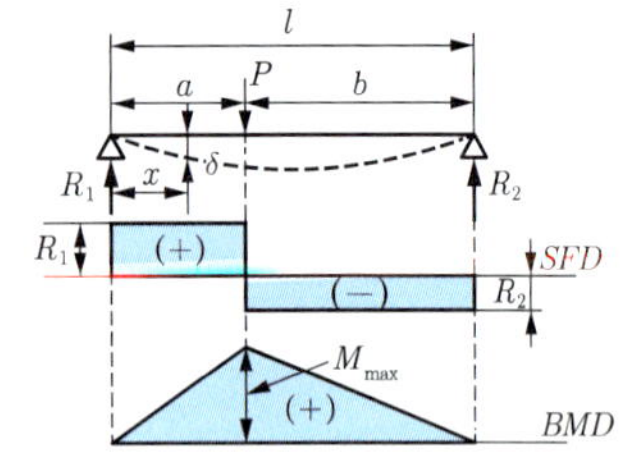	$R_1 = \frac{b}{l}P,\ R_2 = \frac{a}{l}P$ $F = R_1 = \frac{b}{l}P \quad (0 \le x \le a)$ $= -R_2 = -\frac{a}{l}P \quad (a \le x \le l)$ $M = \frac{b}{l}xP \quad (0 \le x \le a)$ $= \frac{a}{l}(l-x)P \quad (a \le x \le l)$ $M_{max} = M_{x=a} = \frac{ab}{l}P$ $a = b$일 때 $M_{max} = \frac{Pl}{4}$	$\delta = -\frac{Pbx}{6lEI}(l^2-b^2-x^2) \quad (0 \le x \le a)$ $= \frac{Pa}{6lEI}(l-x)\{2lb-b^2-(l-x)^2\} \quad (a \le x \le l)$ $\delta_{max} = \frac{Pb}{9\sqrt{3}\,lEI}\sqrt{(l^2-b^2)^3}$ $x = \sqrt{\frac{l^2-b^2}{3}}$ $\delta_{x=\frac{l}{2}} = \frac{Pl^3}{48EI} \quad \left(a = b = \frac{l}{2}\right)$	$\theta_{x=0} = \frac{Pab}{6lEI}(l+b)$ $\theta_{x=l} = -\frac{Pab}{6lEI}(l+a)$ $\theta_{x=\frac{l}{2}} = \frac{Pl^2}{16EI}$ $\left(a = b = \frac{l}{2}\right)$
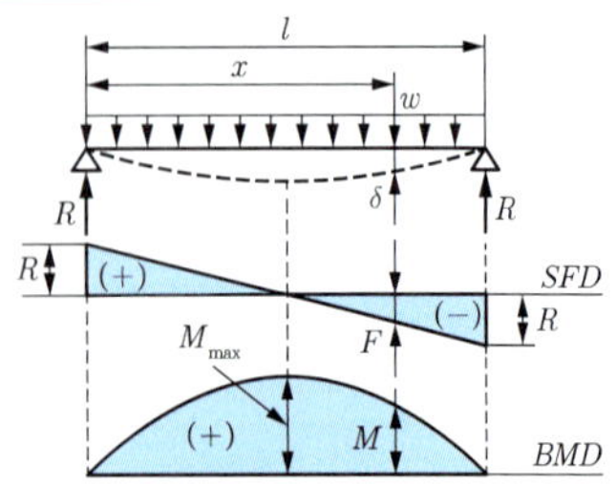	$R = \frac{wl}{2}$ $F = \frac{wl}{2} - wx$ $M = \frac{wx}{2}(l-x)$ $M_{max} = \frac{wl^2}{8} \quad \left(x = \frac{l}{2}\right)$	$\delta = \frac{wx}{24EI}(l^3-2lx^2+x^3)$ $\delta_{max} = \frac{5wl^4}{384EI} \quad \left(x = \frac{l}{2}\right)$	$\theta = \frac{w}{24EI}(l^3-6lx^2+4x^3)$ $\theta_{max} = \frac{wl^3}{24EI}$ $(x = 0,\ x = l)$
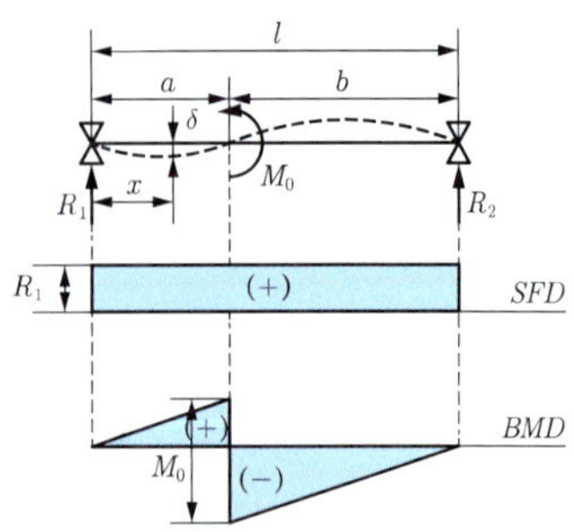	$R_1 = -R_2 = \frac{M_0}{l}$ $F = R_1 = \frac{M_0}{l}$ $M = \frac{M_0}{l}x \quad (0 \le x \le a)$ $= \left(-1 + \frac{x}{l}\right)M_0 \quad (a \le x \le l)$	$\delta = -\frac{M_0 x}{6lEI}(6al-3a^2-al^2-x^2) \quad (0 \le x \le a)$ $= \frac{M_0}{6lEI}\{3a^2-(2l^2+3a^2)x+3(lx^2-x^3)\} \quad (a \le x \le l)$ $\delta_{x=a} = -\frac{M_0 ab}{3lEI}(a-b)$	$\theta = -\frac{M_0}{6lEI}\{3x^2-(2ab+a^2-2b^2)\} \quad (0 \le x \le a)$ $= -\frac{M_0}{6lEI}\{3(l-x)^2-(2ab+b^2-2a^2)\} \quad (a \le x \le l)$ $\theta_{x=a} = \frac{M_0}{3lEI}(ab-a^2-b^2)$
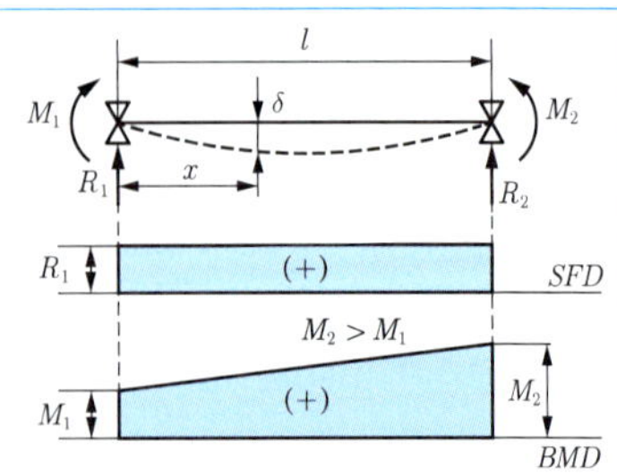	$-R_1 = R_2 = \frac{M_1-M_2}{l}$ $F = R_1 = -\frac{1}{l}(M_1-M_2)$ $M = M_1 - \frac{x}{l}(M_1-M_2)$	$\delta = -\frac{M_1 l^2}{6EI}\frac{x}{l}\left\{\left(2+\frac{M_2}{M_1}\right)-3\frac{x}{l}-\left(\frac{M_2}{M_1}-1\right)\frac{x^2}{l^2}\right\}$ $\delta_{max} = \frac{M_0 l^2}{8EI} \quad (M_1 = M_2 = M_0)$	$\theta_{x=0} = \frac{l}{6EI}(2M_1+M_2)$ $\theta_{x=l} = -\frac{l}{6EI}(M_1+2M_2)$ $\theta = \frac{M_0}{2EI}(l-2x)$ $(M_1 = M_2 = M_0)$ $\theta_{x=0} = \frac{M_0 l}{2EI}$
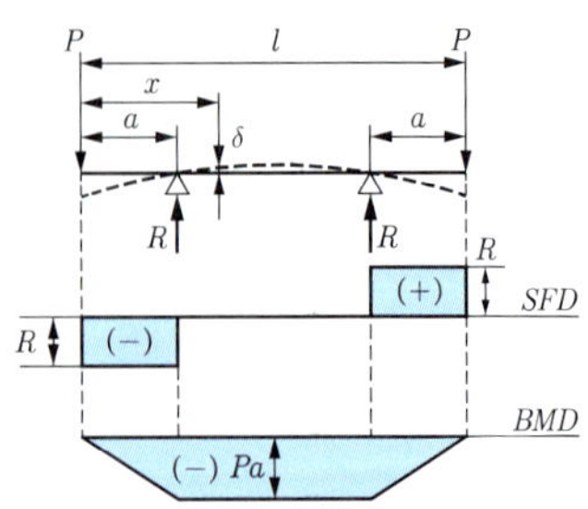	$R = P$ $F = -P \quad (0 \le x < a)$ $= 0 \quad (a < x \le l-a)$ $= P \quad (l-a < x \le l)$ $M = -Px \quad (0 \le x < a)$ $= -Pa \quad (a \le x \le l-a)$ $= -P(l-x) \quad (l-a \le x \le l)$	$\delta = \frac{Pa^3}{6EI}\left\{\frac{x^3}{a^3}-3\left(\frac{l}{a}-1\right)\frac{x}{a}+3\left(\frac{l}{a}-2\right)+2\right\} \quad (0 \le x \le a)$ $= \frac{Pa^3}{6EI}\left\{\frac{x^3}{a^3}-3\left(\frac{l}{a}-1\right)\frac{x}{a}+3\left(\frac{l}{a}-2\right)+2-\left(\frac{x}{a}-1\right)^3\right\} \quad (a \le x \le l-a)$ $\delta_{x=0} = \frac{Pa^3}{6EI}\left(3\frac{l}{a}-4\right)$ $\delta_{x=\frac{1}{2}} = -\frac{Pa^3}{8EI}\left(\frac{l}{a}-2\right)^2$	$\theta = \frac{P}{2EI}(al-a^2-x^2) \quad (0 \le x \le a)$ $= \frac{Pa}{2EI}(l-2x) \quad (a \le x \le l-a)$ $\theta_{x=0} = -\frac{Pa}{2EI}(l-a)$ $\theta_{x=a} = -\frac{Pa}{2EI}(l-2a)$

보의 종류	$R,\ F,\ M$	δ	θ
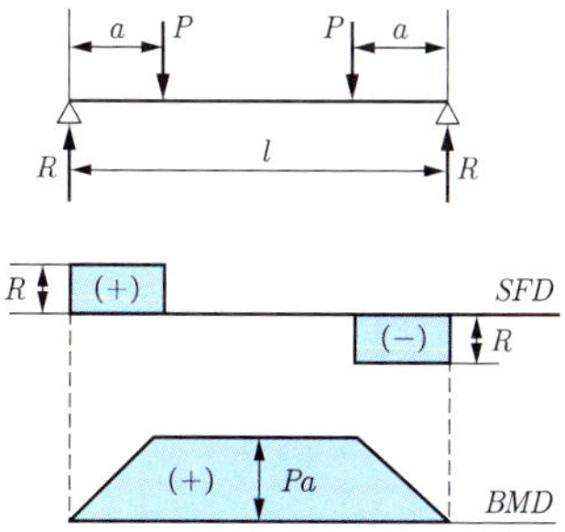	$R=P$ $F=P \quad (0\le x\le a)$ $=0 \quad (a<x<l-x)$ $=P \quad (l-a\le x\le l)$ $M=Px \quad (0\le x\le a)$ $=Pa \quad (a<x<l-a)$ $=P(l-x) \quad (l-a\le x\le l)$	$\delta=\dfrac{Px}{6EI}(3al-3a^2-x^2)$ $(0\le x\le a)$ $=\dfrac{Pa}{6EI}(3lx-3x^2-a^2)$ $(a\le x\le l-a)$ $\delta_{\max}=\dfrac{Pa}{24EI}(3l^2-4a^2)$	$\theta_A=\theta_B=\dfrac{Pa(l-a)}{2EI}$
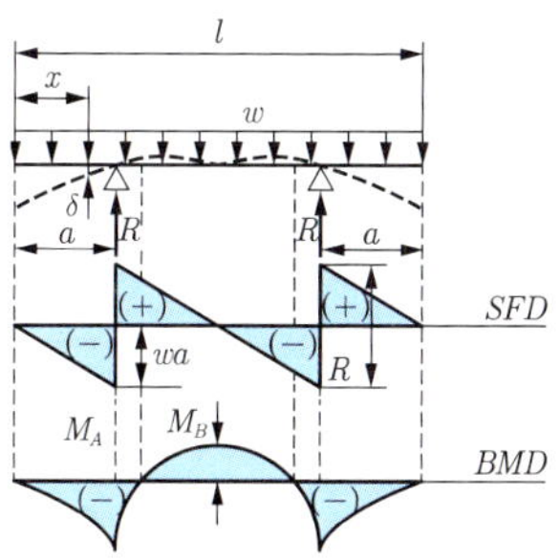	$R=\dfrac{wl}{2}$ $F=-wx \quad (0\le x<a)$ $=\dfrac{wl}{2}-wx \quad (a\le x\le l-a)$ $M=-\dfrac{1}{2}wx^2 \quad (0\le x\le a)$ $=\dfrac{wl^2}{2}\left\{\dfrac{x}{l}-\dfrac{a}{l}-\dfrac{x^2}{l^2}\right\}$ $(a\le x\le l-a)$ $\dfrac{a}{l}<\left(\dfrac{1}{\sqrt{2}}-\dfrac{1}{2}\right)$ 이면 $\lvert M_A\rvert<\lvert M_B\rvert$	$\delta=\dfrac{wl^3}{24EI}\left\{\left(6\dfrac{a_2}{l^2}-6\dfrac{a}{l}+1\right)\dfrac{x}{l}+\dfrac{x^4}{l^4}\right.$ $\left.-\dfrac{a^4}{l^4}-6\dfrac{a^3}{l^3}+6\dfrac{a^2}{l^2}-\dfrac{a}{l}\right\}$ $(0\le x\le a)$ $\delta=\dfrac{wl^4}{24EI}\left\{\left(1-6\dfrac{a}{l}\right)\dfrac{x}{l}+6\dfrac{a}{l}\dfrac{x^2}{l^2}\right.$ $\left.-2\dfrac{x^3}{l^3}+\dfrac{x^4}{l^4}-\dfrac{a^4}{l^4}-4\dfrac{a^3}{l^3}+6\dfrac{a^2}{l^2}-\dfrac{a}{l}\right\}$ $(a\le x\le l-a)$ $\delta_{x=0}=\dfrac{wa^4}{24EI}\left\{3+6\left(\dfrac{l}{a}-a\right)-\left(\dfrac{l}{a}-2\right)^3\right\}$ $\delta_{x=\frac{1}{2}}=-\dfrac{wa^4}{384EI}\left(\dfrac{l}{a}-2\right)^2$ $-\left\{5\left(\dfrac{l}{a}-2\right)^2-24\right\}$	
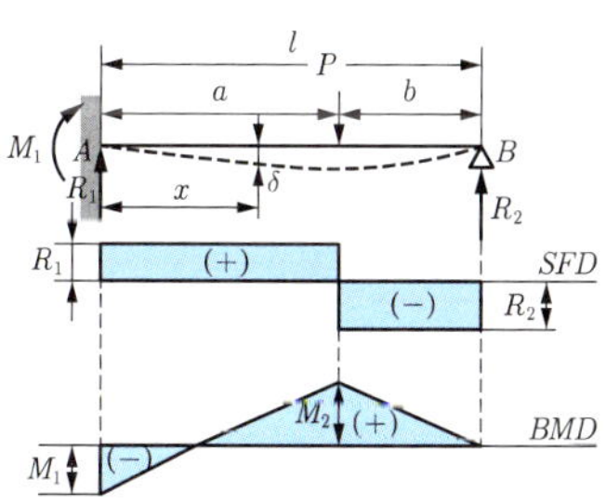	$R_1=\dfrac{Pb}{2l}\left(3-\dfrac{b^2}{l^2}\right)$ $R_2=P-R_1$ $M_1=\dfrac{Pb}{2}\left(\dfrac{b^2}{l^2}-1\right)$ $M_2=\dfrac{Pb}{2}\dfrac{a^2}{l^2}\left(2+\dfrac{b}{l}\right)$ $M_1\gtrless M_2 \quad (b\gtrless a\sqrt{2})$ $(M_1)_{\max}=0.192Pl \quad (b=0.577l)$ $(M_2)_{\max}=0.174Pl \quad (b=0.366l)$	$\delta=\dfrac{Pa^2}{12EI}(l-x)\left\{3\dfrac{b}{l}-\dfrac{3b+2a}{l}\cdot\right.$ $\left.\dfrac{(l-x)^2}{l^2}\right\}-\dfrac{P(a-x)^3}{6EI}$ $(0\le x\le a)$ $\delta=\dfrac{Pa^2}{12EI}(l-x)\left\{3\dfrac{b}{l}-\dfrac{3b+2a}{l}\cdot\right.$ $\left.\dfrac{(l-x)^2}{l^2}\right\} \quad (a\le x\le l)$	$\theta_D=\dfrac{Pb^2}{4lEI}(b-l)$
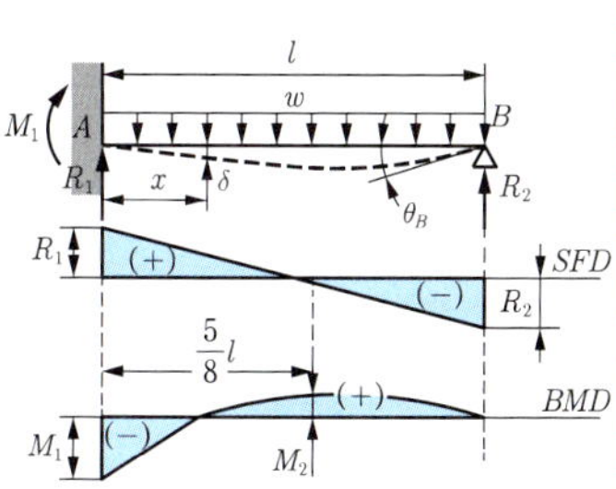	$F_1=R_1=\dfrac{5}{8}wl$ $F_2=-R_2=-\dfrac{3}{8}wl$ $F=\dfrac{5}{8}wl-wx$ $R_1=\dfrac{5}{8}wl,\ R_2=\dfrac{3}{8}wl$ $M=\dfrac{5}{8}wlx-\dfrac{w}{2}x^2$ $M_1=-\dfrac{1}{8}wl^2 \quad (x=0)$ $M_2=\dfrac{9}{128}wl^2 \quad \left(x=\dfrac{5}{8}l\right)$	$\delta=\dfrac{wl^4}{48EI}\dfrac{x^2}{l^2}\left\{3-5\dfrac{x}{l}+2\dfrac{x^2}{l^2}\right\}$ $\delta_{\max}=\dfrac{wl^4}{184EI} \quad (x=0.578l)$	$\theta_B=-\left(\dfrac{d\delta}{dx}\right)_{x=l}=\dfrac{wl^3}{48EI}$

보의 종류	$R,\ F,\ M$	δ	θ
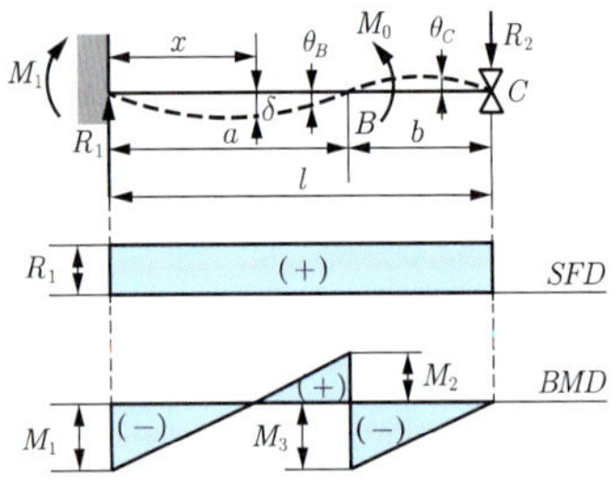	$R_2=\frac{3}{2}\frac{a}{l^2}\left(2-\frac{a}{l}\right)M_0=-R_1$ $M_1=M_0\left(1-3\frac{a}{l}+\frac{3}{2}\frac{a^2}{l^2}\right)$ $M_2=M_0\left(1-3\frac{a}{l}+\frac{9}{2}\cdot\frac{a^2}{l^2}-\frac{3}{2}\frac{a^3}{l^3}\right)$ $-M_3=\frac{3}{2}\frac{a}{l}\left(2-3\frac{a}{l}+\frac{a^2}{l^2}\right)M_0$ $M_2-M_3=M_0$	$\delta=\frac{R_2l^3}{6EI}\left(3-\frac{x}{l}\right)\frac{x^2}{l^2}-\frac{M_0}{2EI}x^2$ $(0\leq x<a)$ $\delta=\frac{R_2l^3}{6EI}\left(3-\frac{x}{l}\right)\frac{x^2}{l^2}-\frac{M_0a^2}{2EI}\cdot\left(2\frac{x}{a}-1\right)$ $(a\leq x\leq l)$	$\theta_B=-\left(\frac{d\delta}{dx}\right)_{x=a}=\frac{M_0a}{4EI}\cdot\left\{4-3\frac{a}{l}\left(\frac{b}{l}+1\right)^2\right\}$ $\theta_C=-\left(\frac{d\delta}{dx}\right)_{x=l}=-\frac{M_0a}{4EI}\left(2-3\frac{a}{l}\right)$
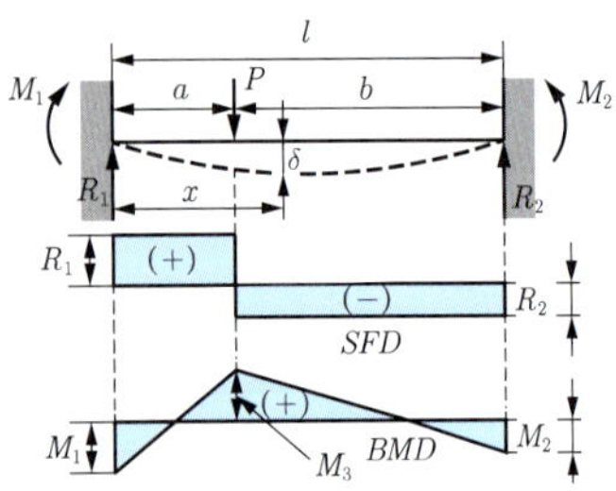	$R_1=\frac{b^2}{l^2}\frac{3a+b}{l}P$ $R_2=\frac{b^2}{l^2}\frac{a+3b}{l}P$ $M_1=-\frac{ab^2}{l^2}P$ $M_2=-\frac{a^2b}{l^2}P$ $M_3=2\frac{a^2b^2}{l^3}P$ $(-M_1)_{max}=\frac{4}{27}Pl\ \left(a=\frac{l}{3}\right)$ $a=b$일 때 $M_1=-\frac{Pl}{8},\ M_3=\frac{Pl}{8}$	$\delta=\frac{Pl^3}{6EI}\frac{b^2}{l^2}\frac{x^2}{l^2}\left\{3\frac{a}{l}-\frac{(3a+b)}{l}\frac{x}{b}\right\}$ $(0\leq x\leq a)$ $=\frac{Pl^3}{6EI}\frac{b^2}{l^2}\frac{x^2}{l^2}\left\{3\frac{a}{l}-\frac{(3a+b)}{l}\frac{x}{b}\right\}+\frac{P(x-a)^3}{6EI}$ $(a\leq x\leq l)$ $\delta=\frac{Pl^3}{12EI}\left(\frac{3}{4}\frac{x^2}{l^2}-\frac{x^3}{l^3}\right)$ $\delta_{x=a}=\frac{Pl^3}{3EI}\left(\frac{ab}{l^2}\right)^3$ $\delta_{max}=\frac{Pl^3}{192EI}$ $\left(a=b=\frac{l}{2}\right)$	
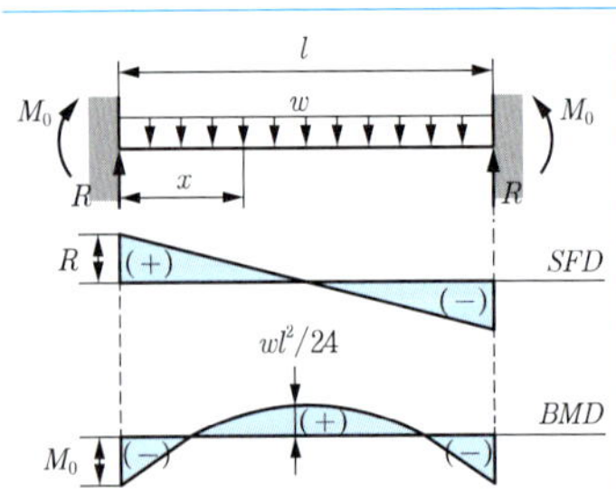	$R=\frac{wl}{2}$ $M_0=-\frac{wl^2}{12}$ $M_{x=\frac{l}{2}}=\frac{wl^2}{24}$	$\delta=\frac{wx^2}{24EI}(x-l)^2$ $\delta_{x=\frac{l}{2}}=\frac{wl^4}{384EI}$	
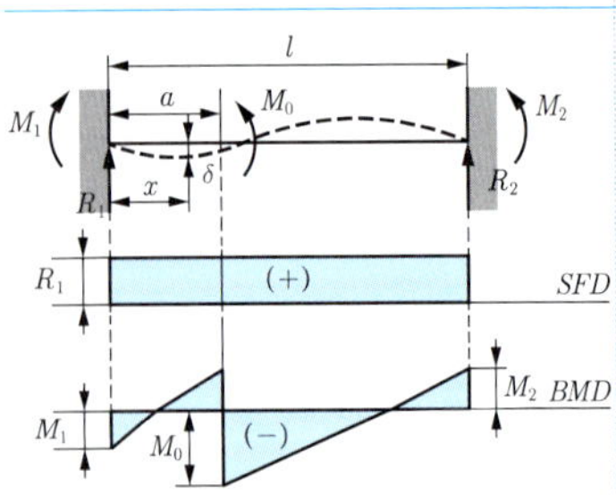	$R_1=-R_2=\frac{6M_0ab}{l^2}$ $M_1=\frac{M_0b}{l^2}(3a-l)$ $M_2=\frac{M_0a}{l^2}(3b-l)$	$\delta=-\frac{x^2}{6EI}(3M_1+R_1x)$ $(0\leq x\leq a)$ $=\frac{1}{6EI}\{-3x^2M_2-3M_0a(2x-a)+R_2x^2(3l-x)\}$ $(a\leq x\leq l)$	

4. 구조강재의 형상 특성

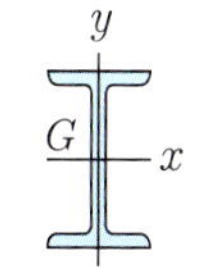

[부록 표 4-1] 강재 W 형상과 넓은 플랜지 단면의 특성 (SI 단위)

Designation [mm]	Area $\times 10^3$ [mm^2]	Depth [mm]	Flange		Web Thickness [mm]	Axis x			Axis y	
			Width [mm]	Thickness [mm]		I $\times 10^4$ [mm^4]	k [mm]	Z $\times 10^3$ [mm^3]	I $\times 10^4$ [mm^4]	k $\times 10^4$ [mm]
W 920×446	57000	933	423	42.70	24.0	8470	385	18200	540	97.3
×201	25600	903	304	20.10	15.2	3250	356	7200	94.4	60.7
W 760×257	32600	773	381	27.10	16.6	3420	324	8850	250	87.6
×147	18700	753	265	17.00	13.2	1660	298	4410	52.9	53.2
W 610×155	19.7	611	324	19.0	12.7	1290	256	4220	108	73.9
×125	15.9	612	229	19.6	11.9	985	249	3220	39.3	49.7
W 530×150	19200	543	312	20.30	12.7	1010	229	3720	103	73.2
×92	11800	533	209	15.60	10.2	552	216	2070	23.8	44.9
W 460×158	20.1	476	2842	3.9	15.0	795	199	3340	91.6	67.6
×74	9.48	457	190	14.5	9.0	333	188	1457	16.7	41.9
×52	6.65	450	152	10.8	7.6	212	179	942	6.4	31.0
W 410×114	14.6	420	261	19.3	11.6	462	178	2200	57.4	62.7
×85	10.8	417	181	18.2	10.9	316	171	1516	17.9	40.6
×60	7.61	407	178	12.8	7.7	216	168	1061	12	39.9
W 360×216	27.5	375	394	27.7	17.3	712	161	3800	282	101.1
×122	15.5	363	257	21.7	13.0	367	154	2020	61.6	63.0
×79	10.1	354	205	16.8	9.4	225	150	1271	24.0	48.8
W 310×107	13.8	311	306	17.0	10.9	248	135	1595	81.2	77.2
×74	9.48	310	205	16.3	9.4	164	132	1058	23.4	49.8
×52	6.65	317	167	13.2	7.6	119	133	748	10.2	39.1
W 250×80	10.2	256	255	15.6	9.4	126	111	985	42.8	65
×67	8.58	257	204	15.7	8.9	103	110	803	22.2	51.1
×49	6.26	247	202	11.0	7.4	70.8	106	573	15.2	49.3
W 200×71	9.11	216	206	17.4	10.2	76.6	91.7	709	25.3	52.8
×59	7.55	210	205	14.2	9.1	60.8	89.7	579	20.4	51.8
×52	6.65	206	204	12.6	7.9	52.9	89.2	514	17.7	51.6
W 150×37	4.74	162	154	11.6	8.1	22.2	69	274	7.12	38.6
×30	3.79	157	153	9.3	6.6	17.2	67.6	219	5.54	38.1
×24	3.06	160	102	10.3	6.6	13.4	66	167	1.84	24.6
×18	2.29	153	102	7.1	5.8	9.2	63.2	120	1.25	23.3
W 130×28.1	3.58	131	128	10.9	6.9	10.9	55.2	166	3.81	32.6
×23.8	3.01	127	127	9.1	6.1	8.80	54.1	139	3.11	32.1
W 100×19.3	2480	106	103	8.8	7.1	4.77	43.9	90.0	1.61	25.5

주 A: area [mm^2], I: moment of intertia [mm^4], Z: section modulus [mm^3],
$k = \sqrt{I/A}$: radius of gyration [mm]

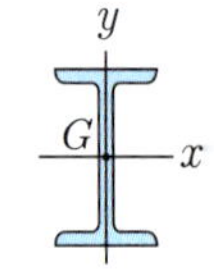

[부록 표 4-2] 강재 S 형상과 I 형 보의 특성 (미국표준)

Designation [mm]	Area $\times 10^3$ [mm^2]	Depth [mm]	Flange		Web Thickness [mm]	Axis x			Axis y	
			Width [mm]	Thickness [mm]		I $\times 10^4$ [mm^4]	k [mm]	Z $\times 10^3$ [mm^3]	I $\times 10^4$ [mm^4]	k [mm]
S 610×180	22.9	622	204	27.7	20.3	1320	240	4240	34.9	39.0
×158	20.1	622	200	27.7	15.7	1230	247	3950	32.5	39.9
×149	19.0	610	184	22.1	19.0	995	229	3260	19.9	32.3
×119	15.2	610	178	22.1	12.7	878	241	2880	17.6	34.0
S 510×141	18.0	508	183	23.3	20.3	670	193	2640	20.7	33.8
×128	16.4	516	179	23.4	16.8	658	200	2550	19.7	34.4
×112	14.3	508	162	20.1	16.3	533	193	2100	12.3	29.5
×98.3	12.5	508	159	20.2	12.8	495	199	1950	11.8	30.4
S 460×104	13.3	457	159	17.6	18.1	385	170	1685	10.0	27.4
×81	10.4	457	152	17.6	11.7	335	180	1466	8.66	29.0
S 380×74	9.5	381	143	15.8	14.0	202	146	1060	6.53	26.2
×64	8.13	381	140	15.8	10.4	186	151	977	5.99	27.2
S 310×74	9.48	305	139	16.8	17.4	127	116	833	6.53	26.2
×60.7	7.73	305	133	16.7	11.7	113	121	741	5.73	26.8
×52	6.64	305	129	13.8	10.9	95.3	120	625	4.11	24.9
S 250×52	6.64	254	126	12.5	15.1	61.2	96	482	3.48	22.9
×38	4.81	254	118	12.5	7.9	51.6	103	406	2.83	24.2
S 200×34	4.37	203	106	10.8	11.2	27	78.7	266	1.79	20.3
×27	3.5	203	102	10.8	6.9	24	82.8	236	1.55	21.1
S 150×26	3.27	152	90	9.1	11.8	11.0	57.9	144	0.96	17.2
×19	2.36	152	84	9.1	5.8	9.20	62.2	121	0.76	17.9
S 130×15	1.89	127	76	8.3	5.4	5.07	51.8	79.8	0.513	16.3
S 100×14	1.80	102	70	7.4	8.3	2.83	39.6	55.5	0.38	14.5
×11	1.45	102	67	7.4	4.8	2.53	41.6	49.6	0.32	14.8
S 75×11.2	1.43	76	64	6.6	8.9	1.20	29.0	31.6	0.254	13.1
×8.5	1.07	76	59	6.6	4.3	1.03	31.0	27.1	0.190	13.3

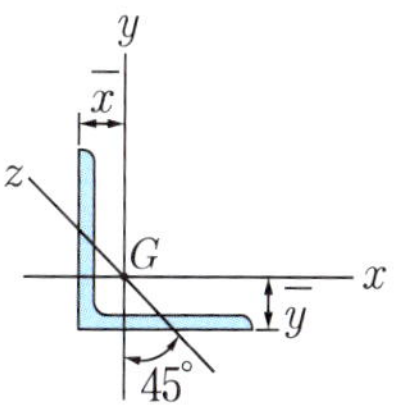

[부록 표 4-3] 강재 L형상 및 같은 길이 앵글의 특성 (SI 단위)

Size and Thickness [mm]	Mass [kg/m]	Area $\times 10^3$ [mm^2]	Axis x 또는 y				Axis z
			I $\times 10^6$ [mm]	k [mm]	Z $\times 10^3$ [mm^3]	$\bar{x}$ 또는 $\bar{y}$ [mm]	k [mm]
L 203×203×25.4	75.9	9.68	37	61.8	259	60.2	39.6
×19	57.9	7.36	29	62.8	200	57.9	40.1
×12.7	39.3	5.0	20.2	63.6	137	55.6	40.4
L 152×152×25.4	55.7	.1	14.8	45.6	140.4	47.2	29.7
×15.9	36	4.59	10.1	46.8	92.8	43.9	30.0
×9.5	22.2	2.8	6.41	47.8	57.8	41.7	30.2
L 127×127×19	35.1	4.48	6.53	38.2	74.2	38.6	24.8
×12.7	24.1	3.07	4.70	39.2	51.8	36.3	25.0
×9.5	18.3	2.33	3.64	39.5	39.7	35.3	25.1
L 102×102×19	27.5	3.51	3.19	30.1	46.0	32.3	19.8
×12.7	19	2.42	2.31	30.9	32.3	30.0	19.9
×6.4	9.8	1.25	1.27	31.8	17.2	27.7	20.2
L 89×89×12.7	16.5	0.21	1.52	26.9	24.5	26.9	17.4
×9.5	12.6	1.6	1.20	27.3	18.9	25.7	17.5
×6.4	8.6	1.09	0.84	27.71	3.0	24.6	17.6
L 76×76×12.7	14	1.77	0.92	22.8	17.5	23.7	14.8
×9.5	10.7	1.35	0.725	23.2	17.5	22.5	14.9
×6.4	7.3	0.93	0.52	23.6	9.46	21.4	15.0
L 64×64×12.7	11.4	1160	0.524	18.9	12.1	20.6	12.5
×9.5	8.7	1.13	0.419	19.3	9.40	19.4	12.5
×6.4	6.1	0.78	0.302	19.7	6.62	18.4	12.6
L 51×51×9.5	7.0	0.88	0.202	15.2	5.80	16.2	9.95
×6.4	4.7	0.61	0.147	15.5	4.09	15.1	9.94
×3.2	2.4	0.32	0.081	16.0	2.17	13.9	10.1

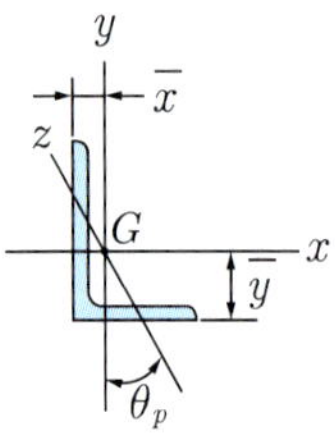

[부록 표 4-4] 강재 L 형상 및 길이가 다른 앵글의 특성 (SI 단위)

Size and Thickness [mm]	Mass [kg/m]	Area [mm^2]	Axis x				Axis y			Axis z	
			I $\times 10^6$ [mm^4]	k [mm]	Z $\times 10^3$ [mm^3]	$\bar{y}$ [mm]	I $\times 10^6$ [mm^4]	k [mm]	$\bar{x}$ [mm]	k [mm]	$\tan\theta_p$
L 203×152×25.4	65.5	8.39	33.6	63.3	247	67.3	16.2	43.9	41.9	32.5	0.543
×19.0	50.1	6.38	26.2	64.1	190	65.1	12.7	44.6	39.6	32.7	0.551
×12.7	34.1	4.35	18.4	65.1	131	62.7	9.03	45.6	37.3	33.0	0.558
L 152×102×19	35.0	4.48	10.2	47.7	102.4	52.8	3.61	28.4	27.4	21.8	0.428
×12.7	24.0	3.06	7.20	48.5	70.8	50.3	2.64	29.4	25.3	22.2	0.446
×9.5	18.2	2.33	5.62	49.1	54.4	49.3	2.04	29.6	23.9	22.3	0.446
L 127×76×12.7	19.0	2.42	3.93	40.3	47.7	44.5	1.07	21.1	19.1	16.5	0.357
×9.5	14.5	1.84	3.06	40.8	36.6	43.3	0.841	21.4	17.8	16.6	0.362
×6.4	9.8	1.25	2.13	41.2	25.1	42.2	0.60	21.9	16.7	16.8	0.371
L 102×76×12.7	16.4	2.10	2.10	31.6	31.0	33.8	1.01	21.9	21.0	16.2	0.543
×9.5	12.6	1.6	1.66	32.2	24.0	32.8	0.792	22.2	19.8	16.3	0.545
×6.4	8.6	1.09	1.15	32.5	16.4	31.5	0.57	22.8	18.7	16.5	0.558
L 89×64×12.7	13.9	1.80	1.35	27.6	23.1	30.5	0.57	17.9	17.9	13.6	0.486
×9.5	10.7	1.36	1.07	28.0	18.0	29.5	0.463	18.5	16.9	13.8	0.503
×6.4	7.3	0.93	0.75	28.4	12.4	28.2	0.32	18.7	15.6	13.8	0.506
L 76×64×12.7	12.6	1.62	0.87	23.2	17.0	25.4	0.54	18.3	19.1	13.2	0.667
×6.4	6.70	0.85	0.49	24.0	9.19	23.1	0.31	19.1	16.8	13.4	0.684
L 64×51×9.5	7.89	1.00	0.38	19.5	8.96	21.1	0.21	14.7	14.8	10.7	0.614
×6.4	5.39	0.68	0.27	19.9	6.24	20.0	0.16	15.0	13.6	10.8	0.626

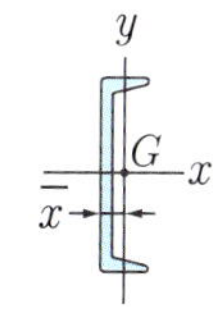

[부록 표 4-5] 강재 C형상 및 채널단면의 특성 (미국표준)

Designation [mm]	Area $\times 10^3$ [mm^2]	Depth [mm]	Flange		Web Thickness [mm]	Axis x			Axis y		
			Width [mm]	Thickness [mm]		I $\times 10^6$ [mm^4]	k [mm]	Z $\times 10^3$ [mm^3]	I $\times 10^6$ [mm^4]	k [mm]	$\bar{x}$ [mm]
C 380×74	9.48	381	94	16.5	18.2	168	133	883	4.58	22.0	20.3
×60	7.61	381	89	16.5	13.2	145	138	763	3.84	22.5	19.8
×50	6.43	381	86	16.5	10.2	131	143	688	3.38	23.0	20.0
C 310×45	5.69	305	80	12.7	13	67.4	109	442	2.14	19.4	17.1
×37	4.74	305	77	12.7	9.8	59.9	113	393	1.86	19.8	17.1
×31	3.93	305	74	12.7	7.2	53.5	117	352	1.62	20.3	17.7
C 250×45	5.69	254	76	11.1	17.1	42.9	86.9	338	1.64	17.0	16.5
×37	4.74	254	73	11.1	13.4	38.0	89.4	299	1.40	17.2	15.7
×30	3.78	254	69	11.1	9.6	32.8	93	258	1.17	17.6	15.4
C 230×30	3.8	229	67	10.5	11.4	25.4	81.8	222	0.997	16.2	14.7
×22	2.84	229	63	10.5	7.2	21.2	86.4	185	0.796	16.7	14.9
×19.9	2.53	229	61	10.5	5.9	19.8	88.5	173	0.708	16.7	15.0
C 200×28	3.56	203	64	9.9	12.4	18.3	71.6	180	0.82	15.2	14.4
×21	2.61	203	59	9.9	7.7	15.0	75.9	148	0.64	15.6	14.1
×17	2.18	203	57	9.9	5.6	13.6	79.0	134	0.55	15.9	14.5
C 180×18.2	2.31	178	55	9.3	8.0	10.0	65.8	112	0.470	14.3	13.1
×14.6	1.85	178	53	9.3	5.3	8.83	69.1	99.2	0.400	14.7	13.7
C 150×19	2.47	152	54	8.7	11.1	7.24	54.1	95.3	0.44	13.3	13.1
×16	1.99	152	51	8.7	8.0	6.33	56.4	83.3	0.36	13.4	12.7
×12	1.55	152	48	8.7	5.1	5.45	59.4	71.7	0.29	13.6	13.0
C 130×13	1.71	127	48	8.1	8.3	3.70	46.5	58.3	0.264	12.4	12.2
×10.4	1.31	127	47	8.1	4.8	3.75	49.8	51.2	0.229	13.2	13.0
C 100×11	1.37	102	43	7.5	8.2	1.91	37.3	37.5	0.18	11.4	11.7
×8	1.03	102	40	7.5	4.7	1.60	39.6	31.4	0.13	11.4	11.6
C 75×8.9	1.13	76.2	40	6.9	9.0	0.85	027.4	22.3	0.122	10.4	11.3
×7.4	0.94	76.2	37	6.9	6.6	0.751	28.3	19.7	0.095	10.1	10.8
×6.1	0.76	76.2	35	6.9	4.3	0.671	29.6	17.6	0.076	10.0	10.8

연습문제 해답

1장 연습문제

[1-1] 4.1 [kW], 5.6 [PS] [1-2] 75 [kN · m] [1-3] 5.88 [kN · m], 3.92 [kN · m]

[1-4] 1765.3 [kW] [1-5] 600 [N · mm], $P = 30$ [N]

[1-6] $F_{AC} = 4246.6$ [N] ≒ 4.25 [kN], $F_{BC} = 2451.8$ [N] ≒ 2.45 [kN]

[1-7] $R_A = R_B = \dfrac{Pa}{l}$

짝힘 모멘트 $M_0 = Pa$ 는 동일평면의 어떤 점에 대해서도 같은 효과를 준다.

[1-8] $P = \dfrac{T(r_2 - r_1)}{r_2} = \dfrac{W(r_2 - r_1)}{2r_2}$, $T = \dfrac{W}{2}$

[1-9] $R_B = 419.0$ [N] (↓), $F_{Ax} = -209.5$ [N] (←), $F_{Ay} = 462.9$ [N] (↑)

[1-10] $W = 51.93$ [kN] (↓) [1-11] $F_{AB} = 1.66$ [kN], $F_{Cx} = 0.43$ [kN], $F_{Cy} = 3.40$ [kN]

2장 연습문제

[2-1] 18849.6 [N] ≒ 18.85 [kN] [2-2] 32.6 [mm] [2-3] 16.98 [N/mm^2] = 16.98 [MPa]

[2-4] 0.49 [mm] [2-5] 6×10^4 [N/mm^2] = 6×10^4 [MPa] = 60 [GPa] [2-6] 29.99 [mm]

[2-7] 0.31 [mm^2] : 증가량 [2-8] 2 [mm^3] : 감소량 [2-9] 26389.4 [N] ≒ 26.4 [kN]

[2-10] 28274.3 [N] ≒ 28.3 [kN] [2-11] $d_2 = 36.5$ [mm], $d_1 = 16.5$ [mm]

3장 연습문제

[3-1] $\sigma_1 = 203.7$ [N/mm^2] = 203.7 [MPa], $\sigma_2 = 40.6$ [N/mm^2] = 40.6 [MPa]

$\delta_1 = 0.08$ [mm], $\delta_2 = 0.02$ [mm], $\delta = 0.1$ [mm]

[3-2] $F_s = 6.452$ [kN], $F_c = 1.7754$ [kN]

$\sigma_s = 215.1$ [N/mm^2] = 215.1 [MPa], $\sigma_c = 59.1$ [N/mm^2] = 59.1 [MPa]

$\delta_s = \delta_c = 0.54$ [mm]

[3-3] $R_A = \dfrac{Pb}{a+b} = \dfrac{Pb}{l}$, $R_B = \dfrac{Pa}{a+b} = \dfrac{Pa}{l}$ [3-4] $\delta = 0.67$ [mm] [3-5] $\delta = 0.69$ [mm]

[3-6] $\delta_c = \dfrac{P}{E(A_1/l_1 + A_2/l_2)} = \dfrac{Pl_1 l_2}{E(A_1 l_2 + A_2 l_1)} = \dfrac{4Pl_1 l_2}{\pi E(d_1^2 l_2 + d_2^2 l_1)}$

[3-7] $P_B = \dfrac{1}{2}P_C$, $P_C = \dfrac{4}{5}P$ [3-8] $F_2 = \dfrac{A_2 E_2 l_1}{A_1 E_1 l_2 + A_2 E_2 l_1}(W + w)$, $x = \left(F_2 - \dfrac{wl}{2}\right)\dfrac{l}{W}$

[3-9] $P_s = 0.656\,P_a\,[\mathrm{N}]$, $P_a = 0.344\,P_s\,[\mathrm{N}]$

[3-10] 철근에 작용하는 하중 : $P_s = 112\,[\mathrm{kN}]$, 전하중 : $P = 168\,[\mathrm{kN}]$

$P = P_c + P_s = 386.4\,[\mathrm{kN}]$

작용시킬 수 있는 전하중 : $P = 168\,[\mathrm{kN}]$

[3-11] $R_{Ax} = 10\,[\mathrm{kN}]\,(\rightarrow)$, $R_{Dy} = 9.33\,[\mathrm{kN}]\,(\uparrow)$, $R_{Ay} = 10.67\,[\mathrm{kN}]\,(\uparrow)$

$F_{AB} = 12.32\,[\mathrm{kN}]\,(\uparrow)$, $F_{AE} = -3.84\,[\mathrm{kN}]\,(\leftarrow)$, $F_{BE} = -10.77\,[\mathrm{kN}]\,(\downarrow)$,

$F_{BC} = -0.775\,[\mathrm{kN}]\,(\leftarrow)$

[3-12] $R_{Ay} = 25\,[\mathrm{kN}]$, $R_{Ey} = 35\,[\mathrm{kN}]$, $F_{BC} = -40\,[\mathrm{kN}]\,(\leftarrow)$, $F_{FG} = 25\,[\mathrm{kN}]$, $R_{BG} = 21.22\,[\mathrm{kN}]$

4장 연습문제

[4-1] $\sigma_n = 15.92\,[\mathrm{N/mm^2}] = 15.92\,[\mathrm{MPa}]$, $\tau_n = 15.92\,[\mathrm{N/mm^2}] = 15.92\,[\mathrm{MPa}]$

[4-2] $\sigma_n = -1.5\,[\mathrm{N/mm^2}] = -1.5\,[\mathrm{MPa}]$, $\tau_n = -0.87\,[\mathrm{N/mm^2}] = -0.87\,[\mathrm{MPa}]$

$\sigma_n' = -0.5\,[\mathrm{N/mm^2}] = -0.5\,[\mathrm{MPa}]$, $\tau_n' = 0.87\,[\mathrm{N/mm^2}] = 0.87\,[\mathrm{MPa}]$

[4-3] $\sigma_n = 65\,[\mathrm{MPa}] = 105\,[\mathrm{N/mm^2}]$, $\tau_n = 60.6\,[\mathrm{MPa}] = 60.6\,[\mathrm{N/mm^2}]$

$\sigma_{\max} = \sigma_x = 100\,[\mathrm{MPa}] = 100\,[\mathrm{N/mm^2}]$, $\tau_{\max} = 70\,[\mathrm{MPa}] = 70\,[\mathrm{N/mm^2}]$

[4-4] (a) $\sigma_1 = \sigma_{\max} = 23.6\,[\mathrm{MPa}]$, $\sigma_2 = \sigma_{\min} = 2.4\,[\mathrm{MPa}]$

(b) $\tau_{\max} = 10.6\,[\mathrm{MPa}]$, $\phi_s = -20.6°$ (↺), 또는 $69.4°$ (↻), $\sigma_n = \sigma_m - 13\,[\mathrm{MPa}]$

(c) $\phi = 24.4°$ (↻ : 시계방향)

[4-5] 모어의 응력원 : [그림 4-A]

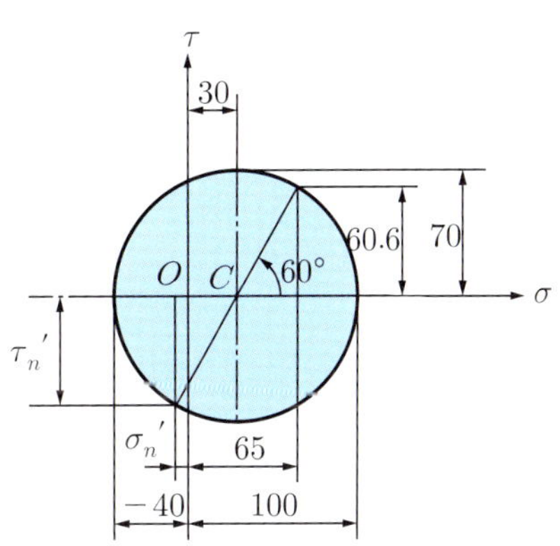

[그림 4-A]

[4-6] $\sigma_n = 300\,[\mathrm{N/mm^2}]$, $\tau_n = 346.4\,[\mathrm{N/mm^2}]$

$\sigma_n{}' = -100\,[\mathrm{N/mm^2}]$, $\tau_n{}' = -346.41\,[\mathrm{N/mm^2}]$

$\sigma_{\max} = \sigma_x = 500\,[\mathrm{N/mm^2}]$, $\sigma_{\min} = \sigma_y = -300\,[\mathrm{N/mm^2}]$

[4-7] (a) 모어의 응력원 : [그림 4-C(a)]

(b) $\sigma_1 = \sigma_{\max} = 23.6\,[\mathrm{N/mm^2}] = 23.6\,[\mathrm{MPa}]$

$\sigma_2 = \sigma_{\min} = 2.4\,[\mathrm{N/mm^2}] = 2.4\,[\mathrm{MPa}]$

(c) $\tau_{\max} = \dfrac{\sigma_1 - \sigma_2}{2} = \dfrac{23.6 - 2.4}{2} = 10.6\,[\mathrm{N/mm^2}] = 10.6\,[\mathrm{MPa}] = \mathrm{R}$

(d) $\phi = \dfrac{1}{2}\tan^{-1}\left(\dfrac{2\tau_{xy}}{\sigma_x - \sigma_y}\right) = 24.4°$ (↻ : 시계방향) : [그림 4-C(b)]

(e) $\phi_s = -20.6°$ (↺ : 반시계방향) : [그림 4-C(b)]

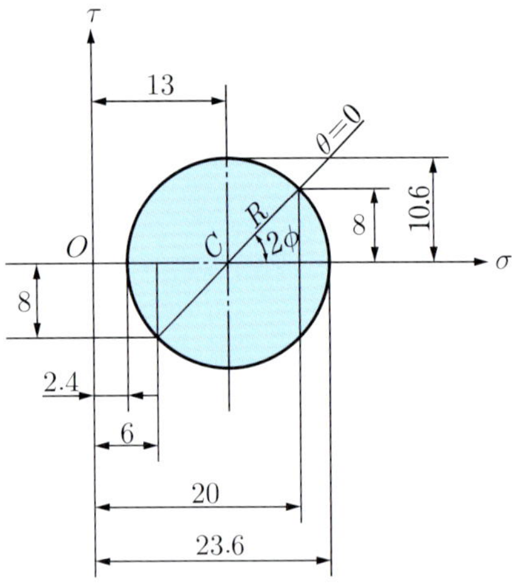

(a)

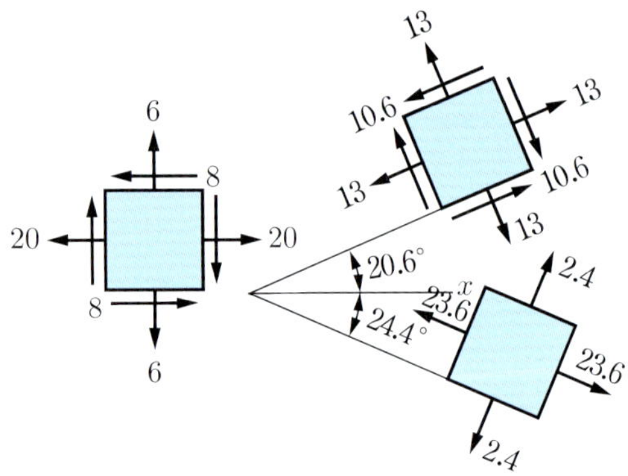

(b)

[그림 4-C]

[4-8] $\sigma_x = -\dfrac{300 \times 10^3}{40 \times 15} = -500\,[\mathrm{N/mm^2}] = -500\,[\mathrm{MPa}]$

$\sigma_y = \dfrac{150 \times 10^3}{50 \times 15} = 200\,[\mathrm{N/mm^2}] = 200\,[\mathrm{MPa}]$

$\tau_{xy} = -100\,[\mathrm{N/mm^2}] = -100\,[\mathrm{MPa}]$

(a) $\sigma_1 = \sigma_{\max} = -514\,[\mathrm{N/mm^2}] = -514\,[\mathrm{MPa}]$: 압축응력

$\sigma_2 = \sigma_{\min} = 214\,[\mathrm{N/mm^2}] = 214\,[\mathrm{MPa}]$: 인장응력

(b) $\tau_{\max} = 364\,[\mathrm{N/mm^2}] = 364\,[\mathrm{MPa}]$

(c) $\phi = \dfrac{1}{2}(15.94°) \fallingdotseq 8°$ (↻ : 시계방향)

(c) $\phi_s = -37°$ (↺ : 반시계방향)

[4-9] $\sigma_x = -\dfrac{300\times10^3}{40\times15} = -500\,[\mathrm{N/mm^2}] = -500\,[\mathrm{MPa}]$

$\sigma_y = \dfrac{150\times10^3}{50\times15} = 200\,[\mathrm{N/mm^2}] = 200\,[\mathrm{MPa}]$

$\tau_{xy} = 100\,[\mathrm{N/mm^2}] = 100\,[\mathrm{MPa}]$

(a) 모어의 응력원 : [그림 4-D(a)]

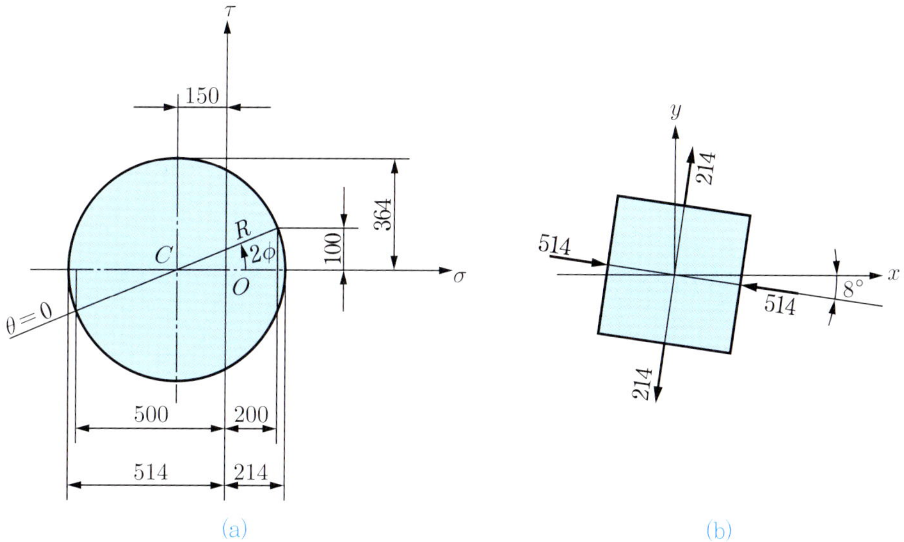

[그림 4-D]

(b) $\sigma_1 = \sigma_{\max} = -514\,[\mathrm{N/mm^2}] = -514\,[\mathrm{MPa}]$: 인장응력

$\sigma_2 = \sigma_{\min} = 214\,[\mathrm{N/mm^2}] = 214\,[\mathrm{MPa}]$: 압축응력

(c) $\tau_{\max} = 364\,[\mathrm{N/mm^2}] = 364\,[\mathrm{MPa}]$: 모어 응력원의 반지름

(d) $\phi = \dfrac{1}{2}\tan^{-1}\left(\dfrac{2\tau_{xy}}{\sigma_x - \sigma_y}\right) = \dfrac{1}{2}\tan^{-1}(0.2857) \fallingdotseq 8°$ (↻ : 시계방향) : [그림 4-D(b)]

[4-10] $\sigma_x = \dfrac{360\times10^3}{400\times60} = 15\,[\mathrm{N/mm^2}] = 15\,[\mathrm{MPa}]$

$\sigma_y = -\dfrac{90\times10^3}{300\times60} = -5\,[\mathrm{N/mm^2}] = -5\,[\mathrm{MPa}]$

$\tau_{xy} = -10\,[\mathrm{N/mm^2}] = -10\,[\mathrm{MPa}]$

(a) $\sigma_1 = \sigma_{\max} = 19.1\,[\mathrm{N/mm^2}] = 19.1\,[\mathrm{MPa}]$

$\sigma_2 = \sigma_{\min} = -9.1\,[\mathrm{N/mm^2}] = -9.1\,[\mathrm{MPa}]$

(c) 최대전단응력 :

$\tau_{\max} = 14.1\,[\mathrm{N/mm^2}] = 14.1\,[\mathrm{MPa}]$

(d) 주응력 작용 방향 :

$\phi = -22.5°$ (↺ : 반시계방향)

[4-11] $\sigma_x = \dfrac{360 \times 10^3}{400 \times 60} = 15\,[\mathrm{N/mm^2}] = 15\,[\mathrm{MPa}]$

$\sigma_y = -\dfrac{90 \times 10^3}{300 \times 60} = -5\,[\mathrm{N/mm^2}] = -5\,[\mathrm{MPa}]$

$\tau_{xy} = -10\,[\mathrm{N/mm^2}] = -10\,[\mathrm{MPa}]$

(a) 모어의 응력원 : [그림 4-E(a)]

(b) $\sigma_1 = \sigma_{\max} = 19.1\,[\mathrm{N/mm^2}] = 19.1\,[\mathrm{MPa}]$

$\sigma_2 = \sigma_{\min} = -9.1\,[\mathrm{N/mm^2}] = -9.1\,[\mathrm{MPa}]$

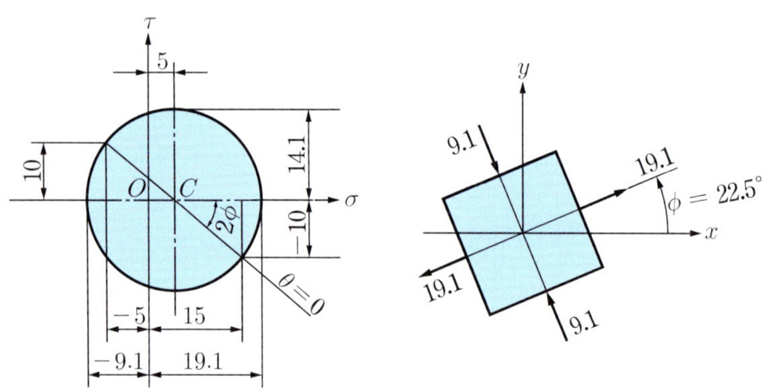

(a) (b)

[그림 4-E]

(c) $\tau_{\max} = \dfrac{\sigma_1 - \sigma_2}{2} = 14.1\,[\mathrm{N/mm^2}] = 14.1\,[\mathrm{MPa}]$

(d) $\phi = 22.5°$ (↺ : 반시계방향) : [그림 4-E(b)]

[4-12] $\varepsilon_x = \dfrac{1}{E}(\sigma_x - \nu\sigma_y) = \dfrac{1}{200 \times 10^3}(100 + 0.3 \times 50) = 575 \times 10^{-6}$ (인장)

$\varepsilon_y = \dfrac{1}{E}(\sigma_y - \nu\sigma_x) = \dfrac{1}{200 \times 10^3}(-50 - 0.3 \times 100) = -400 \times 10^{-6}$ (압축)

[4-13] $\sigma_x = \dfrac{(\varepsilon_x + \nu\varepsilon_y)E}{1-\nu^2} = \dfrac{(300 \times 10^{-6} - 0.3 \times 200 \times 10^{-6}) \times 205 \times 10^3}{1 - 0.3^2}$

$= 54.1\,[\mathrm{N/mm^2}] = 54.1\,[\mathrm{MPa}]$ (인장)

$\sigma_y = \dfrac{(\varepsilon_y + \nu\varepsilon_x)E}{1-\nu^2} = \dfrac{(-200 \times 10^{-6} + 0.3 \times 300 \times 10^{-6}) \times 205 \times 10^3}{1 - 0.3^2}$

$= -24.8\,[\mathrm{N/mm^2}] = -24.8\,[\mathrm{MPa}]$ (압축)

[4-14] $\therefore\ U_a : U_b : U_c = \dfrac{1}{2} : \dfrac{1}{5} : \dfrac{1}{10} = 5 : 2 : 1$

[4-15] $\varepsilon = 0.0004$, $\varepsilon' = 0.00011$, $\nu = 0.275$, $E = 199\,[\mathrm{GPa}]$, $G = 78\,[\mathrm{GPa}]$

[4-16] $\sigma_h = 123.6\,[\text{N/mm}^2] = 123.6\,[\text{MPa}]$

$P = 38830\,[\text{N}] = 38.83\,[\text{kN}]$

[4-17] $\sigma_h = 309\,[\text{N/mm}^2] = 309\,[\text{MPa}]$

[4-18] $u = 0.001\,[\text{N} \cdot \text{mm/mm}^3]$

[4-19] $\sigma = 170.5\,[\text{N/mm}^2] = 170.5\,[\text{MPa}]$

[4-20] $\delta_1 + \delta_2 = \dfrac{\sigma_1}{E_1} l_1 = \dfrac{\sigma_2}{E_2} l_2, \quad \delta = \alpha_1(t - t_0) l_1 + \alpha_2(t - t_0) l_2$

$$\sigma_1 = \frac{(\alpha_1 l_1 + \alpha_2 l_2)(t - t_0)}{(l_1/E_1) + (A_1 l_2 / A_2 E_2)}, \quad \sigma_2 = \frac{(\alpha_1 l_1 + \alpha_2 l_2)(t - t_0)}{(l_2/E_2) + (A_2 l_1 / A_1 E_1)}$$

[4-21] $t = \dfrac{pD}{2\sigma_a \eta} = \dfrac{1.2 \times 500}{2 \times 60 \times 0.8} = 6.25\,[\text{mm}]$

[4-22] $D = \dfrac{2t\sigma_t \eta}{pS} = \dfrac{2 \times 1.2 \times 410 \times 0.85}{0.6 \times 4} = 348.5\,[\text{mm}]$

[4-23] (a) $\sigma_1 = \dfrac{pD}{2t} = \dfrac{6 \times 1000}{2 \times 10} = 300\,[\text{MPa}] = 300\,[\text{N/mm}^2]$

(b) $\sigma_2 = \dfrac{pD}{4t} = \dfrac{6 \times 1000}{4 \times 10} = 150\,[\text{MPa}] = 150\,[\text{N/mm}^2]$

(c) 응력의 표시 : [그림 4-F(a)]

(d) 모어의 응력원 : [그림 4-F(b)]

$$\sigma_n = \sigma_m + \frac{(300 - 150)}{2} \cos 60° = 262.5\,[\text{MPa}]$$

$$\tau_n = 75 \sin 60° = 65\,[\text{MPa}]$$

$$\tau_{\max} = \frac{\sigma_1 - \sigma_2}{2} = \frac{300 - 150}{2} = 75\,[\text{MPa}]$$

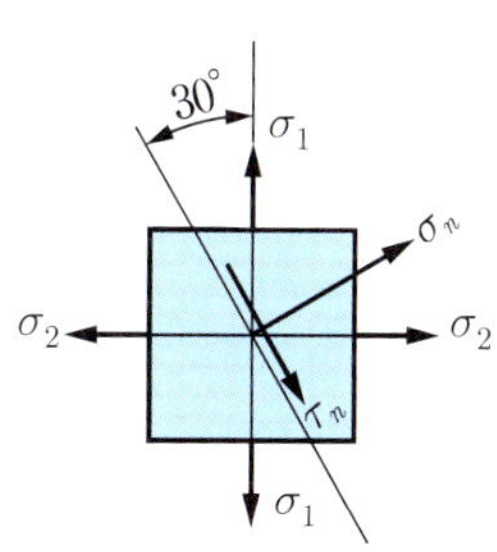

(a)

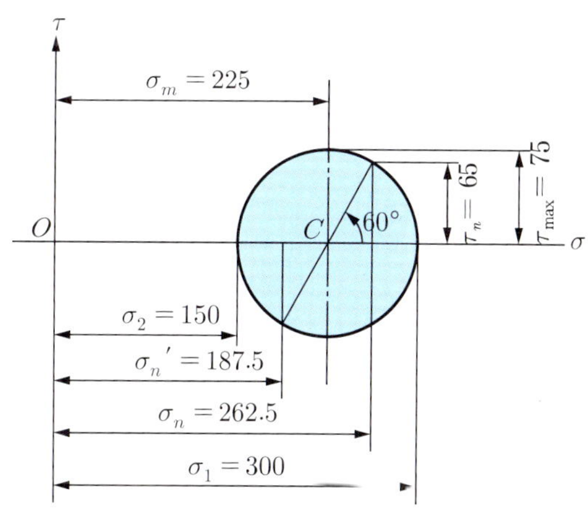

(b)

[그림 4-F]

[4-24] $r_m = \sqrt{\dfrac{900 g\sigma_a}{\gamma\pi^2 N^2}} = \dfrac{30}{\pi N}\sqrt{\dfrac{g\sigma_a}{\gamma}} = 570\,[\text{mm}]$

$\therefore\ d = 2r_m = 2\times 570 = 1140\,[\text{mm}]$

[4-25] $N = \dfrac{30}{\pi r}\sqrt{\dfrac{g\sigma_a}{\gamma}} = 2272\,[\text{rpm}]$

[4-26] $\varepsilon_x = \dfrac{1}{E}(\sigma_x - \nu\sigma_y) = \dfrac{1}{E}(\sigma_x + 0.45\times 1500) = 0,\ \ \sigma_x = -675\,[\text{N/mm}^2] = -675\,[\text{MPa}]$

$\tau_{xy} = 0$ 일 때 최대전단응력의 방향은 $\theta = 45°$

$\tau_{\max} = 412.5\,[\text{N/mm}^2] = 412.5\,[\text{MPa}]$

[4-27] $\sigma_n = 30 + 70\cos 60° = 65\,[\text{MPa}] = 65\,[\text{N/mm}^2]$

$\tau_n = 70\sin 60° = 60.6\,[\text{MPa}] = 60.6\,[\text{N/mm}^2]$

5장 연습문제

[5-1] $\bar{x} = 140.4\,[\text{mm}]$ [5-2] $\bar{x} = \dfrac{5}{6}R$ [5-3] $\bar{y} = \dfrac{4r}{3\pi}$ [5-4] $\bar{x} = \dfrac{3b}{4},\ \bar{y} = \dfrac{3h}{10}$

[5-5] $I_x = \dfrac{(9\pi^2-64)r^4}{72\pi} = \dfrac{(9\pi^2-64)d^4}{1152\pi}$ [5-6] $I_X = \dfrac{h^3}{12}(3a+b)$

[5-7] $b:h = \dfrac{d}{\sqrt{3}} : \sqrt{\dfrac{2}{3}}\,d = 1:\sqrt{2}$ [5-8] $Z = 50666.7\,[\text{mm}^3] \fallingdotseq 50.7\,[\text{cm}^3]$

[5-9] $\bar{y} = 62.5\,[\text{mm}]$ [5-10] $I_x = \dfrac{a^4}{12},\ I_X = \dfrac{7a^4}{12}$

[5-11] $\bar{x} = \dfrac{G_Y}{A} = \dfrac{89000}{2600} = 34.2\,[\text{mm}],\ \bar{y} = \dfrac{G_X}{A} = \dfrac{104000}{2600} = 40\,[\text{mm}]$

[5-12] $\bar{y} = 30\,[\text{mm}],\ I_x = 2186666.7\,[\text{mm}^4] \fallingdotseq 218.7\,[\text{cm}^4],\ I_x = 506.7\,[\text{cm}^4]$

[5-13] $I_x = 5586666.7\,[\text{mm}^4] \fallingdotseq 559\,[\text{cm}^4]$

[5-14] $\bar{x} = 38.6\,[\text{mm}],\ I_x = 1098666.7\,[\text{mm}^4] = 1099\,[\text{cm}^4],\ I_y = 3548576\,[\text{mm}^4] \fallingdotseq 355\,[\text{cm}^4]$

[5-15] $I_{xy} = \dfrac{b^2h^2}{8},\ I_{XY} = \dfrac{b^2h^2}{72}$ [5-16] $J_y = \dfrac{ml^2}{3}$ [5-17] $J_x = J_y = \dfrac{1}{4}mR^2,\ J_z = \dfrac{1}{2}mR^2$

[5-18] $J_x = \dfrac{3}{10}mR^2$

6장 연습문제

[6-1] $\sigma = 81.5\,[\mathrm{N/mm^2}] = 81.5\,[\mathrm{MPa}]$, $\phi = 0.0407\,[\mathrm{rad}] = 2.33°$ **[6-2]** $55.2\,[\mathrm{mm}]$

[6-3] $0.086\,[\mathrm{rad}] = 4.93°$ **[6-4]** 0.783, $d_2/d = 1.022$, 0.783

[6-5] $T_A = 4\times10^5\,[\mathrm{N\cdot mm}] = 400\,[\mathrm{N\cdot m}]$, $T_B = 6\times10^5\,[\mathrm{N\cdot mm}] = 600\,[\mathrm{N\cdot m}]$

$\phi_C = 0.0049\,[\mathrm{rad}] = 0.28°$

[6-6] $T_{BD} = \dfrac{Tl}{3l} = \dfrac{1}{3}T$, $T_{AC} = \dfrac{Tl}{3l} = \dfrac{1}{3}T$

$T_{BC} = -\dfrac{1}{3}T - \dfrac{1}{3}T = -\dfrac{2}{3}T$ (반시계방향)

[6-7] $\phi = \dfrac{T_A l_A}{GI_{pA}} = \dfrac{T_B l_B}{GI_{pB}}$, $\dfrac{T_A}{T_B} = 6$

[6-8] $T_{ab} = 716175\,[\mathrm{N\cdot mm}] \fallingdotseq 716\,[\mathrm{N\cdot m}]$, $\tau_{ab} = 29.18\,[\mathrm{N/mm^2}] = 29.18\,[\mathrm{MPa}]$

$\phi_{ab} = 0.0175\,[\mathrm{rad}] = 1°$, $T_{bc} = 2838725\,[\mathrm{N\cdot mm}] \fallingdotseq 239\,[\mathrm{N\cdot m}]$

$\tau_{bc} = 9.73\,[\mathrm{N/mm^2}] = 9.73\,[\mathrm{MPa}]$, $\phi_{ab} = 0.0073\,[\mathrm{rad}] = 0.42°$

$\phi = \phi_{ab} + \phi_{bc} = 0.0248\,[\mathrm{rad}] = 1.42°$

따라서 [그림 6－31(a)]에서 가정한 것과 같이 이 축의 양쪽 B, C부분이 모두 같은 방향으로 비틀림 모멘트가 작용한다.

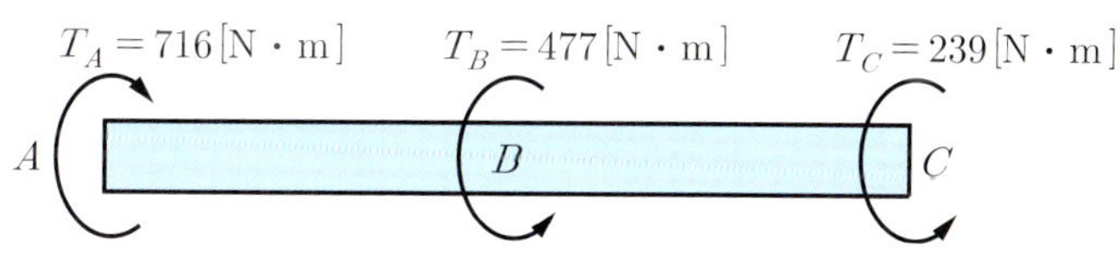

[그림 6-31(a)]

[6 9] $P = 409\,[\mathrm{N}]$, $n = 6$ 개 **[6-10]** (a) $U = 14\,[\mathrm{N\cdot m}]$, (b) $G = 77.6\,[\mathrm{GPa}]$

[6-11] (a) $884\,[\mathrm{N/mm^2}] = 884\,[\mathrm{MPa}]$

(b) $\phi = \dfrac{884\times500}{30^2\times65\times10^3} = 0.227\,[\mathrm{rad}] = 13°$

[6-12] $2771\,[\mathrm{N\cdot mm}]$

7장 연습문제

[7-1] (1) $R_A = 100$[N](↑), $R_B = -10$[N](↓)

(2) (a) $F_{AC} = R_A = 100$[N] (b) $F_{CD} = -80$[N] (c) $F_{DB} = 10$[N]

(3) (a) $M_{AC} = 100x$[N·m] (b) $M_{CD} = -80x + 270$[N·m]

(c) $M_{DB} = 10x - 45$[N·m]

(4) SFD, BMD 생략

[7-2] (1) $R_A = 5$[kN] $R_B = 35$[kN] (2) (a) $F_{AD} = -R_A = 5$[kN] (b) $F_{DB} = -R_B = -35$[kN]

(3) (a) $M_A = 0$ (b) $M_{C1} = 10$[kN·m] $M_{C2} = 60$[kN·m] (c) $M_D = 70$[kN·m]

(d) $M_B = 0$

(4) SFD, BMD 생략

[7-3] (1) $R_B = 50$[N] (2) (a) $F_{AC} = 15x$ ∴ $F_A = 0$ $F_C = 30$[N]

(b) $F_{BD} = 50$[N] $F_B = R_B = 50$[N]

(3) (a) $M_{AC} = 30$[N·m] (b) $M_D = 60$[N·m] (c) $M_B = 110$[N·m]

(4) SFD, BMD 생략

[7-4] (1) $M_B = 20$[N·m] (2) $F_A = F_B = F_C = 0$[N]

(3) $M_A = -30$[N·m], $M_B = 20$[N·m], $M_C = 50$[N·m], $M_{CB} = M_B = 20$[N·m]

(4) SFD, BMD 생략

[7-5] (1) $R_A = 156.5$[N], $R_B = 75.5$[N] (2) (a) $F_{CA} = -100$[N] (b) $F_A = 56.5$[N],

(c) $F_E = 24.5$[N] (d) $F_{B1} = 20.5$[N], $F_{B2} = 60$[N]

(3) (a) $M_C = 0$, $M_A = -300$[N·m] (b) $M_E = 138$[N·m] (c) $M_B = -120$[N·m]

(d) $M_D = 0$

(4) SFD, BMD 생략

[7-6] (1) $R_A = 20$[N], $R_B = 0$[N] (2) (a) $F_{CA} = -20$[N] (b) $F_{AB} = 0$[N]

(3) (a) $M_C = 0$ (b) $M_A = -40$[N·m] (c) $M_{D1} = -40$[N·m], $M_{D2} = -100$[N·m]

(d) $M_B = -100$[N·m]

(4) SFD, BMD 생략

[7-7] $F = -4500$[N] $= -4.5$[kN], $M = -6375$[N·m] $= -6.375$[kN·m]

[7-8] $R_A = 5$[kN], $M = 5$[kN·m] [7-9] $R_B = 3$[kN], $R_A = 0$, $F_{AB} = 0$, $M_{AB} = -6$[kN·m]

[7-10] $R_A = \dfrac{P(b-c) - Qd}{l}$, $R_B = \dfrac{P(a+c) + Qd}{l}$

[7-11] $M_A = 7 \times 10^5$[N·mm] $= 700$[N·m] [7-12] $M_B = 2$[kN·m]

[7-13] 1.732[m] [7-14] 4.5[kN·m]

8장 연습문제

[8-1] $R_A = 600\,[\text{N}]$, $M_x = 12 \times 10^4\,[\text{N} \cdot \text{mm}]$, $\sigma_x = 152.8\,[\text{N/mm}^2] = 152.8\,[\text{MPa}]$

$M_{\max} = 24 \times 10^4\,[\text{N} \cdot \text{mm}]$, $\sigma_{\max} = 305.58\,[\text{N/mm}^2] = 305.58\,[\text{MPa}]$

$\tau_{\max} = 2.55\,[\text{N/mm}^2] = 2.55\,[\text{MPa}]$

[8-2] $R_A = R_B = P = 2\,[\text{kN}] = 2 \times 10^3\,[\text{N}]$

$M_{\max} = M_C = M_D = 2\,[\text{kN} \cdot \text{m}] = 2 \times 10^6\,[\text{N} \cdot \text{mm}]$, $\sigma_{\max} = 94.3\,[\text{N/mm}^2] = 94.3\,[\text{MPa}]$

[8-3] $I_x = 35173333\,[\text{mm}^4] = 3517.3\,[\text{cm}^4]$, $M = 219812.5\,[\text{N} \cdot \text{cm}] = 21.98\,[\text{kN} \cdot \text{m}]$

[8-4] $\rho = 10000\,[\text{mm}] = 10\,[\text{m}]$

[8-5] $M = 42 \times 10^4\,[\text{N} \cdot \text{cm}] = 4200\,[\text{N} \cdot \text{m}]$

$\sigma_{\max} = 20160\,[\text{N/cm}^2] = 201.6\,[\text{N/mm}^2] = 201.6\,[\text{MPa}]$

$\tau_{\max} = 360\,[\text{N/cm}^2] = 3.6\,[\text{N/mm}^2] = 3.6\,[\text{MPa}]$

[8-6] $M_{\max} = 75\,[\text{N} \cdot \text{m}]$, $\sigma_{\max} = 25\,[\text{N/mm}^2] = 25\,[\text{MPa}] < \sigma_a = 60\,[\text{MPa}]$

$F = R_A = R_B = 30\,[\text{N}]$, $\tau_{\max} = 0.075\,[\text{N/mm}^2] = 0.075\,[\text{MPa}] < \tau_a = 4\,[\text{MPa}]$

[8-7] $\tau_{\max} = 3059\,[\text{N/cm}^2] = 30.59\,[\text{N/mm}^2] = 30.59\,[\text{MPa}]$

[8-8] $\tau_1 = 32.8\,[\text{N/cm}^2] = 0.328\,[\text{N/mm}^2] = 0.328\,[\text{MPa}]$

$\tau_2 = 98.4\,[\text{N/cm}^2] = 0.98\,[\text{N/mm}^2] = 0.98\,[\text{MPa}]$

[8-9] $9418\,[\text{N/cm}^2] = 94.18\,[\text{N/mm}^2] = 94.18\,[\text{MPa}]$ [8-10] $31.2\,[\text{mm}]$

[8-11] $d = 45.8\,[\text{mm}]$ [8-12] $3.4\,[\text{N/mm}^2] = 3.4\,[\text{MPa}]$

[8-13] $\tau_1 = 31.83\,[\text{N/mm}^2]$, $\tau_2 = 53.05\,[\text{N/mm}^2]$, $\tau_{\max} = \tau_1 + \tau_2 = 84.88\,[\text{N/mm}^2]$ [8-14] 1.73

[8-15] 플랜지의 목 아래($y = h/2$)에서 전단흐름 : $q = Phtb/2I$

웨브의 중앙에 대한 전단흐름 : $q_{\max} = \dfrac{Pth}{2I}\left(b + \dfrac{h}{4}\right)$

[8-16] $e = \dfrac{Fh}{P} = \dfrac{th^2b^2}{4I}$

9장 연습문제

[9-1] $\delta_1 = \dfrac{5wl^4}{384EI}$, $\delta_2 = \dfrac{Rl^3}{48EI}$, $R = \dfrac{5}{8}wl$ [9-2] $\sigma = 61.8[\text{N/mm}^2] = 61.8[\text{MPa}]$

[9-3] $\rho = 93750[\text{mm}] = 93.75[\text{m}]$ [9-4] $R_{A1} = 8[\text{kN}]$, $x = 3.165[\text{m}]$, $\delta_{max} = 1.54[\text{mm}]$

[9-5] $\delta_{max} = \dfrac{5Pa^3}{6EI} = \dfrac{5Pl^3}{384EI}$ [9-6] $\delta_A = 2.16[\text{mm}]$

[9-7] $\delta_B = 27.2[\text{mm}]$, $\theta_B = 0.034[\text{rad}] = 1.95°$, $x = 331.7[\text{mm}]$, $\delta_{max} = 7.5[\text{mm}]$

[9-8] $y_s = \dfrac{\alpha w_0}{6AGl}(x^3 - l^2 x)$, $\delta_{max} = \dfrac{\alpha w_0 l^2}{9\sqrt{3}\,AG}$

[9-9] $\delta_B = -\dfrac{M_0 l^2}{18EI}$, $\delta_c' = \dfrac{M_0 l^2}{162EI}$, $\delta_C = \left(\dfrac{1}{162} + \dfrac{1}{54}\right)\dfrac{M_0 l^2}{EI} = \dfrac{2M_0 l^2}{81EI}$ (↑)

[9-10] $\delta_A = -\dfrac{35Pl^3}{3EI}$, $\delta_B = -\dfrac{3Pl^3}{EI}$, $\delta = -\dfrac{20Pl^3}{3EI}$ (↓)

[9-11] $\delta_1 = \dfrac{5Pl^3}{48EI}$, $\delta_2 = \dfrac{Pl^3}{3EI}$, $\delta = \delta_1 + \delta_2 = \dfrac{7Pl^3}{16EI}$ (↓)

[9-12] $U = \dfrac{P^2 l^3}{96EI} = \dfrac{P\delta}{2}$, $\delta = \dfrac{Pl^3}{48EI}$, $h = \dfrac{P\delta}{2W} - \delta = \delta\left(\dfrac{P}{2W} - 1\right)$

$P = \dfrac{4\sigma_Y Z}{l}$, $h = 198[\text{mm}]$

[9-13] $\delta_s = 8.3[\text{mm}]$, $\delta = \delta_s^2 + \sqrt{\delta_s^2 + 2h\delta_s}$, $\dfrac{\delta}{\delta_s} = 12$[배]

[9-14] $U = \dfrac{1}{3}(bhl)\dfrac{\sigma_Y^2}{2E}$ [9-15] $30.3[\text{N}\cdot\text{mm}] = 30.3[\text{J}]$ [9-16] $\dfrac{3}{4}$

10장 연습문제

[10-1] $R_B = -\dfrac{3M_0}{2l}$ (↓), $R_A = \dfrac{3M_0}{2l}$ (↑), $M_A = \dfrac{3M_0}{2} - M_0 = \dfrac{M_0}{2}$ (↺)

[10-2] $\delta_1 = -\dfrac{(Pa)c^2}{2EI}$, $\delta_2 = \dfrac{R_C c^3}{3EI}$, $R_C = P\left(\dfrac{3a}{2c}\right)$

[10-3] (1) $\theta_{B1} = -\dfrac{18}{EI}[\text{rad}]$, $\theta_{B2} = -\dfrac{2M_B}{EI}[\text{rad}]$, $M_B = -9[\text{kN}\cdot\text{m}]$

(2) $R_A = 4.5[\text{kN}]$, $R_B = 7.5[\text{kN}]$

(3) $F_A = R_A = 7.5\,[\text{kN}]$, $F_B = -R_B = -4.5\,[\text{kN}]$, $F_x = 7.5 - 2x$

(4) $M_A = 0\,[\text{kN}\cdot\text{m}]$, $M_B = -9\,[\text{kN}\cdot\text{m}]$, $M_x = 7.5x - x^2$, $x = 3.75\,[\text{m}]$

$M_{\max} = 7.5x - x^2 = 7.5\times 3.75 - (3.75)^2 = 14.06\,[\text{kN}\cdot\text{m}]$

[10-4] (1) $R_A = 5680\,[\text{N}] = 5.68\,[\text{kN}]$, $R_B = 4320\,[\text{N}] = 4.32\,[\text{kN}]$

$M_A = 16800\,[\text{N}\cdot\text{m}] = 16.8\,[\text{kN}\cdot\text{m}]$ (↺)

(2) $F_{AC} = R_A = 5.68\,[\text{kN}]$, $F_{CB} = -R_B = -4.32\,[\text{kN}]$

(3) $M_A = -16.8\,[\text{kN}\cdot\text{m}]$, $M_C = 17.28\,[\text{kN}\cdot\text{m}]$

[10-5] (1) $M_A = 6\,[\text{kN}\cdot\text{m}]$, $M_B = 6\,[\text{kN}\cdot\text{m}]$

(2) $R_A = 6\,[\text{kN}]$, $R_B = 6\,[\text{kN}]$

(3) $F_A = R_A = 6\,[\text{kN}]$, $F_B = -R_B = -6\,[\text{kN}]$, $F_x = 6 - 2x$

(4) $M_A = -6\,[\text{kN}\cdot\text{m}]$, $M_B = -6\,[\text{kN}\cdot\text{m}]$, $M_x = -6 + 6x - x^2$

$F_x = \dfrac{dM_x}{dx} = 6 - 2x = 0 \qquad \therefore\ x = 3\,[\text{m}]$, $M_{\max} = 3\,[\text{kN}\cdot\text{m}]$

[10-6] (1) $R_A = 3.52\,[\text{kN}]$, $R_B = 6.48\,[\text{kN}]$, $M_A = 9.6\,[\text{kN}\cdot\text{m}]$, $M_B = 14.4\,[\text{kN}\cdot\text{m}]$

(2) $F_{AC} = R_A = 3.52\,[\text{kN}]$, $F_{CB} = -R_B = -6.48\,[\text{kN}]$

(3) $M_A = -9.6\,[\text{kN}\cdot\text{m}]$, $M_B = -14.4\,[\text{kN}\cdot\text{m}]$ $M_C = 11.52\,[\text{kN}\cdot\text{m}]$

[10-7] $M_A = \dfrac{M_C b}{l}\left(\dfrac{3a}{l} - 1\right) = \dfrac{b(2a-b)}{l^2} M_C$ (↺) : 반시계방향

$M_B = \dfrac{M_C a}{l}\left(\dfrac{3b}{l} - 1\right) = \dfrac{a(2b-a)}{l^2} M_C$ (↺) : 반시계방향

$R_A = -R_B = \dfrac{6ab}{l} M_C$

[10-8] $R_B = 2.375\,[\text{kN}]$, $\delta_C = 0.43\,[\text{mm}]$

[10-9] $M_x = -\left(\dfrac{w_0 x}{l}\times\dfrac{x}{2}\right)\left(\dfrac{x}{3}\right) = -\dfrac{w_0}{6l}x^3$, $x = l$ 에서 $M_A = -\dfrac{w_0 l^2}{6}$

$A_2 = (w_0 l^2/6)\times l/(3+1) = \dfrac{w_0 l^3}{24}$, $\overline{x_2} = \dfrac{4l}{5}$

$\delta_B = \dfrac{1}{EI}\left\{\left(\dfrac{R_B l^2}{2}\right)\times\dfrac{2l}{3} - \left(\dfrac{w_0 l^3}{24}\right)\times\dfrac{4l}{5}\right\} = 0$

$\therefore\ R_B = \dfrac{w_0 l}{10}$ (↑)

[10-10] $M_x = -\left(\dfrac{w}{2}\right)(x-a)^2$, $x = l$ 에서 $M_B = -\left(\dfrac{w}{2}\right)(l-a)^2$

$\theta_A = \dfrac{1}{EI}\left\{\dfrac{R_A l^2}{2} - M_A l - \dfrac{1}{3}\times\dfrac{w}{2}(l-a)^2(l-a)\right\} = 0$

$$\delta_A = \frac{1}{EI}\left\{\left(\frac{R_A l^2}{2}\right)\times\frac{2l}{3} - M_A l\times\frac{l}{2} - \frac{w(l-a)^3}{6}\left(\frac{3l+a}{4}\right)\right\} = 0$$

$$R_A = \frac{w(l-a)^3}{2l^2}\left(\frac{l+a}{l}\right)\ (\uparrow),\quad M_A = \frac{w(l-a)^3}{12l^2}(l+3a)\ (\circlearrowleft)$$

[10-11] $R_A = R_B = P,\quad M_A = M_B,\quad M_A = \frac{2}{3}Pa = M_B$

[10-12] $\delta_A = \frac{P_A l_2}{AE},\quad \delta_1 - \delta_2 = \delta_A,\quad P_A = 1875[\mathrm{N}] = 1.875[\mathrm{kN}]$

[10-13] $M_A = 0,\quad M_B = M_C = -\frac{wl^2}{8},\quad R_A = R_D = \frac{3}{8}wl,\quad R_B = R_C = \frac{9}{8}wl$

[10-14] $M_A + 2M_B(2l) + M_C = -\frac{wl^3}{2},\quad M_B = -\frac{7}{72}wl^2,\quad R_A = \frac{19}{24}wl,\quad R_B = \frac{13}{12}wl$

[10-15] $M_B = -\frac{wl^2}{24},\quad M_C = -\frac{wl^2}{12},\quad R_A = \frac{11}{24}wl,\quad R_B = \frac{wl}{2}$

11장 연습문제

[11-1] $h = 25[\mathrm{mm}],\ h_0 = 35.4[\mathrm{mm}],\ \delta_{max} = 5.3[\mathrm{mm}]$

[11-2] $b_0 = 15.3[\mathrm{mm}],\ b = 7.65[\mathrm{mm}],\ \delta_{max} = 11.4[\mathrm{mm}]$

[11-3] $n =$ 7매, $\rho = 7560[\mathrm{mm}] = 7.56[\mathrm{m}],\ \delta = 10.6[\mathrm{mm}]$

[11-4] $\sigma_s = 101.4[\mathrm{N/mm^2}] = 101.4[\mathrm{MPa}],\ \sigma_c = -70.9[\mathrm{N/mm^2}] = 70.9[\mathrm{MPa}]$

[11-5] $p = 12.84[\mathrm{cm}] = 128.4[\mathrm{mm}]$

[11-6] $\frac{M_A}{M_B} = \left(\frac{bh^2}{6}\sigma_b\right)\Big/\left(\frac{bh^2}{6n}\sigma_b\right) = n,\quad M_A : M_B = n:1$

[11-7] $p = 10.18[\mathrm{cm}] = 101.8[\mathrm{mm}]$

[11-8] $\sigma_s = 59.6[\mathrm{N/mm^2}] = 59.6[\mathrm{MPa}],\ \sigma_w = 3.7[\mathrm{N/mm^2}] = 3.7[\mathrm{MPa}]$

[11-9] $y_c = 212[\mathrm{mm}],\ y_s = 238[\mathrm{mm}]$

[11-10] $M_{max} = 100[\mathrm{kN\cdot m}],\ \sigma_s = 166.8[\mathrm{N/mm^2}] = 166.8[\mathrm{MPa}]$

$\sigma_w = -12.2[\mathrm{N/mm^2}] = -12.2[\mathrm{MPa}]$

12장 연습문제

[12-1] $\sigma_{max} = 41.7\,[\mathrm{N/mm^2}] = 41.7\,[\mathrm{MPa}]$ [12-2] $c = \dfrac{\left(d_2^2 + d_1^2\right)}{d_2/2} = \dfrac{d_2^2 + d_1^2}{8d_2}$

[12-3] $c_1 = 3.33\,[\mathrm{mm}]$, $c_2 = 5\,[\mathrm{mm}]$ [12-4] $e = \dfrac{b}{6}$, $\dfrac{FH}{BC} = \dfrac{1}{3}$

[12-5] $\sigma_{max} = 40\,[\mathrm{N/mm^2}] = 40\,[\mathrm{MPa}]$ [12-6] $h = 25.5\,[\mathrm{mm}]$ [12-7] $P = 3945\,[\mathrm{N}]$

[12-8] $\sigma_{max} = 802.6\,[\mathrm{N/mm^2}] = 802.6\,[\mathrm{MPa}]$ [12-9] $d = 21.3\,[\mathrm{mm}]$

[12-10] $P_a = 627.3\,[\mathrm{kN}]$ [12-11] $l = 9.42\,[\mathrm{m}]$ [12-12] $P_a = 44.4\,[\mathrm{kN}]$

[12-13] $\lambda = 103$ [12-14] $P_{cr} = 5052\,[\mathrm{N}]$

13장 연습문제

[13-1] $1.3\,[\mathrm{mm}]$ [13-2] $0.83\,[\mathrm{mm}]$ [13-3] $\dfrac{\pi PR^3}{4EI}$ [13-4] $\dfrac{\pi QR^3}{2EI}$

[13-5] (1) $\dfrac{3\pi PR^3}{2EI}$ (2) $\dfrac{3\pi PR^3}{2EI} + \dfrac{3\pi PR^3}{2GI_P} = \dfrac{3\pi PR^3}{2}\left(\dfrac{1}{EI} + \dfrac{1}{GI_p}\right)$

[13-6] $\dfrac{3Pl}{4AE}$ [13-7] $\dfrac{Pl^3}{3EI} + \dfrac{PR^2 l}{GI_p}$ [13-8] $0.57\,[\mathrm{mm}]$

[13-9] $\delta = \dfrac{Pl^3}{3EI} + \dfrac{M_0 l^2}{2EI}$, $\theta = \dfrac{Pl^2}{2EI} + \dfrac{M_0 l}{EI}$ [13-10] $\dfrac{Pa^2}{3EI}(l + a)$

[13-11] $0.276\,[\mathrm{cm}] = 2.76\,[\mathrm{mm}]$ [13-12] $\dfrac{5}{4}wl$ [13-13] $\dfrac{49Pl^3}{108\pi d^4 E}$ [13-14] $\dfrac{2n\pi PR^3}{GI_p}$

[13-15] $F_{Ax} = 12.5\,[\mathrm{kN}]\,(\rightarrow)$ [13-16] $F_{cy} = 260\,[\mathrm{kN}]\,(\uparrow)$

14장 연습문제

[14-1] : 생략

찾아보기

(ㅊ)

(ㅋ)

(ㅌ)

참고문헌

1. Patrick H. McDonald, "**Continuum Mechanics**", PWS Publishing Company.
2. Y. C. Fung, "**First Course in Continuum Mechanics**", Prentice Hall International, Inc.
3. 4. Irving H. Shames and Francis A. Cozzarrelli, "**Elastic and Inelastic Stress Analysis**", Prentice Hall.
4. C. Ugural and S. K. Fenster, "**Advanced Strength and Applied Elasticity**", Elsevier.
5. J. M. Gere, "**Mechanics of Materials**", Thomson.
6. R. C. Hibbeler, "**Mechanics of Materials**", Macmilian Publishing company.
7. P. Karasudhi, "**Foundation of Solid Mechanics**", Kluwer Academic Publishers.
8. S. H. Crandal, et al., "**Introduction to Mechanics of Solids**", Kluwer Academic Publishers.
9. A. C. Ugural, "**Stresses in Plate and Shells**", McGraw-Hill.
10. Marc André Meyers and Krishan Kumarchawla, "**Mechanical Behavior of Materials**", Prentice- Hall International, Inc.
11. Keith Bowman, "**Mechanical Behavior of Materials**", John Wiely & Sons, Inc.
12. Norman E. Dowling, "**Mechanical Behavior of Materials**", Prentice Hall, Inc.
13. David Broek, "**Elementary Engineering Fracture Mechanics**", Sijthoff & Noordhoff.
14. G. C. Sih, "**Mechanics of Fracture, Vol. 1 ~ 7**", Noordhoff International Publishing Leyden.
15. R. J. Sanford, "**Principles of Fracture Mechanics**", Prentice Hall.
16. R. A. Smith, "**Fracture Mechanics; Current Status, Future Prospects**", Pergamon Press.
17. T. L. Anderson, "**Fracture Mechanics**", CRC Press.
18. E. E. Gdoutos, "**Fundamentals of Fracture Mechanics**", Kluwer Academic Publishers.
19. Nestor Perez, "**Fracture Mechanics**", Kluwer Academic Publishers.
20. J. F. Knott, "**Fundamentals of Fracture Mechanics**", W. Collins and Co., Ltd.
21. Kåre Hellen, "**Introduction to Fracture Mechanics**", McGraw-Hill, Inc.
22. John M. Barson and Stanley T. Rolfe, "**Fracture and Fatigue in Structures**", Butterworth-Heinemann.
23. A. P. Parker, "**The Mechanics of Fracture and Fatigue; An Introduction**", E. & F. N. Spon Ltd.
24. W. R. Warke, "**Properties related to Fracture Toughness, ASTM STP 605**", ASTM Committe on Publication.
25. Julie A. Bannantine, Jess J. Comer and James L. Handrock, "**Fundamentals of Metal Fatigue Analysis**", Prentice Hall, Inc.
26. American Society For Testing And Materials, "**Fracture Toughness Testing and Its Application**", ASTM STP 381.

27. G. C. Sih, "**Handbook of Stress Intensity Factors**", Institute of Fracture and Solid Mechanics Lehigh University.
28. S. T. Rolfe and J. M. Barsom, "**Fracture and Fatigue Control in Structures**", Prentice Hall, Inc.
29. 정남용 저, "**최신 기계설계**", 학진북스.
30. 정남용 저, "**핵심 기계설계**", 학진북스.
31. 정남용 저, "**최신 재료과학 및 공학**", 학진북스.
32. 정남용 저, "**기초 탄소성역학**", 진샘미디어.
33. 中村 喜代次, 森本 敎安成 共著, "**連續體力學**", コロナ社.
34. 田村 武 著, "**連續體力學**", 朝倉書店.
35. 砂川 惠 監譯, "**材料力學と變分法**", ブレイン圖書出版株式會社.
36. 岡村弘之 編著, "**强度解析學 [I]**", オーム社.
37. 大路淸嗣 編著, "**破壞强度學**", オーム社.
38. 西谷弘信 編著, "**疲勞强度學**", オーム社.
39. 中原一郎三 著, "**應用彈性學**", 實敎出版株式會社.
40. 村上敬宜 著, "**彈性力學**", 株式會社 養賢堂.
41. 井上達雄 著, "**彈性力學の基礎**", 日刊工業新聞社.
42. 野田直剛 外 3人 共著, "**基礎彈性力學**", 日新出版.
43. 下關定義 著, "**彈性力學入門**", サイエンン社.
44. 益田森治, 室田忠雄村 共著, "**工業彈性力學**", 株式會社 養賢堂.
45. 沖島材喜料八, "**材料力學演習 500題**", 日刊工業新聞社.
46. 岡村弘之 外 5人 共著, "**材料力學演習 1**", 培風館.
47. 國尾武 外 6人 共著, "**材料力學演習 2**", 培風館.
48. 岡村弘之 著, "**線形破壞力學入門**", 培風館.
49. 村上裕則, 大南正瑛 共編, "**破壞力學入門**", オーム社.
50. 岡村弘之 外3人 共編, "**破壞力學實驗法**", 朝倉書店.
51. 結城良治 編著, "**界面の力學**", 培風館.
52. 鄭南龍 著, "**接着継手の强度の破壞力學的評價方法に關する硏究**", 東京大學 博士學位 論文.

저자약력

- 정남용 / 숭실대학교 기계공학부
- 이태원 / 금오공과대학교 기계설계공학과
- 이종선 / 한동대학교 기계제어공학부
- 김창래 / 조선대학교 기계공학과

최신 재료역학

수정발행 | 2023년 2월 28일
저 자 | 정남용 · 이태원 · 이종선 · 김창래
발 행 인 | 최 봉 조
발 행 처 | 진샘미디어
주 소 | 서울시 은평구 연서로 5길 28 부호아파트 102동 상가 5호
전 화 | 02)353-4421 / FAX 02)353-4431
홈페이지 | www.jinsaem.co.kr

신고번호 | 제311-2005-000025호
ISBN | 979-11-88791-33-0 93550

정가 30,000원

SI 단위 기호 및 환산표

양의 종류	SI 단위 기호	단위 환산
길 이	m	$1[ft] = 12[inch] = 304.8[mm]$, $1[inch] = 25.4[mm]$, $1[Å] = 0.1[mm] = 1010[m]$, $1[\mu] = 10^{-6}$, $1[m] = 10^{10}[Å]$, $1[m] = 10^{9}[nm]$, $1[n]$(해리) $= 1852[m]$ $1[yard] = 0.9144[m]$, $1[mile] = 1760[yard] = 1609.3[m]$
넓 이	m^2	$1[mm^2] = 10^{-6}[m^2]$, $1[a]$(아르) $= 100[m^2]$, $1[ha]$(헥타르) $= 104[m^2]$
부 피	m^3	$1[m^3] = 10^{-9}[m^3]$, $1[m^3] = 35.32[ft^3]$, $1[gal] = 4.5465[l]$(영국) $= 3.7853[l]$(미국)
각 도	rad	$1[rad] = \frac{180°}{\pi[rad]} = 57.3°$
질 량	kg	$1[kg] = 2.205[lb_m]$, $1[lb_m] = 453.6[g]$, $1[ton] = 1000[kg]$
밀 도	kg/m^3	$1[g/cm^3] = 103[kg/m^3] = 62.4[lb_m/ft^3]$, $1[lb_m/ft^3] = 1.603[g/cm^3]$
온 도	K	$T[K] = 273 + T[℃]$, $T[°F] = \frac{9}{5}(T[℃] + 32)$, $T[℃] = \frac{9}{5}(T[°F] - 32)$
힘	N $(kg \cdot m/s^2)$	$1[kg_f] = 9.807[N]$, $1[lb_f] = 4.448[N]$, $1[N] = 0.2248[lb_m]$, $1[dyne] = 10^{-5}[N]$ $1[oz_f] = 0.278[N]$
압력 · 응력	Pa (N/m^2)	$1[Pa] = 1[N/m^2] = 0.145 \times 10^{-3}[lb_f/in^2]$, $1[lb_f/in^2] = 6.89 \times 10^3[Pa]$ $1[kg_f/mm^2] = 9.807[MPa] = 1422[psi]$, $1[N/mm^2] = 1[MPa]$ $1[MPa] = 145[psi] = 10[bar]$, $1[ksi] = 6.895[MPa]$ $1[bar] = 10^5[Pa] = 1.02[kg_f/cm^2]$, $1[torr] = 1[mmHg] = 133.3[Pa]$ $1[kg_f/mm^2] = 1422[psi]$, $1[atm] = 101.325[kPa] = 14.7[psi] = 1.01[bar]$
파괴인성	$MPa\sqrt{m}$	$1[MPa\sqrt{m}] = 910[psi\sqrt{in}]$
몰농도	mol/m^3	$1[Mol/l] = 103[mol/m^3]$
일 · 에너지	J $(N \cdot m)$	$1[J] = 1[W \cdot s] = 10^7[erg] = 1[V \cdot A] = 0.239[cal] = 9.48 \times 10^{-4}[Btu] = 2.78 \times 10^7$ $[kWh] = 6.24 \times 10^{18}[eV] = 0.738[ft \cdot lb_f]$ $1[Btu] = 1054[J] = 252.0[cal]$, $1[cal] = 4.184[J] = 3.97 \times 10^{-3}[Btu]$ $1[eV] = 1.602 \times 10^{-19}[J]$, $1[ft \cdot lb/in] = 53.8[J/m]$, $1[ft \cdot lb_f] = 1.356[J]$ $1[eV] = 1.602 \times 10^{-19}[J] = 3.83 \times 10^{-20}[cal] = 1.6 \times 10^{-12}[erg]$
표면에너지	J/m^2	$1[erg/cm^2] = 10^{-3}[J/m^2]$
몰에너지	J/mol	$1[cal/mol] = 4.184[J/mol]$, $1[erg/atom] = 6.022 \times 10^{16}[J/mol]$
비 열	$kJ/kg \cdot ℃$	$1[cal/gal \cdot ℃] = 4.184[kJ/kg \cdot ℃]$, $1[Btu/lb \cdot °F] = 4.1868[kg/kg \cdot °F]$ $1[eV/mol] = 1[eV/atom] = 23.06[kcal/mol]$
엔트로피	J/K	$1[cal/℃] = 4.184[J/K]$
동 력	W	$1[W] = 1[J/s] = 0.239[cal/s] = 3.414[Btu/h] = 1[V \cdot A/s]$, $1[PS] = 75[kg_f \cdot m/s] = [N \cdot m/s] = 735.5[W] = 550[ft \cdot 1b_f/s]$, $1[kW] = 102[kg_f \cdot m/s] = 1000[N \cdot m/s] = 1000[W]$, $1[cal/s] = 4.184[W] = 14.29[Btu/h]$, $1[Btu/h] = 0.293[W]$
전 류	A	$1[A] = 1[C/s] = 1[V/\Omega]$
저항률	$\Omega \cdot m$	$1[\Omega \cdot cm] = 10^{-2}[\Omega \cdot m]$
전도율	S/m	$1[(\Omega \cdot cm)^{-1}] = 10^2[S/m]$
자기유도 (자속밀도)	G(gauss)	$1[G] = 10^{-4}[Wb/m^2] = 10^{-4}[T]$(tesla)
자장(자계)	Oe	$1[A \cdot turn/m] = 4\pi \times 10^{-3}[Oe]$, $1[Oe] = 79.6[A \cdot turn/m]$
절대점성계수	$Pa \cdot s$	$1[Pa \cdot s] = 1[N \cdot s/m^2] = 1[mPa \cdot s] = 10[P]$, $1[P] = 1[dyn \cdot s/cm^2] = 10^2[cP]$, $1[cP] = 10^{-3}[P \cdot s] = 1[mPa \cdot s]$
동점성계수	m^2/s	$1[St] = 1[cm^2/s] = 10^2[cSt]$, $1[cSt] = 10^{-2}[st] = 1[mm^2/s]$

그리스 문자

대문자	소문자	명 칭	대문자	소문자	명 칭
A	α	Alpha	N	ν	Nu
B	β	Beta	Ξ	ξ	Xi
Γ	γ	Gamma	O	o	Omicron
Δ	δ	Delta	Π	π	Pi
E	ε	Epsilion	P	ρ	Rho
Z	ζ	Zeta	Σ	σ	Sigma
H	η	Eta	T	τ	Tau
Θ	θ	Theta	Y	υ	Upsilion
I	ι	Iota	Φ	ϕ	Phi
K	κ	Kappa	X	χ	Chi
Λ	λ	Lambda	Ψ	ψ	Psi
M	μ	Mu	Ω	ω	Omega

SI 접두어

배 수	기 호	명 칭	배 수	기 호	명 칭
10^{18}	E	엑사(exa)	10^{-1}	d	데시(deci)
10^{15}	P	페타(peta)	10^{-2}	c	센티(csti)
10^{12}	T	테라(tera)	10^{-3}	m	밀리(milli)
10^{9}	G	기가(giga)	10^{-6}	u	마이크로(micro)
10^{6}	M	베가(mega)	10^{-9}	n	나노(nano)
10^{3}	k	킬로(kilo)	10^{-12}	p	피코(pico)
10^{2}	h	헥토(hecto)	10^{-15}	f	펨토(femto)
10^{1}	da	데카(deka)	10^{-18}	a	아토(atto)